中国传统民居首次全面调查成果

中国传统民居类型全集

（上册）

TYPOLOGICAL COLLECTION OF TRADITIONAL CHINESE DWELLINGS Ⅰ

中华人民共和国住房和城乡建设部 编

Ministry of Housing and Urban-Rural
Development of the People's Republic of China

中国建筑工业出版社

CHINA ARCHITECTURE & BUILDING PRESS

中国传统民居类型全集调查与编写委员会

领导小组

顾　　　问：姜伟新　仇保兴
主　　　任：陈政高
副　主　任：王　宁
成　　　员：赵　晖　卢英方　赵宏彦　白正盛　赵英杰　王旭东（天津）　吴　铁　翟顺河　揭新民
　　　　　　张殿纯　袁忠凯　杨占报　倪　蓉　周　岚　谈月明　侯淅珉　王胜熙　陈　平　耿庆海
　　　　　　陈华平　赵　俊　袁湘江　蔡　瀛　吴伟权　陈孝京　张其悦　孟　辉　杨跃光　赵志勇
　　　　　　陈　锦　张文亮　刘永堂　白宗科　马占林　海拉提·巴拉提　张兴野

调查与编写组

发起与策划：赵　晖
秘　书　长：林岚岚　　　　　　　协　　调：王旭东（住房和城乡建设部）
中心工作组：罗德胤　穆　钧　李　严　李春青　薛林平　王新征　徐怡芳　赵海翔　吴　艳　郭华瞻
　　　　　　潘　曦　杨绪波　周铁钢　解　丹　朱　玮　王　鑫　李君洁　李　唐　方　明　顾宇新
　　　　　　陈　伟　鞠宇平　褚苗苗
专家顾问：陆元鼎　冯骥才　崔　愷　孙大章　朱光亚　罗德启　陈震东　黄汉民　黄　浩　朱良文
　　　　　　陆　琦　张玉坤　李晓峰　戴志坚　王　军　陈同滨　何培斌　王维仁　沈元勤

各地区组织人员：

北　京：刘小军　秦仁泽　李　珂		湖　北：万应荣　付建国　王志勇		
天　津：杨瑞凡　王俊河　张晓萌　连　洁		湖　南：黄　立　吴立玖　曾华俊		
河　北：封　刚　朱忠帅　刘秋祺　苗润涛　马　锐		广　东：黄祖璜　苏智云　廖志坚		
山　西：郭　创　张　斌　赵俊伟		广　西：彭新塘　宋献生　刘　哲		
内蒙古：温骏骅　杨宝峰　崔　茂		海　南：许　毅　韩献光　许　虹　胡杰卫		
辽　宁：解　宇　胡成泽　孙辉东　于钟深		重　庆：刘建民　冯　赵　揭付军		
吉　林：安　宏　肖楚宇　孙　启　陈清华		四　川：文技军　李南希　张　立　候川红　颜　乔		
黑龙江：赵延飞　王海明		贵　州：张乾飞　余咏梅　张　剑　王　文		
上　海：王　青　高宏宇　舒晟岚　陈　卓		云　南：汪　巡　杨建林　王　瑞		
江　苏：刘大威　赵庆红　李正仑　俞　锋		西　藏：易湘辉　李新昌　苏占斌		
浙　江：沈　敏　江胜利　王纳新　何青峰		陕　西：胡汉利　苗少锋　李　君　朱剑龙		
安　徽：宋直刚　邹桂武　郭佑芹　吴胜亮		甘　肃：贺建强　慕　剑　张晓虎		
福　建：苏友佺　金纯真　许为一		青　海：衣　敏　丁彩霞　马黎光　蒲正鹏		
江　西：李道鹏　齐　红　熊春华　丁宜华		宁　夏：李志国　杨文平　刘海泉　王　栋		
山　东：杨建武　陈贞华　张　林　李　晓　宫晓芳		新　疆：高　峰　邓　旭　归玉东		
河　南：马耀辉　李桂亭　杨　雁　马运超				

各地区指导专家：

北　京：范霄鹏　杨　威　张大玉　刘　辉
　　　　薛林平

天　津：张玉坤　罗澍伟　刘鸿尧　路　红
　　　　全　雷

河　北：舒　平　曹胜昔　郭卫兵　李国庆
　　　　杨彩虹

山　西：薛林平　王金平　韩卫成　徐　强
　　　　霍耀中

内蒙古：张鹏举　贺　龙　韩　瑛　齐卓彦
　　　　额尔德木图

辽　宁：周静海　朴玉顺　汝军红　彭晓烈
　　　　王　飒

吉　林：张成龙　王　亮　李天骄　李之吉
　　　　莫　畏　张俊峰

黑龙江：周立军　李同予　董健菲　殷　青
　　　　孙世钧

上　海：伍　江　李　浈　张　松　吴爱民

江　苏：朱光亚　龚　恺　汪永平　雍振华
　　　　常　江

浙　江：丁俊清　沈　黎　黄　斌　姚　欣
　　　　陈安华　何情达

安　徽：单德启　程继腾　洪祖根　汪兴毅
　　　　方　巍

福　建：黄汉民　郑国珍　戴志坚　关瑞明
　　　　张　鹰

江　西：黄　浩　姚　赯　许飞进　万幼楠
　　　　肖发标　张建荣

山　东：刘德龙　潘鲁生　刘　甦　张润武
　　　　姜　波

河　南：许继清　张义忠　金　韬　安　杰

湖　北：祝建华　王风竹　李晓峰　王　晓

湖　南：柳　肃　吴　越　伍国正　余翰武
　　　　冯　博

广　东：陆元鼎　魏彦钧　陆　琦　朱雪梅
　　　　潘　莹

广　西：徐　兵　谢小英　全峰梅　孙永萍

海　南：李建飞　韩　盛　付海涛　袁　红
　　　　阎根齐

重　庆：龙　彬　何智亚　吴　涛　黄　耘
　　　　覃　琳

四　川：季富政　陈　颖　李　路　周　密
　　　　庄裕光

贵　州：罗德启　谭晓冬　董　明　余压芳
　　　　王建国　余　军

云　南：杨大禹　傅中见　朱良文　毛志睿

西　藏：马骁利　格桑顿珠　赵　辉　单彦名

陕　西：王　军　穆　钧　李立敏　李军环

甘　肃：章海峰　刘奔腾　窦觉勇　安玉源
　　　　孟祥武

青　海：李　群　晁元良　王　军　李　钰
　　　　崔文河

宁　夏：蔡宁峰　王　军　燕宁娜　李　钰

新　疆：陈震东　李军环　艾斯卡尔·模拉克

香　港：王维仁　徐怡芳　何培斌　龙炳颐
　　　　刘秀成　吴志华

澳　门：王维仁　徐怡芳　马若龙　吴卫鸣
　　　　张鹊桥

台　湾：李乾朗

秘　　书：张蒙蒙　冯崇方

主编单位：住房和城乡建设部村镇建设司

前言

　　传统民居是民族的写照，是民族的生存智慧、建造技艺、社会伦理和审美意识等文明成果最丰富、最集中的载体。我国传统民居因地理气候、自然资源、民族文化等诸多方面的差异，形成了丰富多样的民居类型和异彩纷呈的建筑形式，蕴含着中华文明的基因，是世界上独特的建筑体系，是民间精粹、国之瑰宝，是难以再生的、珍贵的文化遗产。

　　2013年12月，住房和城乡建设部启动了传统民居调查，历时9个月，经过全国住房城乡建设系统广大干部和1200余位专家学者、技术人员的倾情努力，完成了传统民居类型、代表建筑和传统建筑工匠的逐县调查，取得了令人瞩目的成果。本次调查覆盖31个省、自治区、直辖市，调查成果包括1692种民居、3118栋代表建筑、1109名传统建筑工匠，经反复探讨、科学梳理，归纳出564种民居类型。此外，香港、澳门特别行政区、台湾地区也调查归纳出35种民居类型。全国共归纳599种民居类型，全部纳入《中国传统民居类型全集》（以下简称《全集》）。

　　这是一次对我国传统民居的大调查、大整理、大弘扬、大传承，具有以下重要的现实意义和历史意义：

　　一、首次国家层面的传统民居全面调查

　　有关学者和机构很早就已经开始了对我国传统民居的研究，取得了很有价值的丰富成果，但都有一定的地区局限性和分类的片面性。这是第一次从国家层面组织的全国范围的大调查，通过这次调查，一些传统民居研究基础较薄弱的地区填补了空白，如西藏、内蒙古、海南、山东等；一些具有一定研究基础的地区全面扩展了调查范围，如北京、江苏、湖北、湖南等；一些研究基础较好的地区深化了研究成果，如云南、广东、福建、香港、澳门等。这次调查全面掌握了我国传统民居的分布现状。

　　二、第一部体系完善的中国传统民居分类全集

　　这次对全国传统民居的体系研究，以地域性和民族性作为主要分类依据，破解了长久以来我国传统民居分类难题，梳理出多达599种民居类型，挖掘和发现

了一批新的传统民居类型。这套全集展示了中国传统民居的全貌，丰富了对传统民居的认识。第一次以统一的体例和格式进行梳理和编纂，推进了民居的比较研究。

三、弘扬我国传统建筑文化的新阶段

这次调查既是中国的，也是世界的。这部全集向国人和全世界展示了我国各地区、各民族传统民居的类型和代表建筑，展现了中华民族的生存智慧、建造思想、社会伦理和审美意识，丰富了世界文化遗产记录的文献宝库，彰显了中华民族的文化自觉和文化自信。这次调查充分挖掘的各地区传统建筑要素，是当地特色建筑文化传承的重要依据，也是建筑设计创作的重要源泉，对延续历史文脉、指导当代城乡建设具有重要的现实意义。这次调查极大地提高了社会各界保护传统民居的积极性，凝聚了力量，培养和锻炼了一批新的骨干队伍，推动了传统建筑文化的普及和教育。

四、我国传统建筑文化世代传承的宝典

习近平总书记指出："中华传统文化博大精深"，"要本着对历史负责、对人民负责的精神，传承历史文脉"。这次调查涵盖了全国现存传统民居几乎全部类型，这部《全集》是传统民居的辞海，是我国传统民居研究的里程碑，必将成为对后人有重要参考价值的建筑历史文献和传世宝典。

本书共分三卷，以省为单位进行章节划分，各省按照行政区划顺序排列。每个传统民居类型按照分布、形制、建造、装饰、代表建筑、成因和比较／演变的顺序进行编写。

这部《全集》是中国传统民居调查的第一步成果，下一阶段还将进行传统民居建造技术等调查和编纂。由于时间紧、任务重，本书还留有很多遗憾和不足，欢迎专家学者以及社会各界积极参与，提供补充资料，使之更加完善。

希望这套《中国传统民居类型全集》能为大家所喜爱。希望社会各界共同推动传统民居保护工作，保护好中华民族的文化基因载体，增强中华民族的建筑文化自信。

总目录

上册

中册

福建民居

1. 闽东民居
2. 闽北民居
3. 莆仙民居
4. 客家民居
5. 闽南民居
6. 闽中民居
7. 土楼
8. 寨堡
9. 番仔洋楼
10. 沿海石厝

江西民居

1. 赣大部分地区
2. 赣东北民居
3. 赣西北民居
4. 赣中民居
5. 赣南客家民居

山东民居

1. 鲁中山区民居
2. 鲁南山区民居
3. 鲁西北平原民居
4. 鲁中平原民居
5. 鲁西南平原民居
6. 胶东沿海地区民居

7. 传统城市民居
8. 近代城市民居
9. 特殊类型

河南民居

1. 豫东民居
2. 豫西民居
3. 豫南民居
4. 豫北民居

湖北民居

1. 汉族民居
2. 少数民族民居

湖南民居

1. 汉族民居
2. 少数民族民居

广东民居

1. 广府民居
2. 潮汕民居
3. 客家民居
4. 雷州民居
5. 少数民族民居
6. 近现代民居

广西民居

1. 汉族民居
2. 壮族民居
3. 瑶族民居
4. 苗族民居
5. 侗族民居
6. 仫佬族民居
7. 毛南族民居
8. 京族民居

海南民居

1. 琼南民居
2. 琼北民居
3. 琼西南民居
4. 琼中南黎族民居

重庆民居

1. 主城区民居
2. 渝西民居
3. 渝东北民居
4. 渝东南民居

四川民居

1. 汉族民居
2. 藏族民居
3. 羌族民居
4. 彝族民居

下 册

3. 藏族碉楼

4. 藏族帐篷

5. 蒙古包

宁夏民居

1. 银川平原民居

2. 西海固地区民居

新疆民居

1. 维吾尔族民居

2. 满族民居

3. 汉族民居

4. 哈萨克族民居

5. 回族民居

6. 柯尔克孜族民居

7. 蒙古族民居

8. 塔吉克族民居

9. 锡伯族民居

10. 乌孜别克族民居

11. 俄罗斯族民居

12. 塔塔尔族民居

13. 达斡尔族民居

香港民居

1. 中式合院民居

2. 宗族组合式民居

3. 折中式民居

4. 店铺式民居

澳门民居

1. 中式合院民居

2. 围里式民居

3. 折中式民居

4. 店铺式民居

台湾民居

1. 本岛民居

2. 离岛民居

北京民居
BEIJING MINJU

城区住宅·四合院

四合院是北京旧城最为典型的住宅形式,其基本型是由东南西北四个方向的房子围合成一个院落,故名四合院。北京四合院是指由基本型进行不同数量的组合而成的规模大小不同、等级高低差别的民居。

图1 一进四合院鸟瞰图

1. 分布

北京位于我国中北部,气候较寒冷。因此北京四合院的庭院尺度既比东北大院小,又比南方天井大,其影响地域较广,如河北、山西、陕西、山东、河南等地民居都受其影响,仅局部略有差别。四合院是北京旧城最常见的民居院落组合形式,由于北京建城经过严格规划,因此明清北京城区略呈品字形,周围为城墙。城内南北中轴线中段是宫殿,左祖右社是指东侧为太庙,西侧为社稷坛。还有一些皇家园林、坛庙和寺观分布于城内。这些建筑高大华丽,朱墙彩瓦。而其余填满整个旧城的就是屋顶灰瓦、朴实低矮的四合院民居(图1)。

2. 形制

四合院基地的大小受到北京城规划的影响,元大都规划的街道布局影响了城内胡同间距,从而也就决定了大型四合院的最大基地进深。最标准的四合院是三进四合院,其主要建筑依次为前院的大门、影壁、倒座房、垂花门;中院的正房、东西耳房、东厢房、西厢房、抄手游廊;还有后院的后罩房(图2)。

北京四合院的基本型是一进四合院,而通常北京的四合院是由重重院落组合而成,从纵向发展的一进院到多进院,再从横向发展的一跨院到多跨院,发展到后来又有带园林的四合院,平面组合形式多样,适应性强。民居常为一层,极少的后罩房为两层(图3)。

四合院的各个房间使用遵守长幼有序、内外有别、合理安排的原则。长辈住在朝向、位置好、高大敞亮的正房,并且正房也是左侧为尊。其次是东厢房,一般长房子孙住东厢房。女眷要遵守妇道,居于住宅深处,通常住在耳房或后罩房。入口处的倒座房作为客厅或客房。

3. 建造

四合院的结构采用传统木抬梁构架体系,围护结构一般采用砖墙或局部用石材砌筑,正立面通常采用木装修来围护,屋面多采用覆瓦。四合院的单体建筑以"间"作为最基本的平面组合单元。一般房屋正中的明间大于两旁的次间。四合院的建造施工过程包括放线、刨槽、打基础、立木构架、砌墙、盖屋顶、铺地面、立烟囱、进行内外檐装修。基础有三种做法,打灰土、碎砖灌浆打实和埋身砌墙。木构架用材一般为黄松、榆木或其他杂木,常为五架梁,有廊的再出一步或两步架。柱或瓜柱上放檩,檩下有枋,檩上钉椽,再钉望板。有时用苇席或苇箔代替望板。望板上做屋面,屋面的做法有仰合瓦、筒瓦、棋盘心、青灰背、仰瓦灰梗、干槎瓦等。

4. 装饰

北京四合院民居装饰主要集中在大门、照壁、垂花门、门窗、墀头、屋脊等处,大门有广亮大门、金柱大门、如意门、随墙门等形式,大门的装饰构件有门墩、门簪、门环等。影壁、屋脊和墀头都有不同的做法和雕饰,华丽精美。其装饰题材大量应用象征富贵安泰、吉祥如意题材的图案,多应用砖雕、木雕和石雕,以精湛的雕刻技艺,创造寓意深刻、形象生动、构图精美的艺术之作。

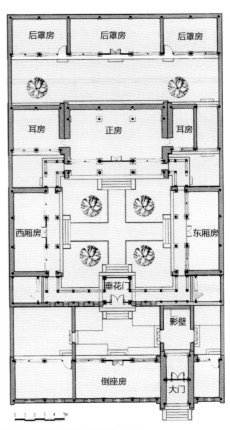

图2 典型三进四合院平面图

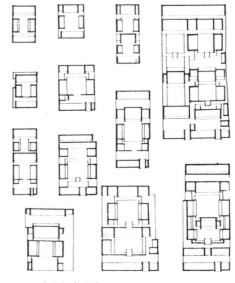

图3 院的组合方式图

图4　翠花街5号金柱大门

图6　翠花街5号大门正对的影壁

图8　张之洞故居入口大门

5. 信仰习俗

北京四合院民居建造中的择地、定方位及房屋关系等大多符合中国传统的习俗。如厨房一般放在东侧，厕所一般放在院子的西南角。

6. 代表建筑

1）北京市西城区翠花街5号——张学良故居

翠花街5号是西城区文物保护单位，它是一个标准的带花园的三进四合院格局，坐北朝南，分成东西两院。西院是住宅，由三进院落组成，原有格局和建筑保存尚好，南北长大约65m，东西宽大约35m。东院是花园，规模较大。大门开在东南角，占据一个开间，形制为金柱大门，卷棚顶，朱漆门扇立于金柱之间，前檐柱之间、檐枋之下装有雀替，上有彩画，台基较高，现存四步台阶。门扇上方有四个门簪，门前一对抱鼓石。东院现仅存敞厅，为三卷勾连搭组成"凹"字形建筑，四面环廊（图4）。

进入大门正对一道影壁，在大门和前院之间，还有一道较矮的门廊。第二进院子里有正房三间，卷棚顶，有前檐廊和台基，边上各有耳房。第三进院子布局与第二进院子相似，只是尺度都要略大些。最后面是后罩房（图6）。

2）北京西城区白米斜街7～11号——张之洞故居

该故居占地面积约为9900m²。据文献记载，该院子格局宽敞，横跨四路院落，中路是住宅主院，设有四进院子，各有正房和东西厢房；东路院辟有花园，大门位于东南角，院中堆有一座假山，旁边种植着繁盛的松柏花草。该故居是四路四进式布局，东路的花园门亭、山水、厅楼一应俱全。但是今日该住宅仅遗存入口大门、照壁、倒座房、花园大门、北侧一排二层楼房（图8）。

其大门属于广亮大门，色彩朴实无华，前檐柱上檐檩枋板下装有雕有云纹的雀替，后檐柱装有倒挂楣子。门口有门枕石两块，样式简朴。门外对面立有一面青砖照壁，平面为一字形，硬山顶，下碱为长方形，影壁心是软心做法。广亮大门西侧是一座五间倒座房，体量不大。旁有一个灰砖月亮门，院墙上部是砂锅套式花瓦顶（图5）。宅院北侧还存有绣楼。

图5　张之洞故居倒座房、月亮门

图7　四合院鸟瞰图

成因

北京四合院受到我国儒家礼制文化的影响，在北京城规划的影响下，其形制和院落都比较规整、严谨，一般通过不同的"进"和"跨"的组织形式，形成规模多样的布局。其开阔的院落空间还与我国北方冬季寒冷、院落和房屋趋于更多地利用阳光相关。在使用上体现封建宗族长幼秩序的观念。

比较／演变

北京四合院与北方周边地区的四合院相比，形制更加规整方正、规矩严谨，用材和建造比较规矩，多用砖石木等材料。这是由于地处京城，北京城历朝的建筑制度对民居的建造有严格的规定，无论在规模、色彩、高度上都比较标准。

城区住宅·府第

府第合院是具有浓郁北京地域特色的建筑类型，是指有王爵称号的人的住宅，又称为王府建筑。据《大清会典·工部》记载："凡亲王、郡王、世子、贝勒、贝子、镇国公、辅国公的住所，均称为府。"其中只有亲王、郡王的住所称为王府。而且府的规模要比王府小，府也不能用琉璃瓦覆盖屋顶，建筑也不能称为殿。而其他没有王爵封号的达官显贵，其住所只能称为第、宅。在产权上，王府与府都是皇产，统归内务府管理。而宅第一般都是私产。

图1 郑亲王府大门

1. 分布

明代分封王府之地或为边境要塞，或为名都大邑，对明代的政治、军事、经济和文化等均有积极的影响，但同时又对控制王爷和维护中央政治的稳定产生负面影响。因此，清代建都北京后，在分封制度上作了重要改革，采用了"分封不赐土"的原则，规定王公府第只能建于北京内城，并对王公有出行的约束："亲王无故出京师六十里，罪与百官同。"这样，清代王爷的府第合院几乎就都集中位于北京旧城以内。

2. 形制

由于我国历来实行封建制度，王府建筑都有严格的建筑等级制度，不同等级的王府建筑其建筑的规模、建筑的风格、尺度、装饰、材料、园林等都有差异。据光绪钦定《大清会典》卷一《宗人府》

记载，宗室封爵有十二等，分别是和硕亲王、多罗郡王、多罗贝勒、固山贝子、奉恩镇国公、奉恩辅国公、不入八分镇国公、不入八分辅国公、镇国将军、辅国将军、奉国将军、奉恩将军，无爵者则给予品级。不同等级的王爷住在不同等级的府第合院当中。等级越低，府第合院在尺度和装饰上越接近普通四合院民居。等级最高的亲王府一般是三路五进式合院格局，有的还带有园林（图2）。

3. 建造

清定鼎北京后，对王公府第合院建造制度重新修订，《大清会典事例》卷869记载：亲王府制。基高十尺，外周围墙。正门，广五间，启门三。正殿，广七间，前据周围石栏。左右翼楼，各广九间。后殿，广五间。寝室二重，

各广五间。后楼一重，上下各广七间。自殿至楼，左右均列广庑。正门、殿、寝，均绿色琉璃瓦。后楼、翼楼、旁庑，均本色筒瓦。正殿上安螭吻、压脊仙人，以次，凡七种；余屋，用五种。凡有正屋、正楼门柱，均红青油饰。每门，金钉六十有三。梁栋贴金，绘画五爪云龙及各色花草。正殿中设座，高八尺，广十有一尺，修九尺，基高尺有五寸，朱聚彩绘五色云龙。座后屏三开，上绘金云龙，均五爪。雕刻龙首有禁。凡旁庑楼屋，均丹楹朱户。其府库、仓厦、厨厩及祖候各执事房屋，随宜建置于左右，门柱黑油，屋均板瓦（图3）。

郡王府制。基高八尺。正门一重，正屋四重。正楼一重。其间数、修广及正门金钉、正屋压脊，均减亲王七分之二。梁栋贴金，绘画四爪云蟒，各色花

图2 恭王府银安殿

图3 恭王府建筑垂兽

图4 循郡王府大门墀头砖雕

图 5　恭王府后花园景观

图 6　恭王府后花园大门

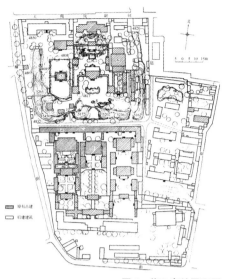

原有古建
后期建筑

图 7　恭王府总平面图

卉。正屋不设座，余与亲王同（图4）。贝勒府制。基高六尺。正门三间，启门一。堂屋五重，各广五间，均用筒瓦。压脊二，狮子、海马。门柱红青油饰。梁栋贴金，彩画花草。余与郡王府同。贝子府制。基高二尺。正房三间，启门一。堂屋四重，各广五间。脊安望兽，余与贝勒府同。镇国公、辅国公府制，均与贝子府同。

清代对王府建造有严格规定，并呈现越来越严格的趋势，乾隆年间规制趋于完善，光绪年间规制最详细。但是现存实例中，王府建筑的布局因府主地位、选址限制等因素与府第制度有不少出入，但在建筑结构方面还是以官式的木构架抬梁式结构为主。

4. 装饰

按照王府建筑制度，府第合院仿照皇宫"前朝后寝"的形制，在开间数量、台基高度、屋顶形式、斗栱踩数、彩画瓦饰等方面有详细规定，封建社会的宗法礼制和等级制度在王府的建筑布局和细部装饰上都得到充分体现。

5. 信仰习俗

府第合院的使用者大都是满族王爷，虽然他们深受汉文化影响，但是也不可避免地带有满族文化特色，尤其是受萨满教影响比较大。例如在早期府第的二门东边树立"索伦杆"，祭祀时在上面的容器放入动物的内脏等食物，还有神殿的西间有万字炕，西墙北墙设神柜，西墙上还挂着供萨满太太跳神用的乐器等。

6. 代表建筑

北京西城区前海西街 17 号和柳荫街甲 14 号——恭亲王府

恭王府始建于 1777 年，位于北京市西城区地安门西大街北侧什刹海西北角，现为全国重点文物保护单位。恭王府的前身是乾隆的宠臣和珅的宅第，嘉庆时成为乾隆帝第十七子永璘的庆王府，后咸丰帝将王府收回，转赐其弟奕䜣，改成恭王府（图7）。

王府分为府邸和花园两部分。南北长约 330m，东西宽 180 余米，占地面积约 6.11 公顷（61100m²），另外，它还在小翔凤胡同建有一个小园林"鉴园"。目前，府邸有中、东、西三路，各由多进四合院组成，最北面是长 160 余米的二层后罩楼。府邸区中路前部正门两重，大门面阔 3 间，又称为府门、宫门，前面有一个四方大院，因院内门前置石狮一对，故称狮子院。院东西两侧有两个角门，称为阿司门。楼后为"萃锦园"园林，花园正门为西洋式石雕花拱券门。园中散置了叠石假山，曲廊亭榭，池塘花木，景点丰富（图5）。

北京虽然府第众多，但多被各种机关、宿舍、学校、民宅所占用，真正得到有效保护并向公众全部开放的只有恭王府，可以说恭王府是北京现存最完整的王府，也是中国首个王府博物馆。恭王府蕴含了丰富的历史文化，难怪著名学者侯仁之先生称之为"一座恭王府，半部清代史"（图6）。

成因

清代封爵方式有功封、恩封、袭封和考封 4 种，可见清代将宗室分封与尚功结合在一起，但还是以重用宗室内人才为主。即使如此，为了国家政治稳定，清朝对王爷的管理还是非常严格，分府政策使得各级王爷其实是被限制居住于北京旧城以内的府第合院中，府第由内务府建造并掌握产权，王爷只有"居住权"而已。

比较 / 演变

明清王府的建筑布局都受到中国传统文化中儒家礼制文化的影响，在王府选址、园林建设等方面也受到道家文化道法自然、结合地形地势方面的影响，因此具有相似性。但是由于清代是满族入主中原一统天下，其中满族文化的影响、其他少数民族融合文化以及西洋文化都不可避免地影响到府第合院的各个方面，使其呈现出自身特有的建筑特点。

城区住宅 · 三合院

受建设条件的限制，取消四合院的倒座或一侧厢房，形成由三面房屋一面院墙围合而成的合院，即为三合院。此种宅院变化灵活，适用性广，又具有正房、厢房、院落等各级生活空间。

图 1　北京城区某三合院鸟瞰图

1. 分布

作为四合院发展过程中的一种衍生物，三合院通常作为地块边缘的边角部分，多位于街角、异形地段或者用地狭小地段。

作为四合院的变形，三合院并没有集中成片分布，而是在城区内根据实际情况建设，分布较为分散，且大都分布在老北京城的外城，旧时普通百姓所居住的建筑密度较大，院落占地面积狭小的区域。有的三合院亦并非独立院落，只是附近四合院的附属院落。

2. 形制

三合院主要由三幢房子组成一个"凹"字形平面，即三面为房屋，另一面以矮墙围合成院落。宅院的规模大小与组合形式的不同，都由宅主经济实力、人口多少以及用地条件而定。

三合院实为四合院的一种变形。一种形式为取消倒座，改以院墙，正中设置简单正门，正门直对正房，或在门内设置影壁，但正房与两座厢房仍保持中

轴对称的布局。另一种为两侧厢房取消其一，改为院墙，其上开门。也有少部分因地势限制，缺少正房。此外，三合院入口位置多变，房屋组织方式灵活，可形成多种形式的三合院。

由于院落狭小，多采用随墙式街门，区别于大部分四合院的屋宇式大门。

与四合院类似，在三合院中，正房是最大且等级最高的房间，东、西厢房建筑开间与面积、等级均小于正房，一般作为厨房、储藏等辅助空间。倒座房在等级上次于厢房。但由于三合院一般会缺少一种等级的房间，故房间的等级划分并不如四合院严格。

3. 建造

三合院建筑构造与四合院相近，以单层砖木结构硬山建筑为主，整个结构根据功能构成可分为木构架、基础、围护结构和屋面四部分。

院内单体建筑大都采用木构架承重、砖墙围护的构造方式。

建筑采用抬梁结构，灵活变化；以

砖石为基础，坚固防潮；围护结构以砖墙为主，厚重保温，以适应北方气候，且对内开敞，对外封闭；铺瓦屋面做法多样，有筒瓦、仰合瓦、棋盘心屋面等。

4. 装饰

三合院规模比四合院小，等级稍低，因此装饰亦比四合院简单。

在建筑的装饰中，应用最多的是砖雕、木雕和石雕。

砖雕，即在青砖上雕刻出瑞兽、花卉等图案。多装饰于屋脊、檐头、墙面等醒目部位，其中最普遍的便是宅门的门头部位。出于对门面的重视，即使等级稍低的三合院，也会在宅门门头点缀一两处砖雕，作为对外的财富与艺术品位的展现。

三合院是以砖木为主体的，其中石材的应用并不广泛，主要集中于建筑的基础部分。作为装饰艺术的构件多为门墩、抱鼓石、上马石、角柱石等。

三合院这类等级较低的宅院中最常

图 2　某三合院门头砖雕

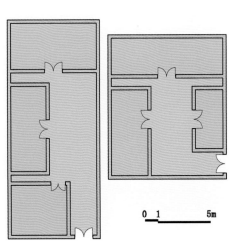

图 3　三合院典型形制示意图

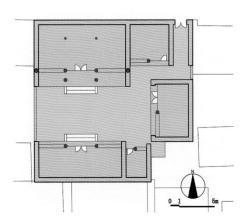

图 4　箭杆胡同 20 号陈独秀故居平面图

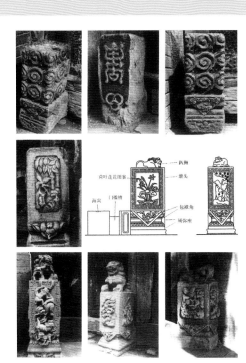

图 5　方形抱鼓石

图 6　箭杆胡同 20 号陈独秀故居入口

见的石材为方形抱鼓石，称为方鼓子，立于宅门门口两侧。体量较小，故略显单薄，但形式多样，整体造型饱满厚重。简单些的在方墩三面刻花卉、如意等小型图案浮雕；讲究的不但浮雕图案繁复细腻，还在顶面安置造型复杂的石刻狮子。

木雕在三合院中主要应用在建筑的内、外檐装饰上。常见的为门簪雕刻，雕刻部位位于门的正立面，在三合院这类小型宅院中，常以"平安"、"吉祥"为雕刻内容。

在硬山式三合院建筑中，屋脊包括位于屋面最上方的正脊和位于前后两坡屋面上的垂脊。根据不同的垒砌形式，正脊可分为清水脊、鞍子脊与合瓦过垄脊三种主要形式。垂脊有披水排山脊与梢垄两种常见类型。

5. 代表建筑

东城区箭杆胡同 20 号陈独秀故居

陈独秀故居为北京市文物保护单位。

此院坐北朝南，院落外围 17m 见方（其中东南部缺角）。因基地条件所限，宅门开设于东北角。院内正房和倒座房均为三开间，东侧为两开间厢房，西侧设墙，为三合院。该院院落小巧，组合形式灵活。宅门为典型的蛮子门，建筑为合瓦硬山式过垄脊。

1917 年，陈独秀应蔡元培之邀出任北京大学文科学长时定居于此，后来他创办的《新青年》杂志编辑部从上海也迁到这里。故居门楼并不大，木门早已斑驳不堪，门墩和门簪还算保留完好。在北京市文物局的坚持下，免于拆迁，得以保留至今。

成因

三合院为四合院的变形，通常因为受用地条件的限制或宅主财力不足，取消倒座或一侧厢房，改以院墙围合成院，形成不完整的四合院，作为填补边角地块的宅院形式。

三合院多分布在老北京的外城，由于外城一直以来都没有统一的规划与建设，呈自由发展的态势，故街道与建筑布局更加灵活多变，出现了许多边角及空间狭小地段，为三合院的产生提供了空间基础。同时，由于外城聚集了大量经济实力不足的普通百姓，没有过多的条件来修建四合院，这是三合院产生的社会基础。

比较 / 演变

三合院比四合院规模小，等级低，装饰亦稍简单，但对用地条件适应性强。建造三合院多因人口规模小，户主财力微薄，无须建设或者无法建设完整的四合院，而形成规模较小、形制较低的三合院。

随着人口的增多，一些曾经形制规整的四合院被分割为多个院落，在分割过程中往往不能保证院落的完整性，亦产生较多三合院。

城区住宅·独栋住宅

图1 协和医院南院住宅楼

北京独栋住宅是在西方建筑文化影响下，传统居住方式产生变化下的近代独户式住宅样式。它追求方便舒适，采用混凝土结构或砖木结构等新技术、新材料，按照居住需求细分餐厅、车库等空间，安装电灯、抽水马桶、浴缸等设备，提升了居住空间的舒适度。

1. 分布

中华民国时期北京的独栋住宅主要分布在内城商业繁华的王府井、东单、西单、西四、东四一带，多由当时的高官、商人和外国人士居住。目前保留下来的独栋住宅分为三类：一种是成片建设的高级居住区。如清华园近代住宅区、原燕京大学近代住宅区和协和医学院北院、南院住宅群、基督教美以美会牧师住宅群。第二种是独立式住宅。如朝阳门内南小街439号住宅。第三种是与原有四合院结合的洋楼，如段祺瑞宅、谭鑫培故居。

2. 形制

独栋式住宅多数二层，少数一层，并设有地下室。根据用地宽狭，一般四周环以庭院，院内种植草坪、花木。与传统的四合院相比，独栋住宅的居住功能更加细化。车库一般位于大门内侧，便于汽车出入。公共空间细分为客厅、起居室、餐厅，设有厨房、浴室、备餐室、储物间、锅炉房等服务性用房。

同时这类住宅配置了近代的照明、给水排水、采暖设施，居住生活更加舒适。安装电灯照明、吊扇降温、水汀（暖气）采暖，厕所安装抽水马桶，水泥铺

地，木质楼板，木板条抹灰顶棚等，提升了居住空间的卫生水平和舒适度。多层住宅多设有楼梯，楼梯直接与门厅或过厅相连，各功能房间多围绕楼梯或过厅布置。

3. 建造

独栋住宅的承重结构有三种：一种为混凝土或砖混结构，第二种为砖木结构，第三种为木结构。混凝土或砖混结构多见于特别高档的住宅，如北总布胡同2号住宅。砖木混合承重结构最为常见。清水灰砖或红砖承重墙体，内外墙体厚达50～70cm，木桁架或硬山搁檩承托坡屋顶，木梁木檩承托木楼板，底面木板条抹灰。木结构一种为传统的抬梁式坡屋顶，还有一种为木梁木檩平屋顶，砖墙为围护墙体。

图4 同福夹道4号住宅

图5 朝内南小街439号住宅内部装饰

4. 装饰

北京独栋住宅建筑风格较为多样，总体上分为中西合璧式和西式。中西合璧式的建筑多采用中式筒瓦屋顶，有的还有琉璃装饰和吻兽装饰，檐下饰以彩画，外墙多为青砖。西式风格多样，受当时西方流行式样影响，有美国近代折中风格、荷兰古典主义风格、西班牙风格、欧洲新艺术运动风格、法国府邸风

图6 菊儿胡同7号建筑内部装饰

图2 协和医院北院住宅楼窗口和檐部

图3 协和医院北院住宅楼

图7 协和医院北院住宅楼

图8　朝阳门内南小街439号住宅彩色玻璃

图9　协和医院北院28号楼入口

图12　朝阳门内南小街439号住宅檐部装饰

格等。屋面形式多样，有双折屋顶，屋面有老虎窗。建筑外墙除了灰砖，还有红砖、黄色抹灰等。立面有的采用柱式装饰、拱券门窗，周边装饰抹灰窗套。出挑阳台，饰以石质或铁艺栏杆。

室内墙面为纸筋灰抹面，坡屋顶下吊顶，顶棚采用木板条抹灰。墙面与顶棚之间有石膏线脚装饰。楼面为木地板，木踢脚线。水泥或瓷砖墁地。木质镶板门，木质窗安装玻璃。

5. 代表建筑

1）协和医院北院住宅群

协和医院北院住宅群位于外交部街北侧，坐北朝南，约建于1920年前后，为原协和医院高级住宅区。院内建筑布局规整，道路、花坛、绿地井然有序，与坡顶石板屋面和灰色砖墙的美式建筑构成了幽静的居住环境。

该住宅群由八幢独立式住宅和一幢联排式住宅组成，通过门房、圆形花坛以及两层半的联排住宅构成一条中轴线，住宅群构成严谨的整体。独立式住宅建筑平面布局灵活，每幢建筑面积600m²。地上两层，地下一层。住宅设有客厅、餐厅、厨房、卧室、卫生间。卫生间内有洗浴设施。住宅内部有一部楼梯，房间围绕楼梯及其过厅布置。

2）朝阳门内南小街439号住宅

该住宅位于朝阳门内南小街南口西侧，建于20世纪初。坐北朝南，地上两层，有地下室。砖木结构，灰筒瓦坡

图10　朝阳门内南小街439号住宅主楼

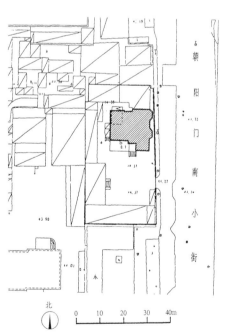

图11　朝阳门内南小街439号总平面图

顶，一层墙面为抹灰，划分砌块，二层灰砖清水墙，二层南侧建有阳台。室内木装修精美，一层东西两侧大房间装有壁炉，上刻汉白玉浮雕"二龙戏珠"。

成因

北京独栋住宅伴随西方建筑文化的影响，是居住需求与居住方式发生变化下的产物。它一方面是中国传统建筑文化的延续，一方面是西方外来建筑文化的传播，这两种因素的相互作用使得北京近代独栋住宅独具特征。它以方便舒适为目标，采用砖木结构等新的建造技术，同时结合中国传统的细部装饰。

比较／演变

北京的独栋住宅与上海、广州、天津等沿海城市相比，其建筑规模小，数量少。同时建筑风格既有西方折中式，也有不少建筑采用中式或中西合璧风格，即建筑材料和建筑技术是现代的，但建筑外观采用中式传统风格。

北京独栋住宅始于清末，伴随西方建筑文化的冲击而出现。最初的洋式住宅是在四合院内改建或加建的。中华民国时期，更有不少将四合院完全推倒、完全新建的独栋住宅，并出现了少量成片经过规划由建筑师设计的独栋住宅群。新中国成立后，由于政治经济条件的改变，独栋住宅的建设趋于绝迹。

城区住宅·里巷住宅

里巷住宅是在清末民国时期，为城市住宅需求而形成的一种近代集合住宅雏形，主要供城市贫民居住和外来务工人员租住。它突破了封建家族式聚居的合院式居住模式，采用排列形开放式居住空间组合方式，促进了城市的近代化发展。

图1　泰安里住宅外观

1．分布

近代北京城市住宅供应长期处于短缺状态，房地产市场很不成熟。用来出租给学生及城市平民的里巷住宅分布在当时学校林立、交通便捷的内外城区。目前保留下来的实例有西城香厂新市区内的华康里、泰安里、西四义达里、东城顺安里（国子监街18号、20号、22号、24号）、春晖里（东四十三条62号）、东棉花胡同17～27号住宅、前永康胡同39～43号住宅，新民里（原天桥平民住宅）。

2．形制

北京里巷住宅基本空间格局为以主巷道为纵轴，并联若干横排平房，交通流线为鱼骨式。具体空间形式为临街砖砌拱门，连接主要巷道，并联两侧对称分布的若干院落，巷道与院落以随墙砖门。北院南房与南院北房后墙相连，屋顶勾连搭。

在基本格局基础上，不同案例的功能与布局稍有变化。如新民里设置厕所，东棉花胡同17～27号住宅巷道设置车库。华康里入口演化为过街洋楼，提升建筑功能与品质。西四的义达里由于用地宽敞，除了义达里主巷道，还有乐群

巷、孝贤巷、慈祥巷、福德巷、忠信巷、勤俭巷六条纵横次巷道，联系数量更多的居住院落。泰安里西式风格更加突出，它模仿上海里弄，通过主要巷道连接六幢内有独立内天井的二层洋楼。

里巷住宅主要由私产房主建造、经营，供外来人口或城市平民租住。但也有例外，新民里原来叫天桥平民住宅，是政府出资兴建，低价出租给低收入人群的保障性住房，而华康里和泰安里当时为高档妓院。

3．建造

里巷住宅承重结构有两种：一种为传统木抬梁式结构，另一种为硬山搁檩。用料及工艺不太讲究。外观为硬山合瓦过垄脊，封护檐，淌白清水砖墙，新式玻璃窗。室内抹灰顶棚、焦砟地。厕所等辅助用房为灰顶平房。街门院墙采用西式元素加以点缀。入口砖砌拱门，上有砖匾或铁艺题名，院落随墙门多为壁柱弧形拱门并饰以砖线脚。里巷住宅由政府部门登记的营造厂商承建。新市区华康里、泰安里和新民里，由政府主导建设，因而工程建设采用招投标方式进行。

4．装饰

建筑外观基本为传统样式，局部采用西式元素点缀。

华康里入口洋楼和泰安里建筑规格较高，西式装饰风格。外墙采用壁柱装饰分隔，拱券门窗，周边装饰抹灰窗套。砖砌女儿墙或枭混线脚式檐口。室内装饰简单朴素，墙面为纸筋灰抹面，坡屋顶下吊顶，顶棚采用木板条抹灰。顶棚设有上人孔。墙面与顶棚之间有石膏线脚装饰。楼面为木地板，木踢脚线。入口顶棚安装电灯处有圆形石膏线脚装饰。木质镶板门，上面有亮子。木质窗安装玻璃，内侧有木质窗盘，外侧有木百叶窗。木质楼梯，采用花瓶式木栏杆，装饰效果突出。室内方砖墁地，楼面为木搁栅地板。

5．代表建筑

1）西城区华康里住宅

华康里住宅位于天桥华严路中路路北，西临板章路，占地2480m²（东西长40m，南北长62m），建造于1915～1918年，为当时京城新区的一组建筑。该建筑群以南北两组三开间的平房建筑围合成院，形成扁长的合院式单元体。建筑为中式平房，居住区按南北中轴线对称布置。两院连接的建筑背靠背，共有十排平房组合形成并联的建筑整体，院落狭长，布置紧凑。在临街的入口处，设有二层西式楼房。居住建筑结构沿用了传统的砖木结构，建筑装饰采用了中西结合的艺术处理，该居住区在日伪时期为高级妓院，后改为平民居住区。

2）泰安里住宅

泰安里居住区位于西城区仁寿

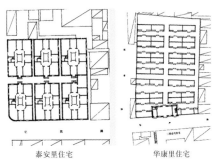

泰安里住宅　　　　华康里住宅

图2　建筑形制

图3　木格栅屋顶

图 4 华康里住宅鸟瞰

图 6 泰安里住宅细部

图 9 泰安里住宅楼

路和仁民路交叉口的东北角。建于 1915～1918 年间，占地 1722m²（东西长 41m，南北长 42m），为当时"新市区"中的一组仿上海里弄式住宅。该居住区有六栋以内天井为中心的二层单元住宅，天井内设有罩棚，以避风雨。六栋建筑通过一条小巷分为两排，小巷西端朝向仁寿路入口之上架空做二楼，东端完全封死，每栋建筑楼门均朝向小巷。单体建筑为砖混结构，单元内上下两层天井为公共空间，以回廊联系各家住户，建立起邻里共居的单元式住宅，突破了老北京城独院、独户的传统居住模式。建筑的外装修以青砖、青石砖墙为主，加设西式柱及门窗装饰，建筑风貌别具一格。

图 7 建筑细部装饰

成因

里巷住宅是在中华民国时期的北京，其住宅有效供给短缺下的产物。为了解决学生等外来人口以及城市平民的住房问题，私产房主以出租为目的兴建的联排住宅，成为北京近代集合住宅的雏形。

比较 / 演变

北京的里巷住宅是中华民国时期北京房地产业不成熟背景下的产物，因而与上海、天津、汉口等地的里弄住宅相比，其规模、开发模式和对城市经济的推动都无法望其项背。它没有体现高度集约化的土地利用，不具有典型里弄住宅的空间特征。

图 5 华康里住宅入口

图 8 泰安里住宅楼间小道

城区住宅·排房

图1　门钹

排房较早出现于中华民国时期，新中国成立以后是第一个批量建设代替四合院的北京居民住宅。排房平面呈"一"字形平行排列，具有节省空间、容纳更多住户的特点。由于排房在建造之初工艺简单，建筑本身也鲜具特色，质量一般，院内设施简陋，因此近年随着城市建设的加快，排房建筑难以列入传统民居保护的视野，被迅速以新型住宅取而代之。但作为特定时期出现的一种建筑形式，排房建筑仍然承载着北京人的回忆，体现着中华民国时期、新中国成立后北京居住形态的时代特点。

1. 分布

北京排房在北京城区均有广泛分布，但目前建筑格局及形制保存完好的排房民居已为数不多，主要分布在东城区国子监、前永康、东棉花胡同一带，此外在西城区也有较少的遗存。

2. 形制

由于排房与古代连房、清代旗营建筑布局相似，因此可以推测它是由"连房"、"兵营式住房"演变而来的。在古代，连房多用于宫中年少的皇子、皇孙或宫中太监、大臣居住，通常屋顶覆绿色琉璃瓦或灰色筒瓦，不覆皇家建筑特有的黄琉璃瓦，更无殿宇那样有正殿、配殿之布局。清代旗营，是康熙年间用来给八旗子弟兵和他们的家属们临时居住的，建筑布局与形制与连房极为相似。

现代排房大都坐北朝南、成列成排布置。每排房屋自成院落，各建独立砖砌门楼。建筑为砖木结构，硬山合瓦屋面，五架梁，封后檐墙，其中讲究的排房建筑木构架绘以掐箍头彩画。由于该种房屋布局整齐便于管理，建造时节省材料、向阳保暖，因此在当时特定时期被广泛采用。

3. 建造

排房建筑面阔少则两间，多则十来间，进深均较小，通常一开门室内便一览无余。各排房布置较紧凑，间距约为3～4m。在建造之初，排房建筑各院内没有独立的厨房、厕所等生活设施，通常一排房或几排房才设有一个公用自来水龙头，排房临门的首户大多是公共厕所，卫生条件较差。

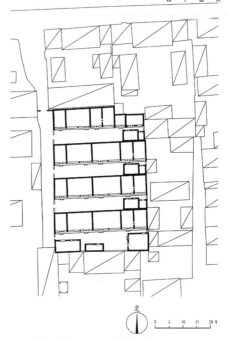

图4　国子监街18-24号平面图

图2　国子监街18-24号砖砌拱门

图3　国子监街20号砖砌门楼

图5　国子监街20号排房

图 6　国子监街 22 号排房山墙

4. 装饰

排房建造时期较晚，其使用目的是为解决当时更多住户居住问题，因此在建造工艺上较为简单。院门多为砖砌门楼或随墙门，房屋建造少有砖雕装饰，门窗装修大都为玻璃风门、槛墙和支摘窗，室内更无木隔断及其他装饰。可以说，排房仅仅是满足特定时期居民住宅的需求，因此没有传承四合院民居中精美的砖雕、木雕装饰。

5. 代表建筑

国子监街 18 ～ 24 号住宅

为一尽端封闭的联排式院落建筑组群，约建于 20 世纪 20 年代。建筑群东西长 26.5m，南北长 36m，占地面积近 1000m²。住宅入口的双枕双券砖砌拱门坐南朝北，位于建筑群西北隅，拱门上部女儿墙内方形匾额刻字遗失，应为某某里名称。大门内由一条尽端封闭的狭长巷道和自北向南依次排列的 18 号、20 号、22 号、24 号四个并联独立院落组成，院落位于巷道东侧，院门均为坐东朝西砖砌门楼，上有女儿墙，连接前后两山房，双扇板门，每个独立院落的门楼、正房及附属用房建筑形制基本相同。院内北房均面阔七间，分隔为一个单间、两个双间和一个套间，每排房又各带附属用房。建筑为砖木结构，硬山

图 7　国子监街 22 号门楼

过垄脊合瓦屋面，封护檐。房屋前檐装修为槛墙玻璃窗，房屋山面置铁花透风。此建筑群用料及工艺不太讲究，为当时供平民租住的公寓，具有一定的时代特征。2008 年，北京市政府对旧城内民居进行了调研，此组建筑由于年久失修，隐患层出，随后在不改变原有格局基础上对其进行了翻修，改善了居民居住环境。

成因

中华民国时期，由于战乱的影响，北京胡同经受了风雨的打磨，政府无暇顾及旧城区的翻修改造，胡同居住条件已经开始不能满足人们的居住需求，此时出现了一批供平民租住的公寓，排房建筑应运而生。

比较 / 演变

1949 年新中国成立，改北平为北京，大批为新政权工作的公职人员成为北京四合院居住的主要群体。1958 年，北京要从消费城市转变为生产城市，需建设一批轻、重工业基地，招聘大量农民工参加建设，但首要面临的是住房问题。房管部门将城近郊私人住宅多余的四合院房产统一分配给青年们居住。随着北京人口的增加，四合院已经无法满足居民的住宅需要，于是北京开始试行建设"排房"和"公社大楼"。排房是新中国成立以后第一个批量建设代替四合院的北京居民住宅。

城区商宅·平房商宅

图 1　西四北七条 20 号商铺

为了适应个体经济为主的封建社会经济模式，在北京城区街巷中出现了将经营、生产功能与居住生活的住房相结合的居住类型，将营业的开放空间和居住的私密空间有机结合，密布在街道两侧，形成传统的繁华街区。其中，以一层平房为多数的店铺多以一到三开间为主，以"前店后宅"、"前店后坊"的形式排列于街道两侧。

1. 分布

明代嘉靖三十二年（公元 1553 年），为加强北京城防而扩建城墙，形成以前门至永定门段的城市南中轴线控制的外城区。该地区以"前门"——京城九门之首的中心地位成为入京的必经之地，云集着全国各地官员，进京赶考的举子及各地商贾和职业者。特别是漕运码头南移至前门地区促进了地区经济发展。

清代，废除内城里坊制，实行"旗、民分域居住"政策，规定北京内城（今东城区、西城区）划为八旗驻地，不得开设店铺、戏园等，汉人和其他少数民族一律外迁城外（原崇文区），成为清代特定的社会现象，致使城市结构发生变化，促进了外城商业、文化、居住环境的综合发展。在外城汇集了前门大街、鲜鱼口、兴隆街、大栅栏、珠宝市、肉市街等街市和闻名京城的老字号、戏园及各地会馆等，此时前门地区经济、文化十分繁荣。

平房商宅型民居多分布于大量商业经营者云集之处，建筑形式多以一层为主，"前店后宅"、"前店后坊"，

在商街之后为满布胡同之中的宅院居住区、手工作坊。其中以烟袋斜街、前门人街、西沿河、大栅栏、鲜鱼口等商业街区为代表。

图 3　鲜鱼口某超市

据《庚子记事》中所记载："凡天下各国、中华各省、金银珠宝、古玩玉器、绸缎估衣、钟表玩物、饭庄饭馆、烟馆戏园无不毕集其中。京师之精华，尽在于此；热闹繁华，亦莫过于此。"这是对前门地区发展盛况的生动描述。此时该地区居住人口骤增，众多进京举子及各地商贾云集于此。同时，这里也同样是汉族、回族、满族等多民族汇集地，是平民百姓、小手工业者和外地来京务工人员的聚居之地。因此，外城居住方式呈现出寓居、商居一体和匠人、百姓及满族、回族等多民族聚居的特色。

图 4　烟袋斜街沿街商铺

2. 形制

清代，随着资本主义经济因素的增长，出现了手工业与商业的新发展，特别是外城前门街区商业的发展，促使大量商区就地建宅，并采取面街经商，背

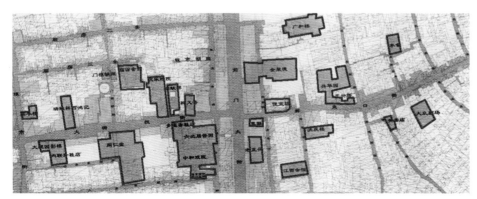

图 2　大栅栏、鲜鱼口商居结合区

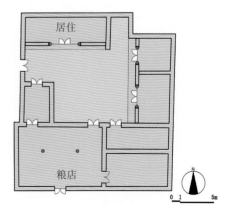

图 5　东四十一条 47 号广和成粮店平面图

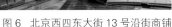

图6　北京西四东大街13号沿街商铺

图7　东四十一条47号广和成粮店入口

街居住或作坊相结合的居住方式，在临街处形成"前店后宅"、"前店后坊"等多种建筑形式，在商街之后为满布胡同之中的宅院居住区，形成商居结合的居住形态。

平房商宅型多以一层为主，面阔以一到三开间为多，布局以四合院、三合院式为主。这类店铺仍采用木结构体系，立面特点是店铺的前面加平顶拍子，屋顶上设冲天栏杆，外檐装修根据经营的商品种类略有不同。装饰重点在挂檐板的雕刻彩画和朝天栏杆的花饰上，屋顶形式有平屋顶和坡屋顶两种，坡屋顶以卷棚居多。

3. 建造

北京城区合院建筑以单层砖木结构硬山建筑为主，整个结构根据功能构成可分为木构架、基础、围护结构和屋面四部分。

平房商宅型民居多采用北方木构架建筑体系，在近现代商铺中有砖木结构或单一砖砌结构形式。沿街立面多以一到三开间为主。

4. 装饰

平房商宅型民居多将装饰重点放在挂檐板的雕刻彩画和朝天栏杆的花饰上，立面装修上多将沿街立面打破，形成商铺入口及展示处，在外檐板上布置店招，并配有雕刻彩画。或在沿街入口处设置门斗，形成入口空间。装饰类型根据商铺经营商品种类的不同稍有差异。

拍子式传统商业店铺原本是店铺前用木板做的支棚"排子"，到清代初期，"排子"逐渐演化成加在店铺主体坡顶建筑外檐的抹灰平顶廊子，后进一步演化为外檐的永久性平顶房，逐渐成为具有北京特色的传统商业建筑店面形式。这类建筑采用木结构体系，面阔一般为三开间，平顶拍子屋顶上设冲天栏杆，外檐装修根据经营的商品种类相区别。装饰重点在挂檐板的雕刻彩画和朝天栏杆的花饰上。

5. 代表建筑

东四十一条47号广和成粮店

东四十一条47号房檐的匾额上，镌有"广和成"字样，这是一家颇具名气的老字号粮店，其内建筑形制以合院式布局为主，采用"前店后宅"的构成样式。建筑整体面阔三间，一进院落，是沿街经商、背街居住的典范。在沿街立面房檐上设置店面匾额，建筑实体以砖石结构为主等。

图8　拍子式传统商业店铺

成因

平房商宅型民居多源于清代，随着资本主义经济因素的增长，手工业与商业得到迅速发展，促使大量商业经营者云集于繁华街道两侧，采取面街经商，背街居住的居住方式。

比较 / 演变

平房商宅型是以一层为主，面阔较小；楼房商宅型是以两层或两层以上沿街商铺为主。两者相比较而言，平房商宅型规模较小，等级略低，装饰相对简单，但用地条件适应性强，在布局上多以"前店后宅"的形式为主，而楼房商宅型在布局上可采用"前店后宅"或"下店上宅"两种布局手法。

城区商宅·楼房商宅

在北京传统街区中，为适应当时个体经济为主的封建社会经济模式，除店铺为专营性商业建筑外，在北京街巷中出现了经营、生产和居住功能相结合的居住类型，院落式楼房商宅就是其中较具代表性的类型。院落式楼房商宅将经营的开放空间、居住的私密空间及生产加工空间有机结合，密布在街道两侧，形成传统的繁华街区。一般户主以经商为业，因而这类建筑在建构上会更多地考虑其商业功能的需要，在使用功能分布上，往往为前店后居、下店上居的形式。其特点在于商业店铺与居住区的紧密相连，充分体现了京城特殊历史背景下，以商居结合的居住建筑形式，适应各朝代社会经济文化发展的需求，创造了新的居住模式和街区的独特风貌。其中以大栅栏、前门地区最具代表性，其街区规模、规格及装饰水平不一，居住和经营结合的建筑形式各异。

图1 西安门大街商户

1. 分布

北京传统的院落式楼房商宅主要分布于什刹海、前门、大栅栏、厂桥、鲜鱼口、东单、西单等传统商业地区，分布较为集中。

2. 形制

由于一开间的楼房商宅建筑受到面宽方向的制约，在其背后难以形成院落，因而传统面阔为一开间的楼房商宅建筑往往为独栋式，下层为商业，上层为居住。而院落式楼房商宅这类建筑则以面阔三开间、一进院居多，同时也有两开间或两进院的。开间数多因街面所限，以形成窄长的进深方向院落。沿街设店面，前院为作坊区，后院为居住及库房。有些因用地限制，后院也为两层楼房，以扩大使用面积，形成自产自销的经营模式。北京地区院落式楼房商宅的建筑面积都在200m^{2}以上。

3. 建造

院落式楼房商宅与其他传统的北京合院民居在建造上，除为了满足上下楼需求而设置的楼梯外，其他基本一致。皆以石材作为基础，以大木作为承重，以砖石为墙体，以小木作进行装饰和分隔空间。内部楼板、楼梯和栏杆皆为木质。

后期受西方影响发生了一些改变，例如：承重由木柱承重变成墙体承重或墙体与柱网结合承重；有些墙体不分上身和下碱，承重墙加厚；有些临街的墙加高起遮挡坡屋顶之用，并作西洋装饰，外观看上去如同西式建筑。此类建筑基本都采用西洋装修，屋顶多为平券或圆券长窗，栏杆及遮檐板均为简单的西洋样式。

4. 装饰

由于商铺需要吸引顾客，因而这类

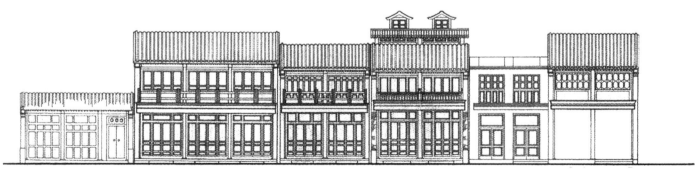

图2 西安门商业街区现状

图3 廊坊二条沿街东段商居建筑南立面

图 4 西安门大街 116 号

图 7 西四北大街楼房商宅

建筑的装饰重点集中在拍子、挂檐板和朝天栏杆等处；同时门窗的式样以及幌子的式样也是装饰的重要组成部分。

楼房商宅的立面形式丰富多彩，总体上归为两类：一是中国传统样式；二是受西方建筑风潮影响的西洋形式。其中中国传统样式又可分成冲天牌楼式、拍子式和暗楼式。西洋式以前门商业街区为代表，多模仿欧美古典风格，以壁柱、发券门窗及欧式装饰为主。立面上加强垂直划分，与中国传统店铺的三段式构图呈现出较大区别。也有些"西洋店铺"在结构、材料与中国传统店铺一致，只在细部做法上表现西洋元素。

5. 代表建筑

东城区新开路北口义盛号

图 5 前门大街历史照片

此院坐北朝南，前为店铺、中间是作坊、后面是户主的宅院，在老北京民居中颇具特色。店铺门脸为硬杂木窗框，镶着进口的西洋厚玻璃。二层以及后宅，都用雕花挂檐板，窗台门楼则是磨砖对缝。

成因

清北京城集市相对开放，集市较元、明时期明显增多，全国各地的商人纷纷到京城开商置号，贸易繁盛，且多集中在中下层市民居住的场所，未经过认真的规划。同时此类商宅又因易主而频繁改建，又在改建过程中容易受到西方建筑的影响，所以为了满足商业和居住的使用需求，有财力的户主便开始改建或新建楼房来扩充使用面积了。

比较 / 演变

首先，在等级制度观念下，院落式楼房商宅与独栋式楼房商宅相比，可以看出户主的财力、社会影响力不同。院落式楼房商宅的户主大都经济实力雄厚。独栋式楼房商宅往往是户主自营，下店上居，而院落式楼房商宅户主多雇佣工人，户主住后院正房，伙计在店铺二层或耳房居住。

其次，随着西方影响的加深，商户利用西洋元素来招揽顾客，所以西洋样式的楼房商宅数量越来越多，甚至在某些区域呈现出超过传统商宅的趋势。

图 6 新开路北口义盛号手绘效果图

城区商宅·天井商宅

天井商宅型民居在北京城区的数量较少。它是由传统院合院民居演变而来。一般为二至三层，呈"画"字或"日"字形平面，房间沿天井四周围合。楼上通过跑马廊联系起来。屋顶用罩棚将天井覆盖。就像现代建筑中的中庭空间。天井商宅型民居的面积较大，通常都在 $1000m^2$ 左右。建筑的功能布局也较复杂，多是档次较高的饭庄、旅馆。

图1 新潮胡同6号外观

1. 分布

天井商宅民居存在于北京传统商业区，又尤以前门地区常见，大多以商业经营为主。但由于天井商宅民居的功能布局也较复杂，多是档次较高、有一定财力的饭庄、旅馆，因此并不多见。

2. 形制

一般为二至三层，呈"画"字或"日"字形平面，房间沿天井四周围合，一层用途多为餐饮服务，二、三层为住宿之用。楼上通过跑马廊联系起来，方便楼上两侧通行。屋顶用罩棚将天井覆盖，就像现代建筑中的中庭空间。这样便于商户在天气差的时候也能照常经营，本类型建筑多用于商业用途，因此不太注重采光。

3. 建造

天井商宅民居构造与独立商宅型民居相近。天井商宅民居为砖木结构，其中建筑竖向承重结构的墙、柱等采用砖块砌筑，而楼板、屋架等用木结构。铺瓦屋面做法多样，有筒瓦、仰合瓦、棋盘心屋面等。建筑内部的跑马廊以木质材料建造为主。

图3 新潮胡同6号入口处

4. 装饰

天井商宅民居由于多为商业用途，因此较普通商用建筑装饰更为华丽、复杂。建筑风格属于中西结合的形式，既有特色鲜明的中国传统牌匾、门簪上雕有花草虫鱼等图案，并且部分屋脊上有雕饰，也有一些西洋式的壁柱、发券门窗及欧式装饰，建筑风格别具一格。

5. 代表建筑

新潮胡同6号

新潮胡同6号位于北京市东城区新潮胡同，原北京八大楼之一鸿庆楼饭庄旧址，为一座典型的中华民国时期的拥有两座天井的天井商宅型民居。

该院原为坐东朝西的两路两进的四合院落，由正院与南跨院组成，后于

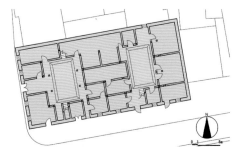

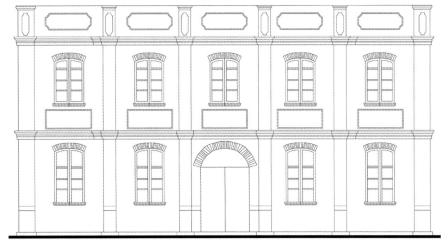

图4 新潮胡同6号平面图

图2 新潮胡同6号西立面图

图5 新潮胡同6号内部

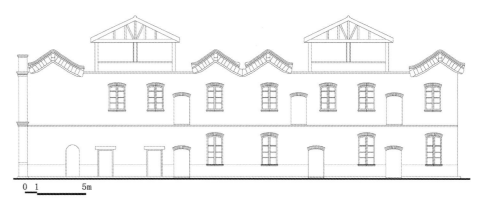

图7 新潮胡同6号北立面图

图6 新潮胡同6号照片

中华民国时期进行改造重建，将正院改建为一座两天井二层建筑，作为商业使用。现南跨院拆除。建筑占地面积约820m²。

本建筑原为鸿庆楼饭庄。鸿庆楼为北京八大楼之一。其南侧夹道内旁门尚存藏"鸿""庆"字头的门联。

建筑结构采用墙体与柱网承重，平面呈"日"字形，分为西、中、东三部分。西部原为一进院倒座房，中部原为一进院正房，东部原为二进院正房。中华民国时期在原有基础上翻盖二层。

西部为五檩前平接平顶廊硬山二层建筑，平面呈长方形，面阔五间共15.3m，进深5.07m。屋顶为单檐合瓦硬山屋顶，过垄脊。门处设一层如意踏跺。梁架为抬梁式做法，与清官式做法略相同。檐部装修，外墙为临街门面，一层中间开门，两边隔间均开一窗。欧式近代门窗，门窗上皆有弧形券，上有欧式冰盘檐。

东部基本形制、装饰手法与西部相同，东墙为承重墙且一楼不开窗，二楼隔间均开一窗。中部为面阔五间的勾连搭组成。天井上方加一人字架屋顶柱为各部廊柱，人字架高11m，坡高1.83m，地面铺装为海墁地面。

图8 新潮胡同6号立面

图9 新潮胡同6号房顶内部

图10 新潮胡同6号天井

建筑装饰方面以西房为例。西房出檐总长0.65m，檐口高3.11m。墀头处皆为素面。檐部装修，风门、支摘窗、横批窗为步步锦图案。墙体上身小停泥细淌白十字缝，下肩大停泥细淌白十字缝。室内方砖细墁。其余与其相似。

成因

前门地区自清朝便是商贾云集、外地学子进京赶考、外地官员进京述职和外地宾客驻京交流等云集之地。而随着漕运终点码头从什刹海南移至大通桥后，京城原有积水潭和鼓楼一带的商业中心南移至前门地区，促使前门地区的商业蓬勃发展。就此各类商业建筑形式逐渐形成，天井式商宅建筑也应运而生。

天井式商宅民居一般由一进或两进四合院翻建而成，其更加注重自身商业功能，天井下的空间可以形成良好的公共空间，类似现代建筑的中庭，并且屋顶用罩棚将天井覆盖，这样便于商户在天气差的时候也能照常经营。

比较/演变

由于清朝中后期前门地区迎来其商业发展期，很多平房四合院经翻盖形成平房商宅型、楼房商宅与天井商宅型建筑。天井式商宅型民居与一般的住宅类四合院相比更注重其商业功能。

天井式商宅型民居与独立商宅型民居相比规模更大，等级高，且装饰更加华丽。这类民居对用地条件要求更高，用户财力雄厚，且更注重自身商业功能。

城区商宅·独立商宅

该种商宅一般为两层，没有院落，就像现代商业的铺面房。呈小开间、大进深的平面格局。整个建筑的功能都沿建筑垂直方向展开，是在繁华地段为争取更大营业空间的一种商业布局方式。建筑的底层为店铺，上面的一层作为居住用途，即"下店上宅"。

图1 北京城区某独立商宅

1．分布

独立商宅多位于城区内原有商业较为发达的地段。通常占地面积较小，多位于用地较为紧张的商业沿街地段。独立式商宅一般在城区内根据实际情况而建设，分布不一定集中。

2．形制

在北京传统街区中，为适应当时个体经济为主的封建社会经济模式，除店铺为专营性商业建筑外，在北京街巷中出现了经营、生产功能与居住生活住房相结合的居住类型。

独立商宅，由于地处用地紧张的商业地段，所以并没有明显的室外院落，但是在房屋的垂直方向上拥有较多的楼层，尽可能在垂直方向获得更多的使用空间，并使不同楼层具备不同的使用功能。

一般而言，独立商宅结合了商业店铺与居住两种功能，底层为店铺，或兼有仓储、简易加工等功能，上部楼层为居住生活空间，形成"下店上宅"的建筑形式，将营业的开放空间、居住的私密空间及生产加工空间有机结合，密布在街道两侧，形成传统的繁华街区，充分体现了京城特殊历史背景下创造的居住模式和街区的独特风貌。

3．建造

独立商宅大多数采用砖木结构，整个结构根据功能构成可分为木构架、基础、围护结构、屋面四部分，布局灵活多变。

建筑以砖石为基础，为建筑提供稳定的建设平台，并可预防雨水、潮气对建筑本体的危害。围护结构以砖墙为主，墙体厚重，有利于冬天保温。铺瓦屋面采用灰背与泥背相组合，不仅保温隔热，防雨功能好，而且通过灰泥背局部厚度的调整，使屋面瓦依曲线铺设，形成具有柔和曲线的硬山坡屋面。

屋面形制有筒瓦、仰合瓦、棋盘心屋面等，建筑自重轻，并且施工工艺简单，材料也较单一。

建筑地面常以方砖铺墁，由于它们位于建筑台明以上，受到雨水冲刷的概率较小，更换频率较低，因此在工艺做

图2 檐墙细部装饰

0 1 5m

图3 廊坊二条沿街西段商居建筑南立面图

法上较院落地面更为讲究。

4. 装饰

独立式商宅的装修主要体现在建筑的大木构架之外的门、窗、隔断、花罩、天花、吊顶等木质建筑结构上。木装修在满足分隔空间和满足使用需求的同时，又被赋予了浓厚的艺术性，成为传统建筑重要的装饰元素，按照装修位置的不同，可分为外檐装修和内檐装修。

独立式商宅的建筑首层对外开放，装饰主要集中在挂檐板、栏杆、门窗和招幌等外檐上，它们位于室外，易受风雨侵蚀，因此用材较为坚固、粗壮。如木质或铁艺的平作栏杆，木雕封檐板以及各式的招幌和挂幌的构件等。

外檐装修的门可分为街门、屏门、隔扇门、夹门四种类型。窗可分为支摘窗、什锦窗和牖窗三种类型。内檐装修是位于建筑室内部分的木装修，根据功能的不同可分为两大类：分隔室内空间的木装修——包括碧纱橱、花罩和板壁，遮蔽顶部梁架的木装修——天花。

此外，建筑上还有各种优美的砖雕和石雕。

5. 代表建筑

南晓顺胡同 1 号独立商宅

该商宅位于前门南侧的南晓顺胡同，南晓顺胡同为南北向走向，该独立商宅位于北入口处的路西。占地面积 18m²，总建筑面积 36m²。因基地条件所限，面积狭小，无独立院落，店铺门开设于商宅东北角。

建筑一层为商业店铺，二层为居住空间。建筑采用砖木结构，顶部为坡屋顶，立面采用木头门窗，空间布局形式灵活，巧妙地利用街道拐角处其他建筑与街道形成异形空间布置房屋。正是由于独立商宅一般位于用地紧张地段的特性，该商宅没有院落，仅由一幢建筑组成。

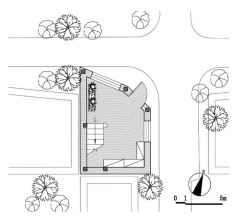

图 4　南晓顺 1 号独立商宅平面图

图 5　南晓顺 1 号独立商宅外景

图 6　南晓顺 1 号独立商宅外景

图 7　南晓顺 1 号独立商宅外景

成因

在商业繁华地段，土地经济价值高，同时，狭小地段无法将各功能水平展开形成院落，因此产生了功能垂直分布的独立商宅。

"下店上宅"，即首层为商业店铺，上部为居住空间，同时也是由于用地紧张，故取消了建筑内院，以节约用地。

该类商宅多分布在老北京外城，由于人口聚集，用地紧张，且缺少统一的规划与建设，独立商宅见缝插针一般穿插于居住院落周边以及难以利用的狭小地段。

比较 / 演变

相比天井商宅、平房商宅等，独立商宅更加注重在商业繁荣地段节约建筑占地面积，故而没有传统的院落与天井，建筑平面较小，将之前平面上的不同功能放置在垂直方向的不同楼层中，形成了新的形制。

郊区山地合院·砖石混合四合院

山地四合院是北京郊区北部、西部山区常见的传统民居形式。由于受山地地形等自然环境的影响和制约，山地四合院在遵循北京四合院基本形制的基础上，具有建筑尺度小巧、院落空间多样、建筑风格质朴等特点，具有浓郁的乡土气息。

图1 爨底下村山地四合院鸟瞰

1. 分布

山地四合院主要分布于京西门头沟、京北昌平、延庆、密云等山区，尤以门头沟最为集中。所处地域为暖温带半湿润大陆性季风气候区，干湿季节分明，寒暑交替明显。

2. 形制

山地四合院依山就势，弯曲的街巷串联其间，形成层层叠叠的聚落整体。院落基本形制由正房、倒座、东西厢房围合而成，根据用地宽狭和经济条件，有多进和多跨的组合方式。院落平面随地形变化调整布局，不追求对称庄严、规则严谨的布局。屋面为双坡硬山瓦屋顶。

四合院是主要的平面形式，基本由正房、倒座和东西厢房组成，以间作为基本组合单位，入口位于东南角。与北京城区四合院相比，山地四合院面积及建筑尺度更为小巧。由于平地进深有限，厢房两间的情况十分普遍。正房、倒座多数三开间，极少数五开间，厢房多数两开间，少数三开间。正房、倒座多数四步五檩，没有前后廊，厢房绝大多数两步三檩，极少四步五檩。

大多数山地四合院垂直等高线布置，同一院落的建筑、前后院落不在一个标高上，存在一定高差。当高差比较小时，正房利用抬高的地形，增强正房的主导地位。当高差达到1m多时，乡民利用台地的下部发拱券做贮藏空间。与平原地区的四合院相比，院落空间垂直方向的变化更为丰富。

山地四合院，围护墙体槛墙多采用外砌青砖，山墙上身多用灰土砌石外侧抹灰或者焦渣黏土外侧贴石，屋面用板瓦或石板瓦，局部用筒瓦，外檐装修使用木材。所以四合院建筑色彩主要是灰、白、褐三色，质感由抹灰、卵石、灰瓦、青砖构成，与燕山太行山高峻的山体配合，形成粗犷质朴的北方山野建筑的特色面貌。

图3 千军台村山地四合院鸟瞰

3. 建造

单体建筑承重结构主要采用抬梁式木构架，围护外墙有砖墙、砖石混合墙和石墙。下槛墙和墀头采用青砖砌筑，其他墙体多用灰土砌石外侧抹灰或者焦渣黏土外侧贴石。在盛产石材的千军台村等地，也有石墙。石墙厚尺寸一般为一尺二（0.396m）、一尺四（0.462m），

图4 爨底下村四合院

图5 爨底下村石角居

图2 山地四合院剖面图

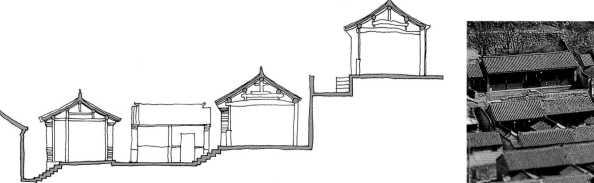

图6 爨底下村广亮院鸟瞰图

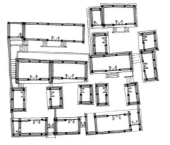
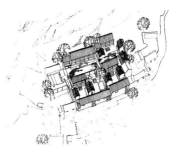

图7 建筑装饰   图8 爨底下村广亮院平面图   图9 爨底下村广亮院鸟瞰图

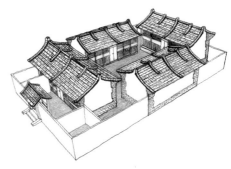

图10 千军台村常宝院鸟瞰图

但垒石手艺现已失传。梁架所用的木材比较随意，多为原木稍加修整，不追求均匀直挺。正房东山墙有泰山柱做法。有些脊瓜柱两侧用角背增强其稳定性，角背上阴刻装饰花纹。屋面多采用板瓦屋面或石板瓦屋面。板瓦屋面屋脊基本为清水脊，盘子和平草砖上雕刻精美的花草作装饰。石板采用当地特有青石片，加工成大约 30cm×20cm×1cm 规格，片片相叠，前后坡合拢处多覆以合瓦作脊，或者与合瓦垄组成棋盘心的样式。

4. 装饰

山地四合院建筑装饰朴素，色彩淡雅。但装饰题材丰富，大至山水建筑，小到人物鸟虫，无所不包；同时装饰部位重要，装饰的图案图图有意，意必吉祥；装饰的手法种类繁多，主要是砖雕、木雕和石雕。明间外檐门多是四扇隔扇门，有的安有帘架。安装于次间槛墙上的槛窗，多采用支摘窗。门窗装修花纹有直棂、灯笼锦、步步锦、方形格、菱形格、一码三箭、冰裂纹、万字纹、寿字纹等。正房、倒座正脊多用带平草砖的清水脊，平草砖上雕饰牡丹、菊花等花卉图案，垂脊多用筒瓦梢垄。山墙墀头用砖砌出各种线脚，讲究的还有带砖雕的戗檐砖。门枕石雕刻采用线刻或浅浮雕，雕饰花卉虫鸟。

山地四合院的大门和影壁是装饰的重点。大门样式与北京四合院类似，既有屋宇式大门也有墙垣式大门。装修精美的金柱大门上部多设吊顶，门外侧顶棚施油漆彩画，门楣上装饰有各种样式的门簪。外侧邱门墙面多用硬心，用磨砖对缝的方法方砖斜砌各式花纹。正脊

多用清水脊，装饰着平草砖雕花，蝎子尾高高翘起，筒瓦梢垄，异常精美。

山地四合院的影壁分门外独立影壁和门内的跨山影壁。讲究的影壁非常精美，顶部采用清水脊，硬心，用磨砖对缝的方法，方砖斜砌各式花纹。一般影壁，壁心用石灰刷出方形，上书"福"、"寿"等字，用青灰加框。

5. 代表建筑

1）门头沟区爨底下村广亮院

广亮院是斋堂镇爨底下村规模最大、形制最高的院落。南北二进，东中西三路。各院落之间既互相独立又有联系。中路东厢房南侧设门与东路相通，西厢房为过厅，与西路联系。该组院落巧妙利用了地形高差，形成村落的核心和控制点。

整组院落垂直等高线布置，地势北高南低，高差约 5m，中路后院正房，利用地势高差，位于村子最高处，而且面阔五开间，体量最大，成为全村四合院群的控制点。其台明高 1.3m，因用地进深有限，不采用常见的垂带踏步，而通过东西两侧的条石踏步上下。东路后院地坪比前院高出约 5m，东南角开随墙门，利用高差山石发券，东厢房下用做杂物间，西厢房下用做花房。

2）门头沟区千军台村小卖部

小卖部为一进四合院，正房三间，坐南朝北，东西厢房两间，倒座三间，目前用作服务居民的小商铺，据说曾用作旅馆。现正房由经营小商铺的业主居住，东西厢房闲置，室内装饰较为简单。屋面由内外两层石片组成，底层石片大小相当，替代望板，中间用

泥土与干草拌合而成的苦背填充，用作保温层。屋面石片瓦从屋脊到屋檐尺寸渐大，利于防漏防渗。同时，石板之上均匀设置合瓦垄，用来加固屋面。石板瓦屋面就地取材，富有乡土气息，是该村及周边地区广泛使用的独具特色的屋面形式。

成因

京郊山地四合院的基本形制深受北京城区四合院影响。由于地处京城通往蒙古高原的通道上，受到晋陕建筑文化的影响，在山地地形的制约下，独具地方特色。

比较/演变

京郊山地四合院与北京四合院相比，具有建筑尺度小巧，建筑充分利用地形高差，院落空间更加多样，多用石、土等当地材料，建筑风格质朴，具有浓郁的乡土气息。

郊区山地合院·砖砌三合院

因受特殊的山形地势和使用需求所限，在北京地区还形成了三合院的院落格局。这类青砖灰瓦的古朴民居，具有北京西北部山区的文化特色和以家庭为单位的北方民族的生活特征，它们是北京传统民居类型的重要组成部分之一。

图1　昌平区流村镇长峪城村

1. 分布

山地砖砌三合院分布于北京西北部山区，所处区域为温带气候区，冬冷夏热，四季分明。由于分布较为分散，暂未发现成片分布的情况。

2. 形制

三合院，是由北侧正房、东西厢房和院墙围合而成。其中正房坐北朝南、体量较大，等级较高，包含主要使用功能；院落两侧设置东西厢房，体量相对较小。东厢房主要用作居住，西厢房由于朝向关系冬冷夏热，多用作厨房等辅助用房。院门可设于院落轴线上，南面院墙正中；也可设于整个院落的东南角，位于八卦中的"巽位"，以取"紫气东来"之意。院门内设一独立影壁，与院门形成明确的轴线对位关系，同时构成了一处较好的过渡空间。围合的院落带有强烈的内向性和私密性，院落空间均衡对称，形制规整，并有宽敞的室外活动空间。三合院的"凹"字形平面以及正房坐北朝南的地理优势，使得居住者在夏季可以享受凉爽的自然风，冬季可获得较充沛的日照。

3. 建造

在这种院落中，建筑多采用硬山屋顶，覆青瓦。其房屋建筑主要由四大部分组成，即基础、框架、墙体、屋顶。各部位所使用的材料不同，营造方法也不一样。木材作为房舍支撑和骨架结构，四周辅以砖砌墙体，起到良好的围护作用。建筑整体色彩为青灰色，门窗为原木色。铺瓦屋面做法多样，大多采用筒瓦形式。

建造工艺流程仍采用传统做法：1）建筑的定位放线，确定院落中轴线、次轴线、辅助轴线的位置；2）开挖基础与砌筑夯实，槽底要按照3：7的比例铺垫灰和土；3）码磉与包砌台明；4）安装大木屋架。在屋基上立柱，柱上支梁，梁上放短柱，其上再置梁。梁的两端并承檩，如此层叠而上；5）砖砌墙身。墙体只作围护作用，本身不承重；6）铺瓦、做屋脊、室内墁地；7）安装槛框与门窗；8）髹漆与绘制彩画。

4. 装饰

山地砖砌三合院以当地常见的建筑材料为主。建筑形式古朴，装饰多集中在屋脊、门窗等部位，整体样式较为简单。室内装饰风格有北方地区特色。室内地面为三合土材质，天花都是用高粱秆作架子，外面糊纸。室内从顶棚、墙壁到窗户全部用白纸裱糊，称之"四白到底"。普通人家几年裱一次，有钱人家则是"一年四易"。隔断一般为木制板壁或花罩。

正房以及东西厢房的门一般设于正立面的明间，多为木质双开门，次间和梢间均设有窗户。窗户亦以木质为主，上扇可上旋支起，下扇一般固定，称为"支摘窗"。冬季糊窗多用高丽纸或者玻璃纸，自内视外则明，自外视内则暗。这样既防止寒气内侵，又能保持室内光线充足。夏季糊窗则用纱或冷布。现如今这些糊窗的材质均换成以玻璃为主，具有保温的功能以及可为室内提供充足照明。

院落中影壁是装饰的重点。三合院中一般采用独立影壁，用于遮挡视线，突出美化和突出院门空间的作用。影壁通常是由砖砌成，影壁的顶部用砖砌出椽子，并在上设清水脊或卷棚脊。

从整体来看，传统民居中出现的颜色灰色系明度差异大；彩色系明度整体较低，色彩饱和度高，色调沉稳。

图2　昌平区流村镇长峪城村砖砌三合院

图3　昌平区流村镇长峪城村百年老宅正房

图6　昌平区流村镇长峪城村百年老宅平面图

5. 代表建筑

昌平区流村镇长峪城村百年老宅

　　建筑有一定程度的损毁，但经过部分修缮，仍能保持原有风貌。正房为三开间，每开间3.3m，进深4.6m，三间功能由西至东分别为储藏、厅堂和卧室。两侧厢房尺寸较小。这个院落分为两进，第一进院主要设有牲口棚，同时存放农用设备，第二进院是主要的生活宅院。

图4　昌平区流村镇长峪城村百年老宅入口

成因

　　案例中的三合院，通常受到地形和经济条件的限制，不得以取消了倒座或一侧厢房，从而形成了一种特有的合院类型。

比较／演变

　　现存传统民居院落的布局和建筑主体结构未发生过改变。部分建筑的围护墙体、屋顶、门窗在历次修缮中有所变动，以砖为主要材料对其进行修缮。

　　新建的民居院落沿用传统布局形式，但建筑单体构造方式发生较大改变，由原有木框架承重改为砖墙加混凝土圈梁、构造柱承重。门窗洞面积也有所增加。个别案例中正房南侧添加内廊，正房室内空间序列由门→厅→两侧卧室变为门→内廊→厅或卧室。

图5　昌平区流村镇长峪城村百年老宅东厢房

郊区山地合院·石筑三合院

图1 昌平区长峪城村石筑三合院整体布局

京郊山区石筑三合院是指以石材砌筑为主的建筑三面围合而成的院落。其分布较为普遍，数量上多于四合院及砖砌三合院。住民为普通村民。由各方面因素导致现存建筑中保存完整的案例屈指可数，多数院落有不同程度的损毁，部分损毁程度较严重。建筑采用人字形坡屋顶，覆青瓦。硬山墙，在屋脊端头压雕刻精美的脊花。

1. 分布

该建筑类型广泛分布于北京西北部山区。部分村落中可发现成片分布的情况。多数院落有不同程度的损毁，部分损毁程度较严重。图例照片抢救性地记录了此类建筑的现状。

2. 形制

该类型民居主要为一进院落，由建筑及院墙围合而成。建筑采用人字形坡屋顶，覆青瓦。硬山墙，正房三或五开间为主，每开间3m左右，进深4～5m，厢房尺寸较小，基本为两开间。

3. 建造

其房屋建筑主要由四大部分组成，即基础、框架、墙体、屋顶。

建筑基座和墙体均为当地石材砌筑，节约成本，就地取材。部分院落中山墙使用砖砌包边，提升建筑档次。

以木材作为房舍支撑物和骨架结构，大大减轻了四周墙体的负重量。屋顶骨架主要是木质结构，分成柁、檩、椽、枋等几部分。当地传统叫法中将进深方向的柁又称为梁，因此三开间的房屋结构又称为"四梁八柱"结构。

建造流程具体如下：

1）建筑的定位放线。确定院落中轴线、次轴线、辅助轴线的位置。在使用建筑施工中，都要遵循古建筑中"万法不离中"的原则。

2）开挖基础与砌筑夯实。建造房屋前要"打槽"，类似现代建筑打地基的意思，槽底要按照3：7的比例铺垫灰和土。

3）码磉与包砌台明。建筑物的底座，四面以砖石砌成，内多填土，地面铺以砖石。台明，即台基明着的部分。台明的高度是有规定的，为檐柱高度的五分之一或柱径的二倍。

4）安装大木屋架。在屋基上立柱，柱上支梁，梁上放短柱，其上在置梁。梁的两端并承檩，如此层叠而上。老百姓

图3 昌平区长峪城村石筑三合院山墙面

图4 昌平区长峪城村石筑三合院样式细部

图2 昌平区长峪城村石筑三合院西厢房

图5 昌平区长峪城村石筑三合院东厢房

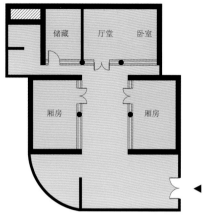

图7　昌平区长峪城村石筑三合院平面图

图6　昌平区长峪城村石筑三合院正房室内布置

有句俗语"四梁八柱"，道破了柱和梁的数量关系。四根梁，取意代表四面；八根柱，代表八方。大梁尽量选干燥木料，而柱子则尽量选含一定水分的，这样建成以后，大梁的收缩不大，柱子的收缩则相对大，更有力地套牢大梁，有利于建筑的稳固。

5）砌筑墙身。在柱子间砌墙，墙体为当地常见的石质材料。不同于现代的承重墙，古建筑中的墙主要起到遮风挡雨、保温隔热等功能作用。

6）铺瓦。檩条上摆放椽子和望板，之后通过打护板灰，找平粗糙不平的望板，然后通过做薄厚不均的泥背，将屋顶优美的曲线找出来，再涂上由青灰和白灰等混合制成的"防水层"。最后一道工序，才是按顺序码放瓦片。

7）做屋脊。

8）室内墁地。

9）安装槛框与门窗。通常为上半部做成十字棱条或步步锦、套方木格，可装玻璃也可糊纸。下半部在门边中装门芯板，门芯板可刻上曲线花纹。

10）髹漆与绘制彩画。

4. 装饰

装饰部分的建筑材料多为石材、灰砖、木材、灰瓦等，整体色彩为土黄或青灰色，门窗为木材原有颜色或刷黑褐色漆。

屋脊端头起翘，仿鸱尾形式。条件较好的民居建筑在屋脊端头压雕刻精美

的脊花。在屋顶两侧，设置三列或五列隆起的筒瓦，其数量反映房屋开间数量。窗棂多用简单的方格式，但门间窗与门上窗花样较精美。

5. 代表建筑

北京市昌平区流村镇长峪城村石筑三合院

民居为一进院落，包括正房、东西厢房，由建筑及院墙围合而成。

因地形环境等因素影响，该院落平面围墙南侧呈弧形。院落入口位于东南角。

建筑有一定程度的损毁，曾经过部分修缮，但仍能保持原有风貌。建筑采用人字形坡屋顶，覆青瓦。硬山墙。正房三开间，坐北朝南，每开间3.3m，进深4.2m，三间功能由西至东分别为储藏、厅堂和卧室；东西两侧厢房尺寸较小，现用作存储。

正房室内隔墙由砖砌成墙，外层抹灰。地面已改为水泥抹面，四面墙为白灰抹面。西侧间靠窗处设置砖砌土炕。

成因

诸多因素影响，导致院落部分损毁，但也人为进行修补，又因现有地形的关系，四合院中的倒座没有足够的空间建造，所以形成现在的三合院，仅剩入口空场区域，整体院落空间以院墙围合。

建筑墙体使用当地石材砌筑，因地制宜，节约建造成本。

比较/演变

民居院落布局方式保持未变。但房屋建造尺寸扩大，高度也比传统形式有所增高；建造地基加深，由传统的50～60cm，加深到现在的1m以上；院落空间偏小。

屋顶由传统灰瓦更换为红瓦；更换后的门窗样式较为简单，窗扇使用玻璃材料。

郊区山地合院·砖石混合三合院

图1 昌平区长峪城村砖石混合三合院门窗细部

京郊山地砖石混合三合院主要是指由砖石混合砌筑的建筑三面围合而成的院落。其分布较为普遍，它并不是四合院的前期，而是一个单独的合院类型。砖石混合三合院的建筑材料选取基本因地制宜，屋顶覆以青瓦。多用于居民对自己的房屋进行翻新或是修补，山墙多露出原始石材，而建筑正立面多用灰砖做贴面。

1．分布

这种院落布局与建筑类型广泛分布于北京西北部山区。目前这种砖石混合三合院已成为大多数居民更新改造自宅所采取的典型类型。

2．形制

整个院落呈矩形，占地大小可随地形而变。一般由正房和东西厢房或是由正房、一厢房和一倒座两种组合方式组成。通常北房为正房，坐北朝南，在院落中地位最高，东西两侧则为厢房。

此类院落多为一进。整个院落的入口多设在东南角；也有部分设在整个院落的中轴线上，与正房正对。入口处均设有影壁，起视线遮挡的作用，也是一种空间的巧妙过渡。另有小部分三合院的南侧没有设置院墙，为开口式三合院，自然也就没有院门，这样的三合院由建筑围合而成的空间则成为开敞式院落空间，虽然缺乏一定的私密性，但更便于居民与邻里之间的交流。

建筑采用木构架承重体系，墙体起围护作用，具有"墙到屋不塌"的特点。以"间"为单位，全部为三间、五间的单数间构成，其中三间居多，分一明两暗及两明一暗两种。正房进深多为一丈四五，厢房略小。

3．建造

砖石混合建筑的基本建造流程与砖砌建筑的基本相似。建筑的整体构架还是以木构架为主，屋顶覆瓦。该类型建筑的围护材料在开始之初应是以石材为主，但是经过长年累月的风吹日晒，石材的损坏风化以及木材的腐蚀等诸多因素导致建筑主体结构损坏，成为危房，但是由于经济的原因，居民没有能力拆除旧房重建新房，只能对其进行加固改造。所以采用红砖或是灰砖配以黏土对房屋结构进行加固及维护，才形成现在的砖石混合类型的三合院。

4．装饰

建筑材料多为石材、砖、木材、灰瓦等，整体色彩为土黄或青灰色，门窗为木材原有颜色或刷黑褐色漆。

影壁是装饰的重点，可分为跨山影壁和独立影壁两种形式。

部分建筑内部有吊顶，用高粱秆或竹条做棋盘式网格框架，内部糊纸，起美观作用。没有吊顶的房屋内部梁架外露，能清晰地看到房屋结构。

传统建筑窗户采用支摘窗，冬季糊窗多用高丽纸或者玻璃纸，既防止寒气内侵，又能保持室内光线充足。夏季糊窗用纱或冷布。住宅多设门帘。

图2 昌平区长峪城村砖石混合三合院整体布局

图 3 昌平区长峪城村砖石混合三合院东厢房

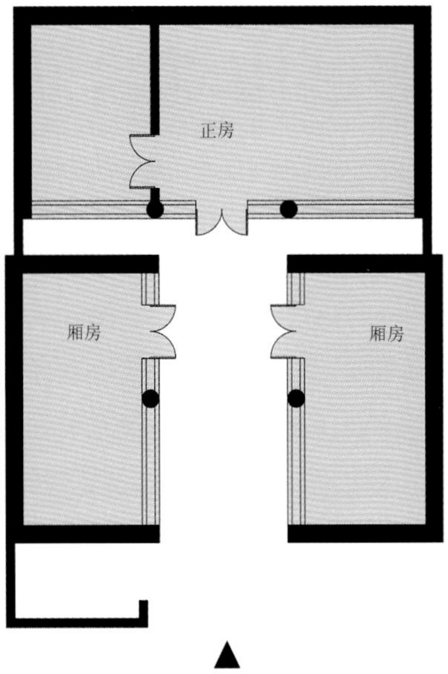

5. 代表建筑

北京市昌平区流村镇长峪城村砖石混合三合院

该民居为一进院落，主要由正房和东西厢房围合而成。

建筑有一定程度的损毁，但仍能保持原有风貌。为开口式三合院，院落对外开敞，建筑采用人字形坡屋顶，覆青瓦。硬山墙，正房三开间，为一明两暗式。每开间 3.0m，进深 4.3m。正房室内隔墙由砖砌成墙，外层抹灰。四面墙为白灰抹面，靠窗设砖砌土炕。厢房尺寸较小。

建筑材料为石材、灰砖、木材、灰瓦等，整体色彩为青灰色，门窗为木材原有颜色。屋脊端头起翘，仿鸱尾形式。

图 4 昌平区长峪城村砖石混合三合院山墙面

图 6 昌平区长峪城村砖石混合三合院平面图

成因

案例中的砖石混合三合院类型是北京地区自古以来传统的民居样式，是由正房和东西厢房围合构成的合院住宅。相较于封闭式三合院而言，该合院为开口式三合院。

当地工匠都是因地制宜选取材料，利用传统建造手法加建。木框架的承重结构、砖石新旧结合而形成的围护墙体以及灰瓦的屋面系统都展现出传统民居的特点。

比较／演变

民居院落布局方式保持不变。建筑主体结构依旧以木材为主；墙体材料由石材改为石材和砖相结合，部分建筑还会加入少许现代的钢筋以及混凝土等材质作为砖墙稳固的辅助材质；屋顶部分瓦片更换，颜色稍有不同；更换后的门窗样式较为简单，窗扇使用玻璃材料。

图 5 昌平区长峪城村砖石混合三合院西厢房

31

郊区山地合院·石筑特殊合院

图 1 延庆县千家店镇前山村石筑特殊合院正房

北京地区山地石筑特殊合院一方面是因特殊的山形地势而形成的，另一方面是受经济条件制约而形成。这类特殊合院均未能形成典型的四合院与三合院的格局，有些仅有一间正房，其余三面通过院墙围合，有些则是由一间正房、一间厢房以及院墙围合而成。另外砌筑墙体所使用的建筑材料为石头。石筑墙体就地取材，有效节约建筑成本。其建筑形制和风格仍结合了典型合院民居风貌和北京西北部山区的文化特色，与环境相协调。

1. 分布

山地石筑特殊合院多存在于北京西北部山区，相比于三合院、四合院，数量还是偏少些。所处区域为温带气候区，冬冷夏热，四季分明。

2. 形制

特殊合院是相对于典型的四合院和三合院而言的，主要是指是由一栋或两栋建筑与院墙相连所围合的院落。通常较为普遍的院落格局是由一间正房和院墙相结合围合而成，或由一间正房、一间厢房和院墙相结合围合而成。特殊合院功能布局较为紧凑，部分生活空间会由室内转向室外，如厨房，而且较为简易。除此之外其他一些生产生活活动也会在院落中进行。

3. 建造

石筑特殊合院建筑多采用硬山屋顶，覆青瓦。因地制宜，运用当地石材

砌筑山墙，正房以"间"为单位，多为三开间，一明两暗式，门窗为木材原色。

建造的基本工艺流程包括：

1）放样后开挖基槽；
2）基槽内填灰土并铺砖石，至室内水平高度；
3）在相应位置设置柱础，上立木柱，柱上支梁，梁上放短柱，其上再置梁。梁的两端并承檩，形成"四梁八柱"结构，构成房屋整体框架；
4）在柱间用石砌筑墙身，起围护作用，墙体本身不承重；
5）屋顶覆瓦；
6）进行室内墁地，并安装相应门窗；
7）做最后装饰。

4. 装饰

石筑特殊合院以当地常见的石材为建筑材料，墙体表面涂抹黄泥秸秆。建筑形式古朴，装饰集中在影壁、屋脊、门窗等构件部分，整体样式较为简单。

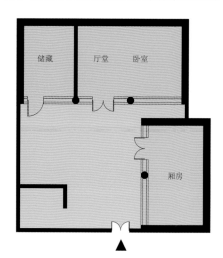

图 3 昌平区流村镇长峪城村石筑特殊合院平面

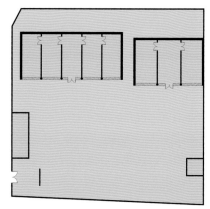

图 4 延庆县千家店镇前山村石筑特殊合院平面

图 2 昌平区流村镇长峪城村石筑特殊合院入口

图 5 延庆县千家店镇前山村石筑特殊合院门窗

图6　昌平区流村镇长峪城村石筑特殊合院山墙

图8　延庆县千家店镇前山村石筑特殊合院山墙

室内装饰风格有北方地区特色。室内地面多为石材铺砌，天花使用高粱秆作架子，外面糊纸。室内由顶棚到墙壁、窗帘、窗户全部用白纸裱糊。隔断一般为木制板壁或花罩。

5.代表建筑

1）昌平区十三陵镇大岭沟村石筑特殊合院

大岭沟村的特殊合院为二进院。一进院落中建筑均已损毁，只剩围墙。由台阶上至二进院，二进院中的建筑也有一定程度的损毁，曾经过修缮及加设保温层的处理，但仍保持原有风貌。建筑采用人字形坡屋顶，覆青瓦，硬山墙。正房三开间，每开间3.3m，进深4.85m，

正房东侧现留有耳房一间。东厢房尺寸较小，作厨房用。建筑材料主要为石材，整体色彩为青灰色，门窗为木材原有颜色。

2）延庆县千家店镇前山村特殊合院

该院落是由唯一的一座正房与院墙围合而成。院落入口位于西侧。主建筑坐北朝南，损毁较严重，曾经过修缮，能保持原有风貌。

建筑采用人字形坡屋顶，覆青瓦，硬山墙。正房五开间，每开间3.6m，进深8m。建筑材料主要为石材，整体色彩为青灰色，门窗为木材原有颜色。东侧正房长度约为12.5m，宽8m左右。

成因

石筑特殊合院为合院类型建筑的简化与变形，一方面会是由于自然山形地势的原因，基地面积窄小无法使之形成完整的四合院格局，另一方面可能是由于居住者自身经济条件所限或在房间上使用需求较少而简化了四合院的原有格局。这类院落相对更加宽敞，适合传统乡村农业生产对室外空间的使用需求。

建筑墙体及基座全部使用石材砌筑，就地取材，节约成本。

比较/演变

现存传统民居院落的院落布局未发生改变，建筑主体结构相应作出部分改变，由原有木框架承重改为砖墙加混凝土圈梁，构造柱承重。门窗洞面积也有所增加。部分建筑的围护墙体、屋顶、门窗有所变动，更换后的门窗样式较为简单，使用玻璃。大部分石筑特殊合院还维持着早期的传统样貌，在石材破损处以黏土或是灰砖进行修补，保留建筑原始风貌。

图7　昌平区流村镇长峪城村石筑特殊合院正房

郊区山地合院·土坯特殊合院

该合院类型是因特殊的山形地势和当地建材条件所限而形成的特殊格局。院落自身存在并完好，但建筑仅有一栋或两栋。即使是这样，仍能呈现典型合院中正房和厢房在布局和建筑形制上的特征。这类建筑主要是使用土坯材料建造，但风格上体现的仍是北方山区特有的民居特征。

图1 延庆县千家店镇前山村土坯特殊合院

1. 分布

山地土坯特殊合院主要集中在北京延庆县东部山区。该地区由于石材较少，所处区域为深山区较之城区冬季更为寒冷，对建筑保温性能要求更高。

2. 形制

特殊合院多由一间正房和院墙围合而成，或由正房、一间厢房和院墙围合而成。土坯合院建筑的围护墙体是由当地黄土制成的土坯砖堆砌而成，具有良好的保温隔热功能。

院落中正房坐北朝南、体量较大，等级较高，包含主要使用功能；厢房体量相对较小，多用作辅助用房。房屋和院墙围合的院落成为重要的室外活动场所，院中种有树木。

那种合院中除正房外，仅设有一侧厢房的布局形式，打破了典型四合院和三合院中东西厢房对称的均衡布局，使得院落空间较为宽敞。在特殊合院中，其院门的设置仍然讲究以东南角为先的方位选择。

3. 建造

墙的内外材料用的都是泥土，成墙方法主要有两种：一是做好墙脚后（一般以石为墙脚），用木做的模具置于上面，放入泥土模具内人工分段分层夯实成墙。二是手工做的土砖（多指没经烧制的土砖），砌墙而成的房子。一般会选择黏土作为墙体材料，另外还会填充部分加筋材料，例如杉木的木纤维、狗尾草、稻草、桔梗等，皆为当地易得的材料，这些加筋材料可以较大地提高墙体的抗弯抗剪能力。

由于北方地区表层土多为黑土，并不适合制作土坯，黄土黏性较高，适合制作土坯。土坯砖的制作过程一般都是将地面黑土挖去2m深左右，即露出黄土，将黄土用水泡散，加入稻草或者各种毛发等，拌匀以后装在用木板制成的模具里，一般多为500mm×250mm大小，厚度100mm木板模具要蘸水处理，每制作一块都要蘸水，目的是防止黄泥粘在木板上，用脚踩实或者用木板拍实，一块坯就制作好了，在开阔地阳光充足的地方晾晒，干透即为成品。

在保温保湿方面，土坯房有着比较良好的表现。黏土墙一般厚达500～600mm，有足够的热阻，保温隔热效果良好。黏土的另一个性能就是能保持一定的湿度，空气湿度太低则蒸发出部分水分以提高空气湿度。

院落内建筑平面呈长方形，以"间"为单位，一般是北房三间，一明两暗或者两明一暗，每个开间为3m左右，进深为4～5m。东厢房或西厢房各两间，尺寸小于正房。

4. 装饰

山地土坯特殊合院以当地常见的建筑材料为主。由于使用土坯作为主要建

图2 延庆县千家店镇前山村土坯特殊合院山墙

图3 延庆县千家店镇前山村土坯特殊合院门窗

图4 土坯特殊合院建筑细节

图 5　延庆县大榆树镇小张家口村土坯特殊合院

图 7　土坯制作过程

图 8　土坯墙体细节

材，该类型合院独有一种暖黄色色调，与其他合院在视觉效果上有明显不同。

建筑形式古朴，装饰集中在影壁、屋脊、门窗等构件部分，整体样式较为简单。室内装饰风格有北方地区特色。室内地面为三合土材质，天花都是用高粱秆做架子。

5. 代表建筑

1）延庆县千家店镇前山村土坯特殊合院

这个院落由一间正房和一间东厢房组成。正房坐北朝南，五开间，土坯砌墙，屋顶敷灰瓦，作为主要居住使用。

东厢房建筑体量较小，只有两个开间，是服务用房。门窗为木质框架，样式较为简洁。

2）延庆县大榆树镇小张家口村土坯特殊合院

这个院落由正房和一间西厢房组成。正房坐北朝南，三开间，主要用于会客与居住；西厢房仅两开间，基本为服务用房。建筑由土坯砌筑墙体，屋顶上敷约 450mm 的秸秆保温层，保温层上敷灰瓦。

成因

土坯比较廉价，做起来比较容易，是 20 世纪六七十年代农村盖房用的主要原料。土坯特殊合院在我国广大农村存在数量较大，仍然具有广泛的适用性。

比较 / 演变

土坯房结构在地震中易于受损，其原因大致有构件强度不足、节点连接弱、结构体系稳定性差等。现存传统民居逐渐适合于当地经济发展，建筑有部分加固。有些建筑变更为木柱、梁、土坯组合墙结构体系。墙体材料由土坯墙改为黏土砖；屋顶更换为红色水泥瓦；更换后的门窗样式也较为简单，使用玻璃。在不增加或少增加造价的前提下，用简便易行的手段提高了土坯房屋的结构抗震能力。

图 6　延庆县大榆树镇小张家口村土坯民居细节

郊区山地合院·土石混合特殊合院

图1 土石混合特殊合院平面图

土石混合特殊合院主要分布在北京市房山区大石窝镇石窝村及周边地区，以二合院为典型居住单元，当地俗称"一门三窗"。院落中的主要建筑为正房、耳房和厢房等，房屋多采用块石砌筑，建筑体量较小，屋面坡度小，充分体现出当地降水量少和盛产石材的特色。

1. 分布

土石混合特殊合院是北京市房山区大石窝镇较为常见的民居形式之一，目前在北京市房山区大石窝镇石窝村分布比较集中。大石窝镇位于北京西南，镇域属山前暖区，环境优美；北部山峦叠翠，泉流潺潺；南部沃野平畴、土壤丰腴。镇域地理位置优越，交通便利。石窝镇还储有极为丰富的石材资源，品质优良，品种甚多。

2. 形制

"一门三窗"是指该类民居正房前立面有一扇门和三樘窗。民居的布局通常为二合院，由正房与其左前方的厢房和院墙组成（图1）。正房、厢房体量较小，等级不高。正房主要容纳厨房、厅、卧室等主要功能，厢房主要作为辅助民居或贮藏功能。部分民居院内无厢房，或在正房左山墙建有耳房，用作贮

藏，呈现一合院的形式。

土石混合特殊合院民居层数一般为一层，高度较低，双坡屋顶，但坡顶坡度平缓。

3. 建造

土石混合特殊合院民居的建筑结构采用比传统的木抬梁式更为简化的形式，即在大梁上立不等高瓜柱，再在柱上搁檩，从而导致坡屋顶坡度平缓（图6）。民居修建时先选定地基，在原地坪向下挖70～80cm基槽，用毛石砌筑基础，用大块石头整平。民居结构采用传统木构架结构，围护结构为墙体围护，两侧为石砌墙体，墙体较厚，可以起到保温隔热的作用，使得屋内冬暖夏凉（图2）。墙体有三种砌筑方式，分别是土坯砖砌筑、灰砖砌筑和块石砌筑。早期的房屋大部分由土坯砖和块石砌筑，后期逐渐采用灰砖和块石砌筑。

图6 大石窝镇石窝村刘宅梁架

图7 大石窝镇石窝村李宅正房1

图2 大石窝镇石窝村刘宅山墙立面

图4 大石窝镇石窝村继宅石砌院墙

图8 大石窝镇石窝村赵宅正房

图3 大石窝镇石窝村刘宅压砖板雕花1

图5 大石窝镇石窝村刘宅压砖板雕花2

图10 大石窝镇石窝村赵宅墙面

图11 特殊合院内景

图9 大石窝镇石窝村李宅正房2

屋面的构造层次从下到上分别为：下层为秸秆，中层为泥和黄土，上层为白灰土抹平，既遮雨又保暖。屋顶没有用瓦，可见当地雨水应该不大。院墙大多采用块石砌筑，高度约1.5m左右（图4）。

4. 装饰

土石混合特殊合院民居属于北京南部山区民居的代表，居民并不富裕，建筑装饰比较朴实。仅在下碱墙的压砖板和角柱上有少量精美的石雕，如岁寒三友、梅兰竹菊等图案（图3、图5）。窗格多采用井字变杂花式、户槁柳条式、束腰式等图案，制作比较精巧。

5. 代表建筑

1）房山区大石窝镇石窝村李宅

李宅为一进院民居，院落东西长14m，南北宽12m，占地面积168m²。院内有正房、厢房、耳房，均为一层，院墙由块石砌筑（图7、图9）。

整个宅院坐西朝东，正房位于院落西侧，为三开间一层平房，正门由一扇木门和两扇高至屋顶的窗组成门连窗的形式，占据正房的中部开间，两侧的开间仅各设有一樘窗。正立面墙体下碱为块石砌筑，上身为土坯砖砌筑，外部抹灰。南北两侧山墙均由石、泥混合砌筑，墙体很厚，可以起到保温隔热的作用，使屋内冬暖夏凉。窗户较小，均用油纸

裱糊，采光性好，窗格采用户槁柳条式和束腰式图案，简洁美观。大门保留着旧时的老式木门。正房内地面用条石铺砌，屋内南侧砌有火炕和灶台，地下有储存煤炭的洞坑。屋面最上一层铺青灰泥皮，由小麦秸秆磨灰混合而成。中间为混合黄土，再下一层是苇编，用以遮挡泥灰。

耳房和厢房体量较小，用于贮藏功能。院内从大门到正房主入口铺有青石板铺地。

2）房山区大石窝镇石窝村赵宅

赵宅位于大石窝镇石窝村官厅区68号，为一进院，院落东西宽13m，南北长15m，占地面积195m²。院内有一层正房，坐北朝南，周围由砖砌院墙围护（图8）。

正房位于院落北侧，为三开间一层平房，正门由一扇木门和两扇窗组成门连窗的形式，位于中开间。正立面墙体下碱为块石和砖混合砌筑：四周砌砖，中间砌块石，抹灰填缝，形成虎皮石的装饰纹理（图10）；上身为土坯砖砌筑，外部抹灰，窗户两侧的窗间墙上抹有海棠池做法的白色抹灰。墀头下部为石质角柱、压砖板，上部为砖砌上身。

木制窗格采用井字变杂花式和束腰式等图案，制作精美，部分窗格安装了玻璃。

成因

大石窝镇拥有极为丰富的石材资源，是民居建造的优质的原材料，故土石混合特殊合院民居的墙体多采用块石砌筑，充分利用当地的石材优势。由于北方雨水不多，因此导致该民居的屋面坡度平缓，并采用抹泥灰屋面来代替瓦制屋顶。

比较／演变

土石混合特殊合院民居与北京四合院民居相比，土石混合特殊合院民居在建造过程中多采用自然材料，无论是空间形式、建筑结构、构造做法和室内外装饰都比较简单质朴，不太注重装饰。最大的特点建筑结构采用简易抬梁的形式，从而使得屋顶坡度平缓，形成郊区民居低矮、与自然环境紧密融合的特色。

郊区山地合院·砖石混合特殊合院

图1　昌平区流村镇漆园村砖石混合特殊合院正房

北京山区砖石混合特殊合院，其特殊性在于它不具备典型四合院和三合院的格局，更多的是受到特殊的山形地势和使用需求上的影响而形成的非规则的院落格局。该类院落大体分为两种格局，一种是仅有一间正房，其余三面通过院墙围合，另一种是正房、单侧厢房和院墙围合而成。近年来，由于各方面发展因素影响，导致山地村落中该类型院落闲置、损毁比例呈上升趋势，一部分仍在使用，能够完整保存下来的案例为数不多。

1．分布

山地砖石混合特殊合院在北京西北部山地村落中均有零散分布，数量相对石筑特殊合院来说较多，仍保留着传统风格。目前这类建筑大多都进行了翻新和修缮。

2．形制

砖石混合特殊合院大致有两种布局类型：一类是由一间正房和院墙围合而成；一类是由正房、单侧厢房和院墙围合而成。一般而言，正房坐北朝南，体量较大，等级较高，包含大部分的使用功能，室内光线充足。厢房体量相对较小，多用作辅助用房，如厨房等。

院落承载了家庭中更多室外的生产生活活动。空间较为宽敞，具有强烈的内向性和私密性，在冬季可获得充沛的日照。

图4　昌平区流村镇漆园村砖石混合特殊合院

3．建造

砖石混合特殊合院的建筑多采用硬山屋顶，覆青瓦。砖石结合砌筑山墙，通常为石材砌筑基座和墙体中心，青砖包砌基座外边和墙体四周及上部。

正房以"间"为单位，多为单数开间构成，正中开间为厅堂，设对外房门。

单侧厢房设于院落的西侧或东侧。

建筑材料为灰砖混合石材，整体色彩为青灰色。

建筑建造的工艺流程与其他砖石混合类合院的建筑建造流程基本相同。

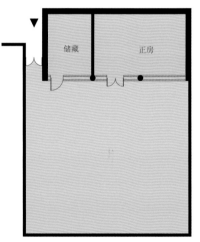

图5　昌平区流村镇漆园村砖石混合特殊合院平面图1

图2　昌平区流村镇漆园村砖石混合特殊合院山墙

图3　昌平区流村镇漆园村砖石混合特殊合院房门

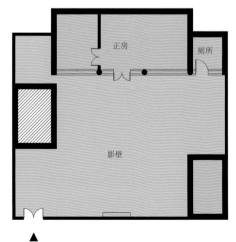

图6　昌平区流村镇漆园村砖石混合特殊合院平面图2

图9　昌平区流村镇漆园村砖石混合特殊合院门窗

图7　昌平区流村镇漆园村砖石混合特殊合院正房

4. 装饰

山地砖石混合砌筑特殊合院以当地常见的建筑材料为主。建筑整体呈现青灰色调，建筑形式古朴、样式较为简单。

门窗造型及室内装饰比石筑合院更为精致，样式复杂。室内地面为石材，有吊顶，呈现出强烈的北方地区特色。

5. 代表建筑

1）昌平区流村镇漆园村砖石混合特殊合院

该院落仅设有正房，是由建筑及院墙围合而成。建筑门窗部位损毁较严重，曾经过修缮，但较能保持原有风貌。

受地形等环境因素影响，院落入口位于院落的西北角，紧邻正房。

建筑采用人字形坡屋顶，覆青瓦。硬山墙，正房三开间，每开间 3.3m，进深 4.6m。建筑材料为石材、灰砖、木材、灰瓦等，整体色彩为青灰色，门窗为木材原有颜色。

2）昌平区流村镇漆园村砖石混合特殊合院

该院落由正房、东侧厢房与院墙围合而成。入口位于西北角。建筑采用青瓦铺设，人字形坡屋顶。正房三开间。现存建筑质量较差，门窗框有损毁，白纸裱糊已破坏。

成因

特殊合院的成因基本相同，多因现有地形的限制无法形成完整合院，抑或是使用者经济上的约束等。院落中建筑数量较少，院落相对宽敞，适合传统乡村农业生产对室外空间的使用需求。

砖石混合建筑材料的使用，是以石筑建筑为基础发展而来。砖材料的使用弥补了当地石材的大量需求。且经济条件较好的院落，也会使用青砖砌筑房屋作为立面的视觉重点部位。

比较／演变

现存传统民居院落的院落布局未发生过改变，建筑主体结构有部分改变。部分建筑的围护墙体、屋顶、门窗在历次修缮中有所变动。墙体材料由石材加砖墙或土坯墙改为黏土砖；更换后的门窗样式较为简单，使用玻璃。部分建筑采用红砖修缮墙体，整体建筑色彩相比原貌较明亮和跳跃。

图8　昌平区流村镇漆园村砖石混合特殊合院正房细部

郊区平原合院·砖石混合四合院

当地俗称"瓦房院",是北京密云平原地区较为为典型的民居形式之一,其院落布局沿袭了明清时期北京民居四合院整体布局方式,但与北京城区四合院相比,又独具地域和文化特色包括:院落尺度宽广、采用独立设置的跨海烟囱、瓦石作采用虎皮石檻墙、仰瓦灰梗屋面等。

图1 虎皮石檻墙

1. 分布

瓦房院是北京北部平原地区比较常见的一种民居形式,所处地域为暖温带季风型大陆性半湿润半干旱气候。冬季受西伯利亚、蒙古高压控制,夏季受大陆低压和太平洋高压影响,四季分明,干湿冷暖变化明显。民居主要分布在密云中部和西南部平原地区的新城子乡、古北口镇以及怀柔区东部地区。

2. 形制

瓦房院为合院式建筑。根据宅地面积和经济实力,院落规模可大可小,小到一进四合院,大到三进或四进,也有主四合院附带跨院。

瓦房院院落十分宽敞。正房开间多为五间或七间,东西厢房之间相距10m以上。墙体多用虎皮石结合青砖砌筑。

正房及东西厢房下檻墙多采用虎皮石砌筑,工艺精巧,雕饰精美。山墙下碱多用虎皮石,上身用虎皮石与青砖形成五花山墙。后檐墙下碱与上身也用虎皮石。屋面为仰瓦灰梗屋面,合瓦稍垄。冬季烧炕采暖,烟囱大多数独立于建筑主体之外,距建筑1m左右,少量与山墙结合。

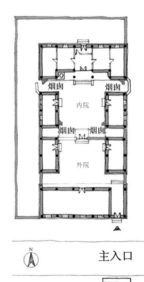

图6 清水屋脊

3. 建造

建筑承重结构为抬梁式木构架,砖石墙体作为围护结构,受力系统与围护结构分工明确。建筑施工具体步骤为:建筑定位放线,确定院落中轴线、次轴线、辅助轴线的位置;开挖基础与砌筑夯实;码磉与包砌台明;安装大木屋架(根据采访的老木匠描述,先将屋架安装好一榀一榀待用,柱子定位立好之后,

图7 段家大院平面图和入口

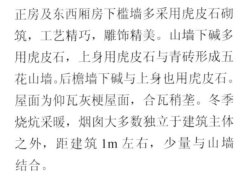

图2 瓦房院内景

图4 虎皮石

图3 屋顶和烟囱

图5 木构架制作

图8　段家大院内院厢房

图10　段家大院鸟瞰图

图12　古北口村白家大院平面图

将屋架吊装拼接于柱上）；砌筑墙身；覆瓦；做屋脊；室内墁地；安装槛框与门窗。

4.装饰

瓦房院建筑都是单层双坡合瓦硬山顶。建筑前檐下槛墙，后檐墙的下碱和上身以及山墙多用卵石砌筑，富有乡土气息和地方特色。建筑整体色调青灰，青灰色屋顶，土黄色或青灰色墙体，深褐色门窗。建筑风格质朴，少量装饰局限于影壁、雀替和门窗隔断等点睛之处。

影壁是常见的装饰部位，多为跨山影壁，少数高规格院落采用独立影壁。室内装饰简单朴素，抬梁式木构架或露明或糊纸吊顶，窗棂图案丰富，有满天星、步步锦等多种图案。室内木隔扇上常线刻或浅浮雕花草、动物、几何图案。室内方砖或方石块墁地，少数直接素土夯实。

瓦房院最精彩最具特色的装饰部位是下槛墙，用色彩斑斓的石块砌筑，以白灰和米汤勾缝。石块的间隙随形就势以灰浆抹塑成花叶花蕾，枝蔓缠绕，匠心独运、手法精湛、栩栩如生，极富地方特色。

5.代表建筑

1）密云县河西村段家大院

段家大院为前后二进院落，总用地

面积510m²，总建筑面积390m²。院落及建筑尺度较大，正房五开间，倒座五间，东南角一间用作入口。前院东西厢房为两开间，后院东西厢房三开间，并附有耳房用作杂物间。单体建筑为抬梁式木构架承重，砖石围护墙体，硬山仰瓦灰梗屋面。

如意大门，门洞左右上角出挑象鼻枭，两个多瓣形门簪门楣上方从左至右依次雕饰菱形纹、铜钱纹和万字纹。大门正对座山影壁。正房明间次间前檐墙内收，形成前檐廊，明间为客厅，次间梢间均为卧室。后院厢房均为卧室，前院厢房用于居住和储藏。倒座用作客房和下人居室。后院东西厢房下槛墙采用落膛做法，虎皮石填心，砌筑极为考究，用灰浆抹塑成牡丹、菊花等花卉，藤蔓缠绕，茎脉毕见，精美异常。正房及东西厢房门窗隔扇保存较好。院落内所有火炕的烟囱均独立于建筑主体之外约1m左右。

2）密云县古北口村白家大院

白家大院位于古北口镇东南角，建于清朝，是该镇历史最为悠久的居住建筑。原主人姓白，开设镖局。白家大院规模宏大，一进主院并附后院，总用地面积约503m²，总建筑面积约299m²。正房五间，东西厢房三间，倒座七间。西南角一间用作入口。东厢房毁于"文

化大革命"时期，后来重建。外院与主院之间原有内门，现已无存。院内方砖墁铺十字形甬路。

大门八角形门簪四个，山墙墀头饿檐砖浅浮雕"福"字。进门正对做工考究的座山影壁，壁心浅浮雕"鸿禧"。正房抬梁式木构架，木料规整，山墙泰山柱做法，外罩清漆，保存状况良好。屋面做法考究，圆椽木望板。西厢房山墙下碱、上身和山尖青砖砌成池子，卵石砌成里心，石块间用灰浆勾缝。倒座下槛墙卵石砌筑，石头间隙用灰浆抹塑成各种花卉，做法考究；后檐墙下碱用大卵石砌筑，上身用小卵石砌筑，统一而富有变化，极富乡土气息。

图13　白家大院鸟瞰图

成因

京郊平原四合院的基本形制深受北京城区四合院影响。由于地处京城通往蒙古高原和松辽平原的通道上，受到满族等少数民族建筑文化的影响，结合当地的自然条件，受用地自然地形的制约和影响，独具地方特色。

比较/演变

京郊平原四合院与北京四合院相比，具有院落尺度宽广、独立设置跨海烟囱、仰瓦灰梗屋面，虎皮石墙面装饰精美的特点。其建筑风格质朴，具有浓郁的乡土气息。

图9　段家大院正房

图11　白家大院倒座

郊区平原合院·砖石混合三合院

图1 某三合院院落门脸

北京郊区平原砖石混合三合院基本上保留了北京的传统四合院式建筑的风格，融合了河北、山西等北方平原地区的建筑做法和材料选择。具有浓郁农耕文化影响下的乡村民居特点，农耕居住、就地取材、占地紧凑、简朴实用。

1. 分布

北京顺义东北部，与密云、平谷交界地带。焦庄户古村位于北京顺义东北燕山余脉牛坨山下，距北京60km，还保留了较多传统民居和周边的自然田园山水环境特色。北京焦庄户村为中国历史文化名村、传统村落，村中"北京焦庄户地道战遗址纪念馆"为全国重点文物保护单位、全国爱国主义教育基地和北京红色旅游景点。

2. 形制

具有浓郁农耕文化影响下的乡村民居特点：农耕居住，因地制宜，就地取材，尺度小巧，简朴实用；居住内院前设置辅助外院，安排厕所、牲畜、柴棚、菜园等辅助功能设施。

焦庄户现存典型三合院民居由"一正两厢"组成，呈单进三合院。从平面

布局来看，其院落布局基本与北方传统合院式民居类似，并带有山西、陕西地区民居院子狭长、厢房遮掩正房形成"T"形院落的特点。具体表现为主要建筑沿中轴对称布局，正房坐北朝南，东西厢房对称布局，等级礼制与功能分区明确，院落空间表现出较强的内向性。其独特性在于：门楼和影壁居中、院落占地较小、相互之间布局紧凑以缩减用地、"T"形狭长院落（图4），庭院面阔与纵深可根据需求灵活伸缩。

正房为五开间，当地称"三间两耳"，具有北方"一明两暗"穿套布局的特点。明间为堂屋，靠近外檐墙东西对称设置灶台、并分别与东西次间、梢间的土炕连通。正房为七檩梁架，前檐采用"露檐出"夹门窗、槛窗槛墙做法。夹门窗、槛窗面积相对较大。厢房为三开间，五架梁，前檐采用青砖前檐墙封护檐小檩

图3 某三合院正房

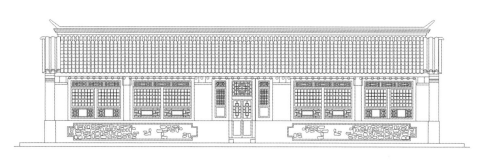

院正房南立面图

院厢房东立面图

图2 老四区区村公所院落主要建筑立面

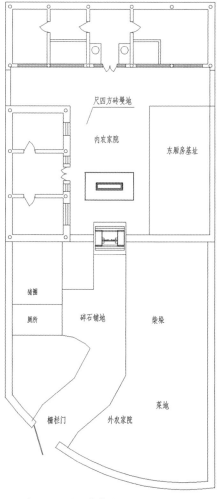

图4 老四区区公所院落总平面图

图5　三合院外院

窗做法，门窗、槛窗面积相对较小（图2）。

3. 建造

建造方式充分反映了农耕民居因地制宜、就地取材，采用当地石材、农作物秸秆、土坯砖与夯土等的特点。

焦庄户砖石混合三合院的房屋建筑包括木质屋架、柱子和砖石墙体、青瓦屋面围护结构两大部分。焦庄户砖石混合三合院的房屋建筑修建时先进行开槽，用三合土夯实地基，以块石作基础承托上部结构，立木柱之后架设梁架、檩椽；在重点部位用砖包砌，墙芯砌筑其他碎石或土坯砖墙体。

屋架采用五檩或七檩构架，民间取材多用自然曲木。檩子之间取消了部分椽子及望板，并以铺设多层高粱秸秆苇席来替代，既可节省木材，又可利用农作物秸秆有效提高屋面的保温性能。墙体厚实，采用砖、石、土坯等砌筑。外墙的上身及下碱使用硬心石材进行中心部位的处理，转角处、窗间墙垛窗台、腰线及搏风、檐口等关键位置则采用砖砌的手法。墙体内侧芯部采用土坯砖砌筑。焦庄户村传统民居建筑的屋顶多为硬山形式，屋面曲线平缓，屋面采用部分合瓦、部分灰背棋盘心或干槎瓦的做法；屋脊多采用清水脊蝎子尾做法，也有的为较朴素的扁担脊。

4. 装饰

焦庄户砖石混合三合院的房屋建筑外装饰主要包括墙身砖雕、木作隔扇门窗（图7）、屋面棋盘心做法和屋顶脊饰。

墙身砖雕具有代表性的是正房外墙上的天地爷神龛，用以供奉神像，设在外立面明间与东侧次间相接的砖墙上，

图6　三合院院落影壁

并与墙内檐柱正对（图8）。

门楼和影壁追求精致小式青砖瓦做法，做工讲究，功能与装饰效果兼顾（图1、图6）。门楼采用双扇板门，双门簪，砖瓦石木工艺精湛。影壁小巧，尺度宜人，农家氛围浓郁；影壁顶部墙帽为砖瓦挑檐灰背，影壁墙芯做白色棋盘心。门楼左右的"花墙子"既是内外院的院墙，也是烘托门楼的装饰构件。"花墙子"台明与下碱采用当地碎石砌筑，上身外抹白灰软心；顶部采用"砂锅套"布瓦拼花作法，装饰效果显著。而其他院墙极具地方农家特色：基座和下碱采用当地石材，上身为夯土墙，顶部墙帽采用砖瓦挑檐泥灰背。

槛窗、支摘窗式样古朴，制作精美。

屋面合瓦结合灰背棋盘心，以及干槎瓦与清水脊蝎子尾和出屋面的灶台、土炕、烟囱等功能性做法也具有一定装饰性。

焦庄户砖石混合三合院的房屋建筑室内装饰相对简单，明间不设吊顶，或仅在次间、梢间采用高粱秆糊纸棚吊顶。地面采用素土夯实或青砖墁地，内墙面采用秫秸大泥抹灰，白灰粉刷。

5. 代表建筑

北京市顺义区龙湾屯镇焦庄户村老四区区公所旧址

图7　正房入口立面做法

图8　正房入口处灶王爷壁龛装饰

成因

"一正两厢"三合院的成因一是受历史演变影响：当地村民源自明代洪武、永乐年间山西屯垦移民，因应了当地民居带有山西民居院子狭长、厢房遮掩正房形成"T"形院落的特点。二是受地区气候影响：冬季风大寒冷，夏季西晒闷热，窄小的庭院有利防风防晒。三是受农耕文化的影响：在庭院功能布局、建造材料与技术方面反映尤其突出。

比较/演变

从三合庭院平面布局来看，正房与东西厢房的方位排列方式同北方传统合院式民居类似，正房坐北朝南，东西厢房对称布局；院子狭长，门楼和影壁居中，居住内院占地较小，前置辅助外院，适合农耕居住条件。

天津民居

TIANJIN MINJU

1. 城区传统民居
　　多进合院
　　跨院
　　院落式里巷住宅
　　商宅
　　园林民居

2. 郊区传统民居
　　土坯房
　　砖瓦房
　　石头房

3. 近代住宅
　　折中主义洋楼
　　中西合璧洋楼
　　早期现代主义别墅
　　新式里巷住宅
　　集合式公寓

城区传统民居·多进合院

天津是一个商业文化浓郁和多元文化交融的城市，城区内规模较大的多进合院建筑的居住对象大多为城市有产阶级，而非普通百姓所居住的建筑形式。换而言之，天津多进合院建筑形式并非"民居"，而是"民宅"。多进合院建筑的居住者虽然数量有限，但由于是来自不同地域的商人，促进了各地文化在天津的融合，形成了特殊的居住建筑文化。

图1 徐朴庵旧居院落格局

1. 分布

天津城区内多进合院民居多分布于老城厢区域内，即今天的南开区东马路、西马路、南马路、北马路区域内。天津城于明代永乐二年(1040年)设卫筑城，俗称算盘城，周长约5km，此后逐渐发展完善形成一个具有完整意义的城市。从此开始兴建土木工程，尤其是近代以来由于天津政治、经济地位的变化，城市建设得到迅速的发展，一些富商大户云集津门，在天津购置土地，广建宅院，特别是兴建了大批的四合院。

2. 形制

多进合院民居的基本形制是一种由四面或三面房子围合组成的四合院或三合院。正房多为五开间，且没有耳房。东西厢房各三间，与正房成"品"字形排列(图1)。正房对面是南房，又称倒座房，间数与正房相同。这样由四面房子围合起来形成的院落叫四合院。如果没有南房，则称三合院。多进院落是在一进院落的基础上，沿纵向扩展而形成的，少则两三进，多则七八进不等。四合院由一进院扩展为多进院时，通常是在东西厢房的南山墙之间加隔墙，将院落进行多重划分。中院一般较小，中轴线方向略长，通过建厅堂来扩大建筑面积，且不建抄手廊或不设二道门。后院与中院大小相近，除正房外，东西也建有厢房(图2)。院落的一侧或两侧设有箭道串联，作为辅助交通及仆人出入使用，并安置厨房、厕所、储藏等。同时，虽同居一宅中，各院也可以各自为政，互不干扰。

3. 建造

多进合院民居就单个院落而言，规模一般不大，正房多数为三开间，少数为五开间。三开间建筑形式即为当地人所说的"四梁八柱"式，结构形式多数为抬梁式木框架承重。正房前檐一般都有前廊，有的住宅将一明两暗式正房的两个暗间突出，明间外设前廊，平面呈"凹"字形，形成具有天津特色的"锁头式"布局形式。同时多进合院式民居在建筑材料、构造做法等形式处理上受到西洋古典建筑的风格做法影响。例如，许多合院民居在宅院中主要院落上搭建十几米高的罩棚，在天井四角用木柱或铁柱支撑巨大的玻璃顶，有窗扇可以开启，以供内部采光通风之用。这种罩棚起到了隔热保温、遮风避雨的作用，为居民提供了舒适的半室内活动空间。

4. 装饰

城区内合院建筑由于受到明、清时期住宅等级制度的限制，多以天津砖雕、木刻、石雕作为建筑室内室外的装饰。天津的砖雕作为地方特色，被广泛用在合院住宅的门楼门罩、门庭、券、女儿墙、屋脊等位置(图3)。各式各样的砖雕除了装饰特点外，还兼具教育功能、祝福功能以及彰显功能等。天津砖雕的原料多为青砖，制作好后的砖雕被直接砌筑在素面的墙体上，不着任何颜色也不再附加其他材

图2 鼓楼南街30号院落格局

图3 徐朴庵旧居

质。由于受到了近代西洋文化的影响，天津城区内多进合院民居已经大量使用欧式玻璃门窗和铁饰构件。

5. 代表建筑

1）徐朴庵旧宅

徐朴庵旧宅位于南开区老城厢东门里大街 202 号，俗称徐家大院，建于清末民初。房主徐朴庵为英商麦加利银行买办。徐家大院采用我国传统合院砖木结构体系，占地面积 1400m²，建筑面积约 700m²，建筑坐北朝南，中轴线由三进院落组成（图5）。东西两侧为箭道，是内部通道，可作紧急疏散之用，具有天津地方特色（图7）。该建筑群均为中国传统民居小式做法，采用青瓦硬山屋顶，墙体采用青砖磨砖对缝，门窗为传统木雕和花饰。建筑中还装饰了大量做工精细、寓意吉祥的精美砖雕、木雕，堪称工艺杰作（图4、图6）。

2）鼓楼南街 30 号

该建筑群建于 20 世纪初，独立式住宅，为典型的北方传统合院式砖木结构住宅，二进四合院，占地约 1267m²，由两进四合院组成，一旁由箭道连接。原为三进四合院，在旧城改造拓宽鼓楼南大街的过程中，第一进院落被拆除，现仅存第二进和第三进院落。大量砖雕、木雕装饰其中，做工精美。

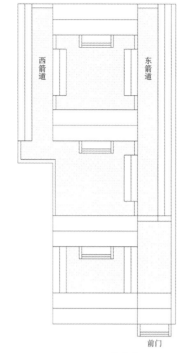

图 5　徐朴庵旧居平面示意

图 7　徐朴庵旧居箭道

3）卞家大院（鼓楼北街 15 号增 1）

该院建于 1914 年，独立式住宅。由砖木结构平房形成的北方传统合院式建筑。房主卞家为 20 世纪初天津城里新"八大家"之首。二进四合院，主入口为条石台阶，垂花门，二进院内设木质柱廊，院落规模虽小，建筑工艺却十分考究，外檐为磨砖对缝清水墙，硬山青瓦屋面，图案兽纹瓦当。至今仍保留着大量的彩绘及砖雕、木雕。

成因

老城厢的建筑布局，除少数会馆建筑外，大都是沿着大小衙门的前后左右开辟建造的居民区。在城镇中多进合院式民居大部分属于二、三进院落的小型合院。由于财力的不同，其所建造的住宅规模大小和房屋构造情况水平不一，差别很大。富宦富绅的住宅，一般选用某种形式的单个院落为基本模式，将几个院落串联成多进住宅，少则两三进，多则七八进不等。

比较／演变

天津自开埠以来外来人口众多，其中影响力较大的包括各地移居天津的商贾、中外工商业者以及蛰隐的权贵等，因此天津文化兼容并蓄的特性在建筑艺术文化上表现得尤为典型。天津多进合院式民居建筑雕梁画栋，典雅朴实，兼具北方的粗犷和南方的细腻，同时，既有中式建筑富丽堂皇的格局形制，又深受西式建筑装饰风格影响。

图 4　徐朴庵旧居 砖雕窗格

图 6　徐朴庵旧宅内部木雕装饰

城区传统民居·跨院

天津现存的传统跨院民居类型多数建于清末民初，历经数次易主翻建，距今有一百多年的历史。由于所谓"五方杂处"的人口构成特性，天津传统民居的建筑形制、风格也受各地影响。因此，天津跨院与北京四合院相比，既沿承了明清时期北方四合院的体系，又具有自己的地域和文化特色，更趋自由化、多样化。

图1 石家大院鸟瞰

1. 分布

天津现存完好跨院民居多分布于津西古镇杨柳青。西青区杨柳青镇地处京畿要冲，位于三河交汇，津城西厢。该地区属暖温带半湿润大陆性季风气候区，干湿季节分明，寒暑交替明显，适宜居住。明清便是繁华的商贸集散地，商贸的兴隆使这里聚集了大量以经商发家的大户，这里居民崇尚创业兴家，积累财富，故而形成大院集聚规模恢宏的态势（图1）。

2. 形制

跨院一般中间设大门，有门楼和影壁。进大门后从影壁左方进入院子。迎面是一个胡同式的南北向箭道。箭道位于东西跨院中间，用方砖铺成甬路，以此沟通东、西两院，多进院落的箭道也设门洞。跨院的房屋一般不对称。西院

不住人，为家祠、佛堂、客厅、戏楼等建筑物。东院是连续几套的四合院、三合院，均由主人及其晚辈使用，这些四合院、三合院的院门均开向箭道，出入互不干扰（图2）。

3. 建造

天津民居的结构，老百姓叫作"四梁八柱"。这是指单体建筑柱网前、后各四根木柱，是为"八柱"；前后柱顶置大柁，即大梁，纵向共计四根，故曰"四梁"。建筑学称为面阔三间五架梁（图3）。这种建筑的体量是比较小的，这与明、清时代住宅等级制度有关。天津的豪门巨贾没有品级，只能按庶民建三间五架，但多进四合套，加上箭道、跨院，占地面积很大，房屋也多达一二百间。

4. 装饰

图3 安家大院梁架与内部装饰

由于明、清时代住宅等级制度规定："庶民庐舍不过三间五架，不许用斗栱、饰彩色"，天津的豪门巨贾没有品级，故跨院建筑的装修也不准饰彩色，为显示富有，就大量使用砖雕、木刻、石雕。天津"刻砖马"和"刻砖刘"的砖雕，通常装饰在建筑的门楼、影壁、正房、厢房的墀头、博缝、房脊、檐口。图案有"五福捧寿"、"凤戏牡丹"、"亭台楼阁"、"花卉博古"等；石雕用于柱础转角石刻，墙基镶嵌浮雕石板，墙顶镶嵌砖雕饰件；木雕多用于建筑上的柱头、门窗、廊子等处（图4）。

5. 代表建筑

1）杨柳青石家大院

石家大院建于清代光绪元年（1875年），是津门八大家之一——石万程第四子石元士的住宅，堂名"尊美堂"（图5）。石家大院整个院落南北长96m，东西宽62m，占地6072m²，建筑面积2960m²，是天津典型的四合套住宅（图8）。整个院落被两条纵轴线贯穿，一是北门正对的箭道，类似于南方民居中的防火通道，既有分隔又有联系的作用；二是与箭道平行的西跨院长廊，长近百米，位于此空间内，强烈的纵深感、序列感彰显房主的富庶与奢华。院落共有10个独立的三合院或者四合院，房屋二百余间，院中的戏楼是我国北方规模较大的民居戏楼（图6）。房屋均为砖木结构，屋顶皆为硬山，起人字脊或元宝脊，外墙为青砖砌筑。砖、木、石雕等建筑装饰工艺精美，造型别致，并借鉴了西方建筑装饰特色，颇具观赏价值。

图2 石家大院中西合璧式箭道

图4 石家大院庭院及木雕装饰

图 5　石家大院鸟瞰

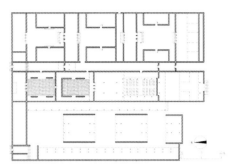

图 8　石家大院平面示意图局部

图 6　石家大院戏楼内部

2）杨柳青镇估衣街 28 号安家大院

安家大院建于 20 世纪初，为杨柳青"赶大营"第一人安文忠的居所，典型的中国北方传统合院式建筑群，建筑均为砖木结构平房，外檐为青砖清水墙，硬山青瓦屋面。建筑工艺十分考究，至今保留着大量的彩绘、砖雕、木雕及地下金库。距安家大院不远处，有一合院式建筑，为安氏祠堂，建于清末。祠堂中有穿堂，将整座建筑分为南北两个院落，布局相同，皆为四合院式，面阔五间，东西厢房，抬梁式，硬山人字脊，采用传统的青砖墙面、小青瓦屋面。门窗等采用民间木雕工艺，做工精美（图 7）。

3）杨柳青镇猪市大街董家大院

董家大院建于 1877 年，为杨柳青八大家之一董兆荣修建。整个院落以南北向通道为轴线分成东西两院，两院皆为二进四合院。门楼入口处为高台阶，左右设抱鼓石狮。院内建筑为砖木结构，墙体用青砖磨砖对缝砌筑，外墙装饰精美砖雕，屋顶为青瓦硬山顶，木门窗、室内木隔扇等均做工精细。东院二进院保存完好，其余三个院落建筑因历经修缮与原貌改变较大。

图 7　安家大院影壁墙

成因

天津跨院的形成有其特殊的历史文化原因。按照明、清时代的旧制，民间住宅的形式与规模受等级所限，因此有"庶民不过三间五架"的说法。由于天津富庶的大户大部分是尽享渔盐之利的商贾，没有品级，因此其府邸不能像皇宫官邸那样用绚丽的色彩及宽大的开间来彰显其富贵豪华。天津人利用其聪明才智，索性就建起多进四合套院，跨院一道接一道，利用笔直宽阔的箭道相连，彰显殷实之气。如此一来，有的四合套院内的房舍多达一二百间。院落由箭道划分为东西院，甚至还要配建二层的戏院，布局错落有致，装修豪华。

比较 / 演变

天津跨院与北京四合院相比，存在以下不同：从平面布局上，北京以多进四合院为轴线，两侧建东、西跨院；天津则以纵向箭道贯穿其中，以此作交通线，各进院落分布其左右。同时，由于天津的盐商富户没有品级，房屋的修建等级较低，但是房屋数量较多，占地面积较大，木雕、砖雕、石雕做工精巧，彰显商人的富足。

城区传统民居·院落式里巷住宅

天津开埠后，随着西方文化的融入，民居出现了中西合璧的建筑形式。院落式里巷民居作为天津早期的里巷住宅的主要类型，是在北方传统三合院住宅空间形式的基础上，受西方联排式住宅的影响发展起来的。它吸收了当时西方联排式住宅密集布局的特点，并与当时的社会经济需要相适应，是传统合院式住宅为适应住宅商品化和高密度要求而进行的变通。天津的院落式里巷住宅以老城厢地区为中心向外辐射，在北方地区有着一定的影响。

图 1　通庆里平面格局

1．分布

天津现存完好的院落式里巷民居分布于南开区的古文化街历史文化街区。古文化街位于南开区东北隅东门外，海河西岸，北起老铁桥大街（宫北大街），南至水阁大街（宫南大街），天津的天后宫（建于 1326 年）位于街区中。古文化街历史文化街区是一条以中式传统商业建筑群及妈祖文化为特色，体现天津传统及民俗文化的商业文化街区。街区中保留有大量明清风格商业建筑和宗教建筑、鱼骨状传统商业街的路网格局，过街楼、天后宫广场等特色的街巷空间以及舒适的整体环境氛围。

2．形制

院落式里巷民居是以一条里巷串联起来的独立院落组团——以中间里巷道路为骨架，贯穿其若干个独立院落，少数在里巷的出入口建有过街楼，标示入口并与院落形成空间围合，具有较强归属感。每座院落向里巷开设出入口，院落内房屋布置类似于三合院的格局，各院落形制基本一致。建筑功能和里巷布局融合了中国传统院落的密闭性与西洋建筑的兼并性，颇具中西合璧的特色。

3．建造

天津的院落式里巷民居一般为砖砌楼房或平房，使用砖木结构，建筑物中竖向承重结构的墙、柱等采用砖或砌块砌筑，楼板、屋架等用木结构。院落式里巷民居的屋顶有的是坡屋顶，有的是平屋顶。有的楼层会设置开敞外廊。青砖灰瓦、木廊漆柱成为当时较好的院落式里巷民居符号。

4．装饰

院落式里巷民居的建筑风格和装饰既有中国传统建筑元素，又有西洋建筑符号，融合了中国南北方民居的特色，荟萃了东西方建筑符号。除了中国传统的砖雕、木刻、石雕等，院落式里巷民居还会使用具有西洋特色的栏杆、开敞外廊门窗、墙头等，集中西方文化为一体，是天津近代中西合璧建筑形式的代表。

5．代表建筑

1）通庆里（图1）

通庆里位于南开区古文化街北端东侧，天津市重点保护等级历史风貌建筑，

图 2　通庆里巷道

图 3　通庆里内部庭园

图 4　通庆里石刻装饰

图 5　通庆里装饰

图 6　通庆里格局鸟瞰

图 9　宏济里对外门窗

现为商业用房。通庆里建于 1913 年，是天津规模最大的一组中西合璧院落式里巷楼房建筑群，历经百年仍然保留着旧时风貌。

通庆里原是天津河北粮店卞家开设的银号，后来改为民居住房。其占地面积约 1800m²，建筑面积约 2100m²，中间有一条长 60m，宽 3.2m，为六个独立的院落串联组成的里巷（图 2），每个院落呈传统三合院格局，内相对有两座青砖二层楼房，砖木结构，坡屋顶，首层及二层均建有开敞外廊。建筑在里巷出入口处建有过街楼，具有较强的空间领域感（图 3）。

在过街楼的入口处上方镶着一副"蝴蝶"状的镂空木雕，"蝴蝶"，即有"福"飞来，吉庆之意。再加上把图案花纹雕刻通透，取通达顺畅之意。合在一起就是"通达吉庆"，取其首尾二字，故名"通庆里"（图 4、图 5）。院落中还借鉴了徽州建筑中马头墙、窄巷高墙、凹入口等南方建筑特点；同时，联排式住宅的建筑群布局，三层的悬挑外凸阳台建筑形式，阳台西式金属护栏，院落中的楼梯、栏杆以及各种西式建筑符号的运用，都说明了通庆里的建筑功能、风格、装饰和里巷布局中融合了中国南北方民居的风格，集萃了东西方建筑符号，是天津近代折中主义建筑的代表（图 6）。

2）宏济里

宏济里位于红桥区，南起锅店街中段，南北长 100.58m，东西宽 14.62m。建于清末民初，原为瑞蚨祥货栈，后改为民居和库房。最初，宏济里 1 号、3 号、5 号三个院子是互相连通的，而今则成为三个独立的院子，各院都设有人员出入口和货物进出口，为典型的砖木结构里巷住宅（图 7～图 9）。

成因

天津开埠后，随着西方文化的融入，天津民居出现了中西合璧的形式。院落式里巷民居，作为天津早期里巷住宅的主要类型，是在北方传统三合院住宅空间形式的基础上，受西方联排式住宅的影响发展起来的。它吸收了当时西方联排式住宅密集布局的特点，并与当时的社会经济需要相适应，是传统合院式住宅为适应住宅商品化和高密度要求而进行的变通。

比较／演变

院落式里巷住宅与中国传统的三合院、四合院等院落式民居建筑相比，每座院落紧凑相连，具有密集布局的特点，适应了当时社会经济的发展，同时，又良好地保持了传统院落式民居的私密性与空间围合感，继承了中式传统建筑的优点。而且，院落式里巷住宅将院落与里巷这两种空间形式相结合，以里巷串联院落，较传统的院落式民居将交通空间集约到一条里巷中来，增加了空间利用率。

图 7　宏济里里巷

图 8　宏济里山墙面

城区传统民居·商宅

商宅，包含"前店后宅"和"上店下宅"两种形式，天津地区俗称"门脸儿房"，是指沿街的无门楼及庭院的房屋，其门窗均开向街面，一般常作店铺使用，通衢街道随处可见。天津自明初设卫以来，人杂五方，俗称"畿南花月无双地，蓟北繁华第一城"。除海河沿岸应漕运而生的大型商业之外，沿街的住户也不失时宜地抓住了天时地利，各色生意应运而生，商宅遍邑，街道繁华成为天津卫一景。

图1 估衣街沿街透视

天津现存保存完好的商宅民居多分布于估衣街、锅店街与古文化街。锅店街原为估衣街的东半部分。估衣街形成于元代，原名为"马头东街"，清末民初时期达到鼎盛，集中了天津12家大绸缎庄中的8家，如瑞蚨祥、谦祥益等。新中国成立后，估衣街上的大部分商店被公私合营并被改做仓库、车间和住宅。现今估衣街作为天津地区一处繁华的商业街，仍保留着当年的风采（图1）。古文化街历史文化街区位于南开区，为以中式传统商业建筑群及妈祖文化为特色、体现天津传统及民俗文化的商业文化街区。

商宅民居俗称"门脸儿房"，是指沿街的无门楼及庭院的房屋，其门窗均开向街面，一般常作店铺使用，通衢街道随处可见。有的门脸房是纵向的里外套间，商家多是里间做居室用，外间做店铺用。有的则是楼下做生意，楼上住人甚至还有作坊。商业地皮寸土寸金，视主家财力的大小，"门脸儿"的面阔不同，因此在商宅民居沿街的"门脸儿"后，用于住人、囤积货物等用途的院落会比较狭长，有着宽入口、窄面阔、长进深的特点（图2～图4）。

天津传统的商宅民居一般会采用砖木结构，建筑物中竖向承重结构的墙、柱等采用砖或砌块砌筑，楼板、屋架等用木结构。建筑形式为砖砌楼房或平房，坡屋顶或平屋顶不限，视该店铺的店主喜好、业态形式而定。有的店铺会有对外的敞廊。

天津传统商宅民居除了会在居住部分运用一般民宅中的砖雕、木雕、石雕等装饰，还会特意在沿街的门脸部分装饰以诸如"金玉满堂"等吉祥寓意纹样，以求得生意兴隆，财源滚滚。此外，大一些的店铺还会在门口建入户敞廊，方便招揽生意，贵客临门（图5、图6）。

1）谦祥益老字号

天津的谦祥益老字号位于红桥区百年老街——估衣街中段，地处北方著名的小商品集散地"大胡同"商贸区之内，交通便利，为商宅民居中"前店后宅"式的代表（图7）。

天津清代诗人有诗句："繁华要

图2 "下店上宅"式商宅山西会馆

图3 "前店后宅"式商宅谦祥益"前店"部分

图4 "前店后宅"式商宅谦祥益"后宅"部分

图5 瑞蚨祥老字号的雨棚装饰

图6 古文化街商宅民居的入户敞廊

图7　谦祥益老字号门楼

图9　下店上宅式商宅瑞蚨祥鸿记

数估衣街"。有记载，当初在老街上经营丝绸布匹生意的有八大祥，分别是谦祥益、瑞蚨祥、瑞生祥、瑞增祥、瑞林祥、益和祥、广盛祥、祥益号，其中，谦祥益的丝绸店建筑体量最大，经营活动最活跃、最具特色，为当时八大祥之首。估衣街上的谦祥益是由原山东章丘县旧军镇孟氏家族的财主在清晚时期（1906～1913年）投资开办的。谦祥益建筑最吸引人的地方就是它正面对着估衣街的高大门楼。该门楼上下共两层，平面呈圆弧形，面街而敞开，两侧装饰有传统吉祥纹样，楼上则是西式铁艺栏杆与大罩棚（图8）。该建筑坐北朝南，建筑风格中西合璧，三层三院、三进天井外廊式砖木结构，小青瓦顶，条石做碱，青砖砌墙，磨砖对缝，深灰色瓦当图案，古朴浑厚。四周院墙高大，楼顶有风火墙，可以不受四邻起火的殃灾。

2）瑞蚨祥鸿记老字号

天津瑞蚨祥绸布店是天津老店"八大祥"之一，开业于1908年，由山东人孟鸿升开办，为商宅民居中"下店上宅"的代表（图9）。绸布店最初的店址在天津老城北门外竹竿巷，后来又在锅店街和估衣街等处开设分店。位于锅店街的瑞蚨祥分号全称为瑞蚨祥鸿记。20世纪90年代，天津瑞蚨祥鸿记绸布店停止经营，店面的二层小楼被保存下

来。瑞蚨祥鸿记绸布店为二层砖木结构楼房，沿街店面装饰有西式铁艺栏杆与大罩棚，顶部悬挂有木制灯笼式样招牌。为防四邻火灾殃及，院落四周有高大坚固的防火墙，院内消防设备齐全。

成因

天津自明初设卫以来，一直是通衢大邑，人杂五方，俗称"畿南花月无双地，蓟北繁华第一城"。除海河沿岸应漕运而生的大型商业之外，沿街的住户也不失时宜地抓住了天时地利，各色生意应运而生，"商宅"遍邑，街道繁华成为天津卫一景。天津开埠后，社会经济结构发生了巨大的变化，居民对各色商品的需求与购买欲也相应增强。商宅民居也逐渐变得功能齐全。为了满足快速生产、进货、销售，便捷管理等需求，商宅这种集销售和住宿为一体的民居形式在繁华的商业街区渐渐兴盛。

比较/演变

天津传统的商宅民居早先只包含售卖和住宿的功能。随着社会经济的发展，商宅民居除沿街做生意、宅后或楼上住人之外，还能包含待客、贮货和生产制作等功能。商宅民居与传统院落式住宅相比，将入户空间换为售卖空间，扩大入口尺度，具有宽入口、窄面阔、长进深的特点。

图8　谦祥益立面的纹饰

城区传统民居·园林民居

津门不少大户人家利用宅第宽大的优越条件，择幽静处引水筑塘，植木移花，建造花园式别墅，并把它作为炫耀财势的资本。园林式民居建筑从清代中叶以来直至20世纪50年代前后都相继圮败，有的经过翻修改建成公园。这些花园宅邸一部分按照中国传统的园林建筑风格进行规划，亭、台、楼、阁俱全。最著名的是水西庄、荣园、问津园、一亩园、思源庄等。一部分将中国古代造园传统同西方造园的典型艺术手法相结合，形成了"中西合璧、多元共存"的折中主义风格，如庆王府、曹家花园、倪家花园、孟家花园等；另一部分作为清末皇家行宫，如宁园。

图1 曹家花园总平面示意图

1. 分布

天津园林式民居一般规模较为宏大同时以水景取胜，一般选取在市区较为偏远清净的地段，有些毗邻河道，使得园林有源源不断的活水。也有近代以后的园林民居分布在租界区，这些民居规模相对较小，多通过堆砌假山、挖人工湖，创造出典雅精致的自然环境（图1）。

2. 形制

作为京畿门户，津城造园呈现的是一种毫无霸气、不事张扬、朴实无华的"门户"风格。

天津的园林式民居既有北方园林的粗犷，又吸纳南方造园的灵秀。这些花园宅邸多按照中国传统的园林建筑风格进行规划，亭、台、楼、阁俱全。有的结合西方建造形式，将西式喷泉、西式拱廊和中国传统园林的水池、长廊相融合，成为中西合璧式的园林形式。津城的造园中多以理水见长，被称为"沽上园林"、"北国江南"（图2）。

3. 建造

中国传统式园林民居多采用传统木结构建造工艺，中西合璧式民居采取砖木结构或石木结构，园林式民居多采用柱子作为承重结构，而少用承重墙，使园林式建筑显得灵巧轻盈，同时又能获取更开阔的视线空间。

4. 装饰

园林式民居装饰形式丰富且较为灵活，装饰手法包括绘画、砖雕、石雕、木雕等多种方式，图案多为花鸟鱼虫，形式精美灵巧。园林建筑中多适当点缀红、绿色漆，与灰瓦青砖相陪，色彩极为和谐（图3、图4）。

5. 代表建筑

1）庆王府（图5）

庆王府位于和平区重庆道55号，1922年由清宫内监小德张所建。1926年清庆亲王载振购得此楼并居住，俗称"庆王府"。庆王府占地面积4327m²，建筑面积5922m²，该建筑为

图2 宁园中的开阔水景

图3 曹家花园中的亭子的藻井

图4 曹家花园中的西式装饰

图 5　庆王府　　　图 6　庆王府花园　　　图 8　曹家花园

砖木混合结构，三层内天井围合式建筑，并设有地下室。建筑外立面为中式青砖砌筑，外檐为水刷石，环绕四周的回廊和立柱，搭配着蓝、绿、黄三色中国传统琉璃栏杆形成柱廊。建筑呈四方布局的中庭，作为共享大厅，是整个建筑的中心，其他房屋在其四周依序展开。庆王府院内原设有花园，里面有水池喷泉和假山，假山上设有亭子。该建筑在当时是一座典型的中西合璧园林式民居建筑（图6）。

2）曹家花园（图8）

曹家花园坐落在天津河北区五马路，原是孙家花园。清末，为买办、军火商人孙仲英所建，将旧式房屋推倒重建成为宫廷式建筑，每座建筑之间均有走廊相连；又为其子女增建西式双柱门庭和弯曲檐的公子楼、公主楼；还在园中堆砌假山，挖人工湖，建构湖心亭，另造游泳池；并在每座建筑门前置石人、石马、石羊、石狮。园内树木繁茂，花团锦簇，幽雅宜人，为一时私家园林之冠。曹家花园在扩建增修中，许多石料来自水西庄等其他园林遗址，而园中曾立有"云渊"二字的石刻，大字雄浑，相传是来自清代柳墅行宫之遗物，惜毁于抗日战争时期。

3）宁园（图7）

宁园位于天津北站以北，中山北路北侧，育红路南侧，占地45.65ha，水面11.7ha，前身系清末官立种植园。清光绪三十二年（1906年），直隶总督袁世凯为推行新政，委派周学熙以工艺总局名义在天津北站附近筹办种植园，1907年正式开湖建园。出于在园内为慈禧太后建造行宫的想法，园内建筑在策划设计上颇具匠心。"初建园时，挖湖堆山，开渠理水，设闸引水，湖水与园外金钟河相通，宣泄得宜。园内建屋三楹，曰鉴水轩"。

图 7　宁园秀兰轩

成因

津门不少大户乃至王公贵族利用宅第宽大的优越条件，择幽静处引水筑塘，移花植木，建造花园式别墅，并把它作为炫耀财势的资本。同时，因为天津和北京特殊的地缘关系，清末，部分私家园林民居都曾作为清末皇室的行宫。

比较／演变

在北方园林中，天津园林以理水见长，一是园中水面广阔，"衔山抱水"，有池塘、清溪、内河、引泉，"处处不离水"，有堤，有岸，有港湾，在北方这样的"以水取胜"的私家园林，实在难寻。二是活水潺潺，有"外河"水源，有进水之闸，完全可以满足园中各处水景的需要。三是依水建筑多，水面活动多，这是典型的江南建筑风格，北方少见。

郊区传统民居·土坯房

土坯房是一类形制较简单的民居，其建造工艺历史悠久。顾名思义，土坯房主要由土坯砖垒砌而成的墙体承重，支撑起木檩和以上的屋顶结构。土坯房建造经济，施工工艺简便，材料易得，普遍分布于北方诸省和南方部分地区。土坯房具备良好的热工效能，近年多有学者研究其生态节能性能。

图1 天津土坯房

1. 分布

土坯房20世纪60年代曾广泛分布在天津主要郊区各村镇，20世纪七八十年代以后，随着砖窑的出现，大量土坯房被砖瓦房代替。直到近年的危房改造项目，土坯房逐渐消失。在天津市津南区葛沽镇，静海县独流镇、梁头镇，现在仍有部分存在，甚至有人居住（图1、图2）。

2. 形制

土坯房大多单房独院。正房坐北朝南，院墙与正房围合成前院。院门安排灵活，在侧墙或正墙上与道路相通。前院不拘小节，多种植蔬菜、饲养禽畜，或堆放杂物。正房卧房多为单进三开间，横向展开。中间为门厅，两侧为卧房。规制小者为门厅和卧房两开间。门厅多设炉灶、餐桌，用作厨房和餐厅，两侧卧房用于居住和储藏。卧房南侧开大窗，窗下做砖砌炕床，北墙不开窗。

3. 建造

首先是制作土坯（图3），挖坑以制作泥料，倒入黄土、埝草（用铡刀铡成二寸左右的草）、清水（或米汤）搅拌均匀成泥，有的会有几人用脚踩踏至完全均匀黏稠，软硬适中。用木头制成模子，把泥舀到里面，用手按实，把模子提起成坯。脱皮后，立坯晾干，为了不让雨淋坏，底面朝外搭砌起来备用。

地基，垫土夯实，找平下线，分好间量，就能垒房了。土坯房讲究对称：以中间的一间（外屋）为中轴，两边（里屋）的间数相等。一般为三间连房，也有连五间的。房高一般为3～3.6m，进深3.6～4.3m，开间3.3m。正房外屋的门口和里屋的窗户都朝南。形制小的也有仅作两间。

砌墙体，选大坯垒上，垒一层后用土找平，再垒第二层。墙上直接搁檩条，条件好时会在檐口处铺砖叠涩出挑两层，绑扎秫秸成捆后，纵向搁置在檩上，铺设严密后再抹一层草泥，即制坯的泥料，这个过程当地人往往称作编笆抹泥。土坯房往往有五檩，小的有三檩，正脊处为中檩，向两侧依次是二檩和边檩。上檩是盖土坯房最隆重的部分，有"挂红"等习俗，各地不尽相同。待泥料半干时铺设板瓦，有的简易者直接在泥上铺一层油毡，散置砖块固定。屋顶盖好后，再在墙内外抹一层泥料，各自涂抹平整。内饰面用灰浆抹平，室内光亮整洁，屋顶裸露檩和苇秆，不多做装饰，有的为填补漏水之处，有时在檩与秫秸间填补木板（图4）。

土坯房的砌筑很经济，建造过程不需要水泥、沙子，木头的用量也较少。建造过程简单，但每盖栋新房在当地都很隆重，要发动村里的青壮年共同工作完成。土坯房有很好保暖性和防晒性，但日常维护比较麻烦，每年需进行两次维护，一次是冬季到来之前，要在整个外墙上面抹一层黄泥，以保证外墙不透风，增加房屋的保暖性。二是在雨季到来之前，要在房顶和外墙上抹一层碱土泥，以防止屋顶和外墙漏水、渗水。

4. 装饰

土坯房装饰简单，内墙面刷白浆，

图2 葛沽镇土坯房防水山墙

图3 土坯

图4 顶棚

图 10　土坯房檐口细部

图 5　独流镇王家营村土坯房入口　　图 8　土坯房外墙面

图 11　土坯房结构框架

室内明亮，外墙简朴，涂泥抹平。门窗均为木制，不多装饰。室内家具陈设简单，砖石砌灶台和炕床，木质桌椅陈设简朴。

5.代表建筑

1）独流镇王家营村土坯房（图5）

该宅院完整，院墙形制和外墙砌筑相同，红砖墙基，土坯墙身，外涂草泥抹平（图8）。墙头垫一层红砖后铺瓦片。院门设在院西侧，门框两侧立砖墙支撑门框。院门上铺秸秆垫油毡压砖。正房山墙铺三皮红砖压檐，后抹泥

铺油毡上压红砖。檐口处铺泥瓦出挑，上加油毡防水（图10）。室内干净明亮，卧房靠南墙窗下，东西通长。屋顶露檩，苇条铺设严密整齐（图11）。

2）梁头镇冯家村某土坯房（图6、图7、图9）

该土坯房形制较小，两开间，东侧为卧房，西侧为门厅。檐口苇秆出挑，上抹泥铺波浪板，压砖固定。前院平整，满铺红砖做地面。院墙围以篱笆和红砖墙垛。南墙简单搭建砖石平房，用以堆放杂物。

成因

土坯房的建造方法历时较早。有记载表明龙山文化时期，就出现了土坯房的建筑类型。土坯房是人类历史上重要的建筑。天津地区土壤含碱性较高，这样的土坯防水性较好。同时，天津郊县地区在历史上人烟稀少，交通不便，经济上较为贫穷。而土坯房建造经济、简便，各方面效能较好，因此，曾经较为普遍。

比较/演变

土坯房近年来逐渐被砖瓦房代替，20世纪80年代以来新建的土坯房也只是在贫穷的乡村地区，土坯房成为贫穷的象征。

土坯房构造经济，有很好的保暖性和防晒性。天津地区的土坯房泥料中草含量较高，墙体韧性较好。但与砖瓦房相比，墙体结构强度较差，易倒塌，雨水冲刷严重，需要定期维护。而砖瓦房结构性能优于土坯房，并且具备良好的防水抗震性能。因此，近年来，土坯房子逐步被砖瓦房取代，但其生态效能在近年被学者逐步发现，并作为研究对象进一步研究。

图 6　梁头镇土坯房细部

图 7　梁头镇土坯房细部

图 9　梁头镇土坯房细部

郊区传统民居·砖瓦房

砖瓦房是天津郊区普遍存在的建筑形式，而早期的青砖青瓦的民居类型存留较少，随着时间的推移，即将消失殆尽。砖瓦房的平面格局多为院落式，由于经济条件和社会地位的不同，建筑格局和建造形制均存在明显差异。天津郊区现存砖瓦房形制较为原始，历史较为悠久，是该民居类型的真实体现。

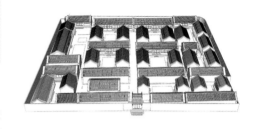

图1　葛沽镇郑家大院鸟瞰示意

1. 分布

历史上，天津郊区砖瓦房民居分布于各个区县。然而随着时间的推移，以及周边村镇城镇化进程的不断加快，目前津南区、西青区、静海区、蓟县还存有青砖瓦房。现存的建筑也多面临拆迁、毁坏和坍塌之虞。

2. 形制

在郊区，新中国成立前部分地主兼营工商，他们对农村老宅进行扩建或改造。受到传统家庭伦理道德思想的影响，这些住宅的基本形制仍为传统样式，但各具特色。平面形制以一进院四合院较为多见，正房五开间，北部地区正房多为明间穿堂，院落多设后门。配有东西厢房和倒座，受到宅基地规模的限制，庭院大小有所区别。个别砖瓦房为多进院落，甚至为跨院形式，平面

形制与城区内多进合院和跨院较为相似，布局更为随意，各院落之间也由箭道连通（图1）。

3. 建造

天津郊区砖瓦房正房多数为三开间，少数为五开间，多数为砖墙承重结构，屋面为硬山搁檩结构。大多数墙体由青砖磨砖对缝砌筑而成，部分墙体以土坯填充。少数经济较为富余的人家采用传统的抬梁式木框架结构形式，建筑山墙面和背立面以青砖砌筑，正立面和隔墙均以木板分隔。房屋地基多以条石铺设，上方嵌入木条，防止地面返碱，侵蚀房屋主体结构。

4. 装饰

郊区砖瓦房建筑与城区内合院式建筑相同，多以天津传统砖雕、木刻、石

雕作为建筑室内外装饰（图2）。砖雕被装饰于门楼门罩、门庭、门窗拱券、女儿墙、屋脊等位置（图3、图5）。石鼓和石狮子装饰于门口（图4），门窗多为木质镂空雕花图案。

5. 代表建筑

天津郊区仅存的几处清代砖瓦房为静海县独流镇的侯氏民居、项家民宅、刘家民宅以及冯家民宅，静海县梁头镇东贾口民宅，蓟县出头岭镇张家大院、龙虎峪镇南贾庄民居，津南区葛沽镇郑家瓦房、夏家瓦房和张家瓦房等。

1) 蓟县张家大院民居

张家大院位于蓟县出头岭镇政府东100m的公路北侧，占地2766m²，临街并排四座青砖门楼，门楼上有精美的砖雕图案。对扇大门，门楼内均为三进正房，正房面阔五间，明间为穿堂（图6）。

图2　葛沽镇张家瓦房入口木雕

图3　葛沽镇张家瓦房屋脊砖雕

图4　葛沽镇张家瓦房门口装饰

图6　蓟县张家大院正房立面

图8　葛沽镇郑家大院入口装饰

一进正房以北院落均有对面厢房，厢房面阔二间。最北均有悬山门楼一座，形态各异，对扇门，门扇上刻有对联。四套民居布局一致，曾设统一院墙，四周设有角楼，现已不存。

2）独流侯氏民居

侯氏民居位于静海县独流镇团结街村委会北侧。东起运河岸边，西至三道街，全长102m。整个大院共有房屋94间，设5个大门，其中东北角、西北角两座大门最为壮观。院内分为10个住宅院落，俯视呈"凸"字形（图7），房屋建筑均采用青砖包皮，白灰挂条，里生外熟墙体。屋内为墙板断间，房顶铺阴阳小瓦。为清代河南知县侯氏居住。现仍保留住房4间，进深3.3m，长12m，砖木结构，硬山瓦顶，门窗保留原状，为木质镂空雕花图案。

3）葛沽郑家大院（图8）

宅院坐落于葛沽镇南大街中段北侧。郑家瓦房，又称郑家大院。是清末民初资本家兼地主郑筠荣的宅第。宅第内分东院、西院、前院、后院和跨院，共12个院落。清代风格式建筑，房屋结构严谨，造型优美。宽阔的大门上端，镶嵌着精美的花鸟砖雕，高高的门槛上，浮镌花草云纹，两侧浑厚的门扇上，茶盘大的铺首，兽面狰狞，扣齿衔环，锃亮抛光。门前阶石如玉，平滑如案，光可鉴人。一对坐鼓石狮，狮子蹲在雕以花草的石鼓上，卷尾昂首，露齿探爪。进院甬道两侧，一个个四合院的院门，东西相对并列，群院连通。墙壁与院门上，镶着植物和动物的石砖雕刻图案，诸门的建造形状和每个四合院的构造，尽同无异，毫无二致。在宅院的西北角，有一座两层高的阁楼，绣槛绮户，玉阶镂窗，十分考究。

成因

天津郊区所建的规格较为完备的合院式砖瓦房，房主多为清末民初时期各地的资本家兼地主，他们在外经商返乡后在农村对于老宅进行扩建或改造。宅院建造之初可能只是一进的合院式瓦房，随着不断地修建扩张，形成了多进院落或者跨院。由于建造最初没有统一的规划设计，且郊区用地较为随意，郊区大规模砖瓦房院落布局较为灵活。

比较／演变

天津城郊砖瓦房与城区合院式民居类型有所相似，又存在以下不同。一方面是郊区砖瓦房布局较为随意多样，随着时间推移不断变化。另一方面城区合院式民居多为抬梁式木框架结构，而郊区砖瓦房多为砖墙承重，少数富庶家庭的宅院跨度较大，为木框架承重形式。

图5　蓟县出头岭镇张家大院入口砖雕

图7　侯氏民宅平面示意图

郊区传统民居·石头房

石头房，位于蓟县西井峪村，也叫"石头村"，清代成村，因四面环山似在井中得名。村落环境优美，四周群山环抱，分上庄、下庄和后寺三个居住点，村里随处可见由页岩、白云岩等修建的石屋、石墙和石板路。全村石砌房屋约占所有房屋的2/3，且多为清末民初的建筑，原貌保存完好，村庄虽有新建建筑，但整体环境依然保持原有风貌。

图1 蓟县西井峪村街景风貌

1. 分布

石头房子是天津蓟县具有特色的建筑形式。西井峪村位于天津蓟县北部府君山脚下，是渔阳镇北部的一个千年古村落，村落地点处于我国第一个国家级地质剖面自然保护区——中上元古界地质剖面自然保护区之内，地理环境十分优越，南可俯瞰蓟县渔阳古城，远眺翠屏湖，北望黄崖关长城，东临九龙山国家森林公园，西接盘山。石头房舍依山而建，街巷就势而成（图1）。

2. 形制

石头房子大多为独门独院，坐北朝南。建筑布局为一正两厢"凹"字形。正门多位于院落东南角，正房与东西厢房三间有矮墙连接，围成合院。正房多为三开间，横向串联，中间为厅堂，较简陋者兼作厨房、餐室、两侧为东西卧室。东西厢房为单开间或两小开间石屋，东厢房多作旱厕，西厢房为储藏室，牲畜棚等。院落中多种植杏树或核桃树，植物自然生长，不作过多修葺。跨过正房厅堂是后院，由正房后墙与山体缓坡围合而成，院内储藏饮水，供盥洗之用，有的也在后院砌筑旱厕（图3、图4）。

建筑物均由叠层石垒砌。院墙仅做叠层石干砌；左右厢房作厕所、禽畜舍、储藏，用片石垒砌，泥浆灌缝较为简易。梁架直接搁置于墙体之上，正面立柱支撑横梁，山墙檐口做青砖叠涩出挑（图2）。木梁木檩多为弯曲枝干，不作过多处理，之上编笆抹泥，铺设青瓦。正房前屋檐外伸，四角成犄角式，进深开间较大，梁架较大。南向开大窗，木柱支撑横椽，窗间木柱裸露，其余包砌片石，泥浆抹缝。背墙不开窗，仅由石墙砌筑，支撑梁架。室内墙面用泥浆，或灰浆涂抹平整。

3. 建造

石头房子的建造流程与一般砖瓦房相同，开地基、砖石垒地盘、垒石墙、立柱上梁、上房脊、编笆抹泥、上青瓦。最后做内墙面处理，灰浆或泥浆抹平。

石头房的建造使用天然的板材，薄厚均匀，采用"干码"工艺，不用砂浆水泥勾缝儿，切合力学原理，看似散乱，实则坚固。1976年唐山大地震时，周边村不少新盖的砖房砖墙都倒塌了，而西井峪的老石头房子和石头院墙完好无损，足见其坚固（图5）。

4. 装饰

石头房内室内装饰简单古朴，室内地面铺置平整块石，墙面由泥浆或灰浆涂抹平整，正房厅堂不做顶棚，裸露梁架、檩条和草笆。室内家具简陋，中间

图2 石头房子山墙檐口

图3 石头前院正房和厢房

图4 石头牲畜棚

图5 李桂荣宅侧院

图6　李桂荣宅正房

图9　侧院储藏室

厅堂有水缸、炉子、土灶等，炉子与土灶连接火炕用于取暖。南北墙中做木板门，靠在墙边的木质桌椅，桌上白瓷茶具，用于接待客人；有的厅堂兼作餐厅厨房，靠北墙脚处搁置炉灶。厢房多作居室，墙面平整，做圆拱状顶棚。南侧大面开窗，石砌火炕东西通长，紧靠南侧窗下墙。较富足者做老式墙柜、落地柜，柜上放有电视、镜子、照片等物品。右手边是搭建的火炕，连接东西墙。炕沿在北侧，南边连接屋南墙窗下。

5. 代表建筑

1）李桂荣宅

蓟县渔阳镇西井峪村，李桂荣宅。院落组织灵活，依山而建。前院植有杏树，正房三开间，厅堂为厨房，置有炉灶。左右厢房作旱厕和储藏室。正房与东厢房之间，向侧面沿坡道展开二进院落，作为侧院。侧院置石房一座，用作牲畜饲养（图6、图9）。

2）西井峪村委修缮房

院落处于南侧山腰上，院前高台视野良好，由侧向陡坡与宅前道路相连，墙面也为片石叠砌。跨过院门，内院仅为正房和东厢房。后院片石围墙紧靠墙壁，与正房背墙围合完整。建筑经过加固，墙体加构造柱，外包石材以水泥浆液勾缝，但整体保持原有建筑风貌（图7、图8）。

成因

该村落初始于明朝初期的永乐年间。燕王朱棣的部下、协统周玉基遗体经朱棣赐为金首银身后安葬在府君山前。从通州来的周姓家眷来此看守坟墓，初步形成村落，俗名周家窝铺。村落处于偏远山林，村民们因地制宜发展生产生活，果品生产与粮食生产相结合。当地石材丰富，用石头建屋，制造石头碾、磨、石头小路等，形成今天特有的石头村落风貌。

比较／演变

蓟县西井峪村的石头房子自成一脉，自古以来，人们因地取材，依石而居。

与泉州的石厝相比，二者显示出不同的地域性特点。蓟县石头房由页岩石干砌，均为一层建筑。外墙面自然凹凸，内墙面泥浆抹面，干净整洁。泉州石厝多样，以卵石、花岗石砌筑，浆料选取海草泥浆，内外墙面平整，内饰不多做处理。泉州石厝坚韧，多为两层以上。蓟县石头房子为合院，散布于山坡上，而泉州石厝则以群体组织。

总之，西井峪村和泉州石厝代表了不同的地域特点。材料、营建工艺、分布形制的不同，形成了南北差异，但它们都是我国古代劳动人民智慧的结晶，为了构建理想的居所，与自然环境高度地融合在一起。

图7　村委修缮房正院

图8　村委修缮房院门

近代住宅·折中主义洋楼

第二次鸦片战争以后，天津成为北方最大的通商口岸，美、德、日、俄、意、奥、比等九国先后在天津设立租界，建造了上万座近代独栋住宅。近代独栋住宅包容了欧洲古典建筑和近代建筑的设计思想、建筑风格和建筑技艺，形成了折中主义建筑风格、中西合璧风格、早期现代主义等多种样式，俨然成为"世界建筑博物馆"，是天津近代民居的一大特色，又被称作"小洋楼"、"花园别墅"。

图1 汤玉麟旧宅装饰细部

1. 分布

近代独栋建筑中，折中主义风格独栋建筑分布广泛。其中法租界、英租界、德租界和意租界的居住区建设最有特色，遗存的历史建筑也最多。如法租界的法国花园（今中心花园）、英租界新区（今五大道）、意租界的居住区（今一宫花园地区）等都具有一定规模（图2）。

2. 形制

天津近代折中主义住宅模仿历史上各种建筑风格，或自由组合各种建筑形式，它们不讲求固定的法式，只讲求比例均衡，注重纯形式美，形成了多样化的天津近代独栋建筑样式。建筑平面多根据功能展开，强调简单实用。住宅庭院多布置西式喷泉等建筑小品，住宅围墙高大严实，增添了这些住宅的安全感和私密性。

3. 建造

独栋住宅大多采用砖木式和砖石混合式结构。这类住宅墙体多采用砖墙或石墙（包括石柱）承重，木梁楼板、木屋架，大量使用拱券技术。

4. 装饰

建筑墙身基座、腰线等部位采用水泥饰面装饰；建筑门窗拱券、柱头和檐头多做西式雕刻和线脚，浮雕包括莨苕叶、忍冬草、涡卷、珠串、月桂、回纹、西番莲等。起居室和卧室大多采用木质地板、厨房卫生间为水磨石或陶瓷锦砖地面。住宅大多为木质楼梯，木质扶手，并以木雕装饰；室内门窗一般为木质门窗，高级住宅客厅为西方进口磨花彩色玻璃（图1、图3）。

5. 代表建筑

1）梁启超旧居

梁启超"饮冰室"书斋位于河北区民族路，建于1924年，该建筑由意大利建筑师白罗尼欧专为其设计，占地面积约1120m²，建筑面积949.5m²，为浅灰色二层小洋楼，三个半圆形连续拱券门洞作为主要入口，楼前设有花坛甬道。建筑内首层为其书房，二楼做卧室和会客（图4、图5、图9、图10）。

2）张作相旧居

张作相旧宅位于和平区重庆道4号，张作相故居建于1913年，由法国建筑师设计承包建造。占地面积为1408m²，建筑面积为1620m²，为二层砖木结构建筑，并建有半地下室，建筑顶部为红筒瓦坡屋顶。外立面为白色并装饰有西式雕花，建筑两侧设有青石台

图2 天津"五大道"风貌保护区鸟瞰

图3 梁启超旧居彩色玻璃

图4 梁启超旧居饮冰室

图 5 梁启超旧居

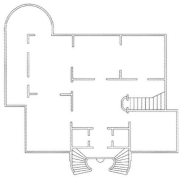

图 9 梁启超旧居饮冰室一层平面示意图

图 10 梁启超旧居一层平面示意图

阶。平面布局和建筑造型富于变化，建筑立面采用对比强烈的浅色混水墙面和红砖墙面、舒缓的坡屋顶、简化的罗马古典柱式、细腻的线脚等多种装饰元素，使建筑外观富丽堂皇，具有典型的折中主义建筑特征（图6）。

3）汤玉麟旧宅

汤玉麟旧宅位于河北区民主道40号，建筑面积3250m²。建筑为混合结构二层楼房，红瓦坡顶，平面布局严谨对称，立面装饰丰富，做工精美，开窗形式多样，具有折中主义的建筑特征。墙面和墙基均为花岗石条石砌垒。院内工字砖铺地，地面宽阔。楼前的廊下左右设坡道，楼内设有正厅和附厅，并设

有古典式壁炉，门窗宽大。建筑规格较高，特色鲜明。混合结构，毛石勒脚，机砖墙身，部分用花岗石砂浆罩面，局部对称，屋顶平衡，罗马柱式，覆碗穹顶拱券（图7）。

4）孙殿英旧宅

孙殿英旧宅位于和平区睦南道20～22号，该建筑建于1930年，占地面积约2800m²，建筑面积约2400m²，三层砖木结构楼房（设地下室）。建筑造型高大舒展、错落有致；内外檐采用拱券窗、矩形窗及绞绳状双柱等元素，富丽堂皇，特色鲜明，具有典型的折中主义建筑特征（图8）。

成因

早期天津的小洋楼倾向于折中主义建筑风格，其建筑时间主要在20世纪二三十年代。19世纪末20世纪初，欧洲大陆上正是折中主义建筑风格大行其道的历史时期，天津开埠以后，受当时折中主义建筑思潮影响，形成了独具特色的天津"小洋楼"建筑风貌。各种风格融为一体，如庄重肃穆的古典风格、高耸挺拔的哥特风格、广远奇诡的巴洛克风格、雄奇粗犷的浪漫风格，各种风格融汇其间，力图体现建筑物及建筑设计师的独特个性。折中主义小洋楼在天津近代独栋住宅中建造数量最多。

比较／演变

很多天津的小洋楼虽然以欧式建筑为主，且有不少是欧洲设计师亲自设计的，但大多不如欧洲本土的建筑那般原汁原味和精雕细刻，那时候设计师的设计理念基本趋同：以简单、实用为主。

图 6 张作相旧宅

图 7 汤玉麟旧宅

图 8 孙殿英旧宅

近代住宅·中西合璧洋楼

近代独栋住宅的第二种类型是中西合璧式，建筑在平面布置、立面形式、建造技术和设备上较多地吸取了西方的经验，而在内部装修、庭院绿化方面则保留了中国传统建筑的设计思想。西化的技术设备、西方住宅式样和中式生活方式交织在一起，构成复杂的综合体，从侧面反映了当时社会上层人物的生活方式和思想特点。

图1 陈光远旧居局部

1. 分布

近代中西合璧式洋楼分布于天津原租界区，其中英租界的"五大道"高级住宅区和法租界的中心花园地区是分布最为集中的地区。

2. 形制

近代独栋住宅多采取西方的平面布置形式，多为二、三层独立式花园别墅，在装饰手法和庭院绿化上采取中国传统技艺或形式，尺度宜人的楼房与花木掩映的庭院相结合，构成幽静和舒适的环境。也有部分中西合璧式住宅采取中式合院和多进院式平面布局，建筑则使用西洋样式（图2）。

3. 建造

近代独栋住宅大部分采用砖木式和砖石混合式结构，部分住宅采用砖混式结构，砖砌筑墙面承重，屋顶和楼板采用钢筋混凝土板。

4. 装饰

近代独栋住宅装饰以西洋式符号为主，并结合了中国传统建筑元素。一部分在西洋建筑中嵌入亭台楼阁等中国传统建筑符号，另一部分建筑使用地方本土材料——黏土过火砖（俗称疙瘩砖），质感厚重、色彩沉稳。在装饰技艺上，部分住宅采用砌砖代替做灰线，有的还运用天津的传统刻砖技巧。屋内陈饰也多为中国传统精美木雕，成为天津中西合璧式洋楼的一大特色（图1、图3）。

5. 代表建筑

1）颜惠庆旧宅

颜惠庆旧宅建于1920年，位于和平区睦南道24～26号。旧宅面积

1300m²，建筑面积约2400m²。旧宅为三层砖混结构楼房（设地下室），红瓦坡顶，琉缸砖清水墙面。建筑对称布局，规整大方，琉缸砖墙面的生动肌理和西方古典拱券、柱廊配合得相得益彰，体现了天津地方建筑材料和西洋建筑风格的完美结合（图4）。

2）鲍贵卿旧宅

鲍贵卿旧宅位于河北区平安街81号，鲍贵卿于1920～1921年购得此楼并改建成一座豪华的花园住宅。混合结构二层楼房，局部三层，带地下室，多坡瓦屋顶。外檐为青砖清水墙面。一、二层设柱廊，三层局部退台形成大露台，露台上建有三个风格迥异的亭子，中间为带有罗马式屋顶和简化科林斯柱式的西洋凉亭，东面为中国传统的圆攒尖亭，西面为较简洁的西洋凉亭，室内装饰豪

图2 李吉甫旧居鸟瞰

图3 鲍贵卿旧居装饰细部

华（图5）。

3）陈光远旧宅

陈光远旧宅位于天津市和平区大理道48号，该建筑建于1924年，为三层砖木结构楼房，平面布局不规则，立面高低错落，外墙用浅色混水墙面与深色硫缸砖搭配，简洁大方，颇具现代建筑风格。屋顶处为露台，设置中式琉璃瓦八角凉亭，使整个建筑呈现出中西合璧的特点（图7）。

4）张自忠旧宅

张自忠旧宅位于和平区成都道60号，该建筑占地面积约2800m²，建筑面积约2200m²，砖木结构二层楼房（局部三层），楼前面用立柱支撑上下两层内廊，楼两侧有对称的外凸多边形房间。房子外立面处理遵循简约风格，采用天津地方材料，造型朴实无华。建筑内部一楼设有会议室；二楼设有两座平台；三楼设有屋顶平台；后楼一层为餐厅，二层为书房。建筑立面严谨对称，外檐墙体采用硫缸砖与混水搭配；首层廊柱带简化的雀替，在整体现代风格中融进了中国传统建筑元素（图6）。

图7 陈光远旧宅

图4 颜惠庆旧宅

图5 鲍贵卿旧宅

成因

第二次鸦片战争以后，天津被迫开埠，成为北方最大的通商口岸，美、德、日、俄、意、奥、比七国先后在天津设立租界，总面积达1553ha，为天津老城面积的8倍之多。租界内，各国纷纷建起具有本国特色的建筑。除了一些外国殖民者之外，清廷的皇亲国戚、遗老遗少，北洋当局期间的总统、总长、督军，以及一些巨商富贾、名人红角等都在租界购地建"洋房"。一方面，随着西方外来文化的不断渗透，当时的上层人士追求西方的新奇和时髦，引入西方建筑艺术风格；另一方面，根深蒂固的中国传统审美趣味又促使一部分中式的建筑形制或建筑元素得以保留，中西合璧式建筑文化交融得以出现。

比较／演变

天津中西合璧式近代独立住宅在吸取西方各派建筑风格的同时，也融合了天津当地的建筑材料和建造技术，具有北方浑厚典雅的特征。同时本地的红砖、青砖和硫缸砖等墙面的肌理与西方古典拱券、柱廊配合得相得益彰。特别是黏土过火砖（俗称疙瘩砖）的使用，质感厚重、色彩沉稳，体现了天津建筑材料和西洋建筑风格的完美结合。

图6 张自忠旧宅

近代住宅·早期现代主义别墅

现代主义建筑思潮产生于19世纪后期，成熟于20世纪20年代，天津开埠之后，早期现代建筑传入天津，有别于当时盛行的具有复古主义思想的折中主义建筑，由于其形式自由、造型简单、注重功能、经济合理，没有装饰或少量装饰的特点，一时在天津兴起。

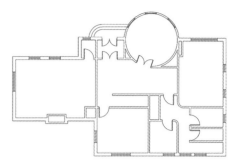

图1 关麟征旧宅平面示意图

1．分布

早期现代主义建筑分布在原租界区，绝大部分都集中分布在原英租界的五大道地区。

2．形制

早期现代主义多为二、三层独立式别墅。此类住宅平面布局从功能出发，相对紧凑，没有固定的形制，一般因功能制宜。各房间通过门厅、走廊和楼梯相联系。首层一般设门厅、客厅、餐厅、衣帽间等，二层多为书房、卧室，部分住宅三楼可通向阳台或设阁楼，地下室则通常作为锅炉房、储藏间和佣人房。建筑造型多简洁明了，推崇简单的几何关系（图1）。

3．建造

近代独栋住宅大部分采用砖木式结构，建筑多为硫缸砖清水砖墙建造，有的采用砖混结构，出挑深远，体量感强，造型简洁大方，建筑多为平顶，部分设露台（图2）。

4．装饰

早期现代主义建筑装饰简洁大方，多用硫缸砖本身材质与水泥抹灰形成颜色和材质上的鲜明对比。部分建筑还采用甩疙瘩抹灰、水泥拉毛等装饰手法。窗饰多采用水泥抹灰横向线条（图3）。

5．代表建筑

1）徐树强旧宅

徐树强旧宅位于和平区睦南道108号，建于20世纪40年代，占地面积约3000m²。建筑面积约2200m²，为三层砖混结构平顶楼房，建筑布局依据地形变化，整体方正规则，临马路处的转角部位采用圆角处理，在建筑的其他部位还点缀了几个圆弧阳台雨篷，立面变化十分丰富。枣红色硫缸砖砌筑的清水墙面，其肌理细腻并与周围环境协调。该建筑带有较强的现代建筑特征（图4）。

2）方先知旧宅

方先知旧宅位于睦南道109号，该建筑为二层砖木结构楼房（带地下室），现代风格，外檐为混水墙面，其间点缀不规则的水平向硫缸砖，别具特色（图5）。

3）关麟征旧宅

关麟征故居位于和平区长沙路95号。该建筑占地面积约900m²，砖木结构三层平顶楼房，立面简洁明快，采用天津地方材料硫缸砖，没有过多装饰，入口左部半圆形成为整个建筑的构图中心，具有较明显的现代建筑风格。院落

图2 徐树强旧居出挑雨棚

图3 关麟征旧宅装饰细部

图4 徐树强旧宅

图 5　方先知旧宅

图 8　关麟征旧宅

宽敞，有主楼、配楼、后楼各一幢。朝西南立面一侧为独特的半圆形，主楼和后楼之间有平台相连接。院内有草坪、花坛和鱼池。室内装饰精美雅致，木地板、木楼梯等设施保存完好（图8）。

4）王占元旧宅

王占元旧宅位于和平区大理道60号，建于1940年。建筑分为四栋建筑组成，独立式住宅。砖木结构二层楼房，局部为三层，顶部为红瓦坡顶，外立面为硫缸砖墙面。建筑首层前方突出部位作为半圆形玻璃花厅，上前部设有阳台；其他三栋建筑建筑格局一致，二层屋顶上设有混凝土制大凉棚；凉棚悬挑的雨篷凸出，尽显现代建筑特征（图6）。

5）湖北路57号，郑州道10号住宅

该建筑建于20世纪20年代，三层砖木结构独立式住宅，带地下室，入口处设高台阶，二层设露台。外檐为红砖清水墙，局部水泥拉毛及水泥抹灰饰面，窗间装饰水泥抹灰花饰，平屋顶，周围出挑檐。

6）孙桐萱旧宅

孙桐萱旧宅位于重庆道68号，该住宅建于1936年，三层砖木结构独立式住宅，具有现代建筑特征，平面布局不规则，外檐为混水墙面，外檐窗上均设雨檐，正立面有圆形凸出的造型，既改善了房间的采光，又增强了建筑的视觉效果（图7）。

成因

1860年以后，天津被迫开埠，成为北方最大的通商口岸，西方兴起的早期现代主义随着外国殖民者的入侵也传入中国，当时一些官商富贾逐渐开始效仿这种经济、美观和空间灵活的建筑形式，留下一批早期现代主义独立式住宅实例。

比较 / 演变

天津近代早期现代主义独立式住宅顺应了现代主义思潮建筑师所要求的摆脱传统建筑形式的束缚，建筑空间和内部功能高度统一，建筑形象具有逻辑性，灵活均衡的非对称构图、简洁的处理手法以及纯粹的体形，在建筑艺术中吸取了视觉艺术的新成果，同时天津近代早期独立式住宅也尝试本土材料进行建构，例如使用硫缸砖等，使得建筑形成出乎意料的肌理效果，实现现代主义建筑的本土化。

图 6　王占元旧宅

图 7　孙桐萱旧宅

近代住宅·新式里巷住宅

天津开埠后，随着西方文化的侵入，天津民居出现了中西合璧的形式。特别是辛亥革命前后，许多官僚、军阀、买办及清室遗老遗少们先后在老城区外的英、法、德、意等九国租界区内建造欧式楼房和花园洋房。同时，20世纪初，老城区外开始相继出现了由中外私人房地产公司兴建的公寓式平顶平房和筒子楼。21世纪20年代初，新式里巷住宅在天津出现，早期多集中在法租界劝业场一带和意租界内，后渐渐集中于英租界。

图1 安乐邨近景

1. 分布

天津的新式里巷住宅多集中于原法租界、意租界和英租界旧区一带。自1860年天津开埠第一个租界的建立以来，到1945年抗战胜利最后一个租界的消亡，长达85年的时间里各国势力在津建设了许多各有特色的"国中之国"。法租界内的主要居住区是与繁华的中街（今解放北路）相邻的劝业场、中心公园一带；意租界内的主要居住区为今一宫花园地区；英租界内的主要居住区为英租界新区（今五大道地区）和泰安道地区。河南里、义德里等里巷式社区均为天津新式里巷住宅的代表（图2）。

2. 形制

新式里巷住宅当年多数为新兴资本企业的职员所居住，一般为二层或三层，各分户单元联排布置。单元一般依开间的大小分为单开间、一间半、两开间、两间半以及自由式布局五种类型，其中一间半新式里巷住宅建造量最多。各分户单元中，房间功能分工明确。起居室、卧室、厨房、卫生间以及车库和佣人间在不同楼层内按功能要求合理分布，每户均有独立的出入口直接对外（图3）。

3. 建造

新式里巷住宅的结构形式一般仍为

砖木混合结构，到后期才少量采用砖混结构。建筑设备较齐全，室内装修朴实，比较注意建筑与环境的结合，庭园及弄道内绿化较好，生活环境安宁舒适。室外小院作为空间过渡，宅后设杂物院附属服务。住宅外观往往形式多样，风格迥异（图4）。

4. 装饰

新式里巷住宅作为天津开埠后西方文化融入的产物，在装饰风格上具有中西合璧的特点，不仅使用中国传统的坡屋顶、瓦屋面、清水砖墙等元素，西方各国的建筑语汇也运用其中，如拱券式门窗、阳台出挑、各式雕花和柱式等，极大地丰富了建筑的视觉审美效果，使

图2 安乐邨民居鸟瞰

图3 义德里民居鸟瞰

图4 义德里里巷

图5 义德里外墙装饰

图 6　河南里民居格局鸟瞰

得新式里弄住宅具有折中主义建筑特征（图 5）。

5. 代表建筑

1）安乐邨（图 1）

安乐邨位于和平区马场道与桂林路交口，共三幢联排式公寓住宅，呈"品"字形分布，平行马场道的一幢为三层，另两幢垂直马场道为二层。建筑建于 1933 年，占地面积约 7600m²，总建筑面积约 9300m²。建筑为砖木结构楼房，设有地下室，均由分户单元联排组成，每户前后设小院，平面功能布局合理，厨卫设备齐全。外檐为清水砖墙，坡屋顶，瓦屋面，正立面部分混水抹灰。建筑装饰元素丰富，每户主入口门及二层窗为拱券式，上以西班牙半圆拱花饰装饰。窗间多用绞绳柱支撑，装饰效果

图 7　义德里近景

较强，建筑富于韵律感，阳台出挑，下以雕花状牛腿支撑。

2）疙瘩楼

疙瘩楼位于和平区河北路 283～295 号，为英商先农公司于 1937 年建造的独户联排公寓，占地面积约 1900m²，建筑面积约 2900m²。砖木结构三层楼房，设有半地下室作为车库。建筑为联排独户住宅布局，依街角设计，与地形结合较好。建筑外檐为红瓦坡屋顶，巧妙使用天津地方材料——硫缸砖，整个墙面上不均匀的凸起呈"疙瘩"状。每户住宅的入口、悬挑阳台、檐部、窗间墙和窗套等处，采用拱券、花纹、水纹等洛可可装饰手法，使得建筑整体简洁大方，细部浪漫和谐（图 8）。

3）义德里

义德里位于和平区陕西路与万全道交口，由六幢联排公寓形成里弄式住宅。该里弄建于 1902 年，占地面积约 4800m²，总建筑面积约为 8500m²。建筑为砖木结构二层楼房，部分三层。外檐立面为红砖清水墙，局部混水抹灰装饰。大筒瓦坡屋面，檐部出挑较大。每户为独立单元，前后均设小院，临街建筑入口为拱券式门洞（图 7）。

图 8　疙瘩楼立面装饰

成因

天津开埠后，随着西方文化的融入，天津民居出现了中西合璧的形式。特别是辛亥革命前后，许多官僚、军阀、买办及清室遗老遗少们先后在老城区外的英、法、德、意等九国租界区内建造欧式楼房和花园洋房。同时，20 世纪初，老城区外开始相继出现了由中外私人房地产公司兴建的公寓式平顶平房和筒子楼，各类企业也纷纷出现。随着资本的大量流入，租界区内渐渐兴旺，为了解决职员住宿等问题，不少企业在租界内兴建各式公寓住宅。这些住宅大部分出自国外建筑师之手，又吸纳了中国元素，运用了天津本土的材料、技法等，最终形成具有中西合璧特点的新式里巷住宅。

比较／演变

新式里巷住宅与中国传统里弄住宅相比，外檐装饰具有明显的西方符号，室内设施布置现代，一般都设有地下室或半地下室。有独户式和分户式两种类别，不强调院落的围合感，与注重私密的传统里巷相比，更加具有开敞的特点。

近代住宅·集合式公寓

20世纪二三十年代，现代建筑以其简洁的形式、实用的功能、得到普遍的认可，在天津开始扎根、发展，并迅速渗透到各种住宅形式中。正是在这样的环境下，集合式公寓住宅伴随着现代建筑进入天津，为这个近代城市增添了一股新气息。然而由于战争的升级，建设停滞，现代集合式公寓住宅在那个年代未得到充分的发展。目前保存较好的有利华大楼、民园大楼、光明大楼、茂根大楼、林东大楼等。

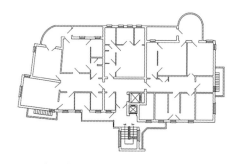

图1 利华大楼标准层平面示意图

1．分布

天津集合式公寓住宅分布在原租界区，特别是人口较为集中的办公商业核心地带，主要为今和平区解放北路和五大道地区。

2．形制

天津集合式公寓住宅受现代建筑运动影响，造型简洁明快。较传统住宅层数多，多为4～5层的多层建筑，也有高达10多层的高层建筑。功能分区明确，各楼层布局合理。起居、卧室、厨房、浴室、车库齐备，水、暖、电、卫设施一应俱全。公寓以不同间数的单元组成各式标准层，具备从一室户到四室户各种户型，以适应不同的需要。标准较高，居住条件舒适。部分公寓首层开辟为营业大厅，立面一般表现材料质感，开窗统一，体现现代建筑之美（图1）。

3．建造

天津集合式公寓住宅采用了具有现代建筑建造技艺的砖混结构或钢筋混凝土结构，楼板多作钢筋混凝土密肋楼板。具有良好性能的同时又造价低廉、可塑性强。西方现代建造技艺为近代多层和高层集中式公寓住宅提供了结构保障，同时也产生多层和高层住宅建筑。楼内现代上下水道、暖气、卫生和照明设施完备（图2）。

4．装饰

集合式公寓住宅室外建筑装饰简洁，立面多以水泥饰面或贴面砖。这类建筑水平线条和垂直线条流畅，虚实对比、形体对比明确，结构合理，具有现代主义建筑的美感。也有部分建筑局部采用西洋古典建筑细部，呈现出折中主义的建筑风格。

室内装修考究，所有内部门窗均用高级硬木精工制作；门厅、大厅、会客室、客房等多为落地式大玻璃门；楼梯间均为铜条镶嵌的彩色水磨石地面，各室内均有采暖设备。底层大厅地面、柱子采用暖色大理石饰面；客房、会客室、卧室、餐厅，多为席纹硬木地板（图3、图4）。

5．代表建筑

1）利华大楼

利华大楼位于和平区解放北路116号，建于1939年，由法商永和营造公司工程师穆乐设计，由瑞士籍犹太人李亚溥投资兴建，利华大楼是一座集办公、

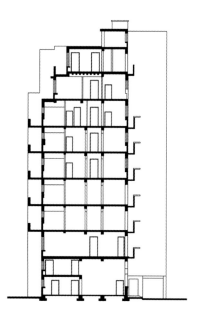

图2 利华大楼剖面

图3 民园大楼旋转楼梯1

图4 民园大楼旋转楼梯2

图5 利华大楼手绘

图 6　利华大楼临街立面

图 7　利华大楼北立面装饰

图 8　民园大楼

图 9　光明大楼

征（图 8）。

3）光明大楼

光明大楼位于和平区解放北路 18～20 号，建于 20 世纪初，为公寓式住宅楼。该建筑占地面积约 300m²，建筑面积约 2400m²，框架结构楼房，主体六层，局部七层。建筑平面以楼梯和电梯为中心，组织居住单元。每个单元内暖气、卫生设施齐全。建筑外形既有现代建筑简洁挺拔的体量，又有部分西洋古典建筑的细部。具有折中主义建筑特征（图 9）。

住宅于一身的公寓式大楼，是天津市最早的几座具有现代功能和技术的高层建筑之一（图 5）。其主楼 10 层（不含中二楼），高达 43m，占地 2133m²，总建筑面积为 6193m²，建筑平面呈"凸"字形，其结构为钢筋混凝土框架结构。主楼外墙面采用深棕色麻面砖贴面，色彩稳重大方。主楼底层设门厅、营业厅、经理室、锅炉房等；二到八层是成套高级公寓。建筑内部设两部电梯，布局合理。建筑构图采用非对称式，外部造型错落有致，属典型的现代主义风格建筑（图 6、图 7）。

2）民园大楼

民园大楼位于和平区重庆道 66～68 号，建于 1937 年，占地面积约 2800m²，建筑面积约 7400m²，由奥地利建筑师盖苓设计。因邻近民园体育场，故命名为民园大楼。该建筑平面结合地形展开，为四层混合结构平屋顶公寓建筑，建筑形象简约大方，比例协调，富有变化。建筑色彩以白色混水墙为主，在部分窗间墙处点缀清水硫缸砖墙面。建筑平面按照新的生活方式布局，即每层以楼梯间为中心布置四组不同面积的居住单元，每个居住单元以起居室为中心，布置卧室、儿童房、佣人房、厨房、餐室及卫生间。这种布局与现在的居住建筑基本一致，与传统的中国及西洋住宅均有差异，该建筑呈现典型的现代建筑特

成因

这是 20 世纪二三十年代出现的一种住宅类型，较传统住宅层数多，标准层户型有变化，以适应不同需要。起居、卧室、厨房、浴室、车库齐备，水、暖、电、卫设施齐全，标准较高，居住条件舒适。在快速城市化的过程中，人口增长非常快。为与迅速发展的城市化过程相适应，必须不断探索发展高容积率住宅，因此现代集合式公寓住宅应运而生。

比较／演变

受外来生活方式的影响，住宅的空间格局和功能构成相应地发生了变化。传统的合院式住宅，严整的空间格局不能满足人们的现代生活方式。住宅各房间逐渐根据使用功能来分隔，如客厅、起居室、卧室、厨房、餐厅以及储藏间等。出现了功能决定形式的现代多、高层集合式公寓式住宅。建筑造型简洁明了、刚劲挺拔，体现了与传统建筑、"小洋楼"等民居建筑完全不同的现代建筑风格。

河北民居
HEBEI MINJU

冀北民居·坝上圆囹院

冀北地区泛指张家口与承德地区。圆囹院是冀北坝上地区常见的一种民居形式。它是由毛坯房以及院墙围合而成的院落式居住模式。院子的面积较大，可以划分成多个功能分区，面积最大的分区是用来饲养牲畜的牲口棚。坝上地区是草原文化与农耕文化交融之处，圆囹院的居住模式正是这种交融的体现，它延续了当地居民以畜牧业为主的生活习俗。

图1 康保县圆囹院

1. 分布

圆囹院主要分布在冀北张家口坝上张北、康保、尚义、沽源等地区，总体上位于地势平缓、开阔的环境中（图1）。

坝上属内蒙古高原的南缘，占张家口总面积的1/3，海拔一般在1400m左右，地势南高北低，呈现典型的波状高原景观（图8）。

2. 形制

由于坝上畜牧业比较发达，当地居民在解决自身居住问题的同时，还得考虑牛羊骡马的畜养，所以坝上地区的院落与坝下地区相比，较为宽阔深远。院子可种植蔬菜或者堆放柴草（图9）。

圆囹院通常选址于向阳背风的平地或缓坡地带，以土坯房居多。院子内建有正房、东西厢房、厕所，不设门楼。正房坐北朝南且稍偏西，多作三间。东厢房放置农具杂物，西厢房用作畜棚。厕所置西南角，东南角留院门。从占地面积上来看，东厢房（牲口棚）所占比例最大，体现出了当地居民以畜牧为生，重视自然资源的囤积和繁衍的生活理念（图6）。

进入院子的大门，是一条由院墙和牲口棚墙壁围合而成的狭长过道。经过过道，突然出现开阔的院落，给人一种豁然开朗的感觉，这种欲扬先抑的布局手法为整个院落增添了几分情趣。总体上讲，圆囹院建筑分布不像四合院那么考究，院落布局相对灵活自由，围护材料就地取材，多以土坯、石块、木材为主。

3. 建造

取优质黄泥，打碎摇匀，再把稻谷草剁成大约3～5cm长的碎末，将打碎的黄泥和切碎的稻谷搅拌均匀，往搅拌物中注入米糊，人站在上面进行踩压，直到完全和匀且呈现黏稠状。将黏稠物导入木制的模子中，挤压按实，把模子提起来，就形成了一块成型的土砖，经过一段时间的自然风干后可垒墙。

另外一种方法是取优质黄泥，捣碎，加少量水，打好地基后，将一个大约2m长、60cm高、30cm宽的大模子直接架在地基上，然后把泥倒入模子里，再木槌夯实，就这样，一模接一模地往上垒。坝上地区有的采用土坯墙承重或土坯砖墙下端加设木质地圈梁，墙中加木柱，墙上端加横梁等。有的则是单一

图2 圆囹院落概貌

图4 圆囹院墙

图5 圆囹院落

图3 郝车倌村概貌

图6 圆囹院落牲畜棚

图7　囵囵院主房瓦屋顶

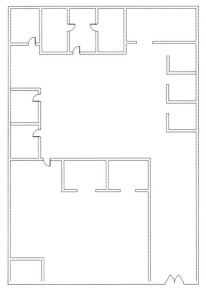

图9　囵囵院平面示意图

的砖墙承重，装饰时作为围护结构。

4. 装饰

囵囵院的土坯房建筑外观装饰朴素。木质门窗，用木条组合成多变的几何图案。屋顶一般用茅草铺设，茅草垫下木结构外露。院落较为开敞，院墙为裸露的毛坯或者石块。室内用泥抹面，简洁实用。

5. 代表建筑

1）康保丹青河乡郝车倌村囵囵院

丹清河乡位于康保县城南偏东21.3km。当地居民多以畜牧和种植农作物为生。土坯囵囵院（图2～图4）这种居住形式在当地被广泛使用。正房三开间，土坯立墙，用茅草铺顶，院墙用土坯或者石头砌筑而成，没有门楼。院子用来饲养牲畜和囤积农作物。

2）康保前麻尼图村囵囵院

分布在阿明代乡前麻尼图村的民居，由于土坯房的建筑寿命较短，保留下来的古民居并不是很多。当地居民根据原始院落的样貌对住宅进行了翻新或重建。由于居民增多，囵囵院院子的规模有所缩减（图5）。正房或者厢房由原来的纯土坯建筑，逐渐演变为用砖砌筑。屋顶也从原来的茅草屋顶变为瓦屋顶（图7）。

成因

坝上地区经济条件差，这是土坯房长期存在的主要原因。虽然受到经济条件的限制，但是土坯房具有冬暖夏凉的优势，居住较舒适，能满足当时人们生活的需求。囵囵院宽阔的院落形制即可以为居民提供生产活动场所，又为牲畜和农作物的生长和繁殖创造了有序的空间，可谓一举多用。

比较／演变

随着经济条件发展，居民的生活水平有了显著的提高，自然而然在建筑的用料、形制上也有了进一步的提升，由此出现了半砖半土坯的房屋，再后来就出现了现在还能在广大农村地区所见的砖瓦房。院落的形式还基本保存，继续用来饲养牲畜和种植农作物。

图8　囵囵院落面貌

冀北民居·坝下独院

坝下独院是一种以砖木结构为基础的传统合院式建筑，在冀北坝下地区比较常见。其格局为一个院子，三面或四面建有房屋，通常由正房、东西厢房及倒座房组成。从四面将庭院合围在中间，类似于三合院或四合院的形制。整体布局合理，构造精巧，其形制和风格体现了北方传统民居的文化特色，是冀北民居的代表形式。

图 1 蔚县砖木独院外貌

1. 分布

坝下独院的民居形式在中国民居中历史悠久，分布广泛，是北方民居的典型形式（图 1）。在冀北地区，主要分布在张家口蔚县等地，其形制严谨，施工精美，等级严明，保存完好，对于古民居的研究具有很大的意义。

2. 形制

坝下独院的典型特征是外观规矩，中线对称，类似于一进院的四合院形制。主要由正房、东西厢房和倒座房组成，也有除去倒座房的三合院的形制，但都是四面围合的庭院式布局。

正房坐北朝南，为院落主人的居所。一般三间，有的正房可以做成五至七间（图 7）。正房的明间（即中间一间）称为堂屋，也称为中堂，三开间的正房堂屋两侧是卧室和书房。正房的朝向最佳，体量最大。厢房一般作为子孙的住所或者是厨房、储物间。

此外，四面房屋各自独立，没有结构上连接，减少了相互影响；院落不向外开窗，形成坚实厚重的外立面。由建筑外墙和院墙围合而成的封闭式院落，私密性较强。虽然内部院落与外部空间相"脱离"，但可在院内种树养花，自成天地。院门有的设置在南北中轴线上。有的设置在东院墙上，紧邻倒座房。大门位置比较灵活，可以根据村落的布局进一步确定院落的规划。

3. 建造

坝下独院属于砖木结构建筑，建筑物中用来竖向承重的结构例如柱子、墙等用砖或砌块砌筑，而楼板、屋架等采用木结构。

独院一般用石头作基础，在基础之上搭建屋架体系：先用夯土砖墙或者立柱作为竖向承重构件，再把柁搭在砖墙或柱子之上，然后在柁上架檩，檩上排椽，搭接处均以榫卯连接。

屋架搭接完毕后砌筑围护结构。围护墙习惯用磨砖、碎砖垒砌而成。

最后完成屋顶部分和门窗。屋瓦大多用青板瓦，正反互扣，檐前装滴水。门窗户一般为双开木质门窗，窗扇上用木檩条排列出变化多样的图案。

图 2 蔚县独院砖雕

4. 装饰

冀北坝下的民居的建筑材料多为夯土砖，整体色调典雅朴实，突出院落的厚重感。屋脊及檐口处雕刻着精美的图案，一般为走兽砖雕或者是花纹砖雕（图 2）。木质构件外露，配有精致的木雕（图 3），与砖雕相映成趣。

5. 代表建筑

1）张家口蔚县前街临街坝下独院

该独院由正房、东西厢房以及倒座房围合而成。建筑面积 262m²，占地面积 366m²。院落大门位于东南角，向东开启（图 6）。该独院始建于明末清初，最近翻修于 20 世纪 90 年代。20 世纪 90 年代拆除两侧厢房，用其材料建南侧配房。所有建筑一层，正房高 4.6m，为卷棚屋顶（图 5），厢房已毁。东侧残存辅助用房为平顶。主体建筑为居室。东侧辅助用房为水井间和储藏间，加建的南房为厨房（图 4）。建筑色彩为灰砖灰瓦，门楼木构朱绿彩画。

2）张家口怀安县武士敏故居

图 3 蔚县独院木雕

图 4 蔚县前街坝下独院南房现状

图 5　蔚县前街坝下独院正房现状

图 8　武士敏故居正房现状

图 9　武士敏故居东厢房现状

的砖雕。门楼顶部檐下挂着武士敏故居的牌匾。建筑整体保存完好。

图 6　蔚县前街坝下独院平面图

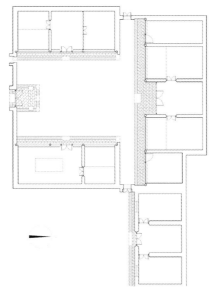

图 7　坝下独院形制示意

武士敏故居位于张家口怀安县老城区，是抗日名将武士敏的故居，也是张家口地区的爱国主义教育基地。

它是一座典型的砖木结构的三合院民居，由正房和东西的两个厢房组成。正房坐北朝南，面阔五间（图8），西厢房面阔三间原为储物用房，东厢房面阔两间为厨房加储物间（图9）。西北角设有一个独立的旱厕。正房和厢房围合成一个独立的院落空间。院落中间设有花台，种植植物，美化院落环境。

建筑的屋顶均为硬山屋顶，屋脊雕刻精美的图案，正房和厢房的木雕花各有千秋。故居坐落于一条南北向街道，门口朝东。门楼两侧的砖垛顶部有别致

成因

冀北张家口位于河北省西北部，大部分院落的形式与北方的三合院、四合院的形式相近。砖木独院的形成，一方面是当地居民生活习俗和居住理念的实体展示；另一方面，由于冀北地区木材稀少，砖木结构的运用，有效减少了木材的消耗，既环保又增加了建筑的稳固性。

比较 / 演变

坝下的独院形式，以四合院为主，形制严谨，但又可以根据居住者的不同需求灵活变换。住宅简化了梁架结构，加大了椽承重，从而减少了檩条的数量。

冀北民居·坝下窑洞

冀北坝下窑洞形式分为靠山式（崖窑），下沉式（地窑），独立式（箍窑）三种。它多依山就势，利用天然地貌，选择土质较好、干燥、向阳、避风地带建造。靠崖式窑洞直接在崖壁上挖洞制窑；下沉式窑洞先挖方形地坑，然后在坑壁上挖窑；独立式窑洞则在平地上掩土起窑。窑洞形制紧凑，冬暖夏凉，生态环保，施工简易，是张家口坝下地区独具特色的民居形式。土窑洞一般以一户一院修建，在布局上多以三、五孔相连为一组，自成一体，反映了自然经济条件下，以家族为中心的社会组合。

1. 分布

窑洞这种古老的居住形式已经有几千年的历史，体现了中国居民"穴居"的文化传统。冀北窑洞作为中国六大窑洞区之一，属于中国窑洞分布边缘区域。冀北地区窑洞民居主要分布在张家口赤城、怀安等地区。

2. 形制

窑洞是黄土高原典型的建筑形式，冀北窑洞由于其文化背景和自然环境的影响，呈现出与其他地区不同的面貌（图1）。绝大多数冀北窑洞在沿洋河支流洪塘河两岸，黄土高坡的向阳面上建造，分为靠山式窑洞，下沉式窑洞和独立式窑洞。靠山式窑洞依靠山崖而建，直接在崖臂上挖窑，依山势而起伏。下沉式窑洞多是在低洼地建造，或挖集坑在坑内建造，这种窑洞相对隐蔽，在战乱时期有助于躲避敌人的搜索。独立式窑洞区别于以上两种窑洞，它的周围没有"靠山"，只能在平地上依靠一定的建造手法进行建造。

冀北的窑洞由于经济条件和地理位置、环境的限制，其形制比较灵活。一般正房开三孔或五孔窑。大户人家设有厢房，体量小于正房。而大部分窑居院

图1　窑洞外貌

落没有厢房（图8），而是用土坯搭建简易的牲口棚。下沉式和独立式窑洞前土地比较开阔，可用土坯建院子，并在中轴线上开院门；而靠山式窑洞依山而建，一般没有足够的空间围合院落。

3. 建造

靠山窑洞和下沉式窑洞可以直接在崖壁上挖穴而成，在挖好的洞穴中用泥抹面，晾干后安置门窗即可。独立式窑洞区别于其他地区的窑洞建造手法。它是先用土坯、土砖等砌筑出拱形结构，然后在上面掩土而成，不是挖孔建造的，是一种掩土建筑。

4. 装饰

作为生土建筑类型民居，其建筑艺

图2　窑洞门窗

图3 张家口市太平庄靠山式窑洞外貌

图4 张家口市太平庄靠山式窑洞远景

术特征与一般建筑差异很大。建筑色彩朴实、厚重，尺度上较小。其建筑特色主要体现在拱券形的门窗上，门窗洞口一般是上圆下方的，上面有几何纹样装饰，形成对窑洞房的一种装饰。其外立面为草泥抹面，使得窑洞与外部环境融为一体（图2）。

5. 代表建筑

1）张家口怀安县太平庄某窑洞

怀安太平庄地貌为黄土沟间地貌和黄土沟谷地貌二者的结合，该地区的窑洞多以靠山式窑洞为主（图3）。太平庄该窑洞位于山坡和平原的边缘地区，窑面背靠山崖或原面，向内侧挖孔成窑。前临开阔的沟川和流水（图4），后靠坚实的崖壁。这种形式后高前低，后实前虚，与当地地形完美的结合，既因地制宜，又情趣盎然。

2）张家口怀安县西沙城乡某窑洞

西沙城乡地处怀安县中部，地属浅山丘陵区，乡中的窑洞多为下沉式窑洞。沙城乡该窑洞采用南北向布置，人及生活用房设在南向，辅助用房设在北向。窑脸上开大窗，白天可以吸收大量的太阳能，提高室温。窗上设棉、茅草、牛皮纸等做成的保温帘子或窗板，白天卷起，晚间放下。（图5）。方法虽然很简单，但保温效果却很明显。窑脸上

图5 下沉式窑洞外貌

图6 张家口市西沙城乡地坑院正房

图7 张家口市第六屯村窑洞外貌

部开高侧小窗，仅用于夏季通风，多数居民在冬季用草帘或土坯将其封闭（图6）。

3）张家口怀安第六屯村某窑洞

第六屯村位于怀安县北部，大洋河南岸，东邻左卫镇，西靠县城柴沟堡，地势呈南高北低，属丘陵区。第六屯村该窑洞（图7）最大的特点就是四面临空，没有可以依靠的崖臂。前、后、左、右四头（即四面）都不利用自然土体而亮在明处，四面都为人工砌造（图9），整体相对独立。该窑洞正房形制为三开间，中间的房间为堂地，东西两间房用来居住。此外还设有厢房和耳房，其形制略小，装饰也比较简朴。其用途为牲口用房或者杂物间。该窑洞布局紧凑，功能合理。

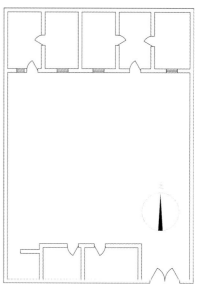

图8 下沉式窑洞院落平面示意图

图9 张家口市第六屯村窑洞外立面

成因

河北张家口西北地区，黄土层非常厚，有的厚达几十米，河北人民创造性地利用高原有利的地形，凿洞而居，创造了被称为绿色建筑的窑洞建筑。窑洞冬暖夏凉，住着舒适，节能。同时传统的空间又渗透着与自然的和谐，朴素的外观在建筑美学上也是别具匠心。

比较/演变

窑洞的形式一般受地区气候与地貌的影响，靠崖式窑洞多分布在张家口地区西北部，地势较高；下沉式窑洞主要分布在地势较为低洼的地形处；独立式窑洞分为较为平坦的平原处。三种形式的窑洞各具特色，因地制宜，充分体现了张家口地区民居的建筑特色。

冀北民居·坝下连环套院

连环套院是冀北坝下地区较为特色的传统民居形式，它由多个院落紧密结合，且院落相互贯通，并以过厅或院门作为连通，每个院落间又可独成单元，合中有分，分中有合，其中有"九连环"、"八连环"、"四连环"套院；房屋一般面向庭院内部开窗，增强防御功能，兼有居住和军事防御功能。民居布局富于变化，砖雕、木雕与石雕成为其精美装饰。

图1 蔚县民居鸟瞰

1. 分布

冀北坝下地区的连环套院大部分位于张家口蔚县地区。蔚县属于壶流河域。自然条件较好，地跨丘陵、河川，北高南低，位于阴山山脉、燕山、太行山脉的环抱之中。自古为山西大同地区通往壶流河盆地、进入华北平原的交通枢纽、军事要冲和商贸地区。

2. 形制

坝下套院院落空间是由三合院或四合院为基础并组合而成，形制严谨，但又可根据居住者的需求而灵活变化。

套院规模宏大，由多个院落组成，通过横向并列和纵向串联的方式，以院门、巷道或过厅相通，来不断扩大规模，可达到"四连环"、"八连环"、"九连环院"的规模（图1）。纵向为主发展的院子，其正房一般超过三间，多为五、七间，有的包含耳房达九间。南房与正房间数相同。横向为主发展的院落，除了左右连通的院子，也有前后院。

套院院落基本构成要素有正房、东西厢房、倒座房、大门、院墙等，其正房朝向以朝南居多，厅堂一般设在正房，当时的大户还有客房院、磨坊院，下人居室多设在外院。

3. 建造

院落中正房等级最高，一般为硬山卷棚顶，其屋顶梁架结构以"四檩三挂"居多，即屋顶架设四根檩条，前后各两根，并在檩条上铺设椽子，前后共三架。个别正房中也有形制更高的"五檩四挂"带正脊的屋架结构。

倒座与厢房由于进深小，大多采用单坡屋顶，从檐口开始起坡，直至院墙顶部。分有脊和无脊两种，向内排水（图2）。

房屋多为砖木结构，建筑用材因经济实力不同而不同。有取河卵石做墙基础，土坯砖为墙体；也可以在此基础上将墙体的四个角部用砖替换土坯，称之"四角硬"；还可以在土坯墙的外侧包砖，称之"硬背"；经济富裕的情况，则使用大量石材，以条石为墙基，以砖砌墙体。

4. 装饰

坝下连环套院的建筑装饰中以砖工和砖雕的水平最高，木雕与石雕其次。砖雕多使用在套院中墀头戗檐、脊顶、山墙花和照壁上；木雕体现在房屋的门、窗、隔扇、梁托、斗栱和驼峰上；石雕则用于柱础、上马石和抱鼓石的造型上（图3）。

5. 代表建筑

图2 蔚县连环套院院落鸟瞰

图3 砖雕与木雕

图 4　蔚县门家九连环大院沿街立面

图 7　蔚县门家九连环大院正房建筑立面

图 8　蔚县西古堡东楼房院正房建筑立面

1）河北省张家口市蔚县南留庄门家九连环大院

　　"门家九连环"宅院，坐落于西堡门内，沿街六个东西并列的大合院组成，每进院落都有一座雕梁画栋、气势威严的门楼，共占地 4000m²，18 进院落，220 多间房屋，多个院落相互贯通，形成一个整体。"九"在八卦里是最高位，在古代又代表多数。以"九"命名，表示多且美之意，并非确数。建筑内保存了大量的砖雕、木雕、石雕，日用器物、楹联、匾额等多种民间传统文化遗产（图4、图5、图7）。

2）河北省张家口市蔚县西古堡东西楼房院（八连环院）

　　东西楼房院位于张家口市蔚县西古堡内，由东、西两个多进院落紧密组成，共八进八出，故称"八连环院"，因为最后一进院落的正房为两层而得名"楼房院"。东、西都为四进院落，两院之间有院门相通（图6、图8）。

成因

　　连环套院多是因"多世同堂"的家庭需求出现。当仅仅南北方向的多进院落不能满足居住要求时，院落的平面布局便开始向横向发展，形成串联和并联交织的院落空间；为了居住中沟通方便，则通过过厅或院门来联系各个院落；同时需要相对私密时，各个院落闭门后则各成一体，这便逐渐形成了"连环套院"。

比较／演变

　　连环套院是由独院式和多进院式组合和演变而成的。独院式和多进式院落一般规模不大，不适合于大家族式的居住模式。随着家庭人口的增多，房屋需求量增大，就出现了由独立合院到多进院再到连环套院的居住形式的演变，从而进一步的满足居住者不断增加的生活需求。现存连环套院部分已经不能穿套，每院由一户或者几户家庭来居住，成为多个独院住宅。

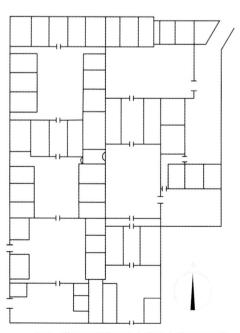

图 5　蔚县南留庄门家九连环大院平面示意

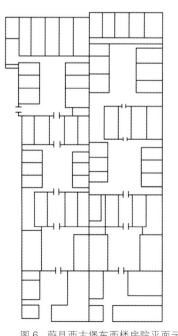

图 6　蔚县西古堡东西楼房院平面示意

冀北民居·坝下多进院

坝下多进院民居是冀北坝下平原地区的传统民居建筑形式，基本遵从北方合院建筑的形制特征。坝下多进院多为中轴对称格局，以两进、三进居多，院落南北长东西窄，平面布局呈纵向长方形。

图1 承德市计家庄头大院第一进院落木雕门当

1. 分布

多分布在冀北坝下平原地区，如河北省承德市宽城县、张家口市万全县、蔚县等。

2. 形制

冀北多进院多为对称格局，正房坐北朝南，一般三至五开间，两侧厢房对称，院墙高大，房间的窗户朝向院落而不对院外开窗。民居的大门位于中轴线上，居中布置；院落一般呈南北长而东西窄的纵向长方形（图2）。

3. 建造

条石做基，冀北地区多以抬梁木结构作为主要的木框架承重结构。以立柱作为竖向承重结构，梁（俗称柁）搭在柱脚上，然后在柁上架檩，檩上排椽，根据梁上托檩的数量不同可以称为"三架梁"、"五架梁"、"七架梁"、"九架梁"，坝下多进院因规格制式，多为"三架梁"，部分采用"五架梁"（图4）。木结构搭建好后砌筑墙体，冀北多进院基本采用青砖砌筑，屋顶多以硬山为主，青砖为糯米浆混合黄泥烧制而成，因冀北地区冬季寒冷，墙体砌筑时内外为烧制青砖，中间夹一方生土砖作保温层。冀北地区屋面层较厚，一般屋面构造是：椽子上铺设望板或苇席，住覆5～8cm的苦背，苦背上铺瓦，多为合瓦形式。

图3 承德市计家庄头大院第三进门楼

4. 装饰

冀北多进院民居装饰以雕刻居多，分为木雕、石雕、砖雕、瓦雕多种形式。门楼上的木雕花纹，房屋立面的木窗格是院落主要的木雕装饰（图7、图10）。因民居为青砖砌筑，砖雕又没有等级限制，故而在冀北民居中砖雕是最为丰富灵活的雕刻装饰艺术，几乎所有显著的位置均有砖雕装饰（图5、图6）。屋顶滴水瓦上做装饰花纹（俗称"太阳瓦"）。

图4 承德市计家庄头大院正房承重结构

5. 代表建筑

1）河北省承德市宽城满族自治县计家庄头大院

计家庄头大院至今已存在200余年，计庄头大院原总占地面积约66667m²。其中内院占地约6667m²，主体建筑计四十余间，另有门房、门楼、亭堂、角门、

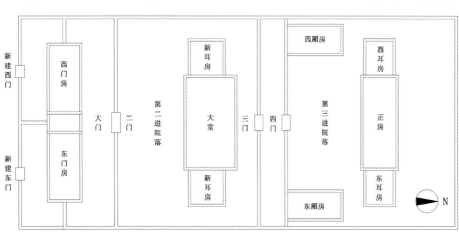

图2 承德市计家庄头大院平面示意图

图5 承德市计家庄头大院石雕

图6　计家庄头大院石雕

牲口棚等附属建筑10余处，后花园一处。内院建筑为中轴对称三进院落。整组建筑中轴线清晰，满族特色突出，高脊大瓦，前廊后厦，花山重檐，雕梁画栋，功能齐全。东西对称，层层递进。主体建筑高大宏伟，东西厢房错落有致。第二进、第三进正房均面宽五间，第二进类似公堂，原为庄头办公、处理民间纠纷所用，第三进为庄头自用（图1、图3）。
2）河北省张家口市蔚县西古堡苍竹轩

苍竹轩为二进院民居，正房面宽三间，东西厢房面宽两间呈对称格局（图8、图9）。苍竹轩大门朝西开，占据了南院厢房的一间。院落坐北朝南，正房居北，南侧为倒座廊，还有一面照壁，位于东厢房与倒座廊之间的院墙上。苍

图7　苍竹轩东厢房窗格木雕

图8　苍竹轩山墙立面

图9　苍竹轩院落空间

竹轩的建设依托北方合院的基本形制，但是又有自身独特的变化，与普通民居相比主要有三处特殊。一是从装饰形制来看，苍竹轩打破了以北为尊的传统观念，其东厢房从建筑高度或门窗装饰而言，规格制式是最高的，是唯一屋脊带檐廊的房屋（图11）；二是倒座廊的设置，苍竹轩的建造者巧妙地对倒座廊进行设计，在解放了院落空间的同时也提升了庭院内的景观美；三是蔚县当地以砖雕最为常见，木雕装饰相对普通，而苍竹轩的木雕却相当精美，堪称蔚县木雕的代表。

图10　苍竹轩木雕

图11　苍竹轩东厢房

成因

冀北坝下地区的合院形式受北京合院的影响颇深，居民在建设时延续了北京合院中轴对称的基本特征。随着经济水平、人口密度的提高，在建设合院时，已不满足单进院的空间布局形式，院落空间的布局还是依照传统的对称格局来设计，院落纵向发展，形成多进院的建筑形式。

比较／演变

冀北地区的坝下多进院民居，与北京四合院及其他地区的坡顶合院式民居相比较，在布局和居住功能上，都遵循了中华传统文化中的礼制，正房坐北朝南、两侧厢房对称、院墙高大、四面围合，其最大区别就是在大门的位置上，冀北地区的坝下多进院民居多位于中轴线上，冀北多进院一般呈南北长、东西窄的纵向长方形，而北京四合院的中心庭院从平面看基本为正方形。

冀北地区多进院基本遵从中国传统合院的形式，但又受到所处地区气候环境条件的影响，有了各自不同的变化。因冬季更为寒冷，所采用的保温、保暖形式更为丰富。院落的围墙为更利于获得室内日照，也比北京四合院要低，院落整体南北长、东西窄，这也是为了获得更多日照所作出的极具地方特色的变化。

冀中民居·平原丘陵多进院

平原丘陵多进院民居是冀中平原与丘陵地区的传统民居建筑形式,基本遵从北方合院的形制特征。冀中多进院多为中轴对称格局以两进、三进居多,青砖砌筑,砖木承重的硬山顶民居。

1. 分布

砖木多进院是冀中地区典型的传统民居形式,分布在冀中平原与丘陵地区,如河北省石家庄市、保定市等地。

2. 形制

冀中多进院为中轴对称格局,正房坐北朝南,一般三至五开间,两侧厢房对称,院墙高大,房间的窗户朝向院落而不对院外开窗。房屋多呈纵向矩形,轴线对称关系明确。

3. 建造

冀中地区多进院的建造是从测平定向开始,后夯土筑基,上铺设条石,然后构筑房屋的木框架体系(主要以抬梁木结构为主,根据梁上拖檩的数量可分

图2 石家庄辛集市仁翠芹民居山墙砖雕

图3 石家庄辛集市仁翠芹民居门楼砖雕

"三架梁"、"五架梁"等),木框架搭建好后砌筑墙体,冀中地区多采用黄泥烧制青砖。墙体搭建完成后铺设屋顶,安置门窗。冀中地区砖木多进院屋顶以硬山顶为主,部分做卷棚硬山顶。

4. 装饰

冀中地区砖木多进院民居一般为烧制青砖砌筑而成,风格朴素简洁。建筑装饰主要集中在雕刻方面,以门头、门窗框、边框、檐口、屋脊等为重点装饰部位。冀中多进院民居雕刻装饰主要分为木雕、石雕、砖雕、瓦雕多种形式。门楼上的木雕花纹,房屋立面的木窗格是院落主要的木雕装饰。因民居为青砖砌筑,砖雕又没有等级限制,故而在冀中民居中砖雕是最为丰富灵活的雕刻装饰艺术,几乎所有显著的位置均有砖雕装饰(图2)。多在院落大门、正房榫头上雕刻出极为精美的雕饰,以各种吉祥图案为主,彰显主人家的富贵并祈求好兆头(图1、图3)。

5. 代表建筑

1)河北省石家庄辛集市新城镇贾里庄村仁翠芹民居

冀中地区的仁翠芹民居原为华北联大旧址,是一座遵循北方合院基本特征的二进院民宅。青砖灰瓦为建筑的整体风格,在院落门楼、正房墀头、屋脊、檐口等处有着极为精美细致的雕刻装饰。院落大门位于合院东南角为屋宇式大门,青砖砌拱而成。与一般多进院不同,第一进院落为放置杂货的空间,第二进院落集中了接待宾客和宅主自用的功能。院落正房为卷棚硬山顶,两侧对称东西厢房为单坡顶,向院内倾斜,四

图1 石家庄辛集市仁翠芹民居饰檐砖雕

图4 石家庄辛集市仁翠芹民居第一进大门

图5 石家庄辛集市仁翠芹民居第一进院落

图6 石家庄辛集市仁翠芹民居第二进院落

图 7　石家庄辛集市仁翠芹民居正房

图 8　保定市顺平县王家大院木质门楼

图 9　保定市顺平县王家大院院落空间

图 10　保定市顺平县王家大院木雕

图 11　保定市顺平县王家大院合院正房

由围合取藏风聚气之意。院洛墙体的空斗砖墙是由青砖平侧交替砌筑而成（图 4～图 7）。

2）河北省保定市顺平县腰山镇王家大院

　　王家大院庄园坐落在顺平县腰山镇南腰山村，距离保定市仅 25km。王家大院始建于 1666 年清顺治时期，距今已有 300 多年的历史，是华北地区现存规模最大、最为完整的清代砖木多进院民居，为全国重点文物保护单位。大院原占地 18.6ha，拥有合院 50 多套、房间 500 余间；现存约 4.3ha，房屋 163 间。

　　王家大院建筑规划布局是参照北京某王爷府的布局进行设计的，从建筑布局到装饰风格均受到了北京合院的影响，庭院形制类似北京四合院主要呈正方形，坐北朝南排列在一条直线上，王家大院内各个四合院前后贯通，左右两侧合院有院门相连，内有东西排列四合院三路，东路为二进院"梦合堂"，中路为四进院"仁和堂"，西路仅存一单进院"义合堂"（图 8～图 12）。王家大院的建筑以灰色调为主，古朴大方，给人以庄重典雅的感觉，大院内部有着

图 12　保定市顺平县王家大院合院

精美丰富的砖雕、石雕、木雕。王家大院的建筑制式既不同于皇宫官府，又不同于一般民居，在我国北方砖木多进院民居形式中极为少见，颇具研究价值。

成因

　　冀中平原与丘陵地区地势平坦，可用建设用地面积广泛，在历史上一直为汉族聚集地，民居的建筑风格基本遵循了合院的传统规格制式，当单一的单进院不能满足居民居住需求，院落便依据中轴对称的格局进行平面布置，纵向发展，形成多进院的院落形式。

比较 / 演变

　　冀中地区的砖木多进院民居在布局和居住功能上，遵循了中华传统文化中的礼制，正房坐北朝南、两侧厢房对称、院墙高大、四面围合。冀中地区的砖木多进院民居一般呈南北长东西窄的纵向长方形，受到所处地区气候环境条件的影响，有了各自不同的变化。因夏季炎热，院落的围墙为了更有利于遮挡日照直射比北京四合院要更加高大，院落整体更为狭长，整体的围合感更加强烈，这也是为了夏季遮阳通风所作出的极具地方特色的变化。

冀中民居·山区独院

冀中地区泛指石家庄、保定、沧州、衡水地区。山区独院是冀中山区一种传统的民居建筑形式，是以砖、石、木为主体的合院形式。砖石独院拥有北方合院的基本特征，但受到山势地形所限，院落形制不能完全规范化，平面布置相当灵活自由，多为南北长东西窄的矩形院落。一层多为石拱结构承重，二层为砖、石、木结构承重。

图1　石家庄市井陉县于联庭民居东厢房

1. 分布

山区独院为冀中山地地区普遍的建筑形式。因地处太行山脉，交通不便，但当地石材丰富，居民自建民居时，多依山就势，构石为屋。广泛分布于石家庄市平山县、井陉县、鹿泉市等地。

2. 形制

山区独院的布局基本依据北方传统合院民居的建筑形式，但因地处太行山，平面布局会根据山势地形灵活变化，合院用地狭长，沿院落周边布置房屋，故而合院形式多为矩形（图5）。院落的长宽比大多大于1，南北长东西窄的形式也有利于过堂风的形成，适应冀中地区夏天炎热的气候特征。正房一般位于中轴线上，其典型形制为"一明两暗"三开间，根据合院占地面积的不同也有"一明两暗两次"的平面布局形式。大门主要分为屋宇式和墙垣式两种。

3. 建造

山区独院形式随地势灵活变化，取周边山石为主要建筑材料，主要采用叠梁式木构架支撑，砌筑方法主要有"干砌"和"浆砌"两种。"干砌"的墙体可按原石层排布，色彩统一、墙体平整，"浆砌"的主要材料以黄泥、砂石、碎石块构成。屋顶多以硬山顶、平顶为主，上层为砖石承重，下层多为石拱券承重形式，平顶多用石灰、沙子抹平，为用地有限的山区地区提供了更多的使用空间。

4. 装饰

冀中山区传统民居色彩主要为建筑材料的本色，很少加以修饰，故传统民居建筑与太行山脉融为一体，整体风格古朴自然、完整统一。雕刻装饰风格较为质朴，多数为村民亲自雕刻。雕刻装饰艺术以石雕为主，多数较为粗犷，取其神而舍其貌，并有少量的砖雕、木雕。

图3　石家庄市井陉县于联庭民居西厢房

图4　石家庄市井陉县于联庭民居南房

图2　石家庄市井陉县于联庭民居正房

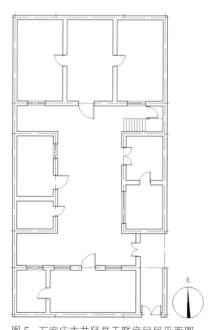

图5　石家庄市井陉县于联庭民居平面图

图6　石家庄市井陉县吴明阳民居大门

5. 代表建筑

1）河北省石家庄市井陉县于家乡于家村于联庭宅

于联庭宅始建于清代，占地300多平方米，是冀中山区典型的砖石独院形式。院落中共有三栋建筑，其中二栋建筑为二层，一栋建筑为一层。正房和北房一层均为三开间，二层为宽大的前廊（图2）。外墙立面均为石头房，东西厢房两层瓦屋面，外墙立面均为石块砌筑（图1、图3）。南房为一层（图4）。四合院的房屋都是石墙瓦顶，大门多是巽门古式门楼，筒瓦飞檐。正房朝北，一层中间为客厅，左右两间为卧室，二层为储藏间。民居室内装饰朴素，门为对开木质门窗，形式为双交四碗。建筑由条石为基础，中央回填素土夯实。下层石块砌筑窑洞，上层木瓦结构。墙体用青石块砌筑（北、西、南房），东配房用青砖砌筑墙体。由木匠制作对开木质门窗作为内部装饰。

2）河北省石家庄市井陉县于家乡当泉村吴明阳宅

吴明阳宅为砖石独院，正房与东西厢房均为二层砖石结构，采用"浆砌"石墙外贴烧制青砖而成。院落并不是北方传统民居中最普遍的对称格局，正房与东西厢房为二层，大门及杂货间为一层，院内空间狭长，呈倒"L"形（图7、图8）。大门形制质朴，为屋宇式大门，位于院落东南角，后修有一座山照

图7　石家庄市井陉县吴明阳民居东厢房

图8　石家庄市井陉县吴明阳民居正房

壁，照壁上构建佛龛以求平安（图6）。正房屋顶为硬山顶，上层为砖墙和抬梁木结构共同承重，下层主要以石结构拱券承重。

成因

冀中地区的太行山脉，平地较少，且交通不便，故建筑材料多为就地取材，以石材为主。冀中山区多为峡谷，主要地貌形态为山脊山墙。太行山区传统村落主要以石材砌筑，所以呈现的建筑色彩、建筑肌理有着不同于其他地区传统民居的形态特征。建筑整体来看古朴素雅，完整而统一。受到北方传统合院形制影响，合院大都呈对称格局。但受地势限制，院落布置更为灵活自由。早期从山西迁来的居民也带来了山西的建筑风格，建筑一层多采用典型的窑洞形式。同时冀中地区气候夏季炎热、冬季寒冷，民居在建造时要考虑夏季的隔热通风和冬季的保温采光。在建筑形式上体现为南向开大窗，北向开小窗或不开窗，东西山墙不开窗。

比较／演变

冀中山区的独院民居形式与传统合院的基本特征相同，但是受到山势地形的限制，冀中山区的传统民居并没有完全遵循北方传统民居的直线排布形制，其平面的布置更为灵活自由，多根植于山体走向形势发展。因交通、经济、地势的条件限制，建筑材料以石材为主，一层多为石块砌筑成拱券形式承重，二层以砖、石、木承重为主。不同于北方传统民居院落的端正大气，也不同于南方传统民居建筑的通透灵秀，冀中山区的传统民居院扎根于太行山脉落形随山动，呈现出自然、淳朴的特色，少了些许的精雕细琢，却也多了几分天然质朴。冀中山区民居主要以硬山顶和平顶为主，平顶主要是居民为了应对山区地区平地较少的地貌情况而作出的一种改善策略。

冀中民居·山区连宅院

冀中山区连宅院是以砖、石为主体的传统民居建筑形式。冀中山区连宅院分别以横纵两方向发展，在明代时以纵向二进院为主要形式，三进院较为稀少，清代后受到地形、人口密度、经济条件限制，逐渐变为单进院为主，在院落横向发展上仍然院院相连。连宅院较多采用砖、石、木结构共同承重，正房与厢房一至两层，上层多为砖石结构，下层以拱券结构承重为主。

图1 石家庄市平山县张明久民居院落大门

1. 分布

冀中连宅院是冀中山区留存较多的一种民居形式。因地处太行山脉用地面积稀少，随着人口密度的不断增加，以二进院为主的多进院形式逐渐因占地面积过大而被单进院所取代。分布于石家庄市平山县、井陉县、赞皇县等地。

2. 形制

冀中山区连宅院呈现传统四合院为基础的对称格局，形成"井"字形院落。民居根据山势地形灵活布局，向纵、横两方向发展，同时院院相连，形成了连宅院鲜明的平面特色。连宅院院落相对窄小，沿院落周边布置房屋，整体装饰简洁。正房一般位于中轴线上，其典型形制为"一明两暗"三开间，根据合院占地面积的不同也有"一明两暗两次"的平面布局形式。大门主要分为屋宇式和墙垣式两种。

3. 建造

冀中山区连宅院民居的宅基地面积一般较大，受经济条件、交通运输的影响，建筑材料主要以附近山石为主。砌筑方法分为"干砌"、"浆砌"、"自然砌筑"等多种形式，砌筑的房屋色彩统一，墙体平整。部分宅院一层采用石砌拱券承重，二层采用砖石结构承重。院落平面布局灵活，会根据山势地貌纵向或横向发展。屋顶多以硬山顶、平顶为主。

4. 装饰

冀中山区传统民居色彩主要为太行

图3 石家庄市平山县张明久民居第一进院落

图4 石家庄市平山县张明久民居第二进院落

图2 石家庄市井陉县武魁豪宅院落空间

图5 石家庄市平山县张明久民居正房立柱

图6　石家庄市井陉县武魁豪宅第一进院落

图8　石家庄市井陉县武魁豪宅西厢房

图10　石家庄市平山县张明久民居正房

图7　石家庄市井陉县武魁豪宅绣楼

图9　石家庄市井陉县武魁豪宅厢房二层

山石英岩的本色，建筑风格统一、自然、质朴，雕刻装饰相对粗犷，多数为村民亲自雕刻。雕刻装饰艺术以石雕为主，有少量砖雕、木雕。

5. 代表建筑

1）河北省石家庄市平山县杨家桥乡大坪村张明久宅

　　张明久宅为砖石二进院，第一进院落两侧有面宽三间的东西厢房，用于接待宾客（图3）；第一进院落与第二进院落由过门房连接，第二进院落正中为三间砖、石、木结构正房，两侧各有一两间厢房，用于户主起居，正房与东西厢房均为"浆砌"石墙外贴烧制青砖（图4）。大门形制简朴，为屋宇式大门（图1），坐落于院落东南角，后设置影壁墙，院落空间狭长，呈"井"字形院落，这样的院落形式也称作"坎宅巽门"，在传统角度取吉利之意，实际上这样的空间布局也利于增加庭院空

间的节奏变化，提高居住的私密性。正房屋顶为硬山顶，石墙为主体承重结构，外檐挑出形成檐廊空间（图5、图10）。

2）河北省石家庄市井陉县大梁江村武魁豪宅

　　武魁豪宅建于乾隆年间，原为武举人梁深的住所，建筑为较为规整的砖石多进院形式，平面布局以天井为主。建筑主体轴线清晰，空间等级明确，但是建筑的辅助空间缺乏明显的轴线，等级较为模糊（图2）。大门位于院落东南角，后经过转折的门廊进入合院的前院。北侧为五开间二层的正房，东西两侧分别为面宽三间的厢房，南面为倒座，倒座和门廊共五间（图6～图9）。武魁豪宅受到山西建筑风格影响，主体建筑为典型的窑洞式，石拱券结构承重，二层以砖石、砖木结构承重。屋顶多为平顶，在顶部设置晾台，辅助房设置台阶可直接上到屋顶平台。

成因

　　冀中地区石家庄市平山县、井陉县、赞皇县等地位于太行山脉，平地稀少，建筑材料多为就地取材，以石材为主。在村落早期建设中，村民人口较少，用地相对富裕，受到传统合院形制影响，冀中山区地区虽然受到经济条件、山势地貌、建筑材料的限制，但是其合院基本特征明显，院落以二进院为主。部分地区早期居民由山西迁来，建筑风格以典型的山西建筑风格为主，正房及厢房一层多采用拱券形式。同时冀中地区气候夏季炎热、冬季寒冷，民居在建造时要考虑夏季的隔热通风和冬季的保温采光。在建筑形式上体现为南向开大窗，北向开小窗或不开窗，东西山墙不开窗。

比较 / 演变

　　冀中山区的连宅院民居形式在村落建设早期为主流建筑形式，后因经济条件、人口密度、用地限制，逐渐变成以单进院为主的建筑形式。院落布局以中轴对称为基本，厢房布置跟随地势变化相对灵活，在用地面积有限的情况下，纵向或横向发展。冀中山区民居主要以硬山顶和平顶为主，平顶的应用主要是居民为了应对山区地区平地较少的地貌情况而作出的一种改善策略。

冀中民居·山区窑院

冀中地区传统民居——山区窑院是华北特有的一种建筑形式。区别于陕北地区和冀北地区，窑洞和院落不是用土坯或砖砌筑而成，而是用一块块打磨细致的石头或砌块垒砌而成。不仅很好地利用了当地盛产的石头原材料，而且融地域文化和自然环境为一体，体现人们对传统朴素自然环境观的理解以及对传统居住模式的追求。

图1 石家庄市井陉县于家乡石头窑院

1. 分布

冀中石结构窑院主要分布在石家庄市井陉县。井陉地处石家庄西部，东临平原，自古就是交通要道。于家石头村是井陉县内河北省唯一一处古村落省级文物保护单位，它具有深厚的石头文化底蕴和很高的学术价值和观赏价值，是一个奇特的旅游胜地。窑院是村里最常见、规格也较低的一种建筑形式。石家庄西部山区盛产石材，居民因地制宜，用石头建窑。因此产生了区别于冀北地区的土窑、砖窑的石头窑，其风格、建造手法别具一格（图1）。

2. 形制

石家庄西部山区附近多以地上窑院为主。窑房用砖或石块砌成拱顶，内部一般高、宽为2m，进深4～5m。由于窑房的墙体一般有70～80cm厚，

窑房宛如一个天然空调，洞内冬暖夏凉。窑院有单进院（图2），也有多进院落。

3. 建造

石头窑院的窑洞外部均由石头砌成，像墙面、屋顶、屋檐、窗洞、门券、屋檐上排水槽等。一般是先用石头砌墙体，砌筑到大概门扇上檐开始起拱，石头墙壁和拱顶结合，形成的石头拱券成为窑洞的基础部分。拱券砌筑完毕后继续向上砌墙，用突出窑面的石头充当屋檐。窑洞的屋顶是平的，平时不上人。石头的屋顶不易破损，而平顶对于当地居民来说可用来放置物品，或用于晾晒玉米等农作物，节省了山区内有限的土地。更为奇特的一点，雨天时屋顶可以收集雨水并加以保存利用，这为缺水的井陉于家村等村进一步节省了水源。窑院院落用石头铺地，石材的形状大小

不一，不像砌窑用的石材那样切割规整。

4. 装饰

石头窑洞基本上用石头直接砌筑而成，外形古朴、厚重。窗户一般是上圆下方的，上面的半圆用木条做成各种各样的几何纹样，糊上白麻纸，上面粘些裁剪的红纸花，形成对窑洞的一种装饰。内部装饰较为朴素，用白灰或泥土抹面（图3）。

5. 代表建筑

1）井陉县石头村双门院

该院落位于石家庄市井陉县石头村，建筑形制为二进院落，由正房和厢房围合而成，正房开三孔窑，中间是厅堂，两侧是寝室。左右厢房均为两孔窑洞（图9），倒座房为两孔窑洞，每座窑洞均为一层。大门朝南，厕所位于西南角（图4）。

图2 石家庄市井陉县于家乡石头村窑院

图3 石家庄市井陉县于家乡石头窑门窗

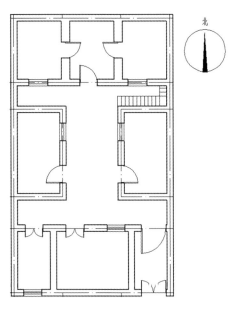

图4　石家庄市井陉县石头村双门院平面图

图5　石家庄市井陉县石头村葡萄院影壁

图8　石家庄市井陉县石头村双门院正房平屋顶

图6　石家庄市井陉县石头村葡萄院院落

图9　石家庄市井陉县石头村双门院二进院内部

成因

窑院这种居住模式已经有几千年的历史。它建造方便，节能环保。冀中地区石材丰富，取材方便，自然而然产生了石头窑洞这种居住形式。窑房冬暖夏凉，坚固耐用，院落宽敞明亮，制造了充满情趣的集会空间，还可以用来种植农作物和堆放生活用品。窑院这种居住形式为当地居民生活带来了极大的方便。居民对窑洞进行不同的组合排列，衍生出不同形制的石结构窑院。

比较／演变

冀北山区窑院基本上以石头为材料，窑房屋顶平整，设有排水口，可以避免雨水对墙体的冲刷。院落以石材铺地，干净整洁，坚实耐磨。冀中山区的石头窑院从耐久性和防潮性能上来看，都要比其他地区的窑洞院落又有所提高。

窑洞以石头基础，承重结构和维护结构均为石头，地面用料为三合土，平屋顶覆石（图8）。窑洞安装木制对开门窗，用白灰涂抹内墙面。

2）井陉县石头村葡萄院

葡萄院位于石家庄市井陉县石头村，其大体形制与单进独院相似，但也有其独特之处。院落整体布局为单进院落。进入院门有一面石造的影壁墙（图5），体现出主人家对于生活的美好愿望。更特别的是，在影壁前种植了一棵葡萄树，挺立俊美。这也是葡萄院院落名称的由来。窑院正房面阔三间，东厢房面

图7　石家庄市井陉县石头村葡萄院细部

阔两间，无西厢房。东厢房东侧是葡萄架（图6、图7）。

冀南民居·布袋院

冀南地区泛指邢台、邯郸地区。冀南传统民居院落"布袋院"是华北独有的一种建筑形式，通常为前店后居式的商住两用建筑。院落沿着店面的纵向方向布置，形成了一个由狭长幽深甬道串联的院落布局形式，像一个可以收口的布袋，这种围合院落就被称为"布袋院"（图2）。

图1 邢台市羊市街沿街立面

1. 分布

"布袋院"现多分布在河北省邢台市，为清末民初时期的建筑。邢台市东南部"好南关"一带的东大街、西大街、马市街、羊市街、牛市街、羊市道、花市街等街道仍然沿用着清末顺德府时期名称，都曾是最繁华的商业街，"布袋院"就坐落在这些街道两侧，但如今"布袋院"多被拆除，仅羊市街还存在少量"布袋院"院落的部分建筑。

2. 形制

冀南地区"布袋院"院落布局的特征有：沿街的拱券门（图1）、几进几出的深宅窄院、院落两侧窄而长的厢房、前店后居的商住模式。"布袋院"是沿着街道而建，呈狭长布局，形似一个可以收口的布袋，有南北朝向的，也有东西朝向的。狭长的"布袋院·前店后场，主人生活在内，仆人生活在外，设置穿插灵活、布局巧妙又空灵剔透的影壁重门、过厅（图3）、回廊、花园，或者沿着中轴线布置成若干院落，有狭长幽深之感。

图3 邢台市羊市街86号过厅匾额

3. 建造

"布袋院"院随商起，由临街店铺向里延伸，为砖木结构多进院。院落中间为青石铺成的甬道（图4），两侧厢房以甬道为中轴形成轴对称格局。房屋一般为平屋顶，个别主要建筑为坡屋顶。基础采用石头或青砖砌筑，外墙用单砖砌筑，内为土填充。砖墙作为承重结构，上架大梁。梁上架设檩条，檩上铺设椽木，再覆以草席或木板，最后用大泥抹平，并用白灰锤顶。

4. 装饰

"布袋院"民居在装饰方面采用对比鲜明的色彩，通过对色彩的大胆运用产生强烈的艺术效果（现在已经看不出

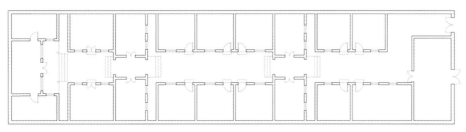

邢台市羊市街84号院落复原平面示意图

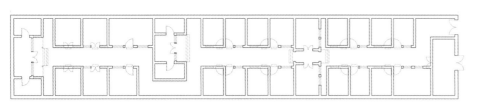

邢台市羊市街86号院落复原平面示意图

图2 布袋院复原平面图

图4 邢台市羊市街84号院落过道

图5 邢台市羊市街84号院落过道与正房

里端的正房（图6）和中轴线上的主房（图7）为清末保留建筑，院落两侧厢房均为翻建，还有一些私搭乱建的临时建筑，院落破坏较严重。院落长约80m，正房为坡顶瓦房，墙体局部砌法精美，外层青砖，内层土坯，形制规模较高，尺度较大，是目前该片区唯一一座瓦房坡顶建筑，主房为平顶，规模次之。

图6　邢台市洋市街86号局部鸟瞰

来），并通过细部雕刻、构件、体量间光与影、明与暗的对比来增添色彩的丰富性，加强民居院落的空间层次感；地面设计上，不同性质用地对应有各自的铺地材料、大小、纹样等，借对空间进行限定与划分，材料划分一般较小；细节设计上会像室内设计一样以匾、联、楹、阁等体现商人、文人、士大夫的思想意境。

5. 代表建筑

1）河北省邢台市桥东区羊市街84号"布袋院"

图7　邢台市羊市街86号主房

羊市街84号"布袋院"基本只保留了原来的院落形制，过道狭窄幽长，但是除最里端的正房为清末保留建筑外，其余两侧厢房均为后期翻建的，院落损毁情况较严重，院落狭长，长约50m，正房为平顶，下部石砌上部青砖，墙体内部为土坯，建筑内部格局已经被居民重新划分，院落的过厅穿堂等均已不复存在（图5）。

2）河北省邢台市桥东区羊市街86号"布袋院"

羊市街86号"布袋院"为多进院，也是只保留了基本的院落形式，只有最

成因

邢台市位于河北南部，历史悠久。清同治、光绪年间顺德府（现邢台）毛皮业高度发展，羊市街、羊市道已形成全国最大的毛皮市场。随着贸易的逐步扩大，集市形式的经营方式已经不能适应当时的经营发展，店铺成了商业销售的一种需要，临繁华街道选址建店的位置建设店铺。由于商家多临街面窄，因此铺面只能沿着摊点的纵向进行建设，于是形成了狭长的院落，二进院、三进院甚至五进院不等有的深达五十多米。整个院落恰像一个可以收口的布袋，而临街的门口就是这布袋的口。

比较／演变

冀南邢台清末民初的"布袋院"传统民居平面院落形制、空间形态也是四合院的一种变形或演化的产物。四合院有正房、倒座，两侧的厢房在四面围合，形成一个"口"字形。而它的平面为长方形，院落数量不同则院落长度不同，一般长为50～80m，宽为10～13m。另外，一般四合院正房为北房，倒座为南；而"布袋院"因"院随商起"，与道路朝向相关，如羊市街为南北道路，则该街道两侧"布袋院"的正房为东房，倒座为西房。在功能上四合院为纯居住院，而"布袋院"则更强调商住两用功能。

冀南民居·九门相照院

冀南地区多采用合院的建筑形制。四座院沿进深方向穿套排列，门户相通，形成了九门相照院的基础。这种形制只存在于大户人家。在冀南合院中，这种建筑布局属于典型的代表民居形式。

图 1　邯郸市武安伯延镇徐家大院第三进院

1. 分布

九门相照院作为冀南平原地区的传统民居形式，其所有者主要是殷实的大家族之户。由于受宅基地面积大小、家族中人口数以及家庭殷实情况等的限制，"九门相照"格局的大院在邯郸各地均有遗存。

2. 形制

九门相照院是四座院南北排列，入户门开在中轴线上，临街房一般为仆人或佣人住的地房。二门是两层门，前檐为悬柱式，进门从两侧走，顺廊达二进院（民间一般无廊，只有京城四合院有）。二进院中的二门一般不开，只有红白喜事或贵宾来时才打开二门。二进院主房为客位（会客室），两边厢房东边为厨房、西边仆人住处。三进院主房为主人书房，卧房。过三进院主房，后又设一道小门，小门后为内室，一般为家眷住处。厕所一般在三进院厢房北侧和内宅西厢房北侧。有小姐的家庭，一般在内宅左侧修一小院，建有绣楼。

3. 建造

九门相照院落与传统的合院建造过程相似，采用砖木石结构，坚固耐用，配以土坯、夯土、石材围护墙体。房架子檩、柱、梁（柁）、槛、椽以及门窗、隔扇等均为木制，木制框架周围则以砖砌墙。屋顶覆土、覆瓦，檐前装滴水，门口设上马石和拴马石（图6）。

4. 装饰

此类民居注重外部造型装饰，观赏性强。镶嵌在建筑物上的雕刻细腻，令人叹为观止（图5）。大多房屋的门额上（斗板）及房檐四角（舌头）雕刻吉祥文辞、励人词语或纪年。

5. 代表建筑

1）河北邯郸市武安市伯延镇伯延村徐家大院

徐家大院坐北朝南，整座庄园南北长80余米，东西宽40余米（图3）。庄园有两部分组成，西侧则是有"九门相照"之称的西宅区，又叫"嫁妆区"。在西宅区的四座院落里，每座院落按功能和居住人的身份与地位，除装饰豪华程度不同外，门楣窗户上的雕刻内容也是不一样的（图7）。

第一、二进院落是管家和佣人住的地方，装饰雕刻比较简单，从第三进院落开始变化明显（图1、图2）。第四进院落，主房及厢房变为二层楼房，明柱廊台隔扇，通体透明敞亮，彩绘精美，富丽堂皇。第四进院落的北房两根硕大的廊柱支撑着高大的木楼，为小姐绣楼（图4）。

九门相照的建筑布局，高雅的文化色彩，精美的彩绘装饰，以及镶嵌在建筑物上精美的石雕、木雕和砖雕（图8），在建成当年轰动武安县域，显赫冀南大地。

2）河北邯郸市马头镇胡万春故居

胡万春为清乾隆年间武魁，其故居在当时为邯郸最好的"九门相照"院落。

图 2　邯郸市武安伯延镇徐家大院第一进院

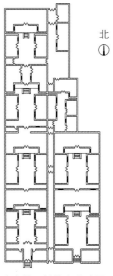

北

图 3　邯郸市武安伯延镇徐家大院平面示意图

图4 邯郸市武安伯延镇徐家大院小姐绣楼

图5 邯郸市武安伯延镇徐家大院挑檐式大门

但随着时间的推移，现已面目全非。

宅院占地约4002m²，坐南朝北。每进院正房均为五间，中间一间为前后贯通的门廊；东西厢房各三间，由北到南，逐步增高，第三进院地基最高，并且正房的台阶多达九级，石柱立于中阁门两侧，门楣上悬挂着横匾，上书"武魁胡万春"。只有府上来尊贵客人和节庆佳日时这道门才开，西侧的过道供人们平时行走。将院落分成上院和下院，上院居住的是胡万春和其子女，下院是长工和佣人。上院的正房和其他院的正房不一样，除地势最高外，由12根暗柱、

图6 拴马石

图7 邯郸市武安伯延镇徐家大院窗格木雕

6根明柱支撑带出厦前廊的二层楼房，从外看好似7间，实则为5间。两侧厢房也是二层建筑。

图8 邯郸市武安伯延镇徐家大院房檐下石雕

成因

冀南民居中，合院的院落形式十分常见，族人与佣人数量众多，一串院落的建筑已无法满足使用要求。合院纵向与横向的发展，逐渐形成了四座院南北穿套的形式，成为九门相照院。

比较/演变

九门相照院广阔的布局形式，也增加了该种合院被改造的可能性。并且，我们可以通过院落内的砖雕、木雕、石雕等精细的装饰来判断主人身份的显贵。

现在人们的思想、生活方式的改变，带来了对原有建筑布局、使用功能的改造，遗存的完整的九门相照院已经很少了。

冀南民居·平原丘陵多进院

多进院民居是冀南平原与丘陵地区的传统民居建筑，抹灰平顶为主、砖木结合。院落一般有正房、厢房、倒房组成，每进院落形制与北京的四合院相似，以两至三进院居多。

图1 邯郸市涉县刘改的宅院挑檐式大门

1. 分布

多分布在河北省邯郸地区平原地带，以河北省邯郸地区武安市、永年等地居多。

2. 形制

冀南平原与丘陵地区的院落一般为坐北朝南，房屋多呈纵向矩形，轴线对称关系明确。大门居中，一道院南侧房屋为倒座，倒房中间设置挑檐式大门（图1）。每进院落设东西厢房，前后院之间由二门或厅堂隔开（图2），保持各院独立完整性。厅堂中间为四扇花门，室内分为东西两间，与两间甩袖厢房相连。东厢房南北两头留过道，与偏院相通。所有偏门均可关闭，院西南角为厕所。

3. 建造

冀南地区的平原丘陵多进院有砖木结构和石木结构两种。砖木结构院落，一般以木质结构为骨架，连接部位用楔头连接方式。外观看似瓦房，实则为平顶房。基础采用石头或砖砌筑，或用砖砌几层地基，在用单砖砌外墙，内为土填充。砖墙作为承重结构，上架大梁。梁上架檩条，檩上铺设椽木，再覆以方砖。最后用大泥抹平，并用白灰锤顶。在石木多进院民居的门前空间中，影壁是主要的设施之一。其形式各异，主要是以字、壁画为主。有的则将壁心处理成大面积白墙，这种处理属软心影壁，即顶上有脊，并覆瓦。石木多进院的建筑的基底和墙体取材于本土天然石块，大石块为主材砌筑主体，小石块砌缝填实，最后补加泥浆封闭，房屋主体成型。

4. 装饰

砖木多进院民居一般为灰砖白缝，风格朴素简洁。建筑装饰主要局部为雕刻与彩绘，以门头、门窗框、边框、檐口、屋脊等为重点装饰部位。每进院的厅堂内设有屏门，保证院落之间的私密性。

石木多进院门楼均为如意门，顶为硬山顶，清水脊，门设在外檐柱间，门框两侧采用干摆砌筑法，门梢上装门簪，门外与墙体内侧之间有精致的水磨砖墙花纹（图3）。

5. 代表建筑

1）河北省邯郸市涉县偏城镇王金庄村刘改的宅院

刘改的宅院为一座两进院落，属于王金庄村保存较为完好的石木房民居。邯郸涉县中东部山区因地制宜，就地取材，大多为石块砌墙、原木架梁、灰瓦覆顶的石木结构住宅。刘改的院落的两进院落由一道过门一分为二，院内铺地与墙体全部为石材。该院落坐南朝北，正房与门房为两层，一进院东厢房为1层，西厢房为一层；二进院东厢房为两层，西厢房为一层。院落内建筑高低错落，院子较小，围合感极强。屋顶结构采用传统的抬梁式（图4），形成排水效果好的坡瓦顶。西厢房为单层、平顶，作为正房和门房二层的平台（图5）。

图2 邯郸市涉县刘改的宅院一道院

图3 门头装饰

图4 邯郸市涉县刘改的宅院屋顶抬梁结构

图5　邯郸市涉县刘改的宅院屋顶

王金庄民居具有小巧玲珑、因地制宜、灵活多变等特点。

2）河北省邯郸地区武安市伯延镇南文章村王顺庄园

　　王顺庄园建于1932～1935年，共有五座院落。分为南北两部分，中间有一道道路隔开。主院落位于北侧，坐北朝南，为一座四进院，均为砖石木结构的平顶建筑（图6）。路南一座院落，为佣人居住及喂养牲口的地方。整个庄园建筑整齐，做工精细，建筑材料质地优良。所有窗台均采用尺寸一致的长条青石。至今，王顺庄园墙壁内外笔直，结构左右对称；所有木制椽、檩、柱粗

细均匀。主院的木雕、石雕繁多，且工艺水平极高（图7）。每个建筑顶部檩下都垫有檩方木，起到加固房屋作用。

图7　邯郸市武安伯延镇王顺庄园的精美木雕

成因

　　冀南地区作为古时中原地带的交通要道，民居形制受北京四合院影响。中国四合院式民居形制形成于商代，后受到礼制影响，对民居建筑造型、平面关系以及屋顶和房间大小都有严格规定，这对邯郸地区传统民居的影响很大。冀南砖木多进院属于房房相离模式，这种房屋优点在于抗震、纳阳、防风等，且有利于冬季保温、夏季通风。

比较／演变

　　冀南平原与丘陵地区的多进院民居，与北京四合院民居相比较，在平面的布置上都是坐北朝南、四面围合、层层深入，但邯郸地区传统民居中的建筑呈现分离状态，即正房、厢房、倒座相互分离、互不粘连。其次的区别就是在屋顶的形式，冀南地区的砖木多进院民居多采用平顶、有组织排水的屋顶。

　　当成规模建造房屋时，就形成了两种方式：纵向或横向。大多采用南北贯穿排列形式。保证私密性，且能够彰显主人身份。

图6　邯郸市武安伯延镇王顺庄园

冀南民居·两甩袖

两甩袖民居是河北省南部平原地区的主要传统民居建筑，为青砖平顶，砖木结构。院落多为单进院宅院，类似于北京的四合院，大户人家也会将多个两甩袖串联，形成多进院落。

图1 房檐下木雕

1. 分布

"两甩袖"传统民居形式在冀南分布很广，尤其在武安地区的民居最为典型。磁县、涉县、大名、馆陶、永年等地区的村落、传统民居建筑的装修细部等也都沿袭了"两甩袖"的民居建筑风格。

2. 形制

合院形制的"两甩袖"住宅，正房坐北朝南，平面呈凹字形，在正房两侧尽间，各突出一间或半间偏房，形似甩出的两只袖子，故称两甩袖。单进院落正房在高台基上，显示出正房的高大威严与位尊。宅与宅内部纵向相通。多进院落采用南北轴向穿套排列形式。每个院落东西两侧外门与街道相连。甩袖一般临院面留窗不留门。轴线正中是堂屋，两袖通常是次要房间。住宅多为一层（也有两层形式的），坡屋顶。厢房多为平屋顶。上圈女儿墙，有的为了外形美观，将女儿墙做成花墙样式。

3. 建造

屋顶为砖木构造，墙上搁梁，上搁桁条。屋顶为有组织排水。墙体多用灰砖，宅门用黑色双开木板门，设方形门墩。

主要门洞口的边框、屋脊、山墙、建筑的边角处等重点部位都有砖石雕饰。

4. 装饰

砖墙呈本色，采用多种材料来丰富外观。窗饰多为吉祥花饰。门洞处穿木枋，单踩斗栱上承托门檐，上覆灰瓦，配以兽吻。正房门头用砖饰做出门檐装饰（图1）。窗多为方形纹样的花格窗。门檐处木的桁头，陶的滴水勾头，配以砖石雕，参差有序。

5. 代表建筑

1) 河北省邯郸市武安市北安庄乡同会村宋士诚宅院

宋士诚宅院，坐南朝北，一进院落。原门房已拆，现改作超市。正房与两甩袖房均为两层，其中靠近门房的部分为一层。所有建筑均为平顶。正房与甩袖部分常年无人居住，内部比较破旧。二层部分需要外部架设梯子才可上至二层（图3）。正房与甩袖房的门均开在中间，上方均有拱形砖饰。拱内有扇形砖圈，

图2 邯郸市武安乔中晶宅院

图3 邯郸市武安宋士诚宅院

图4 邯郸市武安宋士诚宅院门头装饰

扇柄有花饰，匾额字被凿，已无法辨认
（图4）。两侧二槛窗上方券拱有菱形
砖雕。门房的两侧平房门的上方拱饰有
椭圆形匾额，额上字均已被凿。上房月
台前有垂带踏步五级。

2）河北省邯郸市武安市北安庄乡同会
村乔中晶宅院

乔中晶宅院，坐北朝南，一进院落，
由门房、二门、上房和东西厢房组成，
屋顶为平顶（图2）。大门在中，有砖
雕门楼，椽下有木雕人物花鸟，雀替亦
为透雕（图5）。门墩石上有幼狮雕刻。
门内为二门。屋顶已维修为水泥顶，廊
柱二根，下接鼓形柱础，柱外侧有雀替。
正房五间，进深二间，平房，屋顶已重
修。门上方、两侧槛窗上方有匾额。两
侧厢房各六间，均为平房，门房五间，
无雕饰。月台下垂带踏步六级。

图5 邯郸市武安乔中晶宅院院落大门

成因

冀南地区寒冷季节长，春季
的风沙大。古镇布局利用地形，背
靠鼓山，前面临河。每户用合院形
制，院落用高大厚实的砖墙围合，
对外不开窗，起到防寒、保温、采
暖、防风沙的效果。建筑两"袖"
围合的入口处空间因多位于高台基
之上，不仅成为室外院落与内部住
宅的过渡空间，更是居家生活的重
要休闲空间。在遮阳隔热及通风上，
以大出檐形成宽阔的前廊，正厅的
门扇可活动，利于形成穿堂风，户
之间留有通风巷道，形成流动的凉
风道。

比较／演变

冀南地区地势西高东低，受此
影响，单栋民居平面多样、空间最
大限度地利用地形。邯郸民居的院
落平面受到环境和民俗、居民经商
外埠接受时尚风气等因素的影响，
逐渐形成了自己的风格。

冀南传统民居坐北朝南的院
落，南向院落开敞、宜人的尺度对
于冬季增加纳阳甚为有利；而建筑
与细部纹样在阳光下显得更为生
动。室内多用火炕采暖，随着时代
变迁，开始以床代炕，但老年人仍
青睐火炕。

冀南民居·平顶石头房

冀南地区的太行山里，存在大量的石头房古村落，平顶石头房是比较特殊的一类，它的墙体和地面均选用石材，少部分墙体是灰砖砌筑，屋顶却是与平原地区砖木结构基本一致的平屋顶。村落顺山势而建，依山起伏，可以看作是山地建筑与平原建筑的混合体。

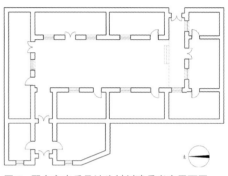

图1　邢台市临城县驾游村街景

1. 分布

冀南地区平顶石头房主要分布于邢台西部太行山区，分布比较集中的有临城县和内丘县等。如内丘县神头村（图2）历史悠久，有众多的文化资源，是邢文化中最靓丽的一脉文化，可以体现邢文化的古老浓厚氛围，建村史已有2000多年的历史；临城县驾游村（图1），位于西部太行深山区，始建于唐代武德年间，到今已有1389年的历史。村内的房屋依山就势，具有丰富的内涵和典型的古太行建筑风格。

2. 形制

平顶石头房民居格局多为四合院，有的为二进院或多进院（图3），房屋依山随形而建，高低错落有致，以青石为建筑材料，屋顶为平檐式，大多为单层建筑，有少量的二层建筑，院以墙相隔。正房一般为一明两暗三开间或者五开间，在正房两端一般会甩出半间或一间房间作为卧室，筑土炕并与炉灶相连，中间为厅堂活动空间。院子一般尺寸不大并且狭长，石墙顶部一般为青砖砌筑，与顶部衔接。

3. 建造

平顶石头房建筑主体用石块砌筑，墙体内部抹黄泥（或土坯）作为保温和室内墙面装饰，顶部为梁椽结构，石块砌筑有讲究，按照经验砌筑大小石块，坚固美观。墙体厚50～80cm，建筑亦对外开窗，为石木承重体系（图4）。该类民居基本建造流程为下地基、砌石墙、上梁上椽、铺设草席、黄泥白灰筑顶、安置门窗。

4. 装饰

平顶石头房院落大门建有门楼，门

图3　邢台市内丘县神头村刘建兵老宅平面图

图4　邢台市临城县驾游村冯三缺老宅正房

图2　邢台市内丘县神头村街景

图5　邢台市内丘县神头村刘建兵老宅前院

图6 邢台市内丘县神头村刘建兵老宅院落

图9 邢台市临城县驾游村冯三缺民居外墙

楼两侧有精美的砖雕木刻，所刻内容多为吉祥文字与传统纹样，窗户上多有精致的窗花棂，门窗过梁都是经细心打磨的青石条，纹理清晰，做工精细。室内装饰朴素，在室内门窗过梁处会挑出来一段木梁，在上面搭上木板，可以存放物品。室内装饰简单。

5. 代表建筑

1）河北省邢台市内丘县南赛乡神头村刘建兵老宅

神头村刘建兵老宅是清朝时期的建筑，是一个两进院，外院较窄小，犹如一个过道（图5）；内院较为开阔，内院院落狭长，有后门，南向房屋为正房，建筑墙体大部分为石块砌筑，顶部为青砖砌筑，石块砌筑整齐，简洁大方。屋顶均为平顶，门窗过梁为青石条，部分为拱券门，窗口面积较小（图6）。目前建筑损坏较严重，部分屋顶经过修补处理，部分房屋已坍塌。

2）河北省邢台市临城县赵庄乡驾游村冯三缺老宅

驾游村冯三缺老宅也是清朝时所建，因为背靠山坡，所以房子下面有排山上雨水的水道，雨水经由院子排到山下。老宅院落窄长（图7），部分墙体已经损坏坍塌，有翻修痕迹，正房为五开间，两端各甩出一间房子（图8），

图7 邢台市临城县驾游村冯三缺民居院落倒座

图8 邢台市临城县驾游村冯三缺民居院落正房

是两个卧室，筑有两个土炕，分别与廊下的灶台相连，冬天可烧火炕，中间三间为活动会客空间。建筑墙体均是由石块砌筑，是石木承重结构，部分木柱已被更换，屋顶为平顶，门窗过梁为打磨整齐的青石条（图9）。窗口面积较小，室内光线不足，墙内表面为黄泥抹面。

成因

平顶石头房民居是冀南山区本土民居，并非外地迁入，不受或较少受外地建筑特征影响，建筑特点与本地气候、地理、文化等因素密切相关。太行山一带石材遍布，建筑材料就地取材，以石块砌屋，坚固结实。从气候以及村民的生活习惯出发，由于农民需要平整的空间晾晒农作物等，坡屋顶具有不适应性，而平屋顶能很好地满足这一需求，且平屋顶通过组织排水就能满足当地排雨雪的要求。平顶石头房民居集合了山地建筑与平原建筑的特点，以石块砌墙，黄土白灰筑平屋顶，具有一定的特殊性与代表性。

比较 / 演变

平顶石头房与砖木结构房屋相比，不仅在建材上有成本优势和坚固性的特点，同时还具有优于砖块的隔热性。相比之下，平顶石头房的面宽进深较小，门窗洞口也较小；平顶石头房与坡顶房屋相比，首先造价上就能减轻村民的负担，而且平顶更能满足当地居民的使用需求。山地本来平地就少，而农作物晾晒需要开阔的平整空间，相反坡屋顶就不具有这样的使用功能；这种山地自然环境和特殊的地理地势，客观上决定了太行山区传统民居的建筑风格和形态特征。

冀南民居·瓦顶石头房

冀南山区存在不少石头房，但是瓦顶的石头房却不多见，最具代表的是被誉为"太行川寨"的沙河市王硇村的石头房。瓦顶石头房民居通常以红石条砌墙，楼顶起脊扣瓦（图2），不但具有四川成都一带的川寨风格，而且具有古代战争自卫防御与袭击敌人之功能。这种居住兼军事防御功能为一体的古堡式建筑格局，在太行山周边地带极为罕见。

图1 邢台市王硇村周苏英宅入口

1. 分布

瓦顶石头房主要分布于分布在河北省南部太行山脉地区，如河北省邢台市邢台县以及邯郸市涉县、武安等地。最具代表的是河北省沙河市王硇村的瓦顶石头房。王硇村四面环山，隐蔽山洼之间，地势险要，有一夫当关、万夫莫开之势，是沙河市西南部半山腰间的一个小村落，有大小楼房一百多座。

2. 形制

王硇村聚落呈雄鸡形，民居格局现在多为四合院（图7），原来均为套院式结构，甚至有一进七套院。建筑高度多为二层或三层，院落外东南方位多留有缺角（当地称东南缺），临街房屋或临路口靠外墙的顶端多建有碉楼（当地称耳房）（图1），屋顶为"三瓦一平"，正房均为瓦顶，其余三面房间会有挨着碉楼的一处为平顶。昔日，院落与院落之间多有暗道相通，现在通道基本被居民封堵。

3. 建造

建筑所用石块全部经过石匠打磨，形状规则，所砌墙体互相交叉、粘连，形似木工中常见的"榫卯结构"。墙体厚80～120cm。主楼楼脊的造型皆为三角形，而碉楼式耳房的楼脊多为圆弧形。房屋为石木承重体系，屋面承重方式为抬梁式（图4）。基本的建造流程为下地基、砌石墙、上梁上椽、铺设草席、黄泥铺瓦、安置门窗等。

4. 装饰

王硇村内，凡明、清、中华民国时期的建筑几乎都是拱脊青瓦罩顶式结构，鳞次栉比，如烟如霞。碉楼式耳房的隔扇（即前墙）多为木质雕花墙壁，楼脊两端有龙首鸱吻或瓦兽，当地有"五脊六兽"之说，但大多在"文革"时期被破坏。石楼的门窗造型别致，构图奇巧，雕刻技艺精湛，最为突出的是"雕花门楣"。宅院门前都摆有"门宕"，门楣上安有"户对"（图6）。

5. 代表建筑

图2 邢台市王硇村瓦顶石头房屋顶

图3　邢台市王硇村孔芹的老宅俯视

图4　邢台市王硇村周苏英宅屋顶构造

图5　邢台市王硇村周苏英老宅院景

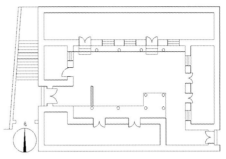

图7　邢台市王硇村孔芹老宅平面示意图

1）河北省沙河市王硇村孔芹的老宅

孔芹的老宅是建于清朝时期的四合院，入口处建有碉楼，与院落平屋顶相连，院子狭长，正房为二层楼房，一层住人，二层存放物品。厢房门窗都被更换，平顶厢房后期修缮过，立面基本保持原貌，但屋顶表面已经改变。南屋屋顶破坏较严重，已有部分坍塌。院内居住人口较多，现在主房、厢房均住人，瓦顶保存情况较好（图3）。

2）河北省沙河市王硇村周苏英老宅

周苏英老宅也是建于清朝的四合院，临街门楼上也建有碉楼式耳房，其正房为二层小楼，由端部木梯上楼，楼下住人，楼上存放物品，正房、东西厢房均为瓦房，只有连接碉楼的南房为平顶，院落屋顶符合当地"三瓦一平"的说法，东厢房经翻修过。正房面宽进深都较小，一层窗户为方形，门窗过梁为木梁，二层窗洞口较小，窗口形式为上圆下方，在当地有"天圆地方"之说。

图6　邢台市王硇村院落门口门宅户对

厢房的原有门窗已被更换。院内有水泥台面，覆盖了本来面目，已看不见石块铺地（图5）。

成因

据碑石记载．王硇昉建于明朝永乐年间，由四川成都府两岗村迁入，已有五六百年的历史，所处位置易守难攻。石头房上的碉楼、高高的院墙以及能户户相通的暗道，都说明这类石头房的建设充分考虑了自卫防御功能。据记载，王硇村始祖王得才因所护"皇纲"被劫，落荒逃命到此居住，修建房屋时处处体现防御意图，并参考老家四川成都一带的建房习俗，对所建石楼进行军事化设计，临街临路口处必设碉楼，且院院相通，以便逃跑。因此形成了彰显军事防御功能和四川民间色彩的石头房民居。正因为这里交通不便，建筑材料匮乏，本土石木材便是其主要的建筑材料。

比较／演变

王硇村既是文化与历史融合的典范，更是聪明与智慧结合的传奇。跟别的地方不同之处有：这里的街道是弯曲的，如此可以和来犯者周旋，利用有利地势打击进犯者；每座石楼都有相通之处，院院相连，户户相通，逢岔路口的石楼上都有碉楼，具有瞭望功能；最独特的到处可见的东南缺建筑，每一排石楼，不是左右对齐成一排，而是自前向后均闪去东南角一块，错落而建，这是为了遵循"有钱难买东南缺"的习俗。

冀南民居·石板石头房

冀南地区传统民居建筑石板石头房是用石板充当瓦盖顶、石条或石块砌墙的一种房屋建筑。石板石头房石墙可垒至 5～6m 高，以石板盖顶，风雨不透。整个建筑除梁、檩条、椽子等是木料外，其余全是石料，甚至家用的桌、凳、灶、钵都是石头凿的。一切都朴实无华，固若金汤。这种房屋冬暖夏凉，防潮防火，只是采光较差。

1. 分布

石板石头房民居主要分布在冀南太行山山脉，山西、河北两省交汇处。邢台市邢台县英谈村集中分布着大量石板石头房民居（图2）。英谈村于太行山东麓深山腹地，距邢台市 70km，距今已有 600 余年历史，是山西的一个路姓商户在此落户发家。建筑多为明清时所建，院落依山就势，高低错落，具有典型的古太行建筑风格，村中房屋都是石板石头房。

2. 形制

传统石板石头房民居平面布局以合院布局为主，院落随山就势，依山起伏，错落有致；还有个别的院子是建造在泄洪河或者山溪上的，依桥筑屋，当地称此类院落为"桥院"（图1）。平面布局方整紧凑，而不呆板局促，格局虽然

统一但仍变化多端，主要有一字型房，"U"字形三合院和"口"字形四合院（图3）三种类型。建筑平面比较简单，且房屋面宽进深较小，门窗洞口也较小。英谈村史上有"三支四堂"之说，每一堂都是一组院落群，院院相通，现在基本上已经被居民封堵起来，成为单独院落。

3. 建造

石板石头房民居都以石块做墙，石板当瓦，木梁作为承重，当地所谓的"耙"子（其主要成分是谷秆与泥土）是石板与梁架的结合部分，整个建筑主要使用石板，谷秆及木材，就地取材，因地制宜。石墙砌筑厚度根据层数不同有所不同，一般单层石头房石墙厚度约为 500～600mm，两层石头房石墙厚度约为 800mm 左右。石板石头房建造

图1 邢台市中和桥上的中和堂主院

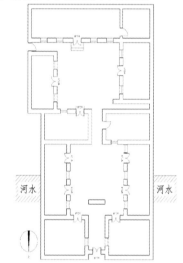

图3 邢台市中和堂主院院落平面图

图2 邢台市英谈村古民居

图4 邢台市德和堂主院入口

图5 邢台市德和堂主院窗户

图6 邢台市中和堂屋顶鸟瞰图

图8 邢台市德和堂院内

过程基本为打地基、砌石墙（石墙内为土坯）、上梁上椽、铺设苇席或木板、上黄泥、铺设石板、安置门窗（图7）。

自身就是一种天然的装饰（图6）。

5. 代表建筑

一，始建于明末清初，为二进院，占地2200m²，原来共有院落七处，院院相通，现在已经分割成独院。中和堂主房坐南朝北，正房为二层石楼，依山就势，填沟筑桥而兴建，所以又被称为桥院，山溪从中和堂第一进院子下面穿过。

4. 装饰

石板石头房民居铺地用的是石板，楼板是石片，水缸则用大块石板拼成四方体，牲口槽也是用石块凿成。石桌、石凳、石缸、石臼、石磨、石灶台显示出原始、古朴的土著文化特点。石板石头房整体的装修朴实、自然、没有矫揉造作的感觉。室内装饰简单，门口多有雕花门楣（图4），木制窗格也是该民居的一大特色，窗格上刻有精美的木雕（图5）。英谈村红楼印在绿山之中，

1）河北省邢台市邢台县英谈村德和堂主院

德和堂是英谈村"三支四堂"之一，占地1208m2，原有院落五处，始建于明朝初年。德和堂建筑风格仿照山西富家豪华住宅，造型独特，结构突出，木雕精美别致。建筑多为二层或三层小楼，院落错落有致，部分原有门窗已经破损，被替换为现代门窗（图8）。

2）河北省邢台市邢台县英谈村中和堂主院

中和堂也是英谈村"三支四堂"之

成因

英谈村处在太行山南部被自然封闭的天地中，几百年前山中交通不便，山村里土地的贫瘠与平原地区不同，建筑材料运进山村难度较大，而山中有着富足的石料资源。因为当地缺土，买砖瓦运进山里成本太高，而石头却取之不尽，用之不竭，因而被当地居民拿来盖房修屋。当地特有的山石特征也为石板石头房的形成奠定了基础。

比较 / 演变

太行山一带的民居建筑多以木材、石头、黄土为主，充满豪放之气。相比之下，英谈村石板石头房却多出几分秀气。红色小楼若隐若现于郁郁葱葱的山林之中，灵动飘逸。树木植于院落，院落长于自然。其次房前、宅后和半隐蔽的花园都是其独特的室外特征，使村落更好地融于自然。与南方山寨相比，英谈村多出几分硬朗，与北方山寨相比，英谈村又多出些许灵动。

图7 邢台市贵和堂院内

冀东民居·平原丘陵多进院

图1　霸州市张家大院宅门

冀东地区泛指秦皇岛、唐山、廊坊地区。冀东平原与丘陵地区的多进院为砖木结构，可以看成是大型组合四合院。冀东平原与丘陵地区的多进院在占地规模、房屋数量、装修装饰、设施配备、庭院布置、室内陈局设等各方面，与普通合院差别很大，建筑风格极具特色。从建筑布局方面看，除了中轴线上的院落向纵深发展外，还增加了横向的跨院，有些多进院建筑房间数目多达50余间。

1. 分布

多进院是冀东平原与丘陵地区常见的建筑组织形式，多建于平坦地域，在冀东地区民居中历史悠久，其建造与发展离不开当地各名门望族的兴起与发展（图1），同时北京城的发展带动周边城市兴盛。官宦名门与商户望族于此兴建府邸、家宅，多进院落则为其首选。冀东的砖木多进院以中西合璧的建筑特色出名。

2. 形制

多进院依四合院发展而来，以"外实内虚"为原则，围绕中间庭院于北方设正房、南方设倒座房、东西两方设厢房，形成平面布局。形成"南北纵向为轴对称布置"、"封闭独立院落"的基本特征。多进院沿着纵轴增加院落数量，形成二进院、三进院、四进院等；或者沿横轴增加院落数量；或者沿着纵轴、横轴两向增加院落。随着西洋式建筑圆明园的修建，在民间也出现了大量的中西合璧的多进院落，被百姓形象地称为"圆明园式"（图2、图3）。

3. 建造

多进院属砖木结构建筑。房架子檩、柱、梁（桄）、槛、椽以及门窗、隔扇等均为木制，木制框架周围则以砖砌墙，屋顶覆瓦。檐前装滴水。建造流程为：测平定向，夯土筑基、石作、木料加工，榫卯，叠梁架屋，砖作（砌墙），瓦作（铺设屋顶），木装修（安置门窗等），雕饰，油饰彩画。

4. 装饰

多进院建筑中将门、窗、户、花罩、隔断等统称为装饰，室内装饰通常包括：碧纱橱、花罩、炕罩、栏杆罩、圆滑罩、多宝阁、八角罩、板壁和天花等，起分割室内空间的作用。而多进院外部雕饰、彩绘丰富，以各种吉祥图案为主，彰显主家富贵、祈求好运。冀东平原与丘陵地区的多进四合院民居大多建于清朝，其中部分带有个性鲜明的中西合璧特色：欧洲拜占庭风格、非洲热带风格、中国传统清式风格等，无论是建筑外部装饰或是室内装饰皆设计精美（图4）。

5. 代表建筑

1）河北省霸州市胜芳镇中山街张家大院

张家大院始建于1830年（清道光十年），总占地面积1648m²，建筑面积1015m²，共有房屋51间。宅院为四进四合院，从官式敞亮的北门进出，西侧

图3　霸州市王家大院东院

图4　霸州市王家大院内部家具装饰

图2　霸州市王家大院的西洋风格

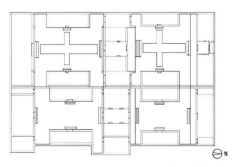

图 8　霸州市张家大院平面图

图 5　霸州市张家大院中式院落

两院均为清式木构架硬山建筑（图5），东侧两院为欧式建筑（图7），四个合院靠小门、回廊相连贯通（图8）。宅院四周为封闭式砖墙，临街有垛口和女儿墙，房顶周边有更道。张家大院"中西结合、南北结合、官民结合"，体现独特的清代民居建筑风格，具有重要历史价值和借鉴意义。

2）河北省霸州市胜芳镇中山街王家大院

王家大院雅号"师竹堂"，始建于1880年（清光绪六年），房子主人姓王名子坚。宅院大门朝西，原含有四个小院：东北角小院为欧式建筑，东南角小院为非式热带风格建筑，西北角小院为中国传统清式建筑，西南角小院为进大门前院，欧式门窗，四面回廊。现仅存西北、东北两院。整体建筑汇集了西方的拜占庭、中国的歇山坡顶以及非洲的建筑风格，中西合璧、交映生辉，在国内罕有，堪称现代建筑美学的小"博物馆"（图6）。

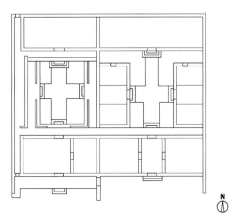

图 6　霸州市王家大院平面图

成因

　　冀东平原与丘陵地区历史悠久，因明朝燕王迁都北京、清朝光绪年间火车通行，带动冀东地区风气开化，农渔业发展，"水则帆樯林立，陆则车马喧阗，百货杂陈、商贾云集"。清末民初时期，城市不断繁荣发展，其建筑也随之不断演变，包容并进。大多民居为四合院，多则数进院落，建筑风格多样，可谓百花齐放。而其装修、雕饰、彩绘也处处体现着当时的多种文化思潮，表现出人们对传统民族文化的继承和对新事物、新理念的追求。现存的多进院大多建于这个时期，展现着城市在那个特殊时期的发展史。

比较／演变

　　冀东平原与丘陵地区多进院大多为四进，将院落设于四角，以其中西合璧的建筑特色而独具韵味。

　　北京多进院建造手法更加"官式"，多为中国传统清式风格，组合方式丰富，一些比较奢华的院落甚至还有花园和假山。

　　而山西多进院更加讲究"外雄内秀"。山西多进院院落外观封闭，院落外墙皆为灰色清水砖墙，对外的山墙一般都不开窗，颜色古朴单一，外观高耸封闭。建筑沿街轮廓线丰满舒展，视觉层次丰富。

图 7　霸州市张家大院西式院落

冀东民居·沿海穿堂套院

穿堂套院民居是河北省东部沿海平原地区的主要传统民居建筑，一座穿堂套院的院落平面多为矩形，以坐北朝南的正房为核心，配以东西厢房，砌筑砖墙进行院落分隔与围合，院落建筑青砖平顶，顶部略微起鼓，砖木结合承重。院落以两进、三进居多。

图1 唐山市乐亭县李大钊故居大门

1. 分布

冀东沿海地区的穿堂套院主要分布在唐山市的乐亭县、滦县、滦南县和秦皇岛的昌黎县等地。该地区地势平坦，主要有滨海平原，局部有山地丘陵。

2. 形制

冀东穿堂套院平面形式为矩形，大多由南至北分为前院、中院、后院，由大门和二门分隔，其中大门高大宽敞（图1），可进出车马，二门小巧精致供人进出。院落的前院多布置碾棚、猪圈等生活配套建筑；中院为正房和东西厢房，是主要的居住、起居空间；后院多为菜园和储藏室，在前后院中也会根据主人生活需要配置不同使用功能的东西厢房。

穿堂套院的核心为中院，中院中正房坐北朝南（图4），一般为三个开间，东西两侧为正室、中间为"过道屋"。也有的是"四破五"，即除过道屋外，东西屋各为一间半。厢房（图5）一般为两开间或三开间。院内建筑均为青砖平顶，屋顶略微起鼓，既可晾晒粮食又有一定排水坡度。所有建筑由砖墙包围成一整体，同时分隔为既独立又相互连通的单元。房屋内部垒砌火炕与灶台相通，烟囱伸出屋面。

图4 唐山市乐亭县李大钊故居正房

3. 建造

地基打好后，首先进行搭木架工序，以立柱作为竖向承重结构（俗称柱脚），柁搭在柱脚上，然后在柁上架檩，檩上排椽，搭接处均以榫卯连接，其中檩与柁搭接处垫一块方木，通过方木的尺寸来调整各条檩的高度，从而达到屋顶起

图5 唐山市乐亭县李大钊故居厢房

图6 唐山市乐亭县李大钊故居平面示意图

图2 唐山市乐亭县李大钊故居结构形式

图3 唐山市乐亭县李大钊故居室内陈设

图7 唐山市乐亭县李大钊故居围墙

图8　唐山市乐亭县李大钊故居屋檐　　　图9　唐山市乐亭县松石村穿堂套院正房

鼓找坡的目的（图2）。

木架搭成后开始砌筑墙体，窗台以下墙体用砖砌成，以上部分用砖、坯组成的组合墙或纯土坯砌成，墙将柱脚包住，这样既增强柱脚的稳定性，又提高了柱脚防腐蚀的能力。

最后完成屋顶部分，先在椽上铺上两层苇帘，一般上一层苇帘编成"八"字形，称为"编八"，然后覆土，人工踩实，再在上面抹一层掺有小麦秸秆的泥，最后抹一层石渣和白灰的混合浆，晾干，以作防水之用，这样穿堂套院的平顶房屋就建成了。

4. 装饰

冀东穿堂套院民居以青砖砌成，整体色彩格调偏灰，纵横交错的木窗格是房屋立面的主要装饰，门窗均漆成黑色，古朴简洁。室内装饰朴素，摆设板柜、掸瓶、座镜、木桌椅等冀东地区典型传统家具（图3）。屋顶的裸露的圆木与苇帘将浓厚的田园风格完全地展示出来，质朴亲切。

5. 代表建筑

1）唐山市乐亭县大黑坨村李大钊故居

李大钊故居是至今保存最为完整的冀东地区穿堂套院民居。故居始建于清光绪七年（1881年），正房坐北朝南，两进三院式，整个院落平面为矩形，南北长约50m，东西宽18m（图6），围墙用一丈高的十字花墙眼封顶的青砖围砌而成（图7），正房、厢房、耳房、院墙高低错落、匀称有序。前院、中院、后院三院一体，层次清晰，整体布局工整。建筑采用传统的建造方式，砖木结构，外青砖内土坯，椽木伸出屋外，形成富有韵律美感的屋檐（图8）。

2）唐山市乐亭县松石村穿堂套院

该穿堂套院分为前后两个院落，青砖平顶，正房三间（图9），中间为"过道屋"，兼具通行与厨房功能。东西两侧为正室，厢房两间（图10）。厢房建于1964年，正房在唐山大地震中毁坏，于1977年重建。其建筑形式与李大钊故居相似，院落有所简化，房屋仍按传统方式建造，木构架由柱、枋、檩、椽组成，墙体窗下沿至地面部分由石块砌成，以上至檩的墙体为外青砖内土坯。

成因

冀东地区地域辽阔、地形丰富，既有山区、平原，又有沿海地带，传统民居的形式和建筑材料也因地域而异。此地区属暖温带半湿润大陆性季风气候区，四季分明，雨热同季，适宜农作物的生产，收获季节农民都会将收获的农作物放置在屋顶上进行晾晒，为此地区穿堂套院平顶民居形成的一个重要原因。

比较 / 演变

冀东地区的穿堂套院民居，用略微起鼓的简洁平顶代替了传统合院民居中繁复的坡屋顶，更为实用，显得更加平朴自然。

随着人民生活水平日益提高，穿堂套院民居也发生着变化，素净的青砖被艳丽的红砖代替，土坯已不再使用。到20世纪90年代后，钢筋混凝土材料被广泛应用，新建的穿堂套院大部分已不再使用传统的砖木结构，改为砖混结构，屋顶采用支模水泥现浇方式，外墙面装饰水磨石、水刷石、瓷砖。院落也已简化为只有正房、厢房以及前后两院。

图10　唐山市乐亭县松石村穿堂套院厢房

冀东民居·沿海近代住宅

冀东地区沿海近代住宅主要分布在北戴河附近，它的出现与清末民初激荡的社会背景紧密相关，与中国近代史上许多著名人物与著名事件密切联系。作为特定历史时期社会物质生活的载体，它们是历史的见证，记录了北戴河乃至整个中国的近代史。它们是历史上形成的大型多国居住群落，大多依据当地地形地势，俯瞰大海，在错落有致的空间布局中配以红顶、素墙、深远的阳台和挑檐，社区生活与山水园林巧妙地结合在一起。作为"自然与人类的共同作品"，冀东地区沿海近代住宅是我国重要的文化景观建筑，具有较高的历史、艺术和科学价值。

图1　北戴河五凤楼

1. 分布

冀东沿海近代住宅分布于北戴河海滨自西联峰山到鸽子窝沿海各处，总面积18km²。这些分布在北戴河附近的近代民居可追溯到19世纪末，由于各方面原因，北戴河近代民居建筑的保护不甚理想，从新中国成立前的719座锐减到目前只剩下130多座（图1）。

2. 形制

现存的沿海近代住宅主要有四种类型，包括：

1）欧洲大陆式：多为二层石木结构，采用四坡大屋顶，红色水泥瓦或铁瓦，同时结合壁炉烟囱、老虎窗等。墙体采用石材，墙面门窗洞口和柱廊多采用西洋各式拱券。地下室设置大台阶，整个建筑豪华气派（图3）。

2）欧洲古堡式：二层石结构，平面布局较复杂。外墙通体用剁斧石砌筑，白

水泥勾缝；柱廊亦为石制，泥平顶屋面常采用乱石插花墙体做法。屋顶采用坡顶和平顶相结合，部分为钢筋水泥，石砌女儿墙（图4）。

3）中西合璧式：多为一层砖混或砖木结构。两坡悬山或四坡顶，红色砖瓦；在局部位置如台基等处使用石材。柱廊多为木构，施以深色漆绘，或砖砌白色粉刷；廊檐及栏杆采取中式或西洋式精巧风格；柱廊、台阶的栏杆花纹精美（图5）。

4）中式：筒瓦两坡硬山、卷棚勾连搭屋顶，灰色砖墙。室内装饰亦呈中式风格（图2）。

3. 建造

冀东沿海近代住宅多由外国建筑师设计，但施工的工匠及主要建筑材料（除铁瓦）皆来自周边各地区。同时洋灰这种当时的新型建筑材料在建筑中得

图3　北戴河来牧师别墅

图4　北戴河瑞士小姐楼

图5　北戴河五凤楼立面

图2　北戴河东金草燕别墅

图6　北戴河五凤楼与王振民别墅的墙体

图 7　北戴河王振民别墅

图 10　北戴河东金草燕别墅外部环境

到大量使用。石料多为本地产，木料来自周围各县，还有可作瓦料的彩石薄板和当地烧制的青砖。

沿海近代住宅结构分为：木结构、石木结构、砖木结构。屋面常用的材料：铁瓦、水泥瓦、砖瓦、石板瓦、筒瓦等。屋面材料采用干挂石材，色彩鲜艳。少数建筑屋面以薄青石板代替铁瓦，天然石材色彩柔和，质感丰富。

沿海近代住宅的墙体多采用石墙，其石料由多种加工方式生产，形成的墙体也各有特色，包括一面镜墙体、剁日斧石墙体、乱石插花墙体、自然断面墙体（图6）。

4. 装饰

沿海近代住宅建筑式样简洁大方，普遍采用石墙，毛石勾缝，木门窗，没有过多外部雕饰花纹。外形虽然自然质朴，却饱含当地文化底蕴。采用地方建筑材料，形成别具一格的乡土特色。部分建筑自备锅炉房、自来水系统、车库、花园、围墙等（图10）。内部结构多

为纯欧式，如弧形拱、弧形门窗、木百叶窗、壁炉、木地板、小起居室等建筑元素。

5. 代表建筑

1）河北省秦皇岛市北戴河区五凤楼

五凤楼又名平安公司别墅，建于20世纪20年代，位于北戴河草厂西路今北京工人疗养院北院。五凤楼由周学熙次子周志俊与美国人爱温斯合办的中华平安公司设计建造，传说是周志俊为其五个女儿建造的别墅，建筑面积1960多平方米，欧式建筑风格，具有典型的北戴河沿海近代民居特色。包括防潮建造的地下室、高高的红色铁瓦顶、优美时尚的百叶窗等（图8、图9）。五座建筑风格一致，却又同中求异。

2）河北省秦皇岛市北戴河区王振民别墅

王振民别墅位于北戴河东经路196号，今北京市北戴河干部休养所院内，建于1938年。中华民国时期归民族资本家王振常、王振民兄弟所有。该建筑美式造型，前有宽敞外廊，后面建有围

廊，前墙装饰有石砌连年有鱼、变形钱纹图案。此别墅有两个特点：一是廊柱，隔层错落突出，有狼牙棒风格；二是墙面看似随意的堆砌，把一些图案巧妙镶嵌其中（图7）。

成因

沿海近代住宅的开发始于19世纪末。在1893年英国工程师金达的无意发现之后，来此避暑的外国人士逐渐增多，清政府在1898年正式辟北戴河海滨为避暑地，准中外人士杂居。因距离京津适中，辛亥革命后，每年夏季来海滨避暑人数增长迅速。特别是1919年公益会成立后，在会长朱启钤的领导下，北戴河海滨的建设的步入正轨，逐渐成为我国北方的避暑胜地。

比较 / 演变

北戴河沿海近代住宅不同于中国传统民居，多数都强调与大海之间视廊的通畅，建筑的式样简洁大方，普遍采用石墙、毛石勾缝、木门窗，没有过多的雕饰。配套设施高档且环境优美。与我国近代另外三大别墅区相比，北戴河沿海近代民居是有组织有规划建设，但风格多样，从而形成了多元共存的世界性居住聚落，虽然建筑物的使用功能类似，但风格各异，形式多样，造型丰富而又互不雷同，体现了浓厚的东西方文化的交融。

图 8　北戴河五凤楼细部

图 9　北戴河五凤楼细部

山西民居

SHANXI MINJU

晋北民居·阔院

阔院是晋北普遍存在的民居形式，多为官宦居住的宽敞庭院，长宽比近似1：1。就庭院尺度来讲，该类型明显大于传统的四合庭院。阔院式民居层高较低，常常采用满堂开窗的方式，有利于广纳阳光。在室内布置上，晋北阔院多布置有火炕，在冬季严寒天气中，家人围炕而坐，睡觉时火炕做饭的余温亦能让使用者安睡至次日清晨。

图1　大同县落阵营村阔院民居

1. 分布

晋北阔院目前主要分布在大同、朔州、忻州等地区，其中定襄县河边镇的阎锡山故居和大同县落阵营村的民居最为典型。

2. 形制

晋北阔院多为五间见方，外院建筑也常常布置为五开间，也有一些普通四合院采用三三制布局，即正房、厢房、门房各三间，但院落尺度都很宽敞。

院落基本构成元素有正房、厢房、倒座房等。通过基本元素的组合，形成多样的院落格局。例如，沿进深方向纵向串联的二进或三进院落，院落间由垂花门或过厅联系；再如横向并联的多路式院落组群；抑或串联与并联结合运用的多路多进院落，并附带有偏院。

3. 建造

晋北阔院多为砖木结构建筑，以单层或两层建筑居多。因等级限制，民间建筑不得超过五间三架，所以面宽以三间、五间最为常见。整个建筑的承重体系为抬架式木结构，四面围以砖石，门窗多开在正面，形成封闭围合的建筑空间。

4. 装饰

晋北阔院的建筑往往豪华、庄重，台阶、垂带、柱础皆精雕细刻。屋宇明柱、梁枋、斗栱、飞檐及附着的券口、门窗、隔扇等，用料讲究，设计精美，彩绘雕刻，大多属上乘之作。

5. 代表建筑

1）定襄县阎锡山故居东花园

阎锡山故居东花园在河边镇文昌堡外，是阎锡山办理军政事务与接待宾客的场所。正厅在整个院落中等级最高；

东厅的等级仅次于正厅，由于东厅联系前后的院落，在其当心间开洞，兼顾院落之间的交通流线；南房等级次之，西房及其他附属建筑的地位最低。

正厅是院落中最重要的建筑，位于院落轴线的北侧，坐北朝南。正厅一般占据着最好的位置与朝向，"居中为尊"的礼制观念是正厅的建造准则，但是由于河边古镇"背靠文山，西面沱河"的地理环境，使当地院落的轴线方向基本定为东西向。为了体现独特的营建理念，又想保证正厅的主导地位，东花园创造性地将北厢置换成正厅，使正厅占据最好朝向，东厅也有较佳的位置，最终形成了这种独特的建筑格局。

正厅采用砖混结构，立面以实墙为主，各开间开有"花形拱窗"。在正厅外加设外廊或抱厦等木结构，强烈的虚实对比使得立面厚重又富有变化。东厅位于宫殿式院落的中轴线上，坐东朝西，作为家族议事与祭祀祖先的场所，是家庭凝聚力的象征，所以占据着院落中的最好位置。院落由西向东，建筑高度逐次升高，寓"连升三级"之意，所以东厅的地基高于院落中其他方位的建筑，且东厅的屋顶高度也比其他建筑要高。

2）落阵营村绣女院

图2　定襄县阎锡山故居鸟瞰

图3　定襄县阎锡山故居东花园二进院当仁堂

图4 定襄县阎锡山故居东花园庭院

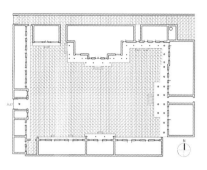

图6 阎锡山故居东花园一号院平面示意图

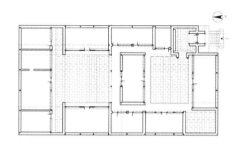

图7 大同县落阵营村绣女院平面示意图

绣女院位于吕家主院的旁边，是典型的二进院，建于清朝年间。大门前为小天井，有以砖雕、木雕为装饰的照壁和仪门。三号院是南北向的二进院。一进院原有过厅三间，西厢三间，东厢一间，东偏廊两间；二进院有正房三间，正房耳房两间，东西耳房各三间，屋顶均为硬山式。

现院落整体格局留存，单体建筑的破坏较严重，一进院倒座、二进院的东耳房、西耳房均已毁。绣女院的二进院为南北朝向，依中轴线分布，入口大门位于院子的东南角。大门做硬山式顶，装饰十分精美，门廊内的雕刻也保存完好。

该院落的影壁保存完好，堪称砖雕石刻的经典之作。影壁名为"三元图"，所描绘的是三位书生等待大考张榜的情景。影壁上的人物塑像、梧桐树、喜鹊等均为烧制而成的立体图型，情态活灵活现。画上题有"碧桐茂蔚阴高轩，又见凌晨喜鹊喧。借问仙禽何所报，祯祥早已兆三元"，为光绪六年所题写。

成因

与山西其他区域相较，晋北地区气候寒冷，日照时间较短，如何在有限的时间内获得最大限度的太阳光照，有效提高室内的温度，是晋北民居呈现其建筑特点的原因所在。为使住宅能充分接纳阳光，院落一般都阔大、方正，宽阔的庭院空间有利于争取更多的自然光。

比较／演变

晋北地广人稀，较之于山西他处，土地资源较为充足，所以民居的建筑密度一般较小，院落往往都很阔大。这与晋中、晋南等地的窄院民居形成对照。此外，也有两进两出，三进三出等规模较大的院落。虽然晋北阔院中不乏阎锡山故居东花园这样的形制较高的案例，总体而言，该类型较晋南阔院更为简洁朴素。

图5 大同县落阵营村绣女院影壁

晋北民居 · 纱帽翅

　　"纱帽翅"民居为晋北较为常见的民居形式之一。晋北的四合院通常由正房、厢房和南房围合而成，其中正房左右两间的尽间称耳房，形成一正房、两耳房的布局。由于耳房的进深小于正房，即正房左右山墙带有套间，被当地人形象地称为"纱帽翅"。

图 1　河曲旧县"纱帽翅"民居正房

1. 分布

　　晋北"纱帽翅"民居目前主要分布在大同、朔州等地区。其中大同城区与周边防御堡垒内分布较多。

2. 形制

　　晋北"纱帽翅"民居的正房多为三间，东西厢房各三间，有的掏空成"明三暗二"。南房三间，为门房或为杂物堆放处。有的还建有"抱厦"，并在西南角盖碾房、厕所等辅助用房。院落中常常砌有花墙，为放石榴树、夹竹桃等盆花而设。

3. 建造

　　建筑屋顶多为两坡出水，屋顶平缓，一般为硬山顶，有时也为卷棚顶。瓦房多为两出水，人字梁起架，前面砖砌柱，房有时在转角处相衔接。大门多喜开在前左隅。由于当地气候较为凉爽，所以建筑一般不设阁楼，建筑高度也普遍较低。单体的开间不过3m，进深则厢房约4m，正房约5m。屋顶上筒、板瓦铺盖，并有五脊六兽等构件。

4. 装饰

　　晋北世代为边关重地，建筑无奢华之风，重在朴素与实用。房屋多为单层且层高较低，立面开窗面积大，室内横卧火坑；门多为两扇对开，冬天加风门，门上多有镂空门楣，刻有雕花，高度与窗高齐平。室内多砌有火炕。

5. 代表建筑

1）得胜堡村许家院

　　许家院位于得胜堡村内中部偏西，门前有一条连接南北大街和铜南照壁大街的巷道，巷道西面的城墙被破坏，留出一个宽约45m的出口，直通堡外。许家院曾是明初一名参将的府邸，离任以后将这个宅院给了他的一个许姓伙计，从此流传至今，现在的户主已是第五代后人。

　　许家院整体保存较好，正房结构屋面保持原状，中间三大间向前突出约1m，两侧各一耳房是次要用房，即正房左右各带"套间"。目前，中间三间房的门窗已被翻新成现代样式，东厢

图 2　得胜堡村许家院正房

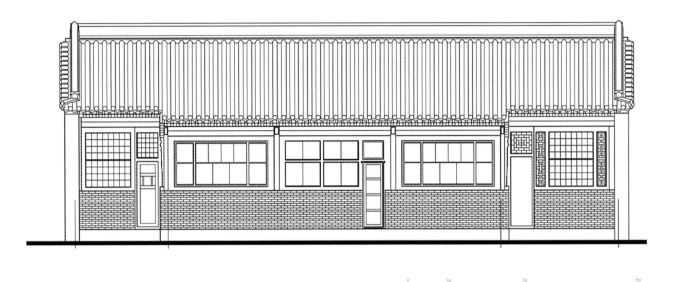

图 3　得胜堡村许家院正房立面图

房保存完好，西厢房和南房已毁，原大门也已经重建。大门与街道呈12°偏转角。许家院庭院中有地窖两座，地表用石条做石阶和石栏杆，栏杆两侧是地窖入口，东地窖常年封口，不可进入，西地窖一直使用至今。进入地窖的台阶呈90°转向，台阶宽0.9m，地窖顶部呈拱形，拱顶距地1.7m，地窖三面墙壁各有一个"凸"字形壁龛，作储藏之用。地表有两处通风口与地窖相连。

2）大同东史街史宅

大同城内民居的庭院尺度一般都不大，但是比较方正，其中"三三制"的四合院类型最多。

大同东史街史宅门匾额题有"提督军门府"，是清初建造的官宦住宅。院落坐北朝南，大门开在前东隅，由东大

厅出入。内部共分三院，外院较大，左右厢房各三间。院正面为砖墙及垂花门。门内正面是正厅三大间，五间六檩（进深约7.8m），上部用卷棚顶，坡度非常平缓，出檐较深，未设阁楼。

正厅后即内宅。正厅左右山墙处做成厢房及套间，延长到内院左右两侧。内宅正房三间进深约6m，左右套间各一间。正房的屋顶坡度亦甚平缓，做卷棚式。正房柱高约2.7m，厢房柱高约2.3m，面阔与柱高比例是宽大于高，又加以屋顶坡度平缓，所以院内呈肃穆中正的气氛。建筑的屋顶使用筒瓦和望兽，窗的枋框分割也是晋北地区常用的做法。

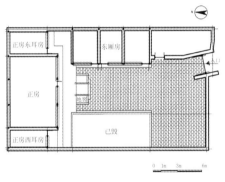

图 6　得胜堡村许家院平面图

成因

晋北地区靠近边塞，受风沙气候影响，屋脊的高度一般比较低。另外，北方地区对排水功能要求低，屋顶的曲线不大。通过耳房的后退，在"纱帽翅"前形成小天井，营造出幽静闲适的院落空间氛围。

比较／演变

除晋北"纱帽翅"民居之外，包括北京四合院在内的一些北方合院式民居中的正房左右也会接出耳房，由尊者长辈居住。耳房前有小小的角院，十分安静，所以也常用作书房。正房前，院子两侧各建厢房，其前沿不超越正房山墙，故而院落宽度适中，形成适宜的空间尺度。

图 4　得胜堡村许家院栏板雕刻

图 5　得胜堡村许家院轴测鸟瞰示意图

117

晋北民居·穿心院

图1　定襄县阎锡山故居穿心院

晋北至今还保留着一种特殊民居，当地人习惯称之为"穿心院"。所谓穿心院，是指为穿行而设的交通式院落，或多处院落互相串接而形成院落群。这种院落是在特定环境下形成的一种特殊类型院落，多用于院落组合或满足通过功能。尽管这种院落不符合传统民居空间的营造理念，但在晋北地区却保存有部分实例。

1. 分布

穿心院为晋北相对少见的民居形式，目前主要分布在大同、朔州、忻州等地区。其中定襄县河边镇的阎锡山故居中的穿心院最为典型。

2. 形制

穿心院的院门大都设在沿街处，从大门进去，可以直通里边的两进以上的院落，一直到达最深处的内宅。各个院落互通，有时也会在几串院落的半腰处设置一个旁门，能够通向另外的一条街道，不必再退回入口，形成里外相通、没有遮挡的流动式空间布局。穿心院的空间层次较为简单，与传统院落讲求遮挡掩蔽、起承转合的理念大为不同。

为满足穿行的功能，院落往往没有正房和倒座房，只设厢房，前后出入口

分设于厢房两端之间的连接墙体的中段。

3. 建造

晋北穿心院中，最有特色的是各个院落连接处的大门。门设于影壁侧面，多为垂花门和广亮门，形制小，与大门遥相呼应，构成"二门围廊子"的空间。一般门楼瓦顶都设正脊、垂脊、排山勾滴，用料考究。建筑单体多为砖木结构，采用硬山坡屋顶、清水砖墙，内院用砖石铺砌。

4. 装饰

晋北民居穿心院最讲究的大门是广亮大门，其次是抱厦大门和垂花门。即便是普通的青砖门楼，也是做工精细，多用砖雕花饰檐头、砖雕垂柱、斗栱，装饰富丽、做工精细、造型优美。也有院落进大门设影壁，下面立一石幢，上

刻"泰山石敢当"。

5. 代表建筑

1）定襄县阎锡山故居穿心院

阎锡山故居穿心院在所有院落中非常特别，它与其他院落在空间格局上截然不同。根据地方传统习俗，穿心院一方面会让主人家认为不吉利，另一方面会让财富前门进、后门出，无法聚财。而阎锡山却认为自己官高福盛，专门修建了一座"穿心院"。该院落只有卫队住过一段时间，因此又被称作"马号"，意思是下人住的地方。

该院落为东西朝向，南北各有厢房，中间为狭长内院，两端设出入口，没有正房和倒座房。

2）右玉县右卫镇南大街37号民居

该院落坐东朝西，是前店后宅穿心

图2　代县县城民居头道门——可以直接看到内院

图3　定襄县阎锡山故居穿心院鸟瞰

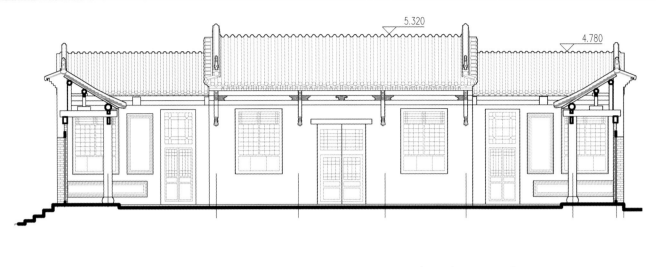

图 4　定襄县阎锡山故居穿心院剖面图

院民居。整个院落为长方形，内院天井较小。南北各三间店铺，中间为院子入口。

沿南大街设有店铺，店铺被居住入口一分为二，该入口位于两店铺中间，采用淡化手段，做了简单的处理，使之与市街非门面部分相协调，重点突出店铺门面。南北店铺进深不同，南店铺进深约 7m，北店铺较南店铺短 1m。从入口进入内院，这里为居住区，院内两厢房保存较为完整，开间较大、相距较近。屋顶为单坡硬山顶。

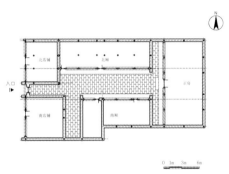

图 5　右玉县右卫镇南大街 37 号院平面图

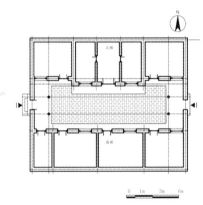

图 7　定襄县阎锡山故居穿心院平面图

成因

穿心院为通过型院落，适用于特殊狭长地形设计，或需要院落作为连接的部位而设置。

比较／演变

传统民居的营造有很多讲究，其中包括一个院子不能有两个门，更不允许把房子修成"门对门、窗对窗"的格局。然而，当既有的观念和实际的功能发生冲突时，由于多种客观的条件的约束，二者往往会相互妥协。一般建造时间较早的民居中，穿心院并不多见；随着时代的发展，在建造年代较晚的民居中，该院落类型往往会多一些。

图 6　定襄县阎锡山故居穿心院

晋北民居·吊脚房

晋北吊脚房是山西地区不多见的民居形式之一，仅在宁武县的王化沟村、悬棺村等地发现实例。该类民居顺崖就势而建，从谷底仰望，好似空中楼阁。建筑单体采用地方材料建造，与自然地形浑然天成，形成独特的建筑景观。建筑与环境相协调，仿佛从山间生长出来一般。

图1 宁武县王化沟村民居群落

1. 分布

晋北吊脚房的分布范围较有限，主要分布于宁武县的管涔山区，包括王化沟村、悬棺村等聚落中存有部分实例。

2. 形制

在晋北山区，为避虫害与盗匪，乡民将民宅建在地势险要之处，形成景观奇绝的吊脚房。这种民居可用作生活、生产用房，常采用土木混合结构形式，底层悬于半山腰中，一般不住人，而是作为畜圈或贮藏用房，二层以上为宅室。由于其"天平地不平"，人们形象地称之为"吊脚房"或"悬空房"。

3. 建造

建筑以木材作为主要的支撑，柱、梁、檩形成主体框架结构，辅以穿、斗枋将柱子串联，形成整体结构框架。吊脚房利用简单稳固的方式建造可用的空间，根据使用需要和屋顶形式确定柱子的排列方式和高低关系。居住建筑以单跨为主，较大的空间会用到两跨。两跨的房子会用穿枋把柱子串联起来，形成屋架，再沿开间方向用檩条将柱子串联起来。水平搁置的檩条主要受到拉力，属于木材的不利承重方式，因此檩条的用材较粗，然后在檩条上铺置椽子。

图2 宁武县悬棺村民居

4. 装饰

门窗多用云杉木制成，形式简洁，没有过多的雕饰，美观大方、实用性强。

图3 宁武县王化沟村吊脚房与栈道

图4 宁武县王化沟村民居

图5 宁武县王化沟村吊脚房屋顶

图6 宁武县王化沟村民居

石、木、土的巧妙使用使建筑立面色彩分明，富于变化，与山林融为一体，仿佛它们天然生长于此。

5. 代表建筑

宁武县王化沟村吊脚房

王化沟村利用山势、沿东西向展开布局，整体格局清晰，呈现出两端延展、中间突出的"几"字形布局。王化沟村由一条栈道贯穿全村，村中几乎没有其他的道路。栈道先于村落产生，村中的建筑顺栈道而建，建筑相互错落形成街道空间。栈道的宽度主要取决于它所依附山体的陡峭程度。当山体较陡时，栈道的宽度受到限制，最窄处仅有2m多；而当山势较为平缓时，栈道也就会建得宽一些，可达5m左右。村内有些建筑部分建于山体之外，跨栈道之上，街道宽度因此变小；还有类似干栏式的建筑，底层架空形成过渡空间。

王化沟村的建筑依据屋顶形式，可为单坡屋面和双坡屋面两种。其中用于居住的建筑均为双坡屋面，且由于进深较大，多数在进深中央还设一排中柱。院落南部的"倒座"亦多为双坡屋面，而东西厢房既有单坡也有双坡，多作储藏和圈养牲畜之用。王化沟村的边界受地形影响很大，南北边界由于受到山体

和栈道的限制，基本是固定不变的，东西边界则可以随着村落的生长而向外扩张。悬空栈道是村落的南部边界，随山势蜿蜒辗转。村内除龙王庙外均为居住建筑，建筑朝向顺应山体，规模尺度相似，且围合形式统一。建造的整体趋同性使建筑之间相互协调，也使得从村外面看来，村落的南界面保持和谐统一。

图7 吊脚房和山体的连接关系

成因

管涔山区一带山势险峻，建设用地相对局促有限，为了在山地环境中争取有限的使用空间，逐渐形成了"悬空"而居的建造方式。吊脚房因地制宜、就地取材，充分利用了当地的石、木、土等建筑材料，使得建成环境与自然环境相得益彰。

比较 / 演变

吊脚楼所处地形特殊，衍生出一种独特的"内外两用"干栏式建筑，被当地人们称为"接崖楼"。接崖楼建在栈道和山体连接处，利用栈道和院子的高差，内外均可使用。接崖楼在栈道的标高上朝向栈道开门，形成底层空间；在院子的标高上则朝向院内开门，形成上层空间，这样的一栋建筑上下两层相对独立，且均有对外出入口，既适应了地形，又满足了使用要求。

晋西民居·一炷香

晋西"一炷香"民居采用最简单实用的窑洞挖掘技术。一般而言，若挖掘窑洞时开口较小，门窗只有门和顶窗，则将此类民居类型称之为"一炷香"。一炷香窑洞是晋西较为独特的靠崖窑，属于横穴居室，由于它具有易于挖造、节省建材、冬暖夏凉的优点，因此，在适宜构筑窑洞的一些地区一直沿用下来。

图1　临县李家山村小村"一炷香"窑洞

1. 分布

"一炷香"民居为晋西普遍存在的民居形式，目前主要分布在吕梁地区。

2. 形制

"一炷香"民居靠山体而建，窑前平台可作为生活空间。窑洞挖成后，窑口有时要砌筑门脸，俗称"接口子窑"。一般窑洞在门上开一窗，门旁开一大窗，最上部再开一个天窗，俗称"一门三窗"，形制较高，采光较好。若是挖掘开口较小，门窗只有门和顶窗，则称之为"一炷香"，形制较低，采光较差。

3. 建造

"一炷香"属于靠崖窑的一种，是山区和丘陵地带常见窑洞形式，因为依山靠崖穿土为窑而得名。靠崖窑的建造除了利用现成的沟坎断崖外，更多的是将山坡垂直削平，形成人造崖面，然后向内横挖洞穴，平面呈长方形，顶部为拱券形，洞口安装木质门窗。

4. 装饰

"一炷香"窑洞多位于贫困山区，外部装饰非常简洁，只有门、窗扇作为装饰。窑洞居室内部，情况各有不同。有的是用砖、石衬砌在黄土外表，光洁整齐；有的则是在黄土外表抹以白灰，涂以油漆彩画，颇具生活气息。由于靠崖窑往往依山就势地挖成一排多孔窑洞，或上下数层多排窑洞，造成了丰富的村落景观。《隰州志》中记有"每过一村，自远视之，短垣疏牖，高下数层，缝襄捆屡，历历可指"，反映的就是这一种情况。

5. 代表建筑

1）临县李家山村大村"一炷香"窑洞

李家山村位于吕梁市临县碛口镇南侧的黄土山坡上，与碛口镇北侧的卧虎山相望，湫水河从其间流淌而过。该村落可分为大村和小村，"一炷香"窑洞在两个区域均有分布。其中，大村为李氏所有，建造年代较晚，主要位于村落的中部和西侧。

大村的"一炷香"窑洞位于惠迪吉院落的南侧，沿山体东南排布，现存五孔窑洞。其中北侧两孔窑洞开口较高，南侧三孔开口较低。与村中其他接口窑、锢窑相比，这五孔窑洞的开孔非常狭小，形制简单，为明代遗构。窑洞进深约为3m，宽度仅1m左右，只够安装一个门，门上留有小窗提供采光和通风。洞直接挖在土崖上，入口向土崖内退后20至30cm，两侧向外伸出一段墙壁，门顶处有一块石

图2　"一炷香"窑洞的连体式门窗

图3　"一门三窗"式入口

图4　兴县蔡家崖窑洞入口

片，防止雨水进入、避免坍塌。

2）临县李家山村小村"一炷香"窑洞

　　李家山村的小村位于村落东侧，原来主要居住者为崔、陈两家，建造年代较早，规模较小。在桂兰轩院落的东北侧保存有一组"一炷香"窑洞，和大村的窑洞类似，所有窑洞只有一排，除了南侧的平台空地，并没有严格意义上的院落空间。

　　窑洞的室内大多为土炕，以及做饭用的火灶。除此之外，屋内陈设较为简陋，往往只有水缸或贮存粮食的容器。

由于没有开窗、采光不佳，室内较为阴暗潮湿，上述窑洞现已均不再使用。

图5　临县李家山村小村"一炷香"窑洞

图6　临县李家山村大村"一炷香"窑洞鸟瞰

成因

　　"一炷香"窑洞作为较早的靠崖窑，是晋西黄土高原典型的民居类型之一。无论是早期的简单形制，还是后期较为成熟的靠崖窑，往往采用土壤作为围护和支撑体系。它利用黄土的力学特性，挖掘成顶部为半圆或尖状的拱形，使上部土层的荷载沿抛物线方向由拱顶至侧壁传递至地基，解决了建筑屋顶承重和墙体受力问题。窑洞就地取材，相对木材和石材，它建造成本较低，获取材质容易，是山西西部最常见的传统民居建筑形式，具有冬暖夏凉等特征。

比较/演变

　　"一炷香"窑洞属于形制较为简单的靠崖窑，以此为基础衍生出多种其他类型的靠崖窑。在吕梁的其他地区如兴县等地，有的窑洞虽然起拱券，但是券脸两侧仍用砖砌筑，只在中部留出狭长的入口空间，与"一炷香"窑洞有类似之处。

　　与靠崖窑相关的窑洞类型还有半地坑窑洞，顾名思义，是相对于地坑窑洞而言的。在一些没有山坡崖面可依的平原或台塬地带，直接建造横挖窑洞是不可能的，像新石器时代的古人类那样建造竖穴居室，一是阴暗，二是仍需木材结顶，也是不适宜的。于是便采取了将竖穴居室与横挖窑洞相结合的方式，从而创造了"地坑窑洞"或"下跌院子"的民居形式。

　　地坑窑洞的建造方式与靠崖窑洞基本一致，所不同的是需在平地上先挖一个方形深坑，为横挖窑洞创造条件，解决无崖可依的问题，然后四面挖窑，形成下跌院子，出入则由斜坡"窑漫道"来解决。这实际是原始社会地穴居室、半地穴居室的坡形门道的拓展。

晋西民居·砖石锢窑

晋西砖石锢窑造型别致、风格独特，是山西地区较为常见的民居建筑形式之一。从构造和结构形式上来看，砖石锢窑实质上是一种掩土的拱顶建筑。晋西砖石锢窑在建造工艺、建筑材料、起拱方式、拱券的几何形式、民居与自然地貌的关系等方面具有鲜明特征。

图1 临县李家山村砖石锢窑

1. 分布

晋西砖石锢窑分布于临县、柳林、方山等地，现存实例包括李家山村、西湾村、张家塔村、冯家沟村、南洼村等地民居。

2. 形制

晋西砖石锢窑以合院居多，包括正房、厢房和倒座房，正房的前檐（院内方向）常设一排檐柱，柱头置单步梁一根，后檐不设柱，后墙支撑单步梁后尾，梁上在前檐位置设檐檩，上压椽子，椽子后尾直接搭在后墙上。

对于山地环境的砖石锢窑院落，由于用地所限，往往省去倒座房，厢房的面宽也会变窄，形成扁长型内院。对于用地较为充裕的地区，则易于建成开阔的方院。

3. 建造

晋西砖石锢窑在形式上借鉴了生土窑洞，其拱券造型可分为尖拱、抛物线拱、半圆拱三种类型。在结构上，它也与生土窑洞颇为相似，形成了由拱券控制的独特的结构体系。生土窑洞以土坯为基础，使用的材料强度低，整体性差，改良后产生了基于连续承重墙和厚重拱顶的砖石锢窑，并陆续演化出十字拱、半拱等拱券形式，无论是在强度还是整体性方面都具有明显优势。

晋西砖石锢窑的建造过程如下，先砌出房间的侧墙，上部以拱券的形式结顶，再将后部用砖石封堵，之后在建筑的正面安装门窗、披檐、雨水口等构件，并进行适当的装饰雕琢。

4. 装饰

晋西砖石锢窑的造型兼具粗犷和细致的风格，重点部位的细节处理非常考究。常在洞口的上部或女儿墙部位将砖墙面镂空，靠着大小凸凹多变的雕镂图案，产生丰富的光影变化。此外，山墙墀头、屋脊、壁龛等处常置有精美的砖雕。

部分厢房采用单坡悬山屋顶，脊饰兽头俱全。正房柱脚设鼓形柱础，并在檐下设台阶踏步，以映衬建筑体量的高大。

5. 代表建筑

1）方山县张家塔村民居

张家塔村位于方山县城西南约20km处的峪口镇，属湫水河流域。村庄坐北北向南，全村280户，近1000口人，始建于明末清初。

张家塔村砖石锢窑多为单层建筑，窑顶不再建房。院落因地就势，形式灵活。

张家塔村砖石锢窑的前厦檐斗栱结构独具风格，厦檐柱头开卯口插入二层横栱，栱头安装小斗，支撑柱头上大横木，横木两头立两个小矮柱，支撑檐檩荷载，小矮柱头开卯口加花替。矮柱横向由通替木拉结，通替木下又设雀替。在这二根小矮柱中间檐柱位置又增加小蜀柱一根支撑通替，小蜀柱柱脚用合踏稳固，其柱头也设雀替。

2）临县西湾村民居

村落的主体部分建在两座石山中

图2 方山县张家塔村砖石锢窑鸟瞰

图3 临县西湾村砖砌石窑屋顶装饰

图 4　临县西湾村砖石锢窑

图 7　临县西湾村砖石锢窑明柱厦檐

间，民居建筑群坐落在斜坡上，层层叠叠，空间和平面布局丰富多彩，最高处可达六层。参差错落、变化有致，给人以和谐秀美、浑然天成之感。

西湾村砖石锢窑依山就势，街街相通、巷巷相通、院院相通。此地的民居以窑洞式明柱厦檐高屹台院为主，南面建有客厅或者马棚、厕所、大门。

建筑院落的正房和厢房均为锢窑，正房前厦檐出檐较深，形成廊下空间。支撑檐口的立柱比例修长，柱底由圆形石础支撑。内院比例较为方正开阔，可以兼顾生活起居和粮食晾晒之用。

图 5　临县高家坪村砖石锢窑立面图

成因

晋西地区的自然地貌以黄土塬为主，可为烧砖提供黏土。在一些山坡、河谷地带，地貌基岩裸露，采石方便，有着丰富的青石材料。二者为建造砖石锢窑提供了充足的建筑材料。

比较 / 演变

锢窑又称"四明头窑"，因为其结构体系是土基、砖拱或石拱承重，无须再靠山依崖，便能自身独立，四面临空，所以能在任何一种地形条件下随意建造。晋西砖石锢窑利用较易获取的砖、石等材料，回避了用做房柱和栋梁的大木材料欠缺的问题，是一种因材制用的民居形式。

由于在石拱或砖拱顶部仍需掩土夯筑，故而仍不失窑洞冬暖夏凉的优点。建筑可以建成一间，也可以多间并列，所以布置灵活，布局方式多样，既可形成敞院，也能形成合院，具有很强的环境适应性。

图 6　方山县张家塔村砖石锢窑

晋西民居·台院

山地丘陵环境中一些财富殷实、聚族而居的大家庭，采取顺应地势等高线布置的方式，在竖向进行组合式空间布局，形成立体错落的台院民居。在地势起伏较大的山地中，利用连续不断的台阶式黄土岗，稍加填挖即可形成台地，然后在平整的台地上布置院落。就空间组织而言，不仅有单进的院落，也有多进的院落群，类型丰富，各具特色。

图1　临县孙家沟村台院民居鸟瞰

1. 分布

晋西台院在吕梁山一带分布较广，在临县、柳林县、交口县等地均有。这种因地制宜的民居类型非常适应晋西山区的地形特征。

2. 形制

晋西台院民居将建筑分别置于不同高度的台地上，利用下层窑洞的屋顶作为上层窑洞的院落，充分利用山地空间和地形高差，合理组织居住功能。与等高线垂直布置的院落，其交通组织具有明显的高程变化，上下两院之间，或通过设置楼梯解决垂直联系，或通过院外街巷出入不同的院落。这样，不仅使得不同的院落上通下达，而且也造成了丰富、有序的村落景观。

3. 建造

晋西台院民居将屋顶的建造和使用功能密切结合，通过不同的砌筑方式和材料应用，形成重要的空间场所。

一般的生土窑洞，屋顶厚达数米，"洞顶为田，洞中为室"，不仅扩展了耕地面积，而且保持了土壤中的水分，使居于窑洞中的人们倍感清凉。若是砖石锢窑，则把屋面全都硬化，筑以高高的女儿墙或吉星楼，既满足了居住的信仰习俗要求，又形成了"无顶的建筑"，具有晾晒积谷、聚会交往、乘风纳凉等多种使用功能。特别是对于那些窑上建房的居住建筑来讲，则往往以高低错落的台阶把处于不同标高的屋顶连结为一个四通八达的有机整体，在竖向上形成立体空间格局，既丰富了建筑群体景观，也使得有限的空间物尽其用。

4. 装饰

晋西台院的装饰类型齐全，但手法较为简洁。装饰类型以砖雕和木雕居多，集中于屋脊、壁龛、门窗、栏杆栏板等处。

常见的装饰手法包括上层建筑前的砖砌镂空栏板，在天气晴好时可以形成强烈的光影效果，和晋西地区的黄土塬地貌相互映衬。

5. 代表建筑

1) 临县孙家沟村台院民居

临县孙家沟村的台院民居类型丰

图2　临县孙家沟村台院民居

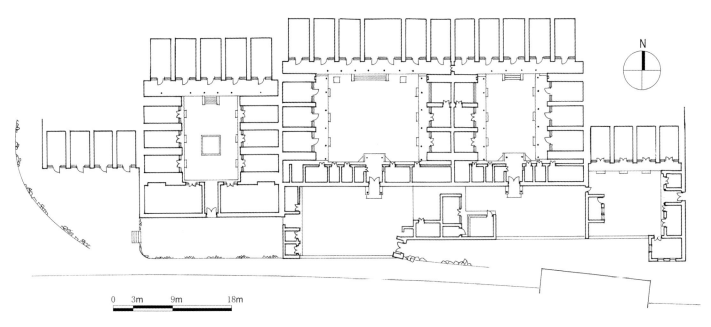

0　　3m　　9m　　18m

图3　临县孙家沟村王恩润宅平面图

富，包括接口窑、靠崖窑、锢窑等主要窑洞类型，亦有典型的砖木建筑。两者又进行结合，形成了窑上窑、窑上房等混合样式。建筑的布局较为灵活，最多可以有九孔砖砌锢窑，以最大限度地利用空间。

孙家沟村的台院民居多为一进院落，部分为二进或三进。多进院以横向并联方式为主，大型院落之间通常会共用厢房侧墙，形成"兄弟院"、"父子院"。此外，个别院落也形成了小规模的里外院格局。

2）柳林县南洼村台院民居

柳林县南洼村选址于山坳之间，村落中的大部分院落位于山体的东南侧或西南侧，沿山体布局展开。由于地形所限，院落多为单进院落，较低位置房屋的屋顶成为较高位置院落的开敞空间。建筑沿地势相互错落，形成生动丰富的空间层次。

图5　临县孙家沟村台院民居

图6　柳林县南洼村台院民居鸟瞰

0　3m　9m　15m

图4　临县李家山村台院民居东侧剖面图

图7　柳林县南洼村台院民居

成因

晋西地区多山，因此结合山地进行规划和建造是重要的节地方式，晋西台院的下层房屋的屋顶可以作为上层房屋的院落，不仅适应山势，同时也可营造出层叠错落的建筑景观。

比较／演变

晋西地区台地之上院落虽然用地局促，但窑房合二为一，砖木结构和窑洞结合建造的台地民居却比比皆是。其结合的方式有很多类型，一是窑上建房，即在窑洞屋顶构筑木屋，使之成为窑院空间序列的高潮，在视觉上具有统领全局的作用；二是单独建造，这样的木构房屋或作为正窑两侧的厢房，或作为院落主轴线上的客厅，起到调整和点缀景观的作用；三是作为窑洞的装饰，即在窑洞上部构筑披檐，或在窑洞前部构筑抱厦形成回廊。

晋西民居·敞院

在晋西，敞院是一种非常普遍的院落形式。这种院落也称为"野院子"，是指没有围合或正房两侧不设厢房，仅用砖墙院门甚至是土墙篱笆围合的院落，常见于依山坡沟谷而建的靠崖窑院，虽不免朴拙简陋，但却含山村野趣的田园风情。在贫困的山区村落，村民因地制宜地布置敞院。不仅可以降低造价，还可为居住建筑争取最好的朝向。

图1　柳林县曹家塔村敞院民居

1．分布

晋西敞院多见于吕梁山区，包括临县、柳林县、交口县等地区均有分布。

2．形制

晋西敞院往往随地形的变化布置，所以不仅远近层次分明，而且充满转折错落的空间层次。一般而言，敞院要实现水平方向上的相互联系，就必须沿同一等高线蜿蜒布置，这样，人们才能沿同一条道路进入不同的院落。敞院的内部会种植四时植物，开辟田畴菜畦，建造水井兽舍，设置厨厕晾台，具有浓郁的劳作生活气息。敞院的空间意义在于它把人与自然完全融为一体。只要布置得当，可以收到"窗户虚榥、广纳千顷之汪洋；围墙隐约，兼收四时之烂漫"的空间效果。

3．建造

晋西敞院以窑洞居多，可分为土基窑洞、土坯窑洞、砖窑、石窟等。土基窑洞常见的有两种形式，一种是土基土坯拱窑，另一种是土基砖拱窑洞。在黄土丘陵地带土崖高度不够，在切割崖壁时保留原状土体作为窑腿和拱券模胎，利用砖拱结顶的，称之为土基砖拱窑洞，利用楔形土坯砌拱时，则称之为土基土坯窑洞。这种窑洞除利用少量砖、土坯砌筑拱顶外，主要材料仍为黄土，属于半地下掩土建筑的一种。

4．装饰

晋西敞院的正房一般为窑洞，装饰简洁，门窗榥格变化自由，充分利用了榥条之间相互榫接拼连的可能性，而且利用了木材便于雕刻和连接的长处。虽然构件的种类不多，却可构成肃穆淡雅、绚丽、活泼等不同的建筑风格。建筑的门窗花格非常细密，能够有效地遮挡不同高度和方位的光线，适应当地多变的自然气候条件，同时它又具有很强的装饰效果。当日光照到一定角度时，受光面所表现的亮度层次较多，背光面的阴影也广厚不一，特别是从室内看去，具有当地乡土特色的精美窗饰给空间增加了无穷的趣味，使室内空间既温暖又没有压抑感，是建造技艺和地方环境特征的有机结合。

5．代表建筑

1）临县小塌则村薛宅

薛宅位于临县小塌则村，院落随地形的变化而布置，充满转折错落的空间层次。院落沿同一等高线蜿蜒布置，沿道路进入南向的院落。窑洞建筑外观浑厚，"土"味十足，在均匀的砖、石墙面上，以大进大退的体块形成强烈的虚实对比，界限分明，粗犷豪放。并以柔和的拱形曲线和细密的花格门窗与刚劲

图2　临县小塌则村敞院民居全景

图3　临县小塌则村敞院民居

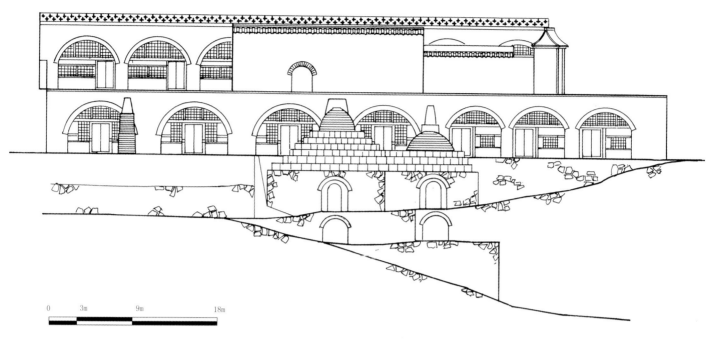

图 4　临县小塌则村薛宅立面图

挺拔的墙面形成鲜明的对照，给人以刚柔相济、互映成趣的视觉感受。

2）柳林县曹家塔村民居

　　曹家塔村位于吕梁市柳林县北端的王家沟乡，该处的窑洞民居多为五孔、七孔，正房面宽较大，两侧不设厢房，或者仅建造低矮的辅助用房，形成长面宽、短进深的开敞式院落空间。

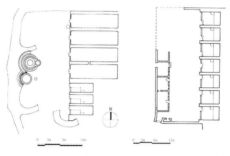

图 5　临县小塌则村薛宅平面图

成因

　　晋西敞院比较普遍，这与晋西山区人民注重实际的生活态度有关。历史上晋西部分山区地瘠民贫，因此在进行建筑营造时对院落的围合等礼制要求并不在意。其营造过程中着重于人所居住的窑洞，对于厢房、倒座等辅助空间常以院墙和篱笆代替，故而形成了开敞式院落这一民居形式。

比较／演变

　　晋西敞院与其他合院类型相比，一方面围护方式不同；另一方面，部分敞院也因地制宜建有倒座房和厢房。因此，敞院可以看作是台院的简化变体。

　　晋西敞院和晋西台院都为山区台地建筑，晋西敞院更偏重于实际使用，不太注重形制，相对简单；台院的形制和空间形态，更为完整和复杂。

图 6　临县小塌则村锢窑窑脸

晋中民居 · 窄院

晋中窄院多为地方商贾返乡之后营建的民居，既是明清时期经济文化发展的产物，亦是晋商财富积累的物化体现。该类民居体现出晋中地方习俗和强烈的氏族观念对居住空间的影响。目前，晋中窄院在祁县的谷恋村、乔家堡村以及孝义市的宋家庄村、贾家庄村、大孝堡村等村庄聚落中均有案例留存。

图1 祁县乔家堡村在中堂鸟瞰

1. 分布

晋中窄院是晋商文化与地方传统习俗相结合的产物，广泛分布于祁县、太谷、平遥、介休、孝义等地，从晋中地区的中心到边沿地带均可以看到此类民居类型，沿着晋商古驿道进行传播。

2. 形制

晋中窄院多为商贾宅院，体现了院落主人的功能诉求，将商业经营和居住生活结合在一起，实现了功能布局和建筑艺术的协调统一。

晋中窄院的院落形态、尺度、组合方式丰富多元，但其内院的进深和面宽比例较为一致，即进深大于面宽，其比例介于2：1到4：1之间，形成狭长递进的空间序列。院落的正房、厢房和倒座房多为三间，又称"三三制"。亦有正房采用明三暗五或明五暗七的格局，厢房则采用"二破三"形式，即在当心间中轴线上砌筑砖墙，将二间房划分为两部分，各占有一间半。

民居整体由若干个独立的院落组成，每个独立院落通过纵向上的延伸，形成多进形式，一般厢房多为三间，亦有规模较大的采用五间厢房。

3. 建造

晋中窄院的建造包括定基础、立主体框架、起墙和装修等步骤。建筑主体一般为硬山屋顶，若有厅房则多采用木构架抬梁式。墙体用青砖砌筑，形成清水墙面。墙体的形式包括包芯墙、砖面墙、全砖墙等类型。

4. 装饰

晋中窄院的使用者多为商贾仕宦，因而在建筑装饰方面颇为考究，在墀头、脊饰、照壁等处采用精美的砖雕，在仪门、挂落、雀替等处施以木雕，通过祥瑞图案和吉祥纹饰表达美好的寄托。

与考究的砖雕、木雕相比，晋中窄院的梁架装饰相对比较简洁，可以在梁檩等部位见到彩绘。

在晋中窄院中，墀头作为硬山建筑特有的装饰形式，是墙体装饰的重要组成，往往施以花饰或人物等浮雕。

5. 代表建筑

1）晋中市祁县乔家堡村在中堂

该院落位于祁县城东北约12km处，北距太原约54km，南距东观镇约

图2 祁县乔家堡村在中堂内院

图3 祁县乔家堡村在中堂仪门

图 4　祁县乔家堡村在中堂木雕装饰

图 7　祁县乔家堡村在中堂墀头砖雕

图 5　孝义市宋家庄村任家院仪门

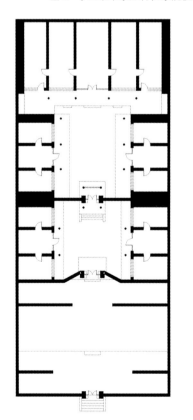

图 6　孝义市宋家庄村任家院平面示意图

2km，属于全国重点文物保护单位。在中堂是清代著名商贾乔致庸的宅第，始建于清乾隆年间，此后又经历多次增建和修缮。

在中堂又称"乔家大院"，为堡寨式建筑群，布局呈双"喜"字形，建筑面积4175m²，分6个大院，20个小院，313间房屋。院落布局严谨，设计精巧，被誉为"北方民居建筑史上一颗璀璨的明珠"。

2）孝义市宋家庄村任家院

任家院地处宋家庄村主街的北侧。院落为南北向布局，面宽约为20.9m，进深约为50.1m，占地约1050m²。该院落为复合式布局，共有三进。

第一进院落面宽约为5.5m，进深约为13m，长宽比为2.4：1。第二进院落东西两侧为砖砌锢窑厢房，均为三开间明柱厦檐形制，内院面宽约为8m，进深约为10m，长宽比为1.25：1，平面形态近似于方形。第三进院落为主院，东西两侧为砖砌锢窑厢房，北侧为砖构正房，平面为三明两暗共五开间，亦为明柱厦檐，内院面宽约6.3m，进深约12m。

成因

明清时期的晋中地区兴从商之风，以祁县、平遥、太谷等地为盛。晋商在外积累了大量财富，受传统观念影响，很多商贾返乡后建造精美考究的建筑院落，形成独具地区特征的晋中窄院。

比较／演变

晋中窄院以单体建筑组合形成群体，建筑围合形成狭长的矩形院落，其院落平面比例约为1：2，这是院落组群内每个独立院落的基本形式。其形式和北方地区其他合院建筑有着密切关联，同时也影响到其他区域的民居形式。即使在山西省域之内，窄院的民居形态也非晋中地区所独有，在晋南一带亦有出现。二者相较，晋南宅院的进深更为狭长，体现了地方气候环境对建筑空间的影响。

晋中民居·砖砌锢窑

砖砌锢窑是山陕地区广泛采用的民居形式之一，晋中砖砌锢窑将传统的窑院营造技术和地方自然环境、社会环境要素相结合，形成具有地域特征的民居形式。该类民居在灵石县的夏门村、雷家庄村，介休市的张壁村、北贾村，平遥县的段村、梁村、梁家滩村等村庄聚落中留存有大量实例。

图1 灵石王家大院敦厚宅正房

1. 分布

该类型民居主要分布于晋中的中南部区域，以山地环境居多，汾河两岸的堡寨聚落中也有较多分布，如平遥、介休、灵石、孝义等地分布较广。

2. 形制

晋中砖砌锢窑民居多以院落为基本居住单元，包括合院式与非合院式格局。其中，合院中的正房、厢房、倒座房均为锢窑建筑，正房往往为两层及以上建筑，窑上再建窑或房。非合院式锢窑院多见于山地环境，建筑沿等高线排布，再通过墙体围合形成居住单元。

砖砌锢窑的空间排布较为灵活，不似砖木建筑受到严格约束，可以形成多开间格局，如五间、七间、九间甚至更多，其内院形态面宽长、进深短，例如灵石县的董家岭村和平遥县的普洞村等村庄聚落的建筑均为如此。

明柱厦檐是砖砌锢窑的常见立面形式之一，即在窑脸外侧修建柱廊，形成室内外的过渡空间。对于二层及以上的部分，会逐层向内收进，形成外廊空间，故而上层的窑洞进深会越来越小。

3. 建造

晋中砖砌锢窑在建造过程中一般先砌筑侧墙，再起拱发券。墙体多采用条石基础，外皮为清水砖墙，内部填充土坯砖。为了达到承重和热工性能的双重要求，墙体的厚度往往可以达到0.5m甚至1m。

一般而言，锢窑的拱券为左右对称，两边的拱心不在同一点上。此外，起拱的基点往往比窗下墙的顶面稍高。

4. 装饰

总体而言，砖砌锢窑的装饰要比砖木建筑简洁朴素，主要的装饰部位多依托雀替、挂落、栏板、斗栱等木构件部分，以及脊饰、墀头、抱鼓石、柱础等砖石雕刻部位。

窑脸的装饰相对有限，主要表现于拱券的几何形式和门窗格栅的图案纹样。

5. 代表建筑

1）灵石县静升镇王家大院

王家大院位于灵石县静升镇静升村，距离灵石县城约12km。该建筑群落从清代初年开始建造，至清代嘉庆年间基本形成"九沟八堡十八巷"的空间格局。

目前保存较为完整的是高家崖堡和红门堡。主体建筑为南北朝向，多为两进或三进院落，主入口位于院落的东南角部，正房、厢房均采用砖砌锢窑，正房为"明三暗五"形式，厢房多为三间；过厅一般为双坡抬梁式结构。

王家大院的建筑装饰类型丰富，包括檐口、雀替、影壁、脊兽、柱础等均

图3 灵石王家大院敦厚宅厢房

图2 灵石王家大院高家崖建筑群

图4　灵石王家大院高家崖木雕装饰

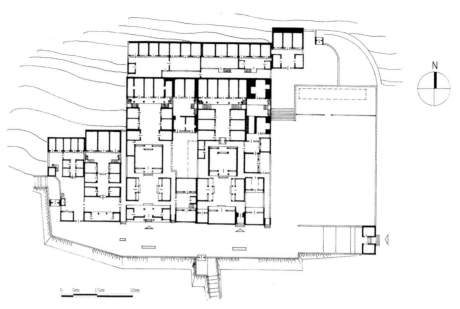

图8　灵石王家大院高家崖平面图

图5　灵石董家岭村砖砌锢窑民居

图6　灵石董家岭村民居窑洞室内

有体现。装饰内容也非常丰富，例如"岁寒三友"、"竹梅双喜"、"暗八仙"等图案纹样，展示了院落使用者的生活情趣和对美好生活的期许。

2）灵石县南关镇董家岭村民居

董家岭村位于灵石县南关镇西，距灵石县城约20km。此处的民居始建于明末清初，包括永和堂、爱里堂、崇德堂等五组建筑群落。

各院落依照地形布局，正房朝向和等高线相垂直。厢房位于正房左右两侧，一般不设倒座房。因为建筑依地形逐层抬高，较高位置的院落可以利用较低院落正房的屋顶作为平台。

成因

锢窑的形成受到多元要素的综合影响。一方面，砖砌锢窑的建造需要同时满足烧砖和夯土的要求；另一方面，砖砌锢窑在建造时不像砖木建筑受到礼制的严格约束，故而在规模、院落格局等方面较为灵活，尽可能符合居住者的实际需求。

比较 / 演变

晋中砖砌锢窑的窑脸因地域而有差异，平遥、孝义等地多为对称式布局，灵石一带多向一侧偏移，类似于晋西锢窑的做法。

晋中砖砌锢窑中有部分建筑会在窑上建房，类似于晋东窑上楼的做法，包括在窑上加盖风水楼，或是利用二层空间修建贮藏用房。

与晋西锢窑相较，晋中锢窑不仅在台地环境中有分布，平川地带也较多出现，而且院落组合方式更加多元复杂。

图7　灵石董家岭村砖砌锢窑民居鸟瞰

晋中民居·楼院

晋中楼院是晋中地区较为典型的民居类型之一，其建筑形式特点反映了地方建造工艺和社会经济水平。该类民居的院落形态方正，正房多为二层或三层砖木建筑，是农耕文化和商业文化相融合的综合表征。晋中楼院在太谷县的北洸村、榆次区的车辋村、阳邑乡的阳邑村、白燕村等村庄聚落中均有案例留存。

图 1　太谷县北洸村三多堂

1. 分布

晋中楼院是晋中地区较为常见的民居建筑形式，目前主要集中于汾河中游的太谷、榆次、祁县一带，多为明清商业繁盛之时兴建。

2. 形制

晋中楼院为当地人的叫法，以院落正房的典型特征指代整个院落。"楼院"顾名思义为多层建筑构成的院落，其中正房为二层或三层砖木结构的建筑，屋顶形式包括双坡硬山顶、卷棚顶、单坡硬山顶等多种形式；东西厢房多为单层建筑，以单坡硬山顶居多。

楼院的平面格局类型丰富，包括多进式和多路多进式。若使用者为官宦商贾大户人家，基地面积较宽裕，则可以在进深与面宽方向进行拓展，形成多进院落或多个并置的院落组群。对于规模较大的院落，主院两侧会修建附属跨院，其面宽往往为主院的一半左右。

正房首层明间为礼仪性空间，常用作祭拜之用，二层及以上空间多用于储藏。日常起居一般在正房次间或厢房进行，有的厢房也修成两层，二层同样用于储藏。院落的外侧均采用高墙，形成完备的防御体系。

3. 建造

晋中楼院民居的正房、厢房和倒座房的主体结构多为木造抬梁，竖向支撑为木柱，再用砖墙外包形成围护结构。

单体建筑包括基础、竖向支撑、梁架结构、墙体围护结构、门窗及装饰等构件，通过建筑外观可以清晰地分辨出各部分。

4. 装饰

因为该类型民居的院落主人经济条件较为宽裕，晋中楼院的装饰较为华丽。建筑装饰包括各类雕刻和彩绘，影壁、仪门、门窗等处均是装饰的重点部位。砖雕位于影壁、山墙端部的墀头等处，内容包括吉祥纹样、花卉、传奇故事、文房四宝等。木雕位于门廊厦檐处，除了常见的浅浮雕，还有繁复的高浮雕和镂空雕。石雕位于柱础、抱鼓石、栏板等处。

5. 代表建筑

1）晋中市太谷县北洸村三多堂

图 2　太谷县北洸村三多堂中院、东院正房

图 3　太谷县北洸村三多堂戏台

图 4　太谷县北洸村三多堂中院过厅梁架结构

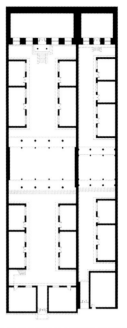

图 5　榆次车辋村常家庄园内院

图 8　太谷县北洸村三多堂东院平面示意图

三多堂又称"曹家大院",包括西院、中院和东院,均为三进复合式院落,其中西院和东院又各自附属跨院,形成"横五纵三"的格网式结构。由于每组院落的第一进院和第二进院之间修建有甬道,连接东西入口,因而各院落实际为二进复合式院落。

西院、中院、东院的北侧正房均面阔五间,为砖木结构的平顶建筑,顶层建有风水亭,西院采用歇山顶,其余两个为双坡悬山顶。厢房为"三间两室"格局,即里外两进院落的厢房均为三间。

三多堂中的装饰类型丰富,包括砖雕、木雕、石雕等,分布于影壁、仪门、挂落、栏板、墀头等处。

2)晋中市榆次区车辋村常家庄园

常家庄园位于榆次西南的东阳镇车辋村,原为明清时期常氏家族的宅邸。

该组建筑自明末开始修建,在清乾隆三十三年前后经历较大规模的扩建。整座院落群包括 50 余座单体建筑,并设置有景观园林。

各个院落均为南北向布局,多为两进院落,厢房为"里三外三"或"里五外五"布局,前后进院落之间通过装饰精美的木雕牌楼和砖雕影壁进行分隔。

成因

晋中楼院的主人往往具有较高的社会和经济地位。在院落布局和建造过程中,通过建筑层数的增加,一方面体现财富和地位,另一方面将礼仪性的祭拜和功能性的贮藏等功能进行区分。故而正房的建筑形式成为该类型居民的重要特征,体现了院落使用者在生活起居中对多重功能的诉求。

比较 / 演变

在晋东、晋东南等地,亦有部分将正房建造为多层建筑的院落,然而晋中楼院的建筑形制要相对更高,院落的空间层次亦更加复杂,体现了地方文化和建筑艺术的融合。

图 6　太谷县北洸村五桂堂厢房墀头

图 7　榆次车辋村常家庄园砖雕影壁

晋中民居·石碹窑洞

晋中地区的石碹窑洞存量不多，在太原市晋源区的店头村和晋中市太谷县侯城乡等山地环境存有部分该类型民居，前者所存数量和质量更为完好。晋中石碹窑洞的砌筑方法和院落布局较为灵活，和民居所在的环境地貌相契合，具有较强的适应性和地方性。

图 1　晋源区店头村郭家院鸟瞰

1. 分布

晋中地区以太原盆地为主体，大部分地势开阔，明清以来砖造民居占有较高比例，石造民居的数量较少。晋中石砌锢窑在该地区存量不多，多集中在太原西山、太谷南山等山地环境中。

2. 形制

石碹窑洞的基本形态主要包括两种，分别为枕头式石碹窑洞和筒子式石碹窑洞。枕头式石碹窑洞高可达 5m 之多，往往在大窑洞后墙上又串套纵向小窑洞，各窑洞之间有小门互通。民居依地形布局，部分院落建有二层或三层，首层均为石碹窑洞，上层若为窑则称为窑上窑，上层若为砖木房屋则称为窑上房。

石碹窑洞内部的空间组织形式多样，包括单向连接、双向连接、上下互联、内外套联等形式。

3. 建造

石块砌筑是石碹窑洞的重要建造工艺，其砌筑方式根据石块拼接的规则可大致分为自由砌、层状砌、不规则砌等。石块之间通过石灰砂浆和糯米水等混合物粘接。

石砌墙体上若要开设拱券门洞，有时用环状石块起券，有时则用规格不一的条状石块起券。

石碹窑洞通过"椽子"定形，一般先用模具坨制，待其晒干后，再通过相互挤压对接，形成拱形窑顶。各孔窑洞连续而立，每孔窑洞共用墙体，相互抵消拱顶的水平向侧推力。

4. 装饰

石碹窑洞民居通过地方石材砌筑而成，装饰较为简单，通过石料本身的肌理和砌筑手法形成大然的装饰效果。

除了石块形成的装饰性肌理，常见的建筑装饰集中于仪门和门窗格栅等部位，鲜有复杂繁复的木雕、砖雕等构件。

5. 代表建筑

1）太原市晋源区店头村郭家院

店头村是风峪八村之一。此地原为唐北都晋阳通往娄烦的驿道，曾建有防御性军堡。店头村西依西山，南邻河道。受河水冲刷影响，大部分地区岩石裸露，形成质地较粗糙的土壤，为建筑营造提供了天然的建筑材料。

郭家院位于店头村旧村的东端，建

图 2　太谷县侯城乡迁善庄石碹窑洞

图 3 晋源区店头村郭家院

图 6 晋源区店头村石碹窑洞立面细部

筑共建有三层,首层院落为四合院,入口向南。该院落分为东西两个部分,中间建有楼梯,可以从首层直接通达三层。其中,东院正房窑洞面阔五间,进深约4m、高约5m。在正房西侧两孔窑洞之间修建有石碹暗道,连接首层和二层。

2）太谷县侯城乡迁善庄石碹窑洞

迁善庄又名"青龙寨",位于太谷县侯城乡范家庄村东,坐落于海拔1386m的山峁之上。

该处民居聚集点由北洸村的曹氏家族建造,始建于清代咸丰三年,耗时约5年完成。民居依山势建造,包括外院、内院（正庄院）,民居以石碹窑洞为主。整座聚落为堡寨式布局,建有寨墙和堡门。

图 4 晋源区店头村郭家院石碹窑洞门窗细部

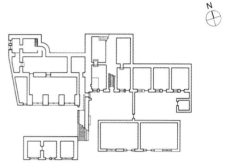

图 7 晋源区店头村郭家院平面示意图

成因

石碹窑洞是锢窑的一种,往往就地取材,采用河谷或山体的天然石材进行加工砌筑,因而其建筑形式受环境要素的影响。部分石碹窑洞位于重要的地理区位,具有一定程度的防御性,兼具居住和防卫功能。

比较 / 演变

锢窑的拱顶几何形态具有较强的地域性,晋中石碹窑洞的拱顶形式近似于半圆,晋西锢窑的拱顶则多由两段弧形拼接而成,晋南锢窑多采用椭圆或混合方式,亦有部分建筑采用尖拱。

此外,石碹窑洞受地形环境的影响,往往没有倒座房,其院落空间呈现进深短、面宽长的几何形态。

图 5 太谷县侯城乡迁善庄石碹窑洞室内

晋东民居·砖石锢窑

砖石锢窑是晋东阳泉郊区、平定县、盂县等地广泛使用的建筑形式，多用作正房或厢房。建筑为单层平顶，以砖石砌筑，面阔进深随建筑位置与所处地形而定。正房明间外侧有的建有一间抱厦。建筑装饰主要集中在木质门窗上，多雕刻有寓意吉祥的纹样。正房外墙设有供奉天地的神龛。

图1 阳泉市辛庄村民居鸟瞰

1. 分布

砖石锢窑在晋东地区广泛分布，如阳泉市郊区、平定县、盂县，以及邻近的昔阳县、寿阳县等。

2. 形制

在晋东各地的民居中，砖石锢窑一般作为正房或者厢房使用。

作为正房的锢窑，常建在高起的台基上，以纵窑居多。单个院落的正房面阔多为三间或五间，在一些较大型的建筑群中，横向串联的院落的正房彼此相连，就会形成多孔窑洞并置的情况。一些正房的当心间外会修建木结构的抱厦，也称前檐，面阔一间，单坡瓦顶。

作为厢房的锢窑，地坪和建筑高度均低于正房。晋东多山地院落，厢房的面阔间数往往与地形有关，单个院落的

厢房面阔多在一至三间；地形平缓的多进院落中，也有几进院落的厢房相连，形成多孔窑洞并置的情况。

房屋主要的房间用于居住，视家中人口情况将正房次间、梢间或厢房用于储藏，有的人家也将厨房设置在厢房中。

3. 建造

晋东地区的砖石锢窑使用砖、石砌筑，前墙安装木制门窗，有的在明间外建有木构架单坡抱厦。锢窑的修建主要有石匠、泥匠和木匠参与，石匠负责采集、雕琢石料；泥匠负责砌墙、发券、抹墙等；木匠负责制作门窗、抱厦。锢窑的建造流程主要包括选址、备料、砌筑山墙、发券、合龙、砌筑前墙、垫场、抹窑、装修等工序。

4. 装饰

图2 阳泉市南庄村民居

砖石锢窑形态比较朴素，装饰主要集中在窑脸上，尤其是木制门窗，往往十分细致精美。例如，阳泉市郊区大阳泉村的景元堂正房，明间的窗棂雕刻了"渔樵耕读"的场景，左右两侧以菊花纹样连接；拱形窗的中心是五只蝙蝠围绕着一个寿字，意在"五福捧寿"。次间的门扇雕刻了和合二仙，寓意婚姻幸福美满。如果正房建有抱厦，其柱、梁、枋上往往还施有木雕。此外，正房明间和次间之间的外墙上还会设置神龛（位于明间左侧的更常见一些），以供奉天地。神龛精巧细致，如同是微缩的屋宇，将建筑构件模仿得惟妙惟肖。

5. 信仰习俗

作为正房的锢窑正立面的天地神龛，是人们敬奉神灵、祈求安康的所在。

神龛内设牌位或贴红纸，上书"供天地三界之神位"，两侧贴有"天高覆万物，地厚载群生"等寓意吉祥的对联。每逢农历初一和十五是祭祀天地的日子，供品为水果、点红的面点，神龛前点红色蜡烛两支、香三炷。

6. 代表建筑

阳泉市平定县娘子关镇上董寨村王家大院

王家大院建于清末民初，为村中王氏家族第十一代"宿"字辈三兄弟所建。大院位于上董寨村的"龙头"老虎嘴岩下，北靠山岩、南面悬崖，地势险要。院落占地7000多平方米，建筑面积2500多平方米，共八十多间房屋，是晋东地区典型的山地宅院，院落中的建筑大部分为砖石锢窑。

大院的入口门洞设在东南角，上书

图6　上董寨村王家大院鸟瞰图

图3　阳泉市辛庄村民居室内　　　图4　阳泉市娘子关村天地神龛　　　图7　上董寨村王家大院王宿龙宅西厢房

"依山带水"四字。进入门洞后是一个狭长的敞院，其北由东向西依次是工院和三串主院：大哥王宿钢宅、二弟王宿统宅、三弟王宿龙宅。三串主院的方位、规模和形制均遵循"长幼有序"的观念。

王宿钢宅规模最大，正房为三孔窑洞，窑脸以青石为墙基、青砖为墙体，东西厢房各两孔锢窑，西厢房带耳房一间，倒座为瓦房。王宿统宅院落较窄，除正房、厢房外，倒座仅三间，此外院中设有一道屏门，把院落分为前后两进。

王宿龙宅布局与王宿统宅相似，此外还带有次院用于储藏。三串院落均在东南角设院门，其中，王宿钢宅的院门最为精美，抱鼓石、墀头、墙基石尽是精美的砖石雕刻，雀替、挂落施以木雕，院门内外均有影壁（外影壁已毁）。三串院落均在院中栽有石榴树，以石榴的多籽祈求家庭也能多子多孙。

成因

窑洞是山西民居中历史悠久、流传普遍的一种类型。锢窑作为独立式房屋，在适应地形上较为主动。晋东多山，采石方便，多煤炭、黄土，制砖资源丰富，因而砖石锢窑应用广泛。

比较／演变

从调查来看，晋东石砌锢窑更为普遍、覆盖的历史时期较长；砖砌锢窑在富商大院中更加集中、出现时间相对较晚。其原因可能是采石比起烧砖，技术相对简单；而且就地取材，比起购买砖块经济成本低，更适应普通人家。随制砖技术普及、用砖成本下降，砖砌锢窑才逐渐普及开来。

砖石锢窑在晋东、晋中、晋西等地均有出现，但是各具特点。晋东砖石锢窑的窑脸装饰相对简洁，且门、窗分别开洞设置，不似晋中、晋西采用同一个拱券，再在其中统一布置。

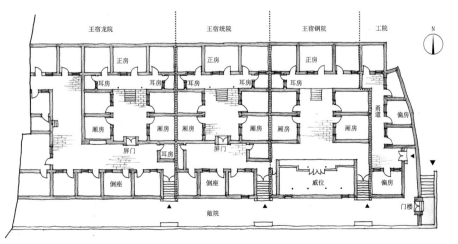

图5　阳泉市上董寨村王家大院总平面示意图

晋东民居·起脊瓦房

起脊瓦房是晋东阳泉郊区、平定县、盂县等地广泛使用的建筑形式，多作为厢房或过厅、倒座，用于居住、储藏、待客、商铺等。建筑多为单层、双坡硬山瓦顶，砖砌墙体，抬梁式木构架，面阔进深随建筑位置与所处地形而定。建筑装饰较为丰富，多集中在屋脊、檐部、门窗等部位。

图1 阳泉市大阳泉村起脊瓦房

1. 分布

起脊瓦房也称脊瓦房，在晋东地区广泛分布，如阳泉市郊区、平定县、盂县，以及邻近的昔阳县、寿阳县等。

2. 形制

在晋东地区，起脊瓦房一般作为厢房或过厅、倒座使用。

用作厢房的起脊瓦房，地坪和建筑高度均低于正房。晋东多山地院落，厢房的面阔间数往往与地形有关，单个院落的厢房面阔多在一至三间。厢房的使用功能较为灵活，视家中人口情况，可用于居住、储藏，有的人家也在其中设置厨房。

用作过厅或倒座的起脊瓦房，其面阔往往根据院落的宽度而定，以三间和五间最为常见。有的人家将过厅用于待客，或将倒座用于待客、办公、读书之用，室内陈设往往雅致美观，倒座两侧开间有的会设置暖阁。也有的临街院落将倒座用作店铺，形成"前店后宅"的格局。

此外，院门多为硬山双坡式，过门既有硬山双坡式，也有悬山垂花门式的。院门内侧多设有影壁。

3. 建造

起脊瓦房大多为抬梁式木构架、砖砌墙体、瓦屋顶。参与修建起脊瓦房的主要有木工、泥瓦工和装修工等工种，由领工来统筹组织。在备料后，先由泥瓦工砌墙，同时安装门窗框材，接着由木工起脊、上梁（枋、檩、椽等），然后扣瓦、勾缝、抹墙、制作门窗，最后粉刷装修。

4. 装饰

起脊瓦房的装饰较为丰富多样，装饰多集中在屋脊、博风、墀头、檐部、门窗等部位。屋脊的一种典型做法是"五脊六兽"，即在正脊两端设望兽，垂脊端头设垂兽，屋脊上又施以砖雕。博风的装饰相对简洁，一般仅在端头施以夔龙、菊花、牡丹等纹样。墀头多施砖雕，有雕刻五福捧寿、文房四宝等图案的，也有雕刻福、寿等文字的。檐部木构件与门窗多施以精美的木雕，有的木构件还有彩绘。柱础、墙基石多施有石雕。在院落中，门楼和影壁往往是装饰最为集中和精美的。

5. 信仰习俗

院门的侧壁或门内的影壁，或前后进院落的隔墙上，设有土地神龛。神龛内供奉身披红布的土地爷神像，神龛两侧贴有"土中生白玉、地内产黄金"等寓意吉祥的对联。神龛形似一个微缩的庙宇，将建筑构件模仿得惟妙惟肖。农历初一和十五是祭祀土地爷的日子，需供奉面点、水果，点两支红烛、上三炷香。

6. 代表建筑

1）阳泉市郊区小河村含清堂

含清堂位于小河村西南，堂名取含

图2 阳泉市乌玉村起脊瓦房

图3 阳泉市辛庄村民居门楼雕刻

图4　阳泉市小河村起脊瓦房室内

图5　阳泉市辛庄村土地神龛

图6　阳泉市大阳泉村祥瑞堂院落

图7　阳泉市小河村含清堂平面示意图

垢忍辱、清心寡欲、藏而不露之意。院落坐西朝东，从东侧门楼进入后，南北各有一串两进院落，院中各正房三间、左右厢房三间、倒座五间，并在一侧设有跨院。在院门北侧，亦可通过大夫第、文魁门两座门楼进入北侧跨院。

2）阳泉市郊区大阳泉村祥瑞堂

　　祥瑞堂建造于清末，是典型的"前堂后寝"式布局，北侧为主人居住的院落，中部为接待宾客的过厅院，东南角是一处较为独立的院落，西南部是厨房、

磨坊、厕所、马棚等附属用房。其中，过厅院一正两厢，均为起脊瓦房。正房五开间，明间为穿堂，次间待客聚会，梢间设炕，私密性逐渐增加。厢房为三开间双坡硬山顶，前设檐廊。

成因

　　木结构房屋在山西历史悠久，建造技术也流传甚广。晋东多山区，有一定的木材资源，同时多煤炭、黄土，具备烧制砖瓦的材料。然而相较于窑洞，起脊瓦房建造相对复杂、成本较高，因此普及程度不及窑洞，尤其装饰精美者，多见于富商大院。

比较／演变

　　与相邻的晋中地区相比，晋东商业发达程度、人口稠密程度均不及晋中，起脊瓦房相对规模略小，极少见到楼房。此外，晋东多山地，建筑组群适应地形，所形成的院落比较方正，甚少见到晋中一带狭长的窄院。

晋东民居·窑上楼

窑上楼也称"下窑上楼式"、"下窑上房式",是晋东阳泉郊区、平定县、盂县等地广泛使用的建筑形式。建筑大多两层,一层多为砖砌窑洞,二层为抬梁式木结构、砖砌墙体、硬山顶的瓦房,作为院落中的正房使用,用于居住、祭祀等功能。建筑装饰多集中在屋脊、博风、墀头、门窗等部位。

图1 阳泉市官沟村义和堂窑上楼

1. 分布

窑上楼也称"下窑上楼式"、"下窑上房式",在晋东地区广泛分布,如阳泉市郊区、平定县、盂县,以及邻近的昔阳县、寿阳县等。

2. 形制

在晋东各地的民居中,窑上楼一般用作院落中的正房。顾名思义,窑上楼的一层为窑洞,多为砖砌锢窑,明间外侧多有木结构的抱厦;二层多为抬梁式木结构、砖砌墙体、硬山顶的瓦房,也称为"高房"。

一层的窑洞主要用于居住,二层的瓦房常见的有几种功能:一是用于祭祖供神,二是用作书房,这样的瓦房通常与正房朝向相同,有的会在两侧开间设暖阁,多双坡顶;还有的作为绣楼,供家中女子居住,这样的瓦房通常与厢房朝向相同,偏居窑顶一侧,有的为单坡顶。

3. 建造

窑上楼的一层是锢窑,以砖石砌筑,建造流程主要有选址、备料、砌筑山墙、安装门窗框、发券、合龙、砌前墙、垫场、抹窑、装修等步骤。接着建造二层的瓦房,建造流程与起脊瓦房类似,主要包括备料、砌墙、安装门窗框、起脊、上梁、扣瓦、抹墙、制作门窗、粉刷装修等。

4. 装饰

窑上楼的装饰十分丰富。

下层的窑洞装饰主要位于门窗和檐口,如官沟村长庆堂的正房窑洞,窗扇雕刻五福捧寿纹样,檐口以砖雕仿木,形成椽、檩、斗栱等构件。

上层瓦房的装饰比窑洞更精美,尤其是用作祠堂家庙的瓦房,规格非常高。例如长庆堂的家庙,在檐部雕刻了九个龙头,透雕卷草纹、拐子纹,中间镶嵌石榴、佛手、寿桃、牡丹等,构件彩绘色彩细腻,墀头雕刻琴棋书画、鲤鱼跳龙门、狮子滚绣球等图案,精美程度不亚于正门。

5. 信仰习俗

正房一层,在明间与次间之间的外墙上设有天地神龛,是人们敬奉神灵、祈求安康的所在。神龛内设牌位或贴红纸,上书"供天地三界之神位",两侧贴有"天高覆万物,地厚载群生"等寓意吉祥的对联。每逢农历初一和十五是祭祀天地的日子,供品为水果、点

图2 阳泉市娘子关村民居

图3 阳泉市大阳泉村窑上楼抱厦

图4 阳泉市官沟村窑上楼高房室内

图 5　阳泉市大阳泉村天地神龛　　　　　　　图 6　阳泉市官沟寸长庆堂院落　　　　　图 7　长庆堂正房装饰

红的面点，神龛前点红色蜡烛两支、香三炷。

6. 代表建筑

1）阳泉市郊区官沟村长庆堂

长庆堂坐西朝东，由南侧的二进正院和北侧的两进偏院组成，正房和倒座前均有过道串联两院，前者供主人使用，后者供下人使用。长庆堂的正房为窑上楼的形式，一层为窑洞，用于居住；二层为瓦房，南面五间为家庙，供奉"天王老神"，北面三间为下巷张氏的祠堂，供奉祖上三代牌位。窑洞设披檐，以砖雕仿木，施以装饰；瓦房之斗栱梁枋更是雕刻精美、色彩华丽。

2）阳泉市郊区大阳泉村景元堂

景元堂又称下魁盛号，是大阳泉村著名的商贾宅院。院落坐北朝南，入口设在东南角，由内外两个主院加上东西跨院组成。景元堂的正房就是窑上楼的形式，一层是五孔窑洞（含跨院），中间三孔内部相同，一明两暗，用于待客和主人居住，正立面设有通常的披檐，明间外设有抱厦；二层是双坡硬山顶的高房，中间是五开间主体，前设檐廊，两侧为耳房，高房前设有花墙。

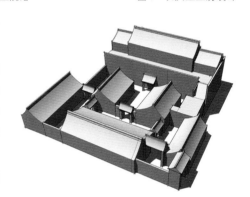

图 9　景元堂院落体块示意图

成因

窑洞是山西民居中历史悠久、流传普遍的一种类型，木构建造在山西也历史悠久。晋东多山地，采石方便，多煤炭、黄土，便于烧制砖瓦。窑上楼的一层为窑，用于居住，实用舒适，亦为高房之基础；二层为房，用于祭祀、读书，形制精美。

比较 / 演变

窑上楼多见于富商大院，除晋东地区外，在晋中的砖石锢窑、楼院等类型中也以单体的形式出现。晋东的窑上楼与晋中相比，晋东的窑上楼一层多在明间外建抱厦，并不设置通长的前檐；窑面有的为每孔窑洞一门一窗的形式，也与晋中满镶门窗的做法不同。

图 8　阳泉市大阳泉村景元堂抱厦

晋东南民居 · 四大八小

　　"四大八小"是晋东南地区最为典型的民居形式之一，其院落完整方正，由体量高大的正房、厢房及倒座房和体量较小的耳房、厦房围合而成，融合了北方传统四合院的布局方式和晋东南地区的建筑艺术特色，深受传统耕读文化的影响，兼有良好的防御功能。

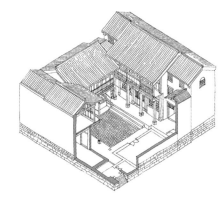

图1　"四大八小"民居轴侧示意图

1. 分布

　　"四大八小"广泛分布在晋东南地区，尤以多为土石丘陵及河谷盆地、土地肥沃、气候温暖的晋东南沁河中游地区为主，多选址在地势较平缓、水源充裕的河谷地带建造。

2. 形制

　　"四大八小"，顾名思义，是由正房、东西厢房、倒座和耳房及厦房等共同围合院落的建筑组合方式。其中，正房、厢房、倒座体量较大，等级较高，容纳居住等主要使用功能，称为"四大"；附于"四大"两侧的耳房、厦房体量较小，承担储藏、交通联系等次要使用功能，称为"八小"。一般正房及倒座房两侧各带两个耳房，厢房两侧则各带厦房以联系厢房与耳房，也被称为"四大四小四厦房"。

　　单体建筑一般为两层悬山或硬山顶建筑，有的正房为三层。"四大"一般三开间，一般而言，房屋一层住人，二层放物。院落布局较紧凑，院落间可采用"串院"的形式或与"簸箕院"共同组成"棋盘四院"等大型的宅第。

3. 建造

　　主体结构多采用木构。一层木柱位于砖墙内，木质主、次梁承托二层木楼板，楼板上为方砖铺地；二层采用传统木结构抬梁构架，屋面多采用仰合瓦构造。围护结构多为砖墙或土坯墙，室内多采用木装修。

　　窗台一般用整块条石制作，窗过梁或为整条条石制作，或为木过梁。有的窗上部采用砖砌半圆拱承担上部荷载。门、窗多为木质，门洞顶部施木雕月梁的居多。

4. 装饰

　　主要集中于影壁、门、窗、墀头、屋脊等部位及构件上，木雕、石雕及砖雕艺术均较发达，雕刻精美、华丽。木雕主要集中在门楼月梁、梁架，题材以花草为主；砖雕主要集中于影壁及墀头等处，以花草、人物、吉祥图案等为主；石雕主要集中于窗台石、抱鼓石、门枕石等部位。

5. 代表建筑

1）泽州县周村镇石淙头村西头院

　　因位于石淙头村西部组团最南边，潘家街和王家街这两条主要街道的最西端，故得名西头院。该院是石淙头村保存非常完好的一个四大八小式院落，主院呈方形，正房、厢房均为三开间的二层建筑，由挑廊相连。由于院落前后高差较大，为适应地形，倒座为三层建筑，使整组建筑看上去高大威严。主要建筑均采用砖木结构。

2）泽州县周村镇石淙头村"圪垳"院

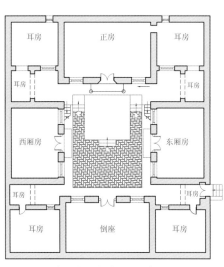

图2　"四大八小"典型平面示意图

图3　泽州县周村镇石淙头村"四大八小"院落群

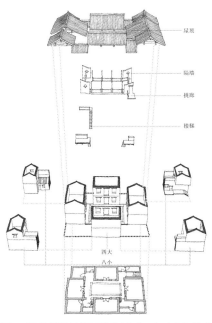

图4　泽州县周村镇石淙头村"四大八小"院落分解图

图5　泽州县周村镇石淙头村"圪塸"院内院

　　"圪塸"是当地的方言，意为"圆圈"，"圪塸"院是典型的"四大八小"院落。正房、厢房、倒座均为三开间的二层建筑，采用砖木结构，四周建筑有二层挑廊，建筑二层挑廊为通廊，形制较高；挑廊通过位于院落四角的砖石楼梯与地面联系。正房雕刻精美的柱础由植物等吉祥图案组成，整个院落的装饰以石雕、砖雕和木雕为主，细部装饰简洁大方，如正房和倒座的门窗、斗栱、雀替、挂落等。

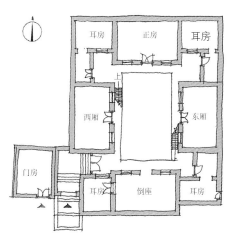

图6　泽州县周村镇石淙头村西头院平面示意图

成因

　　明清时期，沁河中游地区文化昌盛，科举发达，仕宦辈出，加之地处交通要道，晋商发达，因此，具有较为深厚的文化积淀和雄厚的经济基础，逐渐形成了"四大八小"这种组群布局严谨、院落方正规整、规模较大的居住建筑形式。另一方面，受明末社会动乱的影响，为防御外来侵扰，单体建筑多为二层，外侧极少或不开窗，形成了高大、封闭的立面形象，具有良好的防御功能。

比较/演变

　　与特定的地域和文化传统相结合，"四大八小"又具有多种表现形式，它们虽组群布局原则一致，但表现方式各异。有的院落和单体尺度均较大，竖向交通全部通过建筑内部楼梯或厦房来解决；有的院落和单体建筑均较小，"四大"二层明间出挑廊，挑廊侧面安单跑木楼梯联系上下；有的"四大"二层三间均出通长挑廊，且挑廊相互衔接形成跑马廊。

图7　沁水县窦庄村张氏九宅夫人院正房

晋东南民居·簸箕院

簸箕院是晋东南常见的民居院落形式之一，由二层的正房及耳房、厢房及厦房和一层的大门围合而成。由于没有倒座房，整个院落后高前低，后封闭前开敞，形似簸箕，故得其名。簸箕院占地面积较小，能够更好地适应晋东南地区的山地环境，既可以独立形成单独的宅院，也可以和"四大八小"、"插花院"等组合成大型民居院落。

图1　簸箕院轴测示意图

1. 分布

簸箕院广泛分布在晋东南地区，尤以晋城的沁水、阳城、高平、陵川、泽州等市、县为主。这些地区因沁河、丹河及其众多支流的存在，形成大片地势较平缓的土石丘陵及河谷盆地，簸箕院就分布在这些地带的村落中，成为构成村落的主要民居形式之一。

2. 形制

簸箕院由正房及耳房、厢房及厦房和大门围合而成。其中，正房及耳房、厢房及厦房均为二层。正房比东厢房、西厢房体量大，等级较高，容纳主要使用功能。一般正房及耳房、厢房一层供居住，二层供储藏用。厦房为在二层联系厢房与正房耳房之用，其临厢房一侧常设石质楼梯联系上下。大门居中布置，为一层。一般内设仪门，平时不开，进入大门后需从左右两侧进入院落。有的簸箕院在大门外设照壁。

3. 建造

主体结构多采用木构。一层木柱位于砖墙内，木质主、次梁承托二层木楼板，楼板上为方砖铺地；二层采用传统木结构抬梁构架，屋面多采用仰合瓦构造。围护结构多为砖墙或土坯墙，室内多采用木装修。窗台一般用整块条石制作，窗过梁采用条石或木过梁。有的窗上部采用砖砌半圆拱承担上部荷载。门、窗多为木质，门洞顶部施木雕月梁的居多。

4. 装饰

簸箕院民居装饰主要集中在影壁、照壁、门窗、月梁、窗台石、门枕石、抱鼓石、墀头、屋脊等部位及构件上，木雕、石雕、砖雕均十分精美。木雕题材以花草为主；砖雕主要以花草、人物、吉祥图案等为主，特别是在影壁芯等处，往往精雕细刻，大量采用祥瑞题材；石雕主要以石狮等圆雕以及窗台石等处的

高浮雕为主，造型生动，寓意深刻。

5. 代表建筑

1）沁水县郑村乡湘峪村群祠堂院

祠堂院东西一字排开，下窑上房。南房二层为砖木结构。院落主入口为位于院墙中部的垂花门，是祠堂院的主入口。院落由正房及东西耳房、东西厢房组成，与南院墙围合成一个一进三合院，其中正房面阔五间，进深五檩。正房两侧的耳房为两开间，屋顶为硬山，铺有飞椽，出檐深远。梁架木构件粗大厚实，使用斗栱连接。木构件多作转角处理，斗栱雕刻复杂而精美，主梁角部饰有彩绘。外廊有木柱六根，底部有阴刻柱础三对。额枋木雕精美，有精美垂花柱。

2）泽州县北义城镇西黄石村赵家大院

赵家大院又称赵家簸箕院，建于清乾隆年间。其北侧为正房，东西两侧为厢房，南侧为院墙，院墙正中院门前设有一块照壁。内部庭院近于正方形，边

图2　泽州县西黄石村成发昌宅入口

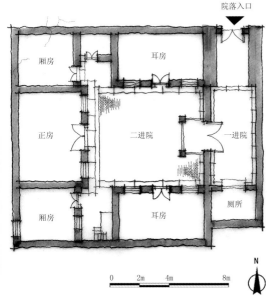

图3　泽州县西黄石村成发昌宅平面示意图

图 7　沁水县湘峪村祠堂院厢房

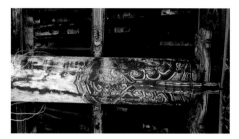

图 4　沁水县湘峪村祠堂院正房及内院

图 8　沁水县湘峪村祠堂院正房梁架

长约为 10m。正房与厢房均面阔三间，砖墙围合，条状长石做房基。结构为抬梁式木构架，硬山屋顶；正房与厢房均为两层，正房东西侧耳房为三层。屋面平缓且檐口硬直，屋脊上有雕花脊瓦，在脊端安设吻兽。门窗形式为板门直棂窗。院内青砖铺地，房屋踢脚一周铺设青石板，作为台基及散水。

图 5　泽州县西黄石村赵家大院鸟瞰示意图

成因

受山地地形条件下建设用地紧张的影响，簸箕院进深及建筑规模均较小。同时，在传统农耕生产条件下，大多数家庭难以积累较大量的财富。因此，簸箕院建筑单体开间、进深及建筑高度均较小，整体体量及规模亦较小。传统社会封建宗族长幼有序、尊卑有分的礼法也体现在簸箕院的组群布局中，其院落方正、布局严谨、主次突出、秩序井然。

比较 / 演变

与"四大八小"相比，簸箕院同样布局严谨、院落方正、主次突出，体现了传统社会耕读文化的影响。同时，簸箕院以其较小的组群及单体规模，更好地适应了山地地形和农耕条件下一般家庭的经济积累和使用需求，因而被广泛采用，成为传统社会政治、经济秩序的物化表现。

图 6　泽州县西黄石村赵家大院厢房

晋东南民居·插花院

插花院是晋东南地区的典型院落形式之一。区别于一般民居建筑正房高、耳房低的惯例，该类民居耳房高挑而正房偏低，整体形象类似古代士子科举高中后戴的簪花翅的帽子，叫做"插花楼"，也称"纱帽翅"、"状元帽"等，有插花楼的民居院落遂得名"插花院"。其院落布局融合了传统四合院的布局方式和晋东南地区的建筑特色，被称作"看家楼"、"风水楼"的高耸耳房则兼有瞭敌、避难等防御功能。

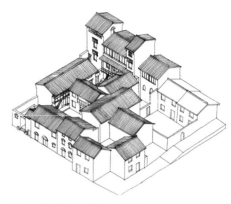

图1 "插花院"轴侧示意图

1．分布

"插花院"在晋东南地区分布广泛，尤以沁水、阳城等文化发达且受明末社会动乱影响较大的地区为主。因插花院的高耸耳房除充当一宅一院的防御设施以外，还往往充当家族或所在街坊的防御设施，所以它在村落内往往占据地势较高的地段，以获取良好的视野。

2．形制

插花院的组群平面布局往往采用晋东南地区传统合院的布局方式，但其正房的耳房往往较正房高出一到两层，且因其主要起防御作用。一般下部诸层仅开数量较少的小窗，顶层可设外廊，也有的仅开窗而不设廊，这种封闭、厚重的建筑形象与正房因立面通常设外廊而形成的开敞、活泼的形象形成强烈反差。根据高耸出来的耳房是一座还是两座，

又可分为"单插花院"和"双插花院"两种。"双插花院"的两座耳房也并不一定追求对称，而是根据其所承担的瞭望或避难等防御功能的不同需求而采取不同的开间或层数。

3．建造

主体结构多采用木构。一层木柱位于砖墙内，木质主、次梁承托二层木楼板，楼板上为方砖铺地；二层采用传统木结构抬梁构架，屋面多采用仰合瓦构造。围护结构多为砖墙或土坯墙，正房耳房多采用砖墙，墙体厚实，室内多采用木装修。

窗台一般用整块条石制作，窗过梁或为整条条石制作，或为木过梁。有的窗上部采用砖砌半圆拱承担上部荷载。门、窗多为木质，门洞顶部施木雕月梁的居多。

4．装饰

"插花院"民居装饰主要集中于影壁、门、窗、墀头、屋脊等部位及构件上，木雕、石雕及砖雕艺术均较发达，雕刻精美、华丽。木雕主要集中在门楼月梁、梁架，题材以花草为主；砖雕主要集中于影壁及墀头等处，以花草、人物、吉祥图案等为主；石雕主要集中于窗台石、抱鼓石、门枕石等部位。

5．代表建筑

1）沁水县湘峪村王家大院

王家大院位于湘峪古堡西部较高处的险要位置，属于典型的插花院。组群布局方面，王家大院为二进院，内院由耳房、正房、厢房和过厅组成，过厅和厢房均为二层；正房连同耳房即为插花楼。正房三间，东西两边望楼分别为一间和两间，东西耳房为四层、中间部分

图2 沁水县湘峪村王家大院插花院背立面

图3 阳城县润城镇"皇明戚里"院插花楼

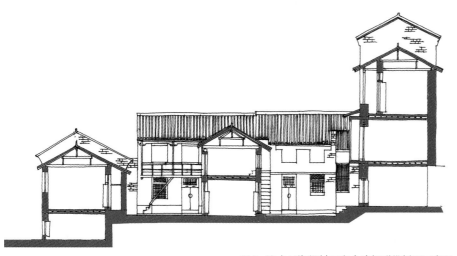

图 4　沁水县湘峪村王家大院组群纵剖面示意图

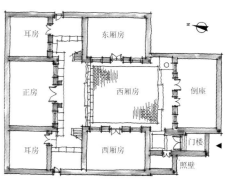

图 7　泽州县西黄石村武魁院平面示意图

为三层。其最显著的特征在于耳房高于正房，仿佛双塔矗立楼边，与科举时代探花郎纱帽一侧插花一朵、另一侧插花两朵的典故不谋而合，故名双插花楼，又称探花楼。

2）泽州县北义城镇西黄石村武魁院

武魁院为单进院落，方正严谨，由倒座房、厢房、正房及其耳房等围合而成，通过位于院落西南角的门楼与街道相连。正房、厢房均为面阔三间的两层抬梁式木结构建筑，各建筑均开方窗，均无挑出的阳台，上下两层的台阶踏步位于厢房北侧、紧邻厢房山墙。武魁院正房的两座耳房均要高于正房一层，被村中人称为"有官帽造型的官院"，属于典型的插花院。

图 5　沁水县湘峪村王家大院插花楼

成因

"插花院"是受明末社会动乱影响、为满足防御要求而发展出来的一种民居类型，同时，其形制又与重视科举和文教的士大夫文化结合在一起，被赋予企盼科举高中、人才辈出、家族兴旺等美好愿望，从而成为一种内涵丰富、表现突出的民居建筑类型。

比较／演变

"插花院"在平面布局上可灵活采用"四大八小"、"簸箕院"、"棋盘四院"等晋东南地区的传统民居院落布局方式，因此，能适应各种地形和规模的要求，又通过耳房高而正房低这一特征确立了自身的鲜明特点。

图 6　泽州县西黄石村武魁院插花楼

晋东南民居·大型宅第

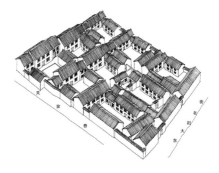

图1　泽州县大阳古镇裴家院落群轴测示意图

晋东南大型宅第是晋东南地区最有代表性的民居形式之一，深受晋东南传统农耕文化、科举文化或晋商文化的影响和滋养，其建筑功能完备，布局严谨，规模较大，且建筑工艺技术水平高，建筑装饰丰富而精美。其中既有气势严整的官宅和相对活泼自由的商宅，也有大型的家族庄园；既可以表现为多进多路的大型院落，也可以表现为由"四大八小"、"簸箕院"等形制规整的单院所组合成的"棋盘院"。

1. 分布

晋东南大型宅第主要分布在科举发达、商业繁盛的沿河和重要商道沿线地区，如沁水的沁河中游地区和阳城、泽州、高平、陵川、壶关等地的古商道沿线地区，且一般位于较发达的古镇、古堡之内。

2. 形制

晋东南大型宅第平面布局主要有三种形式：一是多进院落，往往采用两进及以上院落，大门外设照壁，内设厅房、仪门或花墙影壁分隔和联系前后院落；二是多路多进院落，以箭道联系各路多进院落，箭道端头设巷门、堡门或在外侧单设围墙及堡门形成防御；三是由多个"四大八小"、"簸箕院"等规整的

单院组合成棋盘院，常为"棋盘四院"。正房、厢房等主要单体建筑一般面阔三间，常为两层，也有的为一层或三层，整体建筑规模均较宏大；有的在门楼等重要建筑上施华丽的如意斗栱，以彰显主人的身份地位。

晋东南大型宅第的功能完善，供主人居住的主院位于组群内部，且设大门围墙形成完整独立的居住空间；靠外侧则集中布置马房、厨房、磨房、雇工房等服务用房和大门等防御设施。

3. 建造

主体结构多采用木构。一层木柱位于砖墙内，木质主、次梁承托二层木楼板，楼板上为方砖铺地；二层采用传统木结构抬梁构架，屋面多采用仰合瓦构

造。围护结构多为砖墙或土坯墙，正房耳房多采用砖墙，墙体厚实，室内多采用木装修。

窗台一般用整块条石制作，窗过梁或为整条条石制作，或为木过梁。有的窗上部采用砖砌半圆拱承担上部荷载。门、窗多为木质，门洞顶部施木雕月梁的居多。

4. 装饰

晋东南大型宅第装饰极为丰富，集中体现在影壁、照壁、门枕石、窗台石、月梁、柱础、墀头、栏杆栏板、屋脊等建筑部位和构件上，木雕、石雕、砖雕、铁艺等均被广泛使用，装饰以花草、仙禽瑞兽、吉祥图案等祈盼健康长寿、家族兴旺、事业发达的题材为主，有的还

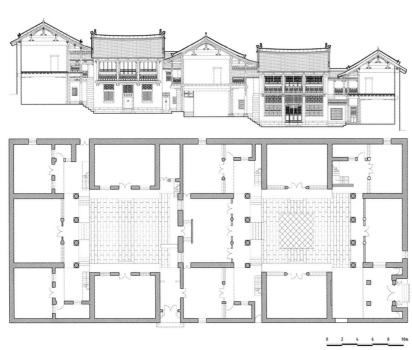

图2　沁水县西文兴村司马第组群平面、剖面图

图3　泽州县大阳古镇赵知府院照壁装饰细部

图4　壶关县崔家庄村侯家大院鸟瞰

图5　壶关县崔家庄村侯家大院木雕装饰

图6　沁水县窦庄村张氏九宅鸟瞰

将戏曲场景以砖雕的形式突出地表现出来，造型生动，寓意吉祥，具有较高的工艺技术和艺术水平。

5. 代表建筑

1）长治市壶关县东井岭乡崔家庄侯家大院

侯家大院主体部分为两路两进的主人院，与外围的大门、马房、厨房、碾房、雇工房等辅助用房一起形成一座大型院落。主人院均为两进院落，院落之间由仪门或花墙影壁分隔和联系前后院落。木雕较为精美，墀头砖雕则独出心裁地描绘了大量戏曲人物场景。

2）晋城市沁水县嘉丰镇窦庄张氏九宅

张氏九宅建筑群建于明代，是张氏家族居住的主要宅院。由门楼前院、主人院、夫人院、北门里、对厅院、书房院组成。前院为一进院落，主房三间，有前廊，施石柱四棵，前设三阶石梯，门楼上有明神宗亲赠匾额"燕桂传芳"，以表彰张铨以身殉国之义举。进门穿小巷，左拐有一小门可通"燕桂传芳"院。夫人院是九宅内保存非常完好的一个院落。通过张氏九宅建筑群建建筑装饰的精美，建筑气派宏伟，可想象出当年九宅的华丽气派。

成因

晋东南大型宅第多是官宅或商宅，有较为雄厚的经济基础，规模较大，单体建筑体量也较大，多采用砖材或规整的大块石材，木雕、石雕、砖雕等建筑装饰艺术水平较高，具有较高的建筑技术与艺术水平。同时，受传统社会耕读文化、科举文化、宗族礼法等的直接影响，其组群布局严谨、有序，不但院落方正，且主次突出，居住院落外围往往布置服务用房。此外，受社会动荡的影响，大型宅第往往设有大门、望楼等防御设施。

比较／演变

晋东南大型宅第与"四大八小"、"簸箕院"等单院相比，除建筑规模较大外，建筑工艺技术水平和装饰艺术水平也明显提高，还往往有较为充足的服务用房，和独立的水井、碾房、磨房、马房等生活设施，以及堡门、巷门、望楼等防御设施，具有较好的防御功能。

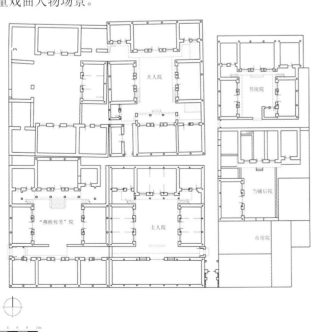

图7　沁水县窦庄村张氏九宅平面图

151

晋东南民居·石头房

石头房是晋东南山区常见的民居类型之一，其建筑材料以太行山所产石材为主，不但墙体采用石材砌筑，有的连屋面也采用石板瓦敷设，外观粗犷，气势雄浑，与所在环境浑然一体，充分体现了晋东南山区的山地建筑特色。

图1 平顺县石城镇岳家寨石头房民居

1. 分布

石头房主要分布在晋东南山区，尤其以泽州、高平、平顺等地的距离城区较远、交通不便的山区最为普遍，往往形成分布集中的村落。

2. 形制

石头房多采用合院布局方式，因处山区，建筑布局多随山就势，较为灵活。正房、厢房等主要单体建筑一般面阔三间，且开间较小，虽有的为二层建筑，但整体规模仍较小。

3. 建造

石头房采用传统木构架作为主体结构，围护结构则以石砌墙体为主，也有的在山墙上部、檐墙窗台以上等局部采用土坯墙，屋面则较多采用石板瓦呈鱼鳞状敷设，也有的采用仰瓦屋面。

墙体多采用不规则块石砌筑，较少或不使用粘接砂浆，而是通过大块石材之间的搭接组合和小块石材的垫补填塞，形成层次分明、肌理丰富、结实厚重的墙体；有的在石墙外表面刮饰泥抹面，以改善因材料和砌筑工艺导致的立面效果；采用经打磨过、较整齐的大块石材砌筑的墙体，则勾灰缝。墙体室内一侧抹面，形成整洁的室内效果，并起保温作用。

4. 装饰

石头房整体装饰较少，以石墙或石板屋面本身所具有的丰富肌理和质感为主要表现方式，生动、粗犷，与环境浑然一体，充满生命力。同时，也注重在门、窗的券面、窗台石、木构件及墙脸石等处施以少量点缀性的雕刻装饰，题材则以花草、仙禽瑞兽和吉祥图案为主。

5. 代表建筑

1）长治市平顺县石城镇岳家寨民居

岳家寨位于山西省长治市平顺县，属山西、河南交界地带，周围太行山景雄奇壮丽，村落踞于山腰处。由于交通极其不便，当地村民自古以来即善于就地取材，充分利用当地所产石材营造民居建筑。大至居住院落，小至临时的旱厕，无不是用石材垒砌而成。非但如此，民居建筑的屋顶也普遍用石片瓦呈鱼鳞状铺砌而成，成为其最显著的特色之一。因处山地，院落一般较小，建筑单体也以单层为主。

图3 平顺县石城镇岳家寨某宅一层梁架

图2 平顺县石城镇岳家寨石头房民居远景

图4 平顺县石城镇岳家寨某宅内院

图 5　平顺县石城镇岳家寨某宅内院

图 8　平顺县石城镇上马村石头房之二

2）长治市平顺县石城镇上马村民居

　　上马村同样位于长治市平顺县石城镇，村落选址在悬崖峭壁之上，民居院落沿等高线次第展开，错落有致，布局合理。建筑多采用当地石材砌筑墙体，或用块材，或用板材，形成层次分明的肌理，加之当地石材本身具有深沉的红色，建筑整体被衬托得更为朴实，具有强烈的乡土气息。采用传统木构架结构支撑屋面，屋顶则敷设仰合瓦屋面或用石板瓦敷设。

图 6　平顺县石城镇岳家寨民居石片瓦屋面

成因

　　石头房多处在偏远、交通不便且经济条件较落后的地区，居民善于就地取材，采用当地石材砌筑房屋，并充分发挥块材、板材等不同形态石材的性能，形成了以石墙、石板屋面等为主要特点的具有鲜明地域特色的民居建筑类型。

比较／演变

　　晋东南石头房所在的山区深处的社会、经济、文化发展水平相对较低，因此与"四大八小"、"簸箕院"等深受耕读文化和科举文化影响而形成的类型相比，更多地体现农耕文明的生活方式，组群和单体建筑规模一般较小，更适应山地地形的要求。同时，其组群布局方式也不可避免地受到晋东南地区严谨、规整的合院民居的影响，多表现为较完整的四合院。新中国成立以来，石头房墙体较多采用经修整打磨过的较大块材建造，并以水泥勾缝，具有一定的时代特征。

图 7　平顺县石城镇上马村石头房之一

晋东南民居·靠崖窑院

晋东南靠崖窑院是晋东南太行山区较为常见的民居类型之一，其建造充分利用地形地质条件，以靠崖窑洞和厢房、倒座房等共同围合成布局严谨的方正院落。其主体建筑靠崖窑洞和厢房、倒座房等均主要使用砖、土坯等材料，具有鲜明的地方特点。

图 1　潞城市东邑村史氏宅院

1. 分布

晋东南靠崖窑院主要分布在长治市东北部的潞城市，尤以辛安泉镇、黄牛蹄乡、合室乡、成家川办事处、微子镇等几个东部乡镇为多。这些地区黄土层较厚，加之水土流失较严重，纵横分布的沟壑为建造靠崖窑院提供了有利的天然条件。

2. 形制

在组群布局方面，晋东南靠崖窑院一般是由窑洞正房、厢房及倒座房围合成的单进院落，少部分为多个单院横向联排组成的大型建筑组群，其中主体建筑为靠崖窑洞，一般二至四孔，三孔居多，砖接口，立面高大；厢房一般为面阔三间的二层建筑，面宽、进深均较小，整体体量较小；倒座房一般面阔三间，高一层或二层，体量也较小，通常于其明间设院落大门。靠崖窑为主要居住空间；厢房一层空间较高，供起居及日常活动，二层空间较低，主要用于储物。一般于窑洞正门的旁边专门设供祭祀使用的神龛。

3. 建造

晋东南靠崖窑院紧靠山体展开，其主体建筑窑洞开间较大，券洞高度较高，一般为砖砌，且窑洞立面通常全用砖砌，并砌筑出檐口，形成接口窑的形式；根据开间尺寸不同，设一门三窗或一门二窗，门、窗通常用券。厢房、倒座房使用石材做地基，槛墙以下通常为砖砌，以上则较多采用土坯砌筑，墙体表面再作抹面处理；通常采用券窗，二层明间则设木门窗；一般采用木结构抬梁屋架，仰瓦屋面。

4. 装饰

晋东南靠崖窑院整体装饰较少，但在门头、墀头、窗台、影壁、券脸、门

图 3　潞城市王都庄村王庭芳窑洞室内

图 4　潞城市王都庄村王庭芳宅院门头木雕彩绘装饰

图 5　潞城市后河村 58 号民居南过厅

图 2　潞城市苗家村陈氏宅院厅房

图 6　潞城市北行村刘氏宅院正房窑洞外观

图 7　潞城市冯村刘氏宅院神龛

图 9　潞城市冯村刘氏宅院内院

窗、门枕石、屋脊等重点建筑部位或构件上则施以精雕细刻的木雕、石雕、砖雕和脊饰，有的还在窑洞立面顶部施砖雕斗栱。

5. 代表建筑

1）潞城市合室乡北行村刘氏宅院

该院为一进院落，坐北朝南，清代遗构。现存正房窑洞两孔，靠崖开凿，用砖券，整体体量高大；立面全部用砖砌出接口窑的形式，顶部砌出檐口，施仿木构砖雕；每开间设一门二窗，均用券。东、西厢房各三间，一层建筑，采用石质台基，槛墙以下及外墙转角部位

砖砌，其余部分用土坯砌筑围护墙体，表面施草泥抹面；门洞方形，窗则为券窗，窗台石质，施雕刻，装饰作用明显；木结构抬梁屋架，仰瓦屋面。该民居保存较为完整。

2）潞城市微子镇冯村刘氏宅院

该院为坐北朝南的并排三院，是正房和倒座房东西相连、院落间以厢房分隔形成的三院贯通的大型建筑组群，东西长 50.65m、南北宽 22.75m，占地面积 1152.2m²。现存建筑为清代遗构，是清末当地著名富户潞凤酒的传人刘姓财主所建。三院正房均为三孔砖砌窑洞，

券门、券窗，窑洞前檐顶部施砖雕仿木斗栱；南房均为单檐硬山顶，灰布仰瓦屋面，并于东尽间辟门，为入各院门厅；东、西厢房均为面宽三间、进深四椽、单檐硬山顶的二层建筑，仰瓦屋面，券脸等处施精美雕刻。

成因

由于晋东南靠崖窑院所分布的太行山区水土流失相对严重，沟壑纵横，因此建筑基地面积通常较小，难以建造大型民居建筑组群，也导致晋东南靠崖窑院的组群规模较小，通常为单进四合院。同时，由于这些地区木材和石材均较缺乏，建筑材料以砖和土坯为主因此，除主体建筑采用窑洞的形式外，厢房、倒座房等单体建筑体量也较小，避免了对木材的大量需求。

比较／演变

由于受到晋东南木构合院民居的影响，与晋西靠崖窑院相比，晋东南靠崖窑院落方正，布局严谨，厢房等单体建筑也常为二层，但主体窑洞开间、进深则较大，并常用砖拱券，窑洞立面也普遍砖砌，地域特点鲜明。

图 8　潞城市北行村刘氏宅院厢房外观

晋南民居·阔院

历史上，晋南的名门望族，或经商，或做官。这些家族经济实力雄厚，社会地位较高，人丁兴旺，家口众多，聚族而居，由若干大院组成血缘聚落，这些家族大院规划严整，规模宏大。房屋的布局都是三合院或四合院。北房为正厅，是起居、会客、祭祖的房间；东西厢房和倒座是居室。院落呈长方形，长宽比例一般为 1：1.4 至 1：1.6，院落宽度和建筑高度之比约为 1：1.8 至 1：2。

图1　襄汾县陶寺村民居

1. 分布

晋南阔院主要分布在运城及临汾地区，晋南人们历来多经商，当地的商贾大院代表了晋南民居的最高水平。

2. 形制

晋南阔院为四合院，正房、厢房、倒座房、过厅等类型齐全。大门为主要出入通道，内庭院再无别的旁门。

阔院的院落尺度较大、宽敞方正，以一种平稳、庄重、明朗、内敛的形式而存在，是家庭共同聚集和活动的中心，

体现着封建氏族的聚居理念。

3. 建造

晋南阔院建筑多为抬梁式构架，以砖或土坯筑围护墙。木料用整原木，比例粗壮。三架梁上加大叉手，构成简单的三角构架。屋顶举折平缓，约为 1：2，多做出际较小的悬山式屋顶。

4. 装饰

晋南阔院无太多繁琐镂刻，木构件的线脚处理考究。外装修多用实踏板门和直棂窗，极个别的使用三交六菱花隔

扇。大厅石柱础、大门抱鼓石和砖影壁上都有雕刻，构图和技法很细致。但所有的装饰只施于个别突出的部位，而无冗余之感，无损于整体的朴实风格。

5. 代表建筑

1）襄汾县丁村民居

丁村民居以祖宅院为核心，其子孙后裔宅院围绕其有序布局，依据丁氏宗族六大支系所居区域，划分为六个领域，组成以血缘关系为纽带的宗族生活区。丁村民居通过许多单座合院向左右

图2　襄汾县丁村民居鸟瞰

图 3　襄汾县丁村民居正房

图 4　襄汾县丁村民居入口

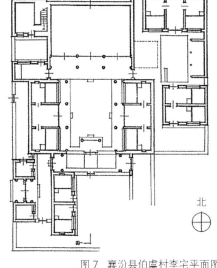

北

图 7　襄汾县伯虞村李宅平面图

扩建，依托旁门、跨院和巷道，相互联系，组成一个全封闭的大家族生活区。彼此之间主次明确、内外有别，各成体系。通过分析现存宅院建筑题记，以及查对家谱谱系与宅主人的关系，这种布局方式，形似一个大家庭，但单座合院个体又具有独立性。它们之间只是为了巩固其宗族观念，而组成的象征性的大家庭。

图 5　襄汾县丁村民居室内陈设

2）襄汾县伯虞村李宅

　　伯虞村李宅为典型的晋南阔院民居，始建于 1609 年，属小官僚的住宅。该民居因家族聚居而呈现出形制较高、院落宽阔的特征。但其构成形式依旧是以北方传统院落的并联方式组合为主。

　　明朝对住宅的严格等级限制。房屋进深正厅连廊一般为四架，李宅为六架。其正房为明三暗五，厢房为三间两室。围合而成的内院形态方正，是典型的阔院民居。

成因

　　晋南地区位于平原地带，物产丰厚，多出商人巨贾，具有修建豪宅大院的经济能力。同时，晋南气候炎热，宽阔的院落有利于通风。此外，明洪武二十六年（1393 年）定制，庶民正厅不得超过三间五架。明正统十二年（1447 年）稍作变通，架数可以加多，但间数仍不能改变。都是正厅三间，大门一间，厢房和倒座各三间，客观上促成阔院民居的形成。

比较／演变

　　晋南阔院民居多为家族聚居型四合院。晋南阔院的院落尺度、院落连接方式独具特点，反映了家族财富的积聚，显示了地方对于多子多福、耕读传家、富贵平安等吉祥意愿的追求。阔院在装饰艺术上也把地方文化渗透到建筑的各个角落，充分体现了晋南居民的地方文化传统。

　　与晋北阔院相比，晋南阔院的形制等级相对较高，层数也多二层或三层，装饰更加华丽。

图 6　丁村民居厢房

晋南民居·地坑院

晋南地坑院又称"地窨院",是在黄土地上挖掘出来的居住空间,又被称为"下沉式窑院",是由人类早期穴居发展演变而来的,是黄土丘陵区的土窑洞移植到平原地带的民居形式。地坑院是适应运城平原地形的民居形式,在地面上看不到地坑院的存在,只有走到近前才能看到。这种民居形式兼具四合院与窑洞的优点,非常适应当地炎热气候。

图 1 平陆县侯王村地坑院鸟瞰

1. 分布

地坑院主要分布在晋南运城南部的平陆地区,与平陆自然环境相似的地区,如晋南的闻喜、万荣等地也有少量分布。

2. 形制

地坑院一般长宽约数十米,深可达十多米。由地坑院组成的村落往往不易发现,即所谓"上山不见山,入村不见村"。当地乡民在自家院前栽种各种树木,将地坑院掩映于树木林荫之中,"相闻而不相见",人声嘈杂而影踪全无,是一种十分适合当地自然环境的居住形式。一般向阳的正面窑洞面宽较大、拱顶较高,用于生活起居之用;两侧窑洞则面宽较窄、拱顶较低,常用作堆放杂物或饲养牲畜。有时两侧窑洞紧邻建筑转角处,受空间局限,拱形只有一半或者四分之三。

3. 建造

地坑院在建造时,先选择一块平坦的地方,从上而下挖一个天井似的深坑,形成露天场院;然后在坑壁上掏成正窑和左右侧窑,为一明两暗式结构;再在院角开挖一条长长的门洞,院门就在门洞的最上端。建筑立面为生土,仅在窑洞的顶部修建砖砌女儿墙。

4. 装饰

晋南地坑院重视护崖墙及女儿墙坡道的处理,作为防止跌落的维护措施。门楼和围墙则变化丰富,很注重美化与装饰,常用土坯砖砌花墙、碎石嵌砌图案等。

为防止雨水冲刷窑面,常在女儿墙下沿作一围瓦檐,有一叠和数叠的做法。此外,窑脸上方还可用木挑檐或砖石挑檐,上铺小青瓦,是地坑院的重要装饰手法。

5. 代表建筑

平陆县张店镇侯王村地坑院

平陆地区的地坑院一般长宽三、四十米,深约十多米,从上往下看有一个天井似的深坑,形成露天场院,坑壁上为正窑和左右侧窑,为一明两暗式结构,院角有一条长长的上下斜向的门洞,

图 2 平陆县张店镇地坑院民居内院

图 3 平陆县侯王村地坑院窑脸细部

图 4　平陆县侯王村地坑院内院

图 7　平陆县侯王村地坑院室内

图 8　平陆县张店镇地坑院鸟瞰

院门就在门洞的最上端。

地坑院里一般掘有深窖，用石灰泥抹壁，用来积蓄雨水，沉淀后可供人畜饮用。为了排水，在院的一角挖个大土坑，俗称"旱井"或"干井"，使院中雨水流入井中，再慢慢渗入地下。

多数农家在门洞下设有排水道，以免速降暴雨时雨水灌入窑洞。供人居住

的窑洞上面多为打谷场，窑洞凿洞直通上面作为烟囱。不少人家院内作粮仓的窑洞，也凿洞直通地面的打谷场，碾打晒干的粮食，可从打谷场的通过小洞直接灌入窑内仓中，既节省力气又节省时间，平时则在洞口加盖石块封住。

成因

运城市平陆县地处山西最南端，过了茅津渡就到了河南地界。这里地形复杂，山塬沟滩皆有。从中条山到黄河边是一面坡，海拔相差 500m 之多，南北仅有 25km 长，从东到西则有 150km。整个县境沟壑纵横，仅土沟就有 75 条，支沟、毛沟更是数不胜数，当地流传有"平陆不平沟三千"的俗语。特殊的自然环境和悠久的建造习俗形成了独特的地坑院民居类型。

比较 / 演变

晋南地坑院和河南的天井窑院差别不大，由于二者同属于一个文化圈，故而在建造方式和空间布局方面有相通之处。

此外，与其他窑洞建筑相比，地坑院会通过窑脸的几何尺寸反映其内部空间和功能，具有形式空间的一致性。

图 5　平陆县张店镇地坑院水井

图 6　平陆县侯王村地坑院储藏空间

晋南民居·窄院

晋南砖木结构四合院，常常形成了两檐对峙，相隔二三米的狭窄院落，称为"窄四合院"。窄四合院民宅布局合理，建筑气派讲究，建筑间横径曲巷，院院贯通，连接巧妙，无论正房还是厢房，窄四合院的房屋开窗较少，且高、宽各1m左右。

图1 阎景村李家大院内院

1. 分布

晋南窄院主要分布在运城、临汾、侯马等地区，因其适应晋南炎热的气候条件，因此分布范围较广。

2. 形制

普通民居布置分前后院。前院有门房、东西厢房，很少有上房（正房）。厢房为三间二房式。如厢房为四间时，第四间一定要与前三间隔开，讲究四、六不通。

3. 建造

晋南窄院多在院基内建一面或两面房，形成"一"字形或"L"形院落。较富裕的人家才建三合院或四合院。这些院落一般以单檐硬山顶为主，较豪华的为"四檐八滴水"，泛指在宅基四面建双坡顶房屋，围合成的四合院。

4. 装饰

晋南窄院突出的特点是注重装饰，在建筑的各个部位，大多有木、石、砖雕，尤其是木雕，举目皆是。在斗栱、雀替、博风板、栏额、门楣、窗棂、影壁、匾额上，无处不点缀着雕品，就连柱础、阶石和门墩等处，都装饰得美观精致。

晋南窄院的院落主人在营造过程中，通过丰富多样的阴雕、阳雕体现对祥瑞寓意的诉求。装饰题材丰富，包括人物、鸟兽、花草、静物等；手法多元，包括单幅雕、组雕、连环雕等，都巧夺天工。

图2 阎景村李家大院内院

图3 阎景村李家大院私塾院院门

图4 阎景村李家大院道南院欧式大门

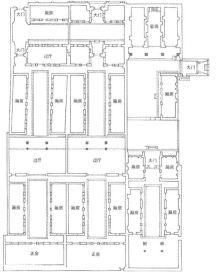

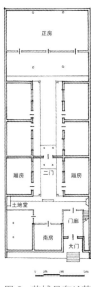

图 5　阎景村李家大院柱础砖雕　　　图 6　阎景村李家大院街景　　　图 7　阎景村李家大院道南院及私塾院平面图　　　图 8　芮城县东垆范宅西院平面图

建筑装饰的构成、功能、风格凝重而不失灵巧，典型地表现了农耕经济的传统信仰与审美理念。

5. 代表建筑

1）万荣县阎景村李家大院

李家大院原有院落 20 组，房屋 280 间，现存院落 7 组，房屋 146 间，另有祠堂花园遗址等，共占地 125 亩（约 8.33hm²），大院建筑规模宏大，院落布局错落有致，以北方传统四合院为主但又不局限于四合院。建筑风格以晋南传统民居为基础，同时吸纳了徽式建筑风格，部分院落采用了日式"推拉门"和欧洲"哥特式"建筑，因而整体风格古朴典雅，装饰艺术精妙绝伦，体现了南北融汇，中西合璧的建筑理念。民居建筑多为竖井式四合院。

2）芮城县东垆范宅西院

范宅西院是一座反映晋南民居风格的典型建筑，院落为两进，中有仪门，因用地紧张院落比例窄长，为典型的窄四合院建筑。

成因

历史上的晋南因气候适宜、农业发达导致地窄人稠、用地紧张，普通庄户人家的宅基地一般只有三、四分不等，所以素有"三分院子四分场"的说法。加上为了防止夏日酷热，因而晋南普通院落多成窄长布局。

比较 / 演变

晋南窄四合院从构成方式来说与山西其他地区四合院无本质区别，只是院落比例较为窄长而已。但其正房一般较高，有的能做到三层，这也是其以实用为主的特色之一。

晋南窄院的现存实例不多，其院落形态与晋中窄院相比更加狭长，这与其所处地域气候相关。此外，晋中窄院多为清水砖墙，晋南窄院则多涂为白墙，有助于防辐射热。

图 9　阎景村李家大院内院

晋南民居·台院

晋南台院是晋南地区典型的山地民居形式，一般依山势而建，建筑大多位于山的南侧，形成台阶式院落，各层院落上下错落形成丰富的空间层次。该类型民居在空间布局上体现了对自然地貌的积极适应，内院的格局尺度不再囿于固有的形制，而是因地制宜、灵活变化。在建筑材料的选择方面，根据建造地点就地选材，故而呈现出丰富多样的表现形式。

1. 分布

晋南台院主要分布在太岳山南麓和吕梁山南麓地区，诸如霍州山区和乡宁的云丘山一带均有实例留存。

2. 形制

该类民居一般依山势而建，因地形错落变化，自然形成台阶式空间格局。建筑多为砖石锢窑，通过正房和厢房围合形成院落，由于地形所限，倒座房较少设置。

3. 建造

晋南台院一般沿山地等高线布置，在竖向进行组合的空间布局方式，从而形成了空间上立体交叉错落的台院格局。在地势起伏较大，地段较开阔的山地环境中，利用连续不断的台阶式布局，通过稍加填挖形成台地，然后在平整的台地上布置院落，也是一种最简单的处理方法。

晋南台院锢窑的正窑前部多带前廊，作遮阳与防雨之用，同时廊下作通道。木构架民居一般为二层，上部作仓库，兼用作通风隔热，下部住人。一般首层窑洞的进深较大，二层以上的窑洞向后退让，进深有所减少。

4. 装饰

晋南台院多有抱厦，设支撑檐柱，阑额或浮雕花草鸟兽，或悬雕人物形象。各院窗棂图案以传统民间喜宴"四盘子一锅子"为主调，却又富于变化，并不雷同。

5. 代表建筑

1）霍州许村朱家大院

朱家大院位于霍州市城北 8km 处的许村，东临汾河腹地，西依吕梁余脉，占地面积约 1500m²，大小建筑 240 余间，

图 1　霍州许村朱家大院正房

图 3　霍州许村朱家大院厢房

图 4　霍州许村朱家大院室内

图 2　霍州许村朱家大院内院鸟瞰

图 5　霍州许村朱家大院室内土炕

图6　乡宁县塔尔坡村台院民居鸟瞰

布局错落有致，雕刻巧夺天工，椽檩油漆经百年色彩依旧。

霍王朱逊十三代孙朱连科于清嘉庆年间经商于河南、陕西诸省，成为当地首富。道光初年，将近暮年的朱连科，开始营建许村朱家大院，工未竣而身先逝。其长子秀伦、次子秀珍继承父亲未竟之业，用五年时间，完成朱家大院工程。

朱家大院依山而建，主体建筑分为上、中、下三层。各层均有大门出入，层与层内设台阶楼道通连。各层主体建筑皆为坐西朝东靠山砖窑。上院南北两侧为厦房，面阔各三间，外有走廊。南房为朱家小姐绣楼，东端一间向南开一个六角形天窗，位置正在中院大门的顶上。

中院为四合院，南北两侧皆为窑洞。南侧东端窑洞是中院大门门洞。中院东部客厅为歇山顶厦房建筑，前后两坡檐，厅内椽檩油漆，历时已经170余年，至今仍熠熠发光，鲜明耀眼。

中院主体中窑内有暗道，可以通达村外山上。中院大门为主体大院出入正门，外有厦棚，气势壮观。门洞拱券内砖雕五只蝙蝠向门洞飞舞状，意为"五福临门"。中院、下院又各与数院通连，或为塾院、或为长工院、或为木铺院、或为车马院。朱家大院的炉灶烟道设计独具特点。主体大院炉灶70余个，统

一从最高处冒烟。各炉灶同时生火，既互不影响，又不会因下院烟雾弥漫影响中、上院。

2）乡宁县塔尔坡村台院民居

塔尔坡村位于乡宁县关王庙乡，坐落于云丘山玉莲洞道观下的山坡上。建筑大都面南背北，依山势呈层叠式布局。

塔尔坡的台院民居正房多为靠崖窑，两侧厢房为石砌硬山坡屋顶建筑，单坡和双坡兼有。正房一般为三孔窑，院落的尺度较小。不设倒座房，一般在院落南端、厢房之间设入口。

不同标高的院落之间通过坡道或台阶连接。建筑装饰较为简单，主要体现于窑脸的门窗处，檐下和屋脊均无繁复装饰。

成因

山地台院充分利用山地空间和地形高差，这种格局合理组织居住功能，从而使得建筑形体层层叠落，颇具气势。与等高线垂直布置的院落，其交通组织具有明显的高程变化，上下两院之间，或通过设置楼梯解决垂直联系，或通过院外街巷出入不同的院落。这样，不仅使得不同的院落上通下达，而且也造成了丰富、有序的院落景观。

比较 / 演变

晋南台院与晋西台院均以锢窑为主要建筑形式，然而前者往往在锢窑前檐（院内方向）设一排檐廊，以应对该地区炎热多雨的气候特征。晋南台院因靠近山西南部地区，其布局形式有晋南民居的特征，如厢房亦布置有廊厦，院落较为窄长。正房与厢房均有二层建筑。

图7　乡宁县塔尔坡村台院民居入口与院前平台

内蒙古民居
NEIMENGGU MINJU

蒙古族民居·帐篷

牧民在日常生产实践中，常根据需要灵活搭建窝棚、帐篷等简易住居。其种类繁多，功能多样，也各有其基本形制与专有名称。以蒙古包为主，以各类帐篷为辅的住居结构实为草原牧区的传统住居结构。在住居形式多样化，砖瓦房已十分普及的今天，帐篷在草原牧区依然起着重要的作用。帐篷是畜牧业经济方式下必然会存续的一种活态住居形式（图1）。

图1 锡林郭勒盟东乌珠穆沁旗的帐篷

1. 分布

作为临时性住居类型，帐篷的分布非常广泛。在草原牧区，人们在游牧、打草等短暂的生产环节或逐水草而频繁搬迁营地的干旱季节，不是每次都搭建蒙古包，而是以简易住居代之。阿拉善盟、巴彦淖尔市、鄂尔多斯市、乌兰察布市、锡林郭勒盟、赤峰市、呼伦贝尔市等地的草原牧区至今仍有使用帐篷的现象。在举办公共活动或迁徙移牧时搭建帐篷以取代蒙古包。在蒙古包构件已残缺不全或移动频率较高的条件下，帐篷是最主要的住居类型（图2、图3）。

2. 形制

蒙古人常使用的传统帐篷类型有容纳数百人的阿萨尔（asar）以及只容纳一人的昭德嘎尔（jodgar）。帐篷类型十分繁多，但可以依据其主要用途分为公用大型帐篷与居家使用小帐篷两种类型。在那达慕大会等公共活动中搭建的大型帐篷起到遮阳和标示会场中心的作用，在等级规模较高的那达慕大会上，常一连串弯形排列三至五个帐篷，用于界定博克场地。新中国成立前，大型帐篷的颜色及图纹有详细的规定。王公贵族使用顶上绘有蓝色云纹的帐篷，高僧大德使用以黄色绸缎作为遮盖物的帐幕。

3. 建造

帐篷的建造方式与过程因其种类不同而有所区别。最简易的帐篷为在地上支三根木杆，将上尖交错捆紧后构成三脚架式木架构，再覆以毛毡或布匹，甚至长袍的敖包海（obohai）。最复杂的阿萨尔需用六根粗大的木柱支撑庞大的遮盖物，再用绳索从四个方向下拽并固定于铁桩上。四子王旗与苏尼特右旗戈壁牧民使用的博和（behe）为一种常见的传统帐篷类型。博和可以由蒙古包的乌尼、哈那搭建。用五根乌尼架起框架后张开三至五片哈那斜靠固定。在现实生活中，人们一般用铁丝编圈羊栅栏替代木制哈那，搭建空间更加宽敞的博和（图4）。

4. 装饰

作为临时性简易住居，帐篷几乎无刻意制作的装饰。然而，搭建于那达慕场地的大型帐篷十分讲究装饰图案。此类帐篷有白色、蓝色两种颜色，在帐篷的布壁边缘绘有象征坚固永久的回纹，在顶上绘有象征吉祥如意的云纹。若以毛毡作为覆盖物，通常使用带有饰边条

图2 巴林右旗北部牧区的帐篷营地

图3 锡林郭勒盟苏尼特右旗民政部门发给牧民的帐篷

图4 四子王旗的牧民在干旱季节搭建的帐篷

图 5　新巴尔虎左旗牧民将帐篷直接固定于拖车上

的毛毡或绣毡。寺院专用帐篷的顶部一般绘有祥麟法轮的图案，在其四围还悬挂三色帷幔或精美的幕帘，一些帐幕还设有小窗。

5. 代表建筑

　　完好地流传至今的传统帐篷现已十分罕见，但其简单易获的结构与材料，使人可以轻松地重建其中任何一种类型。依据与蒙古包的联系程度，可以将帐篷分为普通帐篷和以蒙古包构件搭建的帐篷两种类型。因此，作为活态的建筑类型，以蒙古包的古旧构件可以搭建哈那篷、圆锥状窝棚、平顶哈那篷等三种类型的代表性传统帐篷。哈那篷由几片张开的哈那斜靠对接而构成，平面呈方形。圆锥状窝棚仅由天窗与乌尼构成，是去掉蒙古包毡壁的上半部分，其平面呈圆形。平顶哈那篷与前者恰好相反，是去掉上半部分的毡壁部分，在其上横放几片哈那或乌尼再覆盖毛毡即可构成，其平面呈圆形。

成因

　　帐篷是草原牧区传统民居类型中除蒙古包之外所有类型之统称。对于游牧社会或依然从事畜牧业的草原社区，住居的移动性、简易性是非常重要的考虑因素。相比帐篷，蒙古包在拆卸、搭建、搬运等工序方面更显复杂。故牧民在短途游牧及打草、运输等生产环节或参与公共娱乐活动等临时场合往往搭建更为简易的帐篷。在干旱季节，畜群需频繁更换牧场，牧民常携带轻便的帐篷赶着畜群隔几天搬迁一次家。此时，帐篷是必不可少的住居形式。

比较 / 演变

　　传统的帐篷各有其规制与名称。一些帐篷类型虽有名称方面的地域性差异，但其类型与结构有着清晰可辨的规制与体系。然而，随着工业化的推进，草原牧区的帐篷在材料、结构、搬运、搭载方式方面有了很大变化。在材料方面，各类轻质的铁皮或塑钢材料正在逐渐替代毛毡与帆布。在搭载方式上，将帐篷直接固定于车上或干脆焊制可以由四轮拖拉机或农用车牵引的"房车"是近年牧区移动性住所类型方面的一种革新（图5、图6）。

图 6　巴林右旗牧区使用的白铁皮帐篷

蒙古族民居·蒙古包

蒙古包是广泛分布于内陆欧亚草原的一种住居类型。各区域的蒙古包除在天窗构造、构件尺寸、覆盖物材质方面有一定区别之外，框架结构、平面形态及基本材料方面无任何区别。蒙古包由古代汉文文献所载"穹庐"演变而来，虽在构成方面与同一地域内的各类窝棚、帐幕有一定亲缘性，然而，据古代文献、画卷所载信息可以断定，穹庐在蒙古族形成之前业已基本定型。至于蒙古包这一称谓，常见于清代蒙汉文文献中。"包"为满语，意指房舍。因材质原因，蒙古包的建筑寿命短暂，无一古建筑实物遗存，而以非物质的民众记忆形式传承至今（图1、图2）。

图1 锡林郭勒盟苏尼特右旗的蒙古包

1. 分布

蒙古包广泛分布于内蒙古牧区，然而，其使用程度因地而异。在阿拉善盟至乌兰察布市的内蒙古中西部牧区，蒙古包主要以临时性民居形式存在。因自然气候条件及民居类型的变革，牧民在夏季或在打草、短途游牧时暂住蒙古包，冬季一般将蒙古包拆卸或作为仓库。而在锡林郭勒盟苏尼特、阿巴嘎、乌珠穆沁草原以及呼伦贝尔市巴尔虎草原，蒙古包依然是牧区主要住居类型之一。在锡林郭勒盟北部部分地区及呼伦贝尔市新巴尔虎左旗、鄂温克旗等地部分牧区，牧民一年四季都居住于蒙古包（图3、图4）。

2. 形制

在传统社会时期，蒙古包的体积、装饰、构件设置因社会阶层的不同而有明确的区别。在清代，王公所居蒙古包需遮盖蓝色的饰顶毡，僧侣所居蒙古包遮盖红色的饰顶毡，而庶民不许遮盖饰顶毡。作为单一的、无遮拦的单一圆形空间，蒙古包的内部空间被划分为西北、西南、东北、东南、中央等五个区位。西半部为男性区位、东半部为女性区位，中央为神圣的火撑区，通常用木格子加以限定。各地区、部族的蒙古包从外形而言几乎相同，但天窗的构造、哈那的规制与数量方面有所不同。依据天窗的构造、乌尼与天窗的连接方式，可以将蒙古包分为插孔式与捆接式两种类型。关于哈那的规制，呼伦贝尔地区的蒙古包常使用15～20个哈那尖的哈那，锡林郭勒盟及以西地区常使用12～15个哈那尖的哈那。

3. 建造

蒙古包的建造应被分为构件的制作与包体的搭建两个部分。蒙古包由木架构、包毡、绳索三大部分构成。木架构由哈那、天窗、乌尼、门等主要构件组成。其中哈那与天窗是相对复杂的关键构件。包毡由羊毛制作，绳索由马鬃尾、骆驼皮、牛皮制作。关于蒙古包的搭建方式，一般遵守以下原则，即"从右至左，从下至上，从内至外"的原则。具

图2 呼伦贝尔市新巴尔虎左旗的蒙古包

图3 乌兰察布市四子王旗的蒙古包

图4 呼伦贝尔市鄂温克旗布里亚特蒙古人的夏营地

图 5　锡林郭勒盟东乌珠穆沁旗的牧民在搭建蒙古包

图 8　呼伦贝尔市新巴尔虎左旗牧民
夏营地蒙古包室内

体搭建过程由清理包址、捆接哈那、连接门框、拉里围绳、上举天窗、插入乌尼、铺设顶毡、围铺围毡、铺设天窗毡等 9 个基本步骤构成。捆接式与插孔式蒙古包的搭建方式基本相同，只是捆接式天窗与乌尼已事先连接，故省去插入乌尼的环节。上述 9 个基本步骤在具体搭建过程中可以同时或连续完成，某些步骤，如围设包毡在不同地区有着相反的顺序。与蒙古包搭建原则恰好相反，拆卸过程遵循"从左至右，从上至下，从外至内"的原则。在游牧转场时，蒙古包的拆卸过程同时也是驮运的过程。取下每一件包毡时均要叠放整齐，将绳索整理好并夹在包毡内侧。以插孔式蒙古包为例，将乌尼抽出之后，分成两部分捆扎，将哈那合并后用哈那绳捆好，按其弯度，叠放整齐（图 5、图 8）。

4. 装饰

蒙古包是充满文化寓意的象征世界，从绳索的编制到天窗的彩绘无不反映着牧民的审美追求。蒙古包的装饰主要由包毡上的饰边条、木构架上的彩绘、围绳的纹路及一些专用装饰构件体现。常见的装饰构件有饰顶毡、门楣毡、内挂毡以及具有装饰与保温双重功能的哈那脚围。

5. 代表建筑

判断一座蒙古包是否为该地域或部族代表性类型的依据是关于居所的民间记忆及各部件对传统规制的遵守程度。因此，时常会看到已使用 20～50 余年，个别部件已更新，但基本保持原样的蒙古包。巴林右旗的一座蒙古包颇值得关注，其木架构基本保持了传统的形制、工艺特点（图 6）。鄂温克旗的一座布里亚特蒙古包，亦为牧民于 20 世纪 80 年代自建的具有古老形制的蒙古包。

成因

蒙古包的成因取决于特定区域的历史文化传统及物产、气候等自然环境因素。牧人所从事的畜牧业可以提供丰富的羊毛、马鬃尾、牛皮、骆驼皮等畜牧业产品。而蒙古草原上普遍生长的各类柳树、榆树等树木提供着制作乌尼、哈那、天窗的木材。在草原传统畜牧业方式仍在存续的前提下，蒙古包依然具有强劲的生命力的根本原因在于其对畜牧业文化的完美适应。

比较／演变

随着社会文化的变迁，蒙古包也经历着结构至材质的整体变化。结构及构件规制方面亦有细微的变化，如哈那的弯度开始有了变化，甚至出现了笔直的哈那。而材料的革新及由此导致的结构变化是蒙古包最为显著的变化。多数地区的蒙古包从 20 世纪 80 年代开始普遍使用帆布作为辅助覆盖物，至今各类织物已成为夏季的主要覆盖物，人们普遍使用亚麻、塑料绳索用于固定覆盖物。至于包体架构，钢架蒙古包已成为较常见的一种蒙古包类型（图 7）。

图 6　赤峰市巴林右旗的一座传统蒙古包室内

图 7　钢架结构蒙古包室内

蒙古族民居·芦苇包

芦苇包是一种特殊的蒙古包,其与常见的蒙古包之差别仅在于覆盖物的不同。前者的覆盖物为芦苇顶盖与柳条外墙,而后者仅使用毛毡。因此,依据覆盖物的质地,可以将蒙古包分为毡包与芦苇包两种类型。芦苇包的定义取自于其特殊的覆盖物。在内蒙古呼伦贝尔市部分草原,牧民在夏季以芦苇覆盖蒙古包,冬季换为毛毡。而在巴林草原,人们曾一年四季使用由芦苇或芨芨草编制的覆盖物,冬季只在芦苇帘下面夹衬毛毡(图1)。

图1 呼伦贝尔市鄂温克旗的芦苇包

1. 分布

在内蒙古东部区,从赤峰市巴林右旗、阿鲁科尔沁旗、通辽市扎鲁特旗、呼伦贝尔市陈巴尔虎旗、鄂温克旗的广阔草原区域,人们曾一直居住于芦苇包。至今,陈巴尔虎旗部分牧区及鄂温克旗辉河流域的鄂温克牧民在夏季仍以芦苇包作为住居。在草甸草原,河流、湖泊遍布牧场,牧民以河流沼泽地里生长的芦苇作为材料,编制覆盖蒙古包的芦苇帘。

2. 形制

芦苇包的结构框架与毡包完全相同,故不予赘述其形制。芦苇包的围墙材料是以细柳条并排捆接的柳条帘,而其顶盖是以芦苇秆并排缝接的芦苇帘。芦苇包的天窗毡有布制和毡制两种,天

窗毡与芦苇帘的华丽装饰曾是居住者贫富程度的一个重要标志。在内部空间划分上虽与毡包相同,但在家具与器具摆放方面有所不同。鄂温克人与陈巴尔虎人均在室内左右两侧对称放置两张床,其室内格局与锡林郭勒盟及以西地区的毡包室内格局迥然不同(图2、图3)。

3. 建造

芦苇包的建造应分为覆盖物的编制与包体的搭建两个部分。芦苇包的顶盖为芦苇帘,其缝制方法为:将芦苇秆的细段朝上并排铺在地面后,用马尾绳从其粗段逐一贴紧编捆3道线,再用特制的大针串上马尾线后从一侧串紧,共缝六道线后构成扇形芦苇帘。柳条帘的制作方法为:精选筷子一般粗的细柳条若干,将其粗细两端交错铺开后用马尾

绳逐一贴紧捆接。覆盖包顶的芦苇帘分为上、中、下三段,并依次叠压。一般需用6块芦苇帘。围盖哈那的柳条帘一般长4m,共需4块。芦苇包覆盖物的加盖次序与绳索的压盖方式与普通毡包不同。将芦苇帘加盖于包顶后用12道马尾绳交错压住芦苇顶棚,拴在哈那脚或木桩上。柳条帘只需一根外围绳加固(图4、图7)。

4. 装饰

芦苇包的装饰主要来自其覆盖物特殊的质感、色彩与细部的美化。芦苇包由天然有机的植物作为整个包体的覆盖物,其天然质感与顺畅的条纹总会给人以清新舒适的感受。与毡包相比,芦苇包有着绝佳的室内采光效果,通过植物细杆之间的间隙投射进的阳光,室内

图2 呼伦贝尔市鄂温克旗鄂温克族芦苇包的正立面

图3 呼伦贝尔市陈巴尔虎旗蒙古族芦苇包的正立面

图4 呼伦贝尔市陈巴尔虎旗牧民在缝制芦苇帘

图 5　呼伦贝尔市陈巴尔虎旗芦苇包的室内

图 7　呼伦贝尔市陈巴尔虎旗牧民
所使用的芦苇帘与柳条帘

光线始终保持在一种柔和程度，同时，保持了室内外的通透关系。深褐色的柳条帘与较之浅黄的芦苇帘构成不太明显的色差，加强了包体的厚重感。牧民在缝制芦苇帘时，在其两侧各加 4 根细柳杆，起到加固与美化的作用。陈巴尔虎旗的牧民也会缝制柳苇相夹的条斑纹内顶盖，夹衬于外顶盖下面（图 5）。

5. 代表建筑

因材质原因，芦苇包无一例完整的古建遗存。居住者平均每两年更换一次芦苇帘与柳条帘，故其使用寿命短于

毛毡。然而，在民间记忆中，芦苇帘与柳条帘的缝制方法、步骤完好地保存了下来。倘若有一套较为古老的蒙古包木架构，为其覆盖一整套芦苇和柳条帘即可形成传统的芦苇包。在陈巴尔虎旗牧区，夏季使用芦苇帘，冬季使用毛毡，牧民将芦苇帘收起后储存于土坑中，以求保证芦苇秆天然的黄色。具有代表性的芦苇包如陈巴尔虎旗东乌珠尔苏木的一座巴尔虎芦苇包和鄂温克旗辉苏木的一座鄂温克族芦苇包，两者搭建方式不同，但覆盖物构造基本相同。

成因

芦苇包的形成及使用与特定地域的自然气候条件与物产资源有密切的联系。在炎热的夏季，牧民将包毡收起，换上芦苇、柳条帘，可使室内空气变得清新凉爽。在雨天，芦苇顶盖能够经水泡变粗而有效防水。呼伦贝尔草原有错综复杂的河流，其中的莫日格勒河、辉河等河流盛产芦苇，海拉尔河流域则盛产柳树。牧民就地取材，将其加工为蒙古包的覆盖物。

比较 / 演变

随着社会文化的变迁，芦苇包也面临着巨大的挑战。作为原材料的芦苇、柳树资源的匮乏、新型耐用材料的出现以及搬运模式的变化均在影响着芦苇包的传承与使用。现今少数人仍在缝制和使用芦苇帘，但其缝制用线已多由亚麻或塑料线代替，获取原材料的途径亦有所变化。在材料耐久性及制作程序方面，相对长久和简易的柳条帘被普遍传承下来，因此在牧区时常能够看到仅以柳条帘围盖却不见芦苇顶盖的蒙古包（图 6）。

图 6　呼伦贝尔市陈巴尔虎旗只加盖柳条帘的蒙古包

蒙古族民居·柳编包

柳编包是一种具有悠久历史的北方草原传统住居类型。其形颇似蒙古包，但结构完全不同于蒙古包。其屋顶、墙体材料为草原上普遍生长的沙柳、红柳。柳编包通体由细柳编制而成，外壁抹泥或牛粪，通体坚硬，不可折叠。柳编包是草原住居结构中介于蒙古包与各类帐篷间的一种特制住居类型，而并非是移动性的毡包向固定的砖瓦房过渡时期出现的一种特殊类型。与泥草包一样，柳编包也是一种使用至20世纪80年代或更晚时期，至今已十分少见的蒙古包形住居类型（图1）。

图 1　鄂尔多斯市伊金霍洛旗的柳编包

1. 分布

柳编包曾分布于鄂尔多斯市乌审旗、鄂托克旗；锡林郭勒盟正蓝旗、正镶白旗；赤峰市巴林右旗、巴林左旗、阿鲁科尔沁旗；兴安盟扎赉特旗等有丰富的柳树资源的地区。各地区对柳编包的称呼不大相同，如鄂尔多斯人称为"夏兰格日"，察哈尔人称为"崩阔"，而巴林人称为"崩布根格日"，扎赉特人称为"瑟勒吉炎格日"，而一些地区的汉族百姓称为"崩崩房"。这些称谓均取自柳编包的形状与编制手法。然而，柳编包是一种地区性差异最小的传统住居类型。

2. 形制

柳是在蒙古高原普遍生长的植物。牧民用其编制篮筐等日用器具、幼畜棚或羊圈等生产设施、供人居住的简易住居，甚至编制神圣的祭祀物体——敖包。由柳条编织的民居相比蒙古包更加简易耐用，故人们将其作为临时性住居使用。在夏季牧民居住于柳编包，待冬季来临时，将其留在夏营地，迁回冬营地。柳编包平面多呈圆形，但有时也呈方形，相比蒙古包，其形态、体积灵活多样。以扎赉特旗国有林场附近蒙古族所使用的柳编包为例，其高度与面积明显大于4片哈那（每片有18个哈那尖）蒙古包（图2、图4）。

3. 建造

圆形柳编包的建造分为柳编墙的编制与顶棚的编制两个部分。牧民精心选择粗细相同的细柳，在其干透前编制成长方形篱笆，将其折弯后固定于地面，再编制好顶棚之后扣放在圆墙上方，用捆扎的柳条编织缝合，再编制一片篱笆充作门，建构起一顶完整的柳编包。柳编包顶的正中通常需要一根木柱支撑。柳编包的建造工序中墙面制作是重要的环节。巴林左旗的蒙古族曾使用一种特殊的墙面材料，即将榆树削皮后剩下的白色木屑磨成粉后与湿牛粪搅拌，再加入榆树叶后制成黏料，均匀涂抹柳编包的内外，使墙面坚固光滑却无缝隙（图3、图6）。

4. 装饰

柳编包室内无明显的装饰部位与构件。但特殊的编制建构及通体一致的材料质感总会给人一种清新舒适的感受。柳编包与蒙古包的区别为前者无天窗，但通常在门两侧的墙壁上开设1～2

图 2　正蓝旗察哈尔牧民编制的牛犊棚与羊羔棚

图 3　鄂尔多斯市伊金霍洛旗柳编包室内的木柱

图 4 柳条编织物外涂抹的湿牛粪

图 6 鄂尔多斯市伊金霍洛旗两片柳条篱笆的连接方式

扇窗。牧民在窗户四角编制一些花样，使房舍更显美观大方。牧民用绣毡或布料作为芦苇包的内挂帘，使室内更显温馨舒适。

5. 代表建筑

由于材料的耐久性缘故，现存柳编包已十分少见。但其简单易获的结构与材料，可以使人们轻而易举地仿建一座古老的柳编包。牧民虽已不使用柳编包，但仍在编制、使用各类柳编器具，可以说，若将一个牛犊棚稍微扩大便可构成一顶柳编包。柳编包虽有多种平面类型，但形似蒙古包的圆形柳编包是一种曾普遍存在的代表性柳编包类型。柳是各类传统民居均可使用的原材料，在内蒙古地区的民居类型中也曾存在过一些特殊类型的柳编房。20世纪50年代在锡林郭勒盟浑善达克沙漠腹地也曾出现过柳编房建筑热。具有代表性的柳编包可以提出鄂尔多斯市伊金霍洛旗的两类柳编包。一类平面为圆形，另一类平面为长方形。

成因

蒙古草原上普遍生长的柳树是编制柳编包的物质基础。柳条也是编制蒙古包哈那、乌尼的主要材料，但制作蒙古包木架构所需的精力远甚于编制柳编包的精力，并且柳编包不需毛毡等覆盖物，而是以最为易获的牛粪或泥土作为墙面材料，其涂抹方法也很简单，故可以省去大量看护与修复柳编包的劳力。柳编包是外形最为接近蒙古包的简易住居类型。比起任何一类帐篷，柳编包更加舒适且不会像蒙古包那样费时费力，故成为牧民最理想的住居类型之一。

比较 / 演变

随着住居类型的多样化与生产生活方式的变迁，从20世纪末开始，人们将柳编包作为仓库利用，或将其包顶拆开作为储存货物或圈养仔畜的棚圈。随着环境、物产及生计方式的变化，柳编包的屋顶结构曾有过一些变化。如人们不再编制柳条棚作为屋顶，而是以遮盖泥草包顶的谷草秆、芨芨草、芦苇帘等植物作为遮盖屋顶的编织物。在墙面材料方面，泥或草泥成为替代牛粪的主要材料（图5）。

图 5 鄂尔多斯市伊金霍洛旗鄂尔多斯人编制的平面呈方形的柳编包

蒙古族民居·泥草包

泥草包为仿蒙古包圆形平面与穹顶式样建造的生土建筑。泥草包是内蒙古地域蒙汉建筑文化相融的一个代表性住居类型。泥草包多建于20世纪40～80年代该时期牧区住居类型开始多样化，生土建筑大量被建造的时期。在部分地区泥草包的修建历史可追溯至19世纪中叶，但至今已无实物遗存。因民众依据各自地域的建筑风格与材料条件修建泥草包，故其形态十分多样，也从未形成一种普遍的建筑风格。现存泥草包数量很少，但可以从20世纪60年代的粮仓遗存上清晰地看到泥草包的形制（图1、图3）。

图1 泥草包的原型——巴林左旗蒙古族的粮仓

1. 分布

泥草包在20世纪80年代以及更早的时期广泛分布于鄂尔多斯市、赤峰市、兴安盟、通辽市以及呼伦贝尔市个别地区。现今仍有人居住的泥草包已十分罕见，多数泥草包被用作仓库或已被废弃。20世纪70～90年代曾广泛分布于乌兰察布市的晋风民居与地方建筑文化相融合而产生的一种民居——"土圪旦"也是泥草包的特例之一。20世纪中叶，呼包地区的民居建筑风格与技艺传入内蒙古中西部草原牧区，移民或牧户依据新环境缺乏木材的物产条件与干旱的气候环境，以生土砌筑房屋定居，构成了平面呈正方形、屋顶呈圆形的特殊民居。

2. 形制

泥草包是蒙汉民族文化相融而产生的建筑类型，其屋顶与平面形式取自蒙古包，建造结构与技艺来自周边农业地区。在一些地区，泥草包是民居演变过程中的过渡类型，即从蒙古包转变为固定建筑的中间类型。依据泥草包的平面形制可以分为圆形的独立泥草包与方圆相连的组合泥草包两种形制。泥草包的圆形顶棚虽为穹顶，但顶尖未开启窗户，有屋檐，顶上设有烟囱。从19世纪末至20世纪中叶流传于喀喇沁、翁牛特与巴林地区的泥草包将烟囱立在室外，形制颇似满族或达斡尔族的传统民居。随着泥草包的顶棚由草或芦苇变为抹泥的土质屋顶，烟囱也转移至屋顶。

3. 建造

泥草包的建造因其形态结构的多样而有所不同。在赤峰市巴林左旗，泥草包的形成经历了一段轮廓清晰的演变历程。由于社会文化的变迁，当原先的蒙古包构架已破损时居民以生土建筑的技艺予以修复或改造。先在墙面抹泥，后以砌筑土坯或板夹泥草的形式将移动的墙体彻底固定，之后将铺设屋顶的芦苇或草更换为泥。泥草包的屋顶做法大致有两类。一种为用木板压住四角，用梯

图2 包头市达尔罕茂明安联合旗的土圪旦

图3 粮草与泥草包的区别仅在于尺度与门的形状—巴林左旗蒙古族的粮仓

图4 巴林左旗粮仓的屋顶内部结构

图7 锡林郭勒盟苏尼特左旗牧民所居住的砖石包

形土坯砌筑封顶。另一种为在土墙上段架设上尖相连的四个木根，用高粱秸秆横围四脚架后再以谷草秆铺设屋顶（图2、图4）。

4. 装饰

泥草包的装饰因其类型而有所区别，其主要装饰来自其特制的屋顶。泥草包顶由谷草秆层层覆盖，形成伞状屋顶。谷草的黄色与错落有序的圆尖屋顶，以及高粱秸秆的捆扎与谷草干的铺设形式给人一种天然舒适的感受。

5. 代表性建筑

泥草包已成为20世纪40～80年代

的历史建筑类型。在民众的记忆中，泥草包与粮仓只在大小尺度上有所区别。因此，从巴林左旗的一户蒙古人院落中幸存下来的粮仓中可以看到泥草包的结构。泥草包的结构、形制复杂多样。呼伦贝尔市新巴尔虎左旗的一座土坯包形制独特。此包为一种组合式泥草包，包门朝南，两侧各有一窗，正对包门修建了一座长方形的门斗房，门向东开，东南两侧各开一窗。门的朝向与当地的砖瓦房一致，有效遮挡了寒冷的西北风。而当地的蒙古包则是向南开门（图5、图6）。

成因

泥草包是在内蒙古东西部与中原农耕区域相接壤的地区最早形成，并在此后的时期随个别移民零星散播于草原腹地的一种蒙古包形住居类型。其形成与草原社会所经历的经济变革有直接联系。19世纪中后期开始，喀喇沁、郭尔罗斯等地开始向关内移民放垦，移民向蒙古牧民传授了生土建筑的营造技艺。土坯砌筑技艺、各类农业作物以及原住民对圆形房屋形状与室内空间的文化偏爱相合，构成了泥草包。当然，泥草包的种类多样，其形成亦有特殊的、多样化的原因。

比较／演变

泥草包在今天看来已成为一种历史民居类型。从19世纪中叶至20世纪80年代此类民居的演变历程看，屋顶结构与材料的变化似乎更显突出和重要。在赤峰市巴林左旗等地，泥草包最初由土坯砌筑的墙与尖顶草棚构成，之后草棚被木架构所取代，人们在屋顶上抹泥，做成光滑且能够有效防火的圆屋顶。而在乌兰察布市北部牧区，因无谷物秸秆，屋顶做法以梯形土坯的砌筑手法为主。至20世纪90年代时，人们已停止建造泥草包，此类民居类型亦开始迅速被替代或遗弃，在牧区偶尔会看到的砖石包是对泥草包的一种更新结果（图7）。

图5 呼伦贝尔市新巴尔虎左旗的泥草包

图6 呼伦贝尔市新巴尔虎左旗的泥草包

蒙古族民居·车轱辘房

车轱辘房，又称车轱辘圆，是内蒙古东部地区蒙、汉、满等民族曾普遍居住的住居类型。车轱辘之名源自此类民居特殊的屋顶形制——半圆形屋顶。车轱辘房的圆屋顶与两面坡屋顶是内蒙古东部地区两种最为主要的民居屋顶形式。车轱辘房圆弧形屋顶能够有效减少风力，可完好地适应北方草原风沙大的自然气候。车轱辘房成为较早从事农耕业的喀喇沁、科尔沁、敖汉等蒙古部族百姓们娴熟掌握其建造技艺的住居类型（图1、图3）。

图1　赤峰市敖汉旗的车轱辘房

1. 分布

车轱辘房是19世纪中叶至20世纪60年代曾普遍流行于东三省及内蒙古东部通辽市、兴安盟、赤峰市各旗县的住居类型。现存少量车轱辘房主要分布于通辽市奈曼旗、赤峰市阿鲁科尔沁旗、敖汉旗、巴林左旗等旗县的部分地区，其居民主要从事半农半牧业。

2. 形制

车轱辘房一般坐北朝南，占据农家院落之中心。一对粮仓对称分布于其左右两侧，西面常设一间与主房朝向一致的耳房或朝东的厢房，鸡舍、菜园与牛棚在房前依次排列开，形成大面积的院落单元。车轱辘房与两面坡土房的墙体均为干打垒土墙，其区别仅在于房顶的

形式。其平面格局为"一进两开"或称"一明两暗"的三间房的形式。西屋为上屋，一般筑有占整个开间的大前炕。炕上放置正方形小茶桌，用于进餐、待客。橱柜与佛龛置于后墙中央。中屋为过厅或厨房，西墙有灶台。东屋一般不住人，常设有半炕，平时存放货物。车轱辘房亦有砖砌类型，但在民间未能够普遍流传。用青砖砌筑，带有精美砖雕、墀头，前有柱廊的车轱辘房多为各大寺院的僧舍。

3. 建造

车轱辘房的建造过程由挖地基、夯土墙、砌土坯、架梁木、架檩子、铺高粱、抹大泥等基本步骤构成。地基视土质松软程度而定，深度一般为1m左右。

挖开地基后填埋生土，用石磨夯实，再筑墙。夯土用木板的长度通常在4m左右，故竖向排列的山墙只夹一次即可筑成。在筑好的墙顶上用少量土坯砖垒出弧形圆顶，在圆顶正中留出圆孔，将梁木架好后两侧各放若干檩子。用芨芨草将高粱秆捆扎成捆（1捆有10余杆）后，铺设在檩子上。一间房需30捆高粱秆，3间房共需90余捆。屋顶铺设后抹泥，完成整个房屋的建造工程。建造房屋曾是邻里、社区内的公共事务，老年人捆扎高粱秆，年轻人轮流夯实土墙，3天之内即可建成3间房（图2、图4、图7）。

4. 装饰

车轱辘房的外形装饰主要由屋檐及墙基部分的装饰处理构成。车轱辘房的

图2　赤峰市巴林左旗车轱辘房的正立面

图3　赤峰市巴林左旗的车轱辘房斜后方

图4　赤峰市敖汉旗车轱辘房的侧面

图 5　三间房内的装饰

图 6　外漏于房檐的高粱秆起着美化作用

房顶通常有一整圈双层或三层砖边，砖不仅能防止高粱秆的外漏，也能起到美化屋顶的作用。围绕墙基贴一层土坯炕板或砖，使房基能够有效防水的同时，也起到装饰墙体的作用。当人们生活富裕后用砖包砌土房，屋顶盖瓦，当地汉族农民称前者为"穿鞋戴帽"，而将后者称为"内生外熟"。在室内装饰方面，主要以墙面和门的修饰达到装饰目的（图 5、图 6）。

5. 代表建筑

目前仍有人居住的车轱辘房可以以赤峰市敖汉旗贝子府镇与巴林左旗查干哈达苏木的两处房子为代表建筑。前者修建于1950年，建筑工艺较为细致，每间用17根檩子，屋顶外层贴砖，上覆瓦。在房屋前檐部分整齐露出高粱秆一端作为装饰。在正房左侧加建一座耳房作为仓库，其顶亦为车轱辘顶。后者修建于1990年，由当地牧民共同建造，屋顶未覆瓦，每间用11根檩子，墙厚0.50m。两者均为三间，后者的每间面阔3m，进深4.2m。两座民居的平面布局完全相同。

成因

车轱辘房是在特定历史阶段下形成的一种住居类型。车轱辘房的墙体为传统的干打垒土墙，而房顶为圆弧顶。在缺乏砖木等建筑材料的年代，人们以夯土或土坯建造房舍。这一技艺随着闯关东的移民潮流传入内蒙古东部地区，并迅速被原住民所接受。圆弧形的屋顶被蒙古人解释为车轮的半圆，在某种程度上符合了他们的文化心理。半农半牧的生计方式为人们提供了高粱秆等建筑原材料。车轱辘房以其简易的工艺、抗风的效能以及特殊的屋顶造型曾一度享誉于整个东北地区。

比较 / 演变

分布于内蒙古东部区的多种干打垒土房中，车轱辘房是最为少见的一种类型。随着工业化的推进与人民生活水平的提高，人们已不满足于简易的土房。20世纪90年代起，人们开始用砖包砌房舍，出现墙面为砖，山墙上的檩子已被封住的"封檐封梢"式砖包车轱辘房。现今，车轱辘房已十分少见，人们正以其他种类住居类型取代曾一度流行于东北地区的车轱辘房。

图 7　用于夯土的石磨，四人各举一角夯土

汉族民居·晋风民居

内蒙古呼包大部分地区处于阴山以南，黄河以北，土地肥沃，汉文化介入较早，受山西文化影响较深。现在，内蒙古呼包地区的民居已经呈现出一种以晋风民居为主的聚居状态。移入蒙地的汉地民居以山西民居为母体，融合了当地蒙古族、回族及其他民族文化，最后形成了独具地域特色的内蒙古汉族民居。

图1 包头市西门外白家大院宅门

1. 分布

内蒙古晋风民居分布在呼包地区的广大乡村和城镇周边郊区，在呼市和包头市的老城区也穿插分布着一些生土农宅。这些农宅多数已经被改造成适合现代生活的民居，尤其是当年被誉为"水旱码头"的呼市托县河口村保存着一些晋风生土农宅。商宅则分布在以呼市和包头为主的古城中。

2. 形制

内蒙古晋风民居的院落形制依然延续山西、陕西等地的合院式院落形式，不同的是，由于气候和人口等因素的影响，内蒙古晋风民居的院落比山西、陕西地区的院落要宽阔很多，一般的宅基地都在一亩（约667m²）左右，而院落面积都在300m²左右。院落中的主要建筑包括正房、东西厢房、南房或倒座等组成。

内蒙古呼包地区的晋风民居因"走西口"而产生，按其生产方式分为两类：一为广大的贫苦人民，他们从汉地来到蒙地务农，经济条件差，建造生土农宅，一般为做工简易的单进合院为主；二是来自周边各地的旅蒙商和达官显贵建设的晋风商宅，院落是单进和多进院落，其用料讲究，做工精美。其建筑功能也分为两类，生土农宅正房为5～7间，一般以居住功能为主，而东西厢房除了部分

图2 呼和浩特李家宅照壁

图3 土默特左旗韩家农宅

图4　白家大院屋脊装饰

图5　呼和浩特某晋风民宅门楼

图7　赵家大院墀头装饰

居住功能以外，大都作为储藏室、粮仓、鸡窝、马圈等，南房一般都设置猪圈、羊圈、厕所等。晋风商宅正房为柜房，是掌柜办公、住宿用房，东西厢房为账房、伙计们的办公用房和住宅，南房为厨房、货仓间，大门洞采用半圆形砖拱（图1、图2）。

3. 建造

晋风民居建筑属砖木或土结构建筑。木质房架子周围则以砖或土坯砌墙，然后挂椽檩、压站抹泥、挂瓦。梁柱门窗及椽头都要油漆彩画。经济条件差的农牧民一般都用土坯砖垒墙，屋顶覆土，旅蒙商和达官显贵一般都用青砖垒墙，屋顶挂瓦。屋瓦大多都是使用青板瓦，正反互扣，檐前装滴水。室内装修部分包括制作门窗、油漆彩绘、盘火炕、打仰层、刮腻子、铺地、抹灰等。

4. 装饰

晋风民居的室外装饰主要包括门

窗装饰花格窗彩绘、贴窗花装饰，椽头"飞子"彩绘装饰和马头墙、墀头的拼砖或砖雕装饰等。室内装饰主要有炕围子上的彩绘装饰（图4、图5、图7）。

5. 代表建筑

1）包头市壕赖沟村赵家大院

现存院落为赵家东大院。北面不远处有一座小石头山，东大院建于一缓坡之上，就地取材，用小山上的碎石垒地基垫平以建房。院落基本呈正方形，院西临路开门，砖拱门洞。正房为长辈居住，五开间，进深大，土木结构。正房北面为夯土墙，南面外包青砖。东西有耳房。南房和东西厢房均为土木结构。

2）呼和浩特土默特左旗韩龙月家大院

韩家大院是晋风农宅的典型代表，院落基本按照四合院形式进行布置（图3）。

成因

内蒙古晋风民居是清代"走西口"为主的移民在内蒙古地区建筑的民居形式。移民到内蒙古分成两类，一类是以租种土地为主的农民，另一类是以经商为主的旅蒙商。由此，晋风民居也逐渐形成了简单、经济、实际的生土建筑形式和华丽、阔气、美观的晋商民居。

上述生土农宅主要以居住、储藏、饲养牲畜等功能为主，而晋商民宅则以经商、储藏、接待客人和居住等功能为主。

比较 / 演变

内蒙古的晋风民居是以山西民居为母体，融合了陕、冀、京、津等地民居的局部特点，吸收了蒙古族、回族和一些宗教的元素，最后形成了具有独特地域特色的内蒙古民居。

内蒙古呼包地区的晋风民居在院落空间、建筑形制、结构装饰等方面与其山西母体民居有着千丝万缕的关系。

晋风民居同山西合院式民居比较，突出以下特点：首先，为了适应内蒙古严寒地区的气候特点，建筑墙体加宽到1m左右的厚度。其次，内蒙古地区地域辽阔，地广人稀，同时也为了争取更多的太阳光线，晋风民居在山西合院式建筑的基础上，加大了院落面积，每户的宅基地面积约500～600m^2。最后，由于经济和工匠匮乏等原因，内蒙古晋风民居建筑规制和装饰细节等方面进行了大大的简化，形成了现在独特的地域建筑形式（图6）。

图6　呼和浩特李家大院正房

汉族民居·窑洞

清水河县窑洞民居是从靠崖式窑洞发展而来的。目前得知，初迁此地的村民由于经济力量和石窑洞建筑周期长等多种因素的考虑，首先选择在黄土崖壁上开凿窑洞暂以栖身。后来由于居住人口增多，黄土覆盖较薄而石材丰富，逐步向独立式的石砌窑洞发展。久而久之，形成了内涵丰富的民居文化景观。而清水河窑沟乡黑矾沟地区的窑洞聚落，也见证了是我国北方民窑"磁州窑"系列在晋蒙交界处的传承与发展（图1）。

图1 清水河窑沟乡黑矾沟馒头窑聚落

1. 分布

内蒙古地区的窑洞民居主要分布在临近山西的呼和浩特市清水河县。另外，乌兰察布市的部分地区也有窑洞民居。清水河县位于黄土丘陵沟壑区，沟壑梁峁之间层层叠叠的窑洞群落，与周边环境完美融合，浑然一体，在花果树木的掩映下，分外壮美。

2. 形制

清水河县的窑洞院落平面也沿用山西传统的合院式布局，每个院落都依山而建，随着等高线的走向进行院落建筑的布置，往往形成形态不规则的四合院、三合院等。

院落建筑主要由正房、厢房和倒座组成。正方一般为5～7孔窑洞，主要用来居住，有的一孔窑单独居住，室内

设置火炕、灶台等。有的将两孔窑洞用门洞连通起来，形成两间，一间用来居住，另一间则以会客人、吃饭为主。还有一部分窑采用十字拱形式将房间扩大，形成一个主体空间和一排附属空间的组合空间（图2）。

院落的厢房一般都是2～3孔窑洞，以粮食储藏为主，倒座部分则以其他杂物储藏为主。由于地形限制，院落一般较小，以40～60m²居多。而猪圈、鸡窝、厕所等都在院落外面根据地形搭建。

3. 建造

在盖房前先选好一块地，确定所盖窑洞的间数，然后准备石料。在选定的土坡上挖槽，槽的多少视盖窑洞的间数而定。将准备好的石料填在槽内，石块与石块之间不用泥土黏合，但又不能有

图3 窑洞内部构造

图2 李家大院正房窑洞

图4 李家大院窑脸

图 5　清水河窑沟乡黑矾沟馒头窑

太大的缝隙。在垒石料近窑洞高度的一半时,将槽与槽之间的土修成弧形,沿弧形摆石,同时将石窑内的土清空,倒至窑顶。最后,将石窑上的土层加厚至1m左右。石窑的前脸多由石头砌成,以水泥勾缝。棱条花窗以麻纸糊窗,都粘贴剪纸(图3)。

4. 装饰

窑脸部分,常常采用"剁斧石"即以斧凿在石面上精心錾满直线,然后有规律地摆砌,形成浓重的装饰效果。门窗等外檐装修部分,是民居艺术处理的重要部位。多数窑洞尤其是老宅的窗心都由棱条花格组成,其丰富的寓意还传递着吉祥喜庆的意蕴(图4)。

图 6　李家大院院墙石材拼砌装饰

5. 代表建筑

1)呼和浩特清水河县老牛湾李焕连家大院

李家大院为正房、厢房两面围合,加围墙形成了合院式的院落形态。正房建筑五孔窑洞,厢房三孔窑洞。窑洞主要由当地的白云岩砌筑,窑脸部分勾缝处理。整齐的石墙排列、勾缝,独特的花格窗是窑洞建筑的主要装饰(图6)。

2)呼和浩特清水河窑沟乡馒头窑聚落建筑

清水河窑沟乡聚落是明代烧窑作坊和居住建筑为一体的典型代表。窑沟地区瓷土储量大,土质细腻,胶性大,是生产陶瓷产品的极好原材料。黑矾沟内

现遗存明清古窑址25座,大部分保存完整。该古瓷窑址群依坡而筑。多数窑址坐北朝南,多为单座、双座或多座等形式,建造为圆形圆顶状,俗称馒头窑。黑矾沟村是居住建筑和手工业结合为一体的特殊的窑洞聚落,其聚落单体建筑由居住型的石砌窑洞和以烧瓷为主要功能的馒头窑结合为一体(图5)。

成因

呼和浩特清水河县窑洞建筑主要是由清代移民而来的山西、陕北汉族居民建造。因此,本地域建筑形式也主要模仿山西、陕北地区的窑洞建筑而形成。但是由于地理地质条件和气候因素的影响,呼和浩特清水河地区缺乏山西、陕西的台地的土质条件,当地居民因地制宜,由原来的靠崖式逐渐演变形成了现在的独立式石砌窑洞。

比较 / 演变

山西窑洞是以下沉式窑洞和靠崖式窑洞为主,独立窑洞相对较少。

呼和浩特清水河县的窑洞建筑在山西窑洞的基础上,根据当地的地质、气候特点,就地取材,利用当地生产的白云岩建造独立式窑洞。同时根据生产和生活的需要,进行创造性的演变。例如清水河县窑沟乡黑矾沟村的馒头窑,就是根据烧制陶瓷产品的需求,创造性的建造了既适合居住,又适合陶瓷用品生产的窑洞聚落。

黑矾沟内现遗存明清古窑址25座,大部分保存完整,2009年被国务院"三普"办公室列为2008年度全国"三普"重大新发现之一。由于上述其特殊的功能要求,其建筑也呈现出极其特殊的形态特征,这种特殊群体形态,在整个内蒙古地区也实属少见。

汉族民居·砖包土坯房

砖包土坯房是在生土建筑的基础上发展起来的，形成于20世纪80～90年代。与生土民居相比较，砖包土坯房一方面克服了土坯不耐风雨的缺点，另一方面保留了土坯房屋蓄热性能的优良性能。在严冬漫长的内蒙古，用土坯或草坯建造的房屋具有较为理想的室内热湿环境。房屋的营建成本也因此而控制到了最低，用黏土砂浆砌筑的砖可以重复使用，土坯和草坯具有废弃时对环境无害等优点。

1. 分布

砖包土坯房是在生土民居的基础上发展形成的一种建筑形式。这种建筑类型主要分布在河套地区、呼包鄂周边以及内蒙古东部的部分汉族聚居区，如乌兰察布市、锡林郭勒盟周边等地。

2. 形制

砖包土坯房建筑型制和晋风民居很类似，院落形式依然保持合院式。但由于时代变迁，子女减少，生活方式的转变，砖包土坯房除正房之外，其他附属用房逐渐减少，合院形式也变得不完整，有三面建筑围合院落，也有两面建筑围合院落等。主要建筑包括正房、厢房、南房等，正房以居住功能为主，主要包括客厅、卧室、厨房、储藏等。厢房则以养殖牲畜和放置杂物为主。南房则以储存粮食为主，另外还有猪圈、厕所等（图2、图3）。

3. 建造

砖包土坯房属于土木结构建筑。木质房架子周围四角以砖砌筑，建筑基础和屋顶山墙部分也用砖砌筑，中心部分仍然保持土坯墙。建筑屋顶形式还延续生土建筑的单坡顶，不同的是这种屋顶高度增加，坡度加大，增加了向阳面，更有利于保温取暖。在施工方面，建筑前坡用椽子一层层弯曲，形成一个优美的曲线，到后面往往有一小截收头，非常特别，叫"鹌鹑式"屋顶（图1）。室内装修部分包括制作门窗、油漆彩绘、盘火炕、打仰层、刮腻子、铺地、抹灰等。

4. 装饰

建筑装饰主要在屋脊和山墙砌砖部分进行拼砖装饰，另外，在檐台下面的槛墙上，也用砖拼出花样进行装饰。除此之外，还有传统的门窗装饰，形状以方形为主，由于气候影响，干旱、多尘、

图1 砖包土坯房"鹌鹑式"屋顶

图3 砖包土坯房背面

图4 装包土坯房屋脊装饰

图2 砖包土坯房正房

图5 装包土坯房槛墙拼砖

图 6　砖包土坯房 "里软外硬"

风头高，一般窗格排列较密集。在门扉窗扇之上一般采用几何纹样，雕刻动植物、瑞兽或抽象的几何纹样进行装饰，变形（图4、图5、图7）。

5. 代表建筑

1）呼和浩特土默特左旗翟石头家大院

翟石头家大院为单进合院式建筑。院落建筑主要包括正房、厢房和南房，围合形成三合院。正房共计五开间，包括两个套间，都是由卧室、厨房和客厅三部分功能组成。另外还有西厢房，主要用来饲养牲畜，南房则主要包括粮仓

2）呼和浩特土默特左旗吕润祥家大院

由于经济水平的提高，吕润祥家大院在上述四角落地的基础上进行了进一步的改进，把原来的四角砌砖扩大到整个外墙表面砌砖，形成里软外硬的建筑形式。建筑的正立面也进行了相应的改进，将原来的纸窗去掉，换成了大面积的双层玻璃窗，使建筑室内空间变得更加亮堂。在建筑空间方面，增加了开间和进深，使房间更加宽敞明亮。其他的附属空间基本保持不变（图6）。

成因

砖包土坯房是在传统生土合院式建筑的基础上形成的。20 世纪 80 年代，随着经济水平的提高和生活方式的改变，砖包土坯房应运而生。砖包土坯房在原来土坯房框架的基础上，增大进深，分隔出厨房、卧室、客厅等功能空间。同时在建筑基础、建筑四角部位，以及建筑山墙的屋顶曲线部分砌砖，对建筑土坯起到整体的保护作用。

比较／演变

内蒙古中西部 20 世纪 60～70 年代的合院式以生土建筑为主，在 80～90 年代主体建筑仍以土坯墙和土坯覆土为主，只在建筑基础部分以及建筑四角砌砖，当地俗称 "四角落地"；后期发展到 20 世纪 90 年代，人们的经济水平逐渐提高，建筑外墙砌砖的部分增多，仍以土坯墙为主，在建筑基础和建筑外墙的外侧砌一层砖，这种做法，当地俗称 "里软外硬" 或 "里生外熟"。

20 世纪 90 年代以后，经济水平进一步提高，生活方式也更加现代化，其建筑形式也在不断改变。建筑结构原来的土木结构的土坯房演变为砖混结构，而建筑材料也由黏土砖完全代替了生土砖。在建筑空间方面，建筑开间进深进一步加大，建筑功能布局也更加细化，主要形成了客厅、厨房、卧室、书房、儿童房等。建筑外观方面，主要是加大玻璃采光的面积，同时屋顶形式也由于结构形式的变化形成了两种形式，一种是土木建筑结构的前后坡屋顶，另一种是现浇楼板形成的平屋顶。

图 7　砖包土坯房花格窗装饰

东部少数民族民居·鄂伦春族斜仁柱

斜仁柱是鄂伦春人对这一居住形式称呼的音译,"柱"在鄂伦春语中是"房子"的意思,意为"遮住阳光的住所"满族人把它称之为"撮罗子",后来成为斜仁柱的俗称。斜仁柱的形式是特定历史时期、特定自然环境的产物。它具有取材方便、建造迅速、设备简单和易于搬迁的特点。

图1 桦树皮围子斜仁柱

1. 分布

斜仁柱是北方狩猎少数民族鄂伦春族、鄂温克族原始的、可移动的居住形式之一。由于生产生活方式的变化,斜仁柱已经基本失去了原有的功能,现在这种建筑形式主要分布在鄂伦春自治旗和根河敖鲁古雅鄂温克族聚居区的博物馆中,或作为旅游的设施,在有些鄂伦春人居住的庭院中作为休闲的一个场所,在依然以驯鹿为生活一部分的鄂温克人中也会找到它们的影子。

2. 形制

鄂伦春族以父系家族公社"乌力愣"为基本的社会单位,他们自行安排生产和生活,生产资料公有。一个"乌力愣"由若干个父系小家庭组成,一个家庭住一个斜仁柱。这些斜仁柱往往一字排开,长者居中,小辈分列两边。

斜仁柱的外观呈圆锥形,一般而言,内部高度可以达到3~4m,底部圆形的直径为4m左右。但也可以依据季节、人口的不同,大小进行调整。内部空间在夏天时会较大,冬天会小一点(图1、图2)。

3. 建造

首先搭建骨架。斜仁柱的外观呈圆锥形,由直径约10cm,长约4~5m的细木杆20~30根,最多用40根搭建完成。细木杆一般用桦木、柳木或是落叶松做成。斜仁柱在搭建之初,首先用三根(最好是端部有叉的)细木杆在地面呈三角形分布、在顶部交叉作为基础骨架,之后把其他的细木杆均匀分布在基础骨架之间,顶部集中于一点并相互交叉,用湿柳木条捆扎好,底部在平面上形成圆形。这样形如伞状的房屋骨架就建成了。

图3 斜仁柱的建造过程

图2 桦树皮围子斜仁柱全景

图4 斜仁柱内的铺位和火塘

图 5 呼伦贝尔市鄂伦春自治旗博物馆内斜仁柱供神的地方。

方悬挂着桦树皮盒，里面装着神偶，是供神的地方。正铺在家中只允许老年男子或男性客人坐卧。正铺的两侧被称作"奥路"，是家族的席位，左边为儿子、儿媳的居处，右边为长辈父母的居处。男主人只有丧偶后才能在正铺居住。子孙比较多的，结婚后要另建居所（图4）。

斜仁柱的围子在对房屋的骨架进行围裹的时候，在靠近圆锥顶部的地方会留有一定的距离，形成我们今天所谓的"天窗"，它有采光、通风及排放烟气的作用，遇到雨雪时会有覆盖物套在上面（图6）。

在斜仁柱的中央设有火塘，用于取暖、照明、保存火种和做饭。火塘就是简易的篝火，用木材堆积而成，上面架设支架，支架上吊着双耳铁锅，可以随时煮食。

之后在上面覆盖围子，冬天用兽皮，夏天用桦树皮。斜仁柱的门是放在朝南或朝东的两根木杆之间，门高约1m，宽约80cm，夏天多用柳木或苇子编织成帘子覆盖，冬天则用绒毛厚的狍皮鞣软后覆盖（图3）。

4. 装饰

斜仁柱是可移动居所，狩猎民族在游猎迁徙时，只是把外面的围子打包拿走，至于斜仁柱的木杆骨架就弃在原地，因此斜仁柱的外观及内饰相当朴素，基本以实用为出发点。

鄂伦春人信仰萨满教，在正铺的上方悬挂着桦树皮盒，里面装着神偶，是

5. 代表建筑

呼伦贝尔市鄂伦春自治旗博物馆内斜仁柱（图5）

鄂伦春人在搭建斜仁柱的时候，很重视对地点的选择。他们一般会在前有河流，背靠树林的向阳坡地建房，或者是选择位于半山腰的向阳地，也有的选择丘陵地带。这样可以充分利用自然条件，创造相对舒适的居住环境。

斜仁柱内部很重要的陈设就是铺位。在斜仁柱内，除了门的位置，剩下沿着室内周边都是铺位。铺位的设置非常讲究，对着门的铺位是正铺，铺的上

成因

斜仁柱是北方游猎少数民族的可移动居所，是森林文化的产物。它的产生与少数民族游猎的生活方式以及所处的自然环境有密不可分的联系，斜仁柱具有取材方便、建造迅速、设备简单和易于搬迁的特点，因此它具有很强的时代性和地域性。在这些少数民族的生产生活方式产生巨大变革的今天，它的消亡是必然的。

比较/演变

斜仁柱这种建筑形式并非是鄂伦春、鄂温克两个民族所独有，赫哲族、雅库特族也出现过类似的建筑，历史上黑龙江两岸中下游直到库页岛的广大区域内的民族也都有过，在内蒙古阿拉善盟的古代岩画中也发现过斜仁柱式的建筑岩刻，甚至美洲印第安人的居住形式中也有斜仁柱的影子，可见，斜仁柱是分布很广的，它是利用自然条件所创造的原始居住形态之一。

图 6 天窗

东部少数民族民居·俄罗斯族木刻楞

木刻楞是用圆木水平叠成承重墙，在墙角相互咬榫，屋顶为悬山双坡的纯木结构房屋，是典型的井干式住宅。俄罗斯族的木刻楞相较于满洲里纯俄式木刻楞，无论从外形还是内部划分都偏重于实用与简洁，只是在窗套的花饰及内部的装饰上散发着俄罗斯族的异域风情（图1、图2）。

图1 额尔古纳室恩和木刻楞

1. 分布

俄罗斯族木刻楞在内蒙古东北部主要是俄罗斯族的住所，分布在俄罗斯族聚居的额尔古纳市辖属的室韦、恩和、临江等地。

2. 形制

木刻楞由于建造和材料的局限性，平面形式都是规矩的矩形，稍微复杂一点的房子也是几个木屋的组合。俄罗斯族的木刻楞没有固定的大小，依据家中人口多少确定房屋尺寸。房屋的形制一般是两间，外间用于厨房，也有防寒之用，里间是起居、会客的场所，里间与外间之间是300mm厚的通高火墙，用于整个屋子的取暖（图3）。为争取最大的朝南面，入口一般在外间的东、西或北侧，也有放在南侧的，具体位置还要视道路位于房子的哪一侧来决定。

3. 建造

木刻楞建造时先要打300～500mm高的石头地基，为防止木头腐烂。之后挑选直径为18～20mm的挺直松木几十根，去枝杈剥皮晒干后，两端削平，再按尺寸把圆木的下侧做出圆弧形凹槽，上端保持不变，以使得上下圆木在相叠时能够相互咬合，稳定牢固。上下两个圆木之间还会以木楔相连接，即在木头上钻以圆孔，敲入木钉，木钉在每根松木上一般有两三个，上下层木钉彼此错开。层层圆木间用青苔塞缝，用以增大摩擦并且保温。有的墙体垒完圆木之后会在门窗洞口之间加立柱支撑，以保持结构的稳定。相垂直的两面木墙在相交时会有硬角、悬角两种做法。硬角整齐利落，悬角使木刻楞房豪放粗犷，具有原始的野趣（图3）。

之后在墙上放人字形屋架，沿人字

图3 木刻楞的建造

图2 额尔古纳室恩和木刻楞

图4 呼伦贝尔市恩和安娜家室内

图5 呼伦贝尔市恩和彼得霍娃·达依霞家

形屋架间隔约1m钉檩条，檩上挂椽，上覆雨淋板或石棉瓦。现在大多数采用镀锌铁皮或金属板做屋面，因为金属材质阻力小，冬季不易积雪，可减轻屋架荷载。保温屋做法是在大柁上钉一层木板形成顶棚，上覆一层灰袋纸，抹一层草泥，晾干后再压250mm厚干马粪（因马粪颗粒细小且不易燃，保温效果好）或煤灰，锯末等达到保温御寒作用。大柁下面作屋内天棚抹麻刀灰，再刷一遍白灰。同时，木刻楞房的屋檐距外墙出挑500mm左右，可防雨防晒。

4. 装饰

俄罗斯族的木刻楞有浓郁的民族气息。外墙上会在门窗洞口的位置装有民族特色的木质装饰框，颜色艳丽，花纹精美。内墙做白色抹灰，简单、干净（图6）。屋内布置干净整洁，虽然朴素，但处处体现俄式的浪漫情怀：桌子、窗户、床上喜欢布置白色绣花的布帘；家

中四处都是开满鲜花的植物。由于俄罗斯族人信奉东正教，所以一般都会在里间的墙角处供奉圣母玛丽亚的神像。

5. 代表建筑

1）呼伦贝尔市恩和安娜家（图6）

木刻楞坐北朝南，入口开在北侧。主要建筑为两间，外间为厨房，有大的炉灶，炉灶联通通高火墙，内间是会客和休息的地方。俄罗斯族喜睡床。屋内布置干净整洁，到处都布置白色绣花的布帘；四处都是开满鲜花的植物。在里间的墙角处供奉着圣母玛丽亚的神像（图4）。

2）呼伦贝尔市恩和彼得霍娃·达依霞家

木刻楞坐北朝南，入口开在南侧，体形稍小。房屋两间，入口间为厨房和门厅，厨房设有炉灶，炉灶联通火墙。门厅西向开窗，内间南向和东向各有一扇窗，屋内空间狭小，仅有床和桌子的空间，墙角供奉圣母玛丽亚的神像（图5）。

成因

木质结构建筑是俄罗斯传统建筑形式，具有一千多年的历史。俄罗斯具有丰富的森林资源，在公元10世纪拜占庭石头技术进入到基辅罗斯之前，都保持着木质结构建筑传统。它具有适应寒冷气候、冬暖夏凉、取材方便、构造简单的特点。我国境内的俄罗斯族建筑形式有强烈的俄罗斯风格，同时额尔古纳河周围地处大兴安岭林区，有丰富的森林资源，也是木刻楞成为他们居住形式的一个重要原因。

比较／演变

俄罗斯族的木刻楞有鲜明的民族气息，但相较于满洲里及中东铁路沿线的木刻楞，还是朴实很多，无论从建筑的格局还是墙面、屋檐、门檐及窗套的装饰性上都显得简单、实用很多，所以艺术价值并不高。而木刻楞也并非俄罗斯族的专属，在以森林为生活核心的鄂伦春和鄂温克族的住房以及仓库中也出现过木刻楞的形式，只是建造的更为原始。

图6 呼伦贝尔市恩和安娜家

187

东部少数民族民居·苇芭贴砖房

苇芭贴砖房是 20 世纪 80 年代末出现在内蒙古东部森林草原的住宅形式。最初的形式并没有贴砖，而是林区额尔古纳及根河的百姓来到附近的草原后，利用当地的苇子建造了这类房屋，大约 1990 年后开始贴砖，称为苇芭贴砖房（图 1，图 2）。

图 1　苇芭贴砖房

1. 分布

主要分布在内蒙古东部森林草原的陈巴尔虎旗境内。

2. 形制

由于所处自然环境有漫长的寒冷期，为最大程度利用太阳的热量，与大多数北方民居类似，苇芭贴砖房朝向都为南向，东北方向入口。主要的起居空间与餐厅组织在一个正方形的平面内，北侧的门斗很大，同时容纳厨房和仓库的功能。正方形平面内的起居与餐厅有供暖设施，而门斗和仓库不设供暖。在主体建筑空间中，朝南的区域都作为卧室，一般分为两间，内设火炕。主体空间中靠北的位置布置餐厅和客厅（图 3、图 4）。

3. 建造

新建造的苇芭贴砖房基础通常用毛石砌筑，内外墙用圆木钢丝绑扎成框架，

木框架与木屋架连接成房屋的主体结构，在木框架中尽可能密实填入扎成束的干苇草，并在两侧抹 30 ～ 50mm 厚的混合砂浆，墙厚在 180 ～ 260mm 之间，外墙的外侧贴砌实心黏土砖 240mm。屋顶为三角形屋架，屋架的下弦钉木板为吊顶，板上加风化过的马粪末 300 ～ 500mm 厚为保温层，屋架上弦钉铁皮板遮风挡雨，保护保温材料（图 5）。

而对于有些在原有苇芭房基础上改造而成的贴砖房，苇芭之上先要抹泥，之后在泥的外侧才会再贴一层砖（图 6）。

4. 装饰

从建造上讲此类房屋保持原生态的特点，没有过多的装饰，室内也很简朴。

5. 代表建筑

1）呼伦贝尔市陈巴尔虎旗巴彦库仁镇

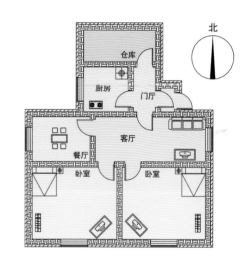

图 3　苇芭房平面图

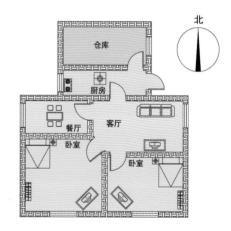

图 4　苇芭贴砖房平面图

图 2　苇芭贴砖房

图 5　苇芭房的构造

图 6　苇芭房改造成贴砖房

成因

内蒙古东北部陈巴尔虎旗地处大兴安岭西部末端向呼伦贝尔高平原过渡地带，森林草原的特征明显。苇芭贴砖房是适合当地气候特征和自然环境条件的产物。靠近林区的地理位置，从林区迁移出来的百姓，在林区的板夹泥房的基础上使用当地的苇子建筑材料发展成这一建筑形式。同时为了适合气候的保暖以及节省每年都要抹泥的麻烦，在外面贴了一层砖，成为苇芭贴砖房。

比较 / 演变

在内蒙古东北部陈巴尔虎旗原有的住房都是土坯房，20 世纪 80 年代初出现苇芭房，原因是附近林区额尔古纳及根河的百姓来到草原后，利用当地的苇子建造了这类房屋，这类住宅具有造价低、工时短、保暖、防震、防涝、自重轻的特点，为了更好应对内蒙古东北部长时间的严寒天气，80 年代末出现苇芭贴砖房，即在原有墙体外侧贴砖。

苇芭贴砖房比苇芭房具有坚固耐用的特点，维护周期明显延长，并且保温性能也有很大的提高。新建造的苇芭贴砖房很难看出内部的结构及构造的形式，外观上与砖砌房屋有很大相似度，只是屋顶的做法上是利用铁皮包裹原有的结构。在原有苇芭房基础上改良形成的贴砖房则处于中间的状态，屋顶以及山墙都能暴露原有的建造手段。

王文江家（图 7）

住宅朝向为南向，主入口东北方向，两个卧室分别处于南侧方向，屋内陈设简朴，方形的平面内靠北侧分别为餐厅和客厅，四个房间分别有窗一个（图 6）。入口和储藏空间在北侧稍小的体量里，厨房空间在此。

该房子为苇芭房，是苇芭贴砖房的前期。

2）呼伦贝尔市陈巴尔虎旗巴彦库仁镇王大柱家（图 8）

住宅的格局基本类似于上一个案例，这是苇芭贴砖房，基础为毛石砌筑，外围护界面都为砖的材质，仅屋顶是铁皮材料。

图 7　呼伦贝尔市陈巴尔虎旗巴彦库仁镇王文江家

图 8　呼伦贝尔市陈巴尔虎旗巴彦库仁镇王大柱家

东部少数民族民居·达斡尔族民居

达斡尔族是内蒙古东北部三个少数民族中唯一从事定居农业的民族，它的民居形制深受北方汉族民居影响——拥有完好的三合院院落空间（图1）；建筑形态与北方汉族有相似之处，但在建筑材料及内部空间的布局上又具有典型的达斡尔族特点。

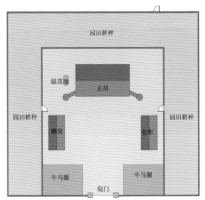

图1 达斡尔族三合院院落

1. 分布

达斡尔族民居在内蒙古现存比较完好的主要分布在呼伦贝尔市莫力达瓦达斡尔族自治旗下辖的村镇以及鄂温克族自治旗、扎兰屯市、阿荣旗。

2. 形制

达斡尔族的三合院院落空间呈长方形，正房坐北朝南居中而拒，东西厢房分别布置仓房与磨房，用于储藏粮食和农具以及粮食加工；院子开口端为院门，靠近院门左右设置柴垛、牛马圈。讲究的人家在院子南侧再加一道院门，俗称"大门"、"二门"，意在把牛马圈和柴垛与内院分离，形成主、外院套。在庭院东、西、北外层是园田耕种的场地（图3）。院套的四周有围墙或栅栏区分领域，栅栏多以柳条编织而成或用柞木树干围成，名为"障子"（图4）。

正房以间为单位，传统达斡尔族正房多为两间或三间房。两间房西屋为居室，东屋为厨房，在东屋开房门，西屋为家庭成员的起居处。三间房中间为厨房，东西两侧为居室，其中尤以西为贵，东屋次之，房门开在厨房（图2）。

西屋中设置有凹形炕（图5），其中南炕是家中长辈的起居处，客人来了在西炕而居，北炕是晚辈的处所。西窗是达斡尔族民居的重要特征，西窗开在西屋山墙上，有利于室内采光和通风。

达斡尔族的正房烟囱很有特色，它们设在住房的侧面，三间住房会在左右有两个烟囱，分别距离东西墙面一二米远。烟囱有圆柱形，有方柱形，同样用草坯垒成，直通火炕。

仓房一般两间到三间，地板离地约700～800mm，易于空气流通，盖建时，仓库正面留有800～1000mm宽平台，可作晾晒物品之用。磨房通常两间，地面没有抬高。

3. 建造

达斡尔族民居以木柱为框架建造，

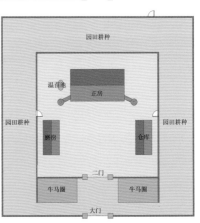

图3 达斡尔族传统民居院落平面示意图

图2 达斡尔族民居中正房布局图

图4 柳条编织的障子

图5　凹形炕和西窗

图6　马当浅村敖敦林家

三间主柱为8根，两间主柱为6根。柱子上双层檩柁，檩柁上放三脚架，形成"人"字形的突脊。从房脊到房檐每隔一尺二寸（约39.6cm）架一根椽子，在椽子上面铺柳编的房笆（图5），柳笆上抹一层泥，再铺苫房草，房脊上用编成的鞍形草架子压封，既防风吹散，又整齐美观。砌墙的材料大多用草坯，也有的用土坯。

4. 装饰

达斡尔族民居的装饰集中在窗、西屋门及炕沿下的墙上。窗很讲究花纹的组合形式；室内西屋的隔扇门讲究以红松为原料，隔扇门分为门扇和门楣两部分。门楣上多雕花瓶或五幅奉寿等题材图案，有的人家则雕饰满、汉文的福、禄、寿、喜、财。扇门上有雕刻的菱花、盘长纹形棂子，下面门板雕有花草、飞禽、鹿的吉祥图案。炕沿下镶木板，木板上还雕有各种各样精美的图案。

5. 代表建筑

1）内蒙古呼伦贝尔市莫力达瓦达斡尔族自治旗阿尔拉镇马当浅村敖敦林家

该住宅是典型的三合院空间。正房

为三开间，中间厨房有灶台三个，室外窗的分格为经典的菱形，室内隔扇门门板上雕有花草和飞禽的图案（图6）。

2）内蒙古呼伦贝尔市莫力达瓦达斡尔族自治旗库如奇镇库如奇村鄂长宏家

该住宅正房为三开间，两侧是卧室空间，中间为厨房兼餐厅。西屋凹形炕，炕下板墙雕有装饰图案，炕上有炕柜，隔扇门上图案简洁，所有室内的装饰都为暗红色（图7）。

成因

在诸多有关达斡尔族族源的历史观点中，契丹后裔说占主导地位，从辽代契丹人就有了农业耕种，并从事渔猎和牧业。不同于其他的北方游牧少数民族，达斡尔族从17世纪中叶即从事农牧业，又从事渔猎业，这在北方的少数民族中是唯一的。因此，受汉族农业文化的影响，从这一时期开始达斡尔族已经形成了一定规模的村落，民居的形式既具有北方森林狩猎民族文化的基本特征，又有封建农耕文化的烙印。

比较／演变

达斡尔族民居的建造材料都是就地取材，在房舍的建设中除有自己的民族特征外，比如房舍很大，喜欢大家族居住；喜欢房间敞亮，通风好，所以窗户很多，也吸收了汉满两族的建筑风格，特别是满族的建筑对达斡尔族民居早期的形成产生过较大影响，如达斡尔族的全木房不论从建筑结构还是形式上，都与满族改土垡、泥抹式、加盖苫房草建筑比较接近，而且达斡尔族与满族一样，在房间的布置上都是以西为贵。

图7　库如奇村鄂长宏家

混合民居·土窑房

最初的土窑房以山室侧壁竖向挖出来的洞室作为房屋，极似陕西窑洞的直洞。通常一家以一洞为主，多至三洞。后来演变为在平地上用土坯砌筑的土窑房，每家多至五洞到七洞，洞内设土灶、火炉、壁龛、土台。洞口的墙壁安设大花窗，洞顶全部为拱券。土窑房民居是内蒙古高原的产物，是内蒙古高原人们生活的真实写照，建造方式古朴自然又匠心独运，是因地制宜的完美建筑形式，也是中国建筑历史文化中不可缺失的一部分（图1）。

图1 土窑房民居外观

1. 分布

土窑类结构为纯土坯建造，如内蒙古乌兰察布市丰镇官屯堡乡和察哈尔右翼前旗一带居民，当地土质细腻，土层构造坚固，用这样的土坯建造的土窑房经久耐用。

2. 形制

土窑房民居以黄土为建筑材料，因为黄土地层构造质地均匀，抗压与抗剪强度较高，可以承受很强的荷载，由黄土土坯制成的拱券经久耐用，跨度一般可达三米多。门窗洞口也为拱形结构砌筑，早些年的土窑房民居一般为三间，近年来随着人们的需求增加，土窑房间数增加到五到七间。土窑房民居防雨水能力较弱，所以大多数土窑房民居一般都会做瓦屋顶（图2、图3）。

图3 土窑房民居土坯砌筑的拱形结构

3. 建造

在窑洞民居发展初期，人们选择在土质较好、地势较好的沟壑中直接在竖直的崖壁上向内挖出拱形洞穴，这就是最简单的土窑房，后来人们在平地上通过制作土坯作为建筑材料来建造的地上窑洞才是真正意义上的土窑房民居。土窑房民居为纯黄土制作，其主要制作过程分为两大步骤：首先是拱形土坯的制作，在制作土坯之前要选择有黏性的没有杂质的黄土，加入少量的细沙，同时为了增加土坯的抗拉性能，可在其中加入少量的秸秆或者麦尖，加水搅匀后用专用的模具将土坯制作成型，然后开始晾晒，在晾晒拱形土坯的

图4 土窑房民居门窗装饰

图2 土窑房民居夯土墙遗址

图5 丰镇市官屯堡乡于连科宅外观

过程中开始砌筑墙体及火炕，砌筑完成并晾干后，将土坯拱结构搭接在墙体上并抹灰，同时安门窗，完成后即可入住。

4. 装饰

土窑房民居大多装饰较少，最主要的装饰集中在门窗上，土窑房民居只在南向开设门窗，其窗户上方随着土窑屋顶的起拱开设弧形轮廓的拱窗，其下方设方形轮廓的窗台。窗户分为上下两部分，上部为半圆形，正中设方形格栅，格栅后糊纸一层，纸上贴有民族纹饰，此窗体上部固定不可开合，只起装饰作用。门与窗连为一体，其上部分与单独开设的窗同为弧形轮廓，内设方形与菱形窗框，里侧裱纸，门洞右两侧设可开启的矩形窗户，窗户被窗框分为三段，设玻璃窗面（图4）。

5. 代表建筑

1）丰镇市官屯堡乡南王家营村于连科宅

此民居建成已有四十多年，由于每年都会加以维护，现在土坯结构保存依然完好。院落布局基本为三合院式，院落大门位于南墙偏东。院落由正房（原有土坯房）、东西房（为后来加建）、院墙、大门围合而成。庭院较大。院内

包括5间正房、3间东房、3间西房。墙体正立面最早为土坯。后加砖砌装饰，内部空间为拱形，内设火炕。室内无梁柱，由夯土墙承重。窗户下半部分为黄色木框玻璃窗，上部为木隔扇纸糊窗，并贴窗花。门为木板门。屋内摆设木柜，木制相框，木框镜等装饰，墙面用大白粉刷（图5）。

2）丰镇市官屯堡乡南王家营村宋国青宅

此民居与上述于连科宅属同一时期建筑，虽然每年都会加以维护，但由于土坯墙体外侧没有任何保护结构，相比于连科宅，保存不算完好。

三合院式布局平面与于连科宅形制相近，庭院较小。院内包括3间正房、3间东房、3间西房。墙体完全为土坯材料。内部空间沿袭了传统窑洞的做法，设有火坑。装饰主要集中在窗户和门上，装饰做法与同村的于连科宅基本一致，门为木板门。屋内家具布置非常简单，仅有木柜和电视机，除墙面挂白以外无其他装饰（图6）。

成因

内蒙古行政区划的部分区域为黄土高原地形，因黄土层深厚，土质密实，以土坯砖为建筑材料的建筑坚固耐久，数百年至千年不易倒塌。同时，土窑民居造价低廉，冬暖夏凉，所以在内蒙古土质较密实的乌兰察布地区，土窑房建筑一直流传至今。

比较／演变

早期人类为了改善自身生活条件，自己动手在山崖上挖掘洞穴来居住，这些洞穴就是现代窑洞的原型。靠山挖窑或靠崖挖窑的建窑方式受到的限制较多，逐渐无法满足人们的居住需求。随着人类社会的发展，砌筑拱的结构技术得以发展推广，窑洞开始脱离山体和崖体，人们试图在平地上用砌块砌拱的方式来建造房屋，以此来获得更多、更自由的生活空间。用于砌筑的砌块材料因地制宜，包括砖石、土坯砖等多种材料，形成不同类型的窑洞。我国西部黄土高原地区的土为黄土，土地层构造质地均匀，抗压与抗剪强度较高，能够承受较强的荷载。所以在山西、陕西、甘肃、青海、宁夏、河南及内蒙古部分地区，利用土坯砖砌筑窑洞的筑造方式得以广泛推广，逐渐形成今天的土窑房民居。

在内蒙古乌兰察布地区，由于汉族人的影响，部分蒙古人及部分蒙汉通婚的后代开始学习建造土窑房，生活方式也由原来的游牧生活逐步转变为半农半牧的生活方式，在建筑的部分附属功能设施配置上，对这种生活方式有较明显的体现。另外，在建筑形制基本延续汉式土窑做法的同时，建筑的装饰部分，如建筑的门窗部位，融入了较多具有象征意义的民族纹饰图案，与传统的汉式窑洞装饰手法区别较为明显，体现了其独有的民族特点。

图6　丰镇官屯堡乡宋国青宅外观

混合民居·宁夏式民居

阿拉善左旗地处内蒙古自治区西部，旗内的民族主要有蒙、汉、回、满族等。长期以来，多种民族文化在这一地区的交流碰撞，使阿拉善左旗民居逐渐形成了一种独有的民居形式——宁夏式民居。阿拉善左旗西南紧邻甘肃省河西走廊地区，民居形态也受到此地区环境的重要影响。河西走廊地区降水少、温差大，气候寒冷，大陆性气候特征明显，冬春干旱多风沙，常年刮北风，故住宅一般不开北窗。为保温防寒，人们在建造房屋时大多采取厢房围院的布局形式，且房屋紧凑，屋顶为一面坡和两面坡并存的形式。

图 1　宁夏式民居细部装饰

1. 分布

宁夏式民居主要分布在回族人口聚居地、河西走廊地区，以及与宁夏相邻的阿拉善左旗等地区。

2. 形制

宁夏式民居一般采用合院式布局，商贾富户的宅院可根据需要在进深与跨数上进行增加，大都中轴对称，以院落为空间核心，不同规模的合院有不同的院落数量，最普通的为三合院，房屋围绕院落布置，宅门开在南侧院墙正中，做成精致的门楼，正对宅门的是正房，正房是整个宅院中最重要的建筑，这充分体现了汉族居中为尊的传统礼制观念，其高度一般高于耳房与厢房，中间用作起居厅，两侧做主人卧室。由于冬季寒冷，卧室中通常设有火炕，正房前墙退后形成檐廊，正房两侧通常还带有两个耳房，院落东西两侧均有厢房，比正房矮些，平屋顶，木框架结构，用于后辈居住或做辅助用房（图 2）。

3. 建造

宁夏式民居为砖木或土木建造，墙中设柱，柱是主要的竖向承重构件，砖墙或生土墙仅为外部围护结构或辅助围护结构，木屋架一般为梁柱平檩式构架，此结构体系抗震性能好。也有硬山搁檩式的墙体承重结构，以生土墙或砖墙承重，建筑四周无柱，水平木梁直接架在墙上，檩条直接担在木梁架上，此类房屋虽然节省木料，但抗震性能差。多数厢房朝向院落的一侧都带有檐廊，但檐柱不直达地面，而是采用垂花吊柱，在外墙立柱与出檐的垂花吊柱间加了一个斜向支撑构件，其形类似如意，运用三角支撑原理，巧妙地达到了结构的稳定性，这样一来既实现了力的传导，又节省了木料的使用，同时使得院落空间更加宽敞、通透。

4. 装饰

宁夏式民居屋顶大多数都采用宁夏的无瓦平屋顶形式，而且大多数宁夏式民居都采用合院式布局形式，格局方正，院落内也分为正房、厢房、耳房等，房屋一般都会有檐廊，有的檐廊还使用垂

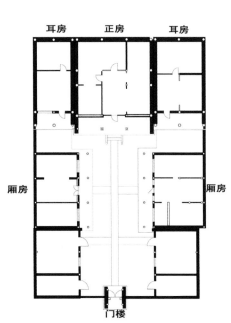

图 2　宁夏式民居结构

图 3　宁夏式民居细部装饰

图4　宁夏式民居细部装饰

图5　一道巷二十一号院

花吊柱出挑。民居室内外装饰也体现着北京地区民居的一些工艺做法，如额枋上精美的雕刻、室内的各式门罩等（图1、图3、图4）。

5. 信仰习俗

阿拉善左旗各民族都有宗教信仰，阿左旗历史上主要有喇嘛教、伊斯兰教、基督教、佛教、天主教五种宗教，从建旗开始，蒙古族多信仰喇嘛教，历代相传，延续至今。

6. 代表建筑

1）四道巷一号院

四道巷一号院位于阿拉善左旗定远营内，建造于清康熙以后，具体建造时间不详。占地面积约400m²。

建筑为合院式单进院落，形态近似北京四合院，正房三开间，前设檐廊，

正房立面主要为木隔扇装饰，外加支摘门窗框。额枋与屋檐之间有精美木刻装饰，有左右耳房。左右厢房均为三开间，木格栅窗装饰，院落一侧带有檐廊，但檐柱不直达地面，而是采用垂花吊柱。

2）一道巷二十一号院

一道巷二十一号院位于阿拉善左旗定远营内，建造于清康熙以后，具体建造时间不详。占地面积约700m²。

建筑为合院式单进院落，形态近似北京四合院，正房三开间，前设檐廊，有左右耳房。左右厢房均为三开间，有垂花吊柱檐廊，正立面为木格栅装饰，额枋涂漆，无木刻木雕装饰。院落一侧带有檐廊，但檐柱不直达地面。在厢房和南墙之间左右各加建三间土坯房，木质隔扇窗装饰，无檐廊（图5、图6）。

成因

早期阿拉善地区的少数民族大多过游牧生活，不曾有固定居所，清康熙三十六年（1697年）设阿拉善和硕特旗，雍正八年（1730年）清廷在今巴彦浩特建定远营城，作为军事镇守之地。定远营建营之初，在城内西北区域就建有供王爷近支、王府官吏和上层喇嘛居住的宅院，后来不断从周边迁来的大量商民，连同为入嫁格格陪嫁的眷人等都长期定居于此，当地蒙古人也不再长途迁徙，逐渐定居下来，随着农业的发展，当地蒙古族的固定居所也大量增加。

阿拉善左旗定远营建营初期有大批京城工匠参与房屋建设，而后历代王爷及其近支与清廷往来频繁，所以此地的宁夏式民居建筑形式深受京师四合院的民居影响，大都带有浓厚的北京特色，体现在院落形式上最鲜明的一点就是合院式布局形式。

比较/演变

宁夏式民居因大量北京工匠参与建造，所以兼有宁夏传统民居和北京传统四合院两种建筑风格。由于阿拉善左旗常年干旱少雨，宁夏式民居与北京四合院相比，最大的不同之处在于建筑多采用平顶屋面，房顶均无瓦，大都用泥土直接抹平，相对厚实。在靠近院落一侧设置雨水口，有组织排水。院墙独立于房屋的墙壁。与北京四合院的砖砌墙体不同，宁夏式民居的墙体大多就地取材，用土坯砌筑而成。多数院墙的基座只是简单的石台基，高度较低，可防潮防水；院墙墙身与建筑墙身一样，墙顶铺有瓦件。

图6　四道巷一号院

辽宁民居

LIAONING MINJU

少数民族民居·满族民居

辽沈地区是我国第一大少数民族——满族的肇兴之地。作为满族传统文化重要组成部分的满族民居，是聪明智慧的满族先人将自身的生活习俗、宗教信仰、生产方式、审美标准与汉族先进的建造技术以及寒冷地区的气候特点相结合的产物。尽管满族民居与汉族民居在某些形态上有相似之处，其特点仍十分明显。

图1 满族民居正房外观

1. 分布

满族民居主要分布在我国的东北地区。现存的满族民居大都位于距离市区较远、交通不便捷的农村。辽宁现存的满族民居主要分布在新宾满族自治县、清原满族自治县、桓仁满族自治县、岫岩满族自治县、宽甸满族自治县以及凤城市等地。

2. 形制

早期的满族村庄多是氏族（穆昆）居地，常以家族（从原始氏族发展而来）聚居为主。满族先民的氏族、部族中城堡东南面多筑祀神敬祖的八角亭式堂子，堂子前立神杆。以合院的形式作为其群体组织的基本单元，这也是满族汉化的一个结果。在一个四合院落中，一般有正房（图1）和东西厢房。正房住人，厢房住人或作库房。东厢房存粮，西厢房多为磨房或放零杂物品的仓库。满族民居多数合院为一进或二进，只有少数富贵人家的院落建成三进及以上的套院。满族民居的院落占地大，房屋在院子中布置得很松散。高台上筑房是满族建筑的重要特征，并且成为等级制度的象征而用定制规定下来。"口袋房，万字炕，烟囱立在地面上"，生动形象

地概括了满族民居建筑的特点。其平面多为矩形，不一定要单数开间，也不强调对称，坐北朝南。若3间大多是在最东边一间的南侧开门，若5间在东次间开门。门均于一端，形成"口袋房"。居室布局的最大特点是环室三面筑火炕，南北炕通过西炕相通，俗称"万字炕"。

正房前通常设置一个供祭祀活动的平台——月台。烟囱（满语称"呼兰"）的建造做法不同于其他民居，多采用脱开房屋设置的独立形式，用地上的水平烟道与主体建筑连通，称为"跨海烟囱"（图2）。

3. 建造

满族人建宅采用檩揪式的梁架结构体系（图3），常见的有五檩五揪、七檩七揪和九檩九揪三种。五檩五揪是满族民居中用得最多的结构形式。建筑的外墙基于防寒保温需要，一般均厚400mm以上。屋面有草屋面和瓦屋面，满族民居中的屋脊主要有实心脊和花瓦脊两种，脊的两端有两种做法，一种是砌放雕刻的平草砖，上部安装鳌尖；一种是以青砖和平草砖砌成龙头凤尾的形象。满族民居中的基础主要是用白灰与黄土按3：7或

4：6（以体积比计算）拌合后铺在基础槽内、分层夯实做成的灰土基础。火炕建造采用"通而不畅"的砌筑原则。炕垄的材料大都与炕面相同，主要为砖、石或土坯。

4. 装饰

重实用而少装饰是满族人在建房时的习惯。房屋前立面的装饰比后立面多，俗曰："前浪后不浪"。有的前檐墙墀头上有精美的雕饰，而后檐墙上则没有。屋脊是瓦屋面重点装饰部位，常用瓦片或花砖装饰，拼出银锭、鱼鳞、锁链和轱辘钱等多种图案。屋脊两端的装饰有鳌尖、龙头、凤尾等。房屋前檐墙的东侧，有供奉佛陀妈妈的凹龛（图4）。石雕装饰主要集中在山墙的迎风石、墀头以及靠近墀头的博缝上，图案有汉字、莲花以及阴阳八卦图等。窗多为支摘窗，窗棂格早期有"马三箭"，后来受到汉族人的影响，样式越来越多，有盘肠、万字、喜字、方胜等各种形式（图5）。

5. 代表建筑

1）新宾肇宅

肇宅（图6）位于新宾满族自治县上夹河镇胜利村，这里是清代皇室爱新觉罗的后代肇宗华家的老宅。肇宅

图2 满族民居"跨海烟囱"外观

图3 满族民居梁架结构

图4 供奉佛陀妈妈凹龛

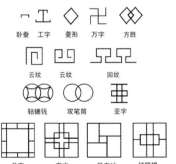

图5 窗棂装饰基本元素

图6　肇宅正房外观

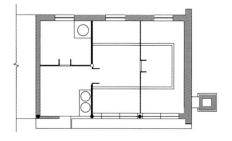

图9　肇宅正房平面示意图

图7　关大老爷旧居正房外观

图10　肇宅正房横剖面示意图

为三合院，布局简单，除了正房及厢房之外，还布置有院门、院墙、苞米楼、索伦杆等。现存正房3间，平面为矩形，门开在西侧（因整栋建筑西侧被拆除，现仅存东侧），不对称布局，形成了典型的"口袋房"（图9）。居室内的南北炕通过东炕相通，即"万字炕"的形态。肇宅的烟囱置于山墙侧面，基部距离山墙2m左右，是独立式的"跨海烟囱"。前檐墙门窗所占面积较大，仅窗下墙及两窗间墙使用砖，其他则用木装修隔挡。后檐墙开窗较少，大部分满砌砖墙；两山墙均为实墙，采用典型的五花山墙的做法。前后檐墙及山墙由砖石砌筑的部位均将木柱包在厚厚的墙体之内。墙身的窗下勒脚部分用青砖砌筑。房屋前檐墙的东侧，有一供奉佛陀妈妈的凹龛。肇宅的木构架体系为五檩五揪的"檩揪式"的梁柱结构体系（图10）。建筑的外墙厚400mm左右，内隔墙以秫秸抹泥砌筑。屋顶坡度平缓，以适应东北地区

夏季少雨、冬季覆雪保温的气候特征。

2）凤城关大老爷旧居

凤城关大老爷旧居现位于辽宁省凤城市西南部白旗乡王家村31号关家瓦房屯。原有正房5间，腰房5间，东西厢房各3间，现存正房5间、东西厢房各3间（图7）。旧居院墙由河滩石堆砌，高1.4m。关大老爷旧居一正两厢的规制虽然完整，但并未在礼制上有所注重。关大老爷旧居是一组典型的满族民居，正房（图8）和厢房均为抬梁式，单檐硬山顶以及独立式烟囱。正立面明间大门的西侧窗间墙上设供佛陀妈妈的凹龛。正房的支窗为2.1m×2.1m的整扇大窗，窗棂样式为简朴的"马三箭"。室内天花采用小方格天花和铺木板两种。正房厢房用材基本一致：青砖、石材、黏土和小青瓦。旧居装饰简单，窗、门、格栅由木材做成几何纹样。墀头上的转角石上阳刻有团福，墀头、山尖、凹龛有少量砖雕。

成因

满族民居是从半地穴居发展起来的，并受汉族民居的影响较大。满族民居的形态多种多样，其中带有正脊的房屋是它的主体，而这种房屋恰是向汉族学习建造技术的结果。由于以渔猎为主要生产方式的满族人最初大都居住在山区，其生活环境、生活习俗、审美标准等与汉族存在着许多差异，所以以居住建筑表现出某些不同于汉族等其他民居的特色。比如清入关前满族居住建筑一般将整个院落建在一个高高的大台基上，建筑形式为满族特色的高台建筑。这是因为满族在进入平原之前久居山地，定居平原后，由于心理习惯而仍以人工筑高台以便登高瞭望。随着满族逐渐适应平原生活，高台的高度逐渐降低，以致最后彻底丧失其登高瞭望的功能而成为一种等级标志。

比较／演变

满族主要吸收了汉族民居建造技术，其民居在院落形态、结构体系、构造做法以及建筑形态，甚至一些细部做法方面，均与当地汉族民居十分相似。由于满族人最初居住在山地，这使他们的建筑表现出某些不同于其他民居的特色。满族人建房不同于汉族的规矩，如在抬梁式木构架中采用"檩揪"的做法，平面布局采用"口袋房"、"万字炕"……此外，早期的满族民居并无明确的等级标识，建房的主要目的是为了满足实用的要求。明代，曾被押禁在建州的朝鲜降将李民奂返回朝鲜之后，在《建州闻见录》中写道："窝舍之制……无宫府群邑之制。"直到出了努尔哈赤之子与父争豪宅之事后，满人才开始在民居建筑中体现汉族的礼制等级观念。清代中、后期直至中华民国期间的满族民居具有明显的等级观念。

图8　关大老爷旧居全景

少数民族民居·锡伯族民居

辽宁是我国锡伯族民居的主要分布地之一。由于受满族和汉族传统文化的深刻影响,锡伯族民居建筑在形态、结构体系、立面造型、采暖方式等方面呈现出与满、汉民居融合的明显特征。同时,锡伯族民居在院落布局、主要建筑的平面形式、建筑细部装饰等方面具有该民族自身的文化特点。

图1 锡伯族民居正房外观

1. 分布

锡伯族民居主要分布在辽宁、吉林、黑龙江、新疆等地。新疆维吾尔自治区察布查尔锡伯自治县是锡伯族最大的聚居区,也是锡伯族民居主要集中分布区。辽宁省是锡伯族另一处聚集地,锡伯族民居集中分布在沈阳市兴隆台、黄家两个锡伯族乡和石佛寺朝鲜族锡伯族乡。由于城市建设的快速发展,目前这些乡镇仅存为数不多的锡伯族民居。

2. 形制

锡伯族的村屯(图2),大都建在水草丰茂之地。在村屯的四周,昔日都建有城墙。院落多为三合院、四合院以及独院,全部为一户一院。三合院大多在一侧设有厢房,若建有东西厢房,则东厢房用于居住、贮存粮食、放置农具等,西厢房一般为磨房和牲口房。四合院是锡伯族向汉族学习的产物,而独院是辽宁锡伯族民居最常见、最大量的一种类型,院落中只有正房一座,没有厢房。院落的四周有围墙,围墙有的用土夯筑、有的用砖砌筑,有的用柳条、秸秆等编制而成。大多数的锡伯族民居以单体为主,正房(图1)位于院落最北的中心,除遇特殊地形,大多坐北朝南,

平面开间数2~7间不等,正房平面有中间开门的一明两暗式和只东侧开门的口袋式两种。锡伯族以西为贵,故西屋由长辈居住。过去房屋都有"安巴纳罕"(大炕),这种火炕具有很浓厚的民族特色,它由三面环绕的南炕、西炕和北炕组成。南炕由爷奶或父母使用,北炕供客人使用,西炕一般不住人,有贵客来时请之坐卧。一般客人和家人不能在西炕上坐卧,因为西炕靠山墙立佛龛。院门常设有单间屋宇式大门或乌头门。房屋有青砖瓦顶和草泥墙草顶两种,其中大量使用的是后者。锡伯族民居总的来说形态较为单一,变化也不丰富。

3. 建造

屋架采用抬梁式,以五檩较为多见(图3),与满族民居最大的不同在于锡伯族民居的梁架大都采用单檩的形式,而不用檩揪式。大梁或搭在柱上或搭在墙体上,厚重的墙体往往承担部分屋架的重量。一般不设檐廊,仅将檐椽出挑300~500mm。若为草顶房,其檐部采用露檐的做法。若为瓦顶房,其檐部采用封檐的做法。出于防寒保温的需要,墙体多用草泥、土坯、青砖和石材砌筑,墙体厚度北墙为450~550mm,其他三面的

墙体厚度略小于此。台基低矮,多用砖石混砌。锡伯族民居的火炕高60~70cm,由5个烟道组成,火炕(环炕)的烟道互通。烟囱多置于山墙外侧,其外皮距离山墙500mm左右,也有设置在房屋侧前方或侧后方的,无论位置如何,烟囱均采用"落地烟囱"的形式(图4)。

4. 装饰

锡伯族民居的瓦屋面的装饰与满族相似,但是装饰的部位仅限于瓦顶的屋脊处,一般仅用瓦片或花砖做成扁担脊,屋面的其他地方几乎没有装饰。对于大多数的草顶房而言,屋面没有任何装饰。窗格的大多样式简练,线条粗犷,组合也比较简单,而且窗格在组合式样上没有普遍的规律,随意性较强,只要寓意吉祥即可。较富裕家庭的墀头、窗棂、门扇、窗户纸以及炕上的吊搭板等部位常用具有锡伯族民族特色的装饰题材——神鹰(传说锡伯族最初的萨满是神鹰的后裔)、蝴蝶、牡丹、莲花、鹿等。

室内(图8)的布置比较朴素,一般放小炕桌、大木柜、凳子、八仙桌等。八仙桌前挂先辈的画像,桌上放香炉、茶具,有钱人还摆一对瓷花瓶。炕上又放有特制的长方形木具,称之为"吉伯

图2 辽宁地区的锡伯族村

图3 锡伯族民居梁架

图4 锡伯族民居落地烟囱

浑塔图库"（被柜或炕柜）。

祭祀喜利妈妈是锡伯族独有的群体性民间信仰活动。喜利妈妈是一条两丈多长的丝绳，上系小弓箭、小靴鞋、箭袋、摇篮、铜钱、布条、嘎拉哈等代表子孙繁衍和家宅平安的小物件。它是带有结绳记事的寓意，是家族繁衍的标记，是锡伯族没有文字时代的家谱。平时，喜利妈妈被拢在一起，用布袋或纸袋封好，挂在上房西屋西北角的供位上。供位为一托板，可摆放香、烛、供品等。每到祭祀的日子，由家中男主人将喜利妈妈请出，将索绳拉开，从屋内西北角拉到东南角，摆上供品，燃香叩拜。

5. 代表建筑

何贵文老宅

何贵文老宅（图6）位于沈阳市沈北新区兴隆台锡伯族乡新民村。该村是锡伯族的聚居地之一，目前70%以上的人口为锡伯族。这里的锡伯族文化源远流长，该宅的主人，现年78岁的何贵文老先生是锡伯族非物质文化遗产——欻嘎拉哈的传承人。

这栋老宅是锡伯族在辽宁地区主要居住形式的代表。其形制为"独院"式，仅一座坐北朝南的正房，院墙以柳条编制而成。正房7开间，中间开门，左右对称布局，中间的3间为厨房，现西侧2间是居室，东侧2间为库房。该处老宅是当地锡伯族民居中规模较大的一座。梁架采用抬梁式，用料较满族民居和汉族民居偏小，墙体为土坯外抹草泥，草屋面（为了防止雨水渗漏，现在

图6　何贵文老宅外观

草屋面上覆盖了石棉瓦）。具有锡伯族民居特点的"落地烟囱"位于山墙两侧（图9）。该民居极少装饰，窗采用支摘窗，窗格均为直棂格。

图7　锡伯族民居外观2

图8　锡伯族民居室内布置

图5　锡伯族民居外观1

图9　何贵文老宅山墙与烟囱

成因

锡伯族民居是锡伯族历史变迁的一种见证。锡伯族作为北方的游牧民族最初的民居形式为帐篷、草房、马架子、地窝子。清朝以后，随着锡伯族南迁，在从游牧到定居的演变过程中，或主动或被动地吸收满族以及汉族传统的建造技术，结合辽宁的气候特点以及本民族的文化特点，形成具有多元文化融合特征的锡伯族民居。

比较／演变

由于锡伯族的祖先生活在寒冷的东北地区，形成了适应该地区气候特点、又具有本民族特点的居住形态。锡伯族自16世纪编入蒙古"八旗"后，便开始自上而下向满族全面学习，这使得其民居在诸多方面，特别是外观造型方面与满族民居十分相似，如屋顶大多采用硬山式、山墙多用"五花山墙"、烟囱均为"落地烟囱"等。同时，锡伯族民居在局部装饰和室内布局等方面也坚定地保留着本民居的特点，如其民居平面多数采用一明两暗，仅少数采用满族民居典型的平面布局口袋房。锡伯族并不像满族在民居外墙上供奉"佛陀妈妈"，而是在民居室内供奉"喜利妈妈"。"西迁"后，留在辽宁的锡伯族人逐渐淡化了其民族特有的风俗习惯，在近二、三十年内建造的住宅，锡伯族的特点已经完全看不到了。

汉族民居·囤顶房

囤顶是平顶的一种特殊类型，屋面平缓，不设女儿墙，在建筑进深方向上，从前后屋檐到屋顶中间，屋面呈现微微向上的弧形，以便排水。囤顶在结构层以上覆土保温和防水，建造简便，是辽西地区民居建筑的重要代表。

图1　北镇市大市镇东沟村27号囤顶木架结构

图3　北镇市大市镇大一村民委员会囤顶檩椽草席屋顶

1. 分布

囤顶民居主要分布于辽河平原以西与内蒙古、河北接壤的辽宁西部地区，主要包括朝阳、阜新、盘锦、锦州、葫芦岛五市。其中内陆地区朝阳的囤顶民居较多，沿海城市中从山海关到锦州的辽西走廊地区较多（图2），其中又以兴城市的囤顶民居建筑为代表。

2. 形制

在乡村，多数囤顶农宅仅建一座正房作为主屋，配建粮仓、杂物棚、柴草堆等简易设施。少数住户另加建一座辅屋，呈一正一厢二合院的格局，厢房比正房低矮一些。一些简单的囤顶住宅，并不设院墙，有条件的则使用秫秸、杂木、枝条、土坯、乱石等材料，在建筑外围成简易的矮墙，形成简单的宅院。较为富庶的农家，也采用三合院的布局。正房一般为3间，一明两暗，中间堂屋兼做厨房，东西两边设灶台，分别与东西间的火炕相连。院落东西两侧建厢房，

有的厢房建造完整，供人居住使用；有的仅建成屋顶、山墙和后檐墙，前檐部位直接开敞，作为圈养大家畜的空间，或者用来存放大车、农具、柴草、饲料。北、东、西三面围墙通常与正房和厢房的后檐墙留有距离，在用地狭小的情况下，也有围墙与后檐墙重合在一起的。南墙正中设墙垣式院门，或者设单间屋宇式大门。

城镇中的囤顶民居，多为三合院和四合院的形式。其中正房多为5间或7间，厢房多为3间。厢房建造完整，供人居住。四合院形制通常在南面设五间倒座，与正房中轴对位，明间开门，两侧的次间、梢间则可以作为马厩、柴房、储藏，也可供仆人居住。围墙四面环绕，有的院落在倒座与两厢房之间设一道院墙，称为腰墙，使得正房、两厢与腰墙之间形成比较私密的家庭生活空间。腰墙上开门，称为二门。若用地宽敞，正房后便留为后院，正房明间北面亦开门，通往后院，或者直接通向后街。

图4　北镇市大市镇东沟村27号硬山囤顶山墙及墀头

3. 建造

囤顶建筑采用混合结构，木梁搁置在木柱或者檐墙之上，在山墙处和进深方向有隔墙的地方，也常常直接用墙支撑屋顶，以便节省木材。梁上直接放多根短柱，短柱上搁置檩条，短柱中间高，两端低，从而抬高中间檩的高度，形成屋面向上微微拱起的弧形。短柱与梁、檩之间均采用榫卯连接。檩子上面铺设椽子（图1），屋面覆土，就地取材，做法多样。

椽子上通常以铺草笆替代望板，草笆以柳条或芦苇制成（图3），草笆上做保温层。保温层有使用秫秸和其他农作物秸秆的，也有使用淤土草泥的，也有在保温覆土层中掺入碱土和羊草（碱草）的。为了稳固，秫秸保温层上铺干泥背，覆土保温层上可以再铺草笆或苇席。防水层有的使用一般黄土草泥，有的使用碱土、白干土铺设。另有在防水层上铺设炉渣白灰层，或做青灰背墁顶的。在前后檐

图2　北镇市大市镇东沟村27号囤顶院落

图 5 兴城周家住宅门房倒座

的边缘加设两层板瓦，瓦边探出屋面前缘，可以更好地将雨水排出檐部。

辽西草泥墙囤顶民居建造更为简便，不设基础和台基。砖石墙体囤顶民居的做法与硬山建筑相似，山墙与屋面交接处，檩子被完全包砌在山墙之内，通常山墙位置会比屋面高出几皮砖，以防止雨水在山墙处流下。山墙在前后檐处均向外突出，并在上端使用叠涩砌法，在檐口部位与檐椽外缘取齐（图4）。

4. 装饰

囤顶民居的屋顶覆土，并不进行装饰，草泥墙面也几乎没有装饰。砖石墙面装饰做法与硬山建筑相似，富庶之家用砖雕和石雕装饰山墙墀头、前檐墙的槛墙以及屋宇式大门和二门的侧墙，雕刻松、鹤、蝠、鹿等寓意美好的题材。窗棂采用盘肠、套方、卧蚕等样式，在檐廊和门楼处施以彩绘。

5. 代表建筑

兴城周家住宅

周家住宅位于兴城古城内延辉门里西胡同，距古城南门120m，约建于1920年，是城镇囤顶民居的典型代表。周家住宅总体布局前后院落二进，院落呈中轴对称式布局，现存有倒座门房、东西厢房及正房，共4栋建筑。倒座门房面阔5间，后在东西两侧各加建1间，大门开在正中明间（图5）。周宅主体为第二进院落，由朝南的正房、东西厢房和腰墙组成（图6）。腰墙在厢房南面山墙处，将一、二进院落分开，正中设二门，为囤顶式。两厢房各3间，东西对称，明间入口均向内凹入，呈八字形。正房面阔7间，前出廊，廊下挑檐檩下设雀替（图7），廊心墙为石制，下碱和上身均刻有精美浮雕。正房明间前后设门，为过厅直通后院，后院进深不大，原设附属建筑。

成因

辽西地区春季风沙肆虐，夏季干旱少雨，囤顶形式既能够防止屋顶面层在大风作用下遭到破坏，又可以满足屋面排水防水的需要。同时辽西地区耕地有限，农业生产和商贸往来都不够发达，不论是乡村还是城镇中居民的财富积累也不及辽河平原和华北地区，因此适宜选用囤顶这种建造相对简易的屋顶样式。

比较/演变

覆土屋面抗水能力较差，黄土草泥面层需要经常修缮。使用白干土、碱土、青灰等材料作为防水层，防水性能和耐久性比黄土都有所提高，但是也并不能完全杜绝雨水的渗入和野草的生长。因此，随着辽西农村经济的发展，覆土保温层得到保留，但是防水层也已经开始选用油毡和水泥等工业材料替代原生材料了。

图 6 兴城周家住宅西厢房

图 7 兴城周家住宅正房明间

汉族民居·坡顶房

坡顶民居是辽宁地区最为普遍的住宅类型，也是与关内华北地区汉族民居最为相近的类型，同时又深受辽宁地区自然气候及少数民族文化的影响。其空间组织灵活多样，可以适应乡村和城镇的不同居住类型和生产需求。

图1 王尔烈故居鸟瞰

1. 分布

坡顶形式是我国最为普遍的传统屋顶样式，坡顶民居在辽宁全境都有分布。在辽宁的乡村及辽东山区，有双坡草顶民居；而在辽宁城镇及辽河平原地区，多为双坡瓦顶民居。

2. 形制

辽宁地区坡顶民居，一般是中轴对称组织院落空间，分别在东、南、西、北四个方向布置房屋，可以形成一合院、二合院、三合院及四合院。内部通过腰墙将院落分成两进，正房之后与后院墙留有一定距离，通常进深不大，形成后院。因此，三合院和四合院又会有多种院落进深的组合形态，如：二进三合式、二进四合式、二进四合伴后院式以及三进三合伴后院式、三进四合式、三进四合伴后院式、三进两四合式。不同规模的院落形态，可以满足从乡村农户到城镇大家庭不同的生活和生产需求。乡村的院子以三合院居多，大门距正房较远，比一般城市住宅的院落宽大深远。院子的前半部停放马车，厢房作为仓库或马厩使用，粮仓、囤子等也可放置在正房

两侧或后院。城镇住宅以四合院为主，大门外可设影壁墙，或门边设八字墙，院子多为两进，中间设腰墙，腰墙中轴上设二门或建院心影壁，从而分隔成内外院。正房与两厢山墙之间以拐角墙相连，墙上设门通往后院。

正房建在居中靠北的位置，厢房沿中轴左右对称而建。正房和厢房各自独立，并不相连。正房根据家庭的经济能力或身份，分为3间、5间、7间等规模。明代宅制等级严格，庶民造屋不准超过3间，清代的限制较松，中华民国后等级限制废止。留存至今的辽宁地区的坡顶民居建筑，多是清和中华民国时期的。因此，常有5开间、7开间的正房。正房中轴处明间设门，明间为堂屋，兼做灶间，俗称外屋地。灶台的位置和数量，根据里屋炕的数量和位置确定。厢房一般都是一明两暗的3开间，分堂屋、北屋和南屋。大门设在中轴线的最前端，采用屋宇式或墙垣式大门。

3. 建造

单体建筑依靠檩揪式木架系统形成坡屋面，这种木架体系的梁柱关系与中

原地区抬梁式木架无异，都是将木柱立在石柱础上，柱的上端支承大梁，大梁上立瓜柱，瓜柱上再承短梁，梁头和脊瓜柱上置檩，檩上挂椽。所不同的是檩下面还放置一个截面略小的圆形构件，称为揪。最常用的结构形式是五檩五揪，五檩五揪有大梁和短梁各一根，称为大柁和二柁，规模比较大的使用七檩七揪。

乡村坡顶住宅建筑建造材料多样，建造方式简便。例如选用土坯、砖、草辫等材料，以土坯和草辫墙为主体，另在墙壁转角和边缘处以砖加筑，使墙体更为稳固。还有砖、石、土材料合筑的方法，石材自基础砌至地面以上，再用砖砌成裙肩，其上再砌土墙，土墙四角镶砖，不但坚固而且能抵御潮湿。也有山墙通体使用砖和石材砌筑的，砖砌边口，石材砌筑墙芯。院心地面都用沙土垫铺，少数人家则用砖做成台阶、甬路。

城镇坡顶合院一般通体青砖构造，硬山式屋顶，多采用小青瓦铺设屋面。采用惯常的青砖硬山屋顶做法，前后两山墙出墀头，檐下墙身做裙肩。屋顶多

图2 王尔烈故居门房前出廊

图3 王尔烈故居垂花门

图4 王尔烈故居正房前檐及出厦 图5 王尔烈故居拐角墙上月洞门

图 6　开原李宅倒座门房

使用实心正脊，屋面两边各有两三垄叠加合瓦，形成垂脊。

4. 装饰

乡村坡顶民居不同材料组合的墙体，本身就形成了装饰意味，尤其是五花山墙。城镇坡顶多为硬山建筑，其砖石作装饰部位以墀头、搏风、前檐槛墙为主，视住户经济实力选用以祥花瑞草、神兽仙人为主题的砖雕或石雕，砌筑在戗檐、搏风、腿子墙等部位。隔扇门窗棂芯使用盘肠、十字海棠、龟背锦、步步锦等样式，油饰以红、绿和栗色为主，彩绘集中在檐廊和门楼梁架部位。

5. 代表建筑

1）辽阳王尔烈故居

王尔烈故居在辽阳老城西门里翰林府胡同。整座院落坐西朝东，是典型的城镇二进四合院的布局（图1），占地面积 9200m²，建筑面积 1060m²，保留历史格局的房屋 20 间。院落中轴东端设置门塾，面阔 3 间，前出檐廊（图2），明间设金柱大门，檐廊左右角柱处接八字展开的袖壁，门内檐下挂"太史第"蓝地金字牌匾。进入大门为第一进院子，

图 7　开原李宅四间正房

迎面设腰墙一道，腰墙正中设悬山起脊垂花门，檐下挂"传胪"蓝地金字牌匾（图3）。进入垂花门为第二进院子，正中 7 间正房，明间前出厦设为入口（图4）。东西两厢各 5 间，明间凹进在金柱处设隔扇门。正房和两厢房山墙之间建拐角游墙，墙上分别开月洞门（图8），月洞门连通正房，后院非常狭窄。

2）开原老城李宅

此宅院位于铁岭开原老城，约 100 多年前山东商人李芝元所建，原为四合二进院落。院落用地面阔较窄，进深较大，正房位于进深居中的位置，与前面 3 间倒座、两侧各 3 间厢房，构成第一进院落。后面院墙环绕为第二进院落。正房 4 间，原为兄弟两家共同居住而设计（图7）。3 间倒座每间上单独做实心正脊，明间居中辟金柱大门，门外接八字形袖壁（图6）。

成因

自明、清以来，辽宁的汉族居民多为来自华北和山东地区的移民，他们在辽宁定居，世代生活，与当地少数民族杂居，从事农业、商业和小手工业，分散在城镇和乡村。汉族移民带来了中原地区较为先进的技术和文化，在影响辽宁地区少数民族民居的同时，也深受少数民族文化，尤其是满族文化的影响，从而形成了兼有满族、汉族特点，适应北方寒冷气候，保证采光和保温的住宅形式。

比较 / 演变

辽宁通过陆路和水路与中原发达的经济联系比较密切，与黑龙江和内蒙古相比，较为原始的自然经济形态的民居文化在辽宁地区已无遗存。与满族不同，汉族祭祖的空间一般设在堂屋，而不是西炕，烟囱一般使用附壁烟囱和屋顶烟囱。檩揪式木构架的屋顶举架做法与清官式作法相似，呈折线起坡，但比清式要缓。气候寒冷导致辽宁的坡顶民居墙壁和屋顶比华北、山东等地要厚实。

图 8　王尔烈故居厢房

汉族民居 · 防御庄园

防御性的庄园大院，也称作围堡，是辽宁地区通过农业生产和商业经营富庶起来的汉族移民在动荡的社会环境下，为保障自身安全而建设的带有高墙和敌楼的规模较大的住宅建筑。

图1　辽阳高公馆鸟瞰

1. 分布

辽宁地区庄园大院主要分布在辽河平原和辽东半岛地区，现存六处，分别位于鞍山、辽阳、大连、丹东境内。

2. 形制

防御性的庄园，规模大于一般的坡顶民居。具有如下4个特征：院墙高环绕、四角建敌楼、多进又多路、屯粮放后头。围墙将所有的居住房屋和储藏设施环绕其中，形成方正而封闭的院落，围墙较一般院墙高且厚，从院外看不到院落内部。敌楼既能够瞭望观察，又能凭险据守，是重要的防御设施，也是庄园大院建筑形态构成的重要元素。一般情况下敌楼设在方正的高围墙的四角，也有少数庄园只设1座敌楼，如果围墙过长，可在中间增设敌楼。高墙内主要的生产、生活空间通过二合院、三合院、四合院的围合方式进行组织，小规模的仅在一条中轴线上组织二、三进院落，

大规模的在主体院落轴线之外，设置平行的轴线，布置跨院，最多的形成东、中、西三路院落。由于富庶，防御庄园的后院面积通常较大，物资一般储藏于此。出于防御需要，通常仅在南面院墙中轴线上开辟1处院门。

3. 建造

防御庄园内单体建筑的建造与坡顶民居基本一致，只是其独有的敌楼和围墙在建造上有所不同。围墙也称作大墙，高度一般在4～5m，高于屋檐以利防御。根据砌筑材料的差异，大墙通常有土坯墙、垡子墙、草辫墙、土打墙和砖石墙五种类型，多为砖石砌筑，厚度约1m。

敌楼形态依庄园大院形状，多是随墙的四方形，少数设计成圆形，突出在高墙四角以外。敌楼的屋顶有苫草的，也有铺瓦的，屋顶形式有双坡、攒尖、平顶等类型。敌楼从下到上分为底层、

二层、台顶三部分，内有"护梯"通往二层，楼板用厚木板铺设。楼体材料一般与大墙材料一致，多为砖石砌筑。敌楼的防御性主要体现在射击和瞭望两方面，楼体坚固的墙壁上设置瞭望口和射击孔，瞭望口和射击孔多开设在楼体上部，楼体下部完全封闭。

4. 装饰

防御庄园内单体建筑的装饰部位与坡顶民居相同，装饰内容扩展到"渔、樵、耕、读"等书卷意味更浓的主题，同时工艺更加精湛，木构件用透雕、砖石作磨砖对缝，而防御设施也有与砖石砌造相结合的装饰做法。砖石墙体的墙枕头（墙顶）通过砖、瓦、石材拼花砌筑，形态较为美观丰富。砖石的敌楼墙体上部通过花砌形成瞭望口，形式多样，多为方形和"十"字形；敌楼墙体与屋面相交，使用叠涩砌法，层层向外挑出，通过丁顺结合，立砖，尖角朝外等方法，形成较为细腻的檐部装饰造型。

图2　辽阳高公馆中路二进院正房外廊

图3　辽阳高公馆南院门

图4　辽阳高公馆中路二进院北望

图 5　辽阳高公馆倒座与南大墙之间，远处为敌楼

图 7　辽阳高公馆从东路望向中路和西路

5. 代表建筑

辽阳高公馆

　　高公馆位于辽宁省灯塔市张台子镇房身村，建于 1927 年至 1929 年，院落占地 13625m²，建筑面积 2960m²（图 1）。四周高墙大体呈正方形，周长 470m，于东南角设敌楼（图 2），中轴线上南、北高墙中央各开设屋宇式的院门 1 间（图 3）。高墙内建筑建在南半部分，北半部分形成非常开阔的后院。南部居住空间分中、东、西三路、现保留 11 幢房屋，共计 73 间。中路院落位于中轴线上，前后二进。第一进院方正，南侧设 5 间倒座，东西两边设游墙，北侧是封闭的二进院落倒座及其耳房的后檐墙（图 4）。倒座的明间位于中轴线上，直接与院门相对，紧邻南大墙（图 5）。一进院中间铺设十字形甬路，左右连通东西游墙上的月洞门（图 7），前后与中轴线重合。中路第二进院落为方形

四合院，单体建筑硬山屋顶，正房、倒座和两厢都是 5 开间。朝向院内四面设檐廊，回字相连，正房檐廊使用红色圆柱，两厢使用绿色方柱（图 8）；朝向院外，四面均为后檐墙做法，较为封闭。正房和倒座屋脊略高，并且东西各设两间耳房，耳房屋顶与厢房屋顶完全连接在一起。该院落封闭性很强，是公馆的中心建筑。西路院落前后两进，第一进院落设 7 间倒座、5 间正房，另有 7 间西厢房，第二进设 5 间正房。东路院落只有一进，设倒座正房各 7 间。东西院落在靠近中路院落处设南北甬路，各进之间以游墙分隔，通过月洞门连接，西路院落甬路北端设垂花门一座通往后院。整个大院，中路第三进院落的正房和东路院落的正房及倒座为起脊硬山式，其余均为卷棚硬山建筑。建造运用了较高的工艺技术，如檐廊使用透雕花板装饰，青砖磨砖对缝砌筑。

图 6　辽阳高公馆东南角敌楼

图 8　辽阳高公馆中路二进院西厢外廊

近代住宅·俄风住宅

辽宁的俄风住宅主要有"木刻楞"式和折中式两种，前者主要移植于沙俄的木刻楞建筑，它包括原木房、木板房和有木雕门窗装饰的板壁抹灰等几种建筑形式。折中式民居主要是俄式建筑到我国北方地区后与当地营造方式结合出现的一种折中主义建筑，形式多样，又带有一些欧式风格。

图1 大连北海街木刻楞住宅

1. 分布

随着"中东铁路"的修建和延伸，俄风住宅在东北有着广泛的分布。俄风住宅主要分布在满洲里、额尔古纳、海拉尔、博克图等铁路沿线，从满洲里到哈尔滨沿线主要是木结构建筑；而哈尔滨到沈阳的沿线都是砖石结构木构架建筑；大连各式俄风住宅，尤其板壁式尖顶楼房和红砖坡顶建筑存留较多。目前在大连胜利桥北俄罗斯风情街及旅顺保留了相对较完整的俄风住宅。

2. 形制

木刻楞建筑是俄风住宅的典型代表，木刻楞民居院落总体布局为长方形，平行道路布置。其庭院为典型的俄国"乌恰式"规划，即南北临街设门，使"趟子房"与街坊形成长方形的网格系统，通过缩小街坊面积以获得更多的临街面

和延长街路，带有殖民主义城市规划的痕迹。在单体建筑平面中，突出以"十字式"横向变形的布局及两翼设门为特点，这是古代俄罗斯建筑惯用的手法（图1）。

俄式折中主义民居在总体布局上无论从街坊的划分、单体建筑的体量以及建筑之间的空间上都比较大。住宅的内部流线一般是经入口门廊到达前厅和前室，再进入起居室等主要房间。主要房间布置在建筑的南侧，北侧布置厨房、储藏间等辅助用房。户内各部分通过走廊和楼梯联系，起居室占据空间的主要位置。

3. 建造

早期俄风住宅采用简约实用的建筑形态，组构技法便捷，用原木叠置立面，两端凿出凹槽直角叠加，整体建筑包括

板壁、顶棚、地面均为木制。其结构遵循木刻楞建筑的制式原则。屋顶采用铁皮瓦大坡屋顶，举架较高。山墙顶部和屋顶中间设置制式不一的通风天窗，形成俄风住宅特有的尖顶屋面和老虎窗，并利于采光和通风。民居采暖设施通常采用壁炉，壁炉的烟囱又与屋顶天窗等向上的排气通道相连通。另外，俄风住宅基础采用石砌地下层，下部空间作为储藏室，这样可缩小季节性温差带给建筑的负面影响，这就是俄式木刻楞建筑的基本构成形式。

后来的折中式俄风住宅结构体系已由木构发展为砖木和砖石混合结构，异化后的俄风折中式民居在建造中主要有板条抹灰罩面样式和红砖砌筑白色线脚装饰两种样式。前者用板条取代壁板，内部圆木立柱支撑形成骨架，外立面木

图2 大连胜利桥北俄风住宅

图3 大连胜利桥北俄风住宅

图4 大连北海街木刻楞住宅局部

板改成菱形分布宽度不等的灰条；后者接近西洋古典建筑样式，整体造型保留天窗和大屋顶的传统，建筑轮廓丰富，而建筑外观采用抹灰罩面和红砖砌筑工艺。此种建筑的门廊和窗口仍保持俄风木构建筑特色（图2、图3）。

4. 装饰

早期俄风住宅不单纯追求形式美的意图，其实用因素压倒美观因素。木刻楞建筑讲究整体美，主要体现在建筑的总体轮廓、建筑组构及各个部分之间的相互关系，最终反映在体量、色彩、装饰诸方面。后期异化的木刻楞居住建筑，尤其是两层以上的建筑，其外墙趋向于介入灰板条外罩白灰泥工艺，整体造型向西洋古典建筑样式靠近，并着重追求木刻楞规范制式的装饰风格，着重表现门廊、雨搭等屋檐和窗口各部位木雕花纹的装饰，这些超越技术而表现美学思想的艺术性综合体，是为木刻楞艺术发展成熟的标志。

另外，俄风住宅建筑注重色彩的运用和搭配，并依据建筑环境并兼顾气候条件而形成美饰原则：木制立面多涂黄色或橙色，铁皮屋顶多涂成棕色、红色或绿色。木雕花纹的精细部分其色彩与之相悖，多采用蓝、绿、紫等冷色调相搭配，形成视觉上的强烈反差，起到丰富色彩和突出重点的作用。

5. 代表建筑

1）大连北海街住宅（图5）

住宅位于大连北海街北海公园西侧，属于俄风木刻楞建筑样式，已有

图5　大连北海街木刻楞住宅

图6　大连康特拉钦柯官邸

100多年的历史。建筑整体采用木构架和原木叠垛组成，外观质朴、造型简洁，无华丽装饰。建筑平面呈品字形，建筑规模不大，只有约100m²，但整体结构完整、布局紧凑。西、南、北三侧设有出入口，其中在房子的前面有一间像走廊一样的房屋，当地人叫门斗，起防风的作用。进入室内，可以看到通往二层的木雕楼梯和富有俄式风格的装饰工艺。

2）大连康特拉钦柯官邸（图6）

大连折中俄风住宅以沙俄康特拉钦柯官邸为代表。1903年建造，建筑面积约600m²，位于旅顺口区宁波街47号。建筑平面呈一字阶梯形，高两层，坐落于红砖砌筑的地层之上。入口设置在东侧，由台阶、门廊、门厅组成。东侧门廊之上设露天亭台，属于俄风建筑空间特有的空间特色。正门前有门厅和围廊，门内有过道，过道两旁是卧室和客厅，室内一角有土坯垒砌的火墙。室内陈设比较讲究，卧室摆放着木床，木床栏杆雕有花草图案，给人一种古雅之感。地面虽铺装地砖，但依然铺有地毯。

外墙立面采用抹灰装饰，运用水平线条模仿传统的木刻楞建筑细部样式，并在窗口、檐下和入口处做重点装饰。同时，立面结合西洋古典三段式和壁柱式构图，反映后期木刻楞建筑的整体造型向西洋古典建筑样式靠近，并着重追求木刻楞规范制式的装饰风格（图7）。

图7　大连康特拉钦柯官邸

成因

东北近代城市建设史应从1860年《中俄北京条约》的签订开始。"中东铁路"北至满洲里，南至大连，东至绥芬河的三条铁路交会于哈尔滨。它们是沙俄在中国侵占的铁路附属地，形成具有异国建筑特色的近代城市。

辽宁近代俄风住宅建筑的形成受其所处地域气候条件、民族传统文化及沙俄在东北的殖民历史等因素的影响，并与东北边贸城市的城市发展与生活方式密切相关，呈现从早期木刻楞式传统样式到后期折中主义的俄风建筑风格。

比较／演变

19世纪和20世纪初的俄国，处在折中主义与俄罗斯古典主义的交汇中，这些建筑思潮随着沙俄入侵东北，并如实地反映到"南满附属地"沿线，尤其在大连的建筑形式中。从大连胜利桥北已建成的俄国人住宅看，立面明显是折中主义的表现，屋顶形式、露木结构又带有欧洲地方风格。

东北边贸城市文化本质上属于中国传统文化的范畴，但它受中国传统的文化影响比较小，传统文化特征就相对较弱，构成了典型的边缘文化区域，最易受到其他文化的影响—对岸文化的影响。历史中俄罗斯因素和传统文化都是重要因素，其中俄风建筑是最重要的因素，对改变城市面貌和形成城市文化具有重要作用。

近代住宅·"满铁附属地"住宅

图1 特甲型"满铁"社宅外观

"满铁附属地"住宅主要分为两种形式：满铁附属地社宅和和式住宅。"满铁"社宅是东北近代最早实行标准化户型设计和施工的住宅群，它们是和式（日本式）和洋式（西洋式）的形式折中，即室内保留日本传统民居木构建筑下的生活形态，而围护结构如墙体和屋顶则以现代材料和技术进行建造。和式民居主要是由来自日本的官员、商贾自主建造，反映出日式建筑的空间特点和外观造型审美。

1. 分布

"满铁附属地"住宅主要分布于沈阳、大连等地的"南满洲铁道附属地"，如沈阳社宅主要分布在南三马路与南十马路之间，西临胜利大街，东至振兴街、砂阳路。大连的"满铁附属地"住宅主要分布在南山麓高级住宅区和高尔基路、中山路普通住宅区，其他"满铁附属地"住宅主要分布在围绕"南满铁路附属地"的商埠地。

2. 形制

"满铁附属地"日式住宅的建造实行标准化的类型和建筑构件。"满铁"根据职员的职位及收入规定了特甲、甲、乙、丙、丁等住宅类别。不同标准的住宅其房间数量、大小及样式均有区别，较突出的特点是洋室与和室的数量不同。高级别的特甲型住宅设客厅、餐

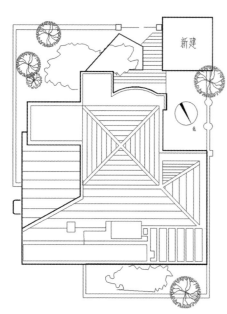

图2 特甲型"满铁"社宅总平面图

厅两间洋室，其余为和室；次高级的甲型住宅只设客厅一间洋室；乙型住宅根据住户人口组成分为两类：一类没有客厅，二层有儿童卧室；另一类有和室客厅，无儿童卧室。

首先在总体布局上，以标准型住宅为基本单元，进行多样化的小区规划布局。通过不同类型的组合，获得建筑群体风貌的多样化。在外部空间布局方面，每一栋住宅都有矮墙分隔的庭院，庭院的形状因地形而异。建筑布置在庭院一角靠近道路的一侧，建筑四周有石铺甬路环绕，庭院内以绿化为主，使空间层次丰富，环境优雅。

在内部空间布局方面，"满铁"社宅的平面形式变化不大，表现出集中紧凑的特点。住宅多为内走廊式，南向房间进深大，北向房间进深小，不同标准的独立式住宅其内部房间数量、大小及样式均有区别。由于近代日本人"和洋折中"的起居方式，住宅设计中洋室、和室两种不同风格的空间同时出现。

3. 建造

"满铁附属地"住宅在建造上的共同特点是：采用砖木结构体系，灰色平瓦屋顶，绿色油漆的木质檐口、窗框，水泥砂浆罩面，墙基砌筑石块或面砖，屋顶均为一、二层坡顶组合，地层架空，靠简单的体量变化、凹凸形成丰富的形体。"满铁"住宅在材料方面主要使用红砖和空心砖砌筑，"满铁"的和式住宅很注重墙的内部传热问题，外墙采用一砖半（420mm）厚、二砖（540mm）厚的墙体，从数量上提高了围护结构的总

热阻，并对红砖从技术上加以改进。他们生产的红砖密度较大，更为密实和厚重。他们还利用粘接砖与砖之间的轻质灰浆形成封闭空气间层，利用静止的空气介质导热性小这一原理，增强了墙体的阻热能力，进而提高建筑的保温性能。

4. 装饰

"满铁"社宅整体采用的是标准设计，因而在立面及细部装饰上采取各种变化的形式：屋顶采用了悬山顶、硬山顶、小檐顶；窗楣采用了带窗套的、不带窗套的；墙身材料和颜色采用清水墙、混水墙。同时重视室内细部处理，并表现出浓郁的日式风格和精细的材料装饰功能：以白色为基调的四壁和顶棚，有水平与竖向的深褐色木线，划分细密的格窗、格门，以圆为母题的壁柜把手以及地面铺置的榻榻米等，无一不流露着和风建筑的特征。室内的洋室"迎接间"也以装饰性的壁炉为中心，简洁的体量，极少的装饰，表现出室内空间的流动性与层次感。

5. 代表建筑

1）特甲型满铁社宅（图1）

特甲型住宅供社长级别居住（图2），建筑布置在庭院的一角靠近道路的一侧，建筑四周有石铺甬路环绕。庭院内配置多样的绿化。院内还设有贮藏用仓房，约 2～3m²。整个庭院空间自然流畅，绿化与建筑有机组织，在城市之中创造出密切接触自然，具有良好生态条件的半人工环境。

住宅内部为走廊式，南向房间进深

大，北向房间进深小，同时，房间室内的净高较低，仅为 2.65m。从外观上看，建筑形体的封闭性较强，而内部空间则非常开敞流动。住宅中洋室、和室两种不同风格的空间同时出现。特甲型住宅设客厅、餐厅两间洋室，其余为和室。客厅以壁炉为视觉中心组织空间，壁炉位于墙面的中央，略突出于墙面，没有烟道，这种假壁炉设计精巧。和室中的"床之间"凹进的小间（其内悬挂字画），小间底面高出室内地坪，所以称之为"床"，其上摆设花瓶等器具，整体空间给人以朴素自然之感，反映了日本人道法自然的哲学观。

2）沈阳市和平区桂林街 89-3 号（图 4）

该建筑位于沈阳市和平区桂林街 89-3 号，建于 20 世纪 20 年代，该建筑为日式砖木结构，建筑整体古朴简洁，高二层，水泥瓦顶，占地面积 195m²，建筑面积约 385m²。建筑采用了木头、泥土和纸张等建筑材料，屋顶坡度较大，屋顶甚至比整个房屋高出 1/2。建筑内部装饰以直线为主，很少采用曲线，没有拱形结构，整体简洁。

平面采用对称式布局形式，运用

图 3　和平区桂林街 89-3 号外观

楼梯间进行建筑内部空间的分隔和联系。主要的起居空间采用"和式"空间格局，并在空间组合中体现出开放流动的布局特色。立面采用折面大坡屋顶和暴露的木构架形成自然质朴的建筑风格特征，低矮的窗台和厚重的基座体现出建筑与环境良好的融合关系（图 3）。

成因

"满铁附属地"的规划建设开辟了辽宁近代城市与建筑的新形态，尤其是规划建设的"满铁"社宅，是中国最早按现代规划思想规划的大规模住宅区，反映了现代主义的机器模式对于快速和均等空间的分割，便于管理物和人的流动，有利于局部自治以保护自由性和适应性，而独立"和式"住宅充分结合了地域性特色和原有的空间特色。

比较 / 演变

"满铁"社宅的设计与实施是在世界现代主义建筑运动的大背景下进行的，1927 年，日本东京 6 名建筑师结成"国际建筑会"，迎接 1928 年国际现代建筑协会（CIAM），接受现代主义思想的洗礼，并于 20 世纪 30 年代完全步入了国际式行列。当时的东北比起日本本土，则更是一个很好的实践场所。首先，年轻一代的新思想在日本还是受到种种阻挠；再则，东北广阔有待建设的土地也为建筑师的实践提供了充分的机会。除此之外，在关东军授意下所制定的经济政策，及其为适应战争需要在短期内兴建沈阳近代工业的客观要求，都成为实现沈阳建筑工业化生产的决定性条件。

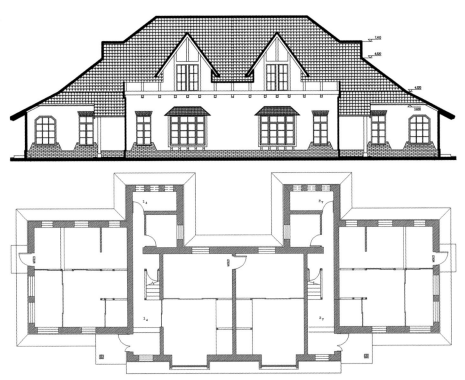

图 4　和平区桂林街 89-3 号平、立面图

近代住宅·中外结合住宅

辽宁近代中外结合住宅是指在近代开埠城市形成，并受西方古典建筑影响的殖民地居住建筑样式。近代官邸建筑最为其代表性建筑，是传统文化与西方文化相互融合的产物，其形式主要有西洋古典主义风格、洋风建筑风格、中西合璧风格及现代主义风格。

图1 杨宇霆公馆

1. 分布

辽宁近代中外结合住宅主要分布在沈阳、大连等中心城市。沈阳的近代官邸主要分布住老城区、商埠地及附属地。在沈阳城内"商埠地"的17座、分布在方城的7座，处于方城之中的是张作霖大帅府建筑群。大连的主要分布在沙俄附属地及中山广场周围，另外在营口、丹东也有大量分布。

2. 形制

近代中外结合住宅作为近代建筑的重要组成部分，在中华民国初期至20世纪二三十年代是流行的鼎盛时期。其在总体布局上由单个建筑或多个建筑组成一个院落。其组成较为简单，例如常荫槐官邸（图2）、汤玉麟官邸（图3）等。多院落组合一般是指由多栋建筑围合成两个或两个以上的院落，例如王维赛官邸。

独立式住宅面积、体量都比较大，建筑的层数增加至二到三层，追求豪华气派。这些标准较高的庭院式独立住宅，具有上下水、煤气、暖气设施，有卧室、餐厅、客厅、厨房、卫生间等功能空间。而一般标准相对较低的住宅一户一室，层数为一至二层。

在沈阳，出现传统式住宅与西洋式住宅并列布置的情况。传统的住宅采用对称式四合院，有单进四合院也有采用多进院落的形式的。在建筑内部依照使用空间的要求进行分隔，例如孙烈臣官邸、杨宇霆公馆（图1）；西洋式多层建筑多数采用中轴基本对称的样式，建筑平面呈长方形或"凸"、"凹"等变异长方形，有较明确的中轴线，使建筑具有庄重感，但内部空间不完全对称，分割自由灵活，使用方便，如杨宇霆公馆；还有少数官邸建筑如万福麟官邸，建筑平面呈L形，内部空间也不对称。

3. 建造

沈阳近代住宅建筑的主要结构类型大致可分为砖木结构、砌体结构、砖混结构和混凝土结构四种类型，这四种形式的建筑在官邸建筑中均有体现。

最先采用的是砖石承重墙、砖石拱券、木梁楼板、木屋架构成的砖木混合结构，所用材料仍是传统的砖、石、木材，砌筑砖石墙体、拱券，制作新式木屋架，都易与传统技术相适应。砖木混合结构从19世纪中叶传入中国后，就广泛推行开来，一直是近代中小型建筑的主要结构形式。

官邸建筑中有许多多层建筑，其中大部分为地下一层，地上2～3层。地下一层均为半地下室，外墙有开窗。建筑立面上，地下室采用与上层建筑不同的材质，与檐部、上层建筑形成建筑水平上的三个层次。

近代建筑逐步由砖木结构发展为采用砌体结构和混凝土结构，但由于其自重较大，室内空间的跨度较小，所以在建筑内部承重墙较多，房间较多，且不易形成大空间的中厅，这也是近代建筑的一个特点。

4. 装饰

沈阳近代建筑中的"中外结合"主要指在20世纪二三十年代发展和兴盛起来的洋风建筑、西洋古典建筑和中西合璧式建筑。

洋风建筑指由中国工匠在传统建筑的结构和材料的基础上，模仿或移植西方古典样式建造的建筑。由于工匠仅仅是对一种形式的模仿和移植，并不了解其本质，对形式的理解和表现十分片面和随意，甚至加入许多中国传统的装饰。在沈阳的官邸建筑中，洋风建筑风格的代表是张作霖帅府中的大青楼。

西洋复古主义风格分为三派：一派为古典复兴风格；一派为哥特复兴风格；一派为折中主义风格。古典复兴风格建筑严谨地遵循古典建筑的建筑样式，又称新古典主义；折中主义风格的特点是以历史为蓝本，却不专注于任何一种建造风格，常常是将几种风格集于一身，故又被称为"集仿主义"。汤玉麟公馆、万福麟官邸、于济川公馆、张

图2 常荫槐公馆

图3 汤玉麟官邸

廷栋寓所等均为此类建筑的代表（图5）。复古主义风格的官邸分布在商埠地，建造时间集中在 20 世纪二三十年代。这些官员均为奉系军阀的重要成员，官邸建筑尽显豪华气派。

"中西合璧"建筑在平面布局、建筑结构、建筑材料上以传统中式风格为主，仅在建筑外观上融入西式风格的手法。小青楼、王维赛公馆为典型代表。

5. 代表建筑

1）张氏帅府大青楼（图4）

张作霖、张学良主政东北时的办公楼"张氏帅府"内一号建筑——大青楼，建成于 1922 年，因其外表皆为青色，故得名。大青楼建筑面积约 2460m²，共有三层，是张作霖、张学良当年的办公和起居场所，是中华民国时期中西建筑艺术结合的经典之作。大青楼是洋风建筑风格的代表，是帅府的行政和生活中心。整个建筑以沈阳传统青砖为建筑材料，有拱券、柱式、大门廊、山花和女儿墙，模仿了古罗马风格的洋风建筑。

2）汤玉麟官邸

汤玉麟公馆位于沈阳市和平区十纬路 26 号，该建筑原是奉系幕僚汤玉麟（时任热河省主席）的官邸，其风格为复古罗马式建筑风格。始建于 1930 年，位于"商埠地"南部，其大院占地 19660m²，建筑面积 3800m²，四周是 3m 高的青砖围墙，门楼高大为穿堂式，两侧暗间是收发室，两翼是警卫室。

图 4　张氏帅府大青楼

主楼位居大院北部中心，砖混结构，白色瓷砖镶嵌，地上三层，地下一层。前厅外设有门廊车道，上承阳台。左右对称，各设有一层抱厦，北部抱厦为半圆形，也承阳台。其平面呈"十字式"结构，立面主要意匠为檐沿装饰，中间段式为"爱奥尼"柱式，通达顶层檐部。中央楼顶山花处是一层塔楼式装饰建筑，与其另外一处相距不远的公馆（位于领事馆街南段）在建筑风格上大体相同。

成因

从传统的大杂院、乡间草房到外来的西式建筑，再到以张氏帅府为代表的一批中西结合式近代城市建筑，辽宁近代住宅建筑经历了一个从被动变化到主动改变的渐变过程。这个过程是固有的中华文明与外来的西方文明正面碰撞的结果，它展现出当古老成熟的中华文明与青春活力的西方文明相遇时所发生的冲突、对抗与融合，也反映出中华民族对于自身文化的自省和对于外来文化的包容。

比较／演变

辽宁近代住宅建筑具有较高程度的本土化，同时它又是中国近代建筑的一个节点和侧面，从对它的分析，我们可以看到西方建筑文化在进入中国过程中被吸收、被改造的渐进过程。中西方不同的思维、不同的手段、不同的技术与不同的艺术掺杂在一起，出现在建筑的空间组合、结构系统、内部装饰，以至建筑的外观形象之中。

图 5　于济川公馆

吉林民居

JILIN MINJU

1. 汉族民居
   土墙草顶房
   碱土囤顶房
   城镇合院

2. 满族民居
   瓦顶房
   城镇合院
   木刻楞

3. 朝鲜族民居
   咸镜道型
   平安道型

4. 蒙古族合院

5. 近代住宅
   俄风住宅
   "满铁附属地"住宅

汉族民居·土墙草顶房

东北地区土地资源丰富，土壤种类繁多，土是最常见、最基础的传统建筑材料，保温性能和可塑性能极佳。北方汉族人民，以农为本，安于本土，取材自然，建造了极具特色的土房。汉族民居的土房多见于乡村的小农户住宅，由于土质、工艺不同，可以采用夯土墙、土坯墙、草辫子墙、垡子墙等方法，是极具鲜明地域特色的民居形式。

图1 土墙草顶房外观

1. 分布

传统的土墙草顶房，又称土坯房，广泛分布在吉林省境内，在建筑材料和工艺水平等方面有明显的地域差别，多采用"一合院"的布局形式，以松花江上游以东平原地区和西部丘陵地区的土坯房为代表。

2. 形制

吉林传统的汉族民居土坯房以"一合院"式布局为主，正房多为独立两间或三间，坐北面南，居中建造，平面为横长方形，入口处设置厨房，东西房间为居住空间，设置南炕或南北炕。东西厢房有的建正式房屋，有的建成简单的棚子，做马厩、车棚及存放柴草、农具之用。以院墙包围，形成矩形或方形的封闭式院落，外墙多用土筑或用树枝编篱笆涂灰泥，视线通透，临街大门开在正中。位于正房中间的堂屋既是厨房，同时又是吃饭、做家务等的空间，是家庭商议大事、欢宴喜庆的中心空间，也是供奉祖先神位，举行祭祀仪式等活动的场所。一般在堂屋的北墙壁上供奉神位。

3. 建造

土坯房就地取材，以土为主要材料，可以采用夯土墙、土坯墙、草辫子墙、垡子墙等多种形式，其中夯土墙用夯土模具逐层夯实；土坯墙采用碎草与黏土制成的土坯，用泥浆砌筑而成；或采用水甸子的垡土块，晒干垒砌成垡子墙。用黏土混合草辫子垛砌而成的是草辫子墙，又称拉哈墙等。土房多为"三封一敞"式，东西北为实墙，南侧以木装修为主，采用草做屋面，结合檩揪式木构架，基础立柱，柱上置檩木再挂椽子，多为三条椽子。椽子以上铺柳条或者高粱秆等，间隔物顶上再铺大泥，当地称作塑泥，也叫巴泥，最顶部铺茅草苫背，屋檐屋脊苫草厚度差异较大。多在室内屋架下做吊顶，内层铺设草木灰，下面裱纸多层，增加保温效果，装饰室内空间。土房的建筑材料的可循环性极佳。

4. 装饰

吉林地区传统汉族土坯房装饰相对简单，屋顶形态主要为两坡顶，建筑极少装饰，草泥墙、木门窗、草质顶，建筑材料肌理天然，建筑形态规整，建筑风格简朴大方。门窗与多数民居类似，

图2 土墙草顶房全景（屋西瓦为在草顶上加覆）

图3 土墙草顶房平面示意图

图4 土墙草顶房屋檐

图 5 土墙草顶房屋顶

为单双扇板门和支摘窗的形式，支摘窗分为上下两扇，使用方便。窗棂多用小木条做成井字格然后糊上窗户纸，经济适用。

5. 代表建筑

吉林省榆树市双合村的土坯房是目前保存相对完好的民居。建筑正房三开间，坐北朝南，建于 20 世纪 40 年代。南向入口，东西屋均设南炕。室内采用木质结构隔断，装饰简单。外墙为垡子块砌筑，维修过程中用红砖修整。建筑冬暖夏凉，对研究吉林民居建筑特点有重要的实物价值。

图 6 土墙草顶房屋顶细部

成因

汉族民居及其文化是在中国的中原地区形成后，经过山东地区传播到东北地区的。吉林省民居坐北面南最根本的原因就是采光和取暖的需要，这一由自然环境造成的建筑格局的风格最后演绎成一种意识形态上的风俗习惯。土坯房，最初来自于经济性的选择，但因其材质独特的建筑热工性能所形成的居住舒适性，使其得以长期存在和发展。结合不同的工艺和土质，形成截然不同的风格。

比较／演变

东北地区汉族民居的建筑形态汲取了满族民居就地取材、节约成本、弃繁从简的原则，充分体现气候因素、社会因素、地区人文和习俗影响，塑造了形态简洁的土墙草顶民居。以简单的"一"字形平面，三间房最为多见。为了抵御严寒，墙体厚重，空间相对低矮，建筑造型质朴甚至粗陋。简朴的形态与自然环境相适应，在传统的农业社会中一直延续至今。在经济条件允许的情况下，土坯外贴砖，草顶外挂瓦形成所谓"内生外熟"的变化。

图 7 榆树市双合村某宅

汉族民居·碱土囤顶房

碱土民居是以碱土为主要材料建造的民居,多见于乡村的小农户住宅。碱土呈青黄色,细腻没有黏性。容易沥水,经水冲刷侵蚀后,表面光滑,是非常适合作屋面和墙体的材料。碱土囤顶房是极具鲜明地域特色的民居形式。

图1 白城市大安市村落远景

1. 分布

汉族碱土民居主要分布在吉林省中部和西部广大地区。各地民居在建筑材料和工艺水平等方面有明显的地域差别,多采用"一合院"的布局形式,以双辽、洮南、白城、安广、镇赉、大安、扶余、松原等地的碱土囤顶房最具代表性。

2. 形制

吉林传统的汉族碱土囤顶房以"一合院式"布局为主,正房多为独立两间或三间,坐北面南,居中建造,开间多为3.3m,平面为横长方形,入口处设置厨房,东西房间为居住空间,设置南炕或南北炕。东西厢房有的建正式房屋,有的建成简单的棚子,做马厩、车棚及存放柴草、农具之用。以碱土矮墙包围,形成矩形或方形的封闭式院落,视线通透,临街大门开在正中。烟囱坐在山墙顶端,与屋顶连成整体。基础多为夯土和石砌基础结合。

3. 建造

碱土囤顶房以碱土为主要材料。墙体根据地域的不同采用黄土或碱土,或者黄土和碱土混合的形式。基础一般采用石质浅基础。其中叉垛墙是常见的建造方式,向碱土中添加适量的黏土或粗砂,再加入适量的羊草,采用手工或模具将墙体垛到相应高度压实,最后用草泥抹面。屋面微微向上,呈弧形的囤顶形式。坡度较低的屋顶可以节省梁架木料。通过瓜柱尺寸的调整,做出相应的坡度。建造时先将檩木放在梁上,再挂椽子,椽子上铺苇巴两层,每层约厚4cm,再以碱土混合羊草(碱草)抹在屋顶上,大约10cm,垫以苇席踩平后就连成一个整体,上部再加抹2cm厚的碱土泥两层,再上垫1cm厚的炉灰块,混合白灰用木棒捣固。在室内屋架下可做吊顶,内层铺设草木灰,下面裱纸多层,增加保温效果,装饰室内空间。

4. 装饰

吉林地区碱土囤顶房装饰相对简单,屋顶形态呈自然曲线,坡度平缓,建筑形态规整,建筑风格简朴大方。建筑外部连檐出挑多为30~40cm,与山墙平齐,是装饰的重点,多采用砖檐、木檐或瓦檐,在山墙盘头处有少量装饰,

图3 白城市岭下村屋顶细部

图2 松原王家窝堡村

图4 白城市岭下村室内吊顶

图 5　白城市岭下村碱土囤顶房

图 8　白城市岭下村碱土囤顶房

门窗与传统汉族建筑类似。烟囱是建筑造型的特色点，多为碱土混合稻草砌筑，曲线形态，厚重而朴素。

5. 代表建筑

吉林省白城市岭下村碱土囤顶房和松原市王家窝堡村的碱土囤顶房，保存较好，极具代表性。建筑建于 20 世纪 50 年代，正房三开间，坐北朝南，入口居中，室内为秸秆顶做法，装饰简单，对研究吉林民居建筑特点有重要实物价值。

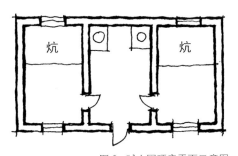

图 6　碱土囤顶房平面示意图

成因

东北作为一个多民族地区，在长期的交往和融合中，各民族的民俗文化在呈现趋同倾向的同时，还保持着各自的民族特色。碱土囤顶房在住宅的内部结构及外部装饰上就具有自己鲜明的特点：就地取材的方便性与经济性，许多村落沿袭传统，在建筑形式上依旧保持原始风貌，可识别性极强。建筑与环境亲和力强，是生态环保、绿色健康的生土建筑。

比较 / 演变

生土建筑是独特的建筑形式。碱土房用简单的自然材料，以降低能耗与物耗为基础，在吉林地区传统的建筑格局的基础上，创作出适宜气候的建筑形式，并在长期发展的过程中，成为个性鲜明的建筑风格。随着经济条件的进步，土墙结合砖墙结合石砌的做法比较普遍，开间增至五间或七间，建筑的装饰元素也有所增加。

图 7　白城市大安市某宅

汉族民居·城镇合院

东北的汉族居民多为来自华北和山东的移民，与当地原住民杂居，分散于城镇和乡村。住宅既沿袭了华北地区民居传统特色，又吸收了其他民族的地方做法，广泛利用当地筑房材料，结合居住和生产方式，形成既延续传统文化精神、又具有地域特色的民居形态和构造特征。住宅选择南向的房址，在布局上等级鲜明，强调中轴对称。

图 1　城镇合院山墙细部

1. 分布

汉族民居的合院建筑，广泛分布在吉林省境内。在建筑材料和工艺水平等方面有明显的地域差别，在院落空间布局上同当地的满族、蒙古族合院差异不大，但在建筑形式、采暖方式上体现出生活习俗上的差别。城镇民居多采用三合院的布局形式，也有使用四合院的布局形式。以大家族聚居府邸为主，此类最具代表性。

2. 形制

吉林传统的汉族合院民居的防御性突出，具有移民民居的显著特征。院墙高筑，四角修筑炮楼，建筑内向性强。合院院门位于南向正中，院落沿南北纵轴方向发展，平面纵向长，横向短。院落开敞，尺寸偏大，多为"一进四厢"。一般不设院内影壁，大型府邸设置院外影壁墙，以减少视线的干扰。院落布置有序，"内院"前设"外院"后设"后院"，厢房与院墙间留车道。正房坐北朝南，一般为三间或五间，少数做到七开间。房门南开，明间为中心，左右对称。堂屋为厨房，东西房间为居住空间，设置南炕或南北炕。东西设厢房，厢房低矮，主从关系分明。

3. 建造

城镇合院的建造多采用地方材料，以土、木、草和砖瓦为主，合院住宅建造形制较高，多采用青砖墙体、瓦做屋面，结合简化的抬梁式木构架，木柱部分平面常做"八"字形，柱身外露。为了节省造价，通常采用外侧砌砖，内侧砌筑砖坯的形式，民间称为"金包银"，其保温性能优于普通砖墙。山墙是富于变化的部位，山墙上部和山墙搏风头造型丰富。多采用火炕结合火墙的方式取暖。建筑的基础多采用青砖做砖基础，也有采用毛石垒砌基础的。

4. 装饰

汉族城镇合院民居的装饰相对简单。屋顶形态主要为两坡顶，以硬山为主，小青瓦屋面仰瓦铺设，在两山处采用两垅或三垅合瓦压边，房檐处用双重滴水瓦收口。屋脊样式分为两种，实心脊和花瓦脊。花瓦脊用瓦片或花砖拼出银锭、鱼轳辘钱等图案。山墙分为下碱、上身和山尖三部分，常做"五花山墙"，搏风头装饰精美。山墙盘头也是装饰的重点，常做磨砖装饰或浮雕图案。少数悬山式建筑山墙的山尖处梁坨明露，装饰有山坠和腰花。门窗与多数民居类似，为单双扇板门和支摘窗的形式，支摘窗分为上下两扇，使用

图 2　城镇合院

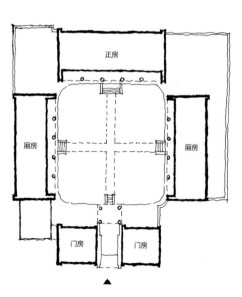

图 3　城镇合院总平面示意图

图 7　城镇合院山墙

方便。木刻部分，多为五彩装饰。

5. 代表建筑

"天恩地局"位于洮南市兴隆街中段，兴隆西路69号，为清末时期中式古建筑，为"两进王府衙门式"结构布局，坐北朝南，是典型的小四合院式建筑，占地面积6670m²。四合院四周各有五间硬山大脊青砖瓦房，采用叠梁式结构，廊前均有红漆明柱，透出肃穆之气。硬山屋顶，室内采用明露大跨度梁柱，连接廊柱。屋顶为"雁式滚脊"小青瓦，檐溜瓦头均采用"雄狮头瓦"，立面采用支摘窗，木质门。为吉林省省级文物保护单位，对研究昔日吉林民居建筑有重要实物价值。

图 5　城镇合院窗户

成因

东北的汉族居民历史上的来源复杂，主要由中原移民迁徙而来，在长期与原住民的同化过程中，汉族住宅既沿袭了中原汉族的文化传统，即吸收北京"四合院"的特点，又有了较大的改变。首先，东北的气候条件促进民居形态的转变，表现为对气候的适应，房屋的进深减小、墙体的厚度增加和门窗的尺寸缩小；其次建筑形制适应生活习惯和生产作业的要求，开敞宽阔的院落空间，结合符合民风的古朴建筑造型，建筑因地制宜；最后，充分利用地方材料，土、木、砖、石、瓦结合应用，形成地域特征明显的吉林地区合院民居。

比较 / 演变

汉族合院多见于城镇大型住宅，相对来说受中原文化影响较深，宗族礼教等级尊卑体现在建筑的布局之上，但地域环境气候和生活生产方式的变化，也给建筑带来很多变化，与中原典型的三进院落的四合院相比，组合方式远没其丰富、完整，但院落空间开阔、敞亮，性格朴实。"设计结合自然"、"设计结合经济"，相对简洁的建筑形体，明朗开阔的院落布局，演绎了独特的东北大院风情。

图 6　城镇合院鸟瞰

图 4　城镇合院前院

满族民居·瓦顶房

吉林地区是满族的发祥地之一。在满族文化发展和形成的过程中，与其他民族碰撞兼容，形成独特的文化特质。其乡村民居以瓦顶平房为代表，多采用正房配单侧厢房的"一合院"空间格局。厢房一般都用作仓库或者马厩，厢房的位置布置在正房的东侧还是西侧主要取决于当地冬季的主导风向和习惯做法。满族建房有"以西为贵，以近水为吉，以依山为富"的原则。盖房时，须先盖西厢房，再盖东厢房，最后再建正房。而落成的正房，也以西屋为大，称为上屋。

图1　瓦顶房山墙

1. 分布

满族瓦顶民居分布广泛，在长白山地区、通化地区、吉林地区都很常见，尤其以在永吉县、伊通满族自治县等满族聚居地区的建筑为代表。

2. 形制

满族民居平面布置多为"一合院式"，多以正房为主，一般为一正一厢，砖墙瓦顶，正房一般都坐北朝南，在东端南边开门，形如口袋，故称"口袋房"，又因形似斗形，称为"斗室"。房内布局，进门是伙房，又称外屋，从伙房西墙开门到卧室，又称"里屋"，里屋三面环炕（俗称"万字炕"）南北有窗，窗外糊纸。正房选址多在高处，为三或五间，比大门口要高半米左右，围墙低矮，整体建筑四面开敞，院落空间开阔，视线通透，体现了满族豪爽的民风。院内多设"苞米楼"，西侧最外侧开间（西屋）的尺寸最大，为供奉祖先的地方，在西炕墙上供祭"祖宗板"。满族住宅的烟囱是落地的独立式烟囱。影壁和神杆是满族住宅的独特标记。

3. 建造

满族瓦顶民居采用木制屋架，大多数采用硬山形式，屋面举折平缓，瓦屋顶采用小青瓦仰面铺砌，瓦面纵横整齐。屋瓦全部用仰砌，屋顶成为两个规整的坡面以利雨水的流通。在坡的两端做两垅或三垅合瓦压边，以增加屋顶的细部，减去屋面单薄的感觉。这种做法总称"仰瓦屋面"。脊端造型简洁大方，在房檐边处以双重滴水瓦结束，两端山墙外侧各立有烟囱一座，左右对称。单体建筑的基础多采用青砖做砖基础，也有采用毛石垒砌基础的。室内隔墙一般采用砖砌，也有采用木隔墙作为内隔墙的做法。多采用火炕和火墙结合的方式取暖。

4. 装饰

满族瓦顶民居装饰相对简单，屋面平整，一般在屋顶的扁担脊上用瓦片和花砖作装饰，多为鳌尖蝎尾造型。与汉族民居一样，多在山墙上使用腰花，也有"五花山墙"的做法与形式。烟囱是重要的装饰元素，形状方形、圆形不同，

图2　瓦顶房外观

图3　瓦顶房烟囱

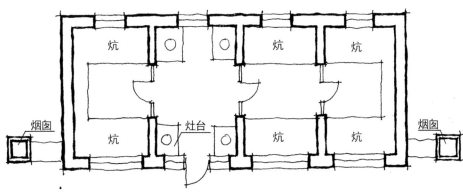

图 4　瓦顶房平面示意图

整体形状向上逐层收分，形似塔状，顶部多用花砖装饰，是典型的满族"呼兰"。木质窗棂糊高丽纸，花饰一般为步步锦的纹样，梁下无斗栱，梁头椽头均无装饰。室内炕的炕沿和木窗的窗台选料精良，多有雕饰。整体建筑风格粗犷古朴。

5. 代表建筑

吉林市鳇鱼圈满族住宅是满族瓦顶房的典型代表，建筑建成时间已超过 80 年。建筑物为南北朝向，进门后即是客厅兼厨房，位置偏西侧，西侧设有卧室一间，东侧设有卧室两间，且为套间，南侧大面积开窗，而北侧只开了四个独立的小窗。整体风格古朴，硬山瓦屋顶，小青瓦仰面铺砌，瓦面纵横整齐。屋脊形式为空心屋脊，造型呈植物形状，装饰精美，塔状烟囱上为花瓣图案，造型特色鲜明。

图 5　瓦顶房屋脊装饰

成因

满族民居基本上可分为城镇民居和乡村民居两种类型。严寒的气候条件，造就了极简的建筑形式。满族瓦顶房民居有着鲜明的民族与地方特色，俗语说"口袋房，万字炕，烟囱出在地面上"，在保持旧有的"纳葛里"（汉语为居室）形式的基础上，也吸收了汉族住宅的基本特征。所谓的"七行锅台八行炕"、"灶火不相对"等充分体现了文化交融共生。

比较 / 演变

东北地区是使用砖瓦最早的地区之一。满族人民的居住地从山地向平原转移，生活生产方式从半农半牧向农业经济转变的过程中，建筑单体、布局和形式深受汉族民居的影响，采用一家一户一院落的建筑格局、硬山两坡顶的代表做法，并结合独特的采暖系统和特殊的建筑构件，使得满族传统民居既具有地方共性，又有鲜明特色。从三间房发展到五间房、七间房，民族形式趋于简化，装饰形式和做法也日趋汉化。

图 6　瓦顶房室内

满族民居·城镇合院

吉林满族传统民居大体上分为农村民居与城镇民居两类，除建筑材料和工艺水平等方面有区别外，二者的建筑单体基本相同。乡村民居大都采用正房配单侧厢房的"二合院"空间格局，厢房一般都用作仓库或者马厩，厢房的位置布置在正房的东侧还是西侧主要取决于当地冬季的主导风向和习惯做法。城镇民居多采用三合院的布局形式，也有使用四合院的布局形式。

吉林境内的满族合院在院落空间布局上同当地的汉族、蒙古族合院差异不大，但在建筑形式、采暖方式上体现出生活习俗上的差别。

图1 后府正房北侧搏风上的砖雕

1. 分布

吉林传统的二合院民居多分布在永吉县、伊通满族自治县等满族聚居地区的乡村。三合院、四合院多分布在城镇中，以大家族聚居为主，以吉林市和长春市最具代表性。

2. 形制

以三合院、四合院为主，大都砌筑较高的院墙，具有很好的防护功能。为了争取更多的日照（冬季），院落空间通常都比较开阔。即使是四合院布局，南侧建筑也主要是入口大门兼门房，对院落阳光照射影响比较小。满族合院的院落多是以南北纵轴方向发展为主，大门一般都开在中间，一般不设院内影壁，大型府邸设置院外影壁墙，以减少视线的干扰。普通人家多为一进的院落空间，大型府邸也有一进、二进，甚至多进院落。满族民居的合院正房坐北朝南，一般为三间或五间，房门南开，堂屋有灶，里屋三面环炕（俗称"万字炕"），南北有窗，窗外糊纸，西侧最外侧开间（西屋）的尺寸最大，为供奉祖先的地方，在西炕墙上供祭"祖宗板"。

3. 建造

吉林传统的三合院、四合院民居多采用抬梁式木构架，两砖或者一砖半青砖墙体围护，大型府邸中的重要建筑外墙局部采用磨砖对缝处理。为了节省造价，通常采用外侧砌砖，内侧砌筑砖坯的形式，民间称之为"金包银"。室内隔墙一般采用砖砌，也有采用木隔墙作为内隔墙的做法。为了抵御严寒的气候，多采用火炕的方式取暖。

单体建筑的基础多采用青砖做砖基础，也有采用毛石垒砌基础的。瓦屋顶的房屋多采用仰瓦屋面形式。

4. 装饰

装饰相对简单，与汉族民居一样，多在山墙上使用腰花。腰花也是吉林传统民居独有的一种装饰形式。枕头花及腿子墙处经常使用砖雕和石雕，雕刻内容多为富贵吉祥或者琴棋书画等。檐下木构件多采用栗色油漆装饰，附加吉祥图案以及装饰线型，雀替部分多施以色彩丰富的彩画。

5. 代表建筑

乌拉街镇"后府"、"魁府"

乌拉街镇位于永吉县的北部，南距吉林市35km，是当年商贾云集的地方，为旧布占泰大贝勒所居的故所，也是一个

图2 后府现状

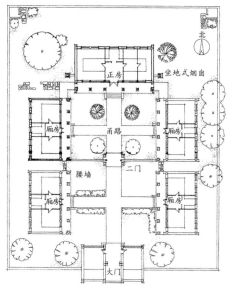

图3 后府院落平面示意图

图4　后府正房山墙腰花

图6　魁府院落内景

图9　后府正房檐下局部

古老的满族发祥地。清顺治十四年（1657年），乌拉街设立打牲衙门，负责向皇家供奉东北特产，曾受到"乌拉城远迎长白，近绕松江，乃三省通衢"的赞誉。目前，在乌拉街镇保存有众多的传统民居与贵族和官员府邸，其中以"后府"、"魁府"等最具有代表性。

　　"后府"正房外形尺度高大，屋面坡度较陡，采用小青瓦作仰瓦屋面。搏风端部的砖雕十分精美且保存完整。"枕头花"砖雕也很精细。"腰花"是一幅双喜花篮图，尺寸巨大，大约有1.5m见方，堪称一绝。两侧厢房也为五开间，有前廊，尺寸比正房小，高度比正房矮，台基的标高也比正房低，砖雕和石雕也较正房简单。

　　"魁府"正房及东西厢房均为三开间，但正房的开间尺寸小于厢房的开间尺寸，这是"魁府"的一个特点。在高度上正房略高于厢房。柱间尺寸较一般民居要大，

搏风"穿头花"和"枕头花"虽精细但较简单，建筑风格比较朴素，内外院之间有院心影壁。外院厢房的山墙采用叠落式的砌筑方式。

图7　魁府全景

成因

　　满族入主中原后，在居住方面，城镇贵族逐渐吸收汉族民居特别是北京"四合院"的特点，并结合气候的实际情况，形成地域特征明显的吉林地区合院民居。

比较／演变

　　吉林满族合院民族特色与地方特点鲜明。一般以三合院为主，城镇的大户人家、王公贵族大都使用二进院落的四合院的布局形式。

　　这种形式的合院受到北京"四合院"影响较大。与北京典型的三进院落的四合院相比，组合方式远没其丰富、完整，但院落空间开阔、敞亮、朴实。

　　院落大门一般都居中设置，且院内不设影壁，院落内外通畅。

图5　魁府院内影壁

图8　后府正房西侧局部

满族民居 · 木刻楞

井干式是我国传统木结构民居的一种。吉林地区盛产木材，伐木建屋，形成独特的土生土长的"叠罗原木"屋，又称"木刻楞"，是一种独特的木构建筑文化。木刻楞结合地域特征和社会形制，形成了一种独特的建筑风格。

图1　左永志宅大门

1. 分布

吉林省的木刻楞住宅主要分布在木材资源丰富的地区，以长白、通化、安图、集安、敦化、临江、松江、漫江和二道白河等地较为常见。在不同地域、不同民俗、不同文化背景下，各地区木刻楞的建筑形式独立而相似，在东北多林地区保持持久的生命力。

2. 形制

村落布局多为自然形成，用地自由，街巷无规划，常为带形布局，建筑密度低，整体形式低矮。建筑平面基本为"一"字形布局，多为两开间和三开间，有少量的六开间的双数开间的特例，墙身和屋架以圆木或方木横向叠砌咬接，少数也有竖起的建造方式。墙角在建造时先出挑 30 ~ 50mm，处理分为出头和不出头两种。出头的称为悬角，是常见的建造形式。建筑群整体以木质材料为主：木墙、木瓦、木烟囱、木地板、木隔墙和木制家具、木院墙。两坡屋顶，椽子细小或采用较细树枝和木板，上抹黄泥，最后铺设木板瓦或树皮瓦。结构形式可分为有阁楼式和无阁楼式。

木瓦，山里人称"房木楞子"，多选用山林中的红松木，有油性，抗腐蚀，每段锯成约一尺半长，用劈刀顺木丝劈成薄片，宽窄不一，覆在屋面之上，从屋檐向屋脊层层铺设。屋脊处木瓦多层横置，或以整木制作或用石块防风。木烟囱采用林中枯倒的大树，锯取又粗又直的一段，约 3m 余，用火燎尽树心朽木，灌涂泥巴，立于檐外，其下由一空心横木与地炕相通。俗称"跨海烟囱"，也可采用木板制作。另一种做法，烟囱出于屋面之上，在经济发达地区常见，多采用铁皮或砖砌。

图3　左永志宅厨房

图4　左永志宅前屋

图5　木屋村古井

3. 建造

不同地区的木刻楞建筑建造方式都有所不同，常规如下：首先选定基址，

图2　左永志宅侧观

图6　木瓦细部

图7 炊烟下的木屋村

清理，夯实，在木屋四周采用石砌浅基础。简易的住宅不做基础，或只是在四角垫少量石块。木墙坐落于石砌浅基或夯实的地面之上。木材基本选用红松，墙体为木材横向一层层叠垒而成，山墙和主要墙体采用"夹柱"加固，砌筑木门木窗的位置采用"木哈马"相联结，使其稳固。墙角的处理分为出头和不出头两种，木墙的内外均抹以黄泥，基本为三道，以御风寒。

4. 装饰

木刻楞因其裸露的天然木材肌理，呈现出独特的建筑形态，建筑古朴天成。多数外墙抹有黄泥，门窗采用蓝色装饰，建筑在灰色基调下富有活力。

5. 代表建筑

抚松县漫江镇左永志宅

锦江满族木屋村隶属于抚松县漫江镇，位于漫江镇西北约5km处锦江右岸的密林中。该建筑为井干式结构，三开间平房，两间卧室，中间夹一间厨房，外有一间仓房用作储藏，房屋位置坐北朝南。保持了传统木建筑的木烟囱、木瓦。屋顶为双坡悬山木瓦屋顶，全部为木质结构瓦片。房屋建筑装饰较为朴素。通化市通化县鹿圈子村的木刻楞住宅，由一个主体建筑，一个西厢房和一个东侧的储藏室构成，具备满族民居的部分特点。

成因

木刻楞住宅的建造，形成于自然环境和社会环境之下，伐木建屋，以御风雪，代代相袭，绵延至今。木材的良好性能和基本尺寸，形成独特的建筑形式。层层相叠成木构承重墙的构架方式，简单、方便，房屋建造周期只需要二十天左右。建筑外形的实体面积较大，整体为封闭厚实的建筑形态，宗法礼制对建筑形制影响甚微。正房与厢房的布局较为随意，无联系，单座独立，但在高度上依旧有差异。利用当地材料和传统方式建造的房屋，创造了符合原生材料的色彩和美学。

比较／演变

从穴居到半穴居的演化，结合"墙垣篱壁皆以木"的特点。在各居室的功能的复合化的基础上，发挥东北地区的常态的以减少体形系数来降低能耗的方式，形成东北木刻楞住宅外观形体规整，矮小紧凑，建筑高度偏低，院落布局自由开敞的特点。但在长期的发展过程中，随着社会的进步和居住要求的变化，平面形式趋于复杂，建筑材料使用趋于多样。

图8 左永志宅房后

朝鲜族民居·咸镜道型

咸镜道型朝鲜族民居，主要是由来自朝鲜半岛咸镜道的朝鲜族迁徙民所建造，分布在我国东北地区的图们江和鸭绿江沿岸。咸镜道型朝鲜族民居属木结构建筑，大多采用木柱土墙，屋顶根据材料分为草屋面和瓦屋面两种。建筑平面以"田"字形布局为特点，男女空间有别，其空间形态深受儒家思想的影响。该建筑类型在我国朝鲜族民居中历史最悠久、面积最大、形制等级最高，是朝鲜族传统居住文化精髓的代表。

图1 传统草屋面咸境道型朝鲜族民居（北大村）

1. 分布

咸镜道型朝鲜族民居，主要分布在延边朝鲜族自治州图们江沿岸地区。在选址方面除了风水因素，还考虑周边河流情况及地形等自然因素，以便于水稻的种植。咸镜道型朝鲜族民居历史悠久，大部分建筑寿命超过百年。由于年久失修，在各传统村落中的留存数量并不多，大多数建筑已成为县市级文物保护单位。

2. 形制

住宅平面为八间，建筑的南面局部凹进，形成退间。退间后面布置"田"字形或"日"字形卧室。南面两间寝房从东至西分别为上房，上上房。按传统方式划分空间，上房一般是年老的主人居住，上上房是少主人居住。老主人的房间居中，空间最高，家里的喜事、丧事都在这里进行。上房和上上房是男人的空间，村里的老人或男人来访直接通过退间从上房、上上房的外门进入屋内，不允许经过厨房、鼎厨间进入上房。北面两间从东到西的顺序分别为库房、上库房，入口分别设在北面和西面。库房一般是长大的女儿用的房间，家里的儿子成家后将使用该空间，女儿就要搬到上库房。上库房又是储藏空间，设有火炕，可以按居住用途使用。

平面的中间是鼎厨间，是由火炕和下沉式厨房所组成的开敞性空间。一般是家里的女人和孩子们生活在这里。

库房、上库房、鼎厨间作为女性空间，限止男性客人进入。

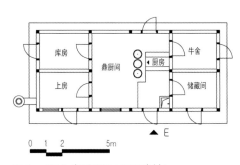

图3 "田"字形平面（下石建村）

图2 传统瓦屋面咸镜道型朝鲜族民居（下石建村曹氏住宅）

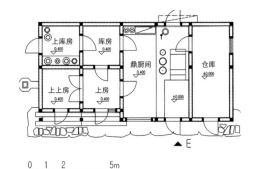

图4 "日"字形平面（下石建村）

图5 鼎厨间与厨房（北大村）

图6　合阁式屋顶山墙纹样

3．建造

建造流程为：住宅建立在40cm高的单层台基上，台子上面设柱础，上面立柱，建筑屋顶采用传统木结构四坡屋面，室内用薄板做成天花，表面粉刷白灰。

4．装饰

建筑在室内外凡露出黏土的部分均刷白灰，不仅提高建筑的明度，也保证建筑的美观与清洁。在结构构件部分，如柱、梁、檩、椽子、门框等表面刷上油漆，从而防潮、防腐、防蛀。暗红色构件与白色墙面、顶棚形成强烈对比。民居雕饰丰富，多在屋顶山墙及瓦当等各类构件上装饰各种吉祥图案。

5．代表建筑

1）图们市月晴镇白龙村百年老宅

建筑位于吉林省延边朝鲜族自治州图们市月晴镇白龙村，是一个具有133

年历史的咸镜道式老宅。该老宅由朝鲜移民商人朴如根所建，1887年始建，1890年竣工，历时三年。房屋采用土木和瓦结构建造，无一根钉子，使用的工具均为传统的大锛、小锛和斧子等，所用木材为长白山优质原木，通过木排运至此地，瓦片则是由对岸朝鲜用船运至。

2）图们市下石建村曹氏住宅

建筑位于吉林省延边朝鲜族自治州图们市月晴镇下石建村，是一幢具有百年历史的咸镜道式老宅。该住宅是由朝鲜咸镜道移民曹氏所建，是该村落最早建造的建筑之一。建筑坐北朝南，背山临水，采用木结构。木柱、白墙、灰瓦、木烟囱以及直棂窗，古老而独特的魅力体现了朝鲜族的民族智慧和深厚的文化底蕴。

成因

咸镜道型朝鲜族民居，是我国朝鲜族居住文化的象征。所谓咸镜道型，是指它最初的建造者、使用者为从朝鲜半岛咸镜道迁徙而来的朝鲜族，他们主要分布在图们江与鸭绿江沿岸。咸镜道型朝鲜族民居，从它的布局与空间使用形态上看，体现了风水学与儒家男女有别思想；建筑装饰细腻、手法统一，体现着朝鲜族固有的传统文化，表现出他们对吉祥、幸福的向往和追求。

比较／演变

咸镜道型朝鲜族民居根据屋面材料分为传统瓦屋面与草屋面两种。

传统瓦屋面建筑，屋顶采用朝鲜族传统的合阁式屋顶，正面形态形似"八"字，因此又称"八作屋顶"。而草屋面住宅，其屋顶通常采用传统四坡草屋顶，立面形态犹如倒舟；建筑在长期的发展过程中，保存了鲜明的民族特色。

咸镜道型朝鲜族民居与平安道型朝鲜族民居在平面形制方面存在一定的区别。首先，在厨房的空间形态方面，咸镜道型朝鲜族民居采用下沉式厨房，上铺木板，而平安道型朝鲜族民居则采用厨房地面标高与室内地平面相同的方式；其次，在厨房与炕空间的组成方面，咸镜道型朝鲜族民居在厨房与房间之间形成开敞式鼎厨间空间，而平安道型朝鲜族民居则以推拉门的方式将厨房与房间隔开，形成各自独立的空间。

图7　白龙村百年老宅

图8　白龙村百年老宅屋顶

朝鲜族民居·平安道型

平安道型朝鲜族民居，主要是由来自朝鲜半岛平安道的朝鲜族迁徙民所建造，早期的平安道迁徙民以开垦水田著称，故大部分民居依山而建，就地取材。该建筑类型在我国朝鲜族民居中历史较悠久、建筑形制独特，是朝鲜族传统居住文化中不可或缺的重要元素之一。

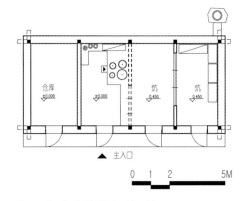

图1 "一"字形平面（梨田村）

1. 分布

平安道型朝鲜族民居主要分布在鸭绿江沿岸及部分内陆地区。而且，早期的平安道型朝鲜族民居主要分布在山林地区，建筑布局按照"背山临水"的原则依山而建，且离住宅不远处有河流，既能抵御寒风，享受充足的阳光，又能在其周边开发水田。

2. 形制

建筑通常坐北朝南，屋身平矮；屋顶通过木屋架、檩条、覆土层及稻草面形成四坡和前后两坡等形态，屋面坡度缓和，倒角平缓；墙体采用木柱泥墙结构。空间布局上，房前有菜地、仓库和玉米楼，房后有果树，用木桩和柳条编成围墙。

建筑平面沿水平方向"一"字形展开，通常采用单进四开间或五开间平面。主入口设在厨房一侧，以厨房为中心，一侧布置卧室，另一侧布置仓库或牲口间。厨房与卧室用推拉门隔离，所有空间既对外独立开口，又在室内形成穿套型连接。

厨房按"凹字形"布置，一侧布置灶台，灶台上设置四个不同大小的锅；另一侧整齐摆放酱缸、水桶、盆等生活用具；中间靠墙一侧布置橱柜，方便与灶台和就餐的鼎厨间的炕体空间相联系。

此外，在正面主入口两旁的台基上通常堆放干柴，利用深远的挑檐遮挡雨雪。而且柴火摆放在入口两侧，与厨房较近，搬运方便。

图3 平安道型朝鲜族民居厨房（梨田村）

图2 平安道型朝鲜族民居（梨田村安氏住宅）

图4 平安道型朝鲜族民居烟囱（梨田村）

图 5　安氏住宅鸟瞰（梨田村）

成因

追溯平安道朝鲜族的迁徙历史，早在 18 世纪中叶，就有部分越江私垦的朝鲜人，多为鸭绿江沿岸耕作，春来秋归。后来光绪四年（1878 年）封禁了近 200 年的长白山边境实行开禁，越江的朝鲜人沿鸭绿江自上而下不断迁入。据《长白汇征录》记载，朝鲜人大部分沿江居住，分布上多下少。

早期的朝鲜族迁徙民大多以开垦水田为生，他们依山而居。民族文化与特殊的地域环境融合在一起，形成了平安道型朝鲜族民居的独特风格。

比较／演变

建筑布局上，早期的住宅大多遵循背山临水的原则，形式自由；而随着村落的规模增大，人口增多，建筑布局逐渐向网格化发展，建筑朝向统一为正南向。

平面格局上，原来厨房与寝房用推拉门隔离。如今随着朝鲜族青壮年出国务工的人数增多，家庭人口骤然减少，家里只剩下老人和孩子，他们不需要太多的房间，因此，取消了内部隔墙和房门，将所有空间打通。

3. 建造

建造流程为：住宅建立在 40cm 高的单层毛石台基上，台子上面设柱础，上面立柱；然后在柱子之间搭水平木杆，沿木杆的垂直方向捆绑高粱秆，最后将搅拌的黄土浇筑在上面，待墙体凝固后，在表层涂刷白灰；建筑屋顶采用传统木结构形成四坡两坡屋面；室内用薄板做成顶棚，表面粉刷白灰。

4. 装饰

在装饰方面，平安道型朝鲜族民居以就地取材为其特点。由于当时经济条件的限制，很多住宅都省略了其装饰效应，有些建筑直接将黄土墙裸露在外面。泥墙、木烟囱、草屋顶很好地融合在一起，彰显建筑的自然生态与地域特性。

住宅的门窗采用直棂式，下面附有厅板，防止雨水的溅入。烟囱位于住宅的山墙一侧，使用原木，将芯部掏空，高于建筑屋面。为了增强其横向稳定性，用三脚架套住烟囱，固定在山墙的大梁上。

5. 代表建筑

长白朝鲜族自治县金华乡梨田村民居

梨田村，早期叫梨田洞，该村落是由朝鲜平安道迁徙民所建立，距今已有 80 多年历史。住宅按照"背山临水"的原则沿西南朝向布置，建筑布局自由。因地制宜、就地取材、古朴大气是该村落民居最具魅力的特征之一。

图 6　梨田村住宅

图 7　梨田村住宅玉米楼

蒙古族合院

合院是中国各地传统民居经常采用的院落布局形式，根据其所在区域、自然资源状况、气候特征等影响因素，院落空间布局又呈现出不同的特点和营造差异，也由此形成各地传统民居的风格特征。由于地旷人稀，加上气候寒冷，吉林地区蒙古族城镇合院的院落空间一般比较开阔，由于冬季需要阳光照射，因此多采用两合院和三合院的布局形式，城镇住宅由于用地相对紧张，也使用四合院的布局形式。

图1 七大爷府邸大门门墩

1. 分布

吉林境内的蒙古族传统民居数量比较少，多分布在西北部。

2. 形制

吉林传统的三合院、四合院蒙古族民居多是以南北纵轴方向发展为主，多为两进院落，入口大门多开在中间，入口处一般不设影壁墙，个别大型院落把影壁墙建在入口的外侧，以减少视线的干扰。

3. 建造

吉林传统的三合院、四合院蒙古族民居多采用抬梁式木构架，两砖或者一砖半青砖墙体围护。为节省造价，通常采用外侧砌砖，内侧砌筑砖坯的形式，民间称之为"金包银"，室内隔墙一般采用砖砌，入口暖阁也有采用木质隔断的形式。蒙古族贵族居住建筑多采用暖炕的形式进行采暖，与当地多采用仰瓦屋面不同，屋顶多采用合瓦屋面。

4. 装饰

吉林地区蒙古合院民居建筑装饰相对简单，多用仿满族或汉族民居的做法，结合蒙古族的生活习惯加以改造。其中，枕头花及腿子墙处经常使用砖雕和石雕，雕刻内容多为富贵吉祥或者琴棋书画等。檐下木构件多采用栗色油漆装饰，附加吉祥图案以及装饰线型，雀替部分多施以色彩丰富的彩画。

5. 代表建筑

前郭尔罗斯哈拉毛都蒙古族贵族府邸，位于吉林省前郭尔罗斯蒙古族自治县东南部。

王爷府，仿照京城王府的空间格局设计施工。所有重要的建筑部件，均在京城定制，重要工匠也从北京邀请，几经重建的王爷府依山傍水，规模庞大，夯土围墙围成的院落长为350m，宽为166m，四角建有炮楼，共有房屋六百余间，南北共有七进院落，院落后部为私家花园。现仅存有王爷两位叔叔的府宅，建筑保存比较完好。

现存府邸建筑是北京四合院和北方民居建筑形式的融合，再加入蒙古族的

图2 七大爷府邸全景

图3　祥大爷府邸入口大门

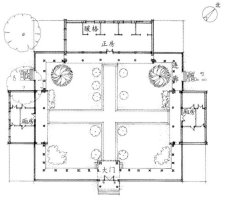

图5　祥大爷府邸总平面示意图

图6　七大爷府邸东厢房暖阁

民族生活习惯和宗教特点而成的。第一处宅院是两组建筑中建造质量较好的一处，现存为一座带连廊的四合院，正房为五间，硬山卷棚式屋顶，这种做法在吉林传统民居中是绝无仅有的。正房前建有檐廊，柱子较细，没有柱础石，"枕头花"砖雕形式也非常简单，没有"腰花"、"山坠"等吉林传统民居的特有装饰。当年屋内地面是青石铺设的"火地"，下设火道，上面再加铺毛毡，相当于现在的地热。正房的室内没有隔墙，而是靠北部设有若干暖阁，暖阁前拉幕帘，隔出睡眠区。两侧厢房各为三间，

均为卷棚式硬山屋顶，在堂屋内设有木隔断，没有花饰，风格朴素，特别之处是西厢房背面开窗，而东厢房背面一扇窗也没有。门房为三间，屋顶也为硬山卷棚式，大门两侧设看墙，门前设抱鼓石，屋面用"燕尾虎头"瓦铺设，很有特点。

正房、厢房及门房都用连廊相连，廊柱为方形，尺寸较小，连廊顶部是平的，通过女儿墙向院外排水。院内甬路较汉族传统民居宽大，而且高出地面约1m，十分独特。院内遍植丁香、杏树，绿草丛生，环境幽静。

成因

这两处蒙古族贵族府宅有着鲜明的民族与地方特色，其中还夹杂着京城文化的影响，平屋顶的连廊还有近代建筑的身影，是近代时期多种因素影响下传统民居建造的案例，从中可以看到传统的居住方式和生活习俗正在受到挑战。

比较／演变

吉林境内的蒙古族传统民居在院落空间布局上同当地的满族、汉族民居差异不大，但在建筑形式、采暖方式上体现出生活习俗上的差别。

院落布置及建筑朝向顺应山水走势而不是采用正南向，三合院、四合院式的空间布局，卷棚硬山式屋顶，建筑内部独特的蒙古族生活习俗使得这两组建筑代表了近代时期多民族交互影响下的民居建造形式。

图4　祥大爷府邸东厢房内景

近代住宅·俄风住宅

吉林境内的近代俄风居住建筑的出现主要是在 19 世纪末，随着中东铁路的兴建而带来的一种殖民地式居住形式。作为铁路附属地建筑，以组团居住为基本单位，具有鲜明的俄罗斯民族风格。房屋一般采用砖木混合结构，石砌基础。

图 1　附属地民居山墙

1. 分布

近代俄风住宅主要分布于吉林省内中东铁路沿线城市，如长春、德惠、四平、公主岭等。

2. 形制

吉林中东铁路附属地俄风住宅以组团为基本单位，在以组团为单位的居住区中，单体建筑大都是按照周边式的布局排列。居住建筑间均设置开敞的庭院绿化，形成了具有俄罗斯式居住建筑特色的庭院式花园住宅。俄风住宅的特点是外形敦实厚重。每栋住宅入口不注重朝向，而是根据住宅布局来设置。有的入口处建有木结构凉亭，檐口雕饰花纹。住宅外墙转角处饰有砖垛，屋顶多为四坡水，与黑龙江省同时期俄风住宅差异不大。

在高规格标准住宅中，有起居室、卧室、儿童室，并且还带有室内卫生间。四开间与两开间的布局形式较合理，每户不仅能有两个朝向且房间可以有很好的通风。而三户不能达到理想的通风效果，三户基本是以"一大两小"的形式分配，大户型也带有儿童室与室内卫生间。

3. 建造

建筑结构一般采用砖木混合结构，材料主要为木材、砖、石材以及钢筋混凝土。屋顶多采用中国式抬梁造与西式桁架造混合的形式，屋面采用中式反瓦屋面和铁皮屋面两种构造方法。墙体用砖砌筑，砌筑方式通常采用错缝拼接和自由拼接。住宅通常有木材雕刻的各种装饰，砖砌筑小拱券，由石头砌筑的建筑基础。

4. 装饰

俄风居住建筑室内墙面的装饰包括壁炉、火墙与墙裙。室内壁炉相对简洁，壁炉的檐口呈倒置阶梯状层层收进，装饰效果简单大方。火墙会在墙面上凸起，火墙饰面为铸铁曲线花式，装饰别致。墙裙则是内墙面共有的装饰界面，根据墙裙呈现出的形态不同，大致可将其概括为三种样式，其一为竖直拼接式，其二为井格交错式，再者是板块凸起式。

5. 代表建筑

原站长住宅

该宅位于长春市凯旋路西侧，建于 1898 ～ 1904 年间。建筑为砖砌墙体，无杆件式双坡木屋顶，其立面现状保存

图 2　附属地某民居外观

图 3　附属地某民居入口

图4 附属地民居外观

图7 附属地红砖砌筑建筑

相对较为完整。入口在形体上位于建筑的中心，突出建筑立面。砖砌的线脚，充分体现了当时建造艺术和建造技术的最高水平。

德惠市火车站前俄风住宅群，建于1890～1904年间，建筑单体基本为双坡木屋顶，但平面形式丰富，单体形式各异，现存十余座保存相对完好的建筑。

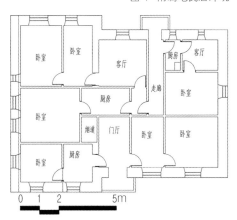

图5 俄风住宅代表建筑平面图

成因

随着中东铁路的建设及营运，俄国铁路职工、家属、工商业者等沙俄移民以及护路队，便在铁路附属地建造大量俄风住宅。这些住宅通过集中设计，统一建造，呈现出具有显著的俄罗斯风格。

比较/演变

附属地俄风住宅与"伪满"时期的建筑相比，其建造时间较早，殖民性质没后者那么明显。附属地民居最初为俄国人的高档住所，但随着日本侵略者对东三省的占领，俄国侵略势力的退出，俄风住宅便定格在特定的历史时期，没有发展和进一步演变。

图6 附属地民居外观

近代住宅·"满铁附属地"住宅

"伪满洲国"成立后，为了满足殖民统治的需求，"满铁附属地"等住宅被分为了"日系住宅"和"满系住宅"两大类。为日本人服务的日系住宅分六个等级，建筑面积分别为 100m²、86m²、68m²、45m²、38m²、25m² 等。而"满系住宅"仅有 38m²、25m²、20m² 三个等级。

1. 玄关 2. 客厅 3. 厨房 4. 过厅 5. 居室
6. 居室 7. 卫生室 8. 满式壁炉 9. 储煤仓

图1 884 号住宅平面图

1. 分布

吉林省境内现存的"满铁附属地"住宅，当以 20 世纪 30 年代建造的"满铁"长春附属地的满铁职工住宅（简称"满铁社宅"）最具代表性。可以说，"满铁社宅"的建设对中国东北地区日本统治区的住宅保持一定的水平产生了影响。

2. 形制

"满铁"成立后，为给从日本本土来的移民以及当地工人提供住所，在其附属地集中建设了大量的社员（职工）住宅和宿舍。普通住宅采用了标准型的设计。为了避免标准化的硬性规定影响住宅的适用性，同等级的标准型住宅又根据不同家庭的人口结构分为不同的型号。不同型号的住宅，居住面积大致相同，仅平面格局不同，以适应不同的家庭人口需求。同类型的住宅间根据组合需要与环境特征，灵活组织院落，以期达到群体、组团的多样化。

"伪满洲国"成立后，"满铁社宅"的建造方式被广泛接受。为达到加快建设速度，节约造价，建造经济、适用的住宅的目的，普通住宅从类型到构件，广泛使用了定型化的标准设计和生产方式。

3. 建造

早期的"满铁社宅"大多为砖木结构形式。到了 20 世纪 30 年代，钢筋混凝土在"伪满"的各类建筑中得到了广泛的应用。此时，住宅的基本结构组成包括：砖墙承重体系，钢筋混凝土梁板，木屋架。除外墙与楼梯间墙为红砖砌筑的承重墙体外，户内所有内墙均为只起分隔、围护作用的仿日本传统的"木构"式样。室内都是以"和式"空间为主的。

住宅多为 2～3 层，一般为 1 到 2 个单元，开敞式入口或楼梯间。

4. 装饰

这类住宅外形简洁，大都是长方形屋身上覆二坡或四坡屋顶，建筑外装饰一般为清水红砖墙或水泥砂浆麻灰饰面层，有些在重点部位（如主入口处）粘贴外墙饰面砖。建筑平面略有凸凹变化，立面仅有少量的阳台（小露台）、窗套、线脚，及扶墙或屋面烟囱。由于这些住宅体型规整，外观整洁、少装饰，具有施工方便、简单，投资少、经济等特点。

5. 代表建筑

长春市丁香路和白菊路交会处的"满铁社宅"884 号、885 号、886 号、888 号、889 号、890 号组团。这一组团为二层的四户双联式"日系住宅"。各栋均设有一处开敞式的南北双向入

图2 886 号住宅外观

图3 885 号住宅楼梯间

图 4　组团远景

图 6　888 号住宅外观

口，且有主次之分，其中主入口宽，次入口窄，主入口全部沿街道布置，次入口朝向共用庭院。

在开敞式入口通透的空间里，设单跑的南入式或北入式楼梯，在梯段下和二层楼梯口处设储煤仓。

这一组团的住宅均为一梯二户格局，每户入口处无门厅，进户为穿过式厨房，楼内地面除厨房铺设瓷砖外，其他均为架空实木地板面层。住宅均为汲取式室内厕所。为满足室内卫生的要求，各主要空间均设有排送风系统。

新中国成立后，原始的一梯两户被改为一梯四户，开敞式的南北双向入口大都加设了门扇；室内厕所废弃，改用后建的室外公共厕所；因集中供暖的需要，各户改成管道供暖的方式。目前，这些住宅除外墙局部破损，窗扇大多更换为铝合金、塑钢材质，楼梯间略有改动，如分户门有换成钢制防盗门外，保存基本完好，但外部环境全无，多有私搭乱建情况。

成因

早期的"满铁社宅"以"和式"木结构的住宅为主，但由于其围护结构壁薄、保暖性差，不适应东北地区，因此，保温防寒成为居住建筑的首要任务。在经过研究探讨后，日本人参考满族住宅和俄罗斯住宅，重新建造了移民住宅，即用砖或石头盖房，室内设有壁炉、火炉、火炕、铺上榻榻米起卧。随着现代主义建筑的发展，它提倡的适应大量化、工业化建造的设计原则，在"满铁"低等级住宅及后来的"伪满"时期的标准型住宅上得到相当广泛的应用。

比较 / 演变

"满铁附属地"住宅是一种裹挟在当时的折中、集仿建筑思潮之中的，以"和室"为特征的新居住建筑，它力图为"在满日本人"创造一个"理想的家园"。

"满铁"在附属地大批量开发建设标准化的混合结构住宅，设计受到了 20 世纪初英国低层集体住宅的影响。大连近江町住宅是包括日本在内的第一栋低层集体住宅，长春的"满铁社宅"就是这种形式的延续与简化。

图 5　884 号住宅的开敞式入口

黑龙江民居
HEILONGJIANG MINJU

满族民居·瓦房合院

黑龙江满族民居是从半地穴居发展起来的，受汉族民居的影响较大，尤以瓦房合院这种类型最为显著。但由于满族及其祖先世世代代在文化和生活习俗方面与汉族存在着多方面的差异，而且满族人最初居住在山地地区，所处的自然条件也不同于汉族，这使得瓦房合院表现出本民族的鲜明特点。

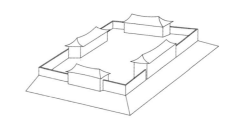

图 1　满族瓦房合院示意图

1. 分布

黑龙江满族瓦房合院民居，其村屯的地势选址是很自然的，多半在河、江、湖、沟的沿岸，或山冈前面的向阳地带，也有的在主要道路的近旁，这都是和生活方便有直接关系。

2. 形制

满族传统瓦房合院式民居，其院落通常是四方形，北侧居中是正房，东西两侧各建厢房，属于典型三合院的庭院围合方式。常有内外两进院落，每进院落的正门都位于南北向的纵轴线上。院落中设有东西厢房，正房设在第二进院落的纵向轴线上，坐北朝南，呈"一"字形布局，于灶间辟入口。院落尺度较大，各层院落呈前后（南北）纵深向组合，很少附有跨院或横向的组合形式。满族瓦房合院式民居整体布局的轴线感较强，马车可以直接进入院内。民居院落的大门都是向外开合，以防野兽撞击闯入，这也是对满族游猎民族生活习惯的保留。在满族传统民居庭院中，"索罗竿"树立在庭院中东南方向的地方，与"口袋房"偏东而设的房门直线相对。这是因为满族举行祭天大典时，人们习惯在屋门内正对"索罗竿"举行仪式。

满族民居总体布局多为由低到高，一般民居常依山就势取得高度上的变化，贵族王府常将第二进院落建在人工夯筑的高台之上，院内正房前设月台。

3. 建造

满族人建筑的木结构，区别于汉族民居的梁柱式结构，所谓梁柱式结构，就是在地面上立柱，柱子上架梁，以此组成房舍骨架，墙壁不用承受屋面的重量，门窗的安排比较灵活。特别是抬梁式结构，内部空间较大而立柱少，但耗用的木材料大，造价较高。

满族民居建筑多用檩枋式结构，即在檩下面再备用一根横截面为圆形、直径尺寸接近檩木的"枋"。这种木构件代替了横截面是矩形的"枋"。之所以形成较有特色的檩枋式结构，大概是由于在较早时期山地木材较丰富，用木原材可以省掉加工的一些麻烦。檩枋式结构形式常见的有五檩五枋、七檩七枋和九檩九枋等三种，五檩五枋是满族民居中用得最多的结构形式。

黑龙江满族民居的屋顶与清官式作法相似，亦呈折线起坡，略缓。这种情况与东北地区的气候有关：夏季降水比南方要少，坡度可以缓些；冬季略缓的

图 2　满族民居支摘窗

图 3　依兰县张宅房屋山墙装饰

图 4　依兰县满族民居张宅正房

屋面使屋面积雪不易被风吹落，而起到一定的保温作用。

建筑的外墙虽不承受屋面重量，但出于防寒保温需要，仍做得很厚重。内隔墙则区别很大：穷者多以秫秸抹泥；富者采用木板墙，以求得美观。内部间隔墙的材料很少用砖，目的是为了减少墙的厚度，增加室内空间。

4. 装饰

房屋瓦顶的扁担脊上有的用瓦片或花砖做些装饰，或将瓦顶两端做成翘起的鳌尖蝎尾造型。檐下无斗栱，梁头椽头皆不作装饰。山墙的山尖装饰有雕饰腰花，也有在近脊处雕饰砖制山坠，近两山处以三垄合瓦压边，以体现出房屋主人的尊贵等级，也富有装饰性。

房屋支摘窗上有丰富的装饰构图，窗隔心早期为直棂马三箭、斧头眼、三交六碗等样式，后期吸取汉族做法，广泛使用了步步锦、六方锦、工字锦和盘肠等形式。

另外，每家的西山墙上都挂设有一个木架，即供奉祖宗板和"完立妈妈"（亦称"佛头妈妈"）的龛架。木架上置放装有祭祀用神器或神木的神匣。木架上贴挂着表示吉祥和家世的黄云缎或黄色的剪纸——"满彩"。

5. 代表建筑

依兰县赵氏满族老宅

据《黑龙江满族民居及内部空间艺术研究》一文介绍，该宅院位于依兰县县中心巴黎广场东侧，始建于清朝中期，毁于清末沙俄入侵我国东北时期，后在1900年重建，是黑龙江省也是东北三省至今保存较为完整的满族民居。1998年被确定为县级保护建筑。

该宅是三合院布局，包括前院、中院和后果园共三进院。果园为主人及家人的活动区域，前院用于放置柴火垛，中院正房居中，体量较大，坐北朝南，面阔五间，东、西各有烟囱一个，拔地而起。院落东、西两侧设有面阔三间的

图 5　依兰县张宅室内一景

图 6　某满族民居跨海烟囱

厢房。由垂花门及木质围栅隔成前、中两个院落，垂花门前有屏风影壁一座。老宅的建筑形式均采用陡板脊硬山地做法，灵动不失稳重。泥质青灰仰瓦屋面排列整齐，两侧三垄合瓦压边，以减单薄之感。

成因

满族民居中瓦房合院建造的历史不过几百年，根据对努尔哈赤最早修建的第一座古城——佛阿拉中关于他和其胞弟舒尔哈齐的宅院布局的记载，那时并未形成合院形制，也缺乏空间的秩序性，围合感偏弱。随着满民族不断接受汉文化，其民居建筑也在不断地模仿汉族民居的做法，其合院形式在学习外来文化和反映其自身生活规律的同时逐步走向完善与成熟，形成了与汉族民居相似又有所区别的三合院和四合院。

比较 / 演变

明卢琼《东戌见闻录》记载：女真各部，多"依山作案"，居住山城。随着满族的统一，其向中原不断逼近，建筑选址由山地转为台岗，又转为丘陵，再转为平原。民居的选址、空间布局、房屋的装饰构造等方面既继承了汉族合院民居的形制，也形成了自身的特色。

满族民居·土坯草房

土坯草房是黑龙江满族民居较为常见的类型，尤其在农村的各类建筑中，更是经常使用土坯、草类做筑房材料。其优点是建造方法简单又很经济，隔寒、隔热效果好，且取材方便。缺点是不耐雨水冲刷，必须使用黄土抹面，每年至少要抹一次才可保证墙壁的寿命。

图 1　哈尔滨尚志市亚布力镇某宅

1. 分布

黑龙江满族土坯草房民居，主要分布在长白山区，具有浓郁的民族特色。它既是满族居住习俗的载体，也是满族风情的主要表现形式。

2. 形制

早期的满族民居皆为草房，其棚盖全是用草苫成的，因其在东北地区特殊的自然环境中，具有很强的适应性，所以一直延续至今。建造土坯草房所用的草类包括高粱秆（俗称秫秸）、谷草、羊草、乌拉草、芦苇、沼条等。草类常被用于屋面的铺设，有较好的防寒保温效果。羊草本身属于水甸子中的野生植物，每年秋季时成红色，故俗称"红草"，其纤细柔软，可用于铺设屋面且防水效果好；东北盛产的乌拉草也被广泛地用作民居中苫顶的材料。

在建筑内部，草类也被广泛地应用于天棚、炕席、遮阳帘子等的制作。因草类有较好的柔韧性，故而常与土混合起来应用于民居的建造中。

3. 建造

满族人建筑的木结构，大体上是檩枋式。早期的满族民居皆为草房，其棚盖全是用草苫成的，因其在东北地区特殊的自然环境中，具有很强的适应性，所以一直延续至今。

草房的特色重在屋面。屋面的构造为，在木架上先铺一层木板或苇席，然后苫草。屋脊用草编成，其下依次铺苫房草，厚二尺许（约 0.66m），草根当檐处齐平若斩。为防止大风将苫草吹落，要用绳索纵横交错地把草拦固，还要在屋脊上置一

压草的木架，俗称"马鞍"。苫房要有较高的技术，苫得好，不仅样式美观、不透风、不漏雨，还牢固耐用。有的苫一次可用二十年，否则二五年就要重苫一次。还有用厚泥来苫草顶的。《建州纪程图记》中记载："胡家于房上及四面，并以粘泥厚涂，故虽有火灾，只烧盖草而已"。

4. 装饰

黑龙江满族土坯草房多处于经济水平相对低下的地区，其因地制宜、就地取材适应经济落后地区的需求，装饰雕琢较少见。个别富裕人家以木雕装饰建筑的门窗及室内隔断、炕沿等处。

图 2　某满族民居土坯草房

5. 代表建筑

齐齐哈尔市昂溪区前五家子屯某宅

该宅是一处建筑风格独特的满族土坯草房民居。这是齐齐哈尔市目前保存

图 3　哈尔滨市方正县某宅

图4　齐齐哈尔市扎龙县褚宅

最为完好的满族民居。该土坯草房，建筑面积96m²，属四柱八梁、七檩七枋结构，正房三间。中间为堂屋和灶房，其间用雕花木窗隔断，左右两间为居室。西屋比东屋大。西屋有万字炕（即圈炕），这也是齐齐哈尔所有满族民居中仅存的一个万字炕。室内门、门楣、炕沿、隔栅均为实木雕刻，做工精美，古色古香，保存尚好。尤其是西屋的门楣为红松雕刻的八仙法器图案（俗称暗八仙），立体感强，工艺巧妙精湛，色彩艳丽却又不失古典风味。

房子前墙西侧有一块镶嵌在墙体里的青砖，露出的一面写着一些奇怪的文字。近年来虽有不少专家学者前去考证，但砖上所刻文字至今无人辨识，故无法破解其中的含义。该房门上方仍悬挂着一个中华民国时期龙江县管辖的门牌，保存完好，从中也反映出该房屋的古老历史所在。

据考证，前五家子屯已有三百年的建屯历史了。这座房屋是典型的满族风格的建筑，其历史之久、保存之完好、装潢之考究，可谓弥足珍贵，是研究满族历史、民俗的重要实物资料，具有重要的史学价值和旅游观赏价值。

图5　齐齐哈尔扎龙县褚宅室内

成因

土的使用历史甚早，夯土、木骨泥墙是原始社会建筑的主要手段。土取材方便、具有良好的可塑性，保温性能好，可以和多种材料混合使用。其缺点是怕水、怕潮、强度不高。东北满族土坯草房民居中对土的利用主要是夯土、土坯及泥墙三项。

比较／演变

夯土用于地基基础或填方筑台，自从版筑技术创始以来，夯土墙成为传统民居的普遍技术，用之筑院墙、山墙、后檐墙。土坯的使用较夯土墙更为灵活，可砌筑出各种形体，多用于非承重的填充墙、灶、火炕等，因其强度低，不耐冲淋，故用于室外多施以抹面。东北地区人们将草根盘结的湿土地，用锹切成方块，整块起出即成坯砖，成为垡子，虽然这种方法破坏了植被，实不可取，但是可以看出人们很早就已经具有了这种就地取材的观念。泥墙亦是一种古老的技术，原始社会即出现了木骨泥墙，现今农村中仍常用竹筋或竹笆抹泥墙或木筋苇束笆墙，作为外墙。

汉族民居·井干式民居

黑龙江地区森林资源丰富，山区的居民就因地制宜，利用木材建造了俗称"木楞子房"的井干式民居。其主要分布在林区中，尤其见于林木密集的林场旁或是山沟中。井干式民居内外壁体用木料层层相压，至角十字形相交，所用木料皆为乡村中一般的木材，如红松、白松、黄花松等，且往往选取比较粗大的木料。

图1　长白山井干式民居

1. 分布

黑龙江汉族井干式民居，是以木材为主要材料而建造的民居类型。这类民居主要分在人、小兴安岭以及长白山地区林木茂密的地方。

2. 形制

井干式民居从头至尾、从里至外几乎都是用木头做成。东北地区森林资源丰富，木材品质好，因而木构技术在东北汉族传统民居的建造中极为常用，建筑中的柱、梁、枋、檩、椽等结构构件，门、窗等维护构件乃至围合院子用的木头幛子等，都要用到木材，比如墙体是用圆木垛成的，门窗洞口处是用"木蛤蟆"勒边固定的，屋顶骨架是用木制的叉手或用木立人与檩条搭建而成的，就连铺设屋面用的瓦片也是用木板或者树皮做成的，难怪当地居民常称其为"木楞子房"，它是东北汉族传统民居类型中因地制宜、就地取材的典例之一。木材的主要品种有红松、樟子松、白桦树、

榆树、杨树、柳树等，其中松木的质地坚硬，常用于建筑木构架的建造。由于房主多为当地农民，故常在院内设置菜果园、柴垛、仓房等与正房共同围成小型院落。

3. 建造

黑龙江汉族井干式民居，是典型的以四面墙体为承重结构的民居类型。其结构构架的搭建较为简单，主要是自地面挖

图2　某汉族井干式民居

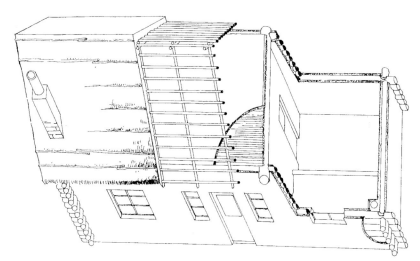

图3　尚志市亚布力镇宝石村张宅建筑结构分析图

图4　尚志市亚布力镇宝石村张宅室内一景

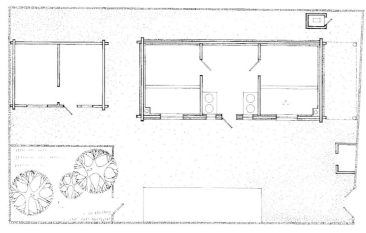

图5　尚志市亚布力镇宝石村张宅平面图

图7　尚志市亚布力镇宝石村张宅细部构造图

深沟，将横木嵌入其中做基础，垒至地面以上的圆木继续向上搭接成木楞子墙，然后将大柁搁置在前后檐的木墙上，再在大柁上置立人（瓜柱），立人上架檩子，或直接用叉手置檩子建造屋架。这是东北地区汉族井干式民居构架较为普遍的做法，都是用木楞子墙身为承重部分，也有部分采用木构架承重结构中的"三炷香式"，这种做法往往可以扩大井干式房屋内部的进深尺度。

4. 装饰

　　井干式民居是黑龙江汉族传统民居类型中因地制宜、就地取材的典例之一。其装饰较为简单，从室内到室外都呈现出木材天然的质感，呈现出当地原生材料的色彩。井干式民居的木质墙体、木屋架结构、室内的木板隔墙甚至是屋顶的木板瓦，这些材料的运用都与所在的林区环境浑然天成，给人以自然质朴的感受。

5. 代表建筑

尚志市亚布力镇宝石村张宅

　　张宅是黑龙江省东部林区传统的井干式民居，三开间正房及其西侧仓房与外围的木幛子围合成梯形的一合院落，院门开在东南角，院内布置有木材堆、鸡舍和果园。

成因

　　黑龙江汉族井干式民居形态的形成与其所处的自然环境息息相关。东北地区森林资源丰富，为井干式民居的产生提供了必要的条件。尤其是在长白山山脉和大、小兴安岭山脉上，木材的丰富酝酿了井干式民居的产生。

比较／演变

　　木材是人类较早使用的建筑材料之一，具有较好的抗压、抗拉性能，非常适于房屋的建造。东北林区盛产木材，其木质轻软，搭建方便且耐腐蚀性强。因此，井干式民居的搭建充分就地取材，对木材加以充分运用。

　　此外，东北地区丰富的土壤资源也是很好的民居建造材料。将土经处理后抹在墙体内外，能起到保温、隔热的作用，从而抵御冬季的寒冷和夏季的干热。

　　经济因素也对传统聚落和民居形式的发展演变起到一定的推进或制约作用。林区的经济发达程度相对落后，因此就地取材、充分运用本地材料、因地制宜的理念也就成为影响民居演变的重要因素。

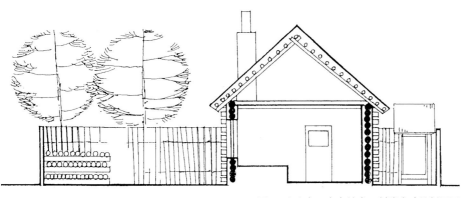

图6　尚志市亚布力镇宝石村张宅建筑剖面图

汉族民居·合院

　　黑龙江汉族传统民居是汉族居民根据生活的需要建造并反映汉民族特色和生活特色的民居类型。其作为传统民居的一个重要类别，继承了中原汉族传统民居的特征，同时也融合了满族、达斡尔族、鄂温克族、鄂伦春族及赫哲族等本地居民的居住文化，形成了自身独特的民居形态。

图1　哈尔滨市呼兰区萧红故居

1. 分布

　　黑龙江汉族传统合院式民居集中分布在哈尔滨、尚志、绥化、呼兰等地，是过去汉族居住东北时根据生活的需要而建造，并反映汉民族特色和生活特色的民居。

2. 形制

　　黑龙江汉族传统合院式民居主要包括四种类型：一合院式、二合院式、三合院式以及四合院式。一合院、二合院式民居布局简单，常见于林区的井干式民居以及碱土地带的民居院落。由于房主多为当地农民，故常在院内设置菜果园、柴垛仓房等与正房共同围成小型院落，其布局方式多是从使用者日常生产、生活方式的角度出发，要考虑到置于院子中的生产工具的存放、运输是否便捷等因素以及动物饲养的合理性等要求。三合院、四合院式住宅是以正房为中心，于其前两侧建东西厢房，设院墙与院门，院门为非房屋建筑型制的单间屋宇型大门，或者是门房。其特点主要体现在：1）院落纵深"进"数增多；2）房屋建筑的形制有所提高，多带有前檐廊，局部装饰更为精致，正房多为五开间以上；3）增建附属用房及配房；4）个别大宅在门外圈出很大的空地，增设门前院，使得门外空间开敞，进宅需过门宇重重，颇显宅主人的显赫地位。

图3　萧红故居室内布景

3. 建造

　　黑龙江汉族传统民居的结构体系延续了中原传统民居，也是中国传统民居结构体系的普遍做法，即采用"墙倒屋不塌"的木构架承重结构，依靠柱子、枋（梁）、

图2　萧红故居内院及正房

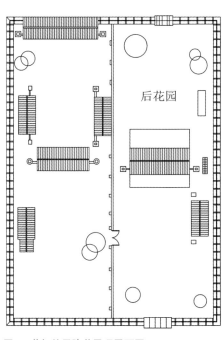

图4　萧红故居院落屋顶平面图

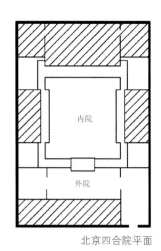

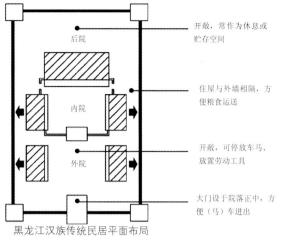

北京四合院平面　　黑龙江汉族传统民居平面布局

开敞，常作为休息或贮存空间

住屋与外墙相隔，方便粮食运送

开敞，可停放车马、放置劳动工具

大门设于院落正中，方便（马）车进出

图5　生活、生产方式的变化导致汉族合院民居形制的转变示意图

立人（瓜柱）、檩、枋、椽等，以此组成房屋的受力系统，承担自然荷载以及材料自重。考察现存的民居实例，木构架结构的类型主要包括：三檩三枋式、五檩五枋式（三炷香式）、六檩带前檐廊式、七檩蛇探头式，大宅中还有八檩前出廊式、九檩前出廊及九檩前后出廊等形式。

4. 装饰

砖雕艺术可见于汉族合院式民居的墙面和屋顶，尤其是山墙的山尖、墀头上部的盘头和下部的迎风石、压梁石和砸垫石等处，都是重点的装饰部位。山墙的山尖多雕饰腰花，也有在近脊处雕饰砖制山坠。墀头则多用方砖凿成浮雕加以装饰，既增加墙体的耐久度，也打破了大面积山墙的单调感，成为一种十分经济的装饰手段。另外，木雕艺术常见于出际的檩条、搏风、枊头等处，在悬山式屋顶的民居建筑中，山墙的山尖部分往往暴露出木构架结构，檩条两端部挑出山墙，并于其上钉木搏风，在搏风近脊处吊有木制的山坠（悬鱼）。

5. 代表建筑

哈尔滨市呼兰区萧红故居

萧红故居是典型的北方中等绅士住宅，分东西两个大院，东院是萧家人日常起居的宅院，西院是库房、磨房和佃

户居住的地方。

东院主要的房屋建筑为五间的正房，并在北侧设有后门通往后花园。建筑是一色的青砖青瓦房，屋顶仰瓦铺设，下端滴水，近两山处以三垅合瓦压边，体现了等级也富有装饰性。两硬山山墙挑出前檐做有墀头，上部雕有简单的盘头装饰，连接于下碱的跨海烟囱也是青砖砌筑的，分三段向上逐层收敛，也是形制较高的式样。

而同在一个院落中的佃户住房，则建造的相对简陋，就是纯粹的土坯草房，以草苫顶、以土夯墙，就连两侧的跨海烟囱也是土打的。由此可以看出，黑龙江省汉族传统民居有着明显的等级划分，居住者的社会地位、经济状况不同充分表现在民居的形制上面，如建筑、屋顶、屋身、台基部分的建造形式以及材料的选用都有较为明显的差异。

成因

黑龙江汉族居民多为历史上不同时期由中原迁徙而至东北地区的，中原汉人的建造习俗被北迁移民带到东北后产生了较大的变化，主要受到地域环境、社会历史背景以及当地居民生活、生产方式的影响，汉族合院民居的形制上也产生了较大变化。

比较 / 演变

东北地区属于典型的大陆性季风气候区，较之中原而言，冬季更加寒冷干燥，冬夏温差较大。汉族合院式民居因地制宜、广泛利用当地的筑房材料，逐步形成了具有地域特色的民居形态特征及构造特征："高高的，矮矮的，宽宽的，窄窄的"，"黄土打墙房不倒"、"窗户纸糊在外"等。这其中，"高高的"是指房屋的台基较高，台基高了可以防积雪保护基础；"矮矮的"是指房屋室内的净高要适当低些；"宽宽的"是指南窗要宽大，以便摄取更多的日照，窗的形式多采用支摘窗式，并将棉纸或高丽纸糊在窗外，以防冬季寒风将窗纸吹破或被窗棂融化的积雪浸湿破损；"窄窄的"则是从空间尺度而言，指房屋的进深要窄小，这样有利于居室的防寒保温。

北迁的流人们在面对东北地区相对恶劣的环境时，在一定程度上放弃了对于民居文化性的追求，而是从地域生存环境的角度出发，对民居建筑的形态作了相应的调整，以使得居住环境能够更好地顺应地域的变迁所带来的气候条件、居民生产生活状况的变化。

汉族民居·碱土平房

黑龙江地区土地资源丰厚，土壤品类复杂多样。汉族传统民居充分利用这一优厚资源，尤其是位于碱土地带的居民，充分利用碱土筑房。碱土坚固耐用、防渗易沥水，经雨水侵蚀后，碱土的表面更加光滑坚固，因此碱土非常适合做屋面和墙面材料。碱土筑房可就地取材，极大降低了运输和加工的经济成本。

图1 某碱土平房大门柁头装饰

1. 分布

黑龙江汉族碱土平房主要分布在经济条件不太富裕的碱土地带。

2. 形制

碱土平房的建造仍是采用木构架结构，但却一改抬梁式构架柱上架梁、梁上置短柱再架梁的做法，而是仅用一架梁，梁上再根据檩子的间距设瓜柱或用"替子"代替瓜柱支撑其上的檩条，同时山墙榀架中多设有中柱以取得构架的稳定性。屋顶形式多采用略呈弧形的囤顶形式，前后檐低，中间脊部高，屋架中的瓜柱高度也是自屋进深中央向两檐递减。

3. 建造

碱土平房外墙的建造是用土坯分层垒砌而成。将碎草与黏土搅和在一起，装入模内经晾晒而制成的房屋构筑材料称为土坯，将土坯分层垒砌并用同样土质的泥浆作为黏结材料砌筑房屋外墙，完工后再用细泥抹面就筑成了土坯墙。土坯砌墙非常坚固，又省去制造的时间，可以说是最为经济的地方材料之一。

屋面的做法主要包括砸灰顶、碱土顶、秫秸巴顶及苇子巴顶等。砸灰顶的特点主要在于顶层使用白灰与炉渣抹面，这二者要经水和好并焖上3个月的时间，待其表面浮出浆汁后才能铺设在屋面上，铺好后还要用棍棒反复砸实直至其中的浆汁被排干才行，这也是碱土房中较为普遍且最为坚固耐久的屋面做法。

碱土顶的做法与砸灰顶类似，只是去掉顶层的炉渣、白灰层，且每年都需再以碱土抹屋面。秫秸巴顶与苇子巴顶也较为类似，前者屋面既没用椽子，也没铺屋面板，而是直接将打捆的秫秸（高粱秆）两层铺在檩子上的，而苇子巴顶则是将打

图3 某碱土平房室内一景

捆的苇子铺设在椽子上的。以上几种土屋面的做法，厚度一般都在20～35cm左右，秫秸巴顶厚者甚至可以达到50～60cm左右，这主要是出于冬季防寒保暖、夏季防雨水渗漏的需要。

4. 装饰

黑龙江汉族碱土平房多处于经济水平相对低下的碱土地带，体现出当地居民因地制宜、就地取材的民居建造理念，

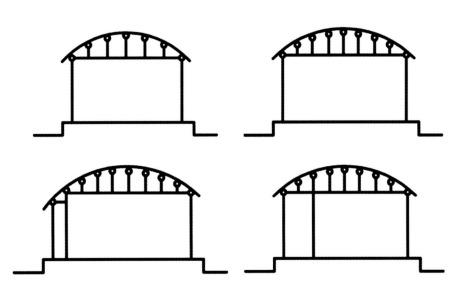

图2 碱土平房常见的房屋构架示意图

图4 某碱土平房院落简易大门

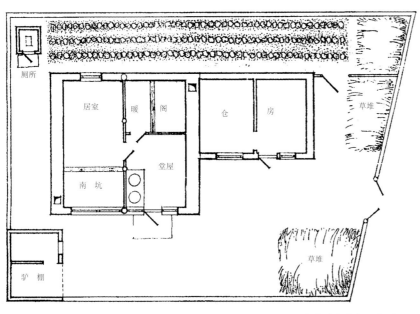

图 5　齐齐哈尔市郊王宅平面图

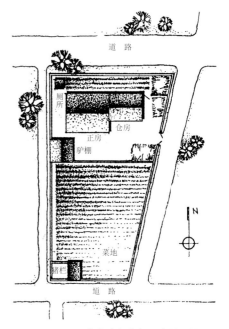

图 7　齐齐哈尔市郊王宅屋顶平面图

炉渣干白灰
碱土泥
苇席
碱土混合羊草
苇子巴 2 层，一毛一净
椽 子

砸灰顶

纯碱土
碱土加羊草
羊草
编纹席
秫秸巴
椽 子

秫秸巴顶

纯碱土
碱土加羊草
羊草
编纹席
苇子巴
椽 子

苇子巴顶

图 6　常见碱土屋面构造示意图

适应经济落后地区的需求，因而较少有独特丰富的装饰风格，仅有个别人家在外墙面、屋檐和门窗处加以简单的装饰。

5. 代表建筑

齐齐哈尔市郊王宅

王宅为黑龙江省西北部传统的碱土平房，由两间正房、两间耳房（用作仓房）和两间西厢房（驴棚）等围合而成。其中两开间的正房进深较大，平面呈正方形，采用这种两开间式平面布局，外墙面积小，既经济又有防寒保温的效果。外屋以隔扇分隔成两部分，前面为厨房和过道，后部隔成小间为暖阁。屋里设有南炕，南向开大窗，北侧开小窗。

成因

黑龙江汉族碱土平房形态的形成，受到其所处的自然环境的极大影响。碱土地带木材稀少，风沙较大，而随处可见的碱土用来做筑房材料不仅防水性好且造价低廉。

比较 / 演变

黑龙江汉族碱土平房适当简化了中原地带相对繁复的木构架结构，结合当地碱土的应用，智慧地解决了筑房木材短缺的问题。碱土的钠饱和度比较高，一般在 20% 以上，其主要特征是：呈强碱性反应（ pH8.5 ～ 11），干时收缩坚硬板结，湿时膨胀泥泞，结构性差，通透性不良等。但碱土民居的建造更多考虑到土筑的经济造价低廉、可就地取材，且碱土具有较好的保温、隔热效果等，因而被广泛运用在经济条件并不是很好的碱土地带。

朝鲜族民居·咸镜道型

朝鲜族咸镜道型民居住宅平面多形成"田"字形的统间型平面，一般以双通间为基本类型，有六间房和八间房不等。房间对外设有直接的出入口，厕所在室外。从装饰风格上看，朝鲜族咸镜道型民居装饰简朴，自然的装饰风格反映了朝鲜族质朴、勤劳的民族性格。房屋的整体和局部保持着高度的统一和完整，白墙、木本色的框架、吊挂饰品等均方便实用，无不体现一种清淳的朴素美。

图1 青瓦屋面示意

1. 分布

咸境道型的朝鲜族民居主要分布在我国延边地区和黑龙江地区，朝鲜咸镜北道、咸镜南道、江原道。我国的朝鲜族在东北地区的分布呈现一定的规律性：延边朝鲜族自治州和相邻的黑龙江边境地区的朝鲜族来自于朝鲜咸镜道。延边地区与朝鲜半岛隔江相望，气候也与朝鲜半岛北部的咸镜道非常相似，而且由于居住在延边的朝鲜族原来多为咸镜道人，他们的生活方式和风俗习惯与朝鲜北部居民差别不大，且延边地区在移民初期还是渺无人烟的原始森林，交通条件不发达，无法与其他民族进行文化交流，因此延边地区的朝鲜族民居基本上完全是在朝鲜咸镜道式建筑的基础上演变发展的，仍采用了朝鲜北部地区的咸镜道式建筑。

2. 形制

住宅平面多形成"田"字形的统间型平面，一般以双通间为基本类型，有六间房和八间房不等，农家是有一通间，但这是极少数，而城镇居民则多数采用一通间式。房间通过门相连，适应冬季寒冷气候。内部空间上最大的特点是上房与厨房之间没有隔墙，厨房和炕空间连为一体形成开放空间——"主间"，并把"主间"作为平面的中心，就餐、接待、家务等活动都在主间进行，构成独立的最基本的空间形态。家庭生活、作业、用餐、娱乐活动都是在"主间"进行。"主间"大部分中间没有隔断。

而有些民居则根据自己需求，中间设带拉门式的隔断，贴在隔断上的糊纸具有柔和的透光性能，拉门时常敞开，室内空间具有通透性和流通性。进入"主间"，入口处设有一小块下沉地面，与炕有40cm左右的高差，充当玄关。入口正面是厨房，其高度和炕铺平齐。房间对外设有直接的出入口，厕所在室外。

3. 建造

咸镜道型不仅在热效应方面起着独特的作用，也体现着朝鲜族传统的坐式生活文化。这种多功能单一空间除了炕导热之外，厨房（灶口）里散出的余热也可以补充室内热量，有效地解决了东北寒冷地带的保温要求，具有一定的节能效应。朝

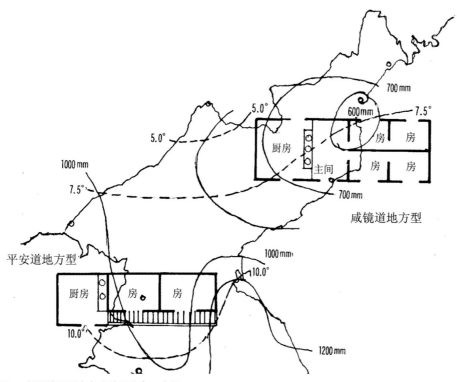

图2 朝鲜族民居在东北地区分布示意图

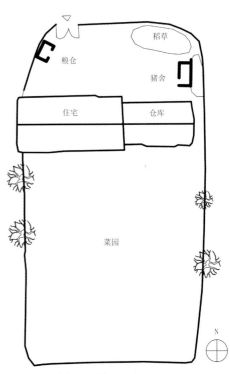

图3 哈尔滨市星光村某宅院落总平面示意图

图 4　哈尔滨市星光村某宅

鲜族传统的炕上坐式起居，一直影响到现代的居住、生活方式，也影响到其民族的文化。例如，朝鲜族舞蹈中优美的上肢，就是常年坐式唱、饮、舞等活动的结果。

4. 装饰

朝鲜族在文化历史上具有"崇尚山水"和"鹤崇拜"的民俗现象，历史绘画、舞蹈、服饰、家具彩绘等都体现出素、白、雅、和的特点，而且这些民俗特点同时也体现在朝鲜族民居的形态设计上。在建筑外形上，"天地方远，品物多方"，足以概括其特点。传统的朝鲜族民居大多为矩形，这是朝鲜族房屋的基本形体。其外观以白墙青瓦（或干稻草屋面）为主要特点。民居的建筑材料均由木、石、草、土等天然材料构

成，木结构的传统建筑形式没有任何装饰，外观保持原有的质感及色彩，朴素而与自然和谐统一，构成了朝鲜族聚落鲜明的空间环境特征。

5. 代表建筑

哈尔滨市星光村某宅

民居室内外出入口设在厨房，并不是每个房间对外都有直接的出入口，这样可以减少室内热量的损失。房间是由地面和火炕构成，房间的进入是从厨房开始，进入地室及下房，然后通过地室的门再次进入上房，房间之间通过墙体和门隔开，保证每个小空间的取暖及保温效应。仓库位于厨房一侧，对外有直接的出入口。

成因

19 世纪 80 年代后期至 20 世纪 30 年代初期，从朝鲜咸镜道迁入的朝鲜人开始在我国东北图们江沿岸和长白山脚下建设村落，很多生活习俗继承了朝鲜咸镜道的特点，包括村落的选址、居住形态与院落模式、建筑与自然环境的结合等。延边朝鲜族自治州的传统村落，大部分都是在这个时期形成和发展起来的。其特点为背面靠山，前面坐落广阔的农田，周围环绕河水，是典型的背山临水、负阴抱阳的格局，而且村落空间布局也十分自然。

比较 / 演变

咸镜道型的朝鲜族民居在厨房开设建筑物的主入口的同时，几乎每个房间都对外开口，避免相互干扰。并且，过去由于受到严格的男女尊卑制度影响，平面内各空间的组成受到一定的世俗观念的约束。后来，随着观念的解放，内部空间也得到解放，房间之间的墙体被拉门隔断所代替或取消，大大提高了室内空间的开敞性与多功能用途。在内部空间的扩大过程中，"田"字形或"日"字形的平面类型出现得较多，同时平面横向扩张，使建筑物的间数增多。

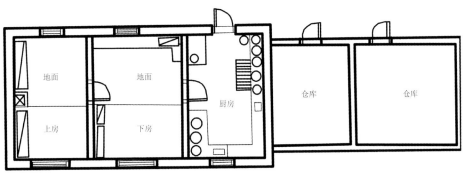

图 5　哈尔滨市星光村某宅平面图

朝鲜族民居·平安道型

朝鲜族平安道型民居的典型平面类型为"一"字形的分间型平面，厨房直接与房间相连接，房间相互独立，对外设有出入口，厕所设在室外。建筑材料主要包括土坯砌成的传统茅草房和砖木结构的瓦房。无论哪种形式，都以白色敷墙，一般是朝向南面和东面的墙体刷白，因此在朝鲜族、汉族杂居的村落，很容易辨认出朝鲜族民居。

图1 平安道型民居

1. 分布

朝鲜族平安道型民居多分布在我国的黑龙江省和吉林省、辽宁省的部分地区。其主要原因是出于这些地区的朝鲜族大多数是从朝鲜半岛的南部迁移过来的，很多方面继承了朝鲜的居住模式。

2. 形制

平安道型民居典型平面类型为"一"字形的分间型平面，厨房直接与房间相互连接，房间相互独立，对外设有出入口，厕所设在室外。相对于统间型平面，分间型平面的厨房和下房在功能上具有明确的分化，中间设有墙体或隔断，各自形成独立的空间。住宅的规模相对比较大的情况下，适合采用分间型平面，将开放的大空间分为若干封闭性的小空间，能保证室内温度的均匀，起平面分隔作用的墙体也可以达到双重保温的效果。延边传统朝鲜族聚落中，住宅的布局形态延续了朝鲜族从朝鲜半岛迁入时的固有形式。街坊由街巷和小路之间的空地形成，一般东西方向较长。房屋的朝向几乎都是朝南，因此气候为决定朝

图3 平安道型民居

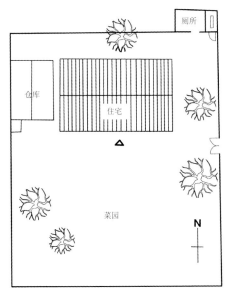

图4 尚志市河东乡南兴村某宅院落布局图

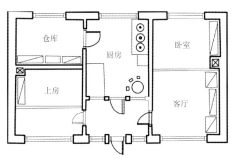

图5 尚志市河东乡南兴村某宅平面示意图

向的重要因素。房屋以单体为主，成行列式顺着山坡的形势布置。因为冬天较长，所以住户的开口部分主要朝南开设，卧室大部分也是在朝南方向。

3. 建造

平安道型朝鲜族民居为"一"字形长方形平面，其立面属于半凹廊式民居，在南侧外墙的局部凹进（或左，或右，或中间）形成退间。凹廊与旁边的白色墙面产生明显的虚实对比，立面形态格外的丰富，在光影的照射下，增加了立面的立体感。墙面的竖向细长门窗加强了竖向划分，并与屋顶形成优美的建筑形态。半凹廊式住宅的屋顶通常为灰瓦屋面，屋檐与木柱的阴影打在白色的墙面上，使整个建筑稳重中不失灵动美。

4. 装饰

平安道型朝鲜族民居根据建筑材料，主要分为土坯茅草房和砖木结构的瓦房。草房的苫顶覆以黄色稻草，加之门窗的原木之色，黄白交错，给人温馨、亮洁的美感；瓦房则以青（黑）瓦或青灰色陶瓦为顶，形成整体建筑的上下黑白对比，与江南水乡的黑瓦白墙映碧水有异曲同工之妙。民居局部以鲜艳彩色

为装饰，如白色外墙体瓷砖、单彩色屋顶等，无不体现了独特的民族审美心理。

5. 代表建筑

尚志市河东乡南兴村某宅

该宅平面是3开间2进深制，入口设在南侧，通过玄关与厨房相连，厨房的西侧与北端的储藏间隔门相连。主要房间在平面的东、西两侧。受满族、汉族等其他民族的影响，平面内设置走廊（地室）、客厅等空间。气候的寒冷，使平面的变化趋于进深方向房间数量的增加，通过小空间的排列，可以达到有效的御寒效果。

成因

朝鲜族民居的基本形态分为两种类型，延边地区的朝鲜族民居是以朝鲜咸镜道式民居为原形演变的形式，延边之外其他地区的朝鲜族民居是以汉族民居为原形，结合朝鲜式变化发展的形式。位于黑龙江省的朝鲜族民居多受汉族和满族文化的影响，形式多以汉族和满族的传统民居为原型。

比较/演变

20世纪30年代后半期到新中国成立前，主要是由日本帝国主义集团移民政策迁入的朝鲜人形成村落，其中大部分人都出身于朝鲜南半岛，并以出身地为类别组成朝鲜族村落。例如，平安道村落、全罗道村落、庆尚道村落等，将他们在朝鲜半岛居住时的村落名称惯用到新组成的村落上。由于当时他们的政治、经济地位低下，大部分人居住在地窖里，少数一部分人盖了极其简陋的草房，以防雨、防寒为主要功能，内部空间简单地延续了朝鲜南半岛的布局特点。

鄂温克族民居 · 斜仁柱

鄂温克族在民族的发展过程中形成了两种传统建筑形式：居住建筑"斜仁柱"、仓储建筑"格拉巴"，以及由这两种建筑组成的原始聚落。这两种建筑形式以及原始聚落都是在民族传统文化的影响下形成的，聚落的形态特征、建筑的构筑方式以及建筑空间形态特点都自然地表现出鄂温克族的传统文化特色。

图 1 黑龙江省讷河市某宅

1. 分布

鄂温克族主要分布在黑龙江省讷河市和内蒙古自治区，人口有两万多。斜仁柱是鄂温克族最主要的居住形式之一。

2. 形制

斜仁柱是鄂温克人的移动性居住建筑，它的构筑方式是为了满足驯鹿文化的移动性需求产生的。斜仁柱由细木杆与树皮或动物皮毛构成，外形呈圆锥形。其周围多设置仓库建筑格拉巴。格拉巴是他们的固定仓库建筑，它的构筑方式是在狩猎文化的经济模式影响下产生的。

鄂温克人每当迁移时，就提前到新的地方使用木杆搭出一个锥形的"斜仁柱"结构构架，只需要将原来"斜仁柱"

上的桦树皮围子或兽皮围子拆下运到新的地方重新围护在搭好的构架上，等到他们沿着钟摆式的迁移路径再迁徙回来的时候，原来弃置不用的结构构架也可以重新利用。这种构架与表皮相分离的构筑方式充分反映出了鄂温克人的驯鹿文化特点。

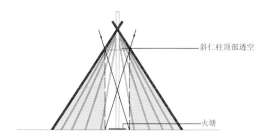

斜仁柱顶部透空

火塘

图 3 鄂温克族斜仁柱中心空间营造图

3. 建造

鄂温克族的居住建筑是移动性的临时建筑，但是他们也需要一种坚固耐久的永久性建筑来储藏他们的生活用品、生产工具。在这种自给自足的经济模式下，他们用于建造的材料只能从森林中获得，而木杆捆扎的构架显然不能满足坚固耐久、抵御野兽侵犯的需求。

于是，鄂温克人选择了森林中最坚固的自然结构——树木，作为"格拉巴"

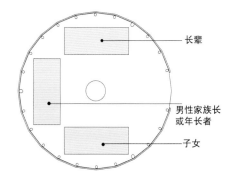

长辈

男性家族长
或年长者

子女

图 4 鄂温克族斜仁柱家庭成员席位示意图

图 2 鄂温克族斜仁柱

图 5 鄂温克族斜仁柱屋外幛子

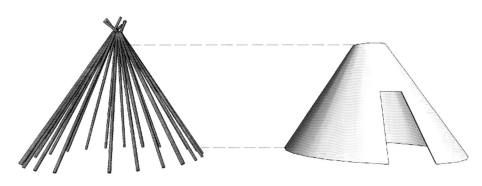

图 6 鄂温克族斜仁柱构筑方式示意图

基础的结构框架。建造时以自然树削去树冠为四柱，树根就是建筑最坚实的基础，在四柱之上用一些较细的檩子围合出一个悬空的仓储空间，最终利用自然结构形成一个坚固耐久的永久性仓储建筑。格拉巴这种底层架空、上层呈半开敞的空间类型，以及使用陡峭的垂直交通构件的空间组织模式，展现出鄂温克族的狩猎文化。

图 7 鄂温克族格拉巴

4. 装饰

鄂温克族居民在其特殊的自然环境、游猎生活和特定的历史发展进程中创造出风格独特的草原文明，体现出古老而独特的英雄崇拜意象，传统民居上因此有象征鄂温克族的民族图腾与民族特色的装饰纹样。

5. 代表建筑

讷河市某宅

该宅为鄂温克族斜仁柱的典型圆锥形外形，由细木架构筑建筑结构，由桦树皮和动物皮毛构成围护结构，室内四壁不采光，仅有建筑顶部和入口处有采光，围合严密，能够有效地抵御风寒，适应黑龙江省的严寒气候，与自然环境充分融合，并具有易拆装的游牧民族建筑的特点。

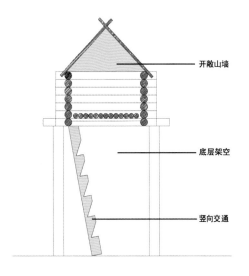

图 8 鄂温克族格拉巴构筑方式示意图

开敞山墙

底层架空

竖向交通

成因

鄂温克族"斜仁柱"室内空间的中心空间形成源自于民族的火崇拜。火在生活状态比较原始的鄂温克人的生产活动中占有重要地位，他们认为火的主人是神，每户的火主就是他们的祖先，所以对火种极为尊重，形成了民族传统的火崇拜。鄂温克族"格拉巴"的空间构成源自于民族原始的狩猎文化。

比较 / 演变

鄂温克族的主要居住建筑"斜仁柱"采用的构筑方式由其驯鹿文化的基本行为需求演化而来。鄂温克族的居住建筑要跟随驯鹿的踪迹而移动迁徙，所以每隔十天左右就需要拆建一次。为了适应这种较高的建造频率，"斜仁柱"采用了表皮与构架相分离的建造技术。在居住建筑的室内空间中，由于民族的火崇拜文化，火塘被布置在圆形平面的圆心上，其他室内布置以及人们的室内活动都围绕着火塘进行。正对着火塘的上方，"斜仁柱"的顶部在建造的时候会留出一个圆形的透空部分，既是由火塘向外排烟的天然烟囱，又是建筑室内除了入口之外唯一的采光部分。

赫哲族民居·正房

正房是"卓"（马架子房）的发展，是赫哲族居民主要的固定居住建筑。坐北朝南，通常为两间或三间大房。一般人家还在正房的东侧或西侧搭盖"塔克吐"（鱼楼子），它是用几根支柱做腿，在离地 1m 多高处支起小房架子，周围用柳条编成篱笆墙，里边可放鱼、兽肉干以及粮食、捕鱼工具等。

图1　赫哲族正房平面分区图

1. 分布

赫哲族正房分布于黑龙江、松花江、乌苏里江交汇构成的三江平原和完达山余脉等地，尤以赫哲族集中居住的三乡两村，即同江市街津口赫哲族乡、八岔赫哲族乡、双鸭山市饶河县四排赫哲族乡和佳木斯市敖其镇敖其赫哲族村、抚远县抓吉镇抓吉赫哲族村为主。正房是赫哲族的主要居住建筑类型之一。

2. 形制

赫哲族的正房空间按照行为活动可以分为交通区域、辅助功能区域、次级居住区域、高级居住区域、神灵供奉区域，共五个区域，由此产生的复合空间除了满足基本生活的起居空间、厨房空间之外，还有一个赫哲族宗教信仰的宗教空间。

赫哲族的正房是集中式的，在一个建筑单体内部划分出里间与外间相嵌套的两部分。交通区域是由建筑入口至外间再进入里间的 L 形区域，在这个区域中使用者完成了朝向南面至朝向西面的方向变换，是建筑中联系各个区域并实现方位转化的区域。辅助功能区域是位于建筑中外间设置炉灶的区域，灶中烧火可以为内间的火炕提供热量，灶上架锅可以烹制食物，是建筑中纯粹的功能性空间，与其他区域之间只具有功能联系，没有固定的位置关系。

建筑的里间沿着三面墙壁形成了朝向东面呈 U 字形的炕，其中南北两侧是用于居住的区域，南炕是建筑中的高级居住区域，由年长者居住；北炕是建筑中的次级居住区域，由年轻人居住。赫哲人以西向为尊，正对着里间入口的西炕是建筑中较为神圣的神灵供奉区域，这个炕上不能随便住人，一般在炕上摆箱柜，上面放有祖先神灵的牌位，以示尊重。次级居住区域、高级居住区域以及神灵供奉区在赫哲族的建筑中都具有固定的位置关系，形成了固定的等级次序，它们构成了赫哲族传统建筑空间中的深层组织秩序原型。赫哲族的宗教信仰中有供奉神偶和三代宗亲的习俗，所以室内的西墙用来供奉神灵，而靠着西墙的西炕是不能随便坐卧的，西墙与西炕共同形成了一个室内的宗教空间。

3. 建造

正房采用的构筑方式与马架子基本相同，都是运用草泥与木构架相结合的方式，就地取材，以当地盛产的桦木、杨木为主骨架，屋顶铺上桦树皮，再用随处可见的黑土、黄泥制成墙坯。利用草泥的保温性能与竖向支撑作用以及木构架的空间支撑作用，实现建筑空间的舒适性以及结构的稳定耐久性。

正房大都用土坯砌起来的。房内搭火炕，西炕连接南、北炕，俗称"万字炕"。烟囱垒在东、西房山墙，或在两侧屋檐下，常用空心木或者用草和泥编的"拉哈辫"做成。富裕人家的正房用青砖砌成。房顶一般为尖脊，用草苫屋顶。正房旁边，有的还盖有东西厢房、仓库等。

4. 装饰

赫哲族的住宅装饰非常少，只有比较富裕的大户人家才有能力对住宅进行修饰美化。如拥有五间正房的富裕人家，一般房墙都是用青砖砌成，屋脊板、门窗上通常都刻有雕花和花纹，窗户装有玻璃，室内纸糊天棚，油漆地板，炕沿、围墙、隔扇上也都描绘花纹，刷上油漆，

图2　赫哲族正房1

图 3　赫哲族正房 2

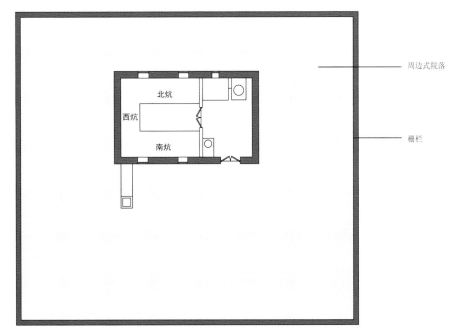

图 4　赫哲族正房院落平面图

图中标注：周边式院落　栅栏　北炕　西炕　南炕

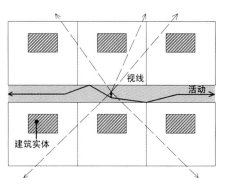

图 5　赫哲族传统民居室外空间示意图

图中标注：视线　活动　建筑实体

成因

　　赫哲族是我国一个古老的民族，其先民很早就生活在黑龙江、松花江、乌苏里江流域，长期以渔猎为生，居无定所。但是，随着赫哲族人们对木建筑的认识和建造技术的进步，学会了运用草泥和木材结构相结合的方式建造房屋的技术，逐渐形成了赫哲族的正房。

比较 / 演变

　　约 300 年前，赫哲族人处于原始社会阶段，住的是用桦树皮、茅草、兽皮搭成的尖顶式窝棚"撮罗安口"。到 19 世纪末期，居住在黑龙江下游和乌苏里江流域的赫哲人，已经普遍住"卓"（马架子房）、"胡如布"（小型地窨子）和"正房"了。

十分美观。

5. 代表建筑

街津口赫哲族乡正房

　　街津口赫哲族乡是一个比较古老的赫哲族人居住的村寨，最早可追溯到乾隆四年（1739 年），现已开发成街津口赫哲族旅游度假区，存有大量的赫哲族正房民居。正房多用土坯砌筑，也有用青砖砌筑而成的，屋顶为草苫尖脊。屋内搭设万字炕，烟囱垒在东、西房山墙，或在两侧屋檐下。

赫哲族民居·马架子

马架子，赫哲语叫"卓"，是地窖的发展。一般盖在平地上，墙用土坯砌起来。坐北朝南，山墙都是向南背北，房门开在南墙上，门的两侧各有一扇窗子，房内东、西两边搭火炕，锅灶设在火炕的南端。多数家庭还会以居住建筑为中心建造院落，院内一般有厩房、鱼楼子、仓房、晾架、厕所等附属设施，也会因经济状况不同而有所区别。

图1 赫哲族马架子房外观

1. 分布

赫哲族马架子分布于黑龙江、松花江、乌苏里江交汇构成的三江平原和完达山余脉等地。

2. 形制

马架子是介于临时性住所和固定住房之间的过渡性住房。实际上马架子房是"胡如布"和"温特和安口"相结合的产物，明显有别于赫哲人原始的临时性居住方式。

赫哲族人用树桩或较粗的树枝围绕马架子及鱼楼子等建起的栅栏限定出院落。院落为方形，近代较为有钱的人家也有用羊草搓成草绳，再用草绳编成草辫，用泥土筑在一起，或是宽约 1.2m、高约 3m 多的拉哈墙，或是土墙，或将圆木堆在一起筑成的木围墙。马架子位于院落的中心。鱼楼子位于院落的东南角或者正南方向，用以储存食物。晾鱼架与晒网架建于住房南向。厕所设在房东侧或房后。马厩位置不定。整个院落作为建筑内部空间与外部自然环境的过渡，既是屯落中的居民储存食物、用具，满足基本生活需求的空间，又是从事修补渔网、晾晒鱼等生产劳动的场所。

3. 建造

马架子一般是在平整的地面上埋上柱子，用土坯砌成墙体，在柱子上钉上横梁，在横梁上垫上条子抹上泥，再铺上一层洋草作盖；窗户和门都开在南山墙上，有的不开窗户；房内东、西两边搭火炕，与设在南端的锅灶相连，连接处设有矮墙。

马架子搭盖的方法与一般住房基本相同，其采用的构筑方式是运用草泥与木构架相结合的方式，就地取材，以当地盛产的桦木、杨木为主骨架，屋顶铺上桦树皮，再用随处可见的黑土、黄泥制成墙坯。利用草泥的保温性能与竖向支撑作用以及木构架的空间支撑作用，实现建筑空间的舒适性以及结构的稳定耐久性。

4. 装饰

赫哲族的住宅装饰非常少，只有比

图2 赫哲族马架子房

图3 赫哲族马架子房速写

图4　赫哲族马架子房屋顶细部

较富裕的大户人家才有能力对住宅进行修饰美化。如拥有五间正房的富裕人家，一般房墙都是用青砖砌成，屋脊板、门窗上通常都刻有雕花和花纹，窗户装有玻璃，室内纸糊天棚，油漆地板，炕沿、围墙、隔扇上也都描绘花纹，刷上油漆，十分美观。

5. 代表建筑

饶河县四排赫哲族民间风情园马架子

　　四排赫哲族民间风情园的马架子房墙体多为土坯砌筑，利用当地盛产的黑土和黄泥制成土坯，屋顶多铺设桦树皮。

成因

　　赫哲族人自古以来一直居住在黑龙江省的三江流域，即黑龙江、松花江、乌苏里江流域。气候干燥，冬季寒冷而漫长，所以土文化穴居是赫哲族的主要居住形式。

比较／演变

　　赫哲族人早期自建一些低矮草窝棚，但由于黑龙江冬季寒冷而漫长，草窝棚四处漏风，而地表下还是温暖的，建筑就向地下延伸，穴居也就出现了。可是由于穴居通风条件差，人容易患严重的风湿病，所以，赫哲族人的居住建筑逐渐变为半穴居，从而演变成马架子房。由此可见，赫哲族建筑经历了很长时间的演变和发展。

图5　某赫哲族马架子房

赫哲族民居·撮罗安口

撮罗安口是赫哲族早年渔猎时住的草房。"撮罗"是尖顶的意思,即尖顶式窝棚。撮罗安口是赫哲族夏季鱼汛期间在网滩上建造的居住建筑。

图1 赫哲族撮罗安口1

1. 分布

赫哲族撮罗安口主要分布于赫哲族集中居住的黑龙江、松花江、乌苏里江交汇构成的三江平原和完达山余脉等地,主要为三乡两村,即同江市街津口赫哲族乡、八岔赫哲族乡、双鸭山市饶河县四排赫哲族乡和佳木斯市敖其镇敖其赫哲族村、抚远县抓吉镇抓吉赫哲族村。

2. 形制

撮罗安口是以杆扎搭成圆锥体形、上覆苦草或桦树皮而后加以固定而成的。一般门朝南开,没有窗户,屋内以木杆搭铺,上面用草或树皮铺好即可。做饭一般在屋外,特殊情况如风雨天气,也可在屋内支起吊锅做饭。撮罗安口的南面还会搭一晾鱼架,上覆苦草,保存收纳晒好的网具、鱼肉制品等。

赫哲族屯落为便于捕鱼,都沿江而建。院落之外的空间需高出江岸,避免遭受江水泛滥之苦。在较大的屯式聚落中,聚落周围还建有土围墙,东、南、西、北四面开有大门,这样的聚落中又会增加用于居民日常活动、做买卖等的外部空间层次。在游动聚落中,无论是网滩聚落还是坎地聚落,为便于游动,聚落都非常简单,居住建筑之外就是外部自然环境,建于进行捕鱼的江岸高处,便于生产劳动。

撮罗安口里面东、西、北三面搭铺,北面是上位,是老年人的睡处,东、西两侧是青壮年坐、卧的地方。

3. 建造

撮罗安口采用的构筑方式是运用木构架与苦草覆盖表皮相结合的方式,它用长约一丈(约3.33m),直径约二三寸(约0.07～0.1m)的杆子,少则十几根,多至几十根,支撑起架子。然后从底部用茅草一层压一层地苫盖好,形同蓑衣,也有用桦树皮围在四周的。撮罗安口利用空间木构架的搭建简易性与一定的结构稳定性,以及苦草覆盖表皮材料的透气性,满足了建筑的快速搭建需求和夏季的室内外空气的流动性需求。

赫哲族的撮罗安口采用了"木框架+轻质表皮"的建筑技术来满足民族居住的移动性需求。这种移动性技术实施的第一步是形成建筑的结构框架。将数根木杆底部插入土地中,保证结构底部与地面的基础衔接,再将这些木杆的顶部绑扎连接,使相对的木杆与地面一起组成稳定的三角

图3 赫哲族撮罗安口3

图2 赫哲族撮罗安口2

图4 赫哲族撮罗安口4

图 5　赫哲族撮罗安口 5

形结构构架,这一步保证了建筑结构的坚固性。第二步是在结构框架的上面覆盖表皮材料,将桦树皮、兽皮、苫草等表皮材料固定在木杆组成的框架上,这一步实现了建筑的实用性,使建筑具有遮风避雨、保温御寒的功能。

4. 装饰

撮罗安口的建筑材料容易获得,搭建快速。木杆、桦树皮以及苫草都是大兴安岭与三江平原中唾手可得的自然材料,而兽皮则是这些民族从事狩猎活动的主要产物。框架和表皮可以相互分离,

建筑的表皮材料是后固定在结构框架上的,在拆除时可以很容易地从框架上剥离下来。

5. 代表建筑

敖其赫哲族村是康熙五十三年(1714 年)被编入八旗而在佳木斯郊区定居下来的。敖其村南临完达山脉,北靠松花江畔,属丘陵地区,以山坡地和洼地为主。撮罗安口以木结构为骨架,上覆桦树皮、茅草、兽皮,极具赫哲族特色,也是赫哲族渔猎文化的产物。

图 6　赫哲族撮罗安口 6

成因

赫哲族人自古以来一直从事渔猎活动,打渔狩猎地点不能固定,所以赫哲族外出打渔狩猎时就需要在驻地搭建临时性建筑,这样就逐渐形成了渔猎时居住的撮罗安口。

比较 / 演变

赫哲族人的住地大都选择在沿江两岸的向阳高处,便于捕鱼和接近猎场。300 年前,赫哲族尚处于原始社会阶段,住的是用桦树皮、茅草、兽皮搭成"撮罗安口"(赫哲语,"撮罗"意即夹顶,"安口"意即棚子)。随着赫哲族的发展和赫哲族人生活水平的提高,撮罗安口不再作为主要的居住建筑,而是逐渐成为打渔狩猎时的临时性建筑。

近代住宅·俄风住宅

俄风住宅具有冬暖夏凉，结实耐用等优点。木刻楞是其主要体现，被称之为彩色立体雕塑，为又高又大、单一木材构筑的房屋，分为卧室、客厅、厨房和储藏室。木刻楞也有土木结构的，都建在高高的台基上，墙壁很厚，多在50cm以上。

图1 满洲里木刻楞房细部

1. 分布

俄风住宅在中东铁路沿线各站均常见，集中分布在哈尔滨、满洲里、绥化、扎兰屯等地。

2. 形制

俄风住宅平面呈四方形，房顶倾斜，有的上面还覆有漆着绿色油漆的铁皮，正门前有门厅和围廊，门内有过道，过道两旁是卧室和客厅。室内的墙角有土坯垒砌的火墙。有的人家是大型壁炉，外包一层铁皮，铁皮上抹一层黑油，俗称"毛炉"，是很好的取暖设备。室内陈设比较讲究，卧室摆放着木床或铁床，铁床栏杆雕有花草图像，给人以古雅之感。客厅里的桌椅多为圆形，也有方形的。虽是铺地砖，但上面又铺有地毯。

比较讲究的俄罗斯乡民在修建木刻楞时总爱在房屋前面修一间像走廊一样的房屋。当地人称这个小房屋叫门斗，起防风的作用。木刻楞房盖好以后，可以在外面刷清漆，保持原木本色；也可

以根据各家各户不同的爱好涂上自己喜欢的颜色，一般以蓝、绿色居多。

3. 建造

俄罗斯民居风格的建筑主要是用木头和手斧刻出来的，有棱有角，非常规范和整齐。建造的第一步是要打地基，地基都是石头的，而且要灌上水泥，比较结实。第二步就是盖，把粗一点的木头放在最底层。一层一层地叠垒，第二层压第一层。通常都用木楔，先把木头钻个窟窿，再用木楔加固。

传统方法是垫苔藓。苔藓垫在中间，好处是不透风。冬天-30℃～-40℃，有了苔藓压在底下，如同水泥夹在隔缝里一样，不透风，冬天非常暖和，而夏天又非常凉快。

图3 哈尔滨中东铁路职工住宅

4. 装饰

房屋三檐（房檐、窗檐、门檐）的雕刻和彩绘，是装饰的重点，也是观赏者的视觉重点。房屋中下部材质的粗

图4 哈尔滨中东铁路职工住宅

图2 哈尔滨中东铁路职工住宅

图5 满洲里木刻楞房细部

图 6　满洲里木刻楞房

糙反衬出上部材质的细腻；中下部处理手法上的简洁烘托出上部处理手法的繁复，从而在整体上显出细巧中见粗犷、琳琅华丽中透质朴的艺术效果，给人们以精神上和条理上的统一性。

装饰除了显示出材质固有色彩的不同外，还注重了人为表面色彩的处理。这主要体现在彩画上。彩画一般绘在中部墙体和上部"三檐"的木材质上。通常以同类色为主，中部墙体多为暖色调的黄色或金黄，"三檐"则采用冷色调的蓝、绿、浅绿等。这样使"三檐"的冷色调在中部墙体大面积的暖色调的映衬下显得清雅秀丽。而房顶多为"人"字形，铁皮涂紫色或棕色，这也是考虑协调房檐下彩绘的鲜艳所为。

房屋抽象与具象装饰的统一体现在面积的对比上。房屋中部大面积的木材质"墙"与"三檐"下小面积具象木雕，形成主次分明、重点突出的效果。此外，窗框、门框装饰线的大量运用，既区分了大小不同的界面，使原来呆板的"墙"的平面图案化、规整化，达到

抽象与具象装饰相互依存而又不显得生硬的效果。

5. 代表建筑

中共满洲省委机关旧址，原为中东铁路住宅，建于 1930 年以前，砖木结构，为俄风住宅。建筑色彩明快，突出于周围环境中，侧立面窗户带有可开合的木制遮阳板。四坡铁皮屋顶，上带老虎窗。木制装饰表皮，上饰横条纹装饰，檐下设有一圈铁艺装饰。

成因

19 世纪末，以中东铁路公司为依托而聚集的一批设计人员，集中对哈尔滨及中东铁路沿线各站的站舍、桥梁及铁路相关设施和建筑进行统一设计，建造了一批俄风住宅。同时，中东铁路的修建，也吸引了大量俄罗斯侨民的涌入，俄罗斯侨民为解思乡之情，建造了大量俄风住宅。

比较 / 演变

俄风住宅平面呈十字式横向布局，建筑侧重于双重门廊的设计或四翼设门。这种设计传统可追溯到中古时期俄罗斯建筑惯用的技术手法。与住宅区配套的是大院落，其庭院仍为南北临街设门的俄式规划，使趟子房与街坊统一并形成长方形的网格系统，与俄罗斯本土的建筑规划不同。俄罗斯木刻楞民居发展的初始阶段是简约的实用建筑，传承原始圆木叠摞而成为避风避雨、防寒御兽的简陋住所。早期木结构建筑不追求形式美，实用因素压倒美观因素。当物资生产和精神生产明确分工后，美观因素才凸显出来。木刻楞的建筑美，具体表现在总体的轮廓、建筑组构的各个部分间相互关系，最终反映在体量、色彩、装饰诸方面，同时也体现在建筑物周围环境，包括自然景色利用与环艺设计等方面的关系。木刻楞规范的装饰风格，着意表现门檐包括门廊和雨搭等屋檐和窗檐各部位木雕花纹的线脚装饰，这些超越技术科学而表现美学思想的艺术综合体，应视为木刻楞艺术发展成熟的标志。

近代住宅·西方折中主义风格住宅

中国近代建筑的发展，在 1900 ~ 1937 年是一个高潮。在此期间特别是中前期，建筑发展的主流趋势是西方折中主义。黑龙江省的折中主义建筑多以模仿西方各时期的传统建筑样式为主，既有一栋建筑模仿单一风格的，也有一栋建筑集仿多种风格的例子。

图 1 辽阳街 7 号住宅楼

1. 分布

西方折中主义风格的建筑主要分布在黑龙江省的中东铁路沿线各站，其中代表建筑主要集中在哈尔滨。

2. 形制

折中主义建筑风格的主要特点是博采众长，模仿历史上的各种建筑风格，自由组合成各种式样，所以被称为"集仿主义"。虽然它没有固定的风格，但是它并没有摆脱古典主义风格的影响，依旧豪华重装饰。

黑龙江省西方折中主义风格的民居主要是一些别墅式高级住宅，多数是以模仿中世纪风格为主的折中主义风格。建筑以淡雅的米黄色、奶油色、浅茶色等为主色调，配以折中主义风格的装饰构件或图案，形成一种独特的风格。

3. 建造

黑龙江省地处寒冷地区，是我国最寒冷的省份。移植来的各种风格的建筑，尤其是来自俄罗斯寒冷地区的建筑，与黑龙江省的自然气候结合密切。黑龙江省西方折中主义风格的民居多为砖木结构或砖混结构，多采用厚重的墙体、小型的门窗、以暖色调为主的色彩，充分适应黑龙江省的气候特点，恰到好处地展现出北方城市的建筑形态。

4. 装饰

黑龙江省西方折中主义风格的民居注重装饰，集合了历史上各种建筑风格的装饰，或以铁构件作为栏杆、屋顶及窗户的装饰构件，或以装饰线条、花纹装饰窗檐、外墙及屋檐。外墙饰以米黄色，搭配奶油色的装饰纹理，给人以温暖的视觉感受，非常适合黑龙江省寒冷的气候。

5. 代表建筑

1) 哈尔滨市辽阳街 7 号住宅楼

该楼原为高级花园住宅，建于 1940 年以前，砖木结构，折中主义建筑风格。建筑整体简洁大方，色调庄重。庭院曲径通幽，松柏苍郁。非对称布局，强调横向划分。主入口处设宽大的平台，配以瓶式栏杆。毛石基座厚重，侧窗上方檐口女儿墙嵌有阁楼间的椭圆形窗户，转角处以弧形墙面连接。

2) 哈尔滨市红霞街 99 号

红霞街 99 号红霞幼儿园，原为外侨私邸，建于 20 世纪初，砖混结构，折中主义建筑风格。建筑周围环有花园，

图 2 辽阳街 7 号住宅楼

图 3 红霞街 99 号外侨私邸

图 4　哈尔滨颐园街 1 号住宅

图 6　哈尔滨颐园街 1 号住宅细部

图 5　西九道街某住宅楼

建筑追求中世纪田园风格情趣，充满神秘浪漫主义情调。8 根科林斯柱廊构成入口，后面是圆柱形古堡式造型，楼梯高高耸起。其上部与下部色彩材质不同，在楼梯三层处开设了 8 个椭圆形窗口。

成因

19 世纪末，由于中东铁路的修建，大批设计人员聚集于黑龙江地区，集中对哈尔滨及中东铁路沿线各站进行统一设计，建造了大量西方折中主义风格的住宅，其中多为外侨私邸、高级职工住宅和员工住宅。

比较 / 演变

哈尔滨有"东方小巴黎"的美誉，其中一类保护建筑大多数为折中主义风格建筑。哈尔滨建筑中，折中主义建筑所占比重很大，甚至在新艺术运动建筑中也不难找到折中主义的成分。在这一时期涌现出的大量建筑作品，无论从社会功能、使用材料、内在结构和外在形式都体现了折中主义建筑博采众长的特点。

近代住宅·新艺术运动风格住宅

19 世纪末至 20 世纪初的欧美各国，探索工业化社会新建筑形式的各种思潮十分流行，在这些思潮中，新艺术运动建筑代表了欧洲 20 世纪初最具影响力的一种思潮。随着中东铁路的修建，新艺术运动建筑在 19 世纪末传入哈尔滨，并成为 20 世纪一二十年代哈尔滨城市建筑的主导风格，表现在中东铁路系统的各类建筑上。

图 1 哈尔滨红军街某住宅

1. 分布

19 世纪末，正当新艺术运动在西欧和俄罗斯方兴未艾之际，以中东铁路公司为依托，建造了一批新艺术运动住宅建筑。新艺术运动风格的住宅建筑在中东铁路沿线各站比较常见，其中最突出的是哈尔滨。

2. 形制

新艺术运动风格的建筑是为了突破"折中主义"而出现的艺术风格，带有极强的革新建筑装饰形式的色彩，摒弃了复古思潮的装饰样式，以清新典雅的造型突出地向人们展示了新艺术运动的风采。在简洁的窗口上绕以曲线的贴脸，在精心设计的入口大门上，配以流畅的曲线门楞，在活泼独特的女儿墙上，点缀曲线弯弯的铁栏杆。1889 年后，哈尔滨出现了新艺术运动建筑。层数不高，各层门窗做有机的变化，楼梯、栏杆、阳台的金属构件模仿植物形态，生动活泼，富有生活气息。

3. 建造

黑龙江省新艺术运动风格的民居多为砖木结构，采用厚重的墙体、小型的门窗、以暖色调为主的色彩，充分适应黑龙江省的气候特点，恰到好处地展现出北方城市的建筑形态。

4. 装饰

新艺术运动风格的小型居住建筑多为砖木结构，其中对铁件的装饰运用，充分体现了新艺术运动的特点。楼梯、栏杆、阳台多为金属制造，其模仿植物形态或用简洁的几何线条。阁楼屋顶极

富特点，造型生动活泼富有浓郁的生活气息。由于大部分的小型居住建筑都是中东铁路高级官员和职工的住宅，所以又带有明显的俄罗斯花园住宅的风格。这些花园住宅有其共同特征，圆润的半圆形、扁圆形窗，甚至还有精巧的窄长梯形窗，极其活泼生动。

5. 代表建筑

1）黑龙江省社会科学联合会（原中东铁路局副局长官邸）

黑龙江省社会科学联合会会址原为中东铁路局副局长官邸，建于 1900 年，砖木结构，是俄罗斯花园住宅的代表作。造型上自由，不对称。外部采用俄罗斯民间木结构帐篷顶的传统形式，入口、阳台和屋顶采用平板挑檐，大量运用铁件，装饰新颖。主体塔楼开窗较有趣味。

2）哈尔滨市公司街住宅国际饭店前小楼

公司街住宅国际饭店前小楼，为原中东铁路高级官员住宅，建于 1908 年，砖木结构。比较集中地体现新艺术运动的追求，轻巧多变，淡雅清新。凉亭上的俄式阁楼与小楼整体有机结合，表现了浓郁的田园情趣。阳台上也出现了圆环下面三条线的母题，极具装饰性。

3）哈尔滨市红军街 38 号住宅

红军街 38 号住宅，原为东省铁路管理局局长的官邸，建于 1920 年。砖木结构，新艺术运动建筑风格。主体两层，楼梯间位于正立面中部，其上设敞亭。窗的形式多样，周边作圆滑曲线贴脸，形态优美具有动感。勒脚为块石，具有俄罗斯特色帐篷式的尖顶阁楼与新艺术形态的木结构檐口装饰、阳台、垂

图 2 黑龙江省社会科学联合会会址

挂物、栏杆、门窗有机结合，使整栋建筑飘逸多变，典雅清新。

4）哈尔滨空军第一飞行学院二号楼住宅

空军第一飞行学院二号楼住宅，原为中东铁路高级职工住宅，建于 1920 年，砖木结构，新艺术运动风格。高低错落、飘逸多变的曲线与帐篷顶式的阁楼，使建筑造型丰富。许多构件线脚造型独特精美，窗形多变，窗额、窗台的造型模仿自然界生长繁茂的草木形态的木雕装饰，充分表现出生机勃勃的动态效果，构成清新、活泼、小巧、生动的立面。

5）哈尔滨铁路分局花园幼儿园

哈尔滨铁路分局花园幼儿园，原为中东铁路副局长官邸，建于 20 世纪初，砖木结构，新艺术运动建筑风格。建筑

图 3　红军街 38 号住宅　　　　　　　　　　　　图 4　红军街 38 号住宅

形式多用自由曲线，许多构件线脚造型独特精美，且窗型多变，窗台、窗额的造型模仿自然界生长繁茂的草木形态，充分表现出生机勃勃的动态效果。建筑为黄绿色调，墙体为黄色，木装饰为绿色，符合哈尔滨的主要建筑色调，整个建筑明快而温馨。

平面布局灵活，宅顶的阁楼四面通透，视野开阔。建筑立面造型别致的窗扇，以及主入口、阳台、檐口大量的木制曲线装饰构件，使建筑极具个性化特征。

成因

19 世纪末，正当新艺术运动西欧和俄罗斯方兴未艾之际，以中东铁路公司为依托，聚集的一批设计人员集中对哈尔滨及中东铁路沿线各站的站舍、桥梁及铁路相关设施和建筑进行统一设计，建造了一批新艺术运动风格的住宅，其中多为官员宅邸和高级职工住宅。

比较 / 演变

新艺术运动建筑又译为摩登式建筑。尤其值得一提的是，新艺术运动在欧洲的时间并不长，大约不到 10 年，而在哈尔滨却持续 30 年。应该说，哈尔滨是新艺术运动的终结地，这也正是哈尔滨成为历史文化名城的原因之一。 黑龙江省地处寒冷地区，是我国最寒冷的省份，移植来的新艺术运动风格的建筑与黑龙江省的自然气候结合密切。

图 5　原中东铁路高级官员住宅

上海民居

SHANGHAI MINJU

1. 传统民居　　　　　　　　2. 近代住宅

　　临水民居　　　　　　　　　　老式石库门里弄

　　临街民居　　　　　　　　　　新式石库门里弄

　　院落民居　　　　　　　　　　广式里弄

　　　　　　　　　　　　　　　　新式里弄

　　　　　　　　　　　　　　　　花园里弄

　　　　　　　　　　　　　　　　公寓里弄

　　　　　　　　　　　　　　　　花园洋房

　　　　　　　　　　　　　　　　公寓

传统民居·临水民居

海纳百川的上海在城市建设上因其水路交通的迅速拓展，而使得临水民居变成了城市中不可缺少的组成部分。上海缘水而兴并逐渐发展成为东南第一都会，其传统民居在总体布局上既有着水乡的特点，同时也和城镇的发展息息相关。

图1 枫泾镇临水民居

1. 分布

上海临水民居分布在郊区。临水傍河的民居往往与河道平行，根据蜿蜒曲折的水道灵活布局（图1）。

2. 形制

依水而筑的民居宅前辟狭窄小街，上面铺盖方正的石板路，以供行人、车辆通行和货物运送等。松江泗泾、金山等沿河街道上还建有敞廊，外侧柱间设条凳与栏杆，可供避雨、纳凉、晾晒之用，既有效扩大了民居使用的空间，又不致影响道路交通。在朱家角这样的水镇，民居则多依水而筑，作前街后河布局。在背面临河的一侧，殷实大户在驳岸上建石级，作私家埠头。小户人家则用条石出挑，石级全部设在檐内的做法。有的民居不设专用埠头，便利用房屋间的夹道砌筑与河道垂直的石阶伸向水面；也有的利用出挑、吊楼等办法，使房屋挑出河面，尽可能多地借取空间（图2、图3）。

3. 建造

临水民居多用木构架，其中以穿斗式木构架形式为主。穿斗式木构架是指用落地木柱直接承檩，支撑屋顶，不用梁承重的传统江南木构架形式。

4. 装饰

上海临水民居尽管受到城市化、现代化进程的影响，但仍不乏设计精巧、秀丽的装饰遗存。

在面阔较大、步架间距较深的住宅中，为了降低步廊高度、美化顶棚、丰富室内层次以及遮蔽风雨等实际用途的考虑，往往在厅堂的檐柱和金柱之间，或者在连接房屋的走廊上做成各种形式的轩。轩通常做成优美的弧形，月梁是通常采用的构件。此外，也有用单根脊檩，并在其两面各做成双曲线形的蝼蛄椽子；有用双根轩檩，在两根轩檩的中间用单向蝼蛄椽，两侧用双向形的蝼蛄椽，一般形成了较宽阔的轩檩；也有做成曲折状的，造型简洁，具有动感。

在屋脊的处理上，为避免结构的繁复，上海临水民居一般不做反曲处理，仅将屋角前端微微向上弯曲，或是将垂脊分为上下两段，上端反翘而下端不反翘，以表现传统的民族形式（图4）。

5. 代表建筑

1）仰闲堂

该宅建于20世纪30年代初，1933年竣工。宅院面北坐南，背靠界浜，占地面积600多平方米。它从正面看是一厅两厢房的中式宅院。从背面隔河观望，宽敞层叠的阳台又有点西式别墅的风格

图2 新场镇临水民居

图3 金泽镇临水民居

图4 朱家角镇临水民居

图5　仰闲堂临河立面

（图5）。主楼是五开间两厢房的三层楼房。底层中间是三开间70m²的大客厅，厅内立着四根直径40cm的黑漆水泥厅柱。厅前是50m²的前天井。厅的两侧为各40m²的厢房。二层有一间厅楼，两间厢房楼和两间小房间，共五间。二层的南面有宽敞的过道和沿浜的阳台。主楼的顶层是个假三层，分隔成五间，在屋面上伸出四个老虎天窗以采光，一个向北，三个面南。主楼底楼层高达4.5m，二楼层高4m，外墙面全部水泥抹面，显得高大挺拔。站在顶层，向东可以看到进出长江口的海轮，向南可以看到永安公司的霓虹灯。主楼的建筑面积为600m²。

主楼的东边是二层楼的书房，下面筑有地下室，屋顶是晒台，计60m²。书房前也有一个20m²的小天井。主楼西面是二层楼的配房，底层是后墙门间、西厨房和柴间，二层是什杂间，楼顶也是晒台，计90m²。主楼的南面，也就是大厅的背后有个30m²的后天井，后天井东面是16m²的东厨房，西面是5m²的浴室。主楼的两侧有1m宽的通道，通道外侧和前后天井外侧筑有5m高的围墙。主楼北面临街有六间二层楼街面房，一楼一底，有厨房、亭子间和晒台，中间是前墙门间，七间共约320m²。

2）陈云故居

陈云故居（图7）位于练塘古镇历史风貌区中心，是陈云同志少年时期的住所，原为陈云舅父的家宅。紧靠市河边的下塘街，是一座砖木结构的老式江南民居，坐南朝北。硬山顶，上铺小青瓦。一开间，通面阔4.35m，通进深18.5m，总建筑面积96m²。旧居北面临街部分为店面，7架梁，穿斗式，北为店门，南有上扇槛窗。先后用作裁缝铺和小酒店。店面后是两层小楼，7架梁，穿斗式。楼上南北两面有6扇槛窗，北面有5扇，均为海棠菱角式玻璃窗。楼上为陈云舅父母所居，楼下为陈云居住过的房间，南北两面各有4扇槛窗，式样同上。南北两座建筑之间有一小天井，东西两面围墙各有一有方形套钱式瓦花漏窗。南面屋外有围墙，共有漏窗4个，式样同天井。旧居里的陈设基本保持了当年的原貌。具有很高的革命历史价值，为红色教育基地，2002年4月公布为上海市文物保护单位。

成因

上海位于我国南北海岸线的中点，北枕长江、南临杭州湾、东瞰东海，吴淞江、苏州河横贯其上，直流纵横，水网密布，土壤肥沃，如此便利的水路交通造成了上海人对于临水民居的需求，也正是交通运输网络的不断扩张促进着临水民居的更替与发展（图6）。

比较／演变

相较上海早期的传统院落民居，虽然大多的临水民居仍旧保留传统的中式宅院的风格，但因为地理位置靠近交通，在形制上会有相应的调整，会增设廊道或是沿浜的阳台等。

图6　松江临水民居

图7　陈云故居入口

传统民居·临街民居

临街民居的布局以纵横交错的河道为主线，主要道路大多沿河而筑，河网、道路纵横，桥梁星罗棋布。临街民居正是在这样的布局基础上逐渐兴起与扩散开来，成为了上海传统民居建筑的重要组成部分。

图1　葆素堂沿街立面

1. 分布

临街民居多集中在郊区，街巷多为南北向或东西向伸展，街面较宽，民居布局也较为规整，沿街巷布局的民居多与街巷平行（图1）。

2. 形制

沿南北走向街道的临街民居，大门多朝向街道，即向东或向西开设大门，而房屋布置则有东西向和南北向两种（图2、图3、图5）。松江就存有南北向布局，多进房屋而大门朝西的住宅，这主要是考虑到采光的需要。沿东西走向街道布局的房屋，向北或向南开设大门，房屋布置多作南北纵向布局。有的北向民居，为争取日照，往往将其中一部分建筑南向布局。有些地区街巷曲折深邃，宽度仅容一人通过，民居也因利就便，自由布局，不拘固定的规则，以充分使用土地与空间为宜。但总体来说，南北向布局的民居较多。

3. 建造

临街建筑一般在选定地基后，除去浮土、石块，夯实。按设计尺寸放线，建造基础。木框架大木匠根据房屋设计开具料单，户主备料，再根据设计尺寸加工木料，其余木匠按线加工。构件加工完成后由乡邻共同完成构架的拼装、竖屋，举行上梁仪式。屋面通常铺设小青瓦，屋面造型益于防火防盗。墙体一般用土坯砌筑。

4. 装饰

上海传统临街建筑的墙体大多为裸露土坯或刷白，有的包砖收边，也有砖砌、石砌等做法。建筑装饰较为朴素。院落的门窗花纹镂空考究。墙体为砖结构，窗台较宽。屋面造型有防火防盗的功能。

5. 代表建筑

1) 许氏住宅

许氏住宅，位于嘉定区北部华亭镇毛桥村17号，约建于清光绪年间（1875～1908年）。建筑坐北朝南，面宽三间，砖木结构平房（图9）。建筑为歇山式，观音兜，雌毛脊，小青瓦屋面；六步架，明间穿斗式、次间抬梁式架构；花岗石鼓墩，泥地。前后厅间以厢房连接，天井青砖铺地。2007年修缮。许氏住宅是当地农村传统民居的典型代表（图10），对研究当地人文历史、建筑艺术等具有较高价值。2003年11月公布为嘉定区登记不可移动文物。住宅后方有个30m²的后天井，后天井东面是16m²的东厨房，西面是5m²的浴室。主楼的两侧有1m宽的通道，通道外侧和前后天井外侧筑有5m高的围墙。主楼北

图2　程十发故居

图3　顾言故居

图4　金山生产街民居立面

图 5　浦东新区花园街民居立面

图 10　许氏住宅庭院

面临街有六间二层楼街面房，一楼一底，有厨房、亭子间和晒台，中间是前墙门间，七间共约 320m²。

2）凌氏民宅

高桥古镇凌氏民宅是一座古朴典雅的传统建筑。于 1918 年建造，该宅（图6）临街傍水，占地 1200m²，共有 36 个房间，五开间三进深，建筑面积约 1200m²，山墙采用观音斗。宅内集中了徽州建筑的精华，门窗、廊檐雕饰精美，还有各种砖、木、石雕，每一件都精雕细刻、内涵丰富，是一座古朴典雅的中式传统民宅（图7、图8）。新中国成立后，凌氏民宅大部分成为公房，变成"七十二家房客"的场景。2003 年，高桥镇政府对该宅实施动迁，并出资对其进行了全面修缮，筹备开设"高桥人家陈列馆"。

图 6　凌氏民宅门楼

图 7　凌氏民宅内院

成因

明末清初的上海县城只是一个仅有 10 条小巷的小邑，到嘉庆年间，城内已有 60 多条大小街巷，既有南北、东西走向，纵横交错的大道，又有横贯县城的肇家浜等河流。临街民居正是因为交通系统的拓展而蔓延开来。早期的临街民居大多保持有江南传统民居的建造特色。

比较 / 演变

与临水民居相似，临街民居仍保留传统的中式宅院的风格。同时，由于许多街道沿蜿蜒曲折的河道布置，临街民居同样会因地制宜，依据地形建造，自由布局，不拘固定的规则，以充分使用土地与空间为宜。

图 8　凌氏民宅室内

图 9　许氏住宅沿街立面

传统民居·院落民居

院落民居是上海传统民居中的重要组成部分。上海的传统民居不仅具备了典型的江南民居的特点，同时也通过积淀形成了自身的风貌特色。

图1　路氏宅鸟瞰

1. 分布

上海仍有许多院落民居遗存，且分布较广，不同地区的民居在整体造型上也有差异（图1、图2）。朱家角地区以小型民宅居多，房屋结构轻盈、墙体较为单薄，形成清新淡雅、自然灵动的气氛；七宝古镇民居布局规整、院墙高筑，给人以朴实庄重、秩序井然的印象；崇明地区，住宅防卫功能突出，给人一种粗犷、雄伟的感觉；浦东地区稍晚建造的民居则主要以传统庭院布局为主，部分运用钢筋混凝土等建筑材料，采用科林斯柱、西式天花等西方建筑元素，呈现出中西合璧的建筑风貌。

2. 形制

院落民居是单座房屋组合而成的封闭式住宅，多为殷实富户的宅第。通过房屋及围墙连接，在住宅中间合围形成庭院是其最大的特征（图3）。从布局对称性的角度看，上海地区的院落民居可分为规整式和自由式两种。规整的院落民居大都采用均衡对称的方式，以纵轴线为主、横轴线为辅布置住宅，即通常所说的三合院、四合院，是传统住宅中一种较为典型的布局方式。凡三面有房的为三合院住宅，其平面布置是先在纵轴线上安置主要建筑，再在院子的左右两侧以两座形体较小的次要建筑（一般称为厢房）相对峙。凡四面有房的为四合院住宅，其构成是在三合院基础上，在主要建筑的对面再建一座次要建筑，构成正方形或长方形的庭院。厢房的用途视人口多少而定，或作卧室，或作灶间。住宅的大门多开在中轴线上。

图3　杜氏雕花楼内院

3. 建造

院落民居从单幢房屋来说，以双坡黛瓦大屋顶最为引人注目。结构以木梁架系统为主，层高多不超过两层，形制较为单一。

图2　宁俭堂入口立面

图4　黄炎培故居天井

图7　黄炎培故居门头

图5　朱学范故居入口门楼

4. 装饰

总体而言，上海的院落民居以淡色调为主，白色的墙体、青灰色的屋瓦、黑色的大门、浅色的石雕门头、褐色的木材本色，使建筑显得优雅而明快（图5）。

5. 代表建筑

1) 黄炎培故居

黄炎培故居是一座古色方香的二层砖木结构楼房，粉墙黑瓦，梁架雕饰精美，"内史第"大门口有古典精致的仪门，飞檐翘壁，正面有"凤戏牡丹"等砖雕。正面门楼雕有"华堂映日"；背面刻着"德厚春秋"的大字凝厚庄重，门枋上雕有凤凰牡丹等图案装饰（图7）。下面基石盘龙石刻。整幢建筑具有典型的汇南城镇风貌。门楼内的院子被两道纵向的分割墙分成三个天井（图4）。朝南正房共有7间，东西厢房各两间，楼上的布局与楼下相同。黄炎培由于发愤读书，22岁就得府考第一名秀

才。同年与王纠思女士在"内史第"二楼东首的一间房内结婚。现在这间房内按原样陈列着旧木床、粗布蓝花被、梳妆台、木椅等物件。

2) 张闻天故居

张闻天故居（图6）位于闻居路，临川南奉公路，东侧为远东大道，交通便利。其东侧为停车场，西侧为办公用房。张闻天故居坐北朝南，占地面积686m²，建筑面积495m²，三合院民居，砖木结构一正两厢房，有正屋5间、两侧厢房各2间，另有杂用房4间。周边环境清新，绿化丰富。正房北面临小河滨；院内为菜畦，前植香樟。1986年9月，陈云书"张闻天故居"额匾。2001年6月25日，被公布为全国重点文物保护单位。此处现为多个单位的爱国主义教育基地。2009年末，由上海市及浦东新区政府出资，对故居进行保养维护工作，加强安全措施。现保护情况良好。

图6　张闻天故居入口

成因

19世纪末期，在建筑业方面最有影响的还是造园艺术。上海地处江、浙两省之间，长期受吴文化和越文化的影响。清代解除海禁，移民大量涌入，其中不少人已成为上海的巨商大贾。他们在上海购置土地，兴建住宅的同时，引进了建筑营造技术、新型建筑材料，此时就出现了民居结构形式与平面形式的多样化发展，如加高层数，正房进深加深已成为当时民居新的发展趋势。同时，富裕的经济也为加强居住建筑的文化氛围提供了可能。

比较/演变

上海地区规整的三合院、四合院住宅平面布局方式与北方地区大致相同。但上海的院落民居同时也结合了江南民居的特色，院落占地面积小，房屋与房屋之间连接紧密。一般会在厅堂内部设置可以望见天空的天井，有的房屋还建敞廊、骑楼，在不影响交通的情况下，尽可能多地将室外空间融入室内。这也是当时在西方文化的冲击下，保留和坚持下来的中国传统民居建筑形式。

近代住宅·老式石库门里弄

图1 恒丰里鸟瞰

老式石库门里弄是上海近代民居建筑中的重要建筑类型之一，出现于清同治九年（1870年）前后，它是在里弄木板房基础上改建而成的。最显著的特点是其单体立面及结构继承了中国传统民居三合院的形式，而其群体布局紧凑，相互毗邻，成片纵向或横向排列，又模仿了英国当时的建筑排列形式，是中西合璧的产物。

1. 分布

老式石库门里弄民居主要分布在黄浦江以西，西藏路以东，苏州河以南，旧城厢以北，即目前黄浦区的中心部位。建造区域向西、北、南三个方向扩展，首先填补了黄浦区的空隙部分，再向苏州河北岸的虹口区、成都路以西的静安区、延安东路以南的卢湾区推进。

2. 形制

早期老式石库门里弄住宅的总平面布置比较注意节约土地，对通风、采光、朝向等很不注意。由此造成总平面内房屋过分拥挤、排列形式的凌乱，弄道狭窄（图1）。后期老式石库门里弄住宅的排列比较整齐，并尽量争取好的朝向，支弄数量也有增多，但弄道的宽度仍在4m以下，消防问题依然未有改善。

老式石库门里弄住宅平面继承江南民居的平面布置，在规模上有三间二厢、二间一厢等。大门设在房屋的中轴线上，大门内有一横向长方形天井或方形天井。主屋的正中为客堂间，左右为次间和厢房间，横向扶梯在客堂的后面。扶梯间之后有横向长方形天井，最后排为单层灶披间等。早期石库门里弄住宅的明间开间平均在4m左右，明间进深在6m左右，总进深为15m左右。一般后天井的进深约为前天井的一半。后期老式石库门里弄住宅增加了后厢房的布置，因而长方形后天井的面积相应缩小。在本时期内又出现了比较经济的单开间的平面，主要是把早期的横向天井改为纵向小天井。

图3 恒丰里立面

3. 建造

老式石库门里弄为砖木结构，立贴

图2 吉祥里沿街立面

图4 龙门村石库门

图 5　恒丰里的石库门

式承重，桁条将屋面荷载传递给木柱，砖墙围护分隔居室内外。基础采用碎石灰浆三合土或清水碎砖，极少数用条石。砖墙分为一砖墙、半砖墙两种。一砖墙又分为空斗墙和实砌墙。材料是土窑砖，颜色分青红两种，以青砖为多，屋面采用黏土蝴蝶瓦（图 2）。

4. 装饰

老式石库门里弄的石库门围墙较高，仅略低于厢房的屋檐。山墙用马头山墙、观音兜山墙和荷叶山墙，外墙为土窑砖，刷纸筋石灰。大门用石发券、上砌三角形、长方形、半圆形或弧形凹凸花纹，客堂地坪铺方砖或木地板，客堂前装六扇或八扇落地长窗。

5. 代表建筑

1) 恒丰里

恒丰里分为老恒丰里和新恒丰里两部分，老恒丰里位于山阴路 69 弄。建于 1905 年，由 77 幢三层及假三层的砖木结构石库门里弄住宅组成，建筑面积 9240m²。这种住宅从三合院演变而来，把门棣改为石库门，并将东，西二合院改为二厢房，前院改为天井，于是形成了早期的三间二厢或其他多开间的老式石库门住宅（图 5），1927 年，中国上海区区委机关曾设在 69 弄 90 号 2 楼，中共政治局候补委员，江苏省委书记陈

延年同志也曾居住在此处，后不幸被捕遇害。

85 弄的新恒丰里建于 1920 年，由 16 幢二层砖木结构花园里弄住宅组成，建筑面积约 4800m²。有三层楼新式里弄民居二排，29 个单元，有四种平面形式。双坡屋顶带尖形老虎窗，清水红砖外墙（图 3），局部做简化的古典装饰和柱式。

2) 龙门村

龙门村由原"龙门书院"得名，于 1905 年至 1934 年建造，占地面积约 15427m²，共有 76 幢房屋，其中独立住宅 6 幢，新式里弄住宅 68 幢，旧时里弄住宅 2 幢，建筑面积约 17700m²。砖木结构，1905～1934 年先后三批建造。有石库门里弄住宅、新式里弄住宅、花园住宅多种类型（图 4）。

龙门村总体布局整齐，单体多种式样，弄堂较宽，房屋间距较大，清一色青砖或红砖结构。有西班牙式、苏格兰式、古典巴洛克式以及中国的民居式样，部分房屋侧面是典型古式牌楼样式；部分窗户墙面呈现不规则多边形；部分门牌是华丽的拱形石库门门廊；有些建筑有折角阁楼小阳台等。中西方古典艺术装饰相映生辉，有人将这里的建筑称作"微缩的万国居民楼"，也是上海最具特色的里弄之一。

成因

老式石库门里弄建筑的类型在南方许多城镇中均有出现，唯有上海建筑最早，规模数量亦大。老式石库门里弄住宅主要是来源于江南民居的平面布局，在规模上一般有三间二厢、二间一厢等，后来又压缩成单开间的联排式住宅，个别业主自住的房屋亦有五开间的布置形式。由于这些住宅的单元入口均采用了各种石库门式的大门，因此便有石库门住宅之称。它的结构形式和建筑材料绝大部分是对传统的继承，只是在总平面布置上出现了近似当时英国横向毗连的里弄形式，是上海这个海纳百川的城市中西文化合璧的缩影。

比较 / 演变

老式石库门里弄民居的中轴明显，左右对称的布局符合当时社会的传统观念，也适应生活中婚丧喜事的实际需要；面积大、居室多，对数代同堂的大家庭非常合适；外观朴素，内部装修比较讲究，对外开窗不多，但墙内部大都是统排门窗，也符合过去传统住宅封闭的要求。它实用、坚固，并且建造方便、快捷，满足了涌入租界的各地移民的需要。人们利用有限的空地，共建了大批建筑纷纷用于出租，开辟了上海第一代商品房先河。

近代住宅·新式石库门里弄

新式石库门里弄亦称改良石库门建筑，它一方面保持了原有的里弄形式，另一方面逐渐采用西方房屋的结构、装修设备和新颖建筑材料。建造地点大多在公共租界及法租界的中心地区，以1910年到1930年最盛。

图1 梅兰坊鸟瞰

1. 分布

新式石库门里弄住宅的建造地点，以旧公共租界西区比较集中。同时因工业发展的需要，在黄浦、普陀二区也出现了不少新式石库门里弄民居。此外还有一小部分渗入了徐汇、长宁两个区。

2. 形制

新式石库门里弄住宅的布置更为注重通风和采光的问题，一般做到尽量朝南，故总平面布置大都呈横向联立式（图1、图2）。同时，总弄和支弄之分较之前更为明显。总弄平均宽5m，支弄多为3m左右。不同里弄的弄堂宽度相差很大。

新式石库门里弄住宅的单体平面主要为两间一厢、单开间、间半式几种形式，功能划分较明确。除了有卧室、起居室、浴室和厨房等，有的还有汽车库。平面已趋向开间阔，进深浅，以利于采光和通风。楼梯坡度较老式石库门里弄住宅平坦，楼梯布置方向由横向改为纵向，大都安置在分户墙旁边，对称毗连，成为房间联系的中心。楼梯的形式有单跑、"L"形、双跑或三环式的，但以"L"形居多。楼梯平台处一般设有亭子间。在天井的设置方面，也从老式石库门里弄住宅大量采用的横向后天井，改为纵向后天井，面积较前缩小。常使毗邻两房屋的天井两两相对，借以形成更大的空间，其功能仅为解决辅助用房的通风和采光。

3. 建造

新式石库门里弄住宅的建造方式与结构部件和早期石库门里弄民居基本相仿，仅在房屋层数方面，出现了少量三层楼，但绝大部分还是二层楼。由于新材料的出现，使得许多结构部件由早期的砖木结构变为混合结构，立贴构架逐步改为桁架，材料也由国产的杉木改为进口的美松。局部构件如晒台采用钢筋混凝土。屋面早期用蝴蝶瓦，后期用平瓦，结构上加密了桁条间的距离。基础大多数采用碎砖灰浆混凝土，少数采用钢筋混凝土。

4. 装饰

在造型上，新式石库门里弄建筑摒弃了花式门兜、马头墙等传统的处理手法，一般用人字屋架和人字山墙，上做水泥压顶，外墙不用纸筋石灰水泥粉刷，改为嵌灰缝清水墙面，部分用水泥粉刷或汰石子粉刷（图3）。

图2 震兴里鸟瞰

图3 四明村山墙立面

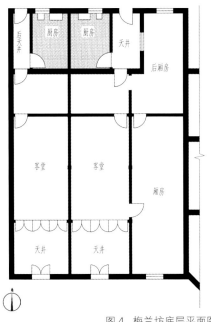

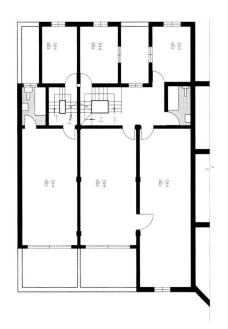

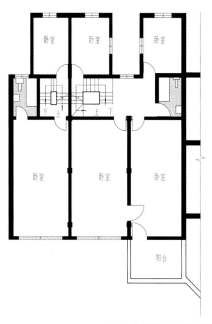

图 4 梅兰坊底层平面图   图 5 梅兰坊二层平面图   图 6 梅兰坊三层平面图

5. 代表建筑

1) 梅兰坊

梅兰坊位于黄陂南路 596 弄，占地 0.53ha，建有三层楼房（图 4 ～图 6）70 个单元，其中 8 个单元底层为店铺，实有建筑面积 11876m²，1930 年由吴姓业主投资建造，坊间住宅为砖混结构，属新式石库门里弄建筑。石库门构图为古典样式，装饰简化，外墙为清水红砖墙面，窗洞上为砖拱，下面有白色的窗台，与红墙面形成色彩对比。墙面上局部凸出壁柱，不落地。

2) 震兴里、荣康里、德庆里

震兴里（图 7）、荣康里、德庆里（图 8）位于茂名北路 200 弄～ 290 弄，占地面积 7800m²，建筑面积 12300m²。其房屋的底层为店铺所用。主弄道出入口上方的过街楼使沿街立面联成整体，以隔断马路嘈杂对弄内的影响。采用新式石库门建筑的基本格局，汰石子的墙面，外挑的阳台，大量采用水泥、钢筋材料、彩色花玻璃和西洋装饰是那时建筑潮流中折中主义的时髦表现，是时代的一种表征。

图 7 震兴里沿街立面

图 8 德庆里门楼

成因

新式石库门里弄住宅的设备比较完善（其中有少数最优者，设有成套的卫生设备和汽车库），使用对象大多为高级职员及工商业主，大部分为独户使用。在 1919 ～ 1930 年前后，为新式石库门里弄住宅建造的最盛行时期。

比较 / 演变

新式石库门里弄民居的单元规模远比早期的小。它的用地面积、房屋面积均为早期老式石库门的四分之一左右，但质量良好，气氛也较早期亲切。新式石库门里弄民居紧凑方便，造价较低，适应小型家庭需要，当时有大量人口涌入城市，因而建造量很大，上海解放时，新式石库门几乎占全部住宅的一半之多。

近代住宅·广式里弄

广式里弄用地节约，构造简单，出现于 1910 年前后至 1930 年间，其特点是房屋较低矮，不设天井。单开间毗连，二层，有单披灶间，板墙板窗，不设天井。底层阴暗潮湿。外观类似广东旧住宅，可归入上海的弄堂房屋行列。

图 1 八埭头沿街现状

1. 分布

在 1910 ~ 1919 年前后，上海出现较多的广式里弄住宅，以虹口区吴淞路、武昌路、虹江路一带为最多，当时多住广东籍居民与日侨，并由于房屋外观式样类似广东城市内的旧式住宅，故俗称广式住宅。这类住宅是从石库门住宅脱胎而成的。起初多集中在虹口、杨浦一带，在黄浦、长宁及南市等地，亦有兴建，一般地说，大都建于地价便宜之处与工厂附近。

2. 形制

广式里弄住宅可分为老广式和新广式两种。新老广式石库门（图 1）的共同特点是：房屋排列为行列式，单开间毗连，层数为二层，后有单层披灶间。屋内用泥土地坪，屋内无上水管道，有些只能使用弄内公用水龙头。

老广式里弄的使用对象大都是工人、小商小贩及低级职员，一般 3 ~ 4 户合用一栋。此种房屋建造年代较久远的有 1890 年左右建造的杨浦区通北路的八埭头、海宁路的 590 弄、九江路的九江里、徽州路厦门路的荣寿里等。与一般石库门里弄相比，老广式里弄在单体平面上去掉了石库门及前天井，总进深相应减浅，平面布置为前客堂，层高为二层，后有单层灶披间（厨房间）。

1919 年以后出现了不少新广式里弄住宅，如吴淞路的 429 弄（建于 1925 年左右）、昆山路的 108 弄（建于 1930 年左右）、长宁区信昌工房以及西康路的兰安坊等。主屋二层，后面原来的单层灶披间（厨房间）位置亦改为二层，与主屋联成一体，将底层做厨房，上层为亭子间及水泥晒台。这些住宅由于租金较贵，多为一般职员等居住。1932 年以后，亦有不少房屋被日侨租用并加改装。

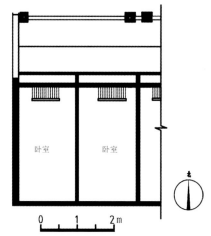

图 3 八埭头平面图

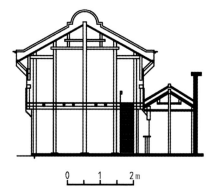

图 4 八埭头剖面图

图 2 八埭头沿街立面

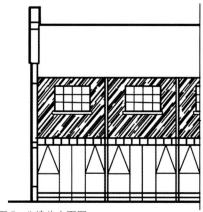

图 5 八埭头立面图

3. 建造

老广式石里弄通常采用立贴式结构，蝴蝶瓦屋面，正面均为板墙，底层正中开双扇板门，两侧开木板窗，上层亦只在正中开一小板窗；新广式里弄的正面则常改用砖墙与玻璃门窗，屋盖用机瓦。更重要的特点是建筑物的开间缩小，由原来的 4m 左右，缩为 3.5m 左右；进深改浅，有的由原来的 14m 缩为 6.5m 左右；层高亦改低，由原来的 3.8～4.2m，改为底层 3.3m、二层 3m 左右等。

4. 装饰

广式里弄的建筑品质不高，也几乎不用外部装饰，住宅本身也仅满足了居住者的生活需要。

5. 代表建筑

1）八埭头

1900～1920年，外商在杨树浦路上开了许多工厂，江浙农民离乡来杨树浦当苦工谋生的逐年增多。据1897年英文版《1896年工部局年报》记载："已有近4万工人，由于工业的发展，'八埭头'成了当时的黄金地段。"八埭头（图2、图7）位于今平凉路景星路至许昌路段，它的正确范围，据《上海市路名大全》的说法，应包括通北路全线在内，与平凉路交会处（习称"八埭头"）是较早的商业中心。1908年，天主教会在通北路建造八埭二层砖木结构的广式房子（每埭十四间）。1909年，平凉路、福禄街建成的惟兴里、亚纳里等都是典型的旧式里弄，连同周围教会所建造的产业，大多出租给附近的自来水厂、造船厂、纺织厂和一些码头工人居住。八埭头形成以扬州路旧货市场为主的商业闹市，聚集商店50余家，有著名的和丰泰百货店、协泰祥布店、同保康国药号、老大同南货店、沪东状元楼等。

八埭头是典型的老广式里弄住宅。该住宅是当地建造较早、规模较大的里弄住宅（图3～图5）。建有 225 个单元老广式房屋，建筑面积 16151m²。该

图6 鸿安里沿街入口

里弄堂狭窄，通风和采光较差。住宅设备仅有水、电，无煤气和卫生设备。

2）鸿安里

鸿安里（图6）位于鸭绿南路（今海宁路）590 弄、老靶子路（今武进路）541 弄。坐落在海宁路以北，武进路以南，东邻同昌里，西靠武进大楼。该里由一条坐北朝南、南北贯通的总弄和 17 条东西向的支弄组成，总弄南道口设在海宁路 590 弄，北道口通武进路 541 弄。

该里弄住宅是老广式里弄房屋，建于清光绪三十一年（1905 年）。由天主教会投资建造。房屋 18 排（每排 14 个单元左右），合计 243 个单元，建筑面积 14933m²。其中沿武进路和海宁路为广式街面房屋，二排 27 单元，建筑面积 1773m²；海宁路 590 弄内 1～79 号、95～445 号（单）为老广式里弄住宅，16 排，216 个单元，建筑面积 13160m²。该里房屋，前门面临弄堂，开间小，每单元建筑面积 60～66m²。房屋层高、结构、设备与其他老广式里弄房屋基本相同。一般四至五户居民合住一个单元。居住条件差，居民的日常生活，如洗衣、洗菜、烧饭、吃饭、休息和夏天纳凉大都在屋外的弄堂内。1984 年前后，弄内房屋曾进行全面整修，现居住条件有所改善。

图7 八埭头转角立面

成因

广式里弄是由新、老石库门里弄住宅脱胎而成的，是石库门家族的一个特殊类型。当时，不少广东的移民迁居在虹口山阴路及杨浦八埭头一带，于是出现了这种适合他们居住和生活的一排排的广式住宅。

比较／演变

广式里弄的特点是其建筑更为紧密，面积更加狭小，不设置天井。房屋层高相较石库门房屋更加低矮，外观式样与广东城市住宅十分接近。广式里弄住宅，总体布局仍为行列式排列，呈单开间毗连。前客堂由于去除了前天井，总进深相应减浅。在房屋结构与所用建筑材料上也比老式石库门住宅要差些。住宅设备也没有像其他的石库门建筑式样那样完善。

近代住宅·新式里弄

新式里弄住宅是在新式石库门住宅的基础上发展而来的，但其形制及房间组合相较新式石库门建筑有了更多的变化。这种建筑类型也能够较好地适应当时的中上层阶层的需求。

图1 金谷村鸟瞰

1．分布

新式里弄民居出现在第一次世界大战结束后，其主要分布在虹口、静安和卢湾三个区。虹口区是从苏州河北岸和大名路西侧逐步向北向西推移的，该区东部、南部的里弄民居较为陈旧，往西往北的较为新颖，质量也较好。当时这三个区的人口密度和土地价格都低于中心地区，且环境干扰不多，属于闹中取静的地段，适宜于社会中上层人士居住，新式里弄民居就因此应运而生，并发展起来。

2．形制

新式里弄住宅总体布局多为行列式（图1），考虑到汽车通行和回车的要求，总弄宽度较大。里弄的宽度与建筑物高度之比为1:1，甚至设有绿化带及小汽车回车道。围墙下降到2.5m左右，取消了石库门，改用铸铁大门。有的取消了天井，进一步扩大了里弄的宽度。

新式里弄住宅在平面和开间上，变化较多，有单间、双间、间半式等，大门的入口一般位于一侧。新式里弄除了有小门厅、课堂、卧室、厨房等房间外，还增添了餐室、书房、小壁橱、日光室、工友室，乃至汽车库等。单开间式主要有两种布置方式，一种底层前部为起居室，后部为备餐室，最后是浴厕、厨房和小院。二、三层为卧室、浴室及晒台。另一种底层均为辅助房间，而起居室、餐室、卧室、浴室等均在二层，但此种布置在新式里弄中为数甚少。间半式比单开间式多了半个开间，一般是放置大楼梯间的场所，双开间式主要将餐室和起居室朝南横列，后面为厨房、工友卧室、扶梯间、小卫生间等。三种开间形式的里弄以单开间为最多。早期新式里弄住宅进深大于面宽，后期新式里弄住宅面宽大于进深。平面布置上的另外一个特点是因生活方式的要求而变化，平面要求能结合家具布置，所以起居室的进口常常设置于房间一侧。

3．建造

新式里弄住宅的基础材料主要采用灰浆和土，部分采用混凝土。新式里弄住宅由墙体承重，采用机制砖和石灰砂浆建造。室内一般采用木搁栅、木楼板，大量房间及构件采用钢筋混凝土结构，如卫生间、阳台、厨房等。屋顶采用木屋架，结构上较前有所改进。

4．装饰

新式里弄在建筑形式上，更多地模仿西方住宅。例如，凡尔登花园，前面为二层，后面厨房上加建二层，与前面一样高。又如格罗希路（今延庆路）4号，在底层停车库和厨房上面加建三层。正门出入在二层，由石阶登上正门。这类建筑已接近西方的行列式里弄了。此外，

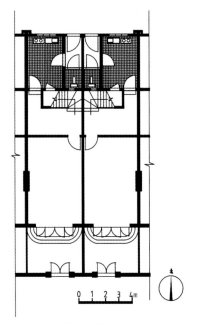

图2 霞飞坊底层平面图

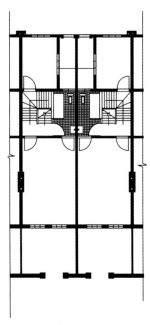

图3 霞飞坊二层平面图

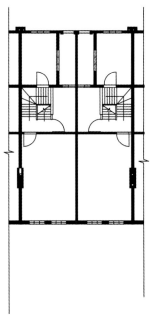

图4 霞飞坊三层平面图

图 5　霞飞坊鸟瞰

图 6　霞飞坊内院围墙

图 7　静安别墅主弄鸟瞰

将山墙改为包檐，外墙采用机红砖嵌灰缝，墙的下层勒脚采用汰石子，也有外墙全部采用汰石子的，如金谷村。有的大门还用花式细铁栅门，如模范村等。

5. 代表建筑

1）霞飞坊

霞飞坊（图 5）位于淮海中路 927 弄，占地 1.73ha，有民居 183 个单元，其中 16 个单元底层为店铺，建筑面积为 27619m²，1924 年由教会普爱堂投资建造。霞飞坊属新式里弄，里弄宽阔，取消了石库门，围墙降低到 2.5m，改用铸铁大门，天井也缩小了（图 6）。建筑式样上摆脱了石库门的模式，仿法国式住宅，安装钢窗。该处为混合结构三层楼房（图 2～图 4），有煤气卫生设备。由于里弄宽广，房屋高敞，地段闹中取静，居民乐于租用，不足之处是三楼不设卫生间，与二楼合用一套，使用紧张。该处特点是地形狭长，接连程度达到每排 30 个单元，比较少见。

2）静安别墅

静安别墅（图 7）于 1928～1932 年建造，为砖木结构。典型的新式里弄住宅，行列式排列，总弄和支弄垂直交叉，层高三层，砖墙瓦顶，装饰简洁。有多种单元，居住功能完善，每单元均有小庭院、阳台等。

建筑坐落在南京西路 1025 弄，另一端为威海路 652 弄，占地 2.35ha，呈南北狭长条形，中间辟有总弄，两旁支弄都是尽端胡同，建有三层新式里弄民居 183 个单元，共有建筑面积 34300m²。其中弄内民居分三种平面，分别是双开间单元 47 个；面宽 5.4m 的单开间单元 49 个；面宽 4.5m 的单开间单元 67 个。

静安别墅开间宽，进深一般，前后排距离 8.25m，前排墙高 9.60m，间距为 1：0.85，在里弄民居中属于比较宽的，平面布局和空间起伏与一般新里民居相似，施工质量和用料标准较好，入口装饰丰富，庭院一定深度，围墙内可以栽植花木，二开间单元都有汽车间。生活、进出、购物都较为方便。但有两点不足：一是总弄贯通南京西路、威海路，成为过境通道，行人进出频繁，干扰太多；二是弄内服务行业较多，群众交往稠密，影响里弄的安静、卫生。

成因

新式里弄民居的规模在早、后期石库门里弄民居之间，它的平面布局分工明确，外观造型大多简洁明快，内部房间装修良好，设备齐全，使用方便，主要适应当时中产阶层和高级职员的需要，由于它具有上述优点，所以受到多数居民的欢迎。

比较 / 演变

新式里弄住宅在建筑外观上，取消了石库门里弄的前天井，而代之以矮院墙，大门开在院墙一侧，采光面积放大。原底层客堂改为起居室，后部增加餐室小间，使房间功能分工更明确。

近代住宅·花园里弄

花园里弄住宅大都建于1940年左右,从新式里弄和其他的住宅发展而来,其总平面布置上具有里弄建筑的形式,而住宅标准则接近高级独立式住宅。

图1 溧阳路花园里弄住宅

1. 分布

花园里弄民居数量不多,早期在黄浦与虹口均有一部分。1930年前后建造的分布面较广,比较集中的有静安、卢湾、虹口、徐汇、长宁五个区。抗日战争以后建造的绝大部分在徐汇区。

2. 形制

花园里弄住宅的建筑面积比较小,而空地绿化面积则较大,住宅前面一般都围有庭院,有的庭院超过建筑面积的2倍甚至以上(图1)。花园里弄住宅可分为早期与后期两种,早期平面一般为前后套间的间半式布置,后期平面很多用横向居室,以间半式或双间式居多。后期花园里弄住宅除联排式外,还有独立式和双联式两种,立面形式以西班牙式和近代立体式居多。

花园里弄的平面一般采用"凵"形、"凵"形和"凵"形。间数有二开间、二开间半、三开间。房屋的开间较阔,进深较浅,如雷米路175弄的花园住宅,进深仅8.5m,而面阔达15m。建筑一般层高三层,底层作会客室、餐厅,厨房,二、三层有卧室、浴室、储藏室。房间面积不大,但小间较多,扶梯宽敞平坦,层高基本上与新式里弄一样,只是西班牙式房屋层高较低,底层、二层、三层的层高分别为3.2m、3m和2.8m。

3. 建造

花园里弄住宅早期常以砖木结构为主,后期则部分采用钢筋混凝土混合结构。层数有三层、四层或兼有夹层处理,注重朝向及通风采光。

4. 装饰

花园里弄住宅的立面处理多用细线条,门窗多用几何图形,尤其是西班牙式的烟囱、花铁栅和弧线等。外墙做水泥拉毛,并用淡颜色粉刷。屋面有的用机筒瓦,有的用琉璃瓦(图2、图4)。

5. 代表建筑

1) 上方花园

上方花园(图3)为淮海中路1285弄,共占地2.66ha,1938年由浙江兴业银行投资分期建造,分宅出售计有混合结构三层花园里弄民居68个单元,

图3 上方花园住宅外立面

图2 外国弄堂鸟瞰

图4 外国弄堂外立面

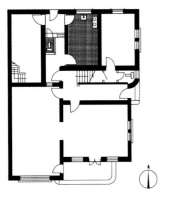

图 5 上方花园底层平面图

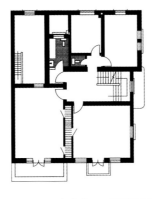

图 6 上方花园二层平面图

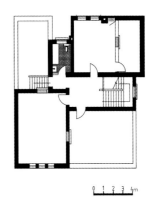

图 7 上方花园三层平面图

四层公寓里弄民居一个单元，四层新里弄民居 3 个单元（其中一个已被加为五层），三层新里弄民居 3 个单元，另有汽车间平房三间，合计建筑面积25900m²。上诉房屋中属于政府管理的公共房屋仅为花园里弄民居29个单元，三层新里弄民居 3 个单元及平房汽车间 3 间，其余房屋有的是私房，有的为单位产业，产权情况比较复杂。

该处花园里弄住宅58个单元，分为 5 排房屋，北部三排36个单元，南部二排为32个单元。北部三排的占地面积较大，平面布局有五种，组合方式大致相同，一般有起居室、餐室、书房、7～8 个卧室，楼下厨房，小卫生设备一套；二楼大卫生设备一套，小卫生设备一套；三楼大卫生设备一套，少数也另装小卫生设备一套；每个单元都设有汽车间。南部二排基地面积小，有 4 种平面，房间组合与北面三排大体类似，惟底层不设书房，楼上卧室略小，卫生设备底层一只马桶，二楼、三楼各一套大卫生设备，32 个单元中仅 2 个单元有汽车间。花园面积北部三排每个单元为 150m² 左右，南部二排每个单元为70m² 左右。园中偏南横贯一长条形土地，原拟为南昌路的延伸路，后未筑通，1985 年改建成条状微型花园，并有多种建筑小品。

2）福履新村

福履新村坐落在建国西路、太原路转角，入口为建国西路 365 弄，占地0.46ha。有混合结构二层楼民居 17 个单元，其中 14 个为花园里弄民居，3 个单元为沿街民居，底层有店铺。1934

年建造。1956 年，除内 11 号私房由政府代管外，其余由政府接管。

福履新村的14个单元花园里弄民居有12种形式，都是低矮小巧的西班牙式住房。弄内1号与太原路236号同一形式，2号与5号也是同一形式，三个相连的沿街单元是12种形式以外的又一种，他们的体量与弄内房屋风貌相当也与弄内建筑一致，数量不多，从整体上看还是能够协调的。

建筑基地与弄内房屋相距很远，幸好贴沿路边建造，对弄内气氛影响不大，12 种形式的房间内容基本相近，但房屋面积和房间组合各有不同，房间内容：楼下为入口、起居室、餐室、厨房、楼梯间、汽车间，楼上为大小不同的三间卧室，个别的有四间；卫生设备：楼下一套小卫生设备，楼上一套大卫生设备；工友室、贮藏室等根据地位安排。房间组合 12 种形式无一类同，反应在立面上也是变化多样，各有千秋。

图 8 上方花园住宅外观

成因

花园里弄住宅早期主要供外国人居住，直至后期才逐渐发展起来，当时受欧风影响，旧式及新式里弄住宅已不能满足城市富裕阶层的住房需求。花园里弄在创造优良的生活环境方面，有独到之处，成为上海、天津等大城市的里弄住宅中的一个重要类型。

比较／演变

花园里弄住宅相较其他里弄住宅类型，具有更大庭院空间，在平面设计上，采光、通风较好，占地仅较独立式高级住宅略少。当时造价也稍廉，以当前住宅来分析，主要缺点是用地太多，市政设施投资亦大。室内配设有齐备的卫生设施，甚至很多都装有水汀采暖，是当时里弄住宅中标准最高的一种建筑类型。花园里弄已有公寓里弄端倪，部分建筑采用成套公寓布局。

近代住宅·公寓里弄

公寓里弄住宅是花园里弄住宅的改进形式。这类住宅的居室面积一般不大，层高也相对较低。层数通常有2层、3层和4层，围墙被里弄口的大门所取代。每层有一套或数套房间，包括起居室、卧室、浴室、厨房等单元。

图1　新康花园住宅外观

1. 分布

公寓里弄民居多建造在1930～1940年左右，大部分在静安、徐汇、卢湾区，是里弄民居中最新的一类，也是建造数量最少的一类。

2. 形制

公寓里弄的总体布局有自由式与行列式两种。如永嘉新村是行列式；新康花园除有行列式外，还有四幢房屋排成的周边式等排列形式。

公寓里弄民居出现的时代较晚。它脱胎于花园里弄民居，外形相似而内容不同，建造规模更小，其最大的特点就是层数较多，一般为三、四层，个别的甚至五层（图1、图2）。它和其他类型的里弄一样，也是由几幢类似的建筑以一定形式排列在一起而形成的，只是每一幢房屋不是一户独住，而是和公寓一样，一幢房屋的每一层内均设有一套

或几套居住单元，每套单元由一户居住，包括卧室、起居室、厨房、浴室灯。如1934年建于霞飞路（今淮海中路）上的新康花园和1946年建于西爱咸斯路（今永嘉路）的永嘉新村。

公寓里弄内一般不建围墙，代之以绿地和树木，一般使集中绿化和宅前绿化相结合。

3. 建造

三层以下的公寓里弄住宅多用混合结构，除设备、装饰较为讲究，楼梯为钢筋混凝土以外，基本上与新式里弄民居一样；四层以上大多是钢筋混凝土框架结构，一般不设电梯，有的在基础下还加打基桩。四层以上公寓的底层墙身，大多为实砌机制红砖；二层以上的围护墙、分户墙，一般都用空心砖墙；户内分隔墙，有用空心砖的，也有用钢丝网板墙的，既轻又可防火，楼板、屋顶上

做隔热层与防水层。

4. 装饰

公寓里弄虽然是近代式建筑，但在立面处理上比较简单朴素。一般南向有凹阳台，外墙采用拉毛水泥或汰石子。结构及装修与新式里弄基本相同（图3、图4）。

5. 代表建筑

1）阿尔培公寓

阿尔培公寓为四层公寓里弄民居，由教会普爱堂投资（图2），又名皇家公寓。新中国成立后改用今名，该处用地1.62ha，成不规则形，建有公寓民居16个单元，结合地形布置，紧凑自由，每个单元三室户8套合计128套，另设车间86间，全部建筑面积22680m²。

建筑由列文设计，砖木结构，1930年竣工。花园公寓里弄住宅，16幢四层法式公寓自由错列布局。清水红砖墙

图2　阿尔培公寓鸟瞰

图3　新康花园主弄

图4　新康花园住宅立面

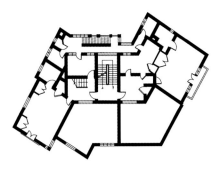

图5　新康花园甲式标准层平面图

图6　新康花园甲式四层平面图

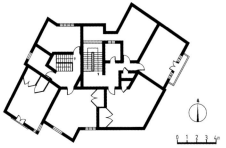

图7　新康花园甲式五层平面图

和淡黄色水泥拉毛饰面构成线条，图案等装饰，多坡红瓦屋面。每幢入口处有门厅，一梯二户，各三室。

公寓装修精致、设备齐全，房屋间距为1：0.5～1：0.8不等，按常规是窄的，但由于利用点状空隙得当，实际通风采光并不比1：1间距逊色，基地宽度在5m左右，空地上有花卉绿化，形成一个优美的居住环境，里弄外面公共车辆方便，生活设施齐全，属于中等偏上的公寓里弄之一。

2) 新康花园

新康花园（图1、图8）坐落在淮海中路与复兴中路之间，地形狭长。北口为淮海中路1273弄，南口为复兴中路1360弄，全部用地1.30ha，有房屋建筑9318m²，原为英商新康洋行所有，由马海洋行设计，1933年改建为公寓

现状，后售于国人，新中国成立后由政府接管。

新康花园外观为西班牙式，建筑的南向设有带拱券的阳台，屋顶铺设坡度平缓的红陶筒瓦，檐下有道小小的装饰性的伦巴底带，浅黄或浅绿色的水泥拉毛外墙。室内花饰比较简洁，在构件装饰上，多应用铸铁的花饰栏杆、花栅栏铁门、花枝灯台等。新康花园分南北二部，北部有二层公寓11幢，每层一套四室户，合计22套，前有庭园，侧边有汽车间，每套均有专用出入口，南部为四角对峙的四幢五层公寓。一、二、三层（图5～图7）每层两套二室户，合计24套；四、五层为两套跃层四室户，合计8套。四幢中间为公用庭园，汽车间布置在坊内中段。南北总计二室户24套，四室户30套，该公寓室内装

修较精致，设备齐全，户外环境优美，进出便利，属于公寓里弄民居中的上乘。

成因

公寓里弄是新式里弄和花园里弄相结合的产物。公寓里弄建造的时代相对较晚，数量也最少，它在单体设计与使用上，受西方建筑的影响较大，具有近代公寓住宅的特征。

比较／演变

公寓里弄不同于用地较费，投资较大的花园里弄，公寓里弄内不建围墙，代之以绿地和树木，一般会运用集中绿化和宅前绿化相结合的方式。公寓里弄的用地也更加紧凑与精简。公寓里弄强调压缩交通面积，讲究经济。其内部装饰同样崇尚适用简洁。

图8　新康花园乙式住宅外观

近代住宅·花园洋房

上海的花园洋房住宅即独立式私人住宅，在 1900 年以前较少见，大量的规模较大的花园住宅出现在 1900 年以后。花园洋房的形式丰富而多样，既有各种仿古典式、乡村别墅式也有早期现代主义风格，成了老上海标志性的建筑形式。

图 1 吴同文住宅立面

1. 分布

上海花园洋房住宅（图 1）的分布与租界的扩展有着密切的关系。最早建于外滩英国领事馆附近及美租界虹口昆山路一带。其后，随着租界的扩张，沿南京路、静安寺路、爱多亚路与霞飞路（今南京东路、南京西路、延安东路和淮海中路）等干道，自东向西分布。因此，在公共租界的今静安区和长宁区、法租界的今卢湾区和徐汇区内，独立式住宅建造较多。此外，在越界筑路地区，如狄思威路（今溧阳路）、窦乐安路（今多伦路）、海格路（今华山路）、愚园路、虹桥路等道路的两侧，独立式住宅也不少。

2. 形制

上海的花园住宅，根据建筑形制特征，可以分为六种类型：

1）仿古典式：主要仿照欧洲文艺复兴时期建筑的平面布置和装饰：平面强调对称，立面追求气派，装饰讲究细致。

2）乡村别墅式：这种形式比仿古式略晚一些出现。一般用木屋架、斜屋面、周围是一片林荫，离交通干道较远。

3）西班牙式：层高较低，室内花饰简单，南面设敞廊和阳台，适合上海的气候条件。建筑装饰上，采用花铁楼梯栏杆、花铁栅、铁条大门较多。

4）美国住宅式：简陋的独立式小住宅，这种形式最早由侨居北美洲的欧洲人利用当地的材料创建，上海不多，其平面布置具有一定的实用性，例如外形整齐，楼梯设在正中，底层左右为起居室和餐室，楼层全为卧室，坡顶下的假三层作为储藏室。

5）混合式：建筑师为迎合居住者的特殊爱好而设计的住宅。这种建筑没有自己的风格，只是其他建筑形式的组合。

6）立体式及现代式：1920 年以后，随着科学技术和建筑理论的发展，西欧各国的住宅设计开始注重功能与形式。上海的花园住宅设计，受西方建筑思潮的影响，布局趋向于自由，外形追求立体效果，室内注意分隔和墙面色彩，以及隔热、隔声。现代式住宅则更强调自由的平面，灵活的空间，用自然材料的立面，注重园林绿化以及室内和室外景物的呼应，试图获得室内外浑然一体的效果。

3. 建造

早期的花园洋房构造多为砖石承重，木屋架。到了 20 世纪二三十年代，大多数的花园洋房主体采用砖木结构。后期则多采用钢筋混凝土混合结构，其用料方面大体与花园里弄式住宅相同。

4. 装饰

花园洋房住宅的总体布置，一般正屋朝南，基地力求方正，宅前植以雪松龙柏，中间往往为一片草坪，设置大理石雕像或喷泉作为花园的中心，远处置池沼，以求树木倒映，也有利用天然地形作草坪绿化的。为了美化园地和供室内赏花，大都设有花房。主屋前侧，多设有露台，高踏步，后期的则为低地坪，甚至与室内联成一起，仅用大玻璃窗分隔。此外，也有一些花园收到了中国传统花园住宅布局的影响，会在局促的宅前堆叠一些假山、修建亭子等。

5. 代表建筑

1）马勒别墅

马勒别墅（图 2）是 1927 年由英

图 2 马勒别墅立面

图3　邬达克住宅外景1　　　　图4　邬达克住宅外景2

籍犹太人马勒委托当时著名的华盖建筑事务所设计建造的私人花园别墅，历时9年，于1936年竣工。

马勒别墅采用了典型的北欧挪威住宅风格的建筑形制。外形凹凸变化很大，屋顶陡峭，另有高直式尖塔，整体形制酷似一座梦幻的童话城堡。而之所以会采用这样的形制，也是因为马勒别墅本身就是马勒专门为其宝贝女儿建造的。马勒先生本人希望打造一座梦中的城堡使心爱的女儿得偿所愿。

马勒别墅的主楼居住层为3层，顶部矗立着高低不一、造型优美、装饰精细的两个四坡层顶，东侧的坡屋顶高近20m，上面设有圆顶凸窗，尖顶和凸窗上部均有雕饰物；西侧的坡屋顶高约25m，屋顶陡直。主楼南侧为住宅的正立面。3个双坡屋顶和4个尖顶凸窗连同东西两座四坡屋顶交织在一起，其形状宛如一座华丽的小宫殿。中间双坡顶的木构件清晰外露，构件间抹白灰缝条，比较典型地表现出当地特有的乡村建筑风格。主楼墙面凸凹多变，棱角起翘。尤其值得一提的是别墅门口蹲着的一对石狮子，这样的摆设是典型的中国传统豪门大宅的风格。不过，它们与中国的石狮子并不一样，有点像西洋狮子狗。

2001年，马勒别墅由衡山集团接管，在保护修缮的基础上被打造成为目前国内唯一一家由一类近代保护建筑修建的精品酒店。

2）邬达克住宅

邬达克住宅（图3、图4）原为著名匈牙利建筑师邬达克的住宅，由邬达克本人设计，砖木结构，住宅属于乡村别墅式，陡坡红色机平瓦屋面，形体变化丰富，整个屋面跌宕起伏，一层墙面为清水红砖墙面，入口为拱门，门洞和窗洞处做仿石面装饰，二层以上挑出底层墙面，为白色砂浆粉刷墙面，露明黑色木构架，三层主体建筑一侧有两座曲折多边形的清水红砖材质，典型的"邬达克"烟囱穿出屋面，体现了设计的风格特征。

其高耸的壁炉烟囱，浅粉墙露明深色木构架，对称式的山墙造型，陡峭的石板瓦坡屋面，底层红色的清水砖墙，以及点缀着粗粝石质门窗套的精细门窗，有着极其浓郁的英国乡村建筑风情。该住宅外形的细部装饰极其精美细腻，底层有带哥特风格的三连列窗以及圆弧形的入口大门，二层有微向外凸的折线型窗。坡度极陡的窗面铺以石板，高度几乎占据整个立面高度的近半。一种田园风情就在这半坡半陡和高耸的砖砌烟囱阴影变化中如诗般地呈现出来。住宅内部原有的装饰可谓独具匠心，丰富的东方收藏品反映出邬达克兼收并蓄的艺术涵养。住宅的餐厅则完全是西式的风格，整面高达挂镜线的木质格状墙裙，精美的餐边厨和餐桌灯罩。斜纹木地板，西式餐桌椅，以及铺满雕饰的天

花，无处不在地散发着家居生活的浪漫与温馨。

成因

上海建造了近160万㎡的花园洋房住宅，而此种住宅形式大致经历了三个阶段的发展。初期的住宅均为洋人建造并居住。这一时期的住宅建筑面积很大，总平面宽敞，讲究庭院绿化，构造多为砖石承重，木屋架。1927年以后，由于市场一度出现对高级住宅的需求，一批数量相当可观的花园洋房应运而生。之后随着世界范围的经济危机的爆发，商人们又利用游资与低廉的劳动力又建起了一批花园住宅。后期阶段，花园洋房住宅经历了两次发展。一次是"七七"事变之后，上海租界接纳了许多逃亡者，住房顿时趋于紧张，建筑商又趁机建造了一批花园住宅。另一次则是1946年前后，由于通货膨胀，资本家为了保持币值，把资金投向房地产，于是又一批新的花园洋房住宅出现在上海街头。

比较／演变

花园洋房在上海近代民居中是形式较为丰富，装饰最为讲究的一种建筑类型，是西洋文明和生活方式与中国文化交织的产物，成了上海街头一道美丽而独特的风景线。

近代住宅·公寓

公寓建筑是上海近代民居建筑中的重要建筑类型之一。这种由一套套完整的（包括了居住、厨卫设备的）套间组成的住宅是于20世纪才出现的一种新建筑类型。20世纪二三十年代是上海公寓建筑的黄金时代。特别是高层公寓成为上海标志性建筑物中的重要组成部分。

图1 河滨大楼外立面

1. 分布

公寓建筑一般选在租界的西区，并随着越界筑路向西扩展，沿着几条东西干道建造起来，至于各区内公寓的分布，法租界的数量最多，质量上乘，公共租界的沪中区域，数量和质量均属中等，沪东区域虽有一些公寓，但数量很少。

2. 形制

由于公寓建筑的建造时间较晚，基地又必须选在离商业区不太远的地方，所以设计者往往不能先设计再选择地形，而是根据地形来设计，这样就形成了各种形状的平面。上海公寓的主要体形有"周"边式、"一"字形、"八"字形三种，此外还有"T"形、"L"形、"H"形、"凵"形等。

1）周边式

一般在街道转角沿道路红线兴建公寓，底层作为店面出租，既方便上面的居民，又可使街景美观，所以此种形制的应用和实例较多（图1）。

2）"一"字形

此种形制的公寓除了个别如常德公寓为东西向外，大多数取南北朝向，例如，淮海公寓（图3）、淮中大楼、建国公寓等。有的设有阳台、日光室等设施，有的在屋顶设有花园、喷泉等，一般均为豪华公寓。

3）"八"字形

体量高大的公寓建筑，一般采用"八"字式的体形。这种形式的最大优点，在于照顾朝向和体量的关系，这样既节省了空间，同时，也在采用八字形后，得到了南、东南、西南的朝向，从上海的气候条件来说，也是比较适宜的。

3. 建造

公寓建筑多采用钢筋混凝土框架结构，二层以上的分户墙一般用空心砖墙。屋顶上做隔热层和防水层。

4. 装饰

公寓的出入口一般都较为华丽，往往在门厅前部设有回车道，大门前檐有一个大雨篷，大门入口的壁面上有壁龛凹槽，里面设置雕像或花盆。进入大门之后，地坪、壁面、平顶无不标新立异，以吸引租户入住。

5. 代表建筑

1）枕流公寓

枕流公寓（图2）位于上海市静安区华山路699号～731号的枕流公寓由哈沙德洋行设计，馥记营造厂承建，为钢筋混凝土结构，于1931年竣工，是西班牙式和美国近代住宅式样相结合的公寓建筑。建筑平面呈"八"字形，北面沿街留出入口前场，南向围合出大花

图2 枕流公寓鸟瞰

图3 淮海大楼正立面

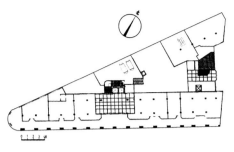

图 4　武康大楼底层平面图

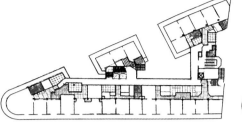

图 5　武康大楼三层平面图

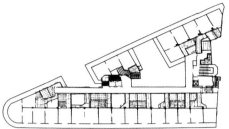

图 6　武康大楼八层平面图

图 7　武康大楼

图 8　安亭公寓外立面

园。内设多种户型，顶部两层为跃层式。

门厅南北贯通，北面大门沿华山路，南面通向花园。花园内树木葱郁、水池曲径，居住环境幽静。公寓平面由内廊式、外廊式和跃层式等单元组成。一至五层设二室户、三室户和四室户，每户均有起居室、卧室、餐厅、厨房和大小卫生间。六至七层为跃层户型有五室户和七室户，在当时是少见的。公寓房间宽敞，层高在 3.5m 左右，80cm 高的低窗台以及钢窗，使室内十分明亮。公寓的设施在当时是一流的，设有电梯两台，楼梯 4 部，汽车库 31 间，楼内统一供暖气和热水。地下室还有游泳池。

公寓建筑立面为美国近代住宅式样，屋顶及檐口等部分为西班牙式，阳台栏杆采用中国漏墙纹样，综合起来属于折中主义建筑风格。

2) 武康大楼

武康大楼（图 7）（原名诺曼底公寓），位于淮海中路 1836 号～1858 号，由法商万国储蓄会投资兴建。1924 年建造。八层，钢筋混凝土结构，华法公司承建，是沪上最早的外廊式公寓。

设计这幢公寓的是著名的匈牙利籍建筑师邬达克，他在总体设计上利用两条道路相交的三角形将平面因地制宜地设计成楔状（图 4～图 6）。建筑为法国文艺复兴风格。立面作横三段式划分，南面沿街底层为连续半圆券廊的骑楼形式。底层和二层处理为基座，水泥仿石墙面。中段三至七层用清水红砖饰面，外墙块状分隔，与出挑的阳台作竖向构图。顶层为檐部，水泥仿石饰面与基座相同，形成呼应，其贯通的出挑阳台和女儿墙一起构成双重水平线角的檐部。

公寓地处马路尽端，十分醒目，从西侧看犹如一艘在大海中航行的轮船。在这艘"轮船"里曾居住过上海 20 世纪 30 年代著名的电影艺术家赵丹、郑君里。

成因

上海的公寓住宅建筑的出现比上海花园洋房和上海里弄都要晚。1930 年左右国外流行公寓建筑，由于上海土地昂贵，当时又正值世界经济萧条，建筑材料因滞销而廉价推销，建造公寓然后出租，不仅成本低而且租金高。在这样的背景下，房地产商在上海也开始建造公寓住宅。

比较／演变

公寓与公寓里弄相比，公寓更多的是独幢的高层结构，一般在七层以上，多采用钢筋混凝土结构，地形较为局限，但也因此产生了许多造型新颖独特的建筑作品。公寓建筑内外的装饰也更为考究和精致。

江苏民居

JIANGSU MINJU

苏南水乡民居·临河住宅

苏州地处水乡，不少民居都与河道发生或多或少的联系，它们或面水而建，或临水而筑。还有一些规模较大的甚至跨越河道，成为跨水民居。

图1　前门面河临街

1. 分布

苏州地区的城镇大多因河而兴，由于河道的交通便利，在河、街挟持地带逐渐兴建起民宅和商铺。其中古城临水民居规模较大，它们夹于两河之间，多路多进，构成前街后河格局。住宅的门前、屋后都有通向河道的驳岸、埠头，为取水、洗涤和上下泊船之用。县城、乡镇由于经济条件的限制，其临河住宅的只有一到二进。商铺受用地的限制，建筑规模较小，大多采用底商上住的方式。临河民居目前大量分布在古镇之中，古城内及周边过去也有不少，但因城市的发展，这样的建筑被陆续改造，如今在古城外的山塘街还能见到成片的存在。

2. 形制

临河住宅的规模大小不一，多路、多进的大宅占地往往多达数千平方米，甚至还布置精美的花园。如位于古城城东北小新桥巷的耦园中部为住宅，东、西是花园，前面临街巷，三面环水，隔

河与东城垣相望。规模较小的临河住宅如周庄西湾街的叶楚伧故居"祖荫堂"，建筑沿街面水，一路，前后五进，宅后为小巷。

邻水的商铺面阔三间，也有单间、两间的。在街市的中心，此类建筑大多为两层，到边缘地段，则多为平房。商铺多数仅为单进，紧贴河道，叠石为基。底层有时出挑于河面，甚至填河加砌驳岸，构成独特的水巷景观。

楼房腰檐变化多端，面街的一侧会向前出挑，形成青天一线。底层为店铺作坊，楼层供主人居住。梁柱较纤细，造型较简朴，临街立面底层多用塞板门（排门板），楼窗窗棂花格较简洁，室内无装饰。

3. 建造

与苏州的各类传统民居一样，临河住宅修建时先开挖地基，用砖石砌筑基础，其上立柱，柱上架梁。构架分扁作与圆作，扁作主要用于大型宅邸的大厅、花厅等，其余建筑用圆作。小型民

居包括厅堂均用圆作。

商铺的建造与上述类似，也为立帖式砖木结构，围护结构为砖墙。山墙有使用封火山墙的，也有不用，原因是相邻建筑有独立的山墙，且桁条端头被封于山墙之内，故少有延烧之患。建筑前后错落，甚至沿街巷的转折而转折，少有平齐的处理。

4. 装饰

在临河住宅中，大型宅第装饰多，小型商铺比较简朴。前者的装饰主要有木雕、砖雕，少数还有石雕。屋架雕饰主要施用于扁作梁、山雾云、棹木、花机等构件之上；装折的裙板、夹堂也是木雕的重要部位，此外像门窗的内芯仔采用小木条构成形状各异的图案，也形成了良好的装饰效果。最为精美的砖雕则用于砖细门楼之上。有些建筑则在砖细门楼的勒脚用石雕，甚至将石柱础表面亦施以雕饰。中、小型住宅用圆作，梁上无雕饰，但桁下的短机通常会用雕刻装饰，而门窗的裙板、夹堂会用线框

图2　临街设为店铺

图3　周庄市街临水住宅

图4　周庄市街临水住宅

图 5　沿河设埠头、腰檐

图 6　耦园东花园

图 7　耦园背面

图 8　周庄市街临水住宅

图 9　临街用塞板门

做装饰，因经济条件，门楼难以施用砖雕，则以水作塑出装饰图案。装饰题材较广，像人物故事、山水花鸟、博古静物、祥瑞纹样等均有使用。雕刻工艺精美，以浮雕线刻为多。

5. 信仰习俗

苏州居民有宗教信仰和祖先崇拜，但与住宅建筑的联系不甚密切。厅堂是待客的场所，在特定的时节也会被用于全家祭祀祖先，所以在大户人家的厅堂正间，紧靠后步柱之间的屏风门，通常会安放供桌、天然几和八仙桌、太师椅等。平日供桌上放置盆栽、有香味的供果等，称之"清供"，来客时住客隔桌入座。在冬至等特定时节会请出祖先牌位或画像，置于供桌及悬于屏风门，阖家举行祭拜仪式，时节已过，即及时收藏。小户人家有时靠后墙仅有八仙桌和靠椅，使用与大户人家相似，平日此桌还兼作饭桌。小型商铺故更无专门用于祀神祭祖的空间，当特定的时节来临之际，会将塞板落下，于底层安排桌椅以行仪典。

6. 代表建筑

1）苏州耦园

位于苏州古城内仓街小新桥巷的耦园为全国重点文物保护单位，其占地约12亩（0.8ha），建筑面积为 4496m²，中部为住宅，沿南北向轴线布置门厅、轿厅、大厅和楼厅。厅前建有砖细墙楼，砖雕精美。大厅与楼厅的东侧建有平房与楼房一片，间有天井数处。沿楼厅通道可达东、西花园的主楼。东花园以山池主景为中心，周围环以亭廊楼榭，与主景相呼应。其主体建筑，是一组退居北端的楼阁。西花园以"织帘老屋"书斋为中心，分隔为东、南、北三个互有联络的院落。

2）周庄市街临水住宅

周庄旧镇域东西长三里，东西宽二里，由南北向的市河贯镇而过，并有中市河、后港东向与之相交汇。与大多数江南城镇一样，周庄在河港的交汇处形成商业中心，临河面街的店铺、作坊、

住家的规模都不大，深仅一进。大多以底层营业楼层居住。

图 10　耦园正厅载酒堂

成因

苏州临水住宅的形成与当地城市、乡村的水系有密切的关系。当地自古河道纵横，人们利用河流作为生活用水的源泉，也利用河道形成出行的孔道，建筑往往靠近河流。为了使门前显得开敞，故门前还会设置道路与河道相隔。但在商业繁荣的城镇市街地段，由于用地紧张，面街临河一侧逐渐被人营建家宅、店铺。因地形的局限，其规模难以向纵深拓展，故形成临河住宅的形制，显示了水乡特有的建筑风貌。

比较／演变

虽然在历史演变的进程中，苏州传统民居也在不断吸收外来形制的影响，但由于苏州经济文化发达，且注重古代礼仪制度，所以其大型住宅的精美程度远高于周边地区。随着时代的变迁，当地的时尚也有相应的变化，但这在临河住宅上改观并不明显。

苏南水乡民居·小型住宅

图1 西山东蔡村的小型民居

传统民居按礼制和习俗，单幢三开间平房可满足一个小型家庭的全部需求，三个开间的正中（正间）用于堂屋，两旁可作卧室，卧室后部被辟为厨房、储物之所。这在广大乡村曾普遍存在，其结构最简陋的只是泥墙草顶建筑。随着家庭人口增加或经济条件改善，人们会在三开间平房前的一侧联以厢房，形成曲尺形平面的单厢住宅，也会在两边设置厢房形成"门"字形平面。由于我国古代"内外有别"概念深入人心，在单厢曲尺形平面住宅的另外两面加砌墙垣围合形成内院；两厢的"门"字形住宅进行加砌一面围墙也形成合院。

1. 分布

上文提到的小型住宅（图2）曾普遍存在于苏州地区城乡，直至20世纪60年代还可随处见到。由于社会的发展，此类建筑迅速消失，如今传统的单栋草房基本已经不存，保持着传统风貌的单栋瓦房，甚至曲尺形单厢民居也很难觅见踪影。那些三合院及四合式的院落在苏州地区一些未被改造的地段还有残存。

2. 形制

苏州地区单栋三开间的泥墙草顶房屋，其墙内有木柱之类作为骨架，但木柱纤细，不单独承重，而是和墙体共同作用，承托梁架与屋顶荷载的是土坯墙，墙顶承木梁架，屋架制作较随意，屋架上放置未经加工的粗树枝作为桁条，上铺芦席，抹泥后覆盖稻草作为屋顶。

稍好一点的用纤细的木柱、木梁作为承重构架，结构方法与当地立帖式砖木结构相似，维护结构用单砖抹泥墙，桁条之上用芦帘不用椽子，上覆瓦片。

更好一些的则使用当地十分普遍立帖式砖木结构围护结构砌为砖墙。

3. 建造

采用立帖式砖木结构的民居建造与当地其他传统民居一样，修建时先开挖地基，用砖石砌筑基础，形成台基的外缘，台基内用黏土夯实，表面铺设黄道砖地坪、柱础。构架通常圆作，规整的正贴为：础上立柱，前后步柱上架大梁，梁上立童柱，承山界梁，中立脊童柱，边贴脊柱落地，前后用双步与短川替代大梁与山界梁。前后步柱之外立檐柱，上架廊川，与步柱相连接。梁头及脊童柱的顶端承托桁条，以便架椽子、铺望砖或芦帘，上面抹灰泥，覆瓦片，形成屋面。木构架起承重作用，墙体通常不承重，故山墙用空斗砌筑，隔墙用单砖，室内墙面抹泥，刷白水。

泥墙草顶房屋的建造也须先做地基处理，即开挖沟槽，埋入砖石形成台基的外缘，内部用泥土夯筑形成台基，台基表面用黄道砖平铺形成室内地面。墙体位置埋入细木柱，并砌筑土坯砖墙，门窗位置上架木过梁。墙顶置梁架，覆屋顶。

4. 装饰

此类建筑一般没有装饰或很少用装饰，若施以装饰，主要是门窗裙板、夹堂上的线框装饰。

5. 信仰习俗

苏州地区居民有宗教信仰和祖先崇拜，但与住宅建筑的联系不甚密切。此类小型住宅面积有限，故更无专门用于祀神祭祖的空间。当特定的时节来临之际，会在正房的正间（堂屋）内举行十分简单的仪典。

图2 吴江龙泉嘴村的小型民居

图3 太仓洪泾村顾阿桃旧居

图4　太仓邵家宅某曲尺形民居　　图8　四合院平面示意图

图10　吴中金墅某三合院

6. 代表建筑

1）太仓洪泾村顾阿桃旧居

顾阿桃旧居（图3）位于太仓洪泾村，是一处建造年代较早的泥墙草顶房屋。建筑为面阔三间的单幢平房，正面当中正间辟门，内装木板门扇，两次间用木窗。墙体土坯砌筑，墙面内外抹泥，刷白水。屋顶用四坡形，上覆稻草顶。

2）太仓邵家宅某曲尺形民居

太仓邵家宅某曲尺形民居为太仓邵家宅村尚存的一幢未被20世纪80年代翻建浪潮冲击而遗留下来的民居（图4）。正房面阔五间，当中三间内收形成前廊。东侧连接宽两间的厢房。正间用作堂屋，西侧的次间和梢间用于卧室，东厢为厨房、餐室，与东厢相连的东梢间是储藏

室，东次间是另一间卧室。建筑为砖木结构，因室内各间都有墙体分隔，故构架纤细，中柱均落地。原先地面铺砖，后改为水泥。屋面用青瓦。

3）吴中金墅某三合院

苏州吴中区金墅镇某宅为中华民国时期建造的三合院（图9、图10），正房五间，前连两厢，厢房前砌以院墙，围合成一区院落。建筑用传统砖木立帖式结构，向内院开设的长窗、半窗仍为传统装折形式，但院门与厢房山墙的窗户却采用了西式门楼和拱券式门楣窗楣，从而显示了建造的年代特征。

4）西山东蔡村某四合院

位于太湖西山东蔡村的某四合院（图1）是一组传统平房，正房坐北朝南，面阔三间，进深六步架。构架圆作，正贴与边贴脊柱均落地，正、次间用板壁分隔。正房之前两侧联以厢房，深四步架，阔两间。前面是深四步架的墙门间，由此围合成四合院。墙门间的外檐墙正中辟墙门，门框之上设置传统造型的门楣。正房次间在山墙上开窗，窗框之上用传统窗楣。面向天井正房用长窗，厢房设半窗，门窗均为传统造型。

图5　独栋民居平面示意　图6　三合院平面示意

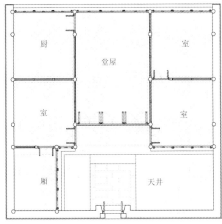

图7　曲尺形民居平面示意图

图9　吴中金墅某三合院

成因

由单栋的民居建筑，到前后、左右四栋建筑围合成院（图5～图8），是我国传统建筑常见的形式。但与北方的四合院（包括建筑加建围墙形成的院落式民居）相比，苏地正房与厢房连为一体，院落相对较小，成为彼此的不同之处。究其原因，应该是北方冬季需要更多的日照，故需要有一个开敞的院落，而苏地夏季需要遮阴拔风，尤其是为了防止潮湿将卧房设置在楼层之后，天井的遮阴拔风效果会更加明显。

这些小型民居的结构形式与当地其他民居基本一致，唯不用与少用雕饰成为彼此的区别，这一方面反映了当地的地域特点，同时也说明建筑等级与主人的经济条件对于民居兴建的制约。

比较／演变

在建筑演变的进程中，小型民居的变化最为缓慢。像泥墙草顶住宅可以说已延续了千余年的时间，而砖墙瓦顶民居则是在用砖的禁令解除后逐渐才开始出现的。城市中，这种形式出现已经到了明代之后，而乡村出现的时间更是到了20世纪中叶以后。由于小型民居主要是着重解决生活中的需求问题，所以也会因自然环境、气候条件的影响而显现出地域特征，与其他地区的小型民居有所区别。

苏南水乡民居·多路、多进住宅

图1 西山堂里雕花楼

苏州地区自然环境优越，气候条件良好，是各类动植物生存、生长的适宜之地。魏晋之后大量中原人口进入此地之后，促进了这里的农业和养殖业生产，逐渐成为全国最为富庶的地区，加之战乱较少，因而吸引了大量官宦、文士来此定居，又使这里成为文化最为昌盛的地区之一。

经济发达、文化繁荣，又有无数显贵在此生活，使这里出现了许多大型的府邸（图1）。

1. 分布

由于古代的等级制度以及生活条件，文人、官宦定居往往选择像苏州城这样的经济文化中心，所以当地多路、多进住宅曾经为数众多，如今尚留存的还有景德路杨宅、铁瓶任宅、王洗马巷万宅、南石子街潘宅、东杨安浜吴宅等。当然因经济文化的原因，苏州城周边的县城、市镇、乡村在这种文化的熏陶之下也人才辈出，所以这些地方也曾有此类大宅的零星分布，如范成大的石湖别业、东山陆巷村的王鏊故居、昆山千灯镇的顾炎武故居、太仓城中的张溥故居等。

2. 形制

大型邸宅主要采用多路、多进的布置形式（图4），通常以正落（中路）为中心，由前至后依次为墙门间（门厅）、茶厅（轿厅）、正厅（大厅）和堂楼（楼厅），前后为五进到七进。当这些屋宇仍不敷使用，则在中路左右增添边落（东、西路），其间布置书房、花厅、次要住房、厨厕、库房及杂屋等。正落与边落间用备弄（夹道）相连。此类建筑中前后进屋宇都用东西向狭长的天井分隔。大厅作为全宅的中心主要供婚丧庆典及接待宾客之用，厅后设库门界分内外，其后的楼厅都为二层，两侧设厢楼，进数视需要而定，最多不超过三进。前后楼厅常用走道兜通，被称作"走马楼"。楼厅之后砌以界墙，设置后门。在住宅密集的地段若宅后有河道相阻，则将后门跨河设置，河上架暖桥——即上面盖有屋顶的小桥，今人将其归为"跨水民居"。有些等级较高的邸宅还常在前门的门厅对街设置照墙。

3. 建造

阶台（台基）建造，首先要放线、开脚（开挖地基），其次是房脚与墙脚驳脚（基础墙砌筑），然后进行阶台夯筑与包砌。其中侧塘石的包砌在房脚驳砌后进行，地坪铺设常在构架油漆完成后进行。

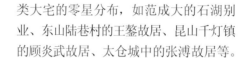

图2 砖雕

图3 石雕

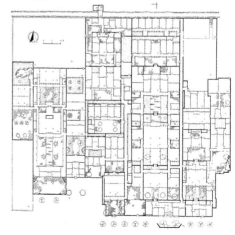

图4 多路、多进住宅平面示意图（苏州天宫坊原陆宅）

图 5　苏州玉函堂大门　　　　　图 7　苏州玉函堂室内　图 9　苏州玉函堂庭院

图 6　东山惠和堂门厅　　　　图 8　惠和堂大梁下梁垫与梣木　图 10　东山惠和堂正厅

大木安放，在此之前先行将大木的各种构件加工制作完成，然后再现场进行装配。装配以先下后上、先内后外的次序进行在磉石、鼓磴（柱础）之上立柱、架梁、安置桁条、椽子，有些较为讲究的厅堂在柱、梁之间还会安放装饰性牌科（斗栱），由此完成大木构架工程。

作为维护结构墙垣、屋面以及装折（门窗、挂落、栏杆等）在大木工程完成之后次序进行。然后对木构件进行油漆，在墙垣、屋面上刷白水（石灰水）和煤水（用煤烟调制的黑涂料）。最后进行地坪方砖的铺设与表面处理。

天井地坪的铺设也在建筑各工程完成之后进行，有条石铺砌的石板天井、石板甬路，有黄道砖以及卵石、碎砖瓦铺设的花街铺地等各种形式。

4. 装饰

大型住宅的装饰有木雕、砖雕（图2）及少量石雕（图3）。装饰原则是主次有序、突出重点，制作精良、题材广泛。

屋架的雕饰位置与当地其他类型住宅类似。最为精美的砖雕则用于砖细门楼之上。有些建筑则在砖细门楼的勒脚用石雕，甚至将石柱础表面亦施以雕饰。

选用的装饰题材与当地其他住宅类似。

内宅部分一般不用或少用雕饰，以使居住环境相对显得宁静、闲适。

5. 信仰习俗

苏州地区居民有相同或相似的宗教信仰和祖先崇拜，但与住宅建筑的联系不甚密切。与苏地其他类型住宅类似，家中在冬至等特定时节会请出祖先牌位或画像置于供桌及悬于屏风门，阖家举行祭拜仪式，时节一过，即及时收藏。唯有一些特殊的人家，会在宅邸的一隅兴造佛楼，以供虔诚的家人使用。

6. 代表建筑

1）苏州玉函堂

位于阊门外广济路东杨安浜的玉涵堂（图5）是明代南京吏部尚书吴一鹏的故居。原建筑规模宏大，现存房屋三路。其正落第一、二进为楼，第三进主厅即"玉函堂"（图7），第四、五进是与两厢连通的走马楼。东西边落尚存屋宇数进（图9）。除主厅外，其余均为清代及之后的建筑。

正厅"玉函堂"面阔三间16m，进深八步架14m。室内四步架大梁之前置前轩、外廊，其后架后轩，是苏式厅堂典型的构架形式。梁柱用料粗壮，梁的高宽比较小，断面饱满，梁面无雕饰，正贴用青石鼓形柱础，并有线刻雕纹，边贴用梣形柱础，在厅堂后轩的轩梁上还施用精美的彩画，这些都是明代厅堂的典型特征。

2）东山惠和堂

惠和堂（图6）是宰相王鏊的故居，其占地面积约有5000m²，共有厅、堂、楼、库、房等，建筑面积超过2000m²。

现存建筑东西三路，前后五进，中路两侧均有备弄与边路相隔。大门设在东路一进，是一座面阔三间的建筑。步入门厅，之后设天井、对面为茶厅，其后有灶间、杂房、边楼等。东路西侧是与中路相隔的备弄，起于门厅之后天井西侧的游廊，可直通宅后的花园，并联络中、东路的各进屋宇。入门厅西折，可进中路。中路沿轴线布置仪门（先被称作轿厅）、大厅（图8、图10）、堂楼、后楼、后屋及花园等，各进背面都设有繁简不一的砖细门楼。西路从前至后有花厅、书楼、小花园和附房等，与中路之间也有备弄相隔。

成因

苏州地区大型府邸较多，这与当地的经济与文化有着密切的关系。虽然民居的演化是从小型向大型逐步扩展，但自从大型民居出现之后，其构造、装饰就成了当地建筑发展的主导，它的变化往往影响到普通民居的发展。

由于苏州地区大型府邸的主人大多为致仕官僚，他们具有极高的文化修养，其对于传统等级制度具有深刻的理解，在装饰上注重精致、典雅，也懂得过度雕饰会产生喧嚣而不适于居住，因此雕饰十分注意与建筑的主次相一致，内宅少用甚至不用装饰。即便是精美的雕饰也大多笼罩在青灰色（砖雕）和褐色（木雕）之中，使其形成"耐看"的特征。

比较/演变

多路、多进住宅通常都为大型府邸，因其主人的社会地位和经济地位，建筑形制十分讲究，装饰非常精美，而他们的文化修养则让建筑显现出内敛与含蓄，从而形成与其他地区不同的显著特色。

苏南水乡民居·园林住宅

文人园林原是我国传统文化特色之一。由于文人对于自然的理解，在艺术上具有相当的造诣，因而其造园的追求逐渐被社会各个阶层所效仿，不仅有官宦商贾营造园宅，即便是"闾阎小户"也会栽花植草予以把玩。据史料记载，在清初，苏州城及其附近知名的园宅就有 200 余处，直到 20 世纪 50 年代的统计，苏州城内还有近百处大小园宅（图 1）。

图 1　苏州拙政园

1. 分布

苏南地区留存的园林住宅主要分布在古城内外，周边的县城、市镇也有少量分布。

2. 形制

园宅（图 2）的形制往往因规模、地形、内容的不同而各有差异，通常大型住宅中布置园林化庭院的，主要被安排在边落花厅或书房前后。设置小型园林的住宅沿用上述方式，园林被置于住宅的一侧，但平面相对复杂，景物也会增加。附有中、大型园林的邸宅，常被布置在住宅的一侧或后部，且单独开设通向街巷的园门，以便来客直接出入。园林被建筑、墙垣分隔为不同的空间，以形成不同的景色。

园林住宅的居住部分与多路、多进住宅基本相同，尤其是中路部分。园林则以花厅为中心，近水远山，在其周边布置亭、廊、轩、榭等各种园林建筑，附以花木，形成可游、可览的优美景致。

3. 建造

园林住宅的建造与多路多进住宅基本相同，放线、开脚（开挖地基）等工序均一样。其中侧塘石的包砌在房脚驳砌后进行。

墙垣、屋面以及装折（门窗、挂落、栏杆等）等也相同。在大木工程完成之后次序进行。然后对木构件进行油漆；在墙垣、屋面上刷白水（石灰水）和煤水（用煤烟调制的黑涂料）。最后进行地坪方砖的铺设与表面处理。

4. 装饰

园林住宅的装饰与苏州地区其他类型住宅相同或相似，也有木雕、砖雕及少量石雕。装饰原则是主次有序、突出重点，制作精良、题材广泛。

花园内的建筑装饰一般较为简朴，以便获得山林野趣。同样也以厅堂为装饰重点，尤其是长窗、半窗、花罩、栏杆、挂落等，雕饰却更为精美，题材更为丰富。

5. 信仰习俗

信仰习俗传统在该类住宅中的建筑表达，与当地其他民居类型相同或相似。

6. 代表建筑

1）网师园

网师园（图 2、图 3）是苏州保存最为完整的园林住宅，布置为东宅西园，住宅部分（图 8）沿轴线布置墙门间、茶厅、正厅万卷堂以及堂楼撷秀楼。万卷堂前的砖雕门楼（图 4）为乾隆年间

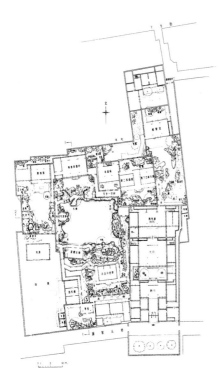

图 2　网师园平面示意图

图 3　网师园花园

图 4　网师园砖雕门楼

图 8　网师园住宅

之物，其雕镂之精，被誉为苏州同类门楼之冠。楼后还有用于藏书的五峰书屋、梯云室以及后门、下房等。

西部花园以水池为中心，绕池布置亭、榭、游廊、山石等景物，其结构各殊，景观互异。南部由黄石假山、濯缨水阁分隔成另一景区，其中以花厅小山丛桂轩为中心，景物在其周围展开。池西设殿春簃小院，庭院周边布置半亭、游廊、山石，其精巧古雅亦为苏地小庭院的代表。

2）退思园

退思园位于吴江区同里镇，是清末任兰生所建的园林住宅。园宅采用西宅东园的布置，西侧建有轿厅、茶厅、正厅（图 5）三进；其东是两幢五楼五底的畹香楼，前后楼之间左右各置走廊，上下楼的楼梯也被安置在走廊之中，使

图 5　退思园正厅　　　图 6　退思园旱船

图 7　师俭堂正厅

两楼相互贯通。畹香楼之东是园林部分，园林以水为中心，北岸的退思草堂为园林的主体建筑，环池布置山、亭、堂、廊、轩、榭、舫（图 6）等，园林建筑贴水而建，使面积不大的园地显得更为宽敞。退思园园宅布局紧凑，主次分明，建筑及其装饰皆朴素淡雅，不求华丽，并在有限的空间内，容纳了丰富的景致，使之成为精致小园的典范。

3）师俭堂

师俭堂位于吴江南部的震泽镇，是当地一座现存规模最大的传统住宅，占地约 2700m²，前后共七进，左右三路。粮栈一侧面河，在顿塘河边筑就可供泊船的河埠；另一侧临宝塔街。两进之间有穿廊相连，从而形成两个狭小的"蟹眼天井"。

米行对街是园宅部分，中路前后五进，临街是五楼五底的楼房，底楼正间

图 9　师俭堂花园

辟为墙门间，两边则被用作店铺。二进是明三暗五的五开间的主厅师俭堂（图 7）。三、四两进均为五开间的堂楼，两侧联以厢楼，且前后可兜通。第四进的东北角还将后厢加高为三层，成为可监控全宅安全的更楼。堂楼背后因紧邻藕河与斜桥河，形成一片三角形的用地，故在其中构筑一座三开间的平房，作为堆放柴草的柴房。其后墙之上开设后门，并在其外修建临河埠头。

由于河道环境的影响，东西两路形成两片三角形用地。东路被巧妙地构筑成了花园钮经园，虽园地面积极为狭小，但仍以小巧、精致的四面厅为中心，前面布置假山、半亭、游廊、楼阁，使之高低错落，富有变化（图 9）。

成因

园林住宅其实是大型邸宅的一种变体，从边路花厅、书房前布置园林化庭院，到住宅后部或旁边设置大型花园，都是因精致生活追求所致，这与当地的经济与文化有着密切的关系。

在大型府邸中那些致仕官僚因其文化修养，除在装饰上注重精致、典雅之外，也懂得用山水花木等自然之物来营造极具山野情趣又能获得精神与物质享受的环境，所以在住宅中既将精美的雕饰笼罩在青灰色（砖雕）和褐色（木雕）之中，也在书房前或居宅旁兴建起既能体现山林野趣，又不失精巧绝伦的园景。

比较／演变

自唐代演化出"城市山林"的概念，园林开始和住宅结合，就有了所谓的"园林住宅"。园林住宅在许多地方都存在，由于环境、气候的影响，不仅使各地的建筑出现差异，包括造园的各种材料如山石、花木等都不相似，所以营造出的园宅当然也就互不相同。

苏南水乡民居·中西合璧住宅

古代中国，苏州是江南地区经济、文化的中心。到了近代，因五口通商，距苏州不远的上海从一个小县城一跃成为国际知名的大都会。外来思想、文化逐渐由此向周边迅速辐射，苏州也开始接受外来文化，并影响到社会生活的方方面面。

传统住宅在外来文化影响下也开始出现蜕变，有些将原有传统住宅中的一部分修建、改建成西洋形制，也有新建住宅采用时尚形貌，故出现了"中西合璧住宅"（图1、图2）。但仔细分析即会发现，这类民居虽与传统建筑在外观上有着巨大差异，但其结构和营建却与传统有着千丝万缕的联系。

1. 分布

近代中西合璧式住宅率先出现在苏州古城内外，这与城市交通便利、信息通畅有关。苏州附近的盛泽、震泽、黎里、同里等古镇虽然无法与苏州相比，但在过去也是交通便利的大码头，且当地思想活跃，因此也有少量此类建筑的分布。

2. 形制

近代中西合璧式住宅与传统民居相比，其布局更为紧凑，房间的功能更为明确。一些传统民居中添建的西式建筑往往是以会客厅堂的形式出现在边落上，如苏州钮家巷方宅，洋楼位于东路，三开间，两层。而作为纯粹住宅的有苏州大公园社区的信孚里，这属于石库门

里弄；还有像位于苏州大公园社区金城新村一类的新式住宅。

石库门建筑其实是典型江南民居的一种变体。在传统苏式民居中，内宅往往采用联为一体的一正两厢楼房，其前面是界分内外的库门。虽然其周边还会有其他房屋，但用于居家生活亦已具备了所有功能，故将其提取出来联排建造，就形成了里弄形式，甚至"石库门"之名也是苏地传统建筑术语。

新式住宅群（里弄）则是从平面到立面完全采用了外来形制，但其营建方法却与传统建筑有着千丝万缕的联系。

3. 建造

近代中西合璧式住宅的结构与传统民居不同，主要采用砖木混合结构。墙体承重，木质楼板梁架于前后檐墙或砖

图1 苏州某宅洋灰地面

墩之上，梁上承搁栅，铺楼板。屋顶用桁架式屋架支承，屋架亦由前后檐墙或砖墩承托，其上钉桁条、椽子，上铺瓦屋面。砖墙四面都可开设门窗，门窗洞的上部常用砖拱或砖平拱作为过梁，窗洞下砌竖砖窗台。底层地面有用洋灰地面，也有用木质地板的，前者采用传统阶台做法，后者则在地板之下砌筑地垄墙，上施木质地搁栅以承木地板。

建造时亦须放线、开挖基槽，砌筑条形墙基，其上砌筑承重墙体。木质楼板梁或木屋架架于承重墙上。室内各个房间的分隔往往采用灰板条结构，上面用泥满吊顶。

4. 装饰

此类建筑的装饰有完全采用外来形制的，也有完全采用传统形制的，还有中外装饰并用的。

图4 信孚里里弄

图5 东北街方宅外观

图2 侍其巷某宅外观

图3 信孚里住宅

5. 信仰习俗

信仰习俗传统在该类住宅中的建筑表达，与当地其他民居类型相同或相似。

6. 代表建筑

1）信孚里

信孚里（图3）是1933年由信孚银行所建的石库门里弄住宅（图4），位于苏州古城区十梓街496号。原有7幢，现存5幢，自南向北排列，均为两层楼房。内设南北向主通道，每两幢建筑之间形成东西向"分通道"，其东侧与主通道相连，向西可通五卅路。信孚里西向有罗马式拱券门，正门在十梓街，南向——罗马式拱券门的上方塑有"信孚里"横额和"1933"字样。其总占地近2100m²，建筑总面积约3000m²。

信孚里内各住宅的形制基本相同，为坐北朝南的二层建筑，砖木结构，清水砖外墙，库门门面，门内为一正两厢布置。

2）金城新村

金城新村（图6、图7）是中华民国时期由金城银行所建西式住宅群，由10幢分立的单体建筑组成，位于苏州古城区五卅路148号。现占地总面积3700余平方米，建筑面积有6400m²。这是一组较为典型的现代住宅，10幢建筑各不相同，每幢建筑面积大小不一，大者近600m²，小者200余平方米。建筑均为单门独户，外观造型朴实无华，立面简洁，线条平直。室内布局合理，功能齐全，门窗大多采用钢窗，光线明亮，室内铺设地板，泥墁顶，简洁实用（图12）。

3）东北街方宅

方宅建于1932前后，位于东北街198号，是一幢独立的二层近代小楼（图5、图8），原主人姓方。建筑用水泥墙面、灰瓦。建筑外观简洁，完全不同于传统形制。内部布局合理，功能齐全。立面变化灵活，墙面开设窗户较多，使用钢窗。内部布置紧凑，功能比较合理。室内铺设地板，泥墁吊顶，四周用装饰线脚，原有木板墙裙，有些已被改造。装饰较少，使用外来风格。楼房底层客

图6　金城新村住宅外观一

图7　金城新村住宅外观二

图8　东北街方宅庭院

图9　石库门里弄口　　图10　石库门门楣

图11　西洋柱式和拱券装饰

图12　金城新村住宅内景

堂屋是全宅的中心，楼层用作卧室、书房等。

2004年该小楼被列为苏州市控制保护建筑。2007年经过修缮并入苏州园林博物馆，现为开放场所。

成因

近代受外来文化影响，一些追逐时尚的人士也会在营建住宅时接受并采用外来形制，但承担营造工程的匠人大多长期参与传统建筑的修建，在他们的潜意识中习惯了过去的结构、营建甚至是雕饰方法与题材，因此在建造过程中有意无意间会将传统体现在其上。当然，有些房屋的主人同样也存在着传统文化的潜意识，他们有时也会在装饰题材上认可传统，因而出现了西洋造型中式装饰的现象，形成所谓"中西合璧"风格（图9~图11）。

比较／演变

近代中西合璧住宅是本土民居受到外来文化冲击后的一种变体，其中吸收了不少外来元素，却仍然保留了大量的施工制作方法，从而完成了外来建筑本土化进程。

宁镇地区民居·独院式住宅

宁镇地区独院式住宅具有江南建筑和徽派建筑的双重特点。一幢住宅不与其他建筑相连，独立建造，并有独立的院子，称为独院式住宅。独院式住宅的特点是：环境好、干扰少；平面组合灵活；朝向、通风采光好；有自己独立院落，可以组织家庭户外活动，布置绿化；主体为砖木结构，规模较小，坐北朝南，穿堂式布局。

图1 清风苑内院

1. 分布

宁镇地区独院式住宅主要分布在南京城南秦淮区、白下区、江宁区和郊县的农村，镇江老城区、丹徒区以及丹阳的农村。

2. 形制

宁镇地区独院式住宅有三间两厢的三合院、四合头的四合院、两进对合的对照房，以墙围合。整个院子一般坐北向南。独院式住宅即独门独院，有独立的建筑空间，后有私家花园领地，是私密性极强的江南住宅类型，一般情况下房屋周围都有面积不等的绿地及院落，院落空间营造清幽的环境，也可以进行室外活动。

3. 建造

宁镇地区独院式住宅为砖木结构，木构架，抬梁式结构和穿斗式并用，常用杉木作为梁柱用材，门窗用松杂木。外墙用砖或石砌筑，墙基用条石，上部用砖实砌或空斗墙。室内地面用水磨方砖，合缝拼作地坪，地砖面以生桐油反复搓擦，使砖吃油透彻，不沾灰尘，以防潮湿，院子里用青砖或青石铺地，室外的道路用石材铺成平直的道路。

建造过程与江苏苏南民居相同。

4. 装饰

室内梁架外露，不做天花和雕刻，多施以油色，本色外露，不糅厚漆，小木作雕工较简单，组合在一起显得雅致

宜人。隔扇门图式简练，如"宫式"、"葵式"、"书条式"。砖雕多用于门罩上，磨砖门罩素颜，紧贴墙体，简洁大方。宁镇地区住宅中彩画少见，体现出宁镇地区不事张扬的文化特点。

5. 信仰习俗

本地区建筑由于受传统礼教的影响，按"礼"的要求以间和进为组合，强调上下、内外、尊卑的社会秩序。平面上讲究中轴对称，主房在轴线上，围绕庭院布置建筑，厢房和次间等次要房间位于轴线两边。

6. 代表建筑

1) 赵家祖宅

赵家祖宅（图2～图4）位于江苏

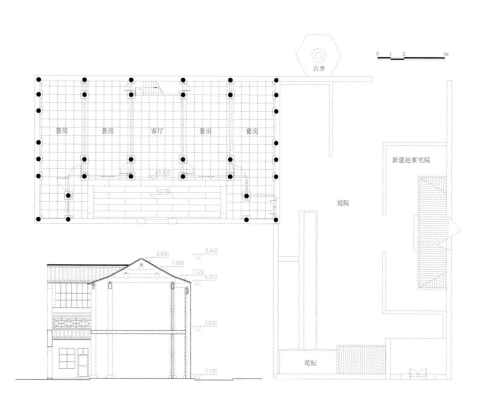

图2 镇江大港镇双十里55号赵家祖宅平面·剖面图

图3 镇江大港镇双十里55号赵家祖宅外观

图4 镇江大港镇双十里55号赵家祖宅二层外廊

图 5　清风苑入口

图 8　葛村天坤堂立面

省镇江市大港镇双十里 55 号。该建筑建于晚清，现后进保存完整，为晚清风格独院式住宅，主体两层砖木结构，坐北朝南，面阔 5 间，长 18.5m，进深 11m，占地 204m²。赵家祖宅为其后代长期居住并使用。砖雕、木雕及石刻保存较好，有地方特点。

2）清风苑

清风苑（图1、图5、图6），位于江苏省南京市江宁区湖熟街道河南社区花园塘 21 号后院。东南靠湖熟街道办事处，南距宁溧路约 250m。

该建筑建于中华民国时期，是一座具有晚清建筑风格的独栋二层建筑，主体砖木结构，坐南向北，面阔 4 间，长 16.5m，进深 14.2m，一楼 6 间 4 厢房，二楼 4 间厢房，占地面积共计 240m² 的后花园，花园东侧有一个月亮门。

清风苑原主人戴立恒，湖熟镇人，曾开有十八家粮行，现为湖熟街道地志办办公场所，该建筑曾多次修缮，保存较好。

3）葛村天坤堂

葛村天坤堂（图7、图8）位于镇江葛村，葛村是一个拥有 570 多户的大村庄，被称为"镇江最美古村落"。葛村的村民其实不姓"葛"，而姓"谢"，是南宋时期，一位叫谢寿辉的侍卫将军率族群从山东迁徙到镇江的。葛村现今

图 6　清风苑砖雕门楼

图 7　天坤堂门窗

现存 62 处历史建筑，有宗祠、走马楼、古民居、古更楼等。

天坤堂是葛村内的一个独院式住宅（图2），建筑风貌良好，院落布局完整，具有典型的宁镇地区地方特色。整个院落为三进深，三开间房屋。一共分为前、中、后三个房子。内部砖木结构，木梁架，抬梁式结构。有两个院子，前一个较大，后一个相对狭小，具有内向性。建筑装修简朴，窗格纹样简洁，地面铺砖，卧室铺木地板。

成因

独院式住宅因为是独立的院落，独立的门庭，所以极少受到干扰。这里庭院静谧，生活安逸，环境优美，具有高度的私密、舒适性。独院式住宅朝向良好，通风良好，同时采光也很充足，拥有自己的独立院落，可供主人多元化的使用。

在宁镇地区的农村，这种独院式住宅可以根据主人的经济进行建设，布局较为自由，受到城市和农村低收入者青睐。

比较 / 演变

总体来说，宁镇地区独院式建筑受徽派建筑影响。建筑空间较苏州、徽州建筑舒朗，雕饰较苏州、徽州建筑简洁，于秀丽中见雄浑，呈现出介乎南方之秀与北方之雄间的建筑风格。同时，其建筑风格还同原住居民身份有关。苏州云集的是失意文人，扬州云集的是豪门盐商，南京和镇江云集的多是平民商贾。所以，宁镇地区住宅更多的显出平民本色。造型秀气中见大气，布局开敞，雕饰精美而不浮华。

宁镇地区民居·多进住宅

宁镇地区多进住宅具有宁镇地区一般民居的特点。宁镇地区踞南接北，吴头楚尾，民居文化包容性强。宁镇地区多进住宅具有徽州和江浙民居的痕迹，也具有这一地区传统民居独特有的气质、特色和韵味，以简洁大方、精细素雅而著称。其形制为一路纵列，一般有三、四、五、七进，规模宏大，穿堂式布局，有时会有边路作为厨房和杂物间。

1. 分布

宁镇地区多进住宅主要分布在南京老城区，如城南的秦淮区、白下区，江宁区和高淳区、江北的浦口区等；镇江的老城区，以及丹徒区、丹阳市等。

2. 形制

宁镇地区多进住宅一般为多进穿堂合院形式，具体布局灵活多变，随地形变化，建筑进深相对较浅，天井长方形，是建筑的外部空间。主人因地制宜，按照传统格局，建有门厅、轿厅、大厅、正堂、楼房、厢房、花园等。布置多进穿堂式房有三间两厢、后部住房大都为二层建筑，楼上宛转相通，它和江南其他地方的建筑结构基本相似。空斗墙，厅堂内部根据需要，用隔扇、屏门等自由分隔，上部不做天花，屋面底部用"望砖"，大厅前檐还做成各种形式的"轩"，精巧美观，富于变化。

图1 务本堂沿街立面

图4 城南蒋寿山故居庭院

3. 建造

宁镇地区多进住宅是融合了南京和镇江建筑与徽派建筑结合的具有特色的民居建筑，房屋一般采用砖木结构，以木构架为房屋骨架，屋架上有檩条、椽子，屋面覆盖青瓦。外墙不像苏州和徽州等地为粉墙，采用是青砖斗子墙，做工精细，可以说是砖砖水磨，块块扁砌，对缝如丝，清水一色。

4. 装饰

宁镇地区多进住宅装饰方面具有该地区传统建筑的一般特点。入口不设门楼，只有门罩，门罩外檐比徽派建筑短，装饰简单，两翼微翘。档次高一点的有砖雕、木雕、石雕和彩画，个别还带有西式风格。外墙几乎不开窗，二层的外开窗基本没有装饰，个别会有六角型小窗洞，上有弓形的窗檐装饰。山墙有硬山和马头墙两种，马头墙有独峰或五峰跌落，外形沉稳庄重。

5. 信仰习俗

本地区居民的信仰习俗大多受儒、道、佛三家影响。建筑形制和功能受传统礼教思想影响，具有明显的等级制度。体现在建筑装饰和屋顶形制上，以入口

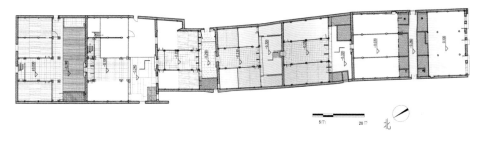

图2 城南蒋寿山故居平面图

图3 城南蒋寿山故居立面

图 5　务本堂墙面雕刻

图 6　城南蒋寿山故居庭院

门罩、屋脊装饰、斗栱等的区别来区分等级。

6. 代表建筑

1）蒋寿山故居

蒋寿山生于清道光八年（1829年），幼时家中贫寒，曾给人家看过驴子，后来靠赶毛驴发家致富，因此南京人又称他为"蒋驴子"和"蒋百万"。现三条营 18 号、20 号、22 号、24 号、26 号、28 号，直至陶家巷口处的南京阳伞厂，均为蒋府老宅原址，号称"九十九间半"，占地约 5000m²。现整组建筑尚存 20 号内东边的一路七进（图 2），每进三槛，坐北朝南，穿堂式布局。有轿厅、大厅、正堂、楼房、厢房、花园等。

建筑（图 3）现占地面积 1700m²，建筑面积 2000m²。外墙内砌"光绪元年四月立"石碑一块，碑文清晰可辨，大意是墙下官沟已疏浚通畅，请居民不要乱扔垃圾，也不要偷盗围护官沟的条石板等。封火墙高低错落，有近 10m 高。墙基 1.5m 以下为青石垒砌，其他部分为空斗青砖墙，其中的一块青石条上还有类似"招财进宝"之类的文字，墙上晚清遗留的拴马石看上去还和新的一样。

图 7　城南蒋寿山故居门窗

院内天井（图 4、图 6）多为青条石、方石铺地。房屋门窗均有精细雕刻。第六进、第七进为两层楼阁，五开间大厅及长廊完整，房门门框有精细木雕（图 7）。依然清晰可见精美的镂花、浮雕图案等。

2）务本堂

务本堂（图 1）位落于埤城镇城南村老街，为清代官宦王玉石私宅。建于清代中期，规模为三进三院，第一进五

开间，七檩进深，西墙坍塌，第二进为明间大厅，面阔 21m，进深 10.4m，有门楼，精美砖雕、石雕（图 5），房内方形水磨砖地面，抬梁式柱梁结构粗大宏伟，卷蓬轩廊木雕精美。第三进五开间，七檩进深，为上下两层楼房，供家人居住使用，有后门、后巷，出入方便。

成因

多进住宅体现了儒家"礼"的思想。院落的封闭性增加了安全感，当中的居住格局深受传统礼制思想影响，为中轴多进穿堂。以体现血缘为纽带的宗法制度观念。由于明皇朝对宁镇地区更严格的居住等级规定，当地民居大多为三开间，五架梁形制。并逐步演化为三开间，前后七架梁形制。同时，城市用地有限，民居大多窄面宽，大进深，少厢房或无厢房，应对自然气候形成与徽州民居类似的小天井。鉴于严苛的等级制度，民居的建制和装饰谨慎不敢越级，形成了当地实用、不求奢华气派的建筑风格。

比较／演变

宁镇一带多进住宅的民居建筑多以木结构梁架为承重结构，以砖、石砌体为外围护的墙体，屋面用小瓦，外观是清砖小瓦马头墙。木材来自江西、安徽，其他取材于地方。天井、堂前、宅后、花园是传统的民居建筑的室外空间，围墙构成了一个相对封闭的空间，院内安静，隔开了城市或外界的喧嚣。这种多进穿堂式布局的民居很好地满足了宁镇地区居民的需求，一直延续下来，成为地方最常见的民居建筑类型。

宁镇地区民居·大型宅第

宁镇地区大型宅第具有江南建筑和徽派建筑的双重特点，两路或三路纵列，一般有三至五进，规模宏大。入口和庭院入口多做门头，房屋的山墙多是马头墙，用于防火避险。清水砖墙或白墙灰瓦，建筑风格自然古朴、纯粹典雅。

图1 赵伯先故居正立面

1. 分布

宁镇地区大型宅第主要分布在南京城南秦淮区、白下区、江宁区和镇江老城区、丹徒区。

2. 形制

宁镇地区大型宅第建筑风格统一，结构周密严谨，均为坐北朝南或坐南朝北的多进穿堂式高墙深院。一般为三至五进，最多的有七进。按照传统格局，在中轴线上建门厅、轿厅、大厅及楼房，并在左右纵轴线上布置有客厅、书房、客房和厨房、杂屋，成为中、左、右三路纵列的院落群体。

后部住房大都为二层建筑，楼上宛转相通。两进之间的院落叫天井，适应江南潮湿、多雨的天气。它和江南其他地方的建筑结构基本相似。外围砌较薄的空斗墙。厅堂内部根据不同需要，用隔扇、屏门等自由分隔，梁架采用抬梁式和穿斗式，明间五架梁，前后各一步架，进深共七架，大厅用"轩"装饰。屋面下用"望砖"，隔热、通风，精巧美观。

3. 建造

宁镇地区大型宅第是融合了南京和镇江地方建筑，与徽派建筑相结合的具有特色的民居建筑，房屋一般采用砖木结构，以木构架为房屋骨架，屋架上有檩条、椽子，屋面覆盖青瓦。

4. 装饰

宁镇地区大型宅第厅堂内部根据不同需要，用隔扇、屏门等自由分隔，装饰精美，富于变化。梁架上饰以精美的图案雕刻，不施彩绘，不若徽州民居装饰繁复，有石雕、木雕和砖雕工艺，根据建筑不同位置重点装饰。

5. 信仰习俗

宁镇地区的信仰习俗结合儒、道、佛等思想体系，以儒家为最高信仰地位。该地区传统民居为体现了孝道的重要形式，从大型宅第中的轴线布局、空间秩序、主从关系等方面反映出来。另外，像宗祠类建筑也体现了对祖先的崇拜，亦用于祭祀。

图2 杨柳村民居群

图4 杨柳村民居群内院

图6 杨柳村民居群园林

图3 杨柳村民居群后楼

图5 杨柳村民居群南面入口

图7 杨柳村民居群礼堂和大厅

图 8　杨柳村民居群院落

图 9　杨柳村民居群室内

6. 代表建筑

1）杨柳村民居群

杨柳村故居位于江苏省南京市江宁区湖熟街道杨柳湖社区前杨柳村，该古建筑群为杨柳村朱姓历代子孙所建。据朱姓保存的《朱氏宗谱》（抄本）记载，"始祖明二公由南渡卜居句容县新昌桥之陡门口村，至七世孔阳公（朱孔阳生于明嘉靖十六年，卒于明万历四十一年）分支原江宁县龙都镇之杨留村，今名杨柳村。"朱氏第七代在杨柳村定居后，房子越盖越多。这组民居群（图 2）始建于明代万历七年（1579 年），多建于清代乾隆，嘉庆年间，历时 200 余年，先后建成 36 个宅院（图 8），计 1408 间房屋（图 9），面积 38016m^2。1982 年全国文物普查时保存比较完整的有 17 个宅院，400 余间房屋，是南京市范围内发现的保存面积最大、最完整的古村落建筑群。该建筑群均为多进穿堂式院落，内有一个高大的门楼，砖雕精美生动，门窗格扇刻有造型美观的图案。解放初期曾先后被海军医院和杨柳中学使用过。2002 年 10 月，江苏省人民政府公布为省级文物保护单位，2013 年被公布为国家重点文物保护单位（图 4 ～图 7）。

2）赵伯先故居

赵伯先故居（图 1、图 11），位于江苏省镇江市丹徒区大港镇，建于清光绪七年（1881 年），省重点文物保护单位。赵声（1881 ～ 1911 年），字伯先，1911 年，孙中山发动广州起义，赵任总指挥，因起义失败，忧愤成疾，病逝香港。1912 年，孙中山追任他为"上将军"。故居四进，硬山顶。二道门上有门罩，门两侧有砷石凸雕三狮戏球。前进三间；二进三间敞厅，面阔 12.8m，进深七檩，高 10.4 m；三进五间，面阔 20m，进深七檩 8.6m；后进厨房，后进右侧二层楼名天香阁，为赵声出生地。占地面积约 8600m^2；现有部分改建。

图 10　杨柳村民居群檐廊

图 11　赵伯先故居巷子

成因

宁镇地区大型宅第一般以一个大姓为族群聚族居住，原居住的主人为富裕的大家族或者大官，有经济能力建造大规模的住宅，为了显示身份地位因此对规模和形制有所追求。现存的大型宅第都是明清时期所建，建筑的平面布局和结构形制受时代局限，宁镇地区受徽派建筑影响较大。

比较 / 演变

宁镇一带的民居建筑多以木结构为主体，砖、石、瓦等材料为辅，木材都是从徽州或江西通过长江水路运来，砖瓦地方烧造，上乘质地需要采购于外地，石材也是取之地方。如南京在东郊，麒麟门外有采石场。

建筑之间的天井，房前宅后的花园是传统的民居建筑的室外特征，从空间上讲围墙构成了一个相对封闭的空间，从另一方面讲院落也是一个开放的空间。多进多路的建筑满足了旧社会封建大家庭多子女的需要和礼仪习俗的需求。

宁镇地区历史上战乱频繁，大型民宅的主人害怕抢劫和飞来横祸，建筑的入口窄小，立面装饰简单，远远不及徽州的大型住宅。

宁镇地区民居·中西合璧住宅

宁镇地区中西合璧建筑是受中国近百年近代西风东渐的历史影响遗留下来的,南京地区分布广泛,相连成片、规模恢宏,官邸、饭店、别墅、民居、影院等种类齐全。从建筑学的角度讲中华民国时期建筑是从中国传统建筑到现代建筑的一个转折点。镇江是我国近代的通商口岸,新中国成立前曾经是江苏的省会城市,保存了一批优秀近代的中西合璧式建筑。

1. 分布

宁镇地区中西合璧住宅主要分布在南京的颐和路公馆区,从下关经中山北路,经鼓楼、北极阁、总统府,再到中山东路,一直延续到中山陵,构成南京的城的"脊梁"。镇江中西合璧住宅主要分布在老城区内和沿江。

2. 形制

宁镇地区的中西合璧住宅风格多元化,其中有仿西方折中主义建筑,仿巴洛克风格,也有兼而有之的。南京和镇江地处南北之中,交通便利,文化兼容并蓄,其中西合璧住宅样式既有北方的端庄浑厚,又有南方的灵巧细腻。一般形式多为独立式花园洋房,多为两层,部分有错层,有汽车库、花园,楼下一般为厨房、客厅、佣人房,楼上为主人房、书房和儿童房等功能用房。楼梯多西式木楼梯样式,门窗采用简洁的现代式木门窗。

3. 建造

宁镇地区中西合璧住宅一般为砖混结构,建筑中竖向承重结构的墙、附壁柱等采用砖或者砖块砌筑,柱、梁、楼板、屋面板、桁架等采用钢筋混凝土结构。这样的结构延伸了建筑的使用空间,降低了建筑的建造成本以及拥有优秀的性能等特点。

4. 装饰

宁镇地区中西合璧住宅的装饰主要表现在外立面装饰、入口装饰、室内装修和家具陈设方面。外立面是建筑装饰的主要部分,多采用西式构图,如门廊用西式爱奥尼柱,室内的外廊栏杆、下

图 6　赛珍珠故居内景

相连的错层平房一幢二间、厕所三间、厨房一间、汽车房一间，共计 12 间。楼水泥地面，二楼木楼板。建筑外形简单朴素，无多余装饰，米黄色拉毛墙面，灰瓦屋顶。

成因

宁镇地区是我国最早与海外联系，并受到西式建筑文化影响的城市。明代利玛窦曾经在南京传教，与官员徐光启联系紧密。镇江是鸦片战争后的通商口岸。两地都是沿江城市，据长江的上下游，受西方建筑文化影响较大，中西合璧式住宅出现的时间相近，风格类似。

比较 / 演变

宁镇地区中西合璧住宅多以砖木结构、砖混结构为主体，建筑采用独立式西式建筑。地方传统民居采用多进穿堂式，院落在内部，而西式洋楼的院落或花园在建筑的外部。中西合璧式住宅形式和平面都是西洋现代样式，虽然保留了中式的装饰元素，但是已经向现代建筑转变，距中式的传统越来越远，它是我国现代建筑的源头。设计师早期是外国人，进入 20 世纪，我国一批留洋的建筑师归来，宁镇地区的中西合璧式住宅大多由他们设计。

檐装饰、门窗用中西合璧的图案。外墙材质及施色粉刷也是中西合璧风格。对单个装饰构件的雕饰多以西式构件为原型，图案以曲线为主。室内外装饰既有传统元素，也有西洋古典风格或简洁的现代风格。

5. 信仰习俗

中华民国时期的中西合璧住宅，住民的信仰习俗常常与住民的国籍有关。外国住民信仰基督教，一般会在家中墙上悬挂十字架和耶稣画像，而本国住民仍旧崇尚传统礼教思想。

6. 代表建筑

1）赛珍珠故居

赛珍珠旧居（图 2）位于镇江市区西北登云山上，省级文物保护单位，故居占地约 400m²，是一座青砖木结构的两层楼房。

赛珍珠，1938 年诺贝尔文学奖获得者，是一位以中文为母语之一的美国女作家。她的作品主要描写 20 世纪 30 年代中国人的生活，她在中国生活了近 40 年，在镇江就有 18 年之久，度过了童年、少年乃至青年，对中国农民生活有着史诗般的描述，这也是她的作品获奖理由。

镇江的赛珍珠故居，一幢西式二层小楼（图 1、5、6），建于 1914 年，1990 年镇江市政府与美国坦佩市共同出资进行修缮，1992 年向公众开放，1992 年 10 月 31 日被命名为"镇江市友好交流馆"，用以收存陈列赛珍珠的著作和相关物品、资料及中美友好交往的有意义的展品。

住宅包括赛珍珠父母的房间、赛珍珠的房间、佣人房和书房等。内部陈设也是中西合璧的，墙上挂着孔夫子的画像，同时家具是简洁的中式风格，而赛珍珠的父亲是位基督教传教士，卧室内很浓郁的宗教信仰色彩，墙上悬挂着小十字架。

2）童季龄故居

童季龄，四川南充人，中华民国时曾任财政部关税署会计主任、经济部常务次长、工商部常务次长。

1947 年 8 月 1 日，苏联大使馆租用童季龄故居，1949 年退租。

苏联是较早与中华民国政府建立外交关系的国家之一。1933 年 5 月 2 日前苏联政府任命鲍格莫洛夫为驻华特命全权大使，并抵达南京履任。由于种种原因，从 1933 年至 1937 年作为苏联大使馆馆舍。

建筑（图 3）为砖木混凝土结构的西式二层花园楼房一幢十间（图 4），

苏中民居·淮扬独院式住宅

淮扬独院式住宅在淮安、扬州、泰州地区广泛分布，是当地最为普通的建筑类型。根据正房前面厢房、门堂和院墙的不同，可以分成三合院、四合院等多种形式。

图1 淮安民居门洞砖雕

1. 分布

淮扬独院式住宅因其规模小、造价低，自成一体，深受百姓喜爱，它是本地区最为量人面广的居住形式。

城区中，独院式样的民居往往彼此连属，或共用墙体，或紧邻而居。它们和其他类型的民居一起形成传统街区。

在乡村中，独院式民居更是主要的建筑类型，分布于水乡圩区、平原水网以及沿江圩区。它能根据其不同的地理环境而产生多样的组合。在里下河的水乡圩区，独院式住宅往往在水中的高地上满聚成团状；在平原水网中，它们则呈行列式分布；而在沿江的圩区，独院式住宅又呈线性的条状分布。

2. 形制

淮扬独院式住宅细分大致有：一字院、曲尺型、三合院以及四合院这几种（图2～图4）。主房前方附建围墙则成了"一"字院；具有单侧厢房和院墙的是曲尺型；主房带两厢的则是三合院；四合院则在三合院的前方添置门堂而成。

在四合院中，一般主房三间居后，左右各有两厢。前方设门堂。大门或者

居中，或者偏于一侧，或者直接用厢房的一间辟成。正房明间南向，常常使用通高的木格栅门。房屋结构采用内部木构外包砖墙的形式。内部隔墙采用板壁，或者采用下部砖、土墙、上部板壁的形制。外墙一般用清水青砖，砌筑方法有实砌、双层墙之分。近来青砖短缺，也有采用青红砖夹砌做法的。屋顶采用檩上架椽，椽上铺望砖，然后敷土、盖瓦。地面为青砖墁地，庭院中一般立砌，以扁平的顺纹朝上，用以防滑。在门口、台阶等显要处，嵌以石材。室内则用方砖平铺。

3. 建造

建房首先要征询周围邻居的意见。然后选定良辰吉日开工。首先是备料、开挖基础、整理地基、定平，然后是推立屋架、上梁、铺椽子、挂瓦，最后其砌筑墙体、铺设地面。

4. 装修

总体来说，淮扬独院民居风格朴素。砖雕、木雕和石雕的是装饰的主要方式。砖雕集中在大门、屋脊、窗檐、墀头以及转角叠涩等部位，木雕则分布门窗格

栅、挂落之中，石雕主要体现在石鼓、门墩上。

淮安地区，门洞上部常用青砖挑雀替，多达四层，在其中部，镶嵌一块方砖，刻"福"字或吉祥图案。

为了保护大门，门洞的上方一般用砖向外挑四到六层叠涩，上铺方砖做瓦，形成优美的弧型雨篷（图1）。因为雨篷超出门侧较远，因此墙上再预埋花砖，以起承托作用。雨篷上再用望砖出挑盖缝，端部以卷草花纹收尾。考究的窗洞上面也用青砖做成弧形雨篷，形制稍简。

屋脊中部常缀以瓦花，两端起翘显得大方流畅、刚劲舒展。

泰州地区的装饰与淮安类似，只在屋脊端部稍有不同（图5）。其屋脊也用小瓦砌筑，中部平坦，端部起翘甚高。

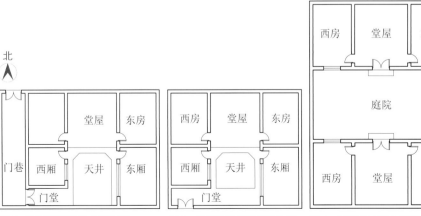

图2 泰州某独院住宅平面图　　图3 扬州某独院住宅平面图　　图4 淮安多子巷3号平面图　　图5 泰州民居屋脊起翘

为了支撑这种起翘，在它和屋脊之间填以镂空花砖，或为"喜"字、"寿"字，或为万年青等吉祥图案。

在扬州地区的独院式建筑中，装饰与上述基本接近。清代扬州徽商较多，封火墙建筑比较流行，因此屋脊起翘较缓，脊花装饰节制。门头上常用砖雕砌筑（图7），花纹更为精美。另外，扬州城区人多地少，巷子一般较窄，房屋转角常常需要倒角（图6）。倒角一般只在下部，高及一人，其上用美丽的砖叠涩形成交角。

5. 信仰习俗

本地区居民的行为准则以及意识形态大多受到传统礼教思想的影响。传统礼仪、秩序与建筑的功能关系紧密结合，体现出主房居中、两厢分列的布局。其正房还有面南、殿后、座高的特色。大门的开设也强调不对巷口、不对屋脊等禁忌。在堂屋中，一般摆有先人的神位，灶台上供灶神，井边供井神（图8）。

6. 代表建筑

1）淮安区多子巷 3 号

房屋位于淮安市淮安区上板街多子巷 3 号（图4）。门东向，其后是庭院（图9），正房在后，朝南，三开间，前面另有辅房三间。门口设石门坎，门洞上部用砖挑出雀替，共四重，下两层仅刻线脚，上两层端部为雕花。门洞中部，镶嵌有一块砖雕（图12）。院墙高耸，上部屋脊用小瓦叠出空透的水波纹，降低自重，减轻风压（图11）。

2）达士巷 20 号民居

房屋位于扬州市广陵区东关街道达士巷 20 号（图13）。建筑坐北朝南，前设宏伟门楼。门楼墙面为三开间，中部内凹，形成门前的过度空间，墙体青砖砌筑，形制如同赣中样式。大厅面阔三楹 8.7m，进深七檩 8m，三面抄手廊环绕，现已改为二楼。砖刻门楼保存较好，门楼上有石雕匾额。

图 6　扬州民居外墙倒角

图 7　扬州民居门头雕花　图 8　扬州民居井神强龛

图 9　淮安多子巷独院住宅庭院

图 10　淮安民居室内铺地

图 11　淮安民居院门屋脊

图 12　淮安民居门洞雨篷

图 13　扬州达士巷独院住宅入口

图 14　泰州民居室内梁架

成因

此类民居是由独栋民居发展而来。相对前者，独院式民居具有更好的安全性和实用性。它是城乡普通居民最基本的生活空间。在此基础上，可以进一步发展出多进院落乃至园林式样的大型府邸。

比较 / 演变

从空间上看，本地区的民居处在北方合院式与南方厅井式的过渡地带。从结构上看，民居的内部结构具有抬梁、穿斗的做法，显然是受到华北和江南民居的共同影响。民居的外墙采用了青砖清水做法，具有北方特征，而扬州地区少量的建筑具有封火墙，又和安徽、江西的建筑风格类似。本地区地势平坦，交通便利，长江横亘在南，大运河则纵贯其中，各类建筑风格的相互影响是显而易见的。

苏中民居·淮扬多进住宅

多进住宅在淮扬地区分布广泛，它以四合院为典型居住单元，沿轴线发展。为了争取较好的朝向，无论入口为哪个方向，院落轴线一般均为南北走向。房屋外墙采用青砖砌筑（各地的砌法略有不同），以穿斗式木构架为房屋骨架，屋面覆瓦。建筑体量变化较多，可适应各种场地形成住宅。

图1 朱自清故居院落

1. 分布

淮扬多进住宅分布在以扬州、泰州、淮安为中心的城乡地区，是中国封建社会以家庭为单位的一种居住样式。这种形式能较好地适应地形，并可弹性地生长。在城市地带，由于用地紧张，这种住宅会互相连接，形成居民区，如扬州的南门外大街居住区。在农村地区，用地稍为宽松，这类住宅还可结合农田，发展出后院来饲养牲口和进行种植蔬菜。淮扬地区沿京杭大运河地带一般用地都较为平坦，如略有高差也可以用前后进院落来进行调整。

2. 形制

淮扬多进住宅一般沿南北走向的轴线发展，在建筑面积方面有很大的变化。面积较小的可为两进，建筑面积300m²左右；面积大的可达4~5进，面积超过1000m²。沿轴线布局为门屋、前院、两侧厢房、正屋、后院、两侧厢房、后屋等。

这类住宅的面宽通常为三开间（在10m左右），入口在正面或靠前的东、西侧，视与入口道路的关系而定。大门一般为门屋，在农村中有时会临时堆放一些杂物或作交流、闲谈之用。沿轴线上的房间一般不作卧室，如果作为主要的起居功能，则多为开敞的形式。

卧室在正屋、后屋的两侧以及厢房，与正堂以木板壁相隔。在城市中，常常将正屋两侧的卧室和厢房打通，这样的卧室不只在空间上变大了，还因为厢房可以直接采光，从而使得卧室亮堂，有时也充作读书用的书房。

住宅中的庭院较考究的会用石板铺设，一般均用立砖铺设，这是因为该区域的年雨水量较大，庭院既要考虑到平时的使用，又要能及时排除雨水所致。

这类住宅多为一层的形制，在城市里，由于用地的限制，也能看到楼房的例子。

3. 建造

淮扬多进住宅的建筑结构为穿斗式木屋架，墙体为青砖砖砌，木屋架的立柱和墙体间用铁件拉接。室内地面多用方砖铺设，屋面覆以传统的小青瓦，有脊饰。建筑修建时先夯筑基础，用石块安好基脚，以杉木立柱、上梁，然后在梁上铺檩条、椽子，为防雨水的缘故，房屋的前檐都较大，有挑檐檩的做法。较考究的住宅会铺设望砖、一般铺望板，上覆小青瓦，室内不再作天花吊顶。四周的砖墙多为顺砌，砖的规格各地并不统一。为防潮湿，卧室和楼上的房间多为木板铺地。

4. 装饰

普通民居中装饰较少，重点在门、窗、栏杆处。隔扇门窗一般会做成回纹或几何图案纹样，雕刻并不常见。屋面相交处设脊，各地脊饰略有不同。当地受徽州民居的影响，山墙头常作马头墙形式。

传统民居中家具比较讲究，厅堂中一般都会有以八仙桌为主的一套家具，用以接客，考究的人家还会有堂匾、对联、字画等。

5. 信仰习俗

此类住宅主要受儒家思想影响，在住宅中体现出传统的等级思想，长幼有

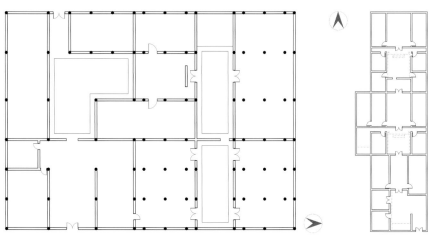

图2 朱自清故居（左），刘文淇、刘师培故居（右）平面图

图3 朱自清故居客厅吊顶

图4　朱自清故居入口

图5　刘文淇、刘师培故居第一进大厅室外

图7　刘文淇、刘师培故居第二进大厅室内

序，中轴线上是公共的空间，前后进私密程度上有所增加。另外，传统的厨房都用灶，在灶上都设有灶王爷的供位，在民居中是普遍的一种现象。

6．代表建筑

1）朱自清故居

朱自清故居（图1）始建于清代，位于扬州广陵区安乐巷27号（图4），系朱自清的父母及子女们的住所，是扬州典型的民居"三合院"建筑。目前是国家级重点文物保护单位、爱国主义教育基地和小公民示范基地，并作为名城保护的历史街区景点对外开放。

故居（图2）占地面积约为400m²，建筑为一层，共计三间两厢一对照，另客座两间，大门过道一间，天井一方。故居大门东向，有前后两进，第一进为朱家租住，第二进为原房东住房（安乐巷29号）。

进门堂北侧小院，有南向客座两间，是朱自清先生住过的地方，室内布置保持原貌，起居室以竹篾吊顶，内墙为木板墙。二门内第一进建筑为正宅，正室三间，一明两暗（图3）。六扇古色古香的雕花屏门，显得古朴庄重。

上、下堂屋及两侧厢房，原是朱自清父母家人居住，为三间两厢一对照格局，北侧堂屋面阔三间，进深七檩。正厅摆着清式木椅案儿，中堂墙上挂有康有为所撰对联"开张天高马，奇逸人中龙"。由堂屋后腰门进第二进天井，第二进面阔三间，进深七檩，其东侧有前后两小间一天井。

2）刘文淇、刘师培故居

刘文淇、刘师培故居位于江苏省扬州市广陵区东关街道琼花观社区东圈门14号，又名"青溪旧屋"，亦称"刘氏书屋"。刘文淇（1789～1854年），字孟瞻，江苏仪征人，世居扬州，致力于《左传》，编辑《左传旧注疏证》等。刘师培（1884～1919年），字申叔，号左盦，汉族，江苏仪征人，刘贵曾之子、刘文淇曾孙，近代国学大师。

建筑用地800m²，建筑面积349.59m²，坐北朝南，前后三进，硬山顶。

入门为一院落，院落配房为餐厅及储藏间等功能。第一进大厅三间，西南有小轩，原额"艺榭"，现经过住户改造，第一进大厅变为了中间过道和两侧的起居空间（图5）。

第二进"明三暗四"，室内地面为石砖铺地，门窗为木质（图7）。有木吊顶，颇具中华民国风格（图6）；第三进三间两厢，经住户改造，与第二进房间的联系已被围墙隔开。

西部原有花园，筑有书亭，1950年倒塌。1992年10月，前进小轩和厅房毁于火，后重建，但规格已经有所变化。

图6　刘文淇、刘师培故居第二进大厅吊顶

成因

淮扬多进住宅的形成与自然地理和社会文化因素都密切相关。可以看到，这类住宅一般开间较小而进深很大，符合节地原则。

苏中地区人口稠密，用地紧张，尤其在城市地区，如扬州，明清时期一直是中国商业化程度发展较高的地区，这类住宅有利于在高密度的城区发展，并能随着住户人口的增加，作出适度的调整。

淮扬地区湿润多雨，影响到住宅的建设出檐都较大，利用庭院有较好的排水功能。

比较／演变

本地区的民居既受到苏南民居的影响，也有来自徽州民居的影响。从总体布局来看，还是以四合的庭院来组织空间，符合传统中国人的礼仪方式。

木构架的做法也是江南传统的圆作穿斗为主。但在马头墙等细部的做法上，徽州盐商住宅的影响不可忽视，这可能也是当时的一种风尚。

苏中民居·沿运地区大型宅第

沿运地区大型宅第主要分布在淮扬地区的城区，它以盐商住宅和官邸为典型代表，在多进住宅沿轴线发展的基础上，又形成了多路发展，规模宏大，宅旁往往还附有园林。房屋建造精美、讲究，集中反映了当时当地建筑、经济、文化的水平。

图1　汪鲁门盐商住宅入口

1. 分布

沿运地区大型宅第多数分布在扬州、泰州、淮安的中心城区，它不光是中国封建社会以家庭为单位的一种居住样式，还体现出当时的商人、官僚们的生活审美情趣。这种类型的住宅一般都位于城市的集中居住地区或邻近官衙，商人住宅还可能在交通发达的码头等地，如扬州的南河下街、东圈门。在城市集中居住区内，这类建筑气势宏大、雕刻精美，往往一眼就能给人以深刻的印象。

2. 形制

沿运地区大型宅邸在淮扬多进住宅沿南北轴线发展的基础上，再建有东、中、西多路，规模宏大，占地面积常超过3000m²，多做两层。

多路建设的宅邸，中轴线上的中路往往是礼仪性的，由一连串的厅堂组成，这里也最能反映中国住宅"庭院深深深几许"的意趣，而居住的卧室多在侧路或正厅的稍间。房屋的主人往往会在住宅的侧路或后部结合修身养性的书斋等构筑园林，叠石堆山，以体现生活的审美情趣。

在多路的大型宅邸中，会有一条或一条以上的"避弄"来连接各路。这类住宅不光是家庭所居，更有一定数量的佣人杂役，"避弄"就是供这些人日常生活使用。同时，"避弄"对大型宅邸也具有一定的防火功能。"避弄"在苏南称"备弄"，在扬州也称火巷。

这类住宅每路的面宽通常为三开间或五开间，中路围绕第一进的建筑建造得要比其他的房屋精美得多，这里常常

是主人会客的地方。厨房设在住宅的后部，院中有水井。

住宅如有二层，在楼上是前后连通的，楼梯常设在两侧厢房的位置处。

3. 建造

沿运地区大型宅邸的建筑结构会根据建筑在住宅中的重要程度，采用不同的木屋架。比较重要的房屋采用抬梁式的"扁作"或徽州民居的"冬瓜梁"做法，其余房屋则采用穿斗式木屋架。墙体为青砖砖砌，但砌法多样，较常见到的有实砌和"空斗"两种砌法，并从中衍生出更多的组合砌法。重要的室内地面用石板铺设，其余多用方砖或木地板。建筑修建基本略同"多进住宅"的过程。

建筑梁柱多不做油漆，或仅做清漆一道。砖墙有粉刷和不粉刷的区别，

图2　汪氏小苑中的"避弄"

不粉刷的墙体最高级的做法为"磨砖对缝"。

考究的宅邸砖作、石作也精细，建造时由不同的工匠负责，在建造的后期，需要有专门的雕作匠师。

4. 装饰

沿运地区大型宅第中装饰较多，分别有木、砖、石雕等工艺。木雕多见于梁间，首进大厅的梁架必有雕饰，隔扇

图3　汪氏小苑花园——可栖迟

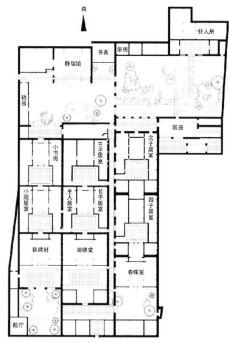

图4　汪氏小苑平面图

图5　汪鲁门盐商住宅首进结构上的木雕

图6　汪鲁门盐商住宅东侧"避弄"

图8　汪鲁门盐商住宅砖砌漏窗

门窗一般会做成回纹或几何图案纹样。在大门外会有一道"磨砖对缝"的照壁，大门有抱鼓石，院落间的门也作砖雕门头，庭院内窗下墙也常见"磨砖对缝"的砌饰。屋面相交处设脊，各地脊饰略有不同。当地受徽州民居的影响，山墙头常作马头墙形式。另外，根据屋主人的财力建筑用材会有不同，本地区至今仍能见到很多大堂用楠木构筑的"楠木厅"，用料硕大，雕工精细，往往是一座住宅的精华所在。

5．信仰习俗

此类住宅主要受儒家思想影响，在住宅中体现出传统的等级思想，长幼有序，中轴线上是公共的空间，前后进私密程度上有所增加。另外，"避弄"是当地有别于其他地域住宅的一种做法，它的形成与礼制是密切相关的。

6．代表建筑

1）汪氏小苑

汪氏小苑坐落在扬州市东圈门历史街区东首地官弟街14号，现为江苏省省级文物保护单位。全宅（图4）占地面积3000余平方米，建筑面积1700余平方米，是扬州清末民初保存最完整的盐商名宅，也是扬州典型的三间二厢格局组群的传统民居。

房屋共分为两期建造，中路部分和西路部分为清末时购置，东路部分为中华民国初期扩建。

小苑坐北朝南，入口门楼偏东设置。住宅纵向分为西、中、东并列的三路，横向三进延伸，并且左右两厢对称。中路住宅是汪氏小苑的核心功能区，厅堂、居室、天井共同形成了入口到核心区域

的中轴关系；西路住宅由可栖徏小园、秋嫣轩、两进女眷居室和船厅等组合；东路住宅建于1935年前后，融合了许多西式元素。现存四个花园，与住宅融为一体，在东、西轴线南部和宅后叠石为山，种花植木（图2、图3）。

小苑中的木雕、石雕、砖雕制作精巧，既有徽雕艺术风格，又独具个性。门楣、石额、匾额、楹联题字等包括多种书法风格。

2）汪鲁门盐商住宅

汪鲁门（图1）宅位于扬州广陵区东关街道渡江路社区南河下街170号，始建于清光绪年间，原有房屋百余间，原占地面积5600多平方米，是江南典型的盐商大宅，亦是扬州现存规模最大的盐商旧居。

该住宅现存部分占地面积约3440m²，建筑面积约1880m²，布局规整严谨，体量宏大，用料考究，装修精致（图5、图8）。建筑坐北朝南，中轴线总长113.95m，现存门楼、照厅等。东部花园已毁。中轴线上，前后九进，分别为门楼、大厅、二厅、住宅楼等。

建筑大门为水磨砖刻八字门楼，门房为倒座二楼上下八间，庭院一方（图7），东为火巷（图6），西为仪门。建筑第一进大厅的木构件雕刻精美，颇具徽州建筑风格。门内第二进大厅是扬州

图7　汪鲁门盐商住宅内部庭院

现存盐商住宅中体量最大、最为完整的楠木厅。木作缀以雕饰，工艺洗练、圆熟、直率，无不彰显楠木本质之美。其余各厅均工艺考究，设计精巧。

厅后中轴线上有三合院住宅五进，均为面阔三楹。建筑基本为上楼下厅式样，楼上每个房间之间均相通，形成"串楼"。

成因

沿运地区大型宅第的形成与自然地理和社会文化因素都密切相关。在历史上，淮扬的盐商是十分奢华的，经济上富裕的程度就必然会反映到住宅上。同时，它也会影响到对生活审美情趣的追求。盐运需要通过大运河，所以这类住宅就沿着大运河建起来了。

可以看到，在这类大型宅第中建造的大小园林、采用楠木等名贵材料建造的楠木厅、用汉白玉石料作地面铺设和墙基等，都不是一般的住宅所能使用的。

比较／演变

沿运地区大型宅第既受到苏南民居的影响，也有来自徽州民居的影响（因为扬州的盐商大部分来自于徽州）。它既是以四合院作为住宅的基本单元，又创造了用"避弄"来连接各个基本单元的组织手法，满足了传统中国人的礼仪方式。在住宅营造上，沿运地区大型宅第通常混搭了当地和苏南、徽州的做法，使多地的工艺在结合中得到了发展。

苏中民居·沿运地区异乡风情住宅

沿运地区的异乡风情住宅分布于江苏中部京杭大运河及其毗邻支线沿岸的扬州、淮安、泰州等城镇。由于大运河在我国南北地区文化交流和近代化进程中的廊道作用，这类民居在建筑格局、材料、色彩、装饰和建造工艺等方面，均不同程度地受到外来文化的影响，因而整体上表现出不同于苏中地区传统民居的异国或异乡风情。

图1 吴氏宅第西洋楼北立面

1. 分布

沿运地区的异乡风情住宅（图1）分布于江苏中部扬州、淮安、高邮、兴化等京杭大运河沿线城镇，及受运河辐射的泰州、南通等周边城镇，是中国历史文化名城、名镇和江苏省历史文化名城、名镇较为集中的地区。该地区属长江中下游平原和里下河平原，亚热带季风气候温暖湿润，四季分明，雨量充沛。区内地势平坦，土地肥沃，河道纵横，水网密布，自古就是人杰地灵的鱼米之乡。

2. 形制

沿运地区的异乡风情住宅是一类较为特殊的民居建筑类型，其共同点在于与本地传统民居的差异性。这种差异性可以分为两大类。一类是受到我国其他地区民居影响而带来的差异性，如由浙江工匠建造的吴道台宅（图3）受浙江民居的影响，徽州盐商居住的个园、汪氏小苑等盐商住宅受徽派建筑的影响，而康熙、乾隆南巡过程中，部分大型宅园又受到以京师为代表的北方官式建筑影响。

另一类是受到近现代以来西方建筑的影响，有的表现为在传统民居中局部引入了西式的栏杆、门窗、楼梯、雕刻；有的出现西式的门头、山花等立面；还有整栋的近代风格西洋楼和现代主义的独栋别墅如。（图1）

由于沿运地区异乡风情住宅的丰富性，其在规模和形制上并无定规，涵盖传统的独院民居、多进民居以及多进多落的大型官商住宅。比较有特点的是大型园林住宅；现代风格的近代独栋住宅；以及具有近代西式风格立面的店

铺住宅，一般采用下店上宅或前店后宅的形式。绝大多数的异乡风情住宅均表现为外来风格与地方传统风格的交融，整体上较为和谐，并无突兀之感。

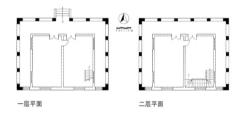

一层平面　　二层平面

图2 吴氏宅第小洋楼平面图

3. 建造

沿运地区异乡风情住宅中，除极少数现代主义的独栋别墅由近代营造厂设计建造，并采用砖混或钢筋混凝土结构外，其他绝大多数住宅仍然采取传统的建造流程：(1)择址、定向；(2)平土、打夯；(3)放线、定平、盘磉；(4)架料、上梁；(5)砌墙；(6)盖屋顶；(7)油漆彩绘。

4. 装饰

沿运地区的异乡风格住宅的装饰在苏中淮扬、通泰地区本地做法的基础上，不同程度地掺杂了徽州、浙江、京师等外地做法，并受到西方近现代建筑影响，表现出极大的丰富性。总体上，沿运地区异乡风格住宅的装饰以砖雕为主，最集中的装饰部位一般是大门门楼、影壁、花窗、墀头、槛墙和山墙等处，纹样设计以图案装饰为主，人物题材较少，故事性的大型雕刻极少，以高浮雕为主。石雕主要用于门枕石和柱础，木雕主要用于门窗、轩廊、挂落、雀替等处。手法以高浮雕为主，浮雕、圆雕和线刻为辅，关键部位用镂雕。近代风格住宅的立柱、门窗券洞、檐口、栏杆、壁炉等常常有西式纹样的雕刻。

5. 信仰习俗

居于沿运地区异乡风情住宅内的居民并无特殊的宗教信仰，但讲究风水、伦常秩序，处处追求吉祥寓意。如四合

图3 吴氏宅第中带有浙东样式马头墙的测海楼外观

图4 吴氏宅第西洋楼砖雕细部

图5　吴氏宅第浙江风格的柱廊穿坊雕刻

图6　日涉园谭宅西侧外观

图7　日涉园谭宅东南侧外观

头和大院落住房，其左右厢房数不能多过前后房屋间数，最忌前后房缩嵌在厢房以内。同一住宅，忌厢房、前房的屋脊和地面高度高于主房和后房。为使房屋聚气，后墙不开窗。门则有四忌：忌用桑木，喜用楠、柳、榆、椿木做门；忌用铁钉拼板合缝，只能用竹签，再以横木加固，横木根数只能是四道或六道，四四（事事）如意，六六大顺。住宅照壁供奉福祠或用"福"字砖雕、正房设祖宗牌位等情况也十分普遍。

6.代表建筑

1）吴氏宅第

　　吴氏宅第位于扬州市区泰州路东段，是晚清浙江宁绍台道道员吴引孙出资，于1904年建成的大型家族住宅，最近修缮于2010年。现为全国重点文物保护单位，辟作扬州院士博物馆。

　　住宅占地约2ha，建筑面积约8200m²，共分五个序列，计有房屋百余间，并有芜园和祠堂等。现存第一、二条轴线上建有门厅、爱日轩、观音堂、西式洋楼（图1、图2）、测海楼等建筑。第三条轴线为住宅三进。第四轴线仅存对厅。吴氏宅第规模宏大，结构精巧，雕工细致，保存完好。其中的主要建筑由吴引孙邀请浙江匠师设计建造，主要建筑材料亦采自浙江，故表现出浓烈的浙江风格。如测海楼模仿宁波天一阁，门厅及主要厅堂模仿宁绍台道衙署住宅部分（图3）。建筑内院天井较一般扬州住宅更为高大宽敞，青砖封火墙的五级屋脊层层出挑翘起，与扬州地区传统的"超五层"马头墙和平直的"万卷书"屋脊迥异。木构梁架较多地吸收了浙江

地区"冬瓜梁"做法，断面圆浑饱满，不同于扬州本地的直梁直柱做法，廊轩单步梁采用"猫拱背"的浙南做法，与扬州的扁作月梁不同（图5）。木雕装饰十分繁复，而扬州本地木雕则相对简单浑厚。大量采用石雕的仪门做法，也不同于扬州以砖雕为主的做法。此外，宅内的西洋楼则表现出中西合璧的近代建筑风格，红砖和青砖相间使用立柱、券窗砖雕精美（图4）。

2）日涉园谭宅

　　日涉园谭宅（图6）位于泰州市区日涉园（乔园）内，是中华民国时期国民政府滇缅公路工程管理局局长谭伯英（1895～1976年）于20世纪30年代建造的住宅，新中国成立后曾作为政府招待所贵宾客房使用，内部装修变化较大，但外观保存完好，现已空置，为泰州市级文物保护单位。

　　谭伯英毕业于北京大学矿冶系，获德国柏林大学内燃机系博士学位，是抗战期间滇缅公路工程的主持者。由于其妻子是法国人，故于20世纪30年代在泰州故乡修建现代主义风格的法式独栋住宅。

　　该住宅（图7）为法式砖混结构二层小洋楼，南北长14.8m，东西宽11.8m。建筑坐北朝南，采用简洁的现代主义风格，南侧有露台，主卧和客厅的外墙均为圆弧形，台阶、栏杆、门窗洞口采用混凝土装饰。楼内东西两侧砌有壁炉，可供冬季取暖之用。内部采用错层式设计，浴室、卫生间、厨房等现代设施齐备。

成因

　　沿运地区异乡风情住宅的产生与大运河密切相关。大运河不仅在中国古代南北文化交流中发挥了纽带作用，也是中国近代化由沿海向内陆渗透的廊道。江苏中部的沿运地区，地处中国南北之中，历代文化昌明、人才辈出，善于学习和吸纳外来文化。在民居建筑上，具体表现为一方面，运河航运和盐业贸易带来了徽州、浙江等地风格的影响。另一方面，康熙、乾隆在多次南巡过程中，带来了北京等北方建筑风格的影响；还有清末以后的近代化过程，西式建筑的影响也逐渐显现。这些外来建筑风格或多或少影响了住宅建筑，使其呈现出与本地区传统民居不同的异乡风情。

比较/演变

　　与苏中地区的传统民居相比，受浙江、徽州等地风格影响的沿运地区异乡风情住宅往往表现得更为精美、灵动，装饰性更为强烈。如建筑中采用的浙江风格飘逸的山墙和繁复的石雕木雕、徽州大面积的精美砖雕等。西方近代建筑的影响则表现在采用了西式现代建筑空间形式和装饰手法，及水泥、红砖、铸铁、玻璃等新材料的使用等方面。

苏北民居·独院式瓦房

独院式瓦房是苏北地区现存最多、分布范围最广的典型民居，以北方四合院式为主，但能因地制宜，布局灵活。独院式瓦房以小青瓦作为屋面瓦材，石墙或砖墙承重，有的还兼具中西合璧式风格。

图1 邳州市土山镇魏氏布庄壁柱

1. 分布

苏北现存保存完好的独院式瓦房多分布于徐州市区、邳州市土山镇、新沂市窑湾镇、睢宁县邱集镇、宿迁市洋河镇等地，整体分布范围较广。

2. 形制

苏北独院式瓦房一般由门房、正房及两侧厢房加以围合而成（图2），院落中正房作为整个院落的核心建筑，一般为一到二层，作为主人的生活起居之所。目前有的实例破坏严重，仅可见正房或厢房。

两侧厢房则供晚辈居住或作为厨房、仓储之用，门房兼具书房、会客等功用。单层的正房多为"一明两暗"式布局，明间供会客、起居及庆典之用，两侧暗房则是主人及长辈的住房。

两层的正房一般一层作为客厅，二层为主人卧室。整个院落一般以平地为主，比较规整，部分实例结合地形对房屋的高差进行了调整。

3. 建造

苏北独院式瓦房以硬山建筑为主，梁架采用当地的金字梁结构，四周墙体青砖砌筑。修建时多以条石作为基础，条石上立柱础与木柱，再起金字梁架，梁上承檩，檩上承椽，椽上覆以望砖、苫背与小青瓦，与传统的民居建造方式相近。

部分小型民居，仅以两侧山墙承重，檩条直接搁在山墙上，地面一般采用青砖铺地。屋顶正脊一般为清水脊不作装饰，仅在两端起翘，形成柔和的曲线。

4. 装饰

苏北独院式瓦房常表现以青砖黛瓦、幽雅庄重的外观风格，其装饰主要集中在入口、照壁、门窗、台阶、檐口、屋脊等处。装饰中砖雕和木雕并用，木雕有透雕和浮雕两种工艺，主要集中在门房、梁架处，多以花鸟虫鱼为主，而砖雕主要用于山墙的墀头及影壁等部位，主要以花鸟、人物、吉祥图案等为

题材，此外大门上方和两侧等显眼位置也常使用砖雕。大门外侧常放置抱鼓石，雕刻精美花纹。中西合璧式的独院式瓦房表现为三段式的风格，在壁柱、屋檐等处用带有中式风格元素的线脚加以装饰（图1）。

5. 信仰习俗

以传统四合院为主的苏北民居，其院落布局受到宗法伦理等思想观念的深刻影响。无论民居规模大小，院落的营建一贯遵循前卑后尊、长幼有序、内外有别的封建宗法等观念。

6. 代表建筑

1）江苏省徐州市云龙区李可染故居

李可染故居位于徐州市云龙区，是我国著名山水画家李可染少年时代的居所，占地面积260m²，是一座典型的苏北独院式瓦房（图3）。现存故居大门位于四合院的东北角，门内为前院，正对的东屋山墙为影壁墙，两侧各辟一个

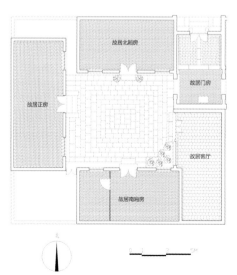

图2 徐州市云龙区李可染故居平面图

图3 徐州市云龙区李可染故居鸟瞰

图4 徐州市云龙区李可染故居庭院内部

图5 邳州市土山镇浴德堂腰檐装饰

图7 邳州市土山镇浴德堂檐部细节

图8 新沂市窑湾镇庄家大院墙体窗户

月洞门，出西门进入内院。内院由东、南、西、北四幢三开间的建筑围合而成，南北两屋前后相对，东西两屋各向南北错开，形成不对称的布置。西屋为上房，南北两屋为厢房，东屋为客厅（图4）。建筑均为硬山屋顶，墙体用青砖砌筑，屋架为金字梁结构。

2）邳州市土山镇浴德堂

浴德堂位于邳州市土山镇关公西路，建于清末，为沿街六开间的两层楼房，将北方民居与西洋建筑风格相融合，体现"中西合璧"的特征（图6）。楼房中部开门进入院落，全院南北9m，东西30m，占地570多平方米，院内原有大小两个拱形结构的浴池，现已拆除。

浴德堂初建成时作为澡堂，现改作为住宅使用。该建筑东西朝向，入口位于西侧。一层有六间房，北面两间为卧室，中间一间为进入庭院的过邸，南侧

三间为沈庆霖将军事迹陈列室；二层由最南侧木质楼梯进入，主要用来储存杂物。

外立面入口两侧有砖砌西式壁柱突出于墙面，一层腰檐处突出西式线脚装饰，整体连贯，砖雕装饰精美，极具层次感（图5）。屋檐下则饰莲花纹饰的砖雕（图7）。门窗上部由青砖发券，做工精巧。山墙两侧均开半米见方的侧窗，由青砖砌筑泥灰勾缝，山墙檐口层层出檐并用花砖作为装饰。总体来看，浴德堂外立面通过中式元素、西洋线脚与壁柱等装饰风格相结合，形成苏北地区较少见的中西合璧式风格。

成因

明代以后，运河漕运给苏北徐州、宿迁等地带来了巨大的商机，运河沿岸的经济发展迅速，达官贵人们纷纷建成大型宅第或多进宅院，而城市中产阶层们则择地建成以四合院为基础的独院式瓦房。这些院落其形制深受中国传统思想的影响，院落以北方合院式布局为主，总体较为规整、封闭，开窗较少，具有强烈的闭关自守的特性。而运河沿线也带来一些异域的文化，少部分开明人士以中式与西洋文化相结合，形成了苏北的中西合璧式风格建筑（图8）。

比较／演变

苏北独院式民居与北方四合院民居的布局方式非常相似，其建筑风格也以北方民居的雄厚感为主，兼具南方秀美的特征。院落布局较为规整，密闭性较强。

图6 邳州市土山镇浴德堂正房外观

苏北民居·多进住宅

多进住宅是苏北地区常见的民居形式，其主人既有商贾大户，也有中产阶层甚至普通百姓。多进住宅的布局，既能满足居住、会客的传统功能，也适宜承载商铺与居住连成一体的模式。建筑布局遵循传统四合院格局，追求秩序，也能因地制宜，灵活多变。建筑高墙小窗，硬山顶，金字梁架，直坡屋面，青砖灰瓦，形式朴实厚重。

1. 分布

多进住宅是苏北地区较为常见的院落组合形式之一，目前在苏北地区的徐州市户部山、新沂窑湾镇、土山镇、睢宁县邱集镇及宿迁市的皂河镇等均有分布。

2. 形制

多进住宅为一落多进的院落布局方式，一般为多个院落在纵深方向串联布置而形成的较大型的院落群。通常情况下，地块比较规整时形成一条比较明显的连续纵向轴线，若地势变化较大轴线也会出现扭转或错位。基本的院落单元以四合院或三合院的形态最为常见。建筑单体平面形式简单，矩形为多，开间多为三到五开间，金字梁架为主，屋顶为小青瓦。

3. 建造

多进住宅的建造讲究风水，尊重环境，注重利用地形。梁架结构多采用颇具古风的"金字梁"结构，屋顶覆小青瓦，屋脊为清水脊。在建造过程中充分利用当地的材料，依山而建的民居利用石材，垒石为墙，因此青石砌筑的墙体往往很高，部分古镇如窑湾曾为重要的

图1 翟家大院北厢房

图3 新沂市窑湾镇吴家大院抱鼓石

砖瓦产地，因此建造中多以砖墙为主。此外，本地的砖砌墙体外侧为清水墙，内墙为土坯，或是两侧用清水墙，中间用土坯，提高了墙体的保温性能，此做法被当地人称为"里生外熟"。

4. 装饰

苏北多进住宅没有过多的雕梁画栋或繁复的装饰，但在门窗、木构架梁头、墀头、屋脊等部位恰到好处地点缀含蓄而精巧的木雕、石雕或砖雕。建筑色调以砖瓦本来的青灰色为主，檐柱、门窗等处使用朱红色，体现当地人们内敛、深沉的审美情趣。民居内饰也十分讲究，雀替、花板、匾额、楹联等木雕装十分普遍。

5. 代表建筑

1）翟家大院

翟家大院位于徐州户部山东侧，北侧紧邻郑家大院，南侧为余家大院，现已与余家大院连通，共同组成徐州市民俗博物馆。全宅共有5进院落及一处后花园，占地面积1560m²，建筑面积约900m²，有房屋40余间（图2）。

翟家大院所处之地为一处东西向狭长的地带，地势起伏、极不规整，院落布局及单体建筑因地制宜，灵活多变，巧妙地利用了地形，通过院落组合消弭高差，更创造性地通过"鸳鸯楼"的形式解决地势高差，故没有形成严整的轴线关系，反而呈现出轴线转折和移位的现象。

翟家大院主门面东，偏北，仰拾高高的石台阶上行，穿过门楼，门内是利用不规则的地形构成的入口庭院。过院南折即为接待来宾的前院，该院由大客

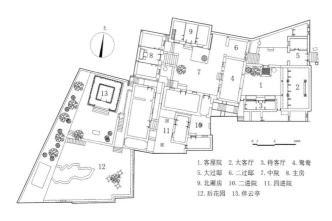

1. 客屋院 2. 大客厅 3. 待客厅 4. 鸳鸯
5. 大过邸 6. 二过邸 7. 中院 8. 主房
9. 北厢房 10. 二进院 11. 四进院
12. 后花园 13. 伴云亭

图2 徐州市户部山翟家大院总平面图

图4 翟家大院后花园

厅东屋、待客厅南屋和鸳鸯楼下层组成。在入口庭院的西端，拾级而上为二过邸，二过邸迎面为一影壁，南折进入内院。内院的主房为西屋，居最高处，仰首俯视，气度非凡。东房为鸳鸯楼上层，北厢房为二层楼房，上下各三间，顶层插栱支撑向外出挑的披檐，建造精致（图1）。三间南屋东有配房过道，穿过过道进入第三进院落及第四进院落。

从第四进院落再往高处攀登，是宅院的西端，这里地形复杂，起伏较大，故被开辟为后花园（图4）。园内较好地利用地形，在开阔处开凿一处树叶形水池，在西北最高处建造一亭，名为"伴云亭"。驻足亭内，可以近观鳞次栉比的民居，远眺城市景观，成为户部山最为赏心悦目的所在。

值得一提的是瞿家大院内一处特殊的建筑形式——鸳鸯楼，这种楼上下叠压，内无楼梯，楼上楼下朝向相反的形式，即为鸳鸯。之所以会出现鸳鸯楼，是因为当时户部山为寸土寸金之地，无法因平面需求在坡地上严整布置，而需因地制宜，利用山坡高差采用阶梯式竖向布置，所以有了鸳鸯楼的出现。

2）吴家大院

吴家大院位于新沂市窑湾镇西大街东段南侧，建在宽20m长65m的狭长基地上，是一组布局保存较完整的四合院建筑，现已作为博物馆使用。基地中轴线上从前向后排列着住宅入口及三进院落。

第一进院落为典型的由二层楼房围合而成的四合院，与西大街紧邻，门口一对抱鼓石（图3）。临街一幢二层楼房，五开间，底层原来为店铺，楼上作居住之用。住宅入口在其底层中线上，入门后庭院内有一照壁，整个庭院南北

图5　吴家大院第一进院落

图7　吴家大院第二进院落

狭长，宽约7m，长宽比约为2∶1（图5）。临街的楼房与东西两侧楼房连接在一起，形成一个倒"凹"字形，加之第一进和第二进院落之间的骑楼都是二层楼房，因此表现出很强的围合感。建筑立面的处理也简单质朴，砖墙直砌到檐口，除门窗外，墙面无多余装饰，青瓦硬山顶，梁架结构为金字梁形式，清水脊，屋脊高度存在差别，体现尊卑秩序，北楼最高，东楼次之，西面最低。

第一进院落和第二进院落交汇处，是位于中轴线上的三开间楼房，底层设宽度为一开间的通道，穿过此通道进入空间较小的第二进庭院（图7）。此楼房灰瓦硬山顶，二层屋架为金字梁架结构，其北侧增加双步梁承托出檐，双步梁梁头插入通高檐柱内，梁头雕花，形成北侧上下两层外廊，廊下设置"L"形木楼梯。屋顶南侧无出檐，为封护檐形式。二层楼面为木楼板，铺在檩上，檩搁置在底层木梁上，木梁南北两侧均出挑，北侧挑梁插入檐柱，南侧挑梁承托南立面伸出的腰檐。第二进庭院为三个庭院中最小，内部建筑对称，东西厢房和南面都是单层建筑，金字梁架，小青瓦硬山顶。第三进院落进行了重建，建筑风格和样式与其他院落保持统一（图6）。

成因

这种传统四合院式的苏北多进住宅，具有明显的南北融合的特点。这一特点的形成除去传统文化的浸染，还离不开气候、地理条件及经济的影响。多进住宅在苏北地区现存的几个区域，其历史上大都水运通畅、交通便利，进而商贸发达、商贾云集，富商纷纷购地建宅，因此外来富商所带来的民居文化对多进住宅的形成也有一定的影响。

演变／比较

多进住宅在我国历史悠久、覆盖范围较广，苏北地区的多进住宅规模不是很大，而且功能上往往商住结合，在平面布局中讲究轴线的运用，院落也富于变化。其庭院空间有的空阔爽洁，有的狭小似天井，有的则地势高耸、气势夺人。与北京四合院相比，苏北多进住宅的围合元素多为建筑或围墙，较少使用游廊等通透的元素，建筑内立面洞口开的较小，所以往往让人产生较强的封闭感和内向性。

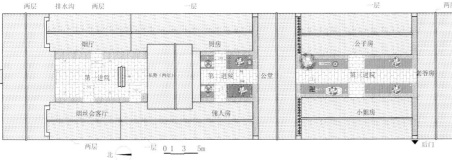

图6　新沂市窑湾镇吴家大院平面图

苏北民居·大型宅第

苏北大型宅第民居是苏北地区"北雄南秀"风格的典型代表，平面布局常表现为多路多进的形式，整体规模较大。宅邸的中路多分布重要建筑，如正房、客厅、过邸等，而两侧的边路则利用地形围合成狭小的园林空间。建筑多采用本地的金字梁结构，墙体下部为石头，上部满铺墙砖，屋顶多用小青瓦。

图1 崔家大院墀头砖雕（左）和插花云燕（右）

1. 分布

苏北大型宅第是江苏北部地区的一种重要民居类型，目前以徐州市内户部山一带为主要分布区，在徐州市铜山区、新沂市窑湾镇、邳州市土山镇及宿迁市皂河镇等也有部分实例存在。

2. 形制

苏北大型宅第是苏北地区传统民居中规模最大的一类，占地较大，多在 $1500m^2$ 以上，大的可达近 $3000m^2$。这些宅第往往呈现多路多进深的组合模式（图2），其中中路延中轴线逐渐展开二进至三进的院落，面阔一般为三间到五间，中轴线上有的还通过垂花门以增加其层次性与重要性。中轴线两侧往往还分布一路、两路或多路的院落，这些院落以二进至三进为主，院落之间通过腰廊、过邸或门楼等相连，增加院落之间的连通性、丰富其内部的空间层次。部分宅邸依山而建，其因地制宜建成局部二层、南北两侧开门的"鸳鸯楼"形式，成为苏北大型宅第的特色建筑。

苏北大型宅第多采用苏北地区常用的金字梁架结构，进深多为五檩、七檩，有的也可达九檩，山墙部位则以硬山搁檩为主。部分宅第中的重要建筑还采用北方抬梁式的结构形式，梁底加以雕饰或彩画，凸显主人身份地位之不同。主要建筑的正门上方采用披檐，通过二跳或三跳插栱的形式加以支撑。

3. 建造

苏北大型宅第以木结构为其主体支撑结构，四周的墙体起围护作用，地面采用方砖或青砖，屋顶则覆以小青瓦。宅第建筑多修建于毛石之上，其上再立柱础与木柱，金字梁架搭在木柱之上，待整体木结构框架完成后再砌筑四周围护墙体，整体形成面阔三间或五间、进深五檩或七檩的建筑。

4. 装饰

苏北大型宅第的装饰主要体现在其脊饰上，根据地位的不同脊饰的等级也有所不同。一般建筑的屋脊仅有两个兽头，高一级的采用"五脊六兽"的形式，再高一级的则采用"插花兽"，即在正脊兽头上安装兰草状铁花，比"插花兽"更高一级的则称为"插花云燕"，即在插花兽头上立一根铁柱，柱上装饰云朵，铁柱最顶端为铁制飞燕。除此之外，大型宅邸在硬山山墙墀头、影壁及大门上方多装饰砖雕，其题材多为人物、吉祥图案等（图1）。

5. 代表建筑

1）徐州市户部山余家大院

余家大院位于徐州市户部山东南麓，是户部山八大户之一（图3），现为徐州市民俗博物馆之一部分，已列为全国重点文物保护单位。整个大院占地约 $2000m^2$，建筑面积约 $1600m^2$，是苏

图2 大型宅第—崔家下院鸟瞰

图3 余家大院整体外观

图4 余家大院积善堂

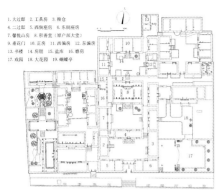

1.大过邸 2.工具房 3.粮仓
4.二过邸 5.西倒座房 6.东倒座房
7.馨悦山房 8.积善堂（原户部大堂）
9.垂花门 10.正房 11.西偏房 12.东偏房
13.书楼 14.厢房 15.盐库 16.磨房
17.戏园 18.大花园 19.蝴蝶亭

图 5   余家大院平面图

图 6   余家大院金字梁

图 8   陈家大院会客厅正门披檐

北大型宅第的典型代表。

余家大院以中路院为核心，左、右两路平铺展开，每路均为三进院落，形成"九宫"格式平面布局，极具传统风格。整个院落坐北朝南，高门深槛，气势夺人。

中路三进院落以大过邸、二过邸、积善堂（图4）和正房为轴线上的核心建筑。第一进院内的大过邸为整个院落的正门，二过邸则作待客厅之用。二进院内积善堂原为户部大堂，后为余家用作接待客人，该建筑也是苏北地区仅存带有靠山架的厅堂。三进院北为正房，院南为一道垂花门，东西两侧为厢房，正房两侧各有一个方形台阶，称为房胆。

东路院落地势高差较大，前半部分为戏园与东花园，后半部分则形成较为宽敞的后院。西路院落地势紧凑，以拾级而上的台阶与中路院相结合，解决地形高差之势。该院的东半部为典型的四合院形式，院内堂屋平面为明三暗五布局，端部两间分为上下两层，正门也采用了垂花门的形式（图5）。

余家大院民居建筑心间多以金字梁结构为主（图6），次间则以硬山搁檩为主。屋顶为硬山双坡屋面无举折，重要建筑的正脊部位当地工匠称为大淮脊、小淮脊及花板脊相组合，形成独特的装饰风格，屋脊两端微微起翘，线条流畅柔和。建筑墙体采用"里生外熟"结构，外侧砖墙与内侧的生土相组合，有效地提升了传统民居的保温性能。

2）宿迁市皂河镇陈家大院

陈家大院位于宿迁市运河沿岸的皂河镇，是运河古镇中的重要民居代表，占地约 4500m²，建筑面积约 1500m²，目前为宿迁市级文保单位，2011 年进

行了修缮。

与苏北地区其他大型宅第不同，陈家大院以东西向的轴线为主，多重院落也自西向东逐渐展开。陈家大院的西侧偏北为其主入口，中轴线的第一进院落内以坐北朝南的五开间正房为会客厅，客厅正门上方为三层插栱出挑的披檐（图8），增加其地位的重要性。会客厅向东一字排开分别为老爷房与小姐房，也分别成为第二、三进院落中的主要建筑。老爷房开间五间，其体量规模与会客厅相近，而小姐房则开间三间，体量较小，所处位置也较偏。院落之间采用围墙及院门加以围合，体现出一定的私密性。中路以南为边路，也呈三进院落布局，院落的北侧布置了少爷房、祠堂等重要建筑，但是体量规模都要小于中路的会客厅及老爷房。院落的南侧则以灶房、佣人房、仓库等为主，建筑的规模与等级也较低。值得一提的是，陈家大院的西北角和东南角有两座炮楼，能登顶眺望远处（图7），推测与清末民国时期的社会动荡局势有关。

陈家大院的内部结构也以金字梁为主，重要建筑如老爷房、会客厅等进深九檩，其他建筑则多用五檩或七檩，建筑两侧山墙搁檩。屋脊、披檐等部位的做法与徐州地区相近，但在整体装饰风格方面比较简单朴素。

图 7   陈家大院鸟瞰

成因

苏北大型宅第多为明清时期地位身份显赫家族的居住之所，其家业"成于运河，也败于运河"。明代以后，运河漕运成为南方货物运抵北方的重要方式，苏北徐州、宿迁等地为运河漕运重要的交通枢纽之地。漕运大大带动了苏北地区商业的繁盛，徐州市内户部山由于山势较高易避水患，因此官宦商家也选择在户部山上筑造大量宅院以便于官商往来。而运河沿岸的新沂土山镇、窑湾镇及宿迁皂河镇则就运河之便利，于当地兴建大量宅院。此后，由于黄淮泛滥，运河干涸、漕运不通加之海运又起，河运从此衰落，户部山及运河沿岸的古镇大宅也逐渐衰败下去。

比较／演变

苏北大型宅第继承了北方四合院的建筑特征，中轴线上的多进院落层次与等级分明，两侧的边路则以次要建筑为主，整体布局与建筑风格体现北方的雄浑与大气。同时，苏北部分大型宅第能结合山势地形，通过景观植物与建筑小品的配置，体现出南方的秀气与俊美。

苏北民居·草顶农舍

苏北草顶农舍泛指以木材、石材或土坯作为支撑与围护结构，茅草或茅草、麦秆加小青瓦（部分小青瓦近年已换为机平瓦）作为屋顶材料的一类传统民居。该类建筑目前在苏北地区现存数量较少，只在部分经济不发达、偏远或山地地区有少量存在。在平面布局上，该类建筑以独栋单体形式存在较多，少部分以院落围合形式存在。

图1 铜山区圣沃村草顶农舍屋顶

1. 分布

苏北草顶农舍曾经在苏北地区广泛存在，随着经济的发展目前留存数量较少，在徐州市内的子房山一带、贾汪区、铜山区、睢宁区及宿迁市的北部地区有部分实例存在。

2. 形制

苏北草顶农舍在苏北地区现存的传统民居中规模较小，多在十几或几十平方米左右，小的甚至仅几平方米（图2）。这类农舍多位于城乡结合部，依山而建，多以独栋的形式出现，有些农舍周边采用围墙形成小的院落。

苏北地区乡村中现存的草顶农舍多作为村民居住的堂屋，由于屋内设施简陋，居住者以年老体弱者为主。此外，有相当部分的草顶农舍已无人居住，仅作为杂物间、牲口房等。乡村中的草顶农舍，其围护结构根据所处地形而采用不同的围护方式，依山而建的往往采用

块石或条石作为墙体，平原地带的则多采用夯土墙作为其围护结构。屋顶的支撑方式采用简易的大叉手结构，类似于本地的金字梁结构，其他则多以硬山搁檩的方式，结构较简单。屋顶多以茅草、小青瓦为主，有的地区近几年经过改造，将原有的茅草改建为红瓦。

3. 建造

苏北草顶农舍根据地形的不同，其建筑选择的材料也不同，一般来说以石、土、茅草为主，很少用砖。在建造流程上，往往先备好各类建筑材料，尤其是茅草需要提前进行晾晒。备料完成之后，先对地基进行平整，后挖基础放置大块条石，完成基础的砌筑。石墙的砌筑分为两种方式，城乡结合部及乡村中居住的堂屋，石墙多采用整齐的块石进行砌筑，形成相对规整的墙面。而乡村中作为牲口房或杂物间的草顶农舍则采用大小不一的大块碎石进行垒砌，形成参差

不齐的石墙面。墙体之上直接立檩条或架叉手梁，梁上搁檩，檩条之上铺设草席，草席之上再分层次铺设茅草并增加部分秸秆以形成屋顶（图1）。

4. 装饰

苏北草顶农舍建造之初，因经济条件所限，村民建房仅是出于遮风避雨，吃饭睡觉的需要，因此，建筑的装饰性不强。但取自于自然的建筑材料，因其朴素的质地和合适的尺度，形成了其特有的乡土气息和美感。草顶农舍采用石头垒砌而成，墙面缝隙参差不齐（图3），不仅具有曲折动态的美，而且与屋顶的茅草相搭配，体现出刚柔相济的生态美。

5. 代表建筑

1）徐州市铜山区徐庄镇圣沃村草顶农舍

圣沃村位于徐州市铜山区东部的徐庄镇南部，距离徐州城区22km。该村地处铜山区东南的吕梁山区，三面环山，一面环水。

图2 贾汪区塔山镇草顶农舍外观

图3 贾汪区塔山镇草顶农舍墙面

图4 铜山区圣沃村草顶农舍外立面

图 5　铜山区圣沃村草顶农舍梁架结构

图 6　铜山区圣沃村草顶农舍石墙细节

图 8　云龙区子房山火神庙 11 号石头房

由于圣沃村地处吕梁山丘陵地带，对外交通不便，经济发展水平较差，因此长期以来当地村民就地取材将山上的石材作为建造住宅的主要材料（图 4）。

农舍内部采用简单的插手梁结构或木桁架结构，梁上架木头为檩条（图 5），两端支撑在山墙的石材上。檩条上铺草席，其上再铺设层叠的茅草，屋顶整体显得比较厚重，与下部石材稳重的风格正好相匹配。该村的草顶农舍目前作为杂物间使用。内部仅开一个小门和两个小窗，门窗的上方采用较大块的条石，作为门窗过梁，以支持上方的石块（图 6）。

2）徐州市子房山火神庙巷 11 号石头房

徐州东部子房山西侧目前还保存着一片清末民初的传统民居，这些宅院依山而建且规模不大，以居住为主要功能，是典型的山地合院形式。单体建筑的建造就地取材，整座建筑基本以石材作为支撑与围护结构，屋顶采用了苏北地区特有的金字梁形式，屋面则使用小青瓦。

建筑整体风格朴素粗犷，体现了石砌建筑的特有风貌（图 8）。

火神庙巷 11 号位于徐州子房山西侧，背山而建，院门向西。该建筑自西向东有两进院落，院落布局较自由，原建之时庭院开阔，第一进院落只建有大门、西房及南房。通过层层青石台阶可进入二进院落，此院比前院地势上高出 1.5m 左右，院落高低错落使其布局别有韵味。二进院正房为东屋，另有南北厢房及西配房，因长期作为大杂院，紧邻厢房处都加建了低矮的厨房。

整个院落现存的老建筑仍能看出昔日的风貌，基础和墙体均由石材砌筑而成，完全裸露，缝隙明显，无材料抹面，部分损毁处已用红砖进行修补。硬山屋顶，金字梁架，上覆小青瓦，除瓦当外无过多装饰。室内装饰朴素，仅内侧墙面有白色抹灰；无吊顶，梁柱体系完全裸露。

成因

苏北地区草顶农舍多为经济相对贫困居民们的住所，多地处山区且交通不便、经济条件欠佳，这些住户只能因地制宜地利用一些量大且便宜的材料来砌筑房屋，如山上的块石与碎石、乡村中的茅草与土坯等（图 7）。这些材料在苏北地区的乡村中不仅易于获取且成本较低，因此在一段时期内曾经得到广泛使用。在苏北地区目前已很少有农村保存着茅草顶的民居。

比较／演变

苏北地区茅草顶房屋与北方合院式传统民居相比等级较低，但是由于使用了本地的一些建筑材料，因此体现了当地的原生态建筑风格。而苏北地区茅草顶的整体风格与胶东半岛的海草房相近，墙体均以石材为主要围护材料，所不同的是在屋顶上胶东半岛采用的是以海藻为主的海草，而苏北地区则就地取材使用当地的茅草。

图 7　睢宁县官山镇吴桥村草顶农舍外观

浙江民居

ZHEJIANG MINJU

1. 浙北民居
　　杭式大屋
　　水乡大屋
　　园林宅第

2. 浙东民居
　　大墙门
　　间弄轩
　　新式大墙门
　　绍兴台门
　　千柱屋
　　走马楼
　　十八楼
　　三推九明堂

3. 浙西民居
　　十三间头
　　十八间头
　　二十四间头
　　三间两搭厢
　　三进两明堂
　　严州大屋

4. 浙南民居
　　"一"字形长屋
　　多院落式长屋
　　隈下房
　　石屋
　　版筑泥墙屋
　　蛮石墙屋
　　营盘屋

浙北民居·杭式大屋

杭式大屋是指杭州市区、郊区官宦及商贾或殷实之家的中、大型宅第。其典型特征是以三间两搭厢或四合院对合式为基本单元，组合成多进落式大型宅院。进与进之间用天井或廊相连，落与落之间用备弄相接。院落中的主要建筑类型有前厅、正堂、走马楼、厢房（敞廊）、轩、廊等，一般以木结构为承重构架，内填充木板或砖墙，屋面覆小青瓦。

图1　杭式大屋吴宅鸟瞰

1. 分布

杭式大屋主要分布在杭州市区、郊区，尤以自古就是商贾繁盛之地的下城区为最多。所处地域属亚热带季风区，四季分明，雨量充沛。

2. 形制

杭式大屋一般以三间两厢（廊）、四合院对合式为基本单元（图1），纵向封闭式院落为基本单位，沿几条轴线（一般为三条轴线）组合成多进落式大型宅院。其主要有以下特征：布局上，多进（纵向）落（横向）发展格局，各进之间用天井、廊联系，各落之间用备弄联系；空间上，多大天井、小花园、高围墙；屋面形态上，多硬山顶、人字线、直屋脊；构造上，多露檩架、牛腿柱、戗板墙；装修风格上，多石库门、披檐窗和粉黛色（图2、图3）。

3. 建造

杭式大屋单体建筑常根据自身类型采用不同的构架形式。厅堂多采用抬梁与穿斗混合式木构架，轩廊多采用穿斗式木构架。在水平方向上，通过在柱间设置板壁或砖墙来分隔室内空间。在垂直方向上，通过在楼盖梁上放置格栅、木板或方砖来划分上下层空间。为增加木构架的整体性和稳定性，木构架沿进深方向设置多道穿枋、挑头栅及楼板枋，沿面阔方向设置楼行梁、楼板梁、檐枋，柱脚之间设置木下引，柱之间安装板壁墙，屋檐和楼层出挑处设置牛腿或斜撑。建筑地面多铺方砖，下面垫层用三合土。屋面覆小青瓦，檐口设勾头滴水，屋脊多"甘蔗脊"。

4. 装饰

杭式大屋梁架装饰少而精。栗、褐、灰为主色调，不施彩绘，显得肃穆庄重。房屋外部木构部分所用的褐色、墨色、墨绿色与白墙黑瓦相结合，显得雅素明净。杭式大屋对外大门多用简洁的石库门，装饰较少（图4），但在内部天井院墙中多用砖雕门楼，线脚复杂。

5. 信仰习俗

杭式大屋的主人多为政府官员或商人，其内部空间布置遵守"臣庶居室"制度的约束，体现封建家庭的宗族礼制。大屋中轴线上设置家庭礼仪空间，供主要家庭人员居住及从事礼仪等外事活动。中轴一旁为辅助空间，设厨房杂物、佣人、客人等房间；另一旁为主人读书、品玩、参禅、接待朋友、休闲、修身养性空间。

图2　杭式大屋内庭院

图3　梁宅外观鸟瞰

图4　吴宅石库门

图 5　梁宅养慎居前天井

图 6　梁宅内天井

图 8　吴宅守敦堂外景

6. 代表建筑

1）梁宅（图 3）

梁宅乃清朝名臣梁肯堂宅邸，今处双眼井巷 2 号（原七龙潭 3 号），建于清代中期，占地 2500m²，总建筑面积 2000m²。建筑总平呈矩形，有三条轴线：东轴线上为佣人房、厨房、杂房；西轴线上为读书、会客用；中轴线上为祭祀，居住空间。中轴线上正对大门的南面，有一座八字形影壁，进门自南至北依次为轿厅、平厅和三四进的走马楼及楼屋。进与进之间为石墙门和天井，天井两侧为回廊、厢房。西轴线依次为存正轩（书斋）、和风堂（正厅）和养慎居（楼屋），正厅与楼屋间设塞口墙，塞口墙上置砖雕门楼。中、西轴线之间用备弄连接。宅院建筑用材粗大，装饰朴素，雕刻精致而不繁缛，是典型的清代中期江南官宦宅邸，现为杭州市文物保护单位（图 5、图 6）。

2）明宅

明宅位于杭州市下城区长庆街道十五家园社区新华路 227 号，是一处明代民居建筑。该宅由南轴线上的原有茅宅和北轴线上从拱墅区霞湾巷搬迁来的陈宅组成，两宅均坐西向东。茅宅有两进建筑，第一进源茂堂，第二进为明晚期的两层楼屋，面阔五间，明间梁架为抬梁式，五柱前后骑廊，金柱为梭柱，庭院西侧各有厢房两间。陈宅原有五进，搬迁过来的是明末清初的第二进和砖雕门楼。正屋面阔三间，进深五间，硬山顶，五山屏风山墙。明间梁架为抬梁式。砖雕门楼为架匣式门楼（图 7）。茅宅及陈宅的构件用材及形制都反映了时代及地域的特征，2000 年

图 7　明宅砖雕门楼

7 月以明宅的名称被公布为杭州市第三批市级文保单位。

3）吴宅

吴宅位于杭州市下城区岳官巷 4 号，始建于明代，为学官云桥兄弟所有，后五易其主，清咸丰间归曾任云贵总督的吴振械名下，故名吴宅（图 8）。现存建筑占地约 0.35ha。吴宅用地呈矩形，由东、中、西三部分组成。东部、中部建筑在明代基础上改、扩建而成，西部为清代建筑。中部轴线上为四进三开间庭院，现存建筑有前厅、守敦堂、肇新堂；东部轴线上多为五开间，有门楼、四宜轩、载德堂、锡祉堂，东南面为书房、花园；西部轴线上有朴松庐、华宜馆、高阁玑、花园、竹园等。吴宅现修复了中、东部，并对外开放，内部空间高大开敞，建筑色彩以红、黑为主色调，"源远流长"砖雕门楼细腻大方。吴宅作为江南明、清民居的典型实例，已被收录于刘敦桢编写的《中国古代建筑史》一书中。

成因

因杭式大屋多遵守"阝庶居室"制度，并体现家庭的宗族礼制，故中轴对称，主次有序，内外有别是建筑空间布局的基本原则。杭式大屋是一个"核心家庭"或"主干家庭"，其功能布局中轴线上为祭祀、居住空间，旁轴线上布置书房、花园和会友空间。

比较／演变

在院落布局上，杭式大屋不像浙西、浙中大屋只在一条轴线上发展成多进大屋，而在主轴外（一般有三条轴线），再布置房屋，形成多进落格局，同时也比湖州、嘉兴的进落庭院更具礼仪精神和官邸、府第之气。在外部空间上，杭式大屋常在宅第的后面或旁边布置花园。这种花园规模较小，仅仅起观赏、娱乐之用，不具备进入其间进行跋山涉水条件。在内部空间上，杭式大屋很多把庭院两翼厢房取消，做成柱廊，显示家庭气魄，并产生开敞、通透效果。

浙北民居·水乡大屋

水乡大屋是江南名士望族在杭嘉湖平原上逐水而居的一种"进落"组合式大屋。大屋中的主要建筑空间有前厅、轿厅、正堂、厢房、天井、背弄等，是典型的江南深宅大院。其主要厅堂建筑以木结构为承重构架，内填充木板或砖墙，屋面覆小青瓦。建筑纵深长，院落多，布局错落有致，变化丰富。

图1 南浔懿德堂沿河立面

1. 分布

水乡大屋主要分布在杭嘉湖平原，以嘉兴、湖州南浔、嘉善西塘等地为多。大屋所处地域属亚热带季风气候区的江南水乡平原，气候温暖湿润，四季分明，降水充沛。

2. 形制

水乡大屋多为"进落"组合的厅堂院落式大屋（图1、图2）。其主要有以下特征：其一，多"进落"组合。水乡大屋纵轴长，并垂直于河流发展，少则三进、四进，多则七进、九进，甚至超过十进。多"进"横向排列形成多"落"，之间用通长的备弄相连。其二，均设园林空间。江南湿热天气需要良好的通风和采光条件，故内院天井等园林空间不可或缺。半开半合、内外交融的空间形式，为人们做活、晾晒、宴饮、聊天、嬉戏等提供了绝好的场所。其三，平面布局具有藏形和"袋口"特征。平面多

呈不规整多边形，且沿街入口部分小，里面大，像布袋一样。其四，门楼为大宅装饰重点。其五，天井比浙西大，比浙南和浙东民居小。

3. 建造

从建造上来看，此地域传统民居大都采用在"块石基础"之上立"大木构架"加"砖砌墙"的做法。块石基础上用砖砌"礅基"，其上布置"阶条石"、"礅石"、"侧塘石"等，再在正方礅石上立圆形石鼓墩为础。传统民居砖墙的砌筑方法也几乎相同，底部是"实砌墙"，其上是"滚砖墙"，至楼层踢脚线以上就多为"空斗墙"。水乡大屋的大木构架基本上是"圆作"，个别有承重梁是"扁作"。梁架以抬梁和穿斗混合式居多。

4. 装饰

水乡大屋的装饰主要集中在门廊、檐口、梁架和门窗等部位（图3），尤

以砖雕门楼为重点。内院砖雕门楼则是展示家庭地位、文化品位的重要部位，且又以仪门、内门的内墙面为重中之重，常题四字门额（图4）。所以这带有"堂名是虚，仪门为实"的说法。另外，大梁与轩梁下用的"梁垫"与檩条下用的"短机"大都有精美的雕刻，梁上施"满雕"的也不在少数，轩廊"荷包梁"两侧装饰早期有"螭龙"，后来大都是"象鼻头"。

5. 信仰习俗

水乡大屋所处地域不仅物阜民丰，市井辐辏，也是人文荟萃、英才辈出之地。这与当地重教崇文的一贯做法相适应。"圣贤殿"常被多处建造。并且这里有许多商贾精于经营，又有不俗文化品位，与文人名士交往甚从，爱好金石碑刻，赏石聚书，并在宅旁多设碑廊（张石铭旧宅、小莲庄等）或藏书楼（嘉业堂、六宜阁等）。受此风气影响，这一

图2 水乡大屋院落

图3 水乡大屋檐廊装饰

图4 水乡大屋砖雕门楼

图 5　懿德堂内庭院

图 6　懿德堂外景

图 8　刘氏悌号西洋式立面

带民舍宅第，园林小品及室内陈设等都较为大气和高雅。

6. 代表建筑

1）南浔懿德堂

南浔张氏旧宅建筑群，名"懿德堂"，是南浔巨富张颂贤长孙张均衡（字石铭）的私家宅院，主体建筑建于光绪二十五年至三十二年，位于南浔镇南西街，面临南市河，坐西朝东，总占地面积约5135m²。整座宅院大致呈东西向分布，由中式传统建筑、西洋式建筑和后花园组成。中式建筑位于宅院东部，按三条轴线分布；西式建筑位于中部，由三座巴洛克风格红砖楼房组成；花园则位于西端，由碑廊及两座小楼组成。该宅轴线自东向西共三落四进，设东西贯通备弄以联系交通。正落居中，进大墙门为轿厅可驻轿歇马，过轿厅穿砖雕门楼，经天井至平厅（正厅）即"懿德堂"，为宴请宾客及举办婚丧礼仪之处。沿此而入第三进，称花厅（图5）。第四进为全宅居住部分，即房厅。因两侧廊庑镶嵌石质芭蕉四块，雕琢形态逼真，制作精致，故称芭蕉厅。后进院中设"鹰石"（南浔三大名石之一），置于石刻座中，现保存尚好。懿德堂系江南罕见的基本保持明清历史旧貌的水乡大屋（图6）。

2）嘉兴西塘王宅（种福堂）

西塘王宅位于西塘镇西街社区下西街65弄，占地3850m²，坐南朝北，建筑分中、东、西三路。东路有五进（原可能六进）；中路前半东部二进，西部三进，后半部五进；西路七进。西路七进，但现在只开放前三进，后四进为私人住宅。其第三进为正厅（图7），厅堂正中央悬挂有康熙年间翰林侍读学士

图 7　种福堂正厅

海宁陈邦彦题名为"种福堂"的匾额，以警后人平时多行善积德，日后定能使子孙得福。西塘王宅保存范围可能是嘉兴区域内面积最大的私人宅院。

3）南浔刘氏悌号（崇德堂）

刘氏悌号位于南浔镇南东街，建于清末民国初，坐东朝西，由三部分组成，占地面积约为5370m²。中轴线上的崇德堂正厅已毁，遗址尚存，现存第四进楹楼，面阔五间，梁架为抬梁式和穿斗式复合结构，前后均出两厢。崇德堂北侧有偏院一座，中式楼厅建筑，坐北朝南，面阔五间，后带两厢；偏院东接西式楼厅，厅前有宽敞的廊，建筑用红砖砌成，并用砖砌拱券及石柱承重（图8）。

成因

水乡大屋所处地域历史上属于"三吴"中的"西吴"，地域文化以太湖流域的"吴文化"为主，掺杂有楚、越文化因素。由于地域文化的交流，在传统民居中，宋元时期受杭州影响较大，而明清时期受苏州影响较大，至清中晚期则逐渐受徽州影响，到中华民国时期处在多种流派尤其上海"海派文化"的交汇之中。所以，其建筑风格中常含有杭州、苏州、徽州及西方建筑的特点。

比较／演变

水乡大屋的总体布局与杭式大屋类似，均为多进落式大宅院。其天井空间较浙西大，浙东、浙南小，和杭式大屋比起来，更偏重于园林的表达。另外，该类建筑因受徽派风格影响，其建筑装饰表现更为细腻，马头墙和雕刻较为常见。其部分建筑又受到近代西方文化影响，呈现出中西合璧特色。

浙北民居·园林宅第

园林宅第是杭、嘉、湖最具特色的民居类型之一，亦称"宅园"。明清时期，达官贵人、文人雅士视江南为生活乐土，纷纷置宅建苑，以求身居城市而享山林之怡。江南造园之风盛于前代。集住宅和园林为一体的园林宅第，因其既能提供日常生活起居，又能满足游观自然山水之需，也就有了较大发展。

图 1　嘉兴平湖莫氏庄园鸟瞰

1. 分布

江南私家园林，兴于六朝，盛于明清。自南宋以来，大批官吏、富商、文人汇集苏、杭，造园之风盛极一时。除了湖、杭、苏、扬等长江、运河沿岸和太湖流域的城市，浙江如湖州、南浔、嘉兴等富庶城镇，造园活动亦十分活跃。据《吴兴园林记》载，旧时吴兴名园已多达三十六处。东南大学童寯教授在《江南园林志》曾云："吴兴园林，今实萃于南浔，以一镇之地，而拥有五园，且皆为巨构，实江南所仅见。"

杭、嘉、湖地区不仅经济繁荣、文风蔚然，自然条件也得天独厚，江流纵横，河网密布，气候温润，植物繁茂，多产湖石，这些都为江南造园之风的兴起提供了有利的条件。

2. 形制

园林宅第形制，符合"臣庶居室之制"，前堂后寝，有阙、大门、仪门，以及其他楼、阁、室等，具有品节制度和人文序位（图 1）。

3. 建造

园林宅第的建造较之其他民居更为关注住宅与园林的融合：规整严谨的住宅和自由多变的园林间相映成趣。住宅建筑的建筑类型、材料、施工工艺等基本沿袭《园冶》以来的传统，轻巧玲珑，造型多变。屋顶多曲线屋面，沿"提栈"之制；屋脊常用游脊、甘蔗脊、纹头脊等形式，丰富多样；梁架结构善于运用草架和复水椽——内部看来好像是几个屋顶的联合，但从外部看去仍是一个整体；木构架形式上，厅堂多用抬梁与穿斗混合式，轩廊多穿斗式。园林部分常以厅堂为活动中心，面对厅堂或厅堂侧面设置山池、花木等景，厅堂周围和山池之间缀以亭榭楼阁，或环以庭院和其他小景区，并用蹊径和回廊联系起来，组成一个可居、可观、可游的整体。由于有文人乡绅、能工巧匠的共同参与，浙北的园林宅第往往能因地制宜，独出机杼。

4. 装饰

园林宅第中的装饰常集中在门窗、廊道挂落、栏杆、匾额、檐口、铺地等处。因园林营造的主题是自然，其人工构筑物只能为之增色、添彩，绝不能喧宾夺主有损自然之趣，所以园林装饰往往一方面重复而简单且呈线型排布，如栏杆、挂落、瓦当、铺地等（图 4），

图 2　南浔小莲庄

图 4　园林宅第栏杆装饰

图 6　园林宅第彩绘装饰

图 3　莫氏庄园室内

图 5　小莲庄内庭院

图 7　小莲庄园荷花池

在一定的视线范围内避免了装饰物的突显，另一方面从形体到色彩均以古朴淡雅为主（图6），使所有的匠心独运都朴实无华地融在山水之中。

5. 信仰习俗

园林所映射的精神空间与造园主人的信仰紧密相连。首先，造园者对大自然怀有强烈的感情，并通过造园将个人的情感以恰当的方式寄托于其中，从而获得精神上的解脱，并最终在超越世俗的水平上享受生命之美。这样一种人与自然契合无间的精神状态，即"天人合一"的精神，就贯穿在了整个园林营造中。其次，园林中多进落的宗祠家庙也反映了家庭的宗族礼制信仰特征。此外，对藏书楼、书房等场所的重视也映射了浙北人崇文重教的思想意识特征。

6. 代表建筑

1）平湖莫氏庄园

莫氏庄园位于嘉兴平湖乍浦镇，由清代富商莫兆熊（字放梅）于光绪二十三年（1897年）始建，占地4800m²，建筑面积2600m²，大小房间70余间，耗银10万两，历时三载。莫氏庄园为"廊庑"式园林宅第，呈一倒"品"字形，由家室、园林、辅助用房三部分组成，用两条轴线来组织房屋布局。家室居中，西园林东辅房。中轴线上依次为正门、影壁、轿厅、院落（大天井）、正厅（为宅第厅堂）、小天井、过厅、院落（大天井）、堂楼厅。左轴线（西轴线）依次布置前花园、西书房、后花园，再用回廊将正厅、书房、堂楼厅、内室连通起来。右轴线（东轴线）上依次布置有帐房间、东花厅、厨房、佣人房、杂物房、东花园，用备弄和中轴线上的建筑连接。莫氏庄园具有以下特征：其一，功能分区明确，中间为起居、接待客人、礼仪活动，西边为读书、休闲、禅练，东边为用餐、储藏、辅助生产等。其二，具有很强的礼仪精神和人文序位，宅第的主体建筑即中轴线上的建筑基本上遵照《周礼·玉制》精神。其三，极具艺术性和中华文化哲理。特

别是入口空间的细致巧妙处理，更体现了中华居住文化中官民共里、和谐共处的精神。其四，庄园的大门避开中轴线是易学思想的成熟应用（图1、图3）。

2）南浔小莲庄

小莲庄位于南浔镇西南万古桥西，是清末光禄大夫刘镛的私人花园，占地约1.33ha。元代著名书画家赵孟頫曾在湖州建有"莲花庄"，刘镛追慕赵氏的文采，谦称此园为小莲庄。小莲庄（图5）由园林、刘氏家庙和义庄三部分组成。园林部分有外园和内园。外园以大荷花池（图7）为中心。此池古称"挂瓢池"，池水清碧，绿荷田田，亭廊绕池，石径曲折，松柳高大，花木扶疏。西岸有长廊，临池有"净香诗窟"、水榭和法国式楼房"东升阁"。西为"养性德斋"，植蕉满庭。东有石桥小榭"退修小榭"，突出水上，凌波倒影，别具一格。园内长廊上，嵌有"紫藤花馆藏帖"碑刻45块。内园位于东南角，以假山为中心布局，北有高墙与外园相隔。假山玲珑峭削，山道盘旋，东坡植松，西坡植枫，青松苍翠，秋枫红醉，当是绝佳景色。山顶有小亭，可眺望四面田野。西北山麓有小河环绕，墙下筑有"掩醉轩"，左侧有小方亭。综观全园，布置得当，建筑精巧，旷处豁然，是园林中的精品（图8）。

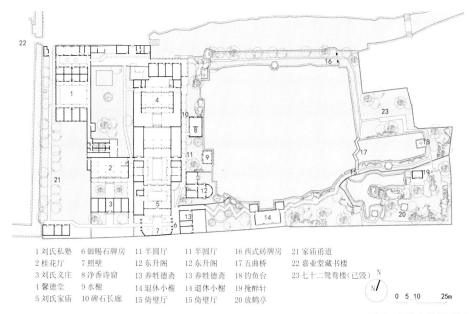

1 刘氏私塾　6 御赐石牌房　11 半圆厅　11 半圆厅　16 西式砖牌房　21 家庙甬道
2 桂花厅　7 照壁　12 东升阁　12 东升阁　17 五曲桥　22 嘉业堂藏书楼
3 刘氏义庄　8 净香诗窟　13 养牲德斋　13 养牲德斋　18 钓鱼台　23 七十二鸳鸯楼（已毁）
4 馨德堂　9 水榭　14 退休小榭　14 退休小榭　19 掩醉轩
5 刘氏家庙　10 碑石长廊　15 倚壁厅　15 倚壁厅　20 放鹤亭

0　5　10　　25m

图8　小莲庄总平面图

成因

杭、嘉、湖地区物产丰饶，工商繁盛，气候宜人，又远离京都，加之山秀水明，风光旖旎，故许多古镇历来就是退隐官宦、富户、学士的理想择居之地。此处有的住户是诗书传家，有的是名家望族。有文化素养的人家是精心营建房舍，而一些富户大贾也附庸风雅，请饱学之士协助规划，在这些古镇中留下许多独具江南特色的住宅和私家园林。

比较 / 演变

园林宅第除延续了一般民居白墙青瓦的风格外，布局更紧凑，建筑体量更为小巧玲珑，并衍生出诸如亭、台、楼、阁等更为灵活的园林小品。

浙东民居·大墙门

大墙门（图1）是宁波地区最具代表性的民居形式，建筑采用多院落，设井巷；建筑体量较大，外墙高大，连续墙面长且很少开设门窗；建筑重结构，明间用料硕大，小木作简洁、精致。大墙门墙体多采用条石墙基砖砌墙身，承重结构为木构梁架，小青瓦屋面。

图1 宁波市海曙区林宅鸟瞰

1. 分布

宁波大墙门是在传统农业社会的家族伦理影响下形成的居住方式。聚族分房而居的大墙门，一般多系同姓同族聚居，自古依水而建，宅间为巷，靠近田地。大墙门聚落多选择避风向阳，较平坦的有利地形建造；布点分散，规模大小不等，互相保持距离却不太远。聚落对外交通由若干道路、桥梁构建，聚落内部则采用小巷连通。大墙门的居住方式由村庄逐渐向城市衍伸，使宁波城市居住结构也成为"大墙门"为特点的居住方式。宁波大墙门所处地域属宁绍平原的东端，属亚热带季风气候，雨量充沛，温和湿润，为全国最湿润地区之一。

2. 形制

大墙门以"H"形为基本模式，当地称"一横二纵四明堂"（图1）。横指正屋，二纵为左右厢房，厢房前后伸出正房形成"H"形，"H"形的前后和两侧围出四个天井。宁波的大墙门基本上由这个模式对接、叠加、变形而成，出现"目"、"山"、"凸"、"皿"、"口"、"川"字形等形式。宁波大墙门，少者二进，多者三进、五进，最大进深可达百米以上。正厅以三开间为多（图2），大的可达五开间，七开间甚至十三开间。房屋的功能布局，沿中轴线依次为门、厅、堂楼，尽端一般为堆放杂物用的罩房。大墙门基本单元就有四天井，体量大的有六个、八个、十几个天井。天井分两种性质，一种是厅堂前面的天井，长、宽跟厅堂、两厢开间走，有三间两厢或三间三厢、五间两厢、五间三厢等，这是名副其实的天井。纵轴尽端或两侧天井，宽度一般3～5m，长度则要看两厢的间数，最少的有五间，长的十几间甚至二十多间，这种窄长的空间，由房屋和围墙围出，形似弄堂，功能不是交通，为之井巷。

3. 建造

宁波大墙门的天井、连廊、厅堂地面多用石板，尺寸较大；居住房屋室内多采用架空木地板，同时在面向天井的墙面勒脚之处开通气孔并加以雕饰，以加快空气流通，降低湿度。墙体为条石墙基青砖砌筑，墙外砌围墙，砖墙多底部实砌上部空斗砌筑；沿巷外墙连续墙面长并很少开设门窗，有的在这些墙面上做马头墙，打破了深长巷弄的单调感，且高低错落的马头墙可延伸视线，将背景之山峦、丛林、蓝天、白云引入视线。建筑承重结构为传统木结构（图4），明间用材较大，前廊很少见到廊轩，多用猫鱼梁支承连接檐柱栌栱。牛腿简单，甚至就是方木逐层挑出。屋面采用桁椽体系施望砖覆小青瓦，檐口施勾头、滴水、封檐板，屋脊常坐花砖压脊，两端飞起。

图2 王守仁故居大厅

图3 甲第世家"八"字门

图4 王守仁故居轿厅梁架

4. 装饰

宁波大墙门小木作装饰简洁、精致，注重门面装饰，正门常采用"八"字门（图3），墙体采用须弥石基，磨砖墙面。门窗多采用长窗，棂花丰富，有斜纹、拐子纹、回纹、直棂等，有些窗出现中心构图，有的外开立轴窗臼、连楹做得极为精致。石雕花窗俗称"石格子"更是特色。二层靠天井，房间和天井间留一条一米来宽的前廊，前廊上设廊栅，其效果比统长直棂窗更加强烈（图6）。

5. 信仰习俗

明、清保存下来的"前厅后堂，四明两廊"式大墙门一般以祭祀为中心，在中轴线安排了三个厅堂，门厅、中厅以及后堂，中厅或后堂为祭祀的厅堂，为家族的祖堂，每一位祖宗都有以"神位牌"的名义放置在祖堂的正位。"厅"是做祭祀"羹饭"的地方，"明堂"则是候祭的后代子孙聚集跪拜的场所。

6. 代表建筑

1）甲第世家

甲第世家坐落于宁波市江北区慈城镇金家井巷，始建于明嘉靖年间，为嘉靖进士钱照之住宅。建筑坐北朝南，平面呈纵长方形，由两个五间五厢对合，加前院、门房组成，现存建筑面积约 1600m²。厅堂居中，前设天井，住房旁列，井巷环抱。中庭用院墙进行分隔，井巷之间用檐廊。前厅明间五柱带前廊，后厅六柱前后廊，梁架用料硕大，截面呈椭圆形，脊瓜柱和童柱裙瓣呈圆舌形，柱料卷杀，施平身科一斗三升或一斗六升，明间四攒，次间二攒。木装修简洁灵秀，整幢建筑端庄稳重又不失园林气息，平面布局和建筑构件都具有浙东明代住宅的特点。

2）王守仁故居

王守仁故居（图7）位于浙江省余姚市余姚镇龙泉山北麓武胜门路，明成化八年（1472 年），王守仁诞生于此。建筑坐北朝南，平面呈长方形，各大建筑按中轴线由南往北依次为门厅、轿厅（图4）、砖雕门楼、大厅、瑞云楼、

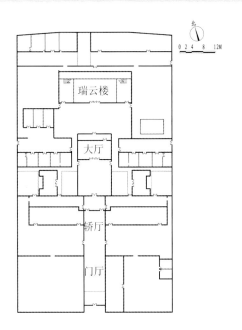

图 5　王守仁故居平面布局示意图

后罩屋，大厅两侧各有侧屋（图5），占地面积达 4800 多平方米。建筑的设计和营造反映了明代浙东官宦建筑的特征，用材粗壮、气势恢宏，结构严谨。砖雕门楼采用仿木结构建筑，四柱三间，柱为石质，所饰砖雕斗栱、翘昂、面砖雕刻细致，工艺精湛细腻，体现了当时砖雕技艺的水平。大厅——"寿山堂"为三开间，高大宽敞，结构古朴大方，用材粗大稳实，构件装饰严谨。出大厅过甬道便是王守仁故居的主体建筑——瑞云楼，也是王守仁当年出生的地方。瑞云楼为重檐硬山、五间二弄的二层木结构楼房，楼前为通道，两侧为庭院，种植了花草树木。

3）范宅

范宅坐落于宁波海曙区迎凤街中段，始建于明万历、天启年间，建筑布局严谨，深院大宅的台（头）门、仪（重）门、照壁、厅堂、堂楼、厢楼、步廊、夹屋等一应俱全，占地约 1840m²，是现存"前厅后堂，四明两廊"式大墙门的典型范例。主体建筑梁架采用抬梁式与穿斗式混合方式，结构简朴，用材硕大。

图 6　慈城冯（俞）宅二层木栅栏

图 7　王守仁故居鸟瞰

成因

大墙门住宅形制是重农崇商生活方式的表现。和全国各地一样，历史上宁波以农为主，但宁波人经商意识强，商业发达，这种农商双重的生活方式转化成了住宅中的"藏"和"放"。藏是中国古人的一大心理图式，墙是藏的最好工具和心理定式。这里是说，种田人喜欢用围墙把家屋围得严严密密的。问题的另一方面是，经商的人具有开放的心理和素质，他追求外面的天地和信息，所以又在房屋的两侧围出一些狭长的院落出来，出于海边风大防风，以及家室本身防卫的需要，又要高墙把这些小院子围起来。

比较 / 演变

宁波大墙门的风格变化较多，建筑体量大、院落多、外墙高大。从时光的推延，社会生活整体的要求，经济与背景、建筑材料与工艺的变革等方面看，宁波大墙门经历"厅堂明廊"式的旧式墙门，到"间弄轩"式的墙门，再到新式大墙门的演变。

浙东民居·间弄轩

清中晚期宁波传统大墙门的居住形式在功能布局上有了重大的变化，出现了"间弄轩"式的大墙门。清中晚期随着宁波商埠的兴起，居住的追求开始由重视家族到重视家庭转变，因而，反应在建筑上则是取消了中轴线上建筑的祭祀功能，而改变为独立的居住单元。

图1 银台第大厅及厢房

1. 分布

间弄轩是商埠兴起后，随着思想观念的改变逐渐形成的，人的生活要求更受尊重，而这种思想观念的转变往往商贸发达的城市比农村更快，同时更注重"人性主义"的间弄轩，更适合于以商民为主的城市居住。宁波间弄轩所处地域属宁绍平原的东端，属亚热带季风气候，雨量充沛，温和湿润，为全国最湿润地区之一。

2. 形制

间弄轩与"前厅后堂，四明两廊"式的传统大墙门相比，它的布局特点是取消了中轴线上祭祀功能的厅堂（图1）。中厅主要功能为用于接客迎宾的客厅，兼祭祀厅；明轩则为日常活动的起居室。厢房屋脊做法也不同于传统大墙门的直通到厅堂，而是设置山墙收头。间弄轩最典型的形式是"五间两弄四明轩"，"间"是指南北向正屋的开间数，"弄"是指夹在正屋两侧的与东西廊相

通屋内通道，一侧布置楼梯，一侧供人穿行于不同"进"之间。其他的还有"七间两弄"和"三间两弄"，"九间两弄"极为罕见。间弄轩墙门里的一个居住单元被称为一进，正屋与明轩围合成天井，即解决了所有房间的采光，同时又是家庭活动的场所。间弄轩可以前后左右四个方向不断地复制，形成多轴线多进院落，每进院落可以相对独立，又可连通，同时具有更好的防火性，又符合"族房制"的要求和原则。

3. 建造

间弄轩天井、连廊、客堂地面多用石板；居住房屋室内多采用架空木地板，同时在面向天井的墙面勒脚之处开通气孔并加以雕饰，以加快空气流通，降低湿度。墙体为条石墙基青砖砌筑。建筑承重结构为传统木结构，明间用材较大，前廊很少见到廊架，多用猫鱼梁（图3）支承连接檐柱栌斗。屋面采用桁椽体系施望砖覆小青瓦，檐口施封檐板，屋脊常坐花砖压脊，两端飞起。

图3 宁波海曙区林宅猫鱼梁

图4 银台第过弄

4. 装饰

间弄轩样式配套的是一种新颖的大门，称之为"楼门"或者"雕花楼门"，基本构造为石库门，采用全砖石结构，更适合于宁波多雨易潮的气候。也有采用"八"字形门厅的，须弥石基，仿磨砖墙面。门窗装饰简洁，多采用长窗，有拐子纹、回纹、直棂等。

5. 信仰习俗

清中晚期后产生的"间弄轩"式墙门虽然取消了中轴线祭祀的功能，改变为独立的居住单元，但其中厅，兼做祭祀厅，仍保留祭祀的活动。同时其组合形成的多轴线多进院落，仍继续服务于祭祀组织，符合"族房制"下的家庭分房居住的要求和原则。

6. 代表建筑

1）银台第

银台第（图1）位于宁波海曙区月

图2 吴杰故居院落景观

湖景区北岸、迎凤街133号，据四明六志记载，该宅主人童槐，字大生，又字葵君，嘉庆六年进士，曾任江西、山东按察使，后改任通政司副使。按察使别称臬台，通政司别称银台，故童宅有"臬台第"、"银台第"之称。建筑（图8）建于清道光三年，坐北朝南，面向月湖，现中轴线上有门厅（图5）、大厅（图6）、正楼（图9）、后堂等建筑，东西两侧有厢房、书楼，占地2300m²，是"间弄轩"式墙门的典范（图8）。大厅为三开间，山墙为观音兜式。正楼、后堂同为五间二弄重檐楼房，象鼻状挑尖梁，木格窗。两楼间有过弄连接（图4），后堂过弄有月洞门一道，花格石窗一扇。建筑为小青瓦、泥鳅节、空斗墙。建筑整体格局规整，布置合理，用材考究，装饰具有浓郁的地方风格（图10），是宁波城区内清代中晚期官宦住宅的典型。

2）吴杰故居

　　吴杰故居（图7）位于镇海城关胜利路与人民路交叉口，为清光绪年间镇海炮台守备吴杰晚年所居，分东西两院，呈"凹"字形布局，占地约1200m²。西院位于胜利路26号，建于光绪十二年（1886年）。由前后两进及两厢房组成，建筑面积约440m²（图2）。前进中轴线上建有砖雕大门，门房及左右两厢相连，正屋为三间两边弄楼房，梁架采用穿斗抬梁结合式（图11），进深九檩，前后石铺明堂，后明堂布置花坛。后进为花厅，平屋三间，两厢偏房，明堂筑有花坛，俗称后花园，为吴杰会客宴请场所。东院位于人民路36号，为吴杰复职后所建，建于光绪二十一年（1895年），建筑面积572m²。置内外大门两道，中轴线为中厅，外大门设有门楼两间，东侧边厢楼房三间为僚属，内大门里为明堂，左右两侧筑有花坛。正屋坐北朝南，为三间两弄楼房，顶层有阁楼，前檐额枋，雀替，木雕精镂细刻，廊柱礩石，雕琢精致，富有装饰效果。

图5　银台第门厅

图9　银台第正楼

图6　银台第大厅

图10　银台第室内

图7　吴杰故居整体外观

图11　吴杰故居梁架

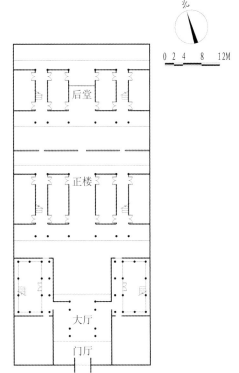

图8　银台第平面布局示意图

成因

　　清代乾隆年间宁波商埠兴起，当商业的资本积累和私密操作的要求反映到居住方式上时，墙门结构的变革就成为一种历史的必然。空间的独立性获得了实现。

比较／演变

　　间弄轩由"前厅后堂，四明两廊"式的大墙门取消了中轴线上厅堂的专职祭祀功能演变而来，其厅堂以客厅的功能为主，兼顾祭祀的需求。间弄轩厢房屋脊，不像"厅堂明廊"式建筑两边的廊屋屋脊是一头直通到厅堂的，而是设置山墙收头。

浙东民居·新式大墙门

新式大墙门产生于清晚期，为宁波大墙门受西风东渐影响下形成的中西合璧的大墙门形式。保留了大墙门院落多，以井巷为特色；体量大，外墙面多且高的特征，同时又融入了西式山墙灰塑、石库门、门窗套、拱券、腰檐、宝瓶栏杆、柱式、铁艺通风孔、雕花三角木装饰楼梯等西式建筑元素。房屋墙体采用砖石砌筑，木构梁架承重，屋面小青瓦。

图1 虞氏旧居东北立面

1. 分布

新式大墙门产生于清晚期，多数出现在中西文化交流活跃的宁波城市地区；部分分布于农村集镇的，则多为近代民营资本家经商发迹后或接受西方教育的人士回家乡营造的私宅。这种有别于传统大墙门的建筑形式让人耳目一新。

2. 形制

新式大墙门的基本平面格局还是源于传统的"大墙门"或"间弄轩"的形式（图1）。但是与其相比，新式大墙门较少采用三开间的门厅形式，而是采用石库门和随墙式的砖雕牌楼加门披的形式。建筑中堂开间较大为客厅，两边的楼梯弄取消，改为横梯放置到客堂。两边厢房一律为明轩，向着中间的天井开放。改良后的新式大墙门土地的利用率大大提高，各个房间的居住性大为加强。建筑格局传承和提炼中国传统建筑格局的同时，在建筑结构方面则引入了西方建筑的建造技术和装饰，包括西式的几何图案、罗马塔司干式柱式等进行装饰（图2）。

3. 建造

新式大墙门多采用西式风格的石库门、灰塑山花、整齐的宝瓶式阳台栏杆、精美的檐下雕饰、西式的花格门窗。承重墙和人字桁架的使用，以及砖砌的承重柱替代传统木柱，改变了中国传统的梁柱木架构体系。许多建筑立面的墙体向后退缩数步，形成带栏杆的阳台，人字架的采用，形成了阁楼。

4. 装饰

新式大墙门与传统大墙门装饰的不同之处主要是西式建筑装饰元素的大量运用，使建筑装饰极其丰富、精美。建筑入口采用传统的石库门和西式线条装饰相结合（图3），通风孔采用西式图案（图10）、柱式、线条、图案和山花装饰。建筑门窗则在窗楣、窗檐采用图案灰塑和线条装饰，门扇、窗扇采用西式线条花格和玻璃，并设置门窗套、窗台。建筑连廊（图5）、阳台采用西式柱式进行装饰，模仿了罗马式立柱，也模仿了巴洛克式的线脚和花饰，使立体的光影产生出不同的图案和装饰效果，阳台采用宝瓶式混凝土栏杆。建筑地面采用装饰效果较强的马赛克地面（图6）、水磨石地面、水泥图案地面，吊顶采用线条装饰（图9），重要厅装饰极其精美。室内楼梯采用装饰性较强的车木栏杆及雕花三角木装饰。重要厅堂且引入壁炉进行装饰。

5. 信仰习俗

新式大墙门强调了建筑的独立性，家庭作为一个独立的社会细胞被建筑强

图2 虞氏旧居第二进走廊景观

图3 虞氏旧居第二进石库门

图4 虞氏旧居第二进立面

化出来，同时正迎合了宁波地区传统的自给自足经济下聚族而居的居住模式的瓦解。

6. 代表建筑

虞氏旧宅（天叙堂）

虞氏旧宅坐落于慈溪市龙山镇山下村，由20世纪宁波帮领军人物——虞洽卿赴上海经商发迹后于1916～1929年在家乡营造的私宅。建筑由相对独立的两部分，共五进建筑组成，前三进于1916～1919年建成，为传统木结构建筑。后二进于1926～1929年建成，为西洋式建筑，以新古典主义风格为主，是整个虞氏旧宅的主体建筑和精华所在。前后两部分之间以一条宽3.5m的长弄相隔，前窄后宽，形似"吕"字。建筑通面宽59m，通进深94m，占地面积5546m^2（图7、图8）。

前三进，由照壁、门屋、厅堂、后楼及厢房组成。门开在明间，门屋单坡顶。厅堂九间二弄，正厅为重檐高平屋复式屋顶。明间九桁六柱抬梁式，三架月梁下连花篮状斗，次间抬梁穿斗混合，七柱九桁、脊柱前后两侧各用一双步梁，前廊为海棠式卷棚，顶抬头轩，明次间均装落地式格扇门，正厅的五架梁、随梁枋、穿插枋、月梁、牛腿、雀替、门楣等处均浮雕装饰，正厅两侧为楼梯弄和夹屋，夹屋三开间硬山顶，抬梁穿斗结合。后楼九间二弄，抬梁穿斗结合。

后二进（图4）每进九间二弄，后二进由高大的院墙、大门主楼和后楼构成，格局与前部分相似。主楼为重檐硬山顶二层楼房，九间二弄。前廊有12组廊柱，每组廊柱由方形砖砌廊柱和左右梅雨石倚柱组成，柱身露明饰凸檐、凹凸线、垂幔纹、柱头也饰垂幔纹，柱头雕饰似罗马复合柱式，长廊栏杆为磨石子水泥预制的浅红色宝瓶式栏杆，室内装有壁炉，炉龛外侧贴花纹瓷砖，后楼也为重檐硬山顶九间二弄楼房。

龙山虞氏旧宅建筑群在布局上以一条中轴线贯穿始终，主次分明，过渡自然，是近代建筑中西合璧的成功范

图5　虞氏旧居二、三进间连廊

图6　虞氏旧居第二进马赛克地面

图7　虞氏旧居院落布局

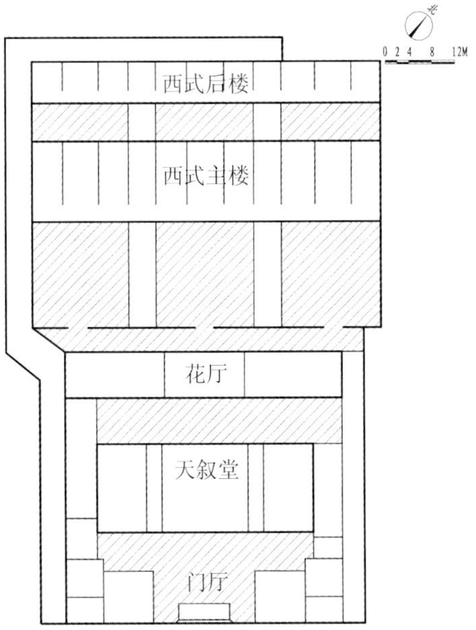

图8　虞氏旧居平面布局示意图

例，其建筑施工达到了很高的工艺水平，房屋装饰也独具特色，拥有很高的艺术价值。

图9　虞氏旧居第二进天花

图10　虞氏旧居通风孔

成因

宁波是中国最早对外通商的口岸之一，尤其是中华民国初期受到西方文化思想的影响较为强烈，也是较早接受西方文化思想的地方。这种社会的改革变化，引起了近代中国士商集团互渗转型现象。士人转向经商，商人则不惜破费巨资捐纳买官或头衔、顶戴，跻身绅士之列。这样就使大墙门的建造者在文化结构和指导思想方面产生了双重的变化。上海、宁波、广州是这种变化的典型地区，中西合璧的建筑也出现最早、最多的。

比较 / 演变

新式大墙门是受西风东渐影响形成的中西合璧的建筑形式，其建筑的基本平面格局仍旧脱胎于传统的大墙门的形式，与传统大墙门的不同之处主要是西式建造技术的引入和西式建筑装饰元素的大量运用，使建筑装饰极其丰富、精美。

浙东民居·绍兴台门

绍兴台门（图1）是江南民居一种较为独特的建筑形式。古台门无论是独户还是聚族而居，外观形式都不太张扬，但其内在的布局却显现得精致、深邃和开阔，这与绍兴人柔中带刚、庄重、务实的人文气质是分不开的，显示出了绍兴台门独有的文化特色"尚古、尊礼、悲怆"。

图1 周家老台门

1. 分布

在绍兴市区现存的历史街区中，尚保存完整的台门就有百处之多；下辖地区保留的则更多，如诸暨市的藏绿古村落中保留了近20多座台门，嵊州市崇仁镇以玉山公祠为中心，保存完整的老台门就有100余座，如五联台门、沈家台门等，台门之间用跨街楼勾连，既珠联璧合，又独立成章，体现了先人"分户合族、聚只一家"的遗风。

2. 形制

台门的外观追求规整性，基本上为封闭的矩形，中央部分的房屋与院子采取横列式，两侧房屋与院子采取纵列式（图1）。

台门一般坐北朝南，临街或临河而建，屋宇高大。按建筑空间布局划分，台门中轴线依次为台门斗、仪门、天井、堂屋、侧厢、座楼（图2），组成一个独立的宅院。一般来说，有仪门的才算作是标准的台门。常见的为正屋有三间、五间，大的七间两弄，最大的是吕府十三厅及小皋埠乡胡宅。典型的台门，要凸出或凹进墙面，形成"台门斗"（图3）的空间，宽三或五间，上覆黛瓦，外砌石阶，占据空间极小。台门的内部布局基本上呈"日"形、"目"形或进

数更多的住宅。台门内的厅堂与厢房间都以连廊接通，形成四面互通的回廊。

3. 建造

绍兴台门采用"墙倒屋不塌"的梁柱承重体系（图6），梁架形式以抬梁式与穿斗式结合，彻上露明造，柱下用石质柱础，防潮防霉；柱栿为圆形，搁棚有方、圆两种，二层铺设木楼板；出檐深远，用挑檐枋，施挑檐梁和牛腿。

台门的古制构件较多，如吕府大厅梁架用鹰爪瓜柱，两脊瓜柱间用攀间枋、枋上置一斗三升承托连机等，最早见于宋代木构，绍兴沿用到清代，反映了台门"尚古"的文化特色。

外墙为青砖，下部实砌上部空斗墙，局部大宅墙面下部做条石墙，既防盗又耐撞，墙体多设置封火墙。室内地面为三合土或石板地面，天井多以卵石或石板铺砌。屋顶在木构架上钉椽子、铺设小青瓦。

房屋基础要挖深直到见到硬土为止，用当地石塘开采出来的大石块垒砌柱墩。

图4 沈家台门正台门

4. 装饰

绍兴古台门的建筑装饰运用黑色与灰白颜色来进行色彩调和，以黑瓦、白灰墙为外观主色，木门木窗亦漆成黑褐

图5 沈家台门木雕

图2 缪家台门座楼

图3 嵊州崇仁村老屋台门台门斗

图6 嵊州长乐钱氏大新屋正厅梁架

色，给人庄重沉稳的气势。

台门另一个最主要的装饰就是广泛应用砖雕、石雕（图4）、木雕（图5）等雕刻工艺。台门的屋脊、出檐、马头墙都会采用砖雕装饰；门框、柱础、窗等也运用石雕装饰，不仅牢固、还烘托出台门的轩昂；梁、枋、雀替、窗棂等处多以木雕点缀，人物形象、动物瑞兽、花鸟虫草、亭台楼阁等皆入画卷。

屋脊极具装饰性，构图强烈，一般都有一道由砖瓦砌成的镂空图案曲线，中部做立牌脊饰，头部为泥塑浮雕，内容多为戏曲人物或神童仙翁，其冠均是镂空雕。装饰构思奇妙，造型儒雅大方，庄重严谨，画面充盈饱满，栩栩如生。

5. 信仰习俗

台门常设香火堂，作为祭祀祖宗和处理丧事的地方。儒家以孝为本，逢年过节堂上悬挂列祖列宗的祖像、安放牌位，设五事（火烛、香炉之类），置祭品，五代以内的家族老少必磕头进香，行大礼、尽孝道。

台门遵守住宅空间的人文序位，晚辈、佣人住侧屋，长辈、嫡子、嫡孙住倒座屋，大家闺秀居住其间。

6. 代表建筑

1）鲁迅祖居——周家老台门

鲁迅祖居——周家老台门位于绍兴市市区鲁迅中路，约建于1810～1813年，是比较有代表性的族居古台门。老台门坐北朝南，占地3087m²，青瓦粉墙，木结构，是一座典型的士大夫住宅。其主体建筑共分四进，第一进俗称"台门斗"，仪门上方悬挂着一块蓝底金字的"翰林"匾。匾额的两旁各有一行泥金小楷："巡抚浙江等处地方提督军务节制水陆各镇兼管两浙盐政杨昌浚为"和"钦点翰林院庶吉士周福清立"。

第二进为厅堂，俗称"大堂前"，是周氏族人的公共活动场所，以作喜庆、祝福和宴会宾客之用。厅堂正上方高悬一块大匾"德寿堂"，两旁柱子上有一副红底黑字的楹联：品节详明，德行坚定；事理通达，心气和平。

第三进是香火堂，是作祭祀祖宗和

图7　沈家台门

处理丧事的地方。

第四进为楼房，亦称座楼，为居住之用。第一进至第四进的左右，均建有对称的侧厢、楼房，房与屋之间都有廊屋贯通，以蔽日晒雨淋。两侧天井点缀若干假山、石池等小景，雅而不俗。整座周家老台门布局周密、严谨，极富绍兴地方特色，远远望去，白墙黛瓦，黑白分明，富有韵味。

2）沈家台门

沈家台门位于嵊州市崇仁镇蟹眼井路18号，清同治年间建造，坐北朝南，建筑面积1230m²。沈家台门布局上反映了"尊礼"的文化内涵，严格遵守古代庭院之制，纵向展开院落式组合，沿中轴线依次为灶厅、天井、门厅、天井、座楼，天井左右有侧厢（图8）。与绍兴市区台门不同的是，沈家台门的大门直接开在房屋的侧面，直接对着天井（图7）或座楼前的备弄廊道上。门厅与侧厢以封火墙分隔，单层三开间，明间为内四界的抬梁式木构架、次间插梁式木构架。座楼二层七开间，插梁抬梁结合式承重木构架。地面采用三合土泼墨桐油磨砖地面，屋面用圆椽、施杉木瓣，小青瓦屋面。厅与厢房间均用走廊连接，形成四面互通的回廊。

沈家台门是崇仁沈氏家族因经商聚居而建造，见证了沈氏家族的兴衰过程，是传统村镇间业缘联系的乡镇体系发展演变的重要实例之一；建筑随家族酒坊的发展而选址，住宅、作坊反映了乡镇以农为本，手工业为辅的生活形态。

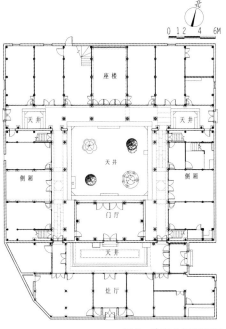

图8　沈家台门平面图

成因

台门的形成受到诸多方面的影响，其中文化因素是最主要的影响因素，而地形、自然气候、经济等因素则是对台门的形成发展起了一个限定作用。台门的形成是绍兴古越文化与中原文化融合的结果，两宋时期达到高峰，明清最终定型、兴盛。绍兴台门民居的发展，是当时社会潮流与文化的产物，结合地域特点与民俗民风，形成了特色的地域民居。

比较/演变

台门从早期的干栏式，经过自身发展，形成浙江本土民居的一堂两室之制，而后结合绍兴自然地理气候因素，以及受到生活习俗、经济文化等影响，经过与中原民居文化的融合，演变出了独特的台门民居。与北京四合院（房房分离、以游廊相连）相比，绍兴台门风格秀丽灵巧，布局比较密集，房与房之间直接相连；与宁波大墙门（大宅、家庭为中心、风格多样）相比，绍兴台门以祖先为中心，布局严正，尊礼。

浙东民居·千柱屋

千柱屋是聚族而居的大型民居群落建筑，以三合院、四合院为基本居住单元，在中轴线上前后、左右叠加，周围环以小屋建造构成多重轴线的重重院落。建筑体量规模宏大，多天井院落，整体布局严正，气势恢宏。

图1 斯盛居鸟瞰

1. 分布

千柱屋主要分布在绍兴市诸暨斯宅乡，是清代江南典型聚族而居的大型民居群落建筑，现保存完好的大屋有十余幢，规模从数百平方米到近一万三千余平方米不等。

斯氏从唐中和四年（884年）定基于诸暨上林（即现在的斯宅），清代中晚期财富积累日巨，民居建设达到高潮，先后建造了斯盛居（图1）、发祥居、华国公别墅、盟前畈台门、上新屋、花厅门里、居敬堂、新谭家、上泉上新屋等，留下了"青砖白墙瓦、小桥流水人家；庭前柴门竹篱，屋内锄、犁、耙，左邻右村鸡犬相闻，融融洽洽一家"，为中国典型聚族而居的村落风貌。

2. 形制

千柱屋带有明显的早期坞堡遗风，斯宅典型民居斯盛居平面为横长方形（图1、图2），十分规矩，四周围以厚重的墙体，围墙以内纵横轴线交错，构成重重院落，围墙以内有十余组院落，用柱号称近千余根，故民间直呼"千柱屋"，而不知有斯盛居之雅号。

千柱屋建筑规模庞大，与浙南地区套屋相似，常常是屋舍相贯、院庭联幢。千柱屋平面有多条轴线，主轴线从前往后依次为门厅、天井、大厅、天井、座楼，是以中间"日"字形、"目"字形等大屋为主，两侧再加廊房，住房整体像一个"回"字样把大厅套住。以十三间头或十八间头为单元，进行组合，形成多进院落式大屋，又以此为主体，向四周发展辅助用房或小家庭，这些辅助用房或小家庭也是以十三间头为模式的，围着中央大屋布置，像套子一样套在中央大屋两旁。

千柱屋的形式也不是刻板的，各地根据人口情况和用地条件有所变化，有三进两院加套房、前厅后堂加套房等形式。

3. 建造

千柱屋各进建筑之间设天井，中轴线天井正中设甬道，甬道用石板铺地，甬道以外及其他天井为卵石铺地，天井四周设排水沟，室内用三合土划线仿方砖铺地。四周围以高峻封火墙围合，墙基采用大块卵石打底，卵石以上用石条压面，墙体青砖砌筑。梁架形式以抬梁式与穿斗式共有，中轴线明间采用抬梁式（图3），其余为抬梁穿斗结合。屋面在木构架上钉椽子、铺设望砖、小青瓦。大厅多为单檐，其余厅堂及侧厢多为重檐。

4. 装饰

由于明清时代住宅等级制度规定："庶民庐舍不过三间五架，不许用斗栱、饰彩色"，豪门巨贾为显示富有，就大量使用砖雕、石雕、木雕等雕刻工艺。

绍兴属于东阳帮木匠建造活动范围内，所以兼有古越建筑、东阳建筑双重风格，梁、枋、斗栱、隔扇、雀替、窗棂等均用木雕；马头墙、屋檐、隔断等用砖雕，门框、柱础、井栏等用石

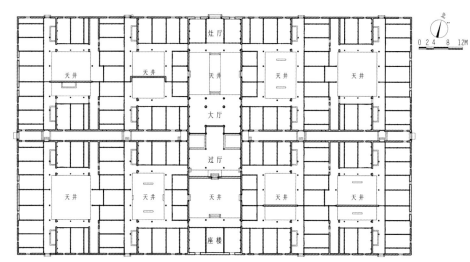

图2 斯盛居一层平面图

图3 斯盛居大厅抬梁式梁架

雕，其中之石窗、月梁库门为其他地区
罕见。装饰题材丰富多彩，雕刻有戏文
人物、龙凤麒麟、草木花草、珍禽异兽、
寓意吉祥、山水景观等，手法细腻感人，
赏心悦目。此外，几乎所有大屋均是"标
题屋"（图4），众多的匾额都极具文
化内涵。

5. 信仰习俗

千柱屋是典型聚族而居的大型民居
群落，其整体布局严格遵守古代庭院之
制，符合"族房制"下的家庭分房居
住的要求和原则。千柱屋后厅多为家
庙，是供奉祖先和祭祀场所。

6. 代表建筑

1）斯盛居

斯盛居位于诸暨市斯宅乡东白湖
旁，建于清乾隆年间，核心式大型住
宅，坐南朝北，通面宽 108.56m，南北
深 63.10m，占地面积 6850m²。

斯盛居由二房斯元儒出资建造。据
《暨阳上林斯氏宗谱斯元儒传》载：元
儒平生"大造房屋，檐柱着地，不可以
数记，其所住本支者，规模宏远。"其
所住本支者即斯盛居。

斯盛居建筑一正门，四边门，共五
轴，主轴线共三进，由一个十八间头加
一个十三间头组成"日"字形合院，依
次为门厅—大厅—过厅—座楼，当中两
院十二个厢房。厅堂两侧用轴线对称式
各布置四个四合院，前后院用一条横向
弄堂（图5）防火并相隔，形成了厅堂
居中，两旁八院格局，内有 10 个院落，
36 个天井，各院落由檐廊（图6）相连。
整幢屋有房间 121 间，1322 根柱子。
正厅五架抬梁，房间穿斗，整座屋不用
一枚钉子，全为竹钉木钉。

斯盛居的匾额极具文化内涵，出
于《论语》"唐虞之际，于斯为盛"，
及《礼记正义序》："郁之乎文者哉
三百三千，于斯为盛"。"盛"，兴盛
之意，"斯"字则一语双关，本意同"于
此"，亦寓"斯氏"。斯盛居正大门青
石门额"于斯为盛"四个九叠篆字系临
摹宋代大书法家米芾字体。

图 4　斯盛居正台门　　　图 5　斯盛居弄堂　　　　　　　图 7　发祥居正立面

图 6　斯盛居檐廊　　　　　　　　　　图 8　发祥居大厅与侧厢

2）发祥居

发祥居（图 7），因门额携"长发
其祥"而名，寓有久发、吉祥之意，较
斯盛居位于上林溪之下游，当地俗称"下
新屋"。发祥居建于清嘉庆年间，斯
元儒胞兄元仁所建，现斯氏后裔居住。
建筑坐北朝南，总面阔 59.4m，总进深
54.8m，占地 3255m²。

发祥居有三条轴线，主轴线为厅
堂，共三进，中间由一个十八间头加一
个十三间头组成"日"字形厅堂大屋，
中轴线上依次为门厅—天井—大厅—座
楼，两旁为厢房（如图8）。两房东西
廊屋九间二天井三弄，回字形。大厅
七间、四暗三明，明间五架抬梁，次
间前廊筑双步船篷轩。

发祥居布局合理，建造讲究，雕
刻精美，所刻木雕有 37 种图案，包括
十二生肖、梅兰竹菊等，有雕刻艺术殿
堂之誉。

成因

千柱屋是一个家庭发展成一个
家族聚集而居的必然过程。移民带
来的文化因素，与周边地区的交流
深度，加上本地区的自然气候、地
理经济等因素影响，千柱屋的形制、
风格发生了变化，越来越趋向于成
熟。另外东阳帮木雕的影响，加上
绍兴盛产石材、擅长雕琢石材，使
得千柱屋的木雕、石雕精妙绝伦，
注重透视及视觉效果，极负盛名。

比较 / 演变

斯氏民居平面布局不同于绍
兴、东阳民居，带有明显的早期坞
堡遗风，斯盛居平面为横长方形，
十分规矩。发祥居略呈方形，纵横
轴线各有三条，前后三进。与杭式
大屋比较，存在以下不同：杭式大
屋多不设置厢楼，而是做成柱廊，
显示出开敞通透的效果。杭式大屋
基本上仅包含了一个核心的家庭，
而千柱屋除中轴线外，其他轴线主
要为家庭的分支，是累世同居的大
家族式的布局。

浙东民居·走马楼

"细砖黑瓦马头墙，游廊挂落花格窗"说的就是舟山的走马楼，主要分布在舟山本岛和岱山等面积较大或较富裕的岛屿。最早建于明清时期，以四周都有走廊可通行的四合院楼屋为典型居住单元，平面布局讲究左右对称，两翼合抱。舟山民居作为浙东民居的延续，居住理念、房屋结构、居室布置也与浙东地区相差无几，只是更富有海岛特色。

1. 分布

走马楼因建筑形式规模宏大，布局合理，用材考究，制作精细，需要大量的财力、物力，所以多分布于舟山本岛和一些曾经商贾云集或聚族而居的乡村。现保存较好的走马楼多集中于舟山本岛、岱山岛和金塘镇大鹏岛等地。

2. 形制

走马楼宅院多数坐北朝南，一般占地在 $800m^2$ 左右，以门楼中心为中轴线对称，依次布置前屋、左右厢房、正屋和后厢，分别组成一大一小两个天井，大天井石板铺砌，宽敞规整，小天井为内家活动区（图1）。个别大户人家在大天井左右两侧再派生出两个小天井和厢房，作为佣人生活区。前屋为穿堂屋，三开间或五开间，进深较小，部分宅院没有前屋。左右厢房通常三开间，或者直接与前屋、正屋相连，或者用山墙与正屋相隔（图2），通过骑楼与正屋相连。正屋一般五开间或七开间，不仅开间大，进深也大。前屋、正屋和左右厢房均为上下两层建筑，层高也高于普通

民居，楼与楼间四角处设楼梯，围绕天井，通过连廊连成一体，四面八方，间间相通，优雅气派。

3. 建造

建筑台基由条石构筑，山墙与围墙多采用下石上砖的结构。梁架采用传统的穿斗式，柱粗梁壮，柱下施青石柱础，回廊设廊轩（图3）。一层窗下设石板槛墙，一层明间、连廊及楼梯间采用石板铺地，其余房间为木地板。小青瓦屋面，硬山顶，檐口设封檐板。

4. 装饰

舟山普陀山是世界闻名的观音道场、佛教圣地，佛教"八宝"、祥云、如意、卷草纹等含有佛教教义的纹饰，以砖雕、石雕、木雕为载体，在墙门、门窗、屋脊等重要装饰构件随处可见。这些纹饰常常寓意着贞洁高尚的品性，坚韧不拔的意志和吉祥、美满的愿望。"屋将军"脊首是舟山民居所特有的。"屋将军"是瓦房脊正中的砖刻，房脊正中有"坐脊佛"（图4）。

5. 信仰习俗

图1 王家住宅正房与厢房

院落的中心建筑正屋居中一间叫"堂前"，通常不住人，作为整个家庭权利的象征，是供奉祖先牌位，执行宗教祭祀功能的场所，也是举行家庭会议的场所。中间挂祖先画像，或挂其他一些字画，画像下方摆设长桌或方桌，桌边有太师椅。这种形式就是追求儒家"天人合一"的审美理想，强化"天人合一"的设计理念。

6. 代表建筑

1）柴家老宅

柴家老宅亦称柴家24间走马楼，位于舟山普陀区展茅镇，始建于清康熙三十九年（1700年），占地面积 $1800m^2$，建筑面积 $2200m^2$，实际这里的房间有70多间，是舟山规模最大、时间较早、保存较完整的古民居。

整座大宅坐西朝东，正门朝南，门首上有道光二十二年的"亚魁"匾额，纵轴线上依次为遮楼九间、穿堂楼七间、门楼、祖堂楼七间及左右厢房（楼）各六间。三山式台门和隔火墙在院中横穿而过，成为建筑的横轴线，把大宅分为东西两院（图5）。

图2 许毅住宅走马楼正屋与厢房

图3 王家住宅二层廊轩

图4 柴家大院"屋将军"

图 5　柴家大院台门、隔火墙

图 6　朱家住宅正屋及厢房

祖堂楼为其主要建筑，堂内挂"茂林堂"匾额，祖堂楼通面阔 27.65m，通进深 9.10m，穿斗式用九桁前设廊子，檐柱柱头施单翘斗栱，重檐硬山顶，盖小青瓦。挑尖梁头雕呈尖状草龙头，雀替上饰卷草及回纹，花格门窗上雕饰动物、人物等纹饰（图 7），显然其雕刻部分比早期民居要显得精致细腻。

2）王家住宅

王家住宅别称王家走马楼，位于舟山定海区东管庙弄 51 号，建于清代，大宅坐西朝东，占地面积 841m²，现存前屋、正屋、左右厢房等建筑物，建筑山墙均为五山马头墙。正屋七间，外砖内木结构，通面阔 29m，通进深 9.7m，用九桁，均用穿斗结构，西面为重檐，硬山顶。石板道地四整平方，走廊围柱花顶，根根柱头有兽头和人物故事雕饰，整座住宅古朴而又典雅，气派非凡。

王家走马楼的精华在于其门楼，高与墙相齐，分上、中、下层。上层为砖雕斗栱，中层雕有"万"字回龙、金钱蝙蝠等图案，以及"寿星送桃"等 10 多幅雕砖作品，并塑有牡丹花篮、和合双喜上下吊柱，正中镌有"紫气东来"篆书砖匾。下层为又宽又高的石门框，夹角（门框左右两角）上雕凤凰牡丹和状元及第、姜子牙八十遇文王的戏文名。门楼雕塑的图像均寓意"荣华富贵、吉祥如意"。如此气派、精致的门楼在舟山实属罕见（图 8）。

图 7　柴家大院花格窗

图 8　王家住宅门楼

成因

由于历史原因与地域经济制约舟山住宅建筑成熟时期较晚，舟山的走马楼合院是明清受西方势力的影响，资本主义萌芽，东南物流兴起以后的产物。主要集中在舟山几个大岛的商贸中心或海上交通枢纽地带，如以前的定海城关、沈家门渔港、岱山高亭镇等。走马楼整体建筑布局合理，制作精细，装修考究，多数围墙高大，门楼气派。

比较/演变

走马楼最早出现在明清时期，随着时间的推进，外来文化对中国传统文化的渗透，走马楼在保留了传统的布局形式的基础上采用了西式建筑风格、装饰方式。清末民初，出现了一些中西合璧式的走马楼，如舟山定海东大街 127～131 号的"许毅住宅"在门窗上采用西式的拱券装饰。舟山定海区东管庙弄 1 号的"朱家住宅（朱占山老宅）"采用了西方近代外廊式建筑结构，也保留了中式的柱础、廊轩、雀替等特色构件（图 6）。中华民国中后期更是采纳了西方近代建筑艺术构思，出现了纯西式风格的走马楼，如舟山定海区人民南路 248 号"潘尚林住宅"，钢筋水泥结构，水磨石子的柱子、柱础、台阶，彩色马赛克的楼地面和石灰堆塑的天花板。这些近现代风格的走马楼具有浓厚的历史背景和明显的时代特征。

浙东民居·十八楼

十八楼是台州地区最有特色的传统大屋，在天台也称"十八道地"，即十八个天井，其建筑规模可见一斑。十八楼在规模、格局和工程做法都保持了一些宋式做法，建筑规模略小于同一地区的"三推九明堂"，但其布局灵活多变，建筑群中天井运用灵活，不仅是园林风格形成的前提，还保证了建筑有充足的采光、通风条件，极富地方特色。

图1 张文郁旧居度予亭

1. 分布

十八楼主要分布于天台一带，天台县城老城区尚遗留有十八楼的大宅邸，但均已是十分不完整，主要以华光巷的张文郁旧居为代表（图1）。

2. 形制

十八楼通常由几组院落围绕主院落，采用自由布局的方式组成，各个院落互相环套，院落边界不整齐，内部交通线路复杂。每个院落多为强调中轴线布置的三合院或四合院，主院落多为正方形，以天井为中心，南（客厅）、北（正厅）、东、西（横厅）四个厅向心对称布局，俗称四面厅（图2），两厢中的一个横厅往往兼书房，一面向着正院，另一面向内院。每个院落都有一个建筑独立于其他建筑，成为这组院落的点睛之笔。每个院落围绕天井都带有围廊，院与院之间也通过连廊连接。

整组院落的对外大门多开在左前房厢房上，家人进入大门后通过厢房走廊直接进入内院，客人入内转前院或门巷

进轿厅（图3）。轿厅是独立的，一般三间，一层或两层。

3. 建造

十八楼的梁架形式基本采用抬梁式做法。即在屋基上立柱，一般直径在16～26cm之间，粗细适宜。柱上支梁，梁上再放短柱（蜀柱），其上再支梁，梁的两端承桁，空间较大，但用材较多。一些开间与进深较小的房子采用穿斗式结构。建筑台基均用石砌，边缘盖阶条石，地面铺地有用大青石交错铺成，也有用小方石斜铺的，讲究依柱中轴线向两侧砌放。院落外墙采用青砖，蛎灰粉墙，单体建筑内部采用木隔板或编条夹泥墙，在柱子与穿枋之间以竹或茅杆编成墙状，外面用黄色黏土拌少量的稻草捣筑而成，再外施粉刷。外部采用木、石混合墙，窗下沿至屋顶采用木窗，而至地面则用8cm厚的石板直接落地，简洁朴素。建筑屋顶多为硬山顶，椽上横铺望砖，上覆蓖席，阴阳合瓦顶、饰以花边瓦、滴水瓦。屋脊有用筒瓦的，

图3 张文郁旧居入口

图4 张文郁旧居柱础

图5 张文郁旧居书房内院落

图2 张文郁旧居四面厅

图6 张文郁旧居月洞门、度予亭

也有砖和小青瓦叠砌的。在工程做法上保持了某些宋式做法，如：用梭柱，正房前檐柱多施斗栱，屋面明显生起，斗栱古拙，柱础石与阶条石有榫相接。

4. 装饰

建筑装饰不尚彩画而注重雕饰，门窗、斗栱、梁头、柱础雕饰繁褥华美（图4），尤以格扇门上的雕饰最为精细。格心部分饰夔龙、蝠纹、草叶纹等，绦环板上则多见人物故事画的浅浮雕，柱础一般饰以卷草、莲瓣，图案，造型稚拙可爱，时代特色鲜明，具有较高的艺术水平。十八楼院落内天井较多，多用叠山、培花、植木、养水等方法布置天井，力求庭园中有自然的情趣（图5）。

5. 信仰习俗

十八楼的向心建筑形式体现了中国传统的家庭观念，受强烈的宗礼制度的影响。成熟的尺度和空间安排使建筑严格区分内外空间，尊卑有序，讲究对称，对外隔绝，自有天地。

6. 代表建筑

张文郁旧居

张文郁旧居位于天台县城关镇赤城街道的华光巷，是明代工部侍郎张文郁晚年的读书处，张文郁（1578～1655年），字从周，号太素，天台茅园（今茭园）村人。曾受命监修故宫皇极、中极、太极三殿。后辞职还乡，著有《度予亭集》。

张文郁旧居始建于明代末年，原有规模较大，有"十八道地"之称。现存建筑占地面积为2143m²，由来紫楼、三逸阁、养真堂院落组成，庭院内还点缀有假山、鱼池、小桥等，是一处兼有园林特点的民居建筑。

来紫楼院落为一进四合院，坐西北朝东南，占地646m²，前临华光巷，后与度予亭院落有夹道相通。正房为面阔五间，进深四间的二层楼阁，带前后廊。左右两厢与倒座皆为单层厅堂。正门设于东南角（临华光巷），从厢房与倒座之间辟过道进入院内。左厢房后设一天

图7 张文郁旧居石拱桥

图8 张文郁旧居月洞门、题匾

井，堆叠假山，植树数本，环境清幽。倒座后亦开天井，中掘鱼池，两侧以石洞门贯通。从正房前廊往南可抵一小跨院，该跨院一面高墙临巷，三面布置建筑，体量较为低矮。

三逸阁院落与来紫楼院落仅一弄道相隔，为一进三合院，自成单元，占地396m²，坐西北朝东南。大门设在右厢房次间，为一门屋。正房面阔五间，二层楼阁，悬山顶，正脊略生起，其中明间屋面高于两次间（明间为三重檐，实为二层楼），次间屋面高于两梢间，错层形处理。左右厢房为面阔三间的单层厅堂，为硬山顶。正房后设小天井。前檐地面用石板刨光铺地砌成"凸"字形月台，围以雕花石栏杆。

养真堂院落建于明崇祯七年（1634年），沿中轴线呈对称布置，自南往北由马厩、连廊、月洞门、度予亭（图6）、中堂、东西偏房、正厅、东西厢房、东南侧正门组成。由华光巷左侧门头西进，有敞廊引向第一进建筑，北开月洞门用八块弧形条石相接而成，底部有云浪花纹，古朴典雅，起到了良好的景框效果。第二进为建筑较为高大的三合院，一座歇山顶的方亭与正房相接，亭前设水池，上有玲珑小巧的石拱桥（图7），院中栽花植桂垒石，十分幽雅。月洞门前有清初周长发"丹桂擎天"题匾（图8）。院两侧分别用漏穴、隔墙把左右两厢房隔成狭长的小天井。方亭取名为"度予亭"。清乾隆二十一年（1756年），裔孙张于藩在亭后建造专祠，有正堂七间，形成第三进四合院。其中正厅五开间两层楼阁，后设小天井，左右有两个小跨院。东南侧正门额镌"资政大夫之第"。

成因

天台是一个产生思想的地方，佛教、道教、儒家文化在天台碰撞融合孕育出天台山文化。天台英才辈出，人文荟萃，也是北方豪强南下按姓聚集而居的好地方，他们都受到天台山文化影响，在营造自己的家园时既遵守传统礼仪、国家法制，又爱惜自然，创造一种能满足儒、佛、道三合一需求的空间。四向明堂之制，使空间处于一种有无状态，是人参禅、悟物、实现缘起的最好空间场所。张文郁故居的书房设置，其一面朝向的核心院落是礼仪空间，另一面朝向的小天井、小院落，是一个极安静的读书、探索、格物、参禅空间。正如刘壎《隐居通议》卷一所说："人性中皆有悟，必工夫不断，悟头始出。如石中皆有火，必敲击不已，火光始现。"

比较／演变

十八楼与三推九明堂都是以"四面厅"为基本院落，排列组合而成。相对三推九明堂严格的中轴线对称布局，讲究森严的宗法观念和家庭制度，十八楼主要围绕院落向心布置其他小院落的自由布局，更好地体现了部分文人士大夫在遵守传统礼法的同时，对自然、个人需求的追求。

浙东民居·三推九明堂

台州地区俗称的"三推九明堂"是比十八楼规模更大的宋式老屋，与温州地区的三进九明堂大屋（"日"字形大屋）相比，三推九明堂总平面为三个连贯的"口"字形即"目"字形大屋。三推九明堂为四合院式套屋，建筑形制规整，气势恢宏。

图1　街头曹氏民居鸟瞰

1. 分布

三推九明堂是天台地区主要的民居类型，因其规模较大，故多为书香官宦人家宅第、工商地主住宅。三推九明堂多集中在天台，市区多位于文明巷、四方塘路、永清街或泰宁街，下辖地区平桥镇张思村，仙居白岩下村也保留有三推儿明堂，规模宏大，庄重精美。

2. 形制

三推九明堂，是由三个大院（前院、中院、后院）（图2）三进主屋，九个客堂，四个弄堂，外围几个小院和抱屋组成。如此规模的民居，往往占地几千平方米，它使本家几代人聚居而不至于分散。三推九明堂是在十三间头的基础上发展过来的，清以前多流行"口"字形四合院（图3），多个"口"字形四合院叠加形成了三推九明堂。正厅七间，中厅开间较大，两侧两个大房间，再侧两个双间限房（俗称双间六顶），作厨房用；东西两厢各一个横堂，两个厢房。前有屏墙，屏墙外是大门。为了

使前后三个大院往来便利，两则开有大街堂。三个院落各有自己的侧门，平时三院是隔断的，过年过节或红白喜事时才连成一体。中华民国时期，限房不作灶房，改为一间横堂，一间房间，围以围墙，成一小院（天井），灶房，厕所另建附屋，和主屋隔开，如街头余氏民居等，是典型的三推九明堂大屋。中国传统社会的宗法观念和家庭制度有密切关系，在大户人家，有讲究几世同堂，等级分明的大家族集居习俗，三推九明堂规模变大，演变成套屋，如天台街头曹氏民居，主轴线上为五进四明堂，为礼仪祀祭空间；两旁围建住房带连廊、主体建筑，两侧又围两列住房，围屋和主屋间布置十个天井用以采光、通风、排水，反映出"天台人多聚族而居，重宗谊，善团结"的特征。

3. 建造

三推九明堂梁架形式以抬梁式为主，局部用抬梁、穿斗相结合（图4）。地面有石板地、桐油石灰地、泥地、

砖地等类。石板地采用四方或三角石板拼铺，桐油石灰地，用熟桐油、石灰、黏土拌和一起，摊平实，光滑坚实而耐用。天井多以卵石或石板铺砌。建筑四周围以高峻封火墙围合，墙基采用大块卵石或石板打底，上用石条压面，墙体青砖砌筑。局部建筑也以石板砌筑外墙：把石板竖向排列做外墙（板长200～240cm、宽60～90cm，厚6～9cm），手法简洁巧妙，使构造和艺术处理融会在一起。屋面用圆椽，覆篦席，阴阳瓦合顶，饰以小青瓦，青瓦斜铺作脊，两端做有纹头。

4. 装饰

三推九明堂的装饰主要有两方面：木装修玲珑空透、石雕精湛。木装修主要使用在围护结构上，集中于环绕庭院一圈廊道的门窗上。斗栱、雀替、梁头雕饰精美，采用浮雕技法雕出各种花草及吉祥图案（图6），其中以花窗格扇门上的雕饰最为精细，裙板部分饰蝠、鹿、花鸟、鱼虫等吉祥图案，绦环板上

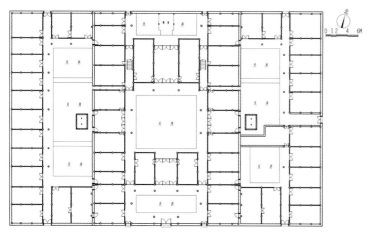

图2　后新屋里平面图

图3　街头曹氏民居大院

则有"喜鹊携梅"、"五谷丰登"、"六畜兴旺"、"松龄鹤算"、"文房四宝"和人物戏文故事等浅浮雕。图案及造型稚拙可爱，轻盈空灵。石雕主要位于大门、柱础、石窗、墙头、鱼池等。石刻漏明窗，花纹种类很多，从直棂到回字纹、縢状仿木窗格都有，匀称流畅。

5. 信仰习俗

三推九明堂是聚族而居的民居群落，其整体布局严格遵守古代庭院之制，符合"族房制"下的家庭分房居住的要求和原则。后院多为家庙（图5），是供奉祖先和祭祀场所。

6. 代表建筑

1）后新屋里（谷饴楼）

后新屋里又名谷饴楼，位于天台县平桥镇张思村，系钦泽公建于清道光十年（1831年），建筑（图2）坐北朝南偏东13°，平面布局呈矩形，占地2170m²，建筑面积2409m²。谷饴楼共三进，由一个大四合院和八个小四合院组成，两边抱屋基本完整，共计五十余间。

建筑基本为中轴线对称，中轴线上由南往北依次为门楼、天井、前厅、天井、正厅、天井及佛堂。除佛堂外，其余中轴线建筑均面阔三间。台明、沿阶均用刨光石板铺筑。天井用卵石铺设吉祥图案（图7）。屋架为抬梁穿斗结合式承重结构，柱头科与牛腿有机结合，牛腿上施平板枋出昂置斗栱雀替以承托檐桁。建筑外墙砖砌，内墙版筑。正台门重檐翼角，斗栱重昂，砖雕石鼓，盘方拗线，层层递出，组合巧妙，气宇轩昂，门匾上书"灵山拱秀"。两侧设边门，翘角飞檐，门额上书"迎薰"、"纳翠"。东西小天井各设一鱼池，石板砌筑，石雕精湛，石窗上铭刻着"蝠"、"鹿"图案，寓意福禄绵长。

2）街头曹氏民居

街头曹氏民居位于天台县街头镇嘉图街侧，由老宅和新宅二个群落组成（图1）。老宅建于清乾隆五十年（1785年），是典型的天台三推九明堂民居。前有台

门（图8），依纵轴线布列三进正屋，分割为三座四合院，两旁皆有厢房，四周走廊贯通，有100多间屋子，总建筑面积近三千平方米。正台门额上有清代书法家题词："屏山襟水"，下档台门题词为"聚青凝紫"。新宅建造年代稍晚，依纵轴线前后布列两座四合院，原为街头曹氏当铺，其建筑总体仍为民居形式。

图4　街头曹氏民居梁架

图6　街头曹氏民居雕刻

图5　街头曹氏民居家庙

图7　后新屋里天井

图8　街头曹氏民居台门

成因

三推九明堂是在十三间头的基础上发展过来的，多为"口"字形三合院、四合院。因中国封建社会的宗法观念和家庭制度的影响，要求大家族聚集而居，加上各地经济政治、居住人身份不同，到清嘉庆道光年间，开始有三个连贯的口字形建筑，俗称"三推九明堂"。

比较／演变

与北京四合院（房房分离、以游廊相连）相比，三推九明堂风格灵巧雅致，布局比较密集，房与房之间直接相连；与十八楼（布局灵活、自由、不规整）相比，三推九明堂布局严谨规整。

浙西民居·十三间头

十三间头三合院是浙西地区乃至浙江山区合院民居中最为普遍的基本形制。其正屋及两厢的基本组成可满足一般家庭居住使用，其内外隔绝的孤立形态延续了中国农耕社会封闭性的基本特质，其装修装饰的特点却因各地自然条件与人文环境的不同表现出一定的差异性。

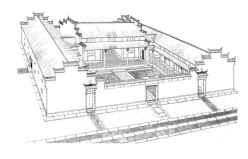

图1 东阳民居十三间头透视图

1. 分布

十三间头三合院是金华地区主要的民居形制，分布于下属婺城、金东、兰溪、浦江、义乌、东阳、磐安、永康、武义各县（市、区），因此地原属婺州，可视其为婺州民居的主要形式，并以中部东阳、义乌等地最为集中。同时，也向邻近地区影响与扩散，邻近婺州的丽水、衢州、严州、台州、宁波、绍兴等地均有分布。

2. 形制

十三间头以一个三间头为正屋，两个三间头分别为左右两厢，再在正屋与厢屋交接处以两个"洞头屋"作填充连接，相互以弄堂（通廊）过渡。因为其由13间房组成，故俗称"十三间头"。十三间头是一种典型或标准的三合院，既是独立的居住单元，又可作为基本模块，组成居住群落。十三间头民居的组成较为清晰、简洁，平面也较为周正，常为"凹"字形的横向矩形。

3. 建造

十三间头以正屋、两厢，连同前部院墙组成封闭的三合院。特征是由三面住房、一面墙门构成一个天井院式宅院。正屋三间，中央一间多为敞厅，两侧为居室，正屋东西两翼各五间厢房，其中三间面向院落。正屋和厢房多为两层，都有前檐廊，正屋和厢房之间设弄，成为正屋前檐廊的延伸，一头通向偏院，一头通向辅助用房，交通路线呈"凹"字形或"H"形等。

十三间头三合院的天井一般长宽各3开间，近正方形。因大井进深较大，可称为天井院或院子、院落。大门一般开在正立面墙体正中央，厢廊正立面上开两扇内门。构成三高（正屋屋面两厢马头墙）一低（天井围墙），中心对称，平面规矩。

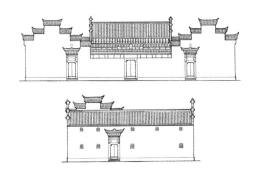

图3 东阳民居十三间头立面图

4. 装饰

十三间头民居，因为建造规模和财力限制，装饰相对简洁朴素。因地处八婺之地，受东阳帮建筑工艺的影响，柱头、梁端、枋底等大木构件，以及斗栱、雀替、拱版等处雕刻较多，小木装修，更是充分展现东阳木雕技艺，门窗格栅多饰雕花，同时，柱础、门框等处的石雕、窗户、檐头的砖雕，以及屋面马头墙乃至脊砖等，均饰雕刻。入口台门形制相对简单，一般作石库门状，门罩多仅作叠涩挑出。

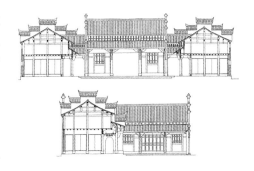

图4 东阳民居十三间头剖面图

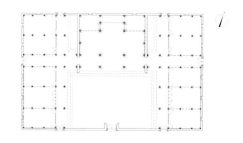

图5 东阳史家庄花厅平面图

图2 东阳史家庄花厅全貌

图6 东阳史家庄花厅洞门石雕

图 7　东阳史家庄花厅明间木雕

图 9　东阳史家庄花厅照壁砖雕

图 8　东阳史家庄花厅檐下牛腿

图 10　东阳史家庄花厅墀头砖雕

5. 代表建筑

1）东阳史家庄花厅

该建筑位于东阳市巍山镇东方红行政村史家庄自然村南部，1915年落成。建筑坐北朝南，总面宽34.2m，总进深21.5m，占地面积740m²。由正厅3间和东、西厢房各5间组成，左右对称，呈十三间头三合院布局。正厅硬山顶，重檐两层，楼下敞开作厅堂，明间设抬梁，前廊设木雕天花，次间穿斗式构架。东、西厢房分列正厅左右两侧，通过一短廊与正厅前廊相连接。厢房硬山顶，重檐穿斗式两层楼，前廊敞开作通道。照墙，中开大门，两端与厢房山墙相接，墙帽双落水花脊，内侧墙面上部堆塑花卉、人物风景等。全宅装修繁复，木雕、石雕、墙绘、堆塑等遍施其中，技艺高超，堪称中华民国时期东阳木雕与建筑结合的典范和婺州十三间头民居代表作，2011年被列为浙江省文物保护单位。

2）丁店十三间头民居

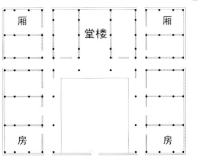

图 11　义乌丁店十三间头民居平面图

建筑位于义乌市廿三里街道王店村丁店自然村，清代建筑，建筑坐北朝南，占地面积426m²。该民居为前廊式天井院墙建筑，布局呈三合院结构。门斗辟随墙式石库门，两侧开边门，进大门为天井。堂楼二层双重檐，面阔3间，明间敞开为厅堂，次间厢房五柱七檩穿斗式，前檐施牛腿刻有古代戏曲人物，前檐廊贯穿辟龙虎门门额上刻有"培蘭"、"植桂"。两侧厢房各5间，前檐设廊。

成因

金华古称婺州，地形以盆地、丘陵、山地为主，物产丰饶，建材丰富；所属东阳号为百工之乡，建筑技艺历史悠久，尤其是木雕工艺享誉中外。金华号称"小邹鲁"，历史上文风较盛，民间创意较多。因地处浙江中心，交通便捷，与周边地区文化的交互影响较为充分。历代以来形成的尚古风、崇饰居等表现也较为明显。这些因素，促进了民居形制的创造。

十三间头民居的建造，限于财力，其筹划与备料周期较长，木石砖等取材多源自本地，经逐年累积而成。营建过程多有乡亲村邻参与，如平整基地、开挖基槽、夯筑板墙、铺盖屋瓦等，相互帮忙。但木工、泥工、瓦工、雕工等项工程，则以专业工匠操作。建造时，凡择基、开挖、立架、上梁、盖瓦等，多举行相应祈福仪式以祈福避凶。十三间头三合院多为普通民居，因而装饰简朴，但细部装饰反映了婺州传统工艺特色。

比较 / 演变

十三间头民居，其核心是三间头的组合与变化，正屋、厢房均以3间对应天井，势在均衡，四平八稳。其变化重点在于正屋与厢房的交接处：以正屋为主，则正屋为5或7间（稍尽间的开间会小于正中三间）；以厢房为主，则厢房为五间甚至七间（对应天井的三间之外，实与正屋连体），其中的不同在于柱网跟随正屋还是厢房。也有十三间头，正屋固定为3间，则两侧厢房各作7间，进而在后部形成横长的窄小天井，相当于"后院"。

十三间头作为浙江中西部地区乃至浙江山区最为基本的居住单元形式，其规模形制足可满足一般家庭使用，但因人口、财力、权势、荣耀等的变化或限制等，往小，11间、7间等也可组成三合院；变大，18间、24间及至36间等，均可实现多院落的形式。

浙西民居·十八间头

十八间头四合院在浙西尤其是金华中部地区较为普遍，作为形制完整的四合院建筑，在满足基本居住生活使用的前提下，其私密性、安全性保障大为提高，其内部的装修装饰乃至陈设布局等均因此而提升变化。作为居住建筑的细胞单元，成为大型居住群组的基本模块。

图1 旭光东十八间头民居院内

1. 分布

十八间头四合院也是金华地区主要的民居形制，广泛分布于金华下属婺城、金东、兰溪、浦江、义乌、东阳、磐安、永康、武义各地，尤以东阳、义乌等地最为集中，同时，也向邻近的丽水、衢州、严州、绍兴等地影响、扩散。

2. 形制

十八间头典型四合院是以十三间头三合院为基础，在正屋对面的照墙（照壁）位置增加5间倒座房，其中一间作为门厅通道，形成一个庭院广阔方正的四合院，平面呈"回"字形。这种布局形式，较之十三间头三合院，建筑更为均衡，使用更为便利。

3. 建造

十八间头以正屋、两厢，连同前部倒座房组成封闭的四合院。特征是四面房屋均可使用，中间天井须通过倒座房通外，因此更为私密。较之十三间头三合院，十八间头四合院中的正屋与厢房的相互交接无多变化，但厢房与倒座房的相互交接，则以厢房为主。十八间头

四合院，四面建筑正屋、厢房及倒座均以3间面对天井，常形成回廊。但倒座与正屋、厢房多为两层不同，以单层居多。十八间头民居，平面规矩，其内部主体交通路线呈"回"形。

4. 装饰

十八间头民居，虽建造规模扩大，但受制于财力，装饰仍较简洁朴素。同样受东阳帮建筑工艺影响，建筑大木构件如柱头、梁端、枋底以及斗栱、雀替、拱板等处雕刻较多，小木装修如门窗格栅多饰雕花，更充分展现东阳木雕技艺。除柱础、门框等处的石雕，窗户、檐头的砖雕等外，屋面马头墙乃至脊砖等均饰雕刻。较之十三间头，十八间头民居在院落入口处门楣上的砖石雕刻明显加强。

5. 代表建筑

1）旭光东十八间头民居

地处东阳市画水镇黄田畈行政村旭光市基南街，建于清晚期，坐西朝东，由正屋、左右厢房及门楼组成，呈四合院平面布局，左右对称，通面阔

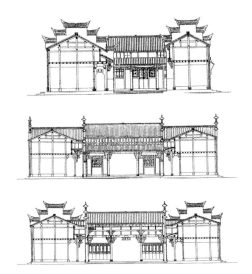

图3 东阳民居十八间头剖面图

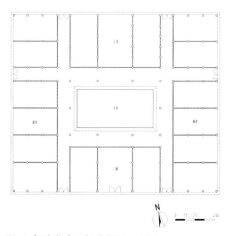

图4 旭光东十八间头民居平面图

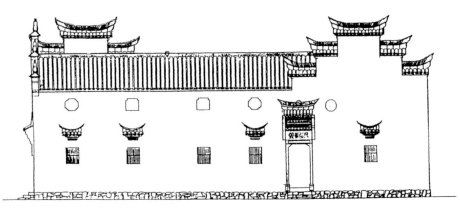

图2 东阳民居十八间头立面图

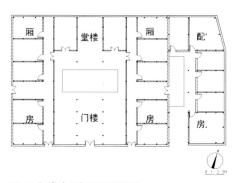

图5 缸窑十八间民居平面图

图6　缸窑十八间民居正面

27.9m，总进深23.7m，占地660m²。正屋3间，硬山重檐穿斗式二层楼房，檐柱设狮鹿牛腿。门楼3间，硬山单檐穿斗式二层楼房，楼下明间敞开作大门通道。厢房，两边各为3间一弄，为单檐硬山二层楼房，檐柱设"S"形牛腿。建筑木雕较为精细，技艺水平较高，门窗等保存基本完整，在东阳清晚期十八间头类四合院民居中具有代表性，具有较高的文物价值。

2）缸窑十八间民居谦受堂

位于义乌市义亭镇缸窑村，1915年建。建筑坐北朝南，为前后二进，左右厢房对合，二层楼房，呈"回"字形前廊式四合院与东面配房（三合院）组成，占地面积685m²。门楼面阔三间，底层敞开，明间穿抬混合式，用四柱六檩，次间边贴穿斗式用五柱，明间前檐辟随墙式石库门，龙凤版上刻"南极呈祥"四字，日月牌上为山水画贴塑。门前设3级踏跺，后檐施卷棚轩。堂楼3开间，穿斗式，用五柱七檩，明间底层敞开，次间用板壁隔断，前檐廊东西贯穿，辟龙虎门。左右厢房对合各6间，穿斗式，用五柱五檩，走廊南北贯通，两端辟侧门，上施砖细门头，门额上墨书"星辉翼轸"、"风协凯薰"字样；前檐设隔扇门窗。配房为一座三合院，坐东朝西，为排五二插结构，穿斗式，与十八间东墙相连。整座建筑布局合理，

图7　旭光东十八间头民居正屋隔扇

图8　缸窑十八间民居堂楼

图9　缸窑十八间民居厢房

规模较大，雕刻精美，保存较好，具有很高的文物价值。

成因

金华地处浙江中部，地形以盆地、丘陵、山地为主，使得物产丰饶，建材丰富。中部的东阳号为百工之乡，建筑技艺历史悠久，当地的工匠有"东阳帮"之称，尤其是木雕工艺享誉中外；金华号称小邹鲁，历史上文化发达，文风较盛，民间创意较多；因为地处浙江中心，交通便捷，与周边地区文化的交互影响较为充分；历代以来形成的尚古风、崇饰居等表现较为明显，这些因素在民居形制的创造上展露无遗。

十八间头四合院建筑的封闭性、私密性等明显加强，其建造的财力需求提升也反映到装修装饰等方面，建筑内部常设祭祀龛等祭天敬祖之物，院落内部的绿化陈设等也有所表现。反映出建筑的对外封闭性与对内活泼性的双向变化。

比较／演变

十八间头四合院在婺州民居中较为常见，但四合院建筑也有十六间、十八间头之区分，虽一般为前厅后堂布局，或前为倒座，后为正厅，但左右厢房的间数变化较之十三间头，要显得灵活。十八间头四合院建筑，因其形制更为规整、气派，除成为本地常见居住形式外，在对周边地区的"推广"应用方面，较之十三间头，明显占优。

十八间头虽组成了规矩的四合院，但使用功能与十三间头三合院相比，未见明显提升，这也是催生更大规模合院民居的重要因素。

浙西民居·二十四间头

二十四间头合院建筑在浙西尤其是金华地区较为普遍，由两个合院建筑组合而成，形成前厅后堂之制，不但满足而且提升了居住生活使用空间与条件，更符合中国传统农耕社会的思想行为规范，私密性、安全性得到进一步保障，同时内部装修陈设等进一步提升改善，由此促进了大型居住群组的不断出现。

图1 瑞霭堂前院厢房

1. 分布

二十四间头组合院落是金华地区重要的民居形制，广泛分布于金华下属婺城、金东、兰溪、浦江、义乌、东阳、磐安、永康、武义各县，并以中部东阳、义乌等地最为集中，同时，也向邻近的丽水、衢州、严州、绍兴等地影响扩散。

2. 形制

二十四间头以两个"十三间头"纵向组合，形成前院三合院、后院四合院的单体建筑。本是26间房的平面，因为此种组合，使得前院的3间正屋不作隔断（隔间）装修，形成3间开敞的大厅。婺州尤其是东阳一带，往往将这3间开敞大厅计作一间，故将26间俗称为"二十四间头"。二十四间头民居平面呈"日"字形。

3. 建造

二十四间头的建造，使得厅、堂的功能得到明确的区分与展现。前部为三合院，取消了倒座房，使天井及大厅更为敞亮。后部的三合院，使得堂屋的私密性得到更好保障。同时，厢房的布局也更规整、有序，整个院落的"日"字形交通格局也更为顺畅。况且，开辟更多对外通道的可能条件大

增。二十间头民居使得建筑立面也有了更多的变化，如厢房可建单层或两层，前、后院的立面高度更有变化，通风、采光、私密等各项条件大为改观。

4. 装饰

二十四间头民居，因为建造规模进一步扩大，也更显出丰厚财力的影响，装饰趋于精细、精美。受到东阳帮建筑工艺的影响，柱头、梁端、枋底等大木构件，以及斗栱、雀替、拱板等处雕刻处较多，小木装修更充分展现东阳木雕技艺，门窗格栅多饰雕花。同时，除柱础、门框等处饰石雕，窗户、檐头等处饰砖雕等外，屋面马头墙乃至脊砖等处均饰雕刻。较之十三间头、十八间头民居，二十四间头院落入口更有条件建为门楼，砖石雕刻技艺大为提升。

5. 代表建筑

1）东阳夏里墅瑞霭堂

建于清嘉庆年间，1994年从夏里墅迁建于东阳市横店镇明清民居博览城内。建筑坐北朝南，前后二进，由院墙、前厅、后堂及两侧厢房组成，分前后两个十三间头院落，总体呈"日"字形平面布局，通面阔27.8m，总进深40m，占地1115m²。正面院墙施四柱三间，

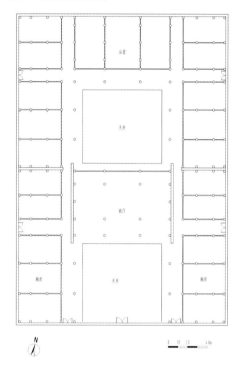

图4 瑞霭堂平面图

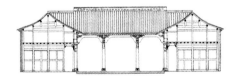

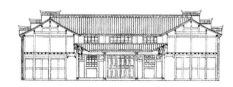

图5 瑞霭堂正厅与后堂立面图

图2 瑞霭堂前厅

图3 瑞霭堂砖石雕刻

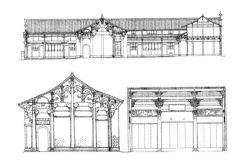

图6 瑞霭堂剖面图

图 7　瑞霭堂外观

水磨砖叠砌，上施斗栱，砖雕、石雕装饰繁复。前厅单檐硬山，3 开间，八架前轩后单步廊构架，檐柱设亭台楼阁人物故事牛腿。两边厢房各 5 间一弄，为硬山单檐二层楼屋。后院，后堂 3 间，左右厢房各 5 间一弄，均为硬山重檐穿斗二层楼屋，后堂 3 间前廊设船篷轩，檐柱设狮鹿牛腿。建筑集砖雕、石雕、木雕、绘画等装饰于一体，装饰繁复，工艺水平高超，为东阳清代中期民居代表。1995 年列为东阳市文物保护单位。

2）义乌黄山八面厅

位于义乌市上溪镇黄山五村。原名振声堂，坐西南朝东北，占地面积 2908m²。清嘉庆年间建成，八面厅整体平面近长方"回"字形，为宗祠与住宅相结合的浙中典型民居建筑。现存三路六院共 64 间，建筑面积 2660m²。八面厅规模宏大，布局结构独特，以一条中轴线和两条横轴线相交构成八面厅的主体建筑和附属建筑，沿中轴线依次为花厅、门厅、大厅、堂楼；中轴线南北两侧分别有两个三合院，四座厢厅，共八座厅堂。每个院落都有正厅、厢房、走廊、天井、自成系统。黄山八面厅用材考究硕大，雕刻工艺精湛，以木雕、石雕、砖雕艺术著称。2001 年列为全国重点文物保护单位。

图 8　瑞霭堂后院

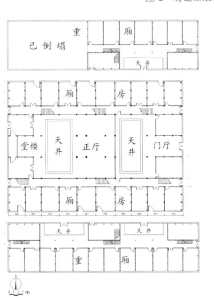

图 9　容安堂平面图

图 10　容安堂全景

成因

二十四间头民居形式的出现，源于建筑空间使用扩张的需求和建筑布局彰显尊卑伦理的需要。本地区丰富的物产、良好的环境以及成熟的建筑技艺等，推动了二十四间头民居的出现。由于建筑规模的扩大，选址择基也变得有讲究，趋向背山面水、融合自然等。建筑艺术装饰的丰富题材与精美雕饰展示着高超技艺，反映出当地的民间习俗与共同喜好，也反映出自然环境与人文习俗、公众伦理与自身修养的融合过程。

比较 / 演变

二十四间头民居作为婺州境内十三间头三合院的变体，丰富了建筑的内部构成与外观形式，满足了人口规模较大的人家的居住使用。作为一种居住形式，因其明确了前厅、后堂的功能，拓展了民居建筑的内涵，不能视其为建筑群体的组合形式，仍应视其为单体居住单元。

二十四间头民居，在婺州地区也有相应变化，或房间数多至 36 间，如设置重厢建筑；或前后连缀、左右拼合，如设置多重厅堂、左右跨院，形成多路多进建筑的组合，形成更为庞大和复杂的居住建筑，满足家族乃至氏族的合群居住，强化了乡村家族、宗族观念，对于农耕社会结构的稳定起到了积极的作用。本地民居聚居形态中，也由二十四间头合院建筑演变发展出崇祀与居住功能综合的套屋建筑，即建筑群落的中轴线主体建筑充作祭祀、议事场所，后院或偏院、跨院等供日常居住，如义乌黄山八面厅、雅端容安堂等。这些建筑，规模庞大、形制规整、装饰宏丽，多成为婺州地区民居形式的集大成者。

浙西民居·三间两搭厢

三间搭两厢意谓三间正屋连搭两侧厢房，是一种三合院居住形制，其变化核心是两厢房间数的多少。因财力限制或地势局限，厢房无从施展，不成独立规制，只能因势而作一二间搭于主屋。这种三合院民居形制在浙西山区顺应了自然条件与一般需求。

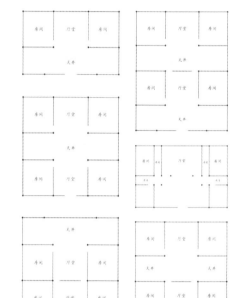

图1 瑞森堂正面门楼砖雕

1. 分布

在浙西的衢属柯城、衢江、龙游、江山、常山、开化各县区均有分布，是当地最为普遍的基本居住形式单元。由于地缘扩散因素，也影响到邻近的古婺州、古严州乃至江西玉山、福建蒲城等地。

2. 形制

"三间两搭厢"是三合院式住宅基本单元，又称半合式或三间两过厢，适合核心家庭居住。其典型平面为正屋三间，厢房左右各一间，围合形成天井，四周由高高的封火墙围合，建筑平面呈"凹"型，总体平面近呈正方形。根据大门位置，三间两搭厢又分两种：其一，正中前设正门，入内即为天井，称"吸壁天井"，取左或右厢房位置设楼梯；其二，大门开在厢房位，以厢房为门厅。讲究点的三间两搭厢，沿大门内墙设柱，上架一步架披檐，形成前檐廊，其披檐向天井排水，形成"四水归堂"格局。

3. 建造

"三间两搭厢"以厢房迎合正屋，明间（当地叫中央间）敞开，作为厅和香火堂，次间作卧室，厨房等设在厢房内。规模大的"三间搭两厢"左右各带厢房两三间，厢房通至正屋后檐，正屋实为五间。大门通常开在正中，也有开在轩廊上，少数把大门开在厢房上，以厢房为门厅，开在正中间的一般都设侧门，在"四尺弄"上，与偏屋（厨房、柴房、猪栏、牛栏等）相连。

4. 装饰

三间两搭厢建筑中，大木构件中，柱头、梁端、枋底，以及斗栱、雀替、拱板等处雕刻较多。小木装修中，门窗格栅雕饰精细。柱础、门框等处的石雕，窗户、檐头等处的砖雕，也精美细致。最有特色的是，该类建筑常在大门内墙立柱，上架一步架披檐，形成前檐廊，当地称"金鼓架"。这种做法既稳定了天井院墙，还起避雨、防盗、装饰的作用，使天井一圈布满木雕装饰的披檐，向天井排水，造成"四水归堂"格局。凡有金鼓架的住宅，大门都开在正面，并支承宅门上挑出精美的披檐门罩。

5. 代表建筑

1）莲塘瑞森堂

位于衢州市龙游县塔石镇莲塘村，

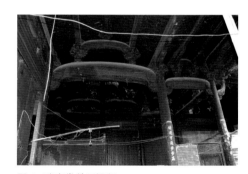

图3 三间搭两厢平面形式及类型

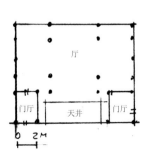

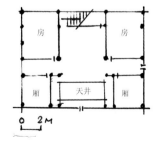

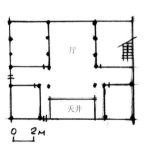

图2 浙西三间两搭厢住宅典型平面图

图4 瑞森堂前厅梁架

图5 三间搭两厢正屋梁家

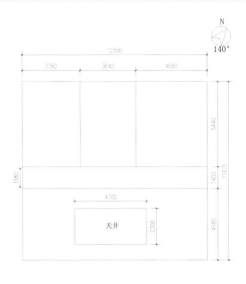

图6　卸厅邵氏民居平面示意图

建于清初。建筑坐南朝北，前厅后楼，占地面积370m²。前进面阔13.4m，进深14.6m。前后分别设天井。设门罩式砖雕门楼，清水砖，红砂岩门框。斗栱出挑，楷书"佳气日升"、"临爽"等字样。砖砌门罩，上有砖雕宝葫芦及鸱吻图案。后进为典型的三间两搭厢楼屋结构。面阔13.1m，进深13.5m。后进前设天井，天井用大块条石铺筑，天井四隅檐柱附设"S"形斜撑状牛腿。后进建筑主体与天井两侧厢房皆重檐。瑞森堂建筑体量较大，用材考究，营造严谨，艺术构件精美，后进楼上墙壁保存壁画四幅，落款"康熙六十有一年"（1722年）。2011年公布为浙江省文物保护单位。

2）卸厅村邵氏民居

位于龙游县横山镇卸厅村，明代建筑，三间二搭厢楼屋结构，坐北朝南，占地面积138m²。明间七檩穿斗用四柱，次间七檩穿斗用五柱。明间设天井，天井四隅檐柱存4只牛腿（撑拱），牛腿用斗栱支撑檐头，天井檐头重檐，天井两侧楼上设厢房，天井用青石板条石砌筑。建筑额枋用材粗大，檐柱、金柱与梁交接处施雀替（雀替有3只），饰有浮雕，及"福禄寿喜"字样，额枋与檐柱、金柱、中柱施梁托，用方栅，楼板完好，厢房完整，天井楼上四沿

图7　瑞森堂平面示意图

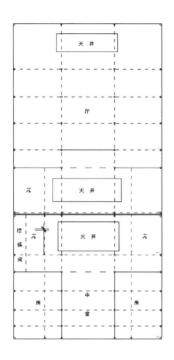

图8　三间搭两厢内天井

图9　三间搭两厢廊檐装饰

檐柱亦置牛腿。右侧山墙开大门出入，正面不开门。楼梯设在左次间。建筑完好，用材粗大，设计考究，做工精细，颇具特色。

成因

衢州处浙西山区，物产丰饶、建材丰富。因地处三省交界处，号为通衢。得益于便捷的交通，通过龙游商帮与周边地区文化的交互影响较为充分，又因邻近婺州、徽州，建筑技艺及装饰相互影响，历代以来形成的尚古、儒雅、崇饰等表现也较为明显。民居内外，常见水池、花缸等，配置花草虫鱼，乃至观赏树木，结合风水，营造优美雅致环境。建筑艺术装饰的丰富题材与精美雕饰在展示高超技艺的同时，也在一定程度上反映出本地民间的普遍习俗与共同喜好。部分民居建筑内部，常设祭祀龛，其造型仿楼阁式，以小木作斗栱层层挑出承台及屋檐等。天井照壁等处的墨绘或彩绘题字，反映出居者祈福趋利或修身净性的心理诉求。

比较／演变

"三间二搭厢"较之邻近的婺州十三间头民居，形制更加紧凑，围合更加封闭，但布局稍显灵活，装饰也显活泼。这与地形地势的局促有关，也与财力条件的支撑有关，更与僻处一隅的心理有关。"三间搭两厢"作为基本单元，同样可通过"对合"，组成更多的居住形式：如直接对合成"口"字形四合院式，即第一进明间为门厅，中间是天井，天井四侧通道联系各功能区，其后明间为厅室，"口"字形建筑屋面全角相交；也可靠背对合成"H"字形平面，即正屋前后各有天井一个；或者前后叠加成"日"字形平面，即前厅后堂型平面，前部对外用于接待，后部自行居住连带接待等。

浙西民居·三进两明堂

　　三进两明堂对合式院落由三间搭两厢居住形制通过对合产生，这种院落形制的扩大固定成为衢州地区和浙西地区常见的居住单元形式，它扩充了居住空间，可满足更高需求。空间的扩大也多源于财力的支撑，因此，对合式院落前厅后堂之制明确，内部装修陈设可适当铺展提升，外部展示也因此有所表现。

图1　叶氏民居正面全景

1. 分布

　　在浙西广泛分布，尤其是衢州东部邻近婺州的龙游一带分布更多。另外，在婺州西部、严州东部紧邻龙游的兰溪、建德等地也不少见。

2. 形制

　　三进两明堂是一种规模较大的对合式住宅形制。一般以第一进为门厅，进大门后为前天井，天井左右为厢房。过天井为二进前厅（正厅），穿过照壁两侧的门（槾门）为内天井，穿过内天井后为后厅，有些地方称高堂。这种形制在龙游民间称"二进二明堂"，实际上连同第一进门厅，应称该类型为三进两明堂。第三进地面略高于前两进，台阶设在内天井两侧。三进两明堂的前厅（正厅）作一、二层的都有，后楼则多为二层。

3. 建造

　　三进两明堂基于三间搭两厢串联建造，其基本结构同三间搭两厢。由于厅堂的多处设置，突出了主体建筑，整体上较之三间搭两厢，变得大气，也更好

地满足了大户人家的居住要求。其体型长方，内外封闭，除粉墙黛瓦、高耸马头、精美门罩和点缀性的小窗、高窗外，外观简洁明亮，不引人注目。

4. 装饰

　　三进两明堂建筑，作为高等级的对合式三间搭两厢建筑，柱头、梁端、枋底等大木构件，以及斗栱、雀替、拱板等处雕刻较多，小木装修如门窗格栅等也多雕饰，同时，柱础、门框等处的石雕，以及屋面马头墙等，均饰雕刻。重点装饰部位是大门砖石或木雕及院内天井一圈木雕刻。大门有屋宇式门和墙门，墙门有"一"字墙、"八"字墙，多有门楼将整栋房子的造型以简化符号的形式缩影在门上，它由"楼"和"罩"两部分组成，门罩由飞檐、重瓦、翘角、截头加斗栱组成。门楼有垂花式、字匾式、四柱牌楼式等，规格高的则做成五凤门楼和架子式门罩。门上砖雕、石雕、花塑极为精致细腻，雕塑的内容和俗文化、民间艺术结合，具有浓厚的儒风。沿天井一圈梁柱、窗棂、牛腿、枋头、雀替、挡板、板作、墙裙上的雕

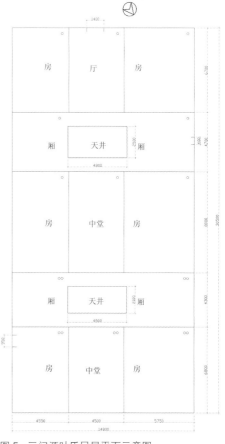
图4　叶氏民居芝兰入室

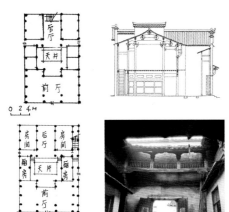
图2　龙游对合式民居

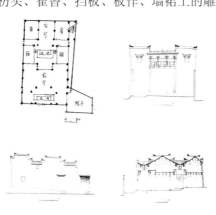
图3　龙游脉元龚氏三进两明堂民居

図5　三门源叶氏民居平面示意图

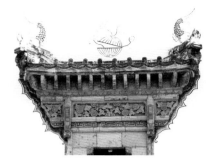

图 6　叶氏民居偏门　　　　图 7　叶氏民居内院　　　　图 8　叶氏民居砖雕窗饰　　图 9　叶氏民居墀头细部

刻装修细密繁缛、灵气浮动。最有特色的是正屋月梁形额枋的雕饰。

5. 代表建筑

1）三门源叶氏民居

三门源叶氏民居位于龙游县石佛乡三门源村，由"荆花永茂"、"芝兰入室"、"环堵生春"3 座主体建筑及附属用房、院门、照壁、池塘等组成，占地面积 4500m²。"芝兰入室"三开间三进两明堂，"荆花永茂"、"环堵生春"为三开间对合式。3 幢房屋呈"品"字形布局，以巷道联系。建筑不大，但木雕、砖雕和石雕十分出色，是龙游县现存明清古民居中保存最为完好的建筑。其牛腿以单个体量大、工艺精湛、表现细腻著称，比如"芝兰之室"的前檐"牛腿"，描绘出一幅幅生动传神的乡村农家生活情景，表现出农耕之乐、天伦之乐。2013 年被列为全国重点文物保护单位。

2）鸡鸣山张氏滋树堂

原位于衢州市龙游县模环乡上张村，今迁在东华街道鸡鸣山民居苑。建于清道光晚期，当地人称"新大厅"。建筑共有 3 进，为三进两明堂。面宽 15.5m、进深 34m，占地面积 530m²。前二进为厅堂，一、二进间设天井，两侧为过廊，后进楼屋为祭祀祖宗的享堂，

图 10　叶氏民居芝兰入室局部

图 11　滋树堂正厅

图 12　滋树堂砖雕狮子

即家庙。第一进门厅门楼为四柱三楼带二翼，为牌楼式仿木砖雕结构，明间镶嵌砖雕匾额行书"世泽绵长"，两次间匾额分别为"鸿图"、"燕禧"。砖雕制作技术炉火纯青，美轮美奂。描写内容丰富，其中明间大额枋高浮雕九狮醒目，形态逼真，呼之欲出。2013 年列为全国重点文物保护单位。

图 15　龙游民居苑滋树堂环境

成因

三进两明堂的出现，主要是因为经济的发展和人口的增加，以及三间两搭厢各种对合形式、技艺的发展与成熟。清代中期，随着人口增加，家庭规模扩大，住宅形制相应变化，出现大宅势所必然。三间两搭厢的基本居住模式单元，因此得以发展。从其建筑布局、结构，尤其是装饰等来看，三省通衢的地理位置或者说是便捷的对外交往，对其民居建筑的影响颇为明显。同时，地形局限使其建筑基本格局偏小，龙游商帮的儒商流风所及，以及婺州、徽州的文化交流影响，对其建筑影响较大。

比较 / 演变

衢州三进两明堂居住建筑形式，与婺州十八间头民居较为相似，无非是三合院、四合院的组合，或者是三间搭两厢与十三间头的不同组合而已。差别在于，三进两明堂建筑布局更紧凑，构造装饰则在部位选择上有一定差异，装饰风格也由世俗更多地转向儒雅，同时表现在对门面的装饰有较大不同。三进两明堂也逐渐进化为多进多明堂，以满足居住发展的更高需求。

图 13　滋树堂全景

图 14　滋树堂雀替上的苏武牧羊木雕

浙西民居·严州大屋

大屋之制源于小型居住单元的组合，浙西山区三合院、四合院的丰富组合，受到地形地势的局限，也受到财力条件的限制，更受到信仰习俗的影响。严州较之婺州、衢州，其大屋形制受制更多，组合却更为自由，且多商贾之气、山野之风。

图1　桐庐钟氏大屋门厅

1. 分布

严州为古称，含明清上溯至汉晋时期浙江境内的新安江流域，即今杭州市西部的建德（原为建德、寿昌），淳安（原为淳安、遂安）以及桐庐（原为桐庐、分水）三县市。本地民居中较大型的优秀者常被称为严州大屋。严州大屋除分布在以上三地外，邻近的临安、富阳等地也有分布。

2. 形制

严州大屋的形制没有固定的形式，为多院落甚至多轴路建筑组合而成，其基本单元还是三间、五间的基本单体或者说是十三间头、三间搭两厢等合院形制组合形成院落群体。受制于用地环境，严州大屋布局紧凑，天井较为窄小。

3. 建造

严州大屋的建造以院落基本单元为

基础，厅堂厢院以及由此细分的各类、各级厅（堂）、厢房（辅房）次第展开，辅以周密的交通组织流线（网络），形成居住、生活乃至休闲的综合性场所。

图3　桐庐钟氏大屋一进门厅到二进花厅

4. 装饰

严州大屋的装饰风格明显受到周边婺州、衢州、徽州、杭州的诸多影响，在各地元素有着不同表现的同时，也凸显自身的特色：大木结构简洁、装饰宏大、少饰油漆。木构雕刻多着重于构件如牛腿等，而少在柱梁构件本身进行雕刻，木雕之外的石雕、砖雕也有表现，但多局限于院落内部，较少在门面进行大量的修饰、夸耀。也有门楼之制，但较之金华尤其是衢州明显要少。

5. 代表建筑

1）桐庐钟氏大屋

钟氏大屋在桐庐县新合乡引坑村，

图4　桐庐钟氏大屋五进承德堂

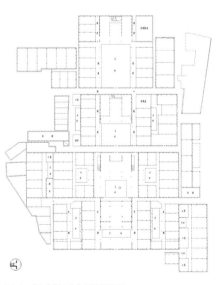

图2　桐庐钟氏大屋平面图

图5　新叶村种德堂天井内部

图6　桐庐钟氏大屋牛腿1

图7　桐庐钟氏大屋牛腿2

图8　新叶村种德堂外景

始建于清嘉庆年间，至清末建成现今规模。大屋由5列平行的二层楼组成，通阔67m，通进深97m，占地6500m^2，有房200余间。形制和浙中义乌、浦江山区古屋相像，具有"周风"，祭祀和居住结合，中轴线上为五进三开间厅堂，两旁围以五开间住宅，这种形制谓之"套屋"，住房皆朝向厅堂、用天井和交通廊道组织交通通风、采光。大屋坐西朝东，呈矩形，实由12个庭院组成，基本单元为十三间头、十八间头或三间两厢或五间两厢，主轴线上四个庭院，四个院落（天井），两旁四条轴线上八个庭院，井然有序，环环相套，整座大屋俨然一个村落。厅堂大木装饰十分讲究和繁复，工艺水平较高。尤其是花厅，不隔小间，宽敞明亮，为全族礼仪中心。钟氏大屋是既开放又封闭的家族聚居大屋，反映了家族经济文化和当地社会生活的发展状态，体现出明显的建筑风格和人文精神。2003年被列为县级文物保护单位。

2）新叶种德堂

在建德市大慈岩镇新叶村，该建筑建于清早期，由叶荣春创办药店，作商业、居住两用，1948年起全部改为居住。该建筑坐南朝北，共三进，带两个附屋，为二层传统砖木结构，硬山双坡屋面、马头墙，门前立照壁，面阔四柱三间，第一进主楼进深四柱三间，第二进主楼进深四柱三间，第三进主楼进深四柱三间，天井用青石铺筑。牛腿上雕人物故事、回纹、蔓草纹，方梁雕刻回纹、人物故事，骑门梁上雕刻人物故事，梁两侧饰垂花柱，隔扇窗雕刻回纹、冰裂纹、人物故事等。两个附屋建于主体建筑东侧，其中三合院式附屋，面阔三间，主楼进深五柱四间，装修简单；另一附屋为一单体建筑，面阔2间，进深3间。种德堂是新叶现存规模最大的古建筑之一，2013年被列为全国重点文物保护单位。

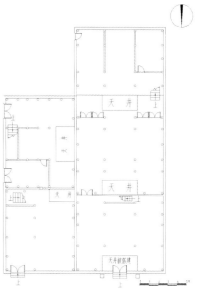

图9　新叶种德堂平面图

成因

地理条件及经济水平在严州大屋上得到明显反映。严州地处新安江流域，东南毗邻金衢，西侧紧接徽州，东北流向杭嘉湖，作为连接徽杭黄金水道的重要段落与节点，一并控制着上游婺江、衢江水道，使得周边地区的影响在民居形式在内的各个方面有所表现，严州大屋有杭州、浙西、浙中、徽州建筑文化因子与构造特色，再自然不过。由此，严州大屋因财力条件而规模庞大，因交往影响而风格较弱，但在民居内部的封闭性和对外联结的需求欲方面却表现明显。

比较／演变

严州大屋较之婺州地区的居住大屋，布局严谨度不足，装修精细度不足，空间开敞度也不足；较之兰溪、龙游以及徽州等地居住建筑中的耕读之风、儒雅之气，也稍显不足；较之杭、嘉、湖等地大屋建筑的恢宏气势、精巧布局与精细装饰，也显得落后，但这正是地域文化特色的自然显露。严州大屋本身就是地方居住建筑不断演变进化的集合体表现。

浙南民居·"一"字形长屋

图1 长屋形体穿插变化

"一"字形长屋是温州农村最基本的民居形式，在温州的大部分地区都有分布。平面呈一字形，中间为正堂，两边为房间，开间数根据实际需要不等，均"一"字形排开。一般以木构架为骨架，墙体用砖石砌筑或用木板壁。平面简单、形体小巧，但形体相互穿插、富于变化，造型优美。在"一"字形长屋的基础上，两端向前后延展，还发展出了曲尺形，"凹"字形和"H"形等民居形式，这些可以视作"一"字形长屋的变体。

1. 分布

"一"字形长屋是最简朴的农村住宅形式，在温州几乎所有的地区均有分布，包括鹿城、龙湾、瓯海、永嘉、洞头、平阳、文成、泰顺、苍南等地。但是，因为这种住宅是经济条件较差的小户农家住宅，所以建筑本身并不太精美，现状留存也不太多，但却是温州民居的重要基本类型。

2. 形制

温州的一字形长屋平面"一"字形，多为两层楼居。一层住人，二层可以用作储藏。中间一般为堂屋，左右作为房间，边间布置灶房、柴房等。前面一般有檐廊贯通各房间，避免了房间之间的穿套，能够合理地安排众多家庭的居住需要。开间数以5开间或7开间居多，

当人丁增加时，可向左右增加至九开间甚至更长（图2）。

"一"字形长屋平面虽然简单，但是形体却往往很丰富。此类建筑常常没有围墙围合，或者仅用矮墙围出前后的院子，建筑结合地形布置，和环境融为一体（图5）。建筑采用悬山屋顶，正脊两端微微向上翘起，形成一条长而柔和的曲线。因为屋面较长，悬山出檐也比较深远，约在1.0～1.5m之间，山墙上常常加设披檐，可四面开窗。建筑小巧而富于变化，主屋加上旁侧依附的厕所、储屋、猪栏等，构成变化丰富的层次和互相穿插的体形（图1）。立面上采用下部卵石墙体和上部砖墙和木板壁的组合，材质对比鲜明，肌理细腻丰富（图3）。

建筑的主体结构采用木构架，以疏

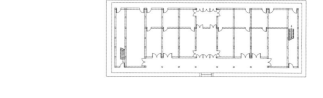

图3 卵石墙和砖墙的结合

图4 永嘉埭头陈宅平面图

图2 永嘉埭头陈宅

图5 芙蓉村某宅

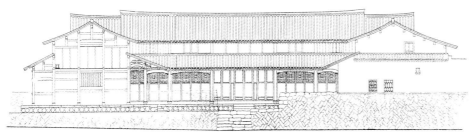

图6　永嘉蓬溪村谢宅立面图

朗的穿斗式构架为主体，外墙以砖石砌筑为主，内部墙体多用木板壁。温州民居的构架特点是每两柱间置月梁，梁上立蜀柱承槫，这样的构架疏朗，空间使用效果较好，而且横穿仅两至三道。

3. 建造

温州民居的施工步骤一般沿袭的是木匠掌墨、开好间杆，石匠按棒杆尺寸铺筑基础，木工制作安装完大木构架后再由泥匠砌筑墙体，再进行小木作的制作安装。

4. 装饰

"一"字形长屋建筑比较朴素，雕刻装饰非常少，主要集中在悬鱼、檐廊和披檐部位。此类民居特色在于丰富的立面材质变化和形体穿插，构架本身就很富于趣味，对木构件的雕琢就很少。墙体和台基等部位也多采用原始的石块或素平的砖，完全取其质朴天然趣味，而不加雕饰。

5. 信仰习俗

温州居民自古多祭祀，村落中祠庙甚多，家中也常在正厅太师壁上设置神龛，供奉祖先木主，近代有些改为悬挂先人照片。

6. 代表建筑

1）永嘉渠口乡埭头村陈宅

陈宅，始建于清朝末年，距今有近百年历史，是温州典型的"一"字形长屋。住宅临街而建，其门楼中西结合。正屋为长条形，面阔11间，进深5间，两层，前面均有檐廊。建筑总面宽达36.4m，总进深19.5m（图4）。建筑采用穿斗式结构，悬山重檐屋顶，山墙上的腰檐在正立面转折成小山花，一层檐廊和二层檐廊均为人们进行休憩、交流、日常家务劳作和小孩嬉戏的半室外场所，整个建筑开敞亲切，充满逸趣。

堂屋宽阔，深度较大，由太师壁分隔成前后两个部分，前面是正厅，后面是后厅。正厅是用餐、待客、举行婚丧喜事等重大仪式的场所。紧邻正厅两侧的明间可以作为主人的卧室，也可以暂放杂物或者活动用。其他明间都是家庭成员的套室；进深方向中间用板壁隔开，分成前后两间，前面的作为起居，后面的作为卧室。梢间无前廊，用作厨房、储藏，在前廊尽端开门，通向杂院。尽间为楼梯间，通往二层前廊。二层平面前檐柱后退半间，设通长前廊，廊尽端接楼梯，明间为祖堂，供奉祖宗灵位，两侧次间，梢间仍为并联的独立居室。像陈宅这样的并联式居室布置，用半开敞的前廊联系各室，避免了房间之间相互穿套，非常合理。

2）永嘉蓬溪村谢宅

谢宅建于清末民初，平面为"凹"字形，是"一"字形长屋的一种变形，在"一"字形的两端向前延伸形成凹形，这种形式的住宅在温州也是非常普遍的民居形式。谢宅的底层沿内凹一侧辟有"凹"字形副阶前廊，除此之外还在屋后也辟设一廊。明间为正厅，厅后设一部楼梯，其他次间、厢房都以板壁隔为互不相通的几套居室。院墙东北角上辟有一西洋式院门，上书"玉树芳兰"四个大字（图6）。

成因

"一"字形长屋的特点是平面横向展开，中间的正厅和居室加上两旁附设的厕所、储藏、猪栏等，构成变化丰富和互相穿插的体形。这种横向伸展的体形产生的主要原因是浙南山地的地形特点和民居文化中尊卑关系比较弱化，在横向展开的楼居中，大家能比较平等地享用阳光和通风。虽然是聚族而居，但是大家和睦相处，没有太多的尊卑利害关系，反映了温州农村质朴自然的文化氛围，颇具人情味的人文精神。

比较／演变

"一"字形长屋的主要特征就是它横向比较长的体型，而且大多数整幢房子暴露在环境当中，院前多不设墙，即使有，院墙的高度也低于厢房底层披檐高度，使院内的树木、瓜果都能越墙透出，和周围优美的自然环境有非常好的结合。更特别的是正屋和两厢的山墙面和背面大部分作木板壁，在板壁上开门、开窗和直棂窗。堂屋前檐完全敞开，形成前廊，是一个具有多重功能的半户外空间。在"一"字形的基础上一端向前延伸就形成了"┐"形，两端都往前延伸就形成"凹"形，两端分别向前后延伸就形成"H"形，这些形式事实上都是。演变而来的变体，同样呈现开敞通透性质。还有浅穴式"一"字形长屋，在屋后设一个2m宽窄院，院壁即是山坡，壁上是村路，一般高差2m多，充分利用了山地地形。

浙南民居·多院落式长屋

多院落式长屋是温州地区经济条件比较好的大户人家的住宅，平面由多个四合院或者三合院组成，虽然围合出内院，但是建筑依然具有温州地区长屋的特点，横向舒展，面宽较大，因而院子也比较宽阔。此外，院落的组合也多数以横向并置、向两侧延伸的方式，往往形成面宽非常大、开间数极多的建筑外形。

图1 永嘉芙蓉村司马第第一进正房

1. 分布

多院落式长屋在温州几乎所有的地区均有分布，但是因为这种住宅是有一定经济和社会地位的世族大家的住宅，规模比较大，所以在较大的村镇中分布比较多，也是温州民居的重要基本类型。

2. 形制

多院落式长屋是以长屋为基本建筑单体组合成多个院落的一种民居形式。与"一"字形长屋的主要区别是规模较大，相对规则、严整，形成一组比较讲求秩序的合院。

平面一般由一组四合院或者三合院组成，通常正院在中间，向两侧延展形成类似"皿"字，还有组成"田"字和其他形式的。中间轴线上的建筑、天井一般尺度较大，由地位较高的一家之主使用，两侧院落分别由主人的儿子和兄弟等使用，院子之间可以经过厢房前后的夹道连通。中间的明间一般作为厅堂，两边次间和厢房居住，如果有前后进，则一般前一进中间做门厅，后一进楼居底层明间做正厅。

建筑的主体构架以疏朗的穿斗式为主，局部结合抬梁式。穿斗构架因材布置，灵活多变，牢固轻巧。多数建筑是楼居，结合少量单层建筑，一般都设置前廊，而且上层檐柱退进，如《营造法式》上"骑廊轩"的做法。檐柱、前步柱之间穿轩月梁，月梁架于栌斗之上。木构架中遗留有很多宋代建筑做法。

建筑外形还是典型的长屋形式，由于宽度长，深度相应也大，侧面双坡屋面形成"人"字线，加上正面的屋脊曲线和檐口线，这些线由于举架平缓，屋面是双曲的，柔和而具有张力。另外，悬山屋面出挑和前面出檐都比较深远，屋面显得非常优雅飘逸。再加上厢房和正屋的连接组合，整体造型比较丰富，各个立面都既庄重又不失趣味。

3. 建造

民居是百姓生活中最重要的建筑类型，浙南民居在建造的时候不仅要考虑房屋的朝向、布局、形式，也讲究合适的施工时间，在各个建筑过程中均需"择日"，甚至重要环节比如"破土"、"上梁"等还需"择时"举行仪式。

施工步骤沿袭的也是木匠掌墨，开好间杆，石匠按棒杆尺寸铺筑基础，木工制作安装完大木构架后，再由泥匠砌筑墙体，再进行小木作的制作与安装。

建筑材料主要就地取材，主要构架和部分墙体都用木材，下部墙裙多用卵石砌筑，上部墙体用砖，部分山尖用竹编抹灰墙，加上卵石砌筑的院墙，形成和自然环境非常协调的极具乡土气息的民居建筑。

图2 永嘉芙蓉村司马第第二进正房

图3 永嘉芙蓉村司马第槅扇门

图 4　平阳顺溪户侯第立面图

4. 装饰

此类民居虽然规模比较大，但是装饰也很简单，通常只在月梁端部、斗栱上的替木、挑檐斜撑、悬鱼、惹草等部位稍加雕刻。小木作门窗等也很朴素，雕刻简单。不过多数民居采用有雕刻图案的瓦当，内容以戏曲人物为主，技艺近乎浮雕。当地人把有瓦当的屋檐叫作花檐，它和塑有种种鸟兽、花草等的屋脊线一道，成了浙南民居的主要装饰。

5. 代表建筑

1）永嘉芙蓉村司马第

司马第位于芙蓉村西北角，始建于清康熙年间。因宅主曾官至奉直大夫，任司马（知府的佐官）之职，故称司马第。受地形限制，该建筑坐西朝东，横向发展，由三座四合院组成类似"皿"字状房屋，主立面多达 19 开间。总共有 6 个天井 18 个道坦、24 个中堂，总面宽 70m，总面积 6382m²。3 座四合院既通过厢房前后的夹道相互连通，又各有自己的外门。

司马第实行"内外庭"之制，即在前面设了一个宽 70m、深 18m 的外庭，前置水磨砖照壁，庭前门屋 3 间，庭中植杏、槐、桃等树。庭右设私塾 3 间，取名杏堂。司马第还有后院，院中有水井。屋的北侧有水渠，并将水引入前庭池塘中。

房屋布局具有明确的人文序位，中间纵轴线上的建筑和天井尺度较大，两侧院落较小。第一进为门厅，仅一层高，但是厅堂高敞，中设木照壁。厅后为天井，长 11.4m，宽 16.4m，天井四面环廊，后面为两层楼居。楼居明间底层为正厅，左右厢房亦为两层，底层设联排落地隔扇，开向外廊，窗扇为柳条式。左右两侧院落空间布局也基本相同

图 5　永嘉芙蓉村司马第室内梁架

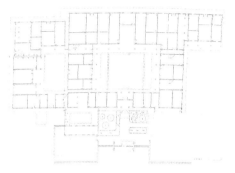

图 6　平阳顺溪户侯第平面图

（图 1～图 3、图 5、图 7）。

2）平阳顺溪户侯第

平阳顺溪户侯第也称陈氏古宅四分，主体为一个四合院，一侧有一个准十一间头，另一侧有些许附房，主体院子前有花园和大门，整幢房子呈准"品"字形组合的多院落大屋。这种大屋和浙江其他地方的多进四合院不同，它的长方向面阔有 17 间，具有鲜明的横向发展特点，所以是多院落式长屋（图 4、图 6）。

图 7　永嘉芙蓉村司马第檐廊

成因

浙南的多院落式长屋是一种秩序化了的大规模长屋形式，它植根于浙南温州地区的社会文化。建筑外形特征与"一"字形长屋类似，体现了建筑和地方建筑材料和技术条件的一致性，同时由于它是大家族聚居的屋宇，所以就带来了一定的人文序位要求，故而形成了平面比较封闭规则的多院落式长屋。由于这一地区的山地地形限制，院落更多以横向展开为主，所以就出现了横向发展的多院落式长屋。

比较 / 演变

多院落式长屋虽然由平面比较封闭的多个四合院组成，但是建筑仍然保持长屋的特征，而且由于正房和厢房之间的相互搭接，带来更加丰富的形体穿插变化。而且院落的组合也体现出横向发展的特色，它的院落（天井），不是像浙北苏南地区沿纵轴发展，而是横向发展。而且因为建筑开间数比较多，形体横向展开，所以院落也比较宽大。

浙南民居·隈下房

隈下房是一种把楼梯设置在正房和厢房连接处的一种四合院住宅形式，因为台州一带称次间旁边的那间为隈下间，这种民居就被称为隈下房。因为天井比较大，也叫"道地"，在宁海也把这种民居形式称为"宁海大道地"。

图1 前童职思其居外观

1. 分布

隈下房主要分布在台州的临海和相邻的宁波宁海县等地，在桃渚古镇、前童古镇等地都有较多实例留存。

2. 形制

隈下房以四合院为多，正房和厢房都是二层，因而俗称四檐齐，具有台州建筑的典型风格。天井比较大，称"道地"。基本平面形式为"口"字形，一层朝向天井一侧有前廊。一般正房和与它相对的下房门屋为5间（或3、7间）两弄，两侧厢房各3间，正屋明间叫"堂前"，门屋明间叫"穿堂"，厢屋明间叫"横堂"，4个堂围绕道地相向对称布置，子女分家以后堂前、穿堂、天井、前檐廊为公共空间，家庭中心在横堂，房屋不够的加后厢，称后拔步。隈下房将正房和厢房之间的那条弄的一角封堵开门，用作厨房餐厅，并把楼梯设置在

弄中，上楼、到侧院、后院都通过这里。如果是四合院的话，有时四角就有4个楼梯，都可以到正屋二楼和厢房二楼。如果以后兄弟分家，可以分居四角。而且每部楼梯通往二层的正房和厢房，还可以再分成两家，把这部楼梯作为共用的公共楼梯，一家在楼梯北正房，一家在厢房，这种形式就像现代的一梯二户单元式住宅。既符合古代大家庭共同生活的需要，又赋予小家庭私密性需求。每逢节日或者有大事，堂前、穿堂、前廊、后廊、天井院等公共空间一律腾空，便于大家使用。从结构的角度看，隈下房的结构特点在于正房次间外侧前檐柱同时作为厢房次间外侧前檐柱，屋面相交之处形成斜天沟排水。

隈下房入口处常把矮门屋套在门洞里，还把家训刻或塑在装修上，以门匾明志。外墙上常用造型夸张的马头墙，极富装饰性，墙上还开设一些石雕漏明

图3 临海桃渚郎家里民居

图4 前童职思其居院内

图2 桃渚某宅立面

图5 桃渚吴宅檐柱上的撑栱

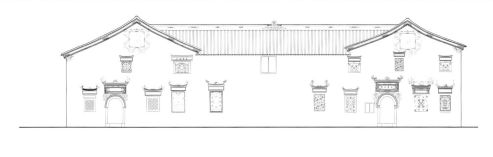

图 6　临海桃渚郎家里西立面图

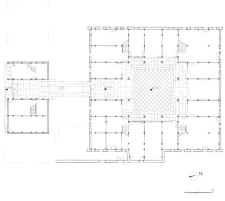

图 7　临海桃渚郎家里一层平面图

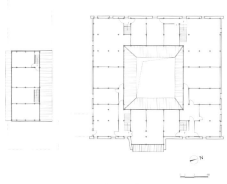

图 8　临海桃渚郎家里二层平面图

窗，在檐口下或山峰上用半窗。檐廊上的海马虹梁和檐下的斜撑都是重点装饰部位，室内的立轴外开窗和门扇常常使用花格窗樘，装修古拙大方（图1、图2）。

3. 建造

隈下房的建造过程一般要经过 11 个步骤：包括 1、择址定向；2、定样；3、备料；4、动土平基；5、木构架加工；6、定磉；7、立架；8、砌墙；9、盖屋顶；10、安装门窗；11、铺地。在建造过程中，当地还保留了开工、动土平基、定磉、上梁 4 种仪式，定磉的时间通常比上梁提前几天。

隈下房的主体结构为木制，穿斗局部结合抬梁的构架，墙体则主要采用砖墙。

4. 装饰

隈下房的建筑装饰主要分两个部分，木构架上的雕刻和砖墙上的粉刷灰塑和石雕花窗。木雕主要集中在檐廊和檐下位置，往往有加以雕饰的月梁、檐柱头承托花栱，檐下有布满雕刻的斜撑（图5）。砖墙上的门窗洞口上以及山尖位置也多有用粉刷进行各种纹样的装饰，还有雕刻精美的石雕漏花窗。

5. 信仰习俗

堂前要设置祭祀祖先的神龛，屋脊上方中央要放盘子，道地中间往往使用卵石镶嵌吉祥图案，雕刻精美的石花窗上面都是富有吉庆寓意的人物故事或者图案，这些都反映了当地居民的民俗和信仰追求。

6. 代表建筑

1）临海桃渚郎家里

郎家里位于桃渚街 84 号，系桃渚郎氏第十八代郎昌滁在清道光年间所建，原为四进三院带后花园的民居，两旁套屋。今存第一进 7 间正屋和二、三进组成的四合院及一些零星边屋。四合院建筑均为二层，硬山屋顶，中间天井方正。正屋、门屋各 7 间，东西两厢各 3 间。合院通面宽 24.3m，通进深 28m。4 个厢弄端均为楼梯间，是典型的隈下房民居形式。木构架为穿斗架，堂前两缝采用 5 柱落地带前廊，前步梁为月梁，前檐柱柱头做成花栱，纹以卷云纹、回纹以及狮、鹿、圆鼓形、浅浮雕、中国结等。两边山墙嵌有许多石刻漏明窗，后围墙保存基本完好，下面用乱石干砌，中间为青砖墙，上端用瓦片（图3、图6～图8）。

2）宁海前童职思其居

"职思其居"为清嘉庆年间举人桂林公的长子童汝宽的住宅，他把住宅取名"职思其居"，以明乡心和手足之情。建筑为典型的四檐齐，正厅为骑马廊，其余三面为大廊。四合院通面宽 27.5m，通进深 30.5m，占地面积 838.5m²。沿中轴线从南向北依次为倒座、天井、正厅，东、西厢房分列两边。台门横枋上阴刻有主人的家训箴言。明间梁架为抬梁穿斗混合式，五架六柱落地，前双步梁，后单步梁，后廊内额上设一祖龛。门屋 7 间，明间（穿堂）六柱落地，前单步梁。厢房各三间两厢弄。正厅檐柱与随梁枋上均有斗栱，东、西两厢的暖窗隔扇，均雕有"凤

穿牡丹"等图案，倒座与厢房接隈处，东西各设一门，通西院与东边厢。天井用黄、黑卵石铺就梅花鹿口衔青草图案，旁边沿道铺有连环金钱状图案，寓意"金钱铺地"（图1、图4）。

成因

清中晚期以来，居民的家庭生活从以"祖宗为中心"向以"家庭为中心"追求变化。为了适应这种新的生活方式，出现了"接隈式"的空间利用方式，成为台州这一时期民居的主要特征。

比较 / 演变

正厅明间后廊内额上设一祖龛，是旧祖堂留下的祭祀设施。两厢楼下檐明显低于正厅的下檐。

浙南民居·石屋

石塘位于浙江省温岭市东南濒海处，是一个古老的渔村集镇，旧称石塘山。原来是海岛，后因海港不断淤积而与大陆逐渐相连成为半岛。明清时期，福建惠安县渔民陆续迁徙至此，逐渐形成一个依山傍水的渔村集镇，造就了山上鳞次栉比的石屋。石屋就是石塘的传统民居，具有海岛民居的典型特征。外形低矮封闭，外墙石材坚固，建筑依山就势，质朴自然。

图1　四合院石屋

1. 分布

石屋曾经遍布石塘的山岙，现在在石塘的里箬村、东海村、东山村、胜海村、东湖村、桂岙村、庆丰村、前红村、小沙头村、粗沙头村、长征村等还比较集中地保留了石屋民居建筑及碉楼近百座。

2. 形制

石屋平面多为三合院或四合院，规模大的为双天井，院落一般较小，以石板铺地。房屋以2层为多，也有单层的，极少数达到3层。有些除了合院外，还有防御用的碉楼，高可达4层，外部设石梁飞桥与主楼相连。石屋的组合比较灵活，适应起伏不平的山地地形。外观以花岗石为主色调，屋顶覆小黑瓦，上面压置成行的石块。外立面的门窗外框和窗棂一般采用小料石板仿木构搭建，附有悬挑的遮阳板和窗台。因为建筑低矮，而且外墙采用厚重的花岗岩，窗高而小，所以在抵抗台风和防御盗贼侵袭等方面非常突出。

院落的正屋为3开间，少数为5开间。明、次间多采用抬梁与穿斗相结合的形式，为5架梁带前廊用4柱，或7架梁带前廊用5柱，明间是供奉和祭祀祖先的场所。左右厢房有1间或2间，进门多为3间（图1、图2）。

3. 建造

石屋一般选址在山腰地势高又靠近水源的地方，先开出一块小平台，用花岗岩毛石搭建基础。两侧山墙也用花岗石堆砌，当墙砌至一定高度时，要等墙体自然风干，压缩粘结稳定后再继续修上面一层。山墙砌好后，在中间立木柱，中间木柱上再搭建横向梁架，横梁一端与立柱之间以榫卯连接，另一端嵌入山墙内侧预留孔中，整个结构由石墙和立柱共同承重。讲究的墙体由厚度约为60cm左右的条石错缝砌就，用石灰浆粘结，并勾出很细的缝。古朴的石墙内侧用小块石和黄泥砌成，外抹白灰，有条件的外饰木裙板。门框和窗楣都习惯用石料制作。屋内木头的柱、梁、椽等都掩藏在墙体和屋顶里面，所以看上去就是纯粹的石头房子。

屋顶通常选用坡度平缓的卷棚梁或"人"字梁（高跨比不超过1:2）。顶上覆以黄泥和小青瓦，在瓦上沿屋椽方向加盖石块用以防风。屋顶完成后，砌筑石墙四面围合，形成合院。内墙一般用木板材拼接，面向天井开窗，廊柱顶端设单挑斜撑栱托屋顶挑檐。

4. 装饰

建筑做法比较简洁，装饰不多。个别讲究的民居中木构件上会有雕刻，主要在前廊、檐下和大梁上，或者在石墙

图2　三合院石屋

图3　陈和隆旧宅外观

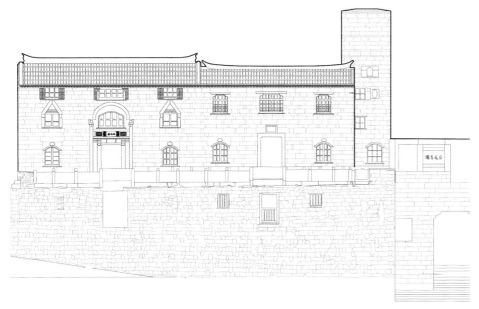

图 4　陈和隆旧宅南立面图

图 8　木雕装饰

图 9　陈和隆旧宅室内梁架

的门窗部位和台阶等处，略施雕琢，还有用匾额或楹联来增添建筑的文化品位（图 5、图 8）。

5. 代表建筑

1）陈和隆旧宅

陈和隆旧宅是清末民国时期修建的具有中西合璧特征的石屋大宅，位于石塘镇里箬村码头边上，建筑面积约为 1000m²，分前后两楼，前楼 6 间是客厅，底层是地下仓库，面海开有水门，客厅东边是花园，旁边有一座石砌碉楼。后楼是居室，与前楼有飞桥相通，为防盗，前后楼房之间有夹壁、隐门、隧道、暗室相通，是沿海渔区独有风格的豪宅（图 3、图 4、图 9）。

2）温岭碉楼

温岭碉楼位于里箬东兴村上街路 33～35 号，建于中华民国时期。建筑坐北朝南，是一座附带碉楼的三合院民居石屋，占地面积约 110m²。南立面带有西洋风格，使用红砖装饰的券门和券窗，以及琉璃宝瓶栏杆和镂花窗等构件。碉楼长 4m，宽 3.8m，高 5 层，下部用规整的块石层层垒砌，最上层用红砖砌筑，很富装饰效果。墙上开小窗，并留有枪眼（图 6、图 7）。

图 5　石雕装饰

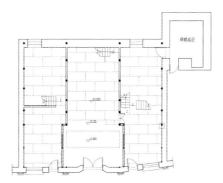

图 6　温岭碉楼平面图

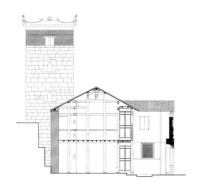

图 7　温岭碉楼剖面图

成因

石塘人建造石屋，主要是受自然条件影响。由于台州地处沿海，石塘又是海边渔村，台风侵扰较多，石屋坚固耐用，经得起风雨侵袭。其次，因交通不便，砖、木等建材难以运输且价格高昂，就地取材建造石屋就是一个非常价廉物美的经济选择。除了自然和经济因素外，移民怀念故土，采用近似家乡惠安的建筑形式也是石屋建造的文化动因。

比较 / 演变

现存石塘石屋最早基本上是清代的，多数为比较简朴自然的三合院或四合院石屋民居，内里用传统木柱梁框架结构，石板铺地，外墙用块石垒砌，门窗洞口小。到了中华民国时期，在平面形式上出现"I"字形和联排内院型，层数多为二层，也有 3 层，尺度变大，并且出现了拱券等西洋造型和装饰。而到了 20 世纪 60～70 年代，建造的石屋平面布局简单，多为二、三层，门窗洞尺寸更大，高度也增加了。

浙南民居·版筑泥墙屋

图1 版筑泥墙屋

丽水市位于浙江省南部山区，山清水秀、环境宜人。丽水也是一个以汉民族为主的多民族聚居区，浙江省唯一的少数民族自治县景宁畲族自治县就位于这里。丽水山区的村落一般依山而建，采用的也是当地非常有代表性的"版筑泥墙屋"形式。这种民居在格局上以封闭式单进院落为主，以"天井"和"厅堂"为中心呈对称式布局，绝大多数为二层。基础为毛石砌筑，泥土夯实墙，房屋骨架为泥木结构，屋面覆小青瓦。民居外部采用简单的石雕门脸，厢房外墙采用马头墙形式，古朴而精致。

1. 分布

版筑泥墙屋（图1）是当地民众适应浙南山区气候条件并反映当地传统文化、生活习俗和精神信仰的一种民居形式，主要分布在丽水市景宁畲族自治县、松阳县、云和县、庆元县以及文成县等地。所处地域为浙南山区，流域范围属中亚热带季风气候、温暖湿润、雨量充沛、四季分明、冬夏长、春秋短，热量资源丰富。

2. 形制

版筑泥墙屋是单进院落式，规模大小不一，建筑面积少则200～300m²，多则超过1000m²。院落进门后为天井（图5），并以"厅堂"为中心呈对称式布局；面阔3间、5间、7间不等，"厅堂"左右两侧为厢房，后房设厨房和仓库。楼梯设于厅堂或厢房后侧，

二楼主要为客房、厢房和仓库，三者通过回廊进行互通连接。

版筑泥墙屋立面上正房略高于厢房，形成大门、厢房、正房逐渐升高、主次分明、秩序井然的仪式感。两侧厢房外墙处设马头墙，既突出了院落主入口的标识性，又形成了一种空间和外墙装饰上的变化。建筑风格古朴，立面色彩舒适，黄墙（也有部分村落的墙面为白色）青瓦与周边山水环境自然地融为一体（图2）。

3. 建造

版筑泥墙屋为泥木结构骨架，木结构和夯土墙共同起承重作用。地面一般为三合土或素土夯实，墙体为黄泥夯土实体墙，屋面以"人"字形小青瓦铺覆。修建时先放样开挖基槽，以毛石砌筑基础。整幢房屋的墙体使用墙板、墙头板、

根杉木柱和木墙钉等材料，按照一梯、二梯、三梯、封栋4步来施工。墙体完成后制作木框架和屋面架构、铺覆小青瓦屋面并完成木制连接回廊等。

4. 装饰

版筑泥墙屋的正门门柱、门梁、门顶、外墙、金柱、主梁、次梁、门窗等部位均有不同程度的装饰，主要装饰种类以石雕、砖雕、木雕、彩绘及各种书画为主。其中门脸为浆砌块石，门柱、门梁为青石砌筑，门顶为砖雕（图3）；部分厢房外墙有马头墙，金柱雕有牛腿，刻有麒麟送子、百鸟归巢等图案，主梁及雀体、次梁及梁垫、厢房及主次卧的门窗等均有精美的雕刻图案；室内装饰主要以传统挂图和代表精神信仰的图饰摆件为主，也有人物风景等贴图；在这些传统的民居中，门上、柱子、灶

图4 版筑泥墙屋主梁雕花

图2 版筑泥墙屋局部

图3 版筑泥墙屋门脸

图5 版筑泥墙屋天井

台、米仓甚至一个小小的筷子槽，都随处可见各种表达吉祥如意和美好希望的对联、字符等。

5. 信仰习俗

当地民众一直保持着非常好的宗族传统，通过祠堂、族谱和各种宗族活动来凝聚和传承宗族的文化和习俗。祠堂建在村落最高处，厅堂中设有供桌供奉祖先和逝去的长辈。此外在房屋建造时还要择吉日等，以祈求诸事平安，大吉大利。

6. 代表建筑

1）陈孔礼宅

陈孔礼宅位于丽水市景宁畲族自治县沙湾镇七里村，兴建于中华民国时期，已列入历史建筑。该住宅面朝东北，为两层单栋单进院落。占地面积约320m²，总建筑面积约516m²，共有14间房子。进入大门后为小天井，左右两侧为厢房，中间为大堂，大堂左右各设主卧、次卧各1间。后房设厨房、仓库各1间，并设前门和房后门。二楼楼梯以落差地面进，共设左右两跑楼梯至二楼。二楼设有客房、厢房各2间。仓库2间主要用于堆放农具、物品等。客房、厢房和仓库通过回廊连接互通。

陈孔礼宅为泥木结构，毛石基础，泥土夯实墙，小青瓦屋面。门脸为浆砌块石，门柱、门梁为青石砌筑，门顶有砖雕，厢房处外墙做马头墙。金柱上雕有牛腿，刻有麒麟送子、百鸟归巢等吉祥图案。主梁下雕有雀替，次梁下设有梁垫，厢房、次卧的门窗皆雕有精美的图案（图6）。该建筑格局基本完整，保存较好，具有较高的历史、艺术和文化价值。

2）叶必星宅

叶必星宅（图7）位于丽水市松阳县枫坪乡枫坪村，兴建于清代，已列入历史建筑。该建筑坐北朝南，是三间两客轩三天井的院落布局。总占地面积为426m²，总建筑面积为332m²，共有1个厅堂，上下层各10个卧室，2个厨房。从正大门进去依次是天井、厅堂，

图6　版筑泥墙屋精美装饰

图7　版筑泥墙屋叶必星宅

10个卧室位于厅堂和天井两侧，左右对称分布，厨房位于卧室两侧。

叶必星宅正立面呈前低后高变化，泥墙青瓦、厢房处外墙做马头墙、人字坡屋顶。正门为石板大门，有精美的石雕图案。外墙凹凸不平，墙面有彩画但大部分已脱落。客厅地面为三合土，卧室铺设杂木地板、松木墙壁、百格子落地门窗，中间为浅浮雕花鸟人物图案。主次梁均有雀替，主梁上有精美的雕花图案（图4），厅堂中摆放有供桌。该建筑格局完整，保存较好，具有较高的历史价值、艺术价值和文化价值。

成因

版筑泥墙屋的出现与村落选址所处的自然地理因素和文化传承密切相关。首先是因其所处的气候条件和自然资源所限，版筑泥墙屋具有较好的保温性，并且所使用的泥土和木材可就近获取易于实施。其次是以"天井"和"厅堂"为中心的院落式布局应该是体现中国传统居住文化和本宗族文化的需要。其三是随着交通条件的改善和外来因素的影响，精美的雕刻和马头墙等建筑文化元素在很多民居上都有所体现和应用。

比较 / 演变

版筑泥墙屋单进院落式布局和简单的泥木结构是其最基本的格局，因为生产活动的需要和家庭人口的增加，厢房、仓库和二层结构就成为必然。正门的石雕、砖雕，正房的柱子、主次梁的雕刻应该是经济条件得到改善后的审美需要同时也是传承民族文化的需要，厢房马头墙的出现和部分村落外墙由黄泥色粉刷成白色应该是受到徽派文化影响的结果。因此版筑泥墙屋是当地民众在就地取材的基础上，延续当地传统并融合了其他文化元素后所形成的。我们今天看到的保存完整的村落和版筑泥墙屋是以丽水为代表的浙南地区最有特色的传统民居形式之一。

浙南民居·蛮石墙屋

缙云县位于浙江省丽水市东北部，属浙江中南部丘陵地区，其中山地、丘陵约占总面积的80%。蛮石墙屋是缙云山区独特的传统民居形式，古朴而又稚拙。格局上既有以"明堂"为中心的封闭式院落，也有3间至7间不等的"一"字形，基本上都是二层为主。基础和外墙均为山石砌筑，骨架为承重木框架，屋面为人字坡青瓦覆面。缙云蛮石墙屋最具特色的就是用一块块山石自然拼接的墙面以及墙角下一片片斑驳的青苔，是历史也是山区温润气候条件的印迹。

图1 蛮石墙屋门廊及雨篷

1. 分布

蛮石墙屋（图2）是缙云当地居民因交通不便而只能依山就势、因地制宜和就地取材的自发创造，反映了他们源于自然而又融入自然的朴素居住观念，这种独特的民居形式如今主要分布在丽水的缙云、青田以及温州的部分山区。这个区域属亚热带气候，四季分明，温暖湿润，日照充足。气温随山势起伏而差异明显，具有典型的垂直立体气候特征。

2. 形制

蛮石墙屋虽然外墙形式比较自然随意，但是部分民居在形制上还是沿袭了传统的"明堂"之制，即正方形的封闭式院落和以天井为中心的布局形式；门厅进入后为天井、对面正中为堂屋，两侧厢房呈对称式分布。也有部分是"一"字形，面阔从3间、5间到7间不等。因其格局不同规模也有较大差异，建筑

面积从约200m² ～1000m²都有。一层为主要的生活空间，二层用于堆放杂物和谷物。

院落式蛮石墙屋建筑高度因两侧厢房山墙的起脊而略有起伏变化，主立面以正门为中心，虽然门洞较小但因为居中设置和青砖装饰依然有一种传统的仪式感。"一"字形蛮石墙屋建筑正立面最典型的就是一、二层之间的披檐式雨篷，既为一层提供了遮阳和挡雨功能，又增加了立面的变化（图1）。蛮石墙屋建筑色彩为山石、木作和青瓦自然色的协调搭配，有着古朴乡野的气息和浑然天成的感觉。

图3 蛮石墙屋门脸

3. 建造

蛮石墙屋一般为木框架结构，与外墙共同起承重作用。修建时需先开挖基槽，基础用大块毛石砌筑，地面大多为三合土。墙体采用当地的山石和卵石，一般为2层（也有3层）结构；最外层

图4 蛮石墙屋外墙

图2 蛮石墙屋

图5 蛮石墙屋木构架及花窗

是石头，内层是黄泥和小石头混合；在门、窗或转角处用大块石或青砖交替砌筑，以增强牢固性。墙体砌筑完成后制作木框架，并完成人字坡屋面板铺设及青瓦铺覆工作。内部隔墙一般采用杉木板，楼梯为木板制作。

4. 装饰

大多数蛮石墙屋的装饰主要体现在门脸及花窗上。部分民居门脸为块石或青砖砌筑，没有石雕或砖雕，只是通过砌筑方式的变化体现出主人和工匠的用心（图3）。比较而言，花窗应该算是缙云蛮石墙屋中最精致的装饰，有小方格、菱形等多种形式。室内装饰也比较简单，屋顶和墙面为杉板原色或白色涂料粉刷，外加部分传统挂图或表达美好期望的对联等。相比其他传统民居的人工装饰，缙云蛮石墙屋的外墙可以说不是装饰胜似装饰，石头的大小、拼接方式、质感和颜色以及墙面的凹凸感是其他任何民居形式都没有的天然装饰，这既是它自身的特点应该也是中国传统民居中非常独特的一种类型（图4）。

5. 代表建筑

1）二十间石头屋

二十间石头屋位于丽水市缙云县壶镇镇岩下村，兴建于中华民国时期，是缙云县历史保护建筑。该民居坐东朝西，为一进三开间二厢重檐木结构。单进式院落总占地面积约666m²，总建筑面积约1200m²，共有房子20间。二十间石头屋以正方形天井为中心，形成了"回"字形宅院，同时又具有采光和排水功能。进大门后左右分别为对称式布局的厢房，各有7间。正中为堂屋，左右分设卧室和厨房各1间。该民居为2层，其中一楼住人，二楼堆放杂物。

二十间石头屋为木框架结构，毛石基础，山石外墙，人字坡青瓦屋面。门脸底部为块石，上部为青砖砌筑，虽无通常的石雕或砖雕，但因其与整面蛮石外墙的强烈对比显得古朴而精致。外墙上的门窗大小不一，分布自由。整体采用木结构装饰，杉木花窗雕刻相对比较

图6　一字形蛮石墙屋

图7　蛮石墙屋室内装饰

精湛（图5）。该建筑格局完整，保存较好具有较高的历史、文化和科学价值。

2）岩下石居

岩下石居（图6）位于丽水市缙云县壶镇镇岩下村，兴建于中华民国时期，是缙云县历史保护建筑。该建筑东北朝向，为一字七间石头屋。占地面积约为360m²，总建筑面积约为720m²。岩下石居为二层单栋建筑，共有7间，一间一户；一楼主要是住人和生活，其中前半间为卧室，后半间为厨房和灶台；二楼主要是堆放杂物和稻谷等。

岩下石居为木框架结构，毛石基础，山石外墙，人字坡青瓦屋面。正立面一楼木框架挑出，形成了开放式外廊和披檐式雨篷，山墙为硬山山石实墙。室内为杉木板隔墙，白色涂料粉刷，无其他装饰（图7）。该建筑保存较好，具有一定的历史和研究价值。

成因

蛮石墙屋的出现有其历史和文化因素，更多的则是交通和环境因素使然。缙云传说是黄帝后裔的居住地，所以以天井为中心的院落式小型住宅在格局和功能上均体现了传统的居住文化理念。其次缙云在地理上属浙中南部山地丘陵地区，交通不便、经济落后，居民建房只能依山就势和就地取材，山石、卵石和木材自然就成了首选的建筑材料。三是山区气候多变，随着山势的变化气温差异明显，而石头外墙结构冬暖夏凉保证了居住的舒适性。缙云蛮石墙屋的出现客观上还反映的是一种缙云当地民众尊重自然、融入自然的朴素生存观。

比较／演变

蛮石墙屋大多为单进正方形院落或"一"字形格局，这种格局既有选址的因素也有家族人口数量和结构变化的影响。人口增加和家庭的分化，是继传统封闭式院落后更多"一"字形石屋和"单间卧室＋单间厨房"演变为"半间卧室半间厨房"出现的重要原因之一，又因为生产活动的需要，二楼的堆放和储物功能也变得重要起来。外墙材料尤其是在门脸和窗户部分使用青砖并以简单造型砌筑，则是受到建筑材料和审美变化的影响。"一"字形蛮石墙屋比单进院落式在装饰尤其是木作上的简化，应该是更加注重实用性的结果。缙云蛮石墙屋从形制、格局、材料和构造等方面一直较好地保留了缙云山区传统的建造工艺和特征，在当今传统民居建筑中非常具有代表性。

浙南民居·营盘屋

营盘屋主要分布在松阳县大东坝镇，以四合院为典型居住单元。院落中的主要建筑为香火堂、中央厅堂、厢房等，是兼具福建土楼与徽派建筑特色的独特民居建筑。房屋一般以木构架为骨架，外墙采用砖石砌筑，屋面覆瓦。建筑体量大，院落多，布局错落有致，气势恢宏。

图1 白粉墙4号外观

1. 分布

松阳营盘屋（图2）是中国封建社会聚族而居的一种传统样式，住民由一个阙姓的族群组成，主要位于丽水市松阳县大东坝镇，坐落于上茶排、下茶排、山边、下宅街、后宅、蔡宅六个古村落，共有30多座气势恢宏的明清时期的古建筑，现被列为浙江省级历史文化保护区。所处地域属亚热带季风气候区的中低山区峡谷地段，气候温暖湿润，四季分明，降水充沛。

2. 形制

营盘屋是大型院落组群，每座营盘屋的建筑面积都在1000m²以上，大的甚至超过3400m²。其组合方式与闽西、闽南一带的大型住宅相似，常常是屋舍相贯、院庭联幢，同一家族的房屋围成一个方形。多为"九厅十八井"建筑，以中轴对称为多，中轴线上分布有二至

三进四合院，面阔有三间、五间、七间、九间不等，两侧附屋宽敞，附屋面阔基本与主建筑通进深相同；建筑立面构成前低后高，两翼拱卫，使建筑有主有次，有藏有露，空间秩序感好；各进有五架椽，亦有九架椽，前进为厅，后进有楼，凡楼屋天井出檐都为重檐，并设置晒栅。

营盘屋建筑布局如古代军营一般，错落有致。每间屋子都以中央厅堂为中轴对称排列，都有大小不一的庭院，大的有200m²，小的也有50～60m²。营盘屋多以长方形为主，扁平状，土木结构，聚族而居，将香火堂设置在建筑最中心，横梁上到处贴着字迹潦草的神符。整个营盘屋由一重又一重围墙、一道又一道厚实的大门围护，有良好的防御能力（图1）。

图3 乐善堂整体外观

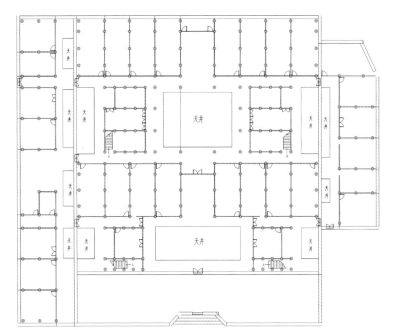

图4 乐善堂院落布局

3. 建造

营盘屋建筑结构为木框架，墙体为

图5 乐善堂大门柱头装饰

图2 白粉墙4号营盘屋平面图

图6 白粉墙4号院落内景

砖砌围护墙体，地面多用三合土地面，屋面覆瓦。建筑修建时先用石块安好基脚，以杉树原木为立栏，用枋条穿拉起来，形成离地五六尺高的底架，在底架上铺以宽厚的楼板，然后再在底架上建上层房屋，全为木结构，一般二层有正房3间加两头偏厦，外走廊围以木栏。

4. 装饰

营盘屋内外门楼、影壁、庭院、屋脊、天井地面、柱础、梁枋、神龛均有精美装饰。装饰种类有木雕、砖雕、石雕、彩绘、墨书墨画、卵石拼花等，木雕艺术最为精华。雕刻工艺有圆雕、浮雕、镂雕、平面阴线刻、剔底起凸等。装饰题材丰富多彩，人物神像、传说故事、动物瑞兽、花鸟虫草、琴棋书画、古树名木、亭台楼阁皆入画卷。装饰构思奇妙，造型儒雅大方，庄重严谨，画面简洁有力、充盈饱满。内外门楼的门楣都题额，厅堂正中悬挂题匾，如"含经味道"、"克振家声"等，两侧髹漆抱柱楹联，内涵深刻，哲理透彻。

5. 信仰习俗

香火堂设有神龛、供奉祖先牌位，"四时八节"均要上香祭祀。除了在宗祠中祭祀共同的祖先，各房还要在各自香火堂中祭祀本房祖先。然后，族人全部来到门外，朝着祖源地方向烧香、跪拜，遥祭安葬在千里之外的始祖。

6. 代表建筑

1）松阳县大东坝镇乐善堂

乐善堂是位于大东坝镇石仓的大型院落（图4）。该宅为三进九间六厢带双弄重檐楼房，建筑占地面积为1820m²。房屋总面阔35.6m，通进深49.6m，共分三进七开间。整幢房子共有11个天井，大小房间84间，其中卧室34间，厨房2间，储物间为48间。朝向为坐南朝北。

宅院外台门为牌坊式砖雕门楼，三间四柱五楼，额题"宝田"、"威凤祥麟"，砖雕阳文。内台门青石制作，额题"宝月卿云"砖雕阳文，东侧边门额书"躬礼"，西侧边门额书"仁厦"。

一进门厅为并列四座面阔三间厅屋，四柱五檩。二进中堂明间梁架为五架梁，四柱七檩前后单步。三进正屋穿斗式构架，五柱七檩前后单步，明间后壁设供奉祖宗牌位壁龛。天井石板铺设，面阔9m，进深5.2m。

院内装饰精美，瓦檐施勾滴，勾头为双喜纹，滴水为双凤缠枝花卉纹。建筑木构雕刻工艺较精致（图5），屋内保存有匾额多方，楹联1对，鼓墩形石凳3对。该建筑格局基本完整，保存较好。

2）松阳县上茶排村白粉墙4号

白粉墙4号位于松阳县大东坝镇石仓上茶排村，该宅坐东朝西，通面阔35.6m，进深45m，共分三进七开间，整幢房子共有12个天井，74间大小房间，其中卧室30间，厨房2间，储物间为42间（图6）。

建筑入口为"八"字门墙，"八"字墙上镶砖雕狮子，门楣砖雕题额"福自天申"，两侧镶砖雕"松竹梅柳"，石门枕、石门槛、石门框，门前踏垛三级。内大门石门枕、石门槛、石门框，砖砌门墙，门楣砖雕题额"长发其祥"，两侧镶砖雕大象，门罩一柱二檩。外门狮子，内门象，文殊、普贤作门神。

楼屋重檐，中轴线上二进4厢房，前后楼组合为跑马楼，各进均面阔9间，六柱八檩。南首附屋楼屋单檐，5间二厢房，三柱五檩。北首附屋，楼屋单檐，面阔9间，三柱五檩。

主楼和附楼牛腿、雀替雕刻精细，浮雕有曲带、祥禽、瑞兽、亭台楼阁、案几插花，格扇为棂条几何纹，明间后楼神龛精细，且保存完整（图7）。泥墙青瓦，硬山顶马头墙，三合土墁地，阶沿条石砌，天井卵石拼钱纹、菊花纹、叶脉纹（图8）。

图7　白粉墙4号室内布局装饰

图8 白粉墙4号外墙雕刻

成因

营盘屋民居的形成与自然地理和社会文化因素都密切相关。建筑分布于石仓溪（自东南而西北贯穿其中）两岸的山坡地上，背山面水，泥墙黛瓦，错落有致。这种建筑格局，一是地形使然，二是（民间风水俗称）东西向可纳财，因南北属火水需避之；背山可挡冬季之寒风，面水可迎夏日之凉气，缓坡可免涝淹之患，形成一个良好的小气候的居住环境。营盘屋民居依山而建，每一处院落都巧妙利用山势地形布局，错落有致，层次分明，总体布局也强调"天人合一"。

比较／演变

营盘屋建筑均为硬山顶，泥墙青瓦，外内门楼均有高昂的马头墙。每幢大宅都有堂号。总体构造跟闽西客家人的五凤楼庭院相似，但山墙外观却是典型徽州风格。粉墙黛瓦，多以砖砌墙，建筑更为细腻，马头墙也更显庄重。这类民居建筑收纳了大量徽派元素。

安徽民居

ANHUI MINJU

皖南民居·徽州民居

徽州民居平面紧凑，基本布局形式多作内向矩形，堂、厢房、门屋、廊等基本单元围绕长方形天井形成封闭式内院。民居建筑的基本单位和组合形式基本不变。以天井为连接点，以厅堂为主轴线，点线围合成多样组合的形式，这种形式具有向心性、整体性、封闭性和秩序性等特点。

图1 三合式希范堂鸟瞰

1. 分布

徽州民居是皖南地区较为常见的组合形式之一，目前广泛分布在乡村，城区也有分布。

2. 形制

徽州民居分为独居式、三合式、四合式和自由组合式等形式。

独居式多为三、五开间，大门正开，有的做门廊过渡，一般明间做客厅，为家庭聚会、会客所用，通过隔墙或皮门分隔出几个厢房，明间客厅后设置楼梯通往二层，供居住所用。三合式，俗称"一明两暗"（有厢房）或"明三间"（无厢房）。中型住宅中大量的是三合屋（也称三间屋），它又分为大三合和小三合（也称大三间、小三间）两类。大三合屋又称"大廊步三间"。大廊步三间通常为两层，是由上房三间，两厢各一间及天井组成。天井前面用高墙封闭起来，楼下明间为厅堂，两次间是卧室。如两个三合院背对背组合将中间厅堂分为前后两个空间，分别供两个院落使用。中间厅堂合一屋脊，当地俗称"一脊翻两堂"。四合式，俗称"上下对堂"。即与三间上房隔天井相对建三间两层高的下房，左右两侧各设一间两层厢房连接上下房，形成一个封闭的"口"字形，天井居中。自由组合式将独居式、三合式、四合式民居进行横向组合、纵向组合或自由组合。

3. 建造

1）基础

选定地基放线后用石灰撒漏出基础范围，开挖约1m多深，夯实地基，

掺石灰碎石，其上砌筑条石约3～5皮，用石灰黏结，水平条石间凿榫用铁件连接。

2）木框架

掌墨师傅根据房屋设计开具料单，户主备料。掌墨师傅安排交代手下木匠根据要求加工木料，之后掌墨师傅画墨做榫，构件加工完成后由乡邻共同完成构架的拼装、竖屋，举行上梁仪式。

图3 四合式老屋阁（吴息之宅）内部

3）瓦面

在木桁条上铺设木椽条，一般椽中距200～250mm，檐口施飞椽挑出，在椽上背钉铺望板或望砖，然后干摊铺瓦，做竖瓦脊，檐口饰勾头滴水。

4）砌筑墙体

青砖砌筑，用石灰铺缝全顺或者侧砌砌法，内外粉刷白灰面。

5）内部装修

由细木师傅制作门窗、栏杆、风窗、遮羞板、木挂落、皮门等，木雕师傅出样雕刻，墙装修由砖工砌筑粉刷。

图4 独居式程大位故居厅堂

4. 装饰

室内底层多用皮门、装修墙分隔，照壁用皮门，二层清代多用皮门、散板分隔，明代喜用一板一栿、编芦夹泥墙分隔。大门一般为实拼板门，房门多见皮门，天井一圈喜用隔扇门窗，檐口装

图2 希范堂明间天井

图5 程遂林宅功能

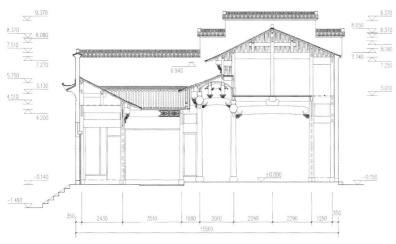

图 6　承启堂剖面图

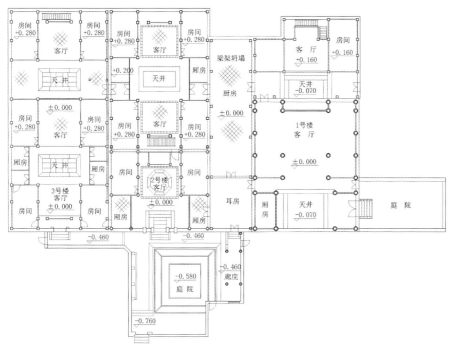

图 7　自由组合式倪望重宅平面图

　　徽州民居成因包括两个方面。一是自然环境的影响。从总体上看，徽州境内多山。徽州地区雨量充沛，空气湿度较大，因此坡屋顶出檐较深，屏风墙上部也做瓦顶，以保护墙面不受雨淋。为了克服闷热的缺失，房屋进深大，外墙高，使太阳不能直射到室内，以取得阴凉效果。自然环境决定了徽州建筑基本属"山地建筑"类型。徽州村落依据自然环境形成园林化的理想模式。二是受社会、人文环境的影响。徽州古村落主要是以血缘关系为纽带、以宗族制度为基础而形成的。许多村落从布局上表现出较强的宗族性，在高度、朝向、形式上都表现出了一致性。这种具有整体性的规划特征，正是宗族制度对徽州古民居建筑形态制约与控制的体现。之外还有以儒家为核心的伦理道德观念、阴阳五行的风水思想、以人为中心的生活方式都对徽州民居形制的形成起到了重要的影响作用。

比较 / 演变

　　徽州民居源远流长，如今遗存的徽州民居主要是明清时期建筑。明清时期，徽州经济繁荣，文化兴盛，建筑及其技艺亦得到极大发展，奠定了徽州古代建筑在中国建筑史上的重要地位。清代是徽州建筑发展的鼎盛时期，乾隆以后，徽州传统建筑又有新的发展，明显表现出一种世俗化的趋向与格调，这主要是受到了徽商文化的影响，徽州民居是经过明清时期长时间的受自然、经济、人文因素影响而形成现存的民居体系。

饰有风窗、木挂落、木栏杆等，极为精美讲究。檐口大多有斜撑雕刻，月梁下饰雀替，上背有梁袱雕刻，轩下还有平盘斗等，内容丰富，工艺精湛。

5.代表建筑

1）黄山市黄山区希范堂

　　希范堂，位于黄山区城西永丰乡岭下村 50km，是清朝官员杜冠英故居，建于清光绪十一年间，距今有 118 年历史。该堂三进三开间，砖木结构，左右肩有厢房，后进为三间走马楼。堂内的斜撑、雀替、梁托等均雕有龙凤、狮子等飞禽走兽和花草图案。后进正面均用格子门窗构成装饰，门肚板上刻有家训等，均为劝导世人训诫子孙箴言警语，富含生活哲理，最引人注目的是前厅中堂悬有一块金面匾额"希范堂"三个遒劲行楷大字赫然入目。该正堂面宽18.8m，进深 29m，檐高 8.2m，建筑面积 $728.12m^2$。2004 年省人民政府公布为省级重点文物保护单位。

2）黄山市徽州区老屋阁

　　老屋阁，宅居名。又名吴息之宅。位于西溪南村中，坐西北朝南，老屋阁前后三进五天井三开间二层楼屋，梭柱、覆盆础，月梁，丁字栱眼内雕花，一板一枨，芦苇墙装修，保持着古徽州典型的明代建筑特色。

皖南民居·土墙屋

土墙屋不同于传统徽州砖木结构的民居，它以其独特的建筑形式在徽州地区形成另外一种特色。由于徽州多山地，由于交通等因素的影响，一些山区村民就地取材，使用红土作为材料，土墙屋的承重结构为土墙，建筑平面形制与传统的民居也有所不同，多为三开间格局。

图1 阳产土墙屋建筑群

土墙屋是皖南山区的特色民居类型之一，因为地势较高，交通不够便捷，几十年及上百年来，山民就地取材，采周边青石铺路架桥，取红壤木材筑巢而居。

土墙屋均为土木结构，以一至二层居多，二层有设挑廊或吊脚楼，有建三层或达到四层的。平面布局简单，以长方形居多，大量宅屋为三开间、即三间屋，也有少量为二开间。一般楼梯置于中间堂屋太师壁后方，左、右间为卧室或杂间。另设附房用作厨房。房间均直接对外开窗采光通风。

1）基础

由于土墙屋都是分布在山地，依山就势，前虚后实，前坝后基，即前面做挡土坝后部分埋基础。选定地基放线后用石灰撒漏出基础范围，然后开挖基础，一般根据土质和层数开挖的深度和宽度各不相同，挖至实土找平跌宕，其上摆砌块石，石基大都用干砌法。

2）选土

一种黏性极好的红土，干湿要适中，太干了，黏性不足；过湿了，墙体立不起来。

3）筑墙

先用木板做模具，高约一尺左右，长约2m，宽约一尺，安放在砌好的墙基上，最底下一层，用石头砌筑，以防雨水侵蚀墙基。

筑墙时，一人拌土，然后把泥土往模具里倒，两人复砸筑墙，边倒边砸，使用木制的工具（一般用杂木做成，一头圆的，一头是扁扁的楔形木槌），两人面对面一上一下用劲地筑、捶，中间用圆的那头，边角用扁的那头筑，全部夯结实才能拆模具。待一模倒好，拆开模具销扣，平行移到另一端。为了防止一模与一模的缝隙，拆掉接口处的挡板使用三边挡板模具。有时为了使土墙更结实，在倒土时还往里面添加一些木头棍子或长竹竿以提高墙体的拉结力。在筑到第二层时，墙体与墙体之间要埋下搁楼板的木梁。木梁下一定得垫许多木棍，以增加它的承受力。也有在墙体中间横放些竹筒，可以用来插上木棍，秋季用来悬挂玉米穗，或者挂些杂物等。到了二层以上，有一道特殊的工艺，请有经验的老师傅，用马步站在墙上，用筑墙的工具的楔形一头，使劲拍打墙体，如果整个墙体是晃动的，那么墙就不会倒塌，如果不动，那肯定是墙体歪了，

必须修正。土墙表面细腻的装饰增加了一道工艺，就是请一位师傅专门修墙，用筛过的很细的黏土，用手掌使劲抹上去，然后用一个形状与洗衣服的棒槌相似的木槌，使劲拍打，一直拍打到非常光滑平整为止。这也是一门看似简单，做起来很困难的手艺。

因为土楼最怕雨水，淋湿了就容易倒塌，所以土墙屋通常为悬山顶，前后出檐一般在1m左右，山墙屋檐出挑0.3～0.5m。土楼建成后是不能马上入住的，要过一些时日，待土干了以后才可以住。

4）屋面

由于土墙屋是靠土墙承重的，所以到了屋面位置，就要把先备好的木檩条搁置在隔间墙及山墙上，檩条上钉木椽条，间距约22cm左右（经济条件尚可的还在椽条上铺木望板），然而干铺小青瓦。盖瓦分"张槽与履槽"，"张槽"瓦凹面向上，小头朝下；"履槽"瓦凹面向下，大头朝下。屋瓦层叠，瓦与瓦之间至少要搭压一半以上，屋脊用竖瓦或砖块压牢。

室内地面一般为红土掺石灰分层夯实，到了近代采用水泥地面。室内装饰

图2 阳产土楼

图3 汪文彩宅外观

图4 汪文彩宅内部

图 5　徐文高宅

图 6　徐文高宅室内

图 7　童永康宅

比较简陋，除门窗及楼板用木材制作外，其余均为土抹面。室内墙面装饰最多用白灰膏刮白，尽管无其他雕饰构件，但都有一种乡土的美感。

1）歙县狮石乡汪文彩宅

该宅位于歙县狮石乡。狮石乡地处歙县最边的西南山区，交界于浙江省的淳安县中州镇，休宁县白际乡。距县政府 75km，乡政府驻地营川村。境内主要的峰有：东啸天龙，大连岭，北威风岭。境内有武强溪。敬坑溪二河自北向南流，汇入新安江。此宅建于中华民国时期，坐东南朝西北。通面阔 8.8m，通进深 5.9m，二层楼。内部为松、杉木结构。

2）歙县狮石乡徐文高宅

该宅位于歙县狮石乡。此宅建于中华民国时期，坐东朝西。楼房通面阔 14m，通进深 6.4m，二层楼。内部为松木、杉木结构。

成因

徽州山区山多地少，因交通不便，经济落后。山民在群山之中，就地取材，依山而筑的土墙屋，土墙屋是地方传统民居的最大特色，均以青石砌磅为地基，土墙屋与土墙屋之间有石板或石板台阶或青石铺地。无论是单体、土墙屋，还是整个村落土楼群，都体现了人与大自然融为一体，具有浓郁的山区民居建筑特色，构成了神奇、古朴、壮观、美丽的画卷，是徽州民居又一奇葩。

比较／演变

当代由于生活条件提高、交通和经济进步等原因，愿意居住在土墙屋的皖南山区人民已经渐渐减少，新建的房屋样式也不再是这种形式。土墙屋作为皖南山区的一种特色民居，渐渐被开发为旅游资源，以吸引游客。

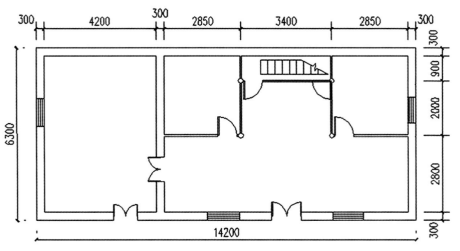

图 8　童永康宅平面图

皖南民居·树皮屋

树皮屋是徽州地区少见的建筑类型,其建筑构造与传统徽州民居的砖木结构类似,唯独维护外墙结构采用树皮板或木板,形成徽州地区民居的又一特色。

图1 胡庆荣宅外观

1. 分布

皖南民居树皮屋在皖南地区少有分布,多在贫困地区存在,目前集中分布在休宁县石屋坑村等地。

2. 形制

树皮屋内部为木梁架结构,外墙用树皮板或者木板围合,以一至二层居多。平面布局简单,以长方形居多,大量宅屋为三开间、即三间屋,也有少量为二开间。一般楼梯置于中间堂屋太师壁后方,左、右间为房间或杂间。另设附房用作厨房。房间均直接对外开窗采光通风。

3. 建造

1)基础

基础采用放线、开挖、夯实地基、砌筑石基等几个步骤。地面下砌筑条石约3~5皮,用石灰黏结,水平条石间凿榫用铁件连接。

2)木框架

整体结构形式为穿斗式木框架结构。木柱间用穿枋连接,形成主体结构,柱上放置木檩,承接瓦面荷载。掌墨师傅负责设计和构件加工,完成后由乡邻共同完成构架拼装、竖屋,举行上梁仪式。

3)铺设屋顶

在木檩条上铺设木椽条,一般椽中距200~250mm,厚40mm。一般不设飞椽挑出,椽上无钉铺望板或望砖,为干摊铺瓦,做竖瓦脊,瓦口稍稍出挑,檐口不设勾头滴水。

4)墙体

树皮屋的最大特色是维护面层由薄板或树皮板制成。横向穿带是80mm左右的方木,间距600~900mm钉于木柱上,将已装备好的树皮板或木板,宽400mm左右,长1000mm左右,用钉、木梢、从内部等固定于木构架梁柱上。

图3 胡庆荣宅内部

图4 余高祥宅厅堂

图2 余高祥宅入口

图5 余高祥宅内部

图8　张富生宅入口

图6　张富生宅外观

图9　张富生宅侧面

4.装饰

　　室内装饰大多与传统砖木结构民居相近，但因为经济因素限制，装饰趋于简单化，多数没有复杂的雕饰，只用在大门或厅内挂画和对联，保持传统文化的精神信仰。

5.代表建筑

1）休宁县石屋坑村胡荣庆宅

图7　余高祥宅侧面

　　胡荣庆，家庭人口3人。住房面积约57.75m^{2}为二层杉木结构。外围包杉木（板）树皮，建于1985年。地址为汪村镇田里村。

2）休宁县石屋坑村余高祥宅

　　余高祥，家庭人口6人。住房面积约79.92m^{2}为二层杉木结构。外围包杉木树皮，建于1983年。地址为汪村镇田里村。

成因

　　树皮屋集聚分布集中的地区，村民伐木为材，搭成木结构的楼房，但是由于经济、自然因素以及材料来源的限制，采用木板和树皮作为外墙，起到遮风遮雨以及防盗的作用。之后有的村民条件成熟，经济好转的农户会重新砌筑外墙。而没有能力砌筑外墙的，就在乡间留下了充满特色的树皮屋。

比较/演变

　　徽州村民巧妙地废物利用，把木材的下脚料收集起来，建成了自己别具特色的乡土建筑风格。现今由于生活条件提高、交通和经济进步等原因，愿意居住在树皮屋的居民已经渐渐减少。

皖南民居·石屋

石屋是徽州地区少见的建筑类型，其建筑构造与传统徽州民居的砖木结构类似，唯独维护外墙结构采用片石。形成徽州地区民居的又一特色。

图1　张流元宅外观

1．分布

石屋在皖南地区少有分布，多在贫困地区存在，目前在山地多石地区集中分布代表地区是休宁县石屋坑村等地。

2．形制

石屋内部与其他徽州民居类似，为木结构，不同的是外墙用片石围合，以一至二层居多。平面布局以长方形居多，三开间或二开间。一般楼梯置于中间堂屋太师壁后方，左、右间为房间或杂间。另设附房用作厨房。

3．建造

1）基础

柱下及地面基础做法与其他徽州民居类似，采用放线、开挖、夯实地基、砌筑石基等几个步骤。维护墙体的基础为碎石构成，采用地面下放脚的形式，放大两步，深1000mm左右，宽600～800mm。

2）木框架

整体结构形式为抬梁式或穿斗式木框架结构。木柱间用梁和穿枋连接，柱上放置木檩，承接瓦面荷载。二层楼板置于搭在木梁的木龙骨上，构件加工完成后由乡邻共同完成构架的拼装、竖屋，举行上梁仪式。

3）铺设屋顶

在木檩条上铺设木椽条，干摊铺瓦，做竖瓦脊，瓦口稍稍出挑于封檐板，檐口不设勾头滴水。

4）墙体

由内部的木板墙和一层外的石墙两部分叠合组成。房屋内部一层和二层的主要房间的墙体为与其他徽州地区民居类似的木板墙。外部约一层半高度为石墙，首先村民根据房屋大小准备好需要的片石，然后用灰浆叠砌片石围护墙，转角部位为增加稳定性用大块条石砌筑。墙体厚度约400～450mm。

图3　张流元宅入口

图4　张流元宅内部

图2　张流元宅侧面1

图5　张流元宅侧面2

图6　张流元宅窗样

4. 装饰

　　室内装饰大多与传统砖木结构民居相近，但因为经济因素限制，装饰简单，没有复杂的雕饰，只用在厅内挂画和对联，体现传统文化的精神信仰。

5. 代表建筑

休宁县石屋坑张流元宅

　　张流元宅，家庭人口4人。住房面积约91.45m² 为二层木结构。外围包杉木树皮和片石，建于1986年。

图8　张流元宅细部

成因

　　石头屋集聚分布集中的地区，石材资源丰富，居民就地取材，采用片石作为外围护墙，起到遮风遮雨以及防盗的作用。村民相互效仿，就在乡间留下了充满特色的石屋群。

比较 / 演变

　　徽州村民奇思妙想，也为了节省建设成本，将山上的石板搬到村中，作为建筑外墙使用。现今由于生活条件提高、交通和经济进步等原因，愿意居住在石屋的村民已经渐渐减少，新建的房屋样式也较少是这种形式。

图7　张流元宅厅堂

皖南民居·吊脚楼

安徽省宣城泾县章渡村吊脚楼的房屋一面临江，用木柱悬空支架在江上，河水从其下潺潺流过，极富江南水乡情调。此建筑群一户接一户，绵延一、二华里，所用木柱逾千根，故称"千条腿"。隔河相望，青瓦木屋沿河滩形成了长长的一片，恰似一张大木排顺流而下；入夜灯明，灯光倒映河中，水上水下"万家灯火"，相互辉映，十分壮观。独看一家一户，又似一盏盏吊在灯杆上的灯笼，故又称"吊灯阁"；由于宅房主要梁架是用木柱支撑在空中，故又有了第三个名称"吊栋阁"。

1. 分布

吊脚楼是我国传统民居的一种古老建筑形式，大多数沿江而建。安徽省宣城泾县章渡村，原章渡镇，有一千多年历史，古有"西来一镇"之称。境内吊栋阁，民间又叫"江南千条腿"，在力学、建筑学、美学和民俗学上具有很高的研究价值。章渡老街建于明代中叶，是该县现存最长的老街。如今遗留下来的章渡古镇街道，由一条老街和一条横街组成。老街是沿着青弋江北岸的青弋江的东西向，全长约300m。

2. 形制

泾县章渡吊栋阁是泾县古民居的一种特殊变形，其建筑选址、建筑型制、建筑材料等方面都有特别之处。

它是干栏式建筑与皖南民居融合的结晶，是我国南方长江上游和下游地区建筑特色的一次融合。

3. 建造

两层吊栋阁通常面阔3～4间，建筑采用五脊顶，四面坡，前后进深约8m，前部2/3在陆地上，后部1/3位于江面之上，靠木柱支撑，局部构建装饰较为复杂。吊栋阁的护坡支柱层的护坡采用河卵石。

4. 装饰

泾县吊栋阁的支柱都是用耐腐性很好的杉木做成，柱基为石柱础，柱础立在卵石铺筑，条石封顶的河床驳岸上，一直延伸到架空层外3～5m，以防河

图1 吊栋阁街景图

图2 章渡吊栋阁全景图

图3 章渡古村落布局图

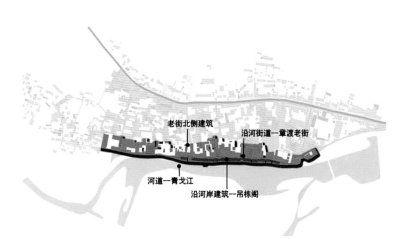

老街北侧建筑　　沿河街道—章渡老街

河道—青弋江

沿河岸建筑—吊栋阁

图4 过道

图5 建筑木雕现状图

图6 得月轩房屋顶近照

图 7　豆腐作坊

水冲刷。因此，泾县吊栋阁可以历经上百年不换修一次。

5. 代表建筑

1）得月轩

位于吊脚楼群的中段，上下两层，顶部设置隔热层，木瓦结构，每层有数窗，为典型旧式酒店。1939 年，新四军军长叶挺、副军长项英曾在此酒楼宴请新四军周恩来副主席。

2）豆腐作坊

位于吊脚楼群的中段，临街部分是店铺，中部及后部为作坊，是当时家庭作坊的代表。

图 8　吊脚楼沿街现状图

图 9　吊栋阁沿江现状图

成因

章渡之所以能成为"永不倒镇"，跟它的地理位置定得巧妙有关。吊脚楼虽凌驾在青弋江水面上空，但在它的上游五里处有兰山岭挡住了水头，使青弋江水转而流向较低的安吴乡一侧，从较高的章渡镇则是缓缓而过。另外在章渡老街的上街头，又正好有一股来自兰山岭的夏浒河水汇入青弋江。青弋江水越大，夏浒河水越急，正好将青弋江上游漂浮的树木杂物冲向对岸，使吊脚楼免受其害。吊脚楼的对岸是比章渡街低 5～6m 的开阔平原，水位一高，对岸即形成水漫金山的汪洋。因此当地人说：水位越高，吊脚楼就越安全。集镇上的民居、木板店门面、作坊鳞次栉比，相对结伴，顺河沿而立，依水面而筑，曲折延伸，古色古香。街道居民"开门上街，推窗见河"，人与自然和谐统一，使这里的集镇极具诱人魅力。

比较/演变

泾县吊脚楼始建于元末明初，据说由陈友谅的军师张宗道设计。章渡老街建于明代，其建筑风格是在吸收了多种文化的基础上，经过长期的融合而形成的。它既受传统徽派民居风格影响，又不同于传统的徽派风格。建筑巍峨端庄、典雅大方，具有北方建筑的元素，且民居庭院又具有苏浙建筑的精巧布局。同时得益于独特的自然地理条件，凭借水路运输的方便，逐渐在岸边形成了现有独具特色的吊脚楼群建筑特色。统一的木楼式结构，前半部分着地，后半部分以柱相撑立于江水之上，柱上架木阁楼，楼阁上的雕梁画栋，工艺精湛。整体建筑看似是无基之阁，但经百年洪水侵袭，屹立不倒。

皖南民居·皖东南民居

皖东南民居外观简朴，造型端庄大方，色彩沉稳，梁架工整，装修洗练，色彩朴素，雕刻精致，室内装饰，细致考究，建造技艺精湛，粉墙黛瓦，马头墙矗立，融入了徽派建筑风格，显示出岁月沧桑和它们的顽强生命力。以宁国胡乐镇民居为代表。胡乐是千年古镇，地处两省四县交界处。

图1 胡乐老街上的马头墙

1. 分布

皖东南民居是我国传统民居的一种重要建筑形式，以宁国胡乐镇为代表，历史传统建筑保存较好。现存的传统建筑，数量丰富、种类繁多。尤其是清代著名神童周赟故居，保存较好。胡乐镇历史建筑规模达400200m²，传统建筑及其环境和古迹大都是明清时期的遗存，集中分布在胡乐和霞乡两村之间。

2. 形制

皖东南民居布局统一又灵活多变，依据地形地势就势建造，形成错落有致的空间视廊。村中水系布局合理、实用，每家每户门前均设或明或暗的排水沟，既能满足居民生活洗涤，又有消防、净化空气等功能。村落由一栋栋民居排列

形成的街巷纵横交错，高低错落，于幽静中透出几分神秘，沿街民居建筑开间多为1~3间，进深多为3~4进；天井较小，四周设走廊，做为主要的联系空间。

3. 建造

皖东南民居以砖、木、石为主要建筑材料，以木构架为主。梁架多用料硕大，且注重装饰。民居建造结构严谨，法式科学，大多以穿斗式梁架、硬山屋顶、封砌马头墙的砖木结构为主，追求的是实用、美观的建筑文化理念。

4. 装饰

皖东南民居广泛采用砖、木、石雕，表现出高超的装饰艺术水平。建筑在细部装饰上极具文化品位，内涵丰富，如

图3 民居上的木雕

周氏宗祠的撑栱、隔扇以及屋檐窗罩等，精致考究，雕刻技艺精湛。

5. 代表建筑

1) 叶逢春住宅

建于清中期，位于胡乐古村落中街，三进三间，坐东朝西，凹形门面，下层青石方砖，上层木板门面。一字天井两厢。堂厅四列木柱，上下正堂两厅，四间正房，两间偏房，两楼厢房，方格门窗。

图2 胡乐老街主街格局

图4 吴定监户住宅

图5　叶逢春住宅

2）吴定监住宅

　　建于明代，位于胡乐古村落中街，三进间，坐西朝东，建筑面积390m²，凹形门面，上层木材装饰，方格门窗，两间正厅，四间正房，后有厨房，二层均为厢房，保存较好。

图6　民居上的石雕1　　　　　图7　民居上的石雕2

成因

　　皖东南民居是在明中叶以后，随着徽商的崛起与发展，徽派园林和宅居建筑也发展起来。胡乐镇历史传统是千百年文化的沉积，具有厚实的文化底蕴。由于集聚，商品经济日渐发达，胡乐古村中街民居的居住功能与商业经营功能，逐渐集中于一体，形成沿街多为二层，呈下店上宅式或前店后宅式格局。

比较／演变

　　皖东南民居外观简朴，造型端庄大方，色彩沉稳，梁架工整，装修洗练，色彩朴素，雕刻精致，表现出大量的徽派元素，同时融入了当地的乡土因素，造就建筑独特文化的天然优势，但随着时间的推移和人们对居住要求的提升，皖东南民居经历了纯粹模仿古徽州民居建筑、改良的徽式建筑、现代皖东南式建筑等阶段。现代皖东南建筑继承了传统的优点，同时加入现代化的人文特色进行再设计。现代建筑外观设计还是白色墙体构成，在不破坏白粉墙格局的条件下，在新建筑上进行多样化处理。外部造型还是以马头墙、小青瓦为主要特点。外墙在一层加设了窗户。从而使人享受到更多的阳光和新鲜的空气。

江淮民居·皖西南大屋

皖西南大屋是江淮民居的重要代表，在建筑特色上吸取了徽派建筑手法，又有很大独创。皖西南地区的安庆是古皖国的所在地，历史悠久，文化积淀深厚。皖西南古民居正是皖江文化的重要载体。

图1　响肠村胡氏大屋

1. 分布

皖西南大屋民居数量众多，特色鲜明。安庆市区及七县一市均有分布。大别山腹地分布较多，最具特色。分布地区地处亚热带季风气候。长江下游上段北岸，北纬 29°47′～31°17′、东经 115°46′～117°44′。地区地貌大致分为中山、低山、丘陵、台地（岗地）、平原几个部分。

2. 形制

皖西南大屋为大院落形式，建筑面积较大。其排布方式与皖南地区古民居相似。同一家族的房屋围成一块，以中轴对称建筑为主，中轴线上有二到三进四合院。面阔有三间，五间、七间不等。皖西南古民居有穿堂式和大厅式两种建筑形式。

3. 建造

皖西南大屋民居建筑结构为木结构，地面多为素土，三合土和砖石。承重多为木框架。隔间采用板墙或砖墙。房屋基础为石砌浅基。外墙多为青砖，土或"金包银"结构（即外砖内土），屋面系统覆瓦，以小青瓦为主。建筑工艺中采用升、斗、栱、步梁拉枋、雀替斜撑木结构，古雅明朗。

4. 装饰

装饰形式多样：齐檐封火、马头墙、飞檐翘角、栅栏匾额、外墙体青砖干摆墙，檐用砖栱挑出。装饰种类有木雕、石雕、砖雕、线刻。砖雕木雕具有江北风格，砖雕采用高浮雕手法，立体感强。粗放不失精湛，体现皖西南古、大、美、

图3　响肠村万家楼

图4　碓臼湾古民居内院

雅、固的建筑艺术风格。装饰题材丰富，装饰构思奇妙。"内雕外素"与皖南地区古民居不同，外表看十分普通，内部雕饰却极尽精巧，暗合儒家处世哲学。

5. 代表建筑

1）碓臼湾古民居

岳西田头村王湾组境内的碓臼湾古民居，应其地形似旧时舂米碓臼而得名。已列入省级文物保护单位。经考证，这里古民居建于清代光绪年间。

碓臼湾古民居主体是五间三进四厢带左右跨院式布局，主建筑前另起大门楼子，一排长长的门屋延伸到整个建筑的两端，内部照壁隔墙纵横交错，巷廊通道四通八达。

一进大门，门楣四个石门簪子，二进石框门，背面照壁，檐口砖雕斗栱数朵，栱间圆形起突，上绘人物花卉，檐

图2　碓臼湾古民居入口1

图6　碓臼湾古民居入口 2

图5　碓臼湾老屋 1

图7　碓臼湾老屋 2

口下又是一排砖雕精美图案，门头额枋上刻"瑞日祥云"四字，枋下四个门簪雕刻春夏秋冬四季花卉图案，中后厅皆为五架穿枋，满装板壁，条石柱基础，柱间垫上一块厚厚的木块，后进神堂后墙镶嵌一古老神龛，神堂前满装隔扇，雕刻技艺上乘，有菱花纹、毬纹，精美至致。木雕、砖雕都十分精美，因饱受沧桑，更显古朴。

2）德馨庄（广兴老屋）

建于明代正德年间（1507 年），康熙年间（1643 年）扩建西头老堂屋，至乾隆年间（1729 年）扩建正堂屋，继扩建东支四支堂屋，乾隆五十七年（1792 年）兴建西部独立五世堂支祠。改扩建原因主要是人丁增加，族业发达。乾隆帝曾嘉奖圣匾，人瑞声起，享誉四方。五世堂支祠由余文章于 1792 年为"感皇恩、妥先贤，永振家风"创建，功用是"奉圣匾"供神主。二块圣匾，五块题匾及中柱楹联"天下无不是的父母，世间最难得者兄弟"。视为余氏家族美德义举和世代相传的祖训。

西依凤凰山，面朝麒麟山，凤溪河横其前，毛竹园绕其后，地势高爽，明堂开阔。青瓦白墙映于水中。布局自然融合，向心式横排竖列，因循山水韵律。整组建筑，南北以夯土墙围合，单体屋顶多为坡屋面，以封火墙隔间，天井排水，四水归堂。中置广场，池塘岸植有银杏大树，亭台点缀其间。完全符合"枕山、环山、面屏"的古代风水理论。

平面形制多进院落功。整个院落由老堂屋、正堂屋、四支堂屋、宗祠 4 个单元组成。自南至北成 9 列堂屋由上堂轩与左右官房、下堂轩与左右厢房构成，官房、厢房自东至西按长幼辈分排列室序。计有 7 处堂轩、1 处学堂，计 86 套卧室，不同时期卧室、厨房、储物间数量不等。祭天地的"三牲石"、安置过梁梅花垛孔、用于排水天井"落水柜"体现古建筑生态与科学独特的设计理念。

堂屋内以梁枋柱拼合结构，构件饰以五攒升斗一栱。堂屋上堂轩正屋中间基枋下设置木构神龛，供奉祖先牌位。基枋与照枋间为祀场（主宴会），天井下方为储物阁，饰以木雕围栏是由北祠南台对称作用演变而来。下堂轩为族人杂工活动区（次宴会），中置木构屏风两侧置门，天井下方照壁二道门上方阴刻砖雕，题匾额，屋檐饰有勾头、瓦当与滴水，下为清水墙二层盘头，二道门构建夹墙，装有防盗挡栓。二道门与一道门之间为弄道，不严格中轴对称。正门外对称地伏石、抱鼓石。立鼓镜、采鼓钉、石浮雕兽面。柱础青白石，周围饰以番草、花卉浮雕。

成因

皖西南大屋的成因与自然地理和社会文化因素息息相关。皖西南，地分江淮，襟连吴楚，多种文化在此地碰撞交融。这种建筑格局一是受地形，降水量的影响。二是建造者对风水的把握，建筑布局因地制宜，强调自然通风采光，多坐北朝南，总体布局强调天人合一。

比较 / 演变

在建筑特色上吸取了徽派建筑手法，又有很大独创。"内雕外素"与皖南地区古民居不同，其砖雕木雕具有江北风格，砖雕采用高浮雕手法，立体感强。外墙多为青砖，钩白缝，檐口处粉一道白线，马头墙形式多样，富有变化。同时内部雕饰色彩鲜明，各种图案注重写实。古建筑外朴内华，兼具北方古建筑粗犷与南方古民居的秀美，具有明显的过渡与兼容特色。

江淮民居·皖西北圩寨

圩寨，是皖西北乃至整个黄淮平原最具特色的传统民居形式之一，融合了北方合院式民居、南方天井式民居、山地堡寨及水网地区圩子民居的特点，是由水利系统、防御系统和居住系统共同组成的集生活、军事、防洪、生产等功能于一体的综合型聚落，有着鲜明的时代及地域特色。总体上可以分为士绅居住的庄园圩和普通村民居住的村民圩两类。

图1 李氏庄园东路建筑群入口

1. 分布

历史上圩寨民居曾广泛分布于黄淮地区（含豫东、皖北广大区域），但因战争等原因大量损毁，目前以安徽省合肥市肥西县及六安市霍邱县境内保存相对集中、完整；其中肥西县在第三次全国文物普查中，发现圩寨30余处。

2. 布局

1）从生态角度

圩寨民居的建设非常注意与生态环境相结合，使之更适宜生产生活。其选址常在坑洼积水之处以节约耕地，并将圩壕与河、渠贯通，兼顾农田灌溉、行洪排涝，湿地改造及安全防御，同时还获取了良好的景观，清幽的环境。其朝向通常迎向夏季主导风向，并在轴线上布置纵向的狭长天井院，充分利用当地气候达到冬暖夏凉的通风效果，体现了先民在营建居所时追求的"天人合一"思想。

2）从使用功能角度

圩寨整体建筑布局上层次分明，功能合理，以圩壕环绕，之外是大片农田，壕上设桥，之内是以寨墙为主的防御工事，庄园圩常有涵闸、陡门等完善的水利设施，圩壕与寨墙之间为马厩、兵舍、仓库、作坊、牢房等辅助用房；寨内生活区以合院式民居为主，村民圩多是单进院落散落分布，庄园圩则为多路三至四进院落并联排列，高等级的庄园圩还有戏台和园林。

3）从军事防御角度

圩寨民居四周以圩壕和寨墙为外层防御屏障，有些庄园圩在正面设有二至三道圩壕，外壕有吊桥，必要时可以升起，隔绝内外交通，桥头设门楼并住有兵勇。两道圩壕之间留有大片空地，可做练兵之用，并增强防御纵深。寨墙开有枪眼并在关键位置设突出墙体的碉楼。寨内主要出入口均设门楼，各路院落皆有大巷及内围墙相隔，如此形成了圩壕、吊桥、门楼、寨墙、碉楼、内宅围护，层层围合、森严有序的防御系统。

3. 建造

圩寨民居呈现融汇南北的特征，院落尺度介于皖北合院和皖南天井式民居之间，梁架一般为抬梁式和穿斗式结合的木构架。建筑墙体常采用外贴砖面，内用土坯砌筑，俗称"里生外熟"或"金包银"式砌法，坚固厚实、冬暖夏凉，并可增强防御功能。

4. 装饰

圩寨民居外墙一般为清水砖墙，铺地多采用当地盛产的青石，建筑装饰包括砖雕、石雕、木雕等多种方式，装饰部位集中于屋脊、檐口、门窗、牛腿、门墩等，包括福寿、瑞兽、花鸟、传说等富于吉祥寓意的传统题材，一些高等级庄园圩装饰华丽，并绘有金漆彩绘。

5. 代表建筑

1）李氏庄园

李氏庄园位于霍邱县马店镇西圩村，建于清咸丰六年（1856年），庄园近方形，东西距离250m，南北距离

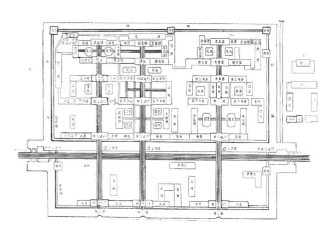

图2 李氏庄园原貌平面示意图

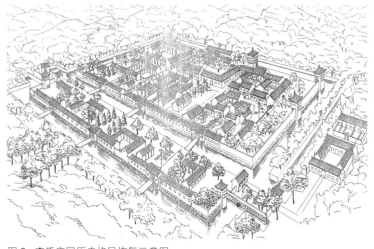

图3 李氏庄园历史格局恢复示意图

图 4　李氏庄园中路建筑群客厅

图 5　李氏庄园中路木楼

240m，由圩壕、寨墙围绕，四角各有一座碉楼。庄园主入口向南，建筑分东、西、中三路，三路头道门楼前为第一道圩壕，各设一吊桥；二道门楼前为二道圩壕，两壕之间设有碾房、磨房、护兵房、牢房以及远亲的住处；三道门楼以内设置不同功能的楼、堂、厅、阁和偏室、耳房、敞棚；东路还设有戏楼；四道门楼内三路都建有大客厅；最后一进则为正堂楼，是长辈、长者的居室，两侧为东西堂楼，是小姐们的闺阁绣房，并配有妾、婢居住的厢房矮室。李氏庄园系清廷武显将军李培才之子、李道南、李亚南、李图南三兄弟所建，是清末民国江淮士绅地主阶层政治、经济、文化生活的缩影。

2）刘老圩（刘铭传故居）

　　刘老圩位于肥西县铭传乡启明村，是刘铭传于清同治七年（1868 年）二

次剿捻获胜后回乡修建。该建筑面西朝东，南北长、东西短，占地 73334m²，挖壕沟填土而建，东面和东南角有吊桥与外界相连，旧房原有 300 多间，圩内南部为生活区、西北部为大堰，堰中有大小两座小岛。大岛上建有三进的读书房，每进 3 间，第三进为两层堂楼。正厅西南角有二层高的西洋楼。正厅北面有"压邪镇圩"的钢叉楼，楼后的盘亭，存放国宝"虢季子白盘"。盘亭北面的九间厅，是刘铭传迎客会友之处。

成因

　　圩寨是"圩"和"寨"二者的结合，圩原指低洼地区防水的土堤，后指由河道、沟渠与土堤围合的，包含耕地及住宅的"水心岛式"聚落，又称圩子。"寨"原指栅栏，后指由寨墙环绕据险而守的聚落。清中晚期捻军起义后，江淮士绅多结寨防守，捻军也建圩寨做军事据点，使圩寨的军事功能被不断强化，形成了完整的防御体系。此后，衣锦还乡的淮军将领和势力不断膨胀的地方士绅，为彰显身份财富，又将圩寨修得更加富丽堂皇，增加了戏楼、园林等，使之功能越发完备。

比较／演变

　　皖西北圩寨式民居集黄淮地区各类民居聚落特色于一身，与普通圩子民居相比，它拥有寨墙、碉楼、吊桥等，防御能力大为增强；与河南、山东及皖西的堡寨、庄园相比，它与区域内灌溉、防洪系统直接相连，拥有更完备的水利设施；它的院落比皖北合院式民居院落狭窄，且在轴线上设有狭长的天井，但又比皖南民居天井式院落开敞，这样既可以获得更好地通风又能得到更充足的日照，完全符合当地的气候特征。

图 6　李氏庄园中路建筑群天井院落

江淮民居·江淮天井式民居

江淮天井式民居是皖中地区分布最为广泛的传统民居样式之一。其建筑形式具有江淮地区典型的建筑特点，布局严谨，设计精巧，既满足了部分深宅内的采光、通风和排水等功能，又与天通与地连，具有江淮民居建筑发展的地方特色。

1. 分布

江淮天井式民居主要分布在今肥东县、肥西县、巢湖市北部一带，在城镇、临街、江淮地区南部也有分布，其中较为典型的民居建筑位于肥西县三河镇和巢湖市烔炀镇等区域范围内。

2. 形制

江淮天井式民居多建在平地，整座建筑占地较广，以"天井"为中心，环绕它布置上下房和厢房等生活居室，房间布局中轴对称均匀分布，大屋采用整体木构架，建筑采用双面坡屋顶，厅堂内一般为木构架，砖墙面，正门两侧砖砌高柱，使其显得周正大气。

3. 建造

建筑结构一般为穿斗式木构架，墙体为夯土或砖砌围护墙体。地面一般选用砖或石材铺地。天井地面多采用石板或鹅卵石铺砌。

4. 装饰

建筑外观一般以土黄色和青灰色墙面为主导色彩，装饰较为简单古朴。室内装饰风格具有江淮地方特色，门、窗、柱、梁、檐口、墙面等部位常有精美的木雕或石雕图案，并保留木质或石质材料的原色。

5. 代表建筑

1）刘同兴隆庄

刘同兴隆庄位于肥西县三河镇古西街，坐北朝南，又叫做"刘记布庄"、"刘记米铺"。清末古西街的一家著名的商家。他是姓刘的人开的庄子，中间的"同兴隆"是这个庄子的商号。庄子的主人

刘锦堂(1879～1941年)曾任三河商会副会长，兄弟五人。其中刘锦堂与二哥刘锦臣就居住在"刘同兴隆庄"。

建筑体量为面阔11.7m，进深41.8m。建筑形式为穿斗式、硬山青瓦顶、木结构建筑。建筑围护墙面为青砖，墙体为白色粉刷，随着时间的推移，墙体由白色变为土黄色，屋架为木结构。屋面为小青瓦屋面，建筑进深为5进。左右次间功能原为商铺。从进门开始，第一进右边为米铺，左边为布庄，第二进为裁缝铺，第三进为瓷器店，第四进左为银器店，右为当铺，最后一进是会所中堂，二楼为米铺。该建筑总占地面积为490.23m^2。

图1 刘同兴隆庄宅门

图2 刘同兴隆庄天井

图3 刘同兴隆庄中式风格

图4 刘同兴隆庄天井布局

2）金家大宅

金家大宅位于巢湖市烔炀镇中李村，坐北朝南，始建于清晚期，历经百年风雨，现状墙体斑驳略有剥落。该建筑是江淮天井式民居代表建筑之一，以土黄色的墙面为主导色彩，大屋采用整体木构架，院中青砖铺地，厅堂木石共筑。虽只一层仍显高大宽敞，其砖雕、石雕留存尚好，工艺美观。天井的排水系统科学独特，雨霁水干。

金家大宅的第一进是门厅、厨房、储藏（包括农具及农产品的贮存空间）；第二进则是餐室，兼会客、起居；第三进则是以家庭为单位的主要活动空间，房间门开向公用的天井空间。环院六间，共用天井，南北各设大门一处，房间轴对称均匀分布。主要房间内宽4.8m，进深依次为4.2m、5.1m、5.6m，门窗石雕精美。

天井中筑石阶小径，静谧怡人。楼层结构完全用木质框架搭建，厅堂内装饰质朴。正厅高大，室内雕梁画栋，门窗石雕细致。

成因

江淮地区建筑形式在发展过程中，因其地域、环境、气候的影响，在融合多种建筑形式的基础上，综合采光、通风、集水、排水等多种建筑功能为一体，建造这种小型环绕式天井住宅或大型环廊式住宅，兼具有私密性，是江淮地区民居建造中与自然和谐共处的体现。

比较／演变

现存江淮天井式民居大多于清代晚期、中华民国初期或新中国成立后建造，经历几十年甚至上百年的风雨。现代由于建筑理念的变化，这种注重私密性又兼具采光、通风、集水、排水等多种功能的建筑形式逐渐被新的建筑形式所替代，现存的江淮天井式民居以名人故居较多，当地部门经过修缮和多以博物馆的形式保护，使得这些珍贵的民居建筑才得以留存至今，供后人参观、学习。

江淮天井式民居与江淮院落式民居相比，其形制较小，布局更为紧凑精巧。

图5 刘同兴隆庄天井景观

江淮民居·江淮院落式民居

图1 张治中故居正门

江淮地区的特殊地理位置，使江淮之间成为中国北方与南方两大建筑风格交汇融合的地带。江淮院落式民居融合了北方院落的布局模式和皖南徽派建筑的部分元素，形制古朴，空间形式和空间组织模式充分反映了家庭结构、家族关系和家族生活，是江淮民居的代表建筑类型之一。

1. 分布

江淮院落式民居主要分布在乡村和江淮地区北部，所处地带为亚热带季风气候，受梅雨影响明显，以合肥市、肥东县、肥西县、巢湖市北部黄麓镇、烔炀镇等分布较为集中。

2. 形制

皖中地区地势平坦，江淮院落式民居建筑大多位于平地，在朝向上通常坐南朝北，单体建筑局部有两层，形成高低错落感。单开间或者三开间，进深两个或两个以上，通常有多个院落，形成房间—院落—房间—院落……的布局，布局精巧，富有层次感。民居多为硬山青瓦顶、两面有山墙的木结构建筑。

3. 建造

建筑结构一般为抬梁式和穿斗式结合的木构架，承重木柱露出墙1/3，墙体多为青砖墙，地面采用方形石材铺成，部分房间地面为青砖，屋面覆小青瓦。

4. 装饰

建筑体量一般面阔10～15m，进深不定。室内装饰风格具有江淮地方特色，屋面、门、窗、柱一般有较为精致的木雕，有花、鸟等内容，部分房屋有精美的雀替。

5. 代表建筑

1）张治中故居

张治中故居位于今巢湖市黄麓镇洪家疃村，坐落在洪家疃村特有的"九龙攒珠"建筑布局的中心地带，建筑坐北朝南，由张治中故居和桂翁堂组成。桂翁堂坐落在洪家疃村旁黄麓师范校园内。两处房屋系20世纪20年代末、30年代初建筑物，砖木结构、素土地面、砖墙和夯土墙、小瓦屋面，抬梁式木构架，由入口处的大厅、主要会客厅、东西厢房和两个辅助用房共同组成了四水归堂式的院落，占地共320m²。1989年，张治中故居被定为省级文物保护单位，1995年，被确定为巢湖市爱国主义教育基地。

2）下塘堰15号

下塘堰15号位于肥东县长临河镇

图2 张治中故居内部院落

图3 张治中故居外部环境

图 4　下塘堰 15 号正门

虹光行政村，坐北朝南，建于中华民国时期，至今已逾百年，建筑主体仍保持完整。建筑面阔 21m，进深 21m，呈现正方形格局，建筑东面临水，南侧有高树成荫。建筑结构形式为抬梁式与穿斗式相结合。建筑外观以灰色砖石为主，部分装饰由于年代久远，虽然留下痕迹但十分模糊，建筑内部木构架局部有所破坏。屋顶为悬山青瓦屋顶，檐口高度 3.3m，屋顶高度 5.4m，装修较少。屋梁上有大量木雕，造型为人物、花、鸟、兽等。

建筑平面形制为传统院落式，厢房位置的房间门不开向中庭而与前后房间相通。进深 3 间，厅堂一间，前后通透，但一般用于搁置杂物，居中朝南，开敞通风采光良好。中庭是生活中心，包括一颗柿子树以及一口井水和家禽。贮藏空间以及杂物间在前厅两侧，厨房位于建筑西北角，主要卧室有 2 间，总占地面积 446m^2。

图 5　张治中故居内部结构

图 6　张治中故居内部建筑

成因

江淮地区因地处特殊的地理位置，导致建筑风格受北方院落式和皖南徽派民居建筑风格影响，并融合了当时的建造技术，形成了自身独特的风格，平面布局较为规整，使用空间尺度相对较小，设置局部小空间，以满足家族聚居的居住要求，有轴线关系但不受轴线约束，室内分割自由灵活。后期在建筑后方加建一间庭院，整个建筑前后连通，门相向而对，有穿堂风。

比较 / 演变

江淮院落式民居吸收了北方院落的形制，配置改进的徽派马头墙，青砖灰瓦，风格古朴。

江淮院落式民居现存的建筑多经历近百年风雨，一般建造于清代晚期或中华民国初期，现代由于建造技术的提高以及建筑材料选择的广泛性等原因，新建的民居样式不再是这种形式，保存完好的名人故居经过当地的保护修缮，逐渐以博物馆形式开发为旅游资源，吸引人们参观学习。

江淮民居·桐城氏家大宅

桐城氏家大宅是以桐城派文化为基础，受到皖南、皖北及江西等地民居在营造方式和风格特点的相互影响下，形成马头墙与硬山并存、穿斗式与抬梁式共有的独特建筑风格；结构上使用墙体空斗砌法、大木承重、竹编内墙分隔等营造方式，兼具有防潮、防热等特性；营造理念上重视纲常伦理、强化堂屋祭祀功能；桐城望族张、姚、马、左、方、钱、潘、光等大多聚居于桐城北大街，建筑群具有典型的文人士大夫宅邸特色。

图1 桐城民居

1. 分布

桐城市位于安徽省中部偏西南，所属地区为安徽安庆市，长江北岸，大别山东麓，东邻庐江、枞阳两县，西连潜山县，北接舒城县，南抵怀宁县和安庆市，是典型的江淮民居聚集地。现存桐城大屋主要分布在桐城"三街一巷"历史街区和孔城镇。

2. 形制

桐城氏家大宅民居平面基本单元布局以三合院、四合院、多进院为主，既有北方的合院形式，又有南方的天井院落。其中，典型形制有中轴线多进院式和多院落式2种。中轴线多进院式，有明显的中轴线，屋架高度较高，有的沿街商业设2层；多落院式为多进建筑在横向组合形成多落多进的更大宅院，平面布局灵活，不拘一格。空间组织灵活紧凑，极具变化，层次丰富。

3. 建造

桐城地处安徽南北交界的中间地带，也是南北两种文化的交汇地，受到两种文化的影响，表现在建筑上则成为南、北方建筑做法的融合。桐城氏家大宅民居的木构架在民居中多为穿斗和抬梁结合，抬梁式多用于明间梁架，穿斗式用于次间或山面。

大部分建筑的山墙直接承重，檩条置于山墙上，山墙内没有柱子，山墙直接承重。山墙以硬山为主，山墙不出屋面，循着屋顶的坡度走向，少见带翘角马头墙式。

4. 装饰

从整体上看桐城民居保持中国传统建筑的立面特点，立面由上至下分屋面、屋身木梁柱、台基三部分组合而成。屋身部分有单檐式、骑楼式、重檐式三种模式。桐城氏家人宅民居装饰较为简朴，由于尺寸得体，重点突出，繁简得当，与周围素雅的壁板、灰墙、砖石地面、天井绿化相得益彰，组成了统一协调的整体。

桐城氏家大宅民居的门窗、隔断、天花、栏杆、挂落等木构件的造型较简单，个别规模较大民居也有做工精致的门窗。极少见到类似于皖南民居中手法细腻、雕琢精美的木雕、石雕与砖雕。

5. 代表建筑

1）姚莹故居

桐城姚氏的家族居所，因曾居抗英名士、桐城派代表作家姚莹而得此名，坐落于桐城市北大街寺巷内。曾为市粮食局米厂职工宿舍，是安徽省省级文物保护单位。

总体平面为串并列式院落组合，现存建筑群以一个前后进各5开间四合院为主体，其周边分别有西侧3开间、东侧2开间、南侧6开间建筑各一个。整个建筑群面南背北形制规整，有明显的中轴线居中。

建筑营造方式为桐城地区的传统做法。建筑主体结构为穿斗式结构。墙体下脚设有基础条石，上为空斗砌筑墙体，略有收分；前后檐墙为空斗墙，上部结合檐窗；瓦面做法采用冷摊合瓦屋面做

图2 北大街大屋

图3 屋内梁架

图4 沿街风貌

图5 合院内部

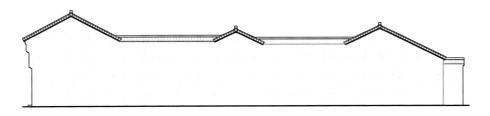

图 6　钱家大屋东立面图

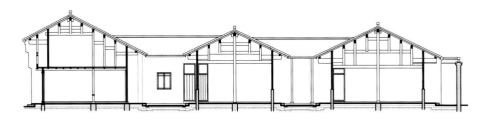

图 7　钱家大屋剖面图

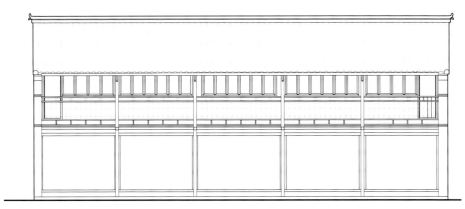

图 8　钱家大屋南立面图

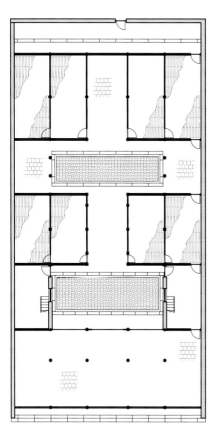

图 10　钱家大屋首层平面图

法，搭接采用压三露七做法。

原有整体格局早年已大量损毁失传，现存建筑格局中，四合院南侧的一间 4 开间建筑和一间 3 开间建筑已被拆毁加建；四合院南侧 6 开间建筑的西部分房屋曾因抗日战争时期被日军炸毁后而新建。

2）钱家大屋

桐城钱氏大族的家族居所，又名"尚书钱氏旧宅"，建于清代。该大屋面南背北，形制规整，三进五开间合院，钱家大屋通过商铺、正房、堂屋、过厅等重要功能用房序列设置，形成明显的院落居中轴线，主入口设在沿路北侧，其中，第一进为五开间二层商铺；二进尽间东西两侧通过厢房与主轴线上建筑相连接，中间为庭院，厢房内各设一直跑楼梯，可直达一进二层；第二进为五开间房屋，明间为过道；三进间东西两侧通过厢房与主轴线上建筑相连

图 9　院内装饰

接，中间为庭院；第三进为五开间房屋，明间为堂屋。院落形成统一内向封闭体系。

成因

以桐城本地桐城派文化为基础，桐城氏家大宅在格局和营造上使用了大量独特的工艺和手法；受到皖南徽州文化圈和皖北文化圈影响，具有皖南、皖北营造的特征。

比较 / 演变

在建筑特色上吸取了北方民居和徽派建筑手法，营造作法和工艺技术、又有很大独创性。桐城文风兴旺，桐城派文化内涵在桐城氏家大宅民居中也得到了体现，进而形成了独具桐城特色的朴素风格。

江淮民居·船屋

有的船民历代都生活在船上，以船为家，以船为宅，主要依靠捕鱼采贝及水路运输为谋生手段。生产生活、饮食起居几乎都在船上，船虽小，食住用具，一应俱全，停泊在一起形成水上聚落。船只、江面、两岸的风景，构成了船家独特的居住环境，成为他们物质和精神的家园，在长期的历史进程中形成了一种独特的舟居文化。

图1 船屋停泊在一起形成水上聚落

1. 分布

在安徽省的长江、淮河流域以及巢湖、瓦埠湖、女山湖等江河湖泊，都有船民生产生活在船屋上。

2. 形制

对于以捕捞为生的船民，一般有生产生活共用船（称为船屋）和若干所小型作业船。船屋，多数为水泥船，主要分为甲板上和甲板下两层。甲板上为主要生产生活场所，按功能布局可分为三部分。前甲板主要用于生产，对捕获的水产品进行分类和初步加工；中部甲板上设置驾驶舱，考虑到生活需要，对驾驶舱进行改装，作为就餐、娱乐、休息等生活场所，功能在起驾驶船舶作用的同时，融入陆上民居中的厨房、餐厅、客厅、卧室于一体；船尾为发动机组所在处，并搭建临时厕所。为了充分利用空间，船民们还在整个甲板的上部空间分段搭建网棚，既可以用来晾晒水产品，也可以起到遮阴防雨的作用。

甲板以下为底舱，通常分为两个舱位。一个位于前甲板下的船舱，主要服务于生产，用来储藏生产用的渔具、捕获的水产品等；另一个位于驾驶舱甲板

下，主要用于生活方面，安置床铺、储存粮食、堆放生活用品和杂物。底舱在服务生产、方便起居生活的同时可增加船舶的底部重量，增强船体稳定性。

此外，也有的船屋为木船，更为简朴。船屋为一般为大通间，中间仅简单分割，较少开窗，减少影响船屋的整体性，也以防风浪大气和船屋进水。

3. 建造

船屋的建造主要有船民到造船厂定制和自己改装两种形式。以常见的水泥船为例，驾驶舱先立钢管作为支柱，起支撑舱顶作用。舱顶一般使用中国传统民居建造方法，但是又有所简化，不设椽子，在檩条上直接铺木板；在木板上再铺设油毡，起防水层作用。四壁在槛墙上安装槛窗，槛窗材质有木质、铝合金、塑钢等。

4. 装饰

船民由于水上环境和经济条件限制，船屋几乎无装饰。但是，春节期间，船屋上也张贴对联和祈福的字句，表明船民对中国传统节日习俗文化的传承以及对美好生活的憧憬。

图4 驾驶舱舱顶

图5 甲板上用废弃的塑料泡沫盒种植蔬菜

图2 驾驶舱外部

图3 驾驶舱内部厨房及起居区

图6 驾驶舱内部住宿区

图 7　船屋及小型作业船

图 9　皖巢渔 84163

图 8　前甲板及上部空间

图 10　驾驶舱内部船舵

5. 代表建筑

1）皖巢渔 84163

在巢湖市居巢区中庙镇，船主一家 5 口人，船屋是大约 40 吨的水泥船，另有两艘铁壳船。为了能在竞争日益激烈的捕渔业中更好地生存，水泥船在功能上被改造成以生产为主，作业区占了船身的 2/3。驾驶舱虽然面积小，但是通过放置一些简易家具和必要的生活用品，满足生活需要。还在船头部位甲板上用废弃的塑料泡沫盒种植蔬菜。

2）明光船尾

在明光市女山湖镇，女山湖位于淮河右岸。船屋以木船为基，竹木为架，覆草、雨布为盖。比较低矮，外形像船篷，内部分割后像船舱，空间狭小。

图 11　船尾发动机组及厕所

图 12　皖巢渔 88181

成因

古代人们大都是沿河而居，通过舟船，捕获水产品，利用天然的江、河、湖、海进行航运。船民终年生产生活在船上，漂浮在江河湖海之中，恶劣的自然环境是其生存的最大障碍，船民们在船上搭建房屋以尽量减轻自然灾害对生活生产的影响。随着社会生产力水平的逐步提高，船屋的宜居性也在不断增强。因此，船屋的形成具有其历史性、复杂性和传承性。

比较 / 演变

船屋需要同时满足生活和生产的需要。从生活功能来看，船屋与陆上民居类似。但船屋由于自身空间有限，不仅点滴空间得到充分利用，而且往往同时拥有多种功能。

不同历史时期的船屋有所差异，新中国成立以前主要是木船，材质为杉木，少数用柏树、黄榉等，船身涂上桐油。20 世纪 60 年代以后，由于木材供应量下降，维修困难，木船减少。另一方面，水泥船不仅价格低廉而且耐久性和抗腐蚀性能好。至 20 世纪 80 年代中后期，水泥船已基本上取代木船。随着造船业的发展和国家法律法规的规定，船舶吨位逐步增加，大型铁壳船又逐渐开始取代水泥船。如今国家为改善以船为家渔民居住条件，推进水域生态环境保护，实施《以船为家渔民上岸安居工程》，船屋将逐步消失。

皖北民居·亳州四合院

亳州四合院是皖北民居的典型样式之一，又独具特色。亳州四合院可分为住宅型四合院与商业型四合院两种形式。由于皖北与河南、山西临近，气候相似，住宅型四合院其建筑风格以北方建筑的朴实及厚重感为主。又由于皖北地区是南、北方的过渡区域，加之亳州自古以来以中药贸易为主商贸较为发达，商业型四合院其建筑特色又受到苏、鲁、皖、陕、湖、广等省的影响。

图1 张虚谷故宅厢房

1. 分布

在亳州四合院中，住宅型四合院属于北方合院式建筑的范畴，在皖北及豫南均有广泛分布。商业型四合院则主要分布于亳州及皖南、苏、浙等地区。

2. 形制

亳州民居形制可分为住宅型与商业型两种。

住宅型合院平面形制多为纵向二进式四合院，分为前院和后院。前院基本由宅门、倒座房、堂屋、围墙组成，入门处常设有影壁。后院常由正房、东西厢房组成。连接前后院的一般为过厅或二道门。整体布局有明显的南北主轴，正房位于主轴上，耳房与东西厢房沿轴线对称布置。正房两侧设有耳房，是全院的主体。宅门一般为屋宇式，修筑在院落的东南侧，即"巽"位，门外或设有拴马桩。

商业型平面形制多为纵向二进或三进式四合院，院落空间较为狭窄，前后院常由作坊连接。前院由店铺，厢房组成，一般无倒座房。后院由正房及厢房组成，正房常为两层，由此形成前店中坊后宅典型的形制。

3. 建造

建筑结构常为抬梁式，木架与墙体共同承重。墙体为砖墙，下碱及墙角土坯填墙心。房间地面多为方形平素地砖。屋顶在木架构上铺设木椽或竹椽，椽上常铺薄砖望板，或由苇箔代替望板。屋顶瓦面形状一般为板瓦，材质为青瓦，铺设方式为仰瓦或仰合瓦。地面做法多为素土或三合土，台基多为石陡板，稍高于地面，形成单踏台阶。

图3 张虚谷故宅过厅

4. 装饰

外檐装饰中，以前檐装饰较为丰富，主要包括花鸟枝叶纹挂落、套兽、隔扇门、直棂窗或棂格窗、雀替，并涂有红色或黑色油漆。建筑无斗栱及彩画，也无匾额、对联及护栏。后檐为封护檐墙，山面为三角形，无山花。另外，建筑室外柱柱形为圆形，涂油红色或黑色油

图2 张虚谷故宅影壁

图5 钜兴瑞药号

图6　张虚谷故居　狮子滚绣球砖雕

图7　张虚谷故宅半圆形砖券及
"步步锦"棂格窗

漆，柱础为鼓镜式，墀头一般有砖雕纹饰，少量台基角柱石有雕饰，外檐墙面为清水砖。内檐装饰中，顶棚常为露明造，室内无彩画，墙面一般为抹白灰。室内木柱柱形为圆柱，柱色为红色，柱面有红色油饰，柱础为覆盆式。室内铺装多为方形平素地砖。现状无内檐隔断和陈设。

另外，建筑屋脊无吻兽或走兽，正脊多为清水脊；窗洞洞口多为半圆形砖券；四合院的临街房门常以黑色为主。建筑中有砖制封火山墙和门面房常用的活动板门。

5.代表建筑

1）张虚谷故宅

张虚谷是清末河南省的一名官员，负责河南省的工程建设，相当于现在的建设厅厅长、高级工程师，是一位对房屋建设非常考究的人，对建筑的设计、用材等十分重视。

张虚谷故宅始建于清朝末期，距今已有100年以上的历史。它坐落于市区老祖殿街23号，位于安徽亳州市谯城区花戏楼办事处老子殿街23号。是亳州住宅型四合院的代表建筑，宅院坐北朝南，原为两进四合院，建于清朝末年。现存大门、倒座房、堂屋、厢房等房屋二十余间。前院有屋宇式宅门，砖墙影壁，置客房、客厅。中院有堂屋、东西厢房各3间，分别为主人和眷属居住房。房屋为砖木结构，硬山屋顶，抬梁式建筑，仰瓦屋面，为北方传统四合院建筑，布局合理，做工考究，是亳州地区现存较为完好的代表性晚清民宅建筑。张虚

图8　张虚谷故宅顶棚梁架

谷为晚清进士，后经商致富，是亳州地区有名的儒商。他从开封邀请建筑专家高质量建造住宅，其对研究皖北及周边地方历史及建筑文化，都有很高的历史价值。2009年被公布为市级文物保护单位。

2）钜兴瑞药号

钜兴瑞药号，位于安徽亳州市谯城区纸坊街5号，是亳州商业型四合院的代表建筑，重点是店铺空间，中转货物的储藏空间较大，宅室位于后部或二楼，钜兴瑞药号是清末民初亳州药号的代表性建筑。老宅分为三进，前进是带有耳房的大门，前院里正对大门有影壁，三进院落两边设厢房，院子之间有腰厅连通。

成因

亳州地区以汉族人为主，合院式民居是汉民族最常见的一种基本民居形式。亳州民居多为双坡屋顶，硬山封护山墙。商业型四合院出于防火防盗目的，也吸取了南方建筑的封火山墙。明清时期，亳州地区商业高度发达，商业林立，面铺采用了江南水乡集镇门面房较为常用的活动板门。由于亳州是老子故乡，深受道家文化影响，四合院的临街房门常以黑色为主（道家文化中，黑色象征吉祥如意）。

比较／演变

亳州四合院多建于明清时期。由于历史原因，多数已被毁坏，且保存下来的传统建筑分布较散。随着传统建筑的保护逐渐得到重视，得到保留的建筑大多已被定为各级文物保护单位，为避免进一步的破坏，已将居民迁出。

亳州四合院属于北方合院式建筑的范畴，其形制与京、豫等地区的四合院无大差别。主要区别在于：亳州四合院受道家文化、商业及南方建筑的影响，在门窗色彩、建筑防御与沿街立面风格上略有不同。

皖北民居·淮北民居

淮北传统民居多以四合院形式为主，现存民居多建于清末民初。民居采用合院的形式，可以适应皖北地区夏热冬冷，干燥少雨的气候需要，并且适应皖北平原的地形地貌。

图1 袁氏宅院内总体景观

1. 分布

合院式住宅在淮北分布较为常见，主要形式为三合院和四合院。但随着现代化发展，有些古城宅院已遭到破坏，甚全消失不见。成片的传统民居已不存在，现存的传统民居，在淮北呈零星状分布。

2. 形制

民居通常三室一堂，大门进入为厅堂，左一间和后二间为卧房。以堂屋为中心，堂屋的上厅又叫祖堂，是供奉祖先和其他神祇的地方，具有崇神的意义。厨房设在大门边，设前门和房后门。民居采用人字形小青瓦屋面，木梁承重，青砖砌筑，毛石基础，较为规整。也有土砌护墙、泥土夯实墙。

3. 建造

房屋建造时请算命先生择吉日：根据一家人的生辰八字，选择开工、上梁、装大门的黄道吉日。建筑结构一般为抬梁式和穿斗式结合的木构架，墙体为夯土、土坯和砖砌围护墙体。宅院台基用灰土和碎砖三合土夯筑而成。建造房屋牢固；打泥墙，需使用墙板和墙头板、杉木柱、木墙钉等材料，由多人协作施工；每垛墙厚0.4m，高1.5m，宽1.2m；其中：每垛墙的适当位置，在打泥墙时用0.4m长，口径5～6cm圆木埋一墙洞，便于二梯以上打墙时搭脚手架用挑选吉日上梁，上梁时梁由泥工和木工各抬一头，说吉利话上梁，同时放鞭炮，扔馒头等，最后铺覆小青瓦屋面。

图3 袁氏宅院厢房

4. 装饰

宅院的外观通常较为封闭，一般较少装饰，面貌朴素；室内装饰纹样繁复，风格富丽。柱、梁、枋、门、窗等重要部位常雕刻绘上四季花鸟、走兽之

图4 袁氏宅院墙体

图2 袁氏宅院过厅

图5 袁氏宅院屋顶

图9 袁氏宅院堂屋

图6 宋氏古屋过厅

类的图案。建筑室外柱为圆柱，涂有红色或黑色油漆。室内铺装多为方形平素地砖。院内除了房屋占用面积以外，其余可用于种植少量的菜、花草树木等。由于地方特色和历来传统文化的影响，每年春节时每个房屋的每扇门窗都会张贴春联。

图10 宋氏古屋

5. 代表建筑

1）袁氏宅院

袁氏宅院位于濉溪县临涣中学内，为清宋袁氏家族住宅的一部分。该院为正屋5间、南屋5间、西屋3间，总占地面积367m²。据历史介绍，袁宅的主人叫袁大钦，当时占地约366667m²，60多头牲口，房屋150多间，佃工150多人，保家武士和其他雇员为50多人。现存房屋13间，为典型的清代建筑。主房长6.2m，宽16.4m，有一个0.85m宽的走廊，两侧山墙墙基为花砖砌筑，山墙之上开一圆窗。房屋为砖木结构，硬山屋顶，抬梁式建筑，合瓦屋面，为北方传统四合院建筑，布局合理，做工考究，是淮北地区现存较为完好的有代表性晚清民宅建筑，现为市级历史文物保护单位。

袁氏宅院是一个典型的清宋时期传统建筑，该宅院现已是临涣中学内的文化馆，向社会展示临涣古镇的历史文化。

图7 宋氏古屋门梁

图8 宋氏古屋

2）宋氏古屋

宋氏古屋位于临涣镇街繁华的地段外缘，由于破损严重，现已无人居住。古屋墙体是由泥土和砖块堆建而成，外表简单而又坚固，内部几乎没有装饰，但古屋从内到外，纵深而进，房屋排列有序。古屋四周与外界隔绝，墙体较高，可以看出注重防卫性，由内到外可以看到该建筑的居住者在当时的社会具有较高的地位。

成因

淮北民居大部分是四合院，以青砖灰瓦，重梁起架，高墙四起为主；院内宽大，院外无太多装饰，简单、视野开阔。此类宅院一方面是为了居住安全和以防财物丢失，另一方面由于皖北是平原地区，地势平坦。因为淮北邻近亳州地区，深受其道家文化影响，宅院的临街房门常以黑色或灰色为主。

比较 / 演变

淮北历史文化悠久，其地理位置也很重要，由于社会的发展，生活配套设施不够齐全，因此人们往往不选择此类建筑格式居住，渐渐的这种具有传统文化的建筑被开发为旅游景点或者是文化馆，以吸引游客，发挥其现代价值。

撰文
图片

调查与编写组

总撰文和图片组织：住房和城乡建设部村镇建设司

发起与策划： 赵　晖

秘　书　长： 林岚岚　　　　　　**协　调：** 王旭东

专 家 顾 问： 陆元鼎　冯骥才　崔　愷　孙大章　朱光亚　罗德启　陈震东　黄汉民
　　　　　　　黄　浩　朱良文　陆　琦　张玉坤　李晓峰　戴志坚　王　军　陈同滨
　　　　　　　何培斌　王维仁　沈元勤

中心工作组： 罗德胤　穆　钧　李　严　李春青　薛林平　王新征　徐怡芳　赵海翔
　　　　　　　吴　艳　郭华瞻　潘　曦　杨绪波　周铁钢　解　丹　朱　玮　王　鑫
　　　　　　　李君洁　李　唐　方　明　顾宇新　陈　伟　鞠宇平　褚苗苗

各地区编写成员：

北京民居

四合院　撰文：李春青、邱凡；图片：胡燕、张力维、业祖润《北京民居》、陆翔等《北京四合院》。**府第**　撰文：李春青、郭祉坚；图片：李春青、郭祉坚、汪菊渊《中国古代园林史》。

三合院　撰文：王振南、石琳；图片：邓啸骢、业祖润《北京民居》、魏萍《北京前门历史街区传统民居的特色》。**独栋住宅**　撰文：罗奇、孙克真；图片：罗奇、李仅录、朱宗周、陈平等《东华图志》。**里巷住宅**　撰文：罗奇、朱宗周；图片：罗奇、北京市古代建筑研究所。**排房**　撰文：刘珊；图片：刘珊、徐子枫、东城区文物管理所。**平房商宅**　撰文：杨慧媛、孙瑞；图片：邓啸骢、孙瑞、杨慧媛、刘阳、魏萍等《前门地区传统商业街巷特点探析》。

楼房商宅　撰文：薛鸿博、杜京伦；图片：薛鸿博、业祖润《北京民居》、北京建工建筑设计院。**天井商宅**　撰文：邓啸骢；图片：邓啸骢、业祖润《前门地区保护、整治与开发规划》、周鼎《清末民初西方建筑对北京地区民居影响再探》。**独立商宅**　撰文：董硕、刘阳；图片：邓啸骢、董硕、刘阳、业祖润《北京民居》、北京建工建筑设计院。**郊区山地砖石混合四合院**　撰文：罗奇、朱宗周；图片：薛林平、朱宗周、吕灏冉、业祖润《北京民居》。**砖砌三合院**　撰文：欧阳文、谈抒婕；图片：李昂、谈抒婕。**石筑三合院**　撰文：欧阳文、孙弘扬；图片：谈抒婕、邱文瑜。**砖石混合三合院**　撰文：欧阳文、王珺；图片：崔明华、谈抒婕。

石筑特殊合院　撰文：欧阳文、王珺；图片：谈抒婕、邱文瑜、孟晓东。**土坯特殊合院**　撰文：

欧阳文、孙弘扬；图片：谈抒婕、孟晓东。**土石混合特殊合院**　撰文：李春青、张力维；图片：张力维、邱凡、沈冰茹。**砖石混合特殊合院**　撰文：欧阳文、谈抒婕；图片：李昂、谈抒婕、崔明华。**郊区平原砖石混合四合院**　撰文：罗奇、朱宗周；图片：薛林平、郭华瞻、朱宗周、周詹妮、郑钰翚。**郊区平原砖石混合三合院**　撰文：孙克真、贾宣墨；图片：李春青、孙克真、贾宣墨、冯雪峰。**北京民居隔页图：**王鑫。

天津民居

多进合院、跨院　撰文：张玉坤、徐凌玉；多进合院图片：徐凌玉、韩霄、王秉天、肖路，跨院图片：李哲、徐凌玉、王秉天、肖路。**院落式里巷住宅、商宅**　撰文：张玉坤、韩霄；院落式里巷住宅图片：李哲、韩霄、王秉天、路红，商宅图片：李哲、徐凌玉、韩霄、王秉天。**园林民居**　撰文：李严、肖路；图片：肖路。**土坯房**　撰文：李严、王秉天；图片：徐凌玉、王秉天、肖路、赵家琳。**砖瓦房**　撰文：张玉坤、徐凌玉；图片：徐凌玉、韩霄、王秉天、陈天。**石头房**　撰文：李严、王秉天；图片：徐凌玉、王秉天。**折中主义洋楼、中西合璧洋楼、早期现代主义别墅**　撰文：李严、肖路；折中主义洋楼图片：李哲、徐凌玉、王秉天、肖路，中西合璧洋楼图片：李哲、肖路、王秉天，早期现代主义别墅图片：王秉天、肖路。**新式里巷住宅**　撰文：张玉坤、韩霄；图片：李哲、韩霄、王秉天、肖路。**集合式公寓**　撰文：李严、肖路；图片：王秉天、肖路、荆其敏。**天津民居隔页图：**李哲。

河北民居

坝上囫囵院、坝下独院　撰文：舒平、王一甍；坝上囫囵院图片：王一甍，坝下独院图片：张慧、王一甍。**山区窑院**　撰文：舒平、张旭红；图片：解丹、樊九英、刁鹏、张旭红。**坝下连环套院**　撰文：解丹；图片：李哲、张慧、陈超。**坝下窑洞**　撰文：舒平、陈超；图片：王一甍。**坝下多进院、冀中平原 丘陵多进院、山区独院、山区连宅院**　撰文：解丹、邱琦；坝下多进院图片：张慧、邱琦，冀中平原丘陵多进院图片：赵海清、刁鹏、张潮，山区独院图片：樊九英、张旭红，山区连宅院图片：李国庆、解丹、刁鹏、张旭红。**布袋院、平顶石头房**　撰文：舒平、王哲；布袋院图片：王哲、张亦丁，平顶石头房图片：赵海清、王哲、张亦丁。**瓦顶石头房、石板石头房**　撰文：解丹、王哲；瓦顶石头房图片：赵海清、徐向东、苗润涛、王哲、张亦丁，石板石头房图片：徐向东、苗润涛、王哲、张亦丁。**九门相照院**　撰文：解丹、王丰；图片：王丰。**冀南平原丘陵多进院、两甩袖**　撰文：舒平、王丰；冀南平原丘陵多进院图片：王丰、王广维，两甩袖图片：王丰。**沿海穿堂套院**　撰文：舒平、高鹏；图片：高鹏、田力梁。**冀东平原丘陵多进院**　撰文：解丹、魏文怡；图片：魏文怡。**沿海近代住宅**　撰文：解丹、孔江伟；图片：孔江伟、李田。**河北民居隔页图：**曹胜昔。

山西民居

晋北阔院、纱帽翅、穿心院、吊脚房、一炷香、晋西砖石锢窑、晋西台院、敞院　撰文：王金平、韩卫成；晋北阔院、纱帽翅、穿心院、吊脚房、一炷香图片：薛林平、王金平、韩卫成，晋西砖石锢窑图片：薛林平、王金平、陈志华《古镇碛口》，晋西台院图片：薛林平、王金平、王鑫、陈志华《古镇碛口》，敞院图片：薛林平、王鑫、陈志华《古镇碛口》。**晋中窄院**　撰文：薛林平、王鑫；图片：薛林平、王鑫。**砖砌锢窑、楼院、石碹窑洞**　撰文：王鑫；砖砌锢窑图片：薛林平、王金平等《山西民居》，楼院图片：薛林平、王鑫，石碹窑洞图片：王鑫、罗腾杰、李锦生等《山西古村镇历史建筑测绘图集》。**晋东砖石锢窑**　撰文与图片：薛林平、潘曦。**起脊瓦房、窑上楼**　撰文：潘曦；起脊瓦房、窑上楼图片：薛林平、潘曦。

四大八小　撰文：薛林平、郭华瞻；图片：薛林平、李秋香等《郭峪村》、薛林平等《湘峪古村》、薛林平等《石淙头古村》。**簸箕院、插花院、大型宅第、石头房、靠崖窑院**　撰文：郭华瞻；簸箕院、插花院图片：薛林平、薛林平等《湘峪古村》、薛林平等《西黄石古村》，大型宅第图片：薛林平、梁振昱、壶关县崔家庄村委、薛林平等《大阳古镇》、楼庆西《西

410

文兴村》，石头房图片：薛林平，靠崖窑院图片：苏晓庆、潞城市文物局。**晋南阔院、地坑院、晋南窄院、晋南台院**　撰文：王金平、韩卫成；晋南阔院图片：薛林平、王金平、丁胜宏，地坑院图片：薛林平，晋南窄院图片：薛林平、王金平，晋南台院图片：薛林平、王金平、王鑫、阎玉宁。**山西民居隔页图：薛林平。**

内蒙古民居

帐篷、蒙古包、芦苇包、柳编包、泥草包、车辕辘房　撰文与图片：额尔德木图；**晋风民居、窑洞、砖包土坯房**　撰文：韩瑛；晋风民居照片：任志明，窑洞、砖包土坯房照片：韩瑛。**鄂伦春族斜仁柱、俄罗斯族木刻楞、苇芭贴砖房、达斡尔族民居**　撰文：齐卓彦；鄂伦春族斜仁柱、俄罗斯族木刻楞、达斡尔族民居照片：齐卓彦，苇芭贴砖房照片：额尔德木图。**土窑房、宁夏式民居**　撰文：贺龙；土窑房照片：张文俊，宁夏式民居照片：李鑫。**内蒙古民居隔页图：额尔德木图。**

辽宁民居

满族民居、锡伯族民居　撰文：朴玉顺；满族民居图片：陈伯超、赵新良、吕海平，赵新良《诗意栖居——中国传统民居的文化解读》，锡伯族民居图片：朴玉顺、司晓帅。**囤顶房、坡顶房、防御庄园**　撰文：王飒；囤顶房图片：周静海、汝军红，坡顶房图片：彭晓烈，防御庄园图片：彭晓烈、辽阳市文化局。**俄风住宅、"满铁附属地"住宅、中外结合住宅**　撰文：汝军红。俄风住宅图片：汝军红、吕海平；"满铁附属地"住宅图片：汝军红；中外结合住宅图片：汝军红。**辽宁民居隔页图：朴玉顺。**

吉林民居

土墙草顶房、碱土囤顶房、汉族城镇合院、满族瓦顶房、木刻楞　撰文：王亮、李天骄；

土墙草顶房图片：王亮；碱土囤顶房图片：王亮、徐浩洋；汉族城镇合院、满族瓦顶房图片：王亮、李天骄，木刻楞图片：董诗慧、抚松县漫江镇文广站。**满族城镇合院、"满铁附属地"住宅**　撰文：张俊峰、王亮；图片：张俊峰，满族城镇合院图片：李之吉、《中国民族建筑》（第三卷）；"满铁附属地"住宅图片：张俊峰。**咸镜道型、平安道型**　撰文：金日学；咸镜道型图片：金日学、王一，平安道型图片：金日学。**蒙古族合院**　撰文：李之吉、王亮；图片：李之吉、《中国民族建筑》（第三卷）。**俄风住宅**　撰文：莫畏、王亮；图片：王亮、李宗霖、孙婷。**吉林民居隔页图**：抚松县漫江镇文广站。

黑龙江民居

满族瓦房合院　撰文：周立军、李同予；图片：周立军、周立军等《东北民居》。**满族土坯草房**　撰文：周立军、魏笑雨；图片：周立军。**井干式民居、汉族合院、碱土平房**　撰文：李同予、周立军；井干式民居图片：周立军，汉族合院图片：李同予；碱土平房图片：周立军、李同予。**咸镜道型、平安道型、鄂温克族斜仁柱**　撰文：周立军、马思；咸镜道型图片：马思、周立军等《东北民居》，平安道型图片：马思、周立军等《东北民居》，鄂温克族斜仁柱图片：周立军等《东北民居》。**赫哲族正房、马架子、撮罗安口、俄风住宅、西方折中主义风格住宅、新艺术运动风格住宅**　撰文：周立军、汤璐；赫哲族正房图片：高萌、周立军等《东北民居》，赫哲族马架子图片：周立军等《东北民居》，撮罗安口图片：高萌、周立军等《东北民居》，俄风住宅图片：周立军、聂云凌《哈尔滨保护建筑》，西方折中主义风格住宅图片：汤璐、聂云凌《哈尔滨保护建筑》，新艺术运动风格住宅图片：汤璐、徐璐。**黑龙江民居隔页图**：周立军。

上海民居

临水民居、临街民居、院落民居　撰文：邱佳妮；临水民居图片：邱佳妮、游斯嘉、宋飞波、张力华，临街民居图片：邱佳妮、施笛、沈玲、顾福根、沈中辉、吴霄婧、叶晨，院落民居图片：宋飞波、沈中辉、方振、张玉才、吴艳、麻田。**老式石库门里弄、新式石库门里弄、新式里弄** 撰文：吴霄婧；老式石库门里弄图片：陈海汶、郑时龄《传承——上海市第四批优秀历史建筑》、蔡育天《回眸——上海优秀近代保护建筑》，新式石库门里弄图片：陈海汶、郑时龄《传承——上海市第四批优秀历史建筑》、茅春华、沈华《上海里弄民居》、蔡育天《回眸——上海优秀近代保护建筑》，新式里弄图片：陈海汶、郑时龄《传承——上海市第四批优秀历史建筑》、沈华《上海里弄民居》、蔡育天《回眸——上海优秀近代保护建筑》。**广式里弄、花园里弄、花园洋房** 撰文：游斯嘉；广式里弄图片：邱佳妮、王绍周《里弄民居》，花园里弄图片：陈海汶、郑时龄《传承——上海市第四批优秀历史建筑》、邱佳妮、沈华《上海里弄民居》、蔡育天《回眸——上海优秀近代保护建筑》，花园洋房图片：陈海汶、郑时龄《传承——上海市第四批优秀历史建筑》、许一凡、蔡育天《回眸 - 上海优秀近代保护建筑》。**公寓里弄、公寓** 撰文：邹勋；公寓里弄图片：邱佳妮、沈华《上海里弄民居》、蔡育天《回眸——上海优秀近代保护建筑》，公寓图片：陈海汶、郑时龄《传承——上海市第四批优秀历史建筑》、邱佳妮、娄承浩、蔡育天《回眸——上海优秀近代保护建筑》。**上海民居隔页图：**陈海汶、郑时龄《传承——上海市第四批优秀历史建筑》。

江苏民居

苏南临河住宅、苏南小型住宅、苏南多路、多进住宅、苏南园林住宅、苏南中西合璧住宅 撰文与图片：雍振华。**宁镇独院式住宅、宁镇多进住宅、宁镇大型宅第、宁镇中西合璧住宅** 撰文：汪永平、张敏燕；宁镇独院式住宅图片：汪永平、朱金金、吴华东，宁镇多进住宅图片：汪永平、刘文辉，宁镇大型宅第图片：汪永平、吴艳，宁镇中西合璧住宅图片：汪永平，张敏燕。**淮扬独院式住宅** 撰文：薛力、韩青；图片：薛力。**淮扬多进住宅、**

沿运地区大型宅第　撰文：龚恺；淮扬多进住宅图片：冯卓箐、裴逸飞、窦瑞琪，沿运地区大型宅第图片：龚恺、窦瑞琪、周文逸。**沿运地区异乡风情住宅**　撰文：李新建；图片：海啸、李新建、钱可敦。**苏北独院式瓦房**　撰文：王倩；图片：张明皓、王文卿、唐宽猛、王倩。**苏北多进住宅**　撰文：陈坦；图片：张明皓、常江、于硕、陈坦。**苏北大型宅第**　撰文：常江、唐宽猛；图片：张明皓、常江、孙统义。**苏北草顶农舍**　撰文：张明皓；图片：张明皓、陈坦、顾爱东。**江苏民居隔页图**：朱光亚。

浙江民居

杭式大屋、园林宅第　撰文：姚欣、朱振通；杭式大屋图片：姚欣、朱振通，园林宅第图片：姚欣、朱振通、丁俊清《浙江民居》。**水乡大屋**　撰文：朱振通、余建忠；图片：朱振通、丁俊清《浙江民居》。**大墙门、间弄轩、新式大墙门**　撰文：何情达、蔡思恒；大墙门图片：何情达、蔡思恒，间弄轩图片：何情达、蔡思恒、周姮，新式大墙门图片：蔡思恒、周姮。

绍兴台门、千柱屋　撰文与图片：何情达、徐娅。**走马楼**　撰文与图片：何情达、周姮。

十八楼、三推九明堂　撰文与图片：何情达、邱波。**十三间头、十八间头、二十四间头、三间两搭厢、三进两明堂、严州大屋**　撰文：黄斌；十三间头图片：王仲奋《浙江东阳民居》、丁俊清《浙江民居》、东阳市博物馆、义乌市博物馆，十八间头图片：王仲奋《浙江东阳民居》、东阳市博物馆、义乌市博物馆，二十四间头图片：东阳市博物馆、义乌市博物馆、王仲奋《浙江东阳民居》、黄斌，三间两搭厢图片：丁俊清《浙江民居》、黄斌、陆小赛《16～18世纪钱塘江流域建筑构件及其装饰艺术》、龙游县博物馆，三进两明堂图片：丁俊清《浙江民居》、黄斌、龙游县博物馆，严州大屋图片：丁俊清《浙江民居》、桐庐县博物馆、建德市文保所。**"一"字形长屋、多院落式长屋、隈下房、石屋**　撰文：沈黎；"一"字形长屋图片：沈黎、丁俊清《温州民居建筑文化研究》，多院落式长屋图片：丁俊清《温州民居建筑文化研究》、永嘉县规划设计研究院，隈下房图片：沈黎、丁俊清、宁海县建筑设计院、临海建设局提供浙江科技学院测绘图，石屋图片：沈黎、浙江工业大学建筑系测绘图。**版筑泥墙屋、蛮石墙屋** 撰文：陈安华；版筑泥墙屋图片：丁俊清、景宁畲族自治县村镇规划服务站、松阳县玉岩村镇建设管理所，蛮石墙屋图片：缙云县村镇建设管理处。**营盘屋** 撰文：周樟兴、沈黎；图片：松阳县村镇建设管理处。**浙江民居隔页图：**朱振通。

安徽民居

徽州民居、土墙屋、树皮屋、石屋 撰文：方继顺、方向旻；徽州民居图片：余雪飞，土墙屋图片：方向旻，树皮屋图片：方继顺，石屋图片：方向旻。**吊脚楼** 撰文：杜守华、沈夏；图片：涂海云、华斌。**皖东南民居** 撰文：刘湘宁、黄竞；图片：李明安、袁四芳。**皖西南大屋** 撰文与图片：何剑舟、邓淳皓。**皖西北圩寨** 撰文：杜凡丁、段牛斗；图片：杜凡丁、何情达、段牛斗。**江淮天井式民居** 撰文：叶茂盛、凌航；图片：叶茂盛。**江淮院落式民居** 撰文：方骏、王传明；图片：魏江鹏、叶茂盛。**桐城氏家大宅** 撰文与图片：杨绪波、宁丁。**船屋** 撰文与图片：汪兴毅。**亳州四合院** 撰文：张劲松；图片：张劲松、刘心珠、宋光颜。**淮北民居** 撰文：董向阳、郑素芳；图片：陈亚、夏秋园。**安徽民居隔页图：**杨绪波。

注：本书有个别图片取自互联网，在此对作者表示感谢。如有疑问，请与我们联系。

图书在版编目（CIP）数据

中国传统民居类型全集 / 中华人民共和国
住房和城乡建设部编 .— 北京：中国建筑工业出版社 , 2014.10
ISBN 978-7-112-17327-3

Ⅰ.①中… Ⅱ.①中… Ⅲ.①民居—介绍—中国 Ⅳ.① TU241.5

中国版本图书馆 CIP 数据核字（2014）第 221937 号

整体设计：北京博筑堂建筑工作室
　　　　　赵海翔　胡　柳　李星露　张凌风　栾　雪
责任编辑：李东禧　唐　旭　张　华　李成成
责任校对：姜小莲　赵　颖

中国传统民居首次全面调查成果

中国传统民居类型全集
中华人民共和国住房和城乡建设部　编
＊
中国建筑工业出版社出版、发行（北京西郊百万庄）
各地新华书店、建筑书店经销
北京雅昌艺术印刷有限公司制版、印刷
＊
开本：635×965 毫米　1/8　印张：166¼　字数：2945 千字
2014 年 10 月第一版　2014 年 10 月第一次印刷
定价：1680.00 元（上、中、下册）
ISBN 978-7-112-17327-3
　　（26050）